대학수학

Contemporary Calculus

대학수학

Contemporary Calculus

대학수학교재편찬위원회 편

북스힐

머리말

미분은 이공계열 학생뿐만 아니라 상경계열 학생들한테도 필요한 과목이다. 대학에서 미분적분학을 알지 못하고는 전공과목을 공부하기가 매우 난감해진다. 최근 학생들의 수학 능력 수준이 현저하게 낮아졌다는 사실을 우리는 알고 있다. 그러다보니 대학에 진학한 학생들은 미분적분학을 기피하거나 아예 수강 자체를 포기하고 있는 실정이다. 이러한 상황은 수학(특히 미분적분학)대란이라고 말하기까지 이르렀다.

미분적분학이 대학에서 인문계나 자연계 모두 필요하지만 학생들이 고교과정에서 제대로 학습하지 않았기 때문에 대학에 진학하여 곤혹을 치룰 수밖에 없다. 그렇다고 미분적분학 이전의 또 다른 기본적인 수학 개념이 풍부한 것도 아니다. 이러한 현실을 극복하기 위하여 기초적인 수학은 물론 미분적분학까지 집약적으로 학습하고 더 나아가 응용 가능한 부분도 이해할 수 있도록 유도해야 하지 않을까하는 생각에서 이 교재를 집필하였다.

본서는 ①처음부터 다시 보는 기초 개념, ②쉽게 접근하는 미분적분학의 기초, ③이론 접근이 필요한 연구과정, ④미분적분학을 확장한 학습 내용, ⑤그 밖의 대학에서 다루는 단원, ⑥연습문제의 상세한 풀이 등을 고려하여 폭넓게 많은 부분을 수용하려 했다.

예비학습과정(1, 2, 3, 4, 5, 6, 7장), 본학습과정(8, 9, 10, 11, 12장), 발전학습과정(13, 14, 15장), 추가학습과정(16, 17장)의 4단계로 구성되어 있는 본서는, 수업에 따라 일부 내용을 가감하여 강의하기 편리하도록 구성하였다. 강의하시는 교수님의 판단에 의해 변경해서 가르칠 수 있으며 본서의 내용 중 연구과정도 필요에 따라 선택할 수 있게 하였다. 본서가 수학 때문에 고통 받는 학생들의 학습에 많은 도움이 되기를 기대해 본다.

2006년 1월

저자

강의 개요 내용

소요 학기	주당 시수	첫째 학기	둘째 학기
한학기	2	제 7, 8, 9, 10, 12장	
	3	제 6, 7, 8, 9, 10, 11, 12장	
두학기	2	제 3, 5, 6, 7, 8장	제 9, 10, 11, 12, □장
	3	제 3, 4, 5, 6, 7, 8, 9장	제 10, 11, 12, 14, 15, □장

□는 필요한 부분 첨가. 반드시 위내용만을 다루어야 한다는 의미 보다는 이러한 부분을 학습 했으면 좋겠다는 뜻으로 계획한 것임.

그리스(희랍) 문자

대문자	소문자	읽기	대문자	소문자	읽기
A	α	alpha	B	β	beta
$\varGamma$	γ	gamma	$\varDelta$	δ	delta
E	ε	epsilon	Z	ζ	zeta
H	η	eta	$\varTheta$	θ	theta
I	ι	iota	K	$\varkappa$	kappa
$\varLambda$	λ	lambda	M	μ	mu
N	ν	nu	$\varXi$	ξ	xi
O	o	omicron	$\varPi$	π	pi
P	ρ	rho	Σ	σ	sigma
T	τ	tau	Y	υ	upsilon
$\varPhi$	ϕ	phi	X	χ	chi
$\varPsi$	ψ	psi	Ω	ω	omega

차 례

01 실 수

實數, Real Numbers

인류는 수(數)와 더불어 살아왔고 또 살아갈 것이다. 그리고 수는 다양한 모양으로 만들어져 지역에 따라 다르게 고대 사람들과 숨쉬고 있었다.

아라비아 숫자(Hindu－Arabic Numeral)는 인도에서 쓰기 시작하여 교역의 길을 따라 당시 아랍, 유럽을 거치면서 오늘날 전세계에서 공통으로 사용하고 있다. 약 2200여년이 지난 지금 인도의 고대유적 돌기둥에 새겨진 것을 발견할 수 있었고, 1202년 이탈리아의 수학자 피보나치(1170-1250, Leonardo Fibonacci)가 인도의 숫자 9개와 아랍에서 사용한 기호 0으로 함께 만든 10진수의 체계를 새로이 정리하여 소개하였다.

기원전 300년 인도	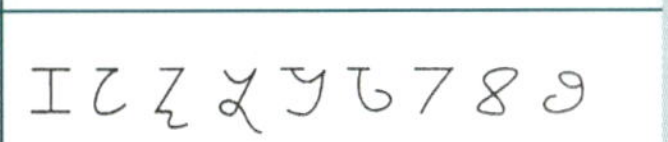
10세기 아랍	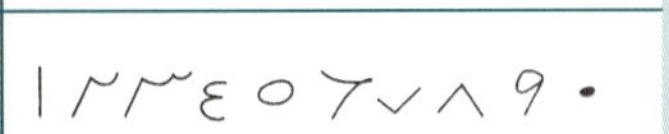
15세기 아랍	
15세기 유럽	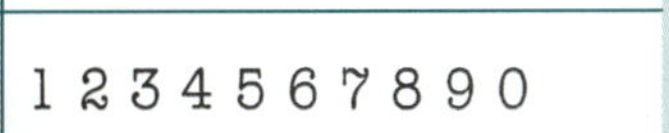
20세기	1 2 3 4 5 6 7 8 9 0

여기서 고대 이집트 숫자(Egyptian Numeral)를 관찰하여 보자. 이집트는 상형숫자(Hieroglyphic Numeral)들을 썼다. 오른쪽 표에서 위로부터 차례로 1은 막대기, 10은 발뒤꿈치 뼈모양, 100은 나선형, 1000은 수련꽃, 10000은 무엇을 지적하는 손가락 모양, 다음은 올챙이, 놀란 모습의 사람을 나타낸다.

아라비아 숫자	이집트 숫자
1	𓏺
10	𓎆
100	𓍢
1,000	𓆼
10,000	𓂭
100,000	𓆐
1,000,000	𓁨

예를 들어 2573을 이집트 숫자로 나타내면 다음과 같다.

한 수를 여러 번 사용한다는 것을 알 수 있다. 이렇게 아라비아 숫자를 써서 이집트식으로 나타내면

1000 1000 100 100 100 100 100 10 10 10 10 10 10 10 1 1 1

이다. 이 각 수 사이에 + 기호를 표기하면 2573이 된다. 여기서 아라비아 숫자의 유용함을 알 수 있다.

◎ 다음 이집트 숫자를 아라비아숫자로 나타내어 보자.

(1) 

(2) 

◎ 다음 아라비아 숫자를 이집트 숫자로 나타내어 보자.

(1) 43086　　　(2) 2040502　　　(3) 600104

현재 수(數)는 우리 생활과 떼어놓을 수 없다. 이러한 수를 다음과 같이 몇 가지 적어 보았다. 인터넷을 통하여 다음을 검색하여 보자.

① 주가지수(주가지수 계산방법)　　② 코스닥지수

③ 물가지수　　④ 불쾌지수

⑤ 수질오염도. 여기서 사용되는 수는 생화학적 산소요구량(BOD : Biochemical Oxygen Demand)이다.

1.1 실수의 집합

실수(real numbers)의 집합 R의 부분집합에는 다음과 같은 집합들이 있고 이들 집합 사이의 포함관계가 어떠한지 알고 있다.

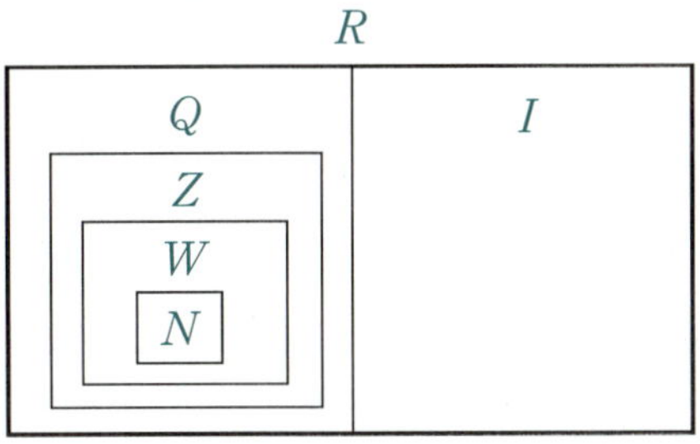

자연수(natural numbers)의 집합 N은

$$N=\{1, 2, 3, 4, 5, \cdots\},$$

범자연수(whole numbers)의 집합 W는

$$W=\{0, 1, 2, 3, 4, 5, \cdots\},$$

정수(integers)의 집합 Z는

$$Z=\{\cdots, -4, -3, -2, -1, 0, 1, 2, 3, 4, \cdots\},$$

유리수(rational numbers)의 집합 Q는

$$Q=\left\{\frac{a}{b} \mid a,\ b\text{는 정수이고 } b\neq 0\right\},$$

무리수(irrational numbers)의 집합 I는

$$I=R-Q$$

즉, 정수의 나눗셈으로 나타낼 수 없는 수의 집합이 I이다.

- π, $\sqrt{2}$, $\sqrt{3}$, $\sqrt{5}$, $\cdots$ 는 분수로 표시할 수 없는 무리수
- 차집합 $R-Q$는 집합 R의 원소 중 집합 Q의 원소를 제외한 것을 원소로 하는 집합이다.

자연수의 집합 N의 임의의 두 원소 m, n에 대하여 합 $m+n$, 곱 mn은 항상 자연수로 N의 원소이나, 차 $m-n$, 몫 $\frac{m}{n}$은 항상 자연수가 아니므로 반드시 집합 N의 원소는 아니다.

이 때, 자연수의 집합 N은 덧셈, 곱셈에 대하여 각각 닫혀 있다고 하지만, 뺄셈과 나눗셈에 대하여는 닫혀 있지 않다고 한다.

이와 같은 성질은 집합 N뿐만 아니라 집합 Z, Q, R에 대하여도 생각할 수 있다.

이것을 각 집합에서 사칙연산 중 어느 것에 대한 **닫힘성질**(closure property)이라 한다.

	N	Z	Q	R
덧셈	○	○	○	○
뺄셈	×	○	○	○
곱셈	○	○	○	○
나눗셈	×	×	○	○

- 닫혀 있으면 ○, 닫혀 있지 않으면 ×, 그리고 0으로 나누는 것은 제외한다.

예제 1.1 다음 집합이 사칙연산 중 어느 연산에 대하여 닫혀 있는지 말하여라.

(1) 범자연수의 집합 W　　　　(2) $B=\{p\sqrt{2} \mid p$는 유리수$\}$

• $3-5=-2 \notin W$
$2 \div 7=\frac{2}{7} \notin W$

풀이 (1) 집합 W는 자연수의 집합 N과 같이 덧셈, 곱셈에 대하여 닫혀 있으나 뺄셈, 나눗셈에 대하여는 닫혀 있지 않다.

(2) p, q를 유리수라 하면 $p\sqrt{2} \in B,\ q\sqrt{2} \in B \quad (q \neq 0)$,

$p\sqrt{2}+q\sqrt{2}=(p+q)\sqrt{2} \in B \quad (\because p+q$도 유리수)

$p\sqrt{2}-q\sqrt{2}=(p-q)\sqrt{2} \in B \quad (\because p-q$도 유리수)

$p\sqrt{2} \cdot q\sqrt{2}=pq\sqrt{2}\sqrt{2} \notin B \quad (\because pq\sqrt{2}$는 유리수가 아니다.)

$\frac{p\sqrt{2}}{q\sqrt{2}}=\frac{p}{q\sqrt{2}}\sqrt{2} \notin B \quad (\because \frac{p}{q\sqrt{2}}$는 유리수가 아니다.)

따라서 집합 B는 덧셈, 뺄셈에 대하여 닫혀 있으나, 곱셈, 나눗셈에 대하여는 닫혀 있지 않다. ■

그리고 다음과 같은 실수의 기본 성질이 성립한다. 즉 덧셈, 곱셈에 대한 교환법칙(commutative law), 결합법칙(associative law)과 분배법칙(distributive law)이 성립한다.

실수의 집합 R의 임의의 원소 a, b, c에 대하여 다음 연산법칙이 성립한다.

법칙 \ 연산	덧셈	곱셈
교환법칙	$a+b=b+a$	$ab=ba$
결합법칙	$(a+b)+c=a+(b+c)$	$(ab)c=a(bc)$
분배법칙	$a(b+c)=ab+ac$ $(a+b)c=ac+bc$	

또한, 실수의 집합 R의 임의의 원소 a에 대하여 a와 합이 a 자신이 되는 R의 원소 0, 즉

$$a+0=0+a=a$$

인 0을 덧셈에 대한 항등원(additive identity), 같은 이치로

$$a \cdot 1=1 \cdot a=a$$

인 1을 곱셈에 대한 항등원(multiplicative identity)이라 한다.

실수의 집합 R의 임의의 원소 a에 대하여 a와의 합이 덧셈에 대한 항등원 0이 되는 R의 원소 $-a$, 즉

$$a+(-a)=(-a)+a=0$$

인 $-a$를 a의 덧셈에 대한 역원(additive inverse), 같은 이치로

$$a\cdot a^{-1}=a^{-1}\cdot a=1 \quad (a\neq 0)$$

인 a^{-1}을 a의 곱셈에 대한 역원(multiplicative inverse)이라 한다.

- 3의 덧셈에 대한 역원은 -3
- $a^{-1}=\dfrac{1}{a}(a\neq 0)$
- $\sqrt{3}$ 의 곱셈에 대한 역원은 $\dfrac{1}{\sqrt{3}}$

지금까지의 실수의 기본 성질을 이용하여 기본적인 정리 몇 가지를 관찰하여 보자.

정리 1.1

$a, b, c \in R$일 때, $a+c=b+c$이면 $a=b$

증명 $a+c=b+c$

양변에 $-c$ (c의 덧셈에 대한 역원)를 더하면

$$a+c+(-c)=b+c+(-c)$$

덧셈의 결합법칙에 따라

$$a+\{c+(-c)\}=b+\{c+(-c)\}$$
$$a+0=b+0$$

0은 덧셈에 대한 항등원이므로

$$a=b$$ ■

정리 1.2

실수 x에 대하여, $-(-x)=x$

증명 x와 $-x$의 덧셈에 대한 역원은 $-x$, $-(-x)$이므로

$$x+(-x)=(-x)+x=0,\ -x+\{-(-x)\}=0$$
$$\therefore (-x)+x=-x+\{-(-x)\}$$

정리 1.1에 의하여 $x=-(-x)$ ■

- $(-x)+x=0$
  $-x+\{-(-x)\}=0$
  $\therefore x=-(-x)$

연습문제 1.1

1. 다음 집합의 원소가 앞에서 말한 집합 N, W, Z, Q, I 어느 것에 속하는지를 말하여라.

$$\{-9,\ -\frac{5}{7},\ -1,\ 0,\ 0.666\cdots,\ 2,\ \pi,\ \sqrt{7},\ 4.5,\ \sqrt{49}\}$$

2. 다음 집합은 사칙연산 중 어느 연산에 대하여 닫혀 있는가?

(1) $A=\{2n+1 \mid n$은 정수$\}$　　　(2) $B=\{3n \mid n$은 정수$\}$

3. 정리 1.1을 다음과 같이 증명하였다. 이 때 ( )에 실수의 어떠한 기본 성질 및 문제의 조건 등을 이용했는지를 알맞게 써 넣어라.

$$\begin{aligned} a &= a+0 & (\qquad\qquad) \\ &= a+[c+(-c)] & (\qquad\qquad) \\ &= (a+c)+(-c) & (\qquad\qquad) \\ &= (b+c)+(-c) & (\qquad\qquad) \\ &= b+[c+(-c)] & (\qquad\qquad) \\ &= b+0 & (\qquad\qquad) \\ &= b & (\qquad\qquad) \end{aligned}$$

4. $x+a=b \Leftrightarrow x=b-a$
(i) $x+a=b$이면
$x=b-a$
(ii) $x=b-a$이면
$x+a=b$
(i), (ii)를 모두 증명한다.

4. $a,\ b \in R$일 때, $x+a=b$이기 위한 필요충분조건은 $x=b-a$임을 증명하여라.

5. $c=(c\neq 0)$의 곱셈에 대한 역원은 $c^{-1}=\frac{1}{c}$

5. $a,\ b,\ c \in R$일 때, 다음을 증명하여라($c \neq 0$).

「$ac=bc$이면 $a=b$」

6. 모든 실수 x에 대하여

$$x \cdot 0 = 0$$

임을 밝혀라.

#1. 집합의 연산법칙에 대하여 조사하여라.

#2. 명제란 무엇이고, 필요조건과 충분조건, 필요충분조건이란 무엇인가?

1.2 실수의 대소

직선 위에 기준점 O를 잡고, 이 점 O의 오른쪽 점들에 양의 실수, 왼쪽 점들에 음의 실수, 그 기준점에 0를 대응시킬 수 있다.

다시 말해서 모든 실수를 한 직선 위에 대응시킬 수 있다. 이와 같은 직선을 실직선(real line)이라 한다. 이 실직선에서 생각해 보아도 실수의 집합 R의 임의의 원소를 a라 하면 a는 반드시

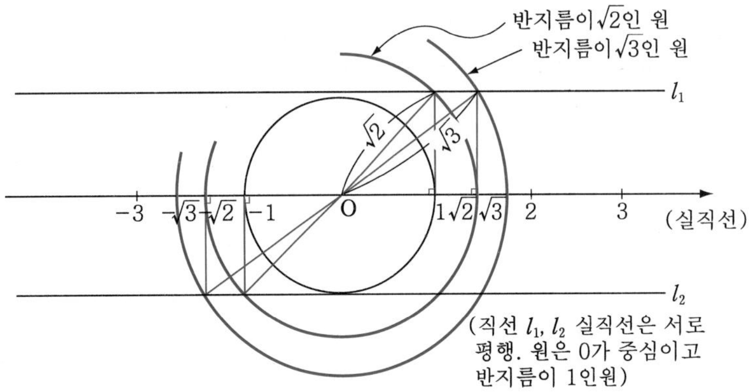

$$a>0,\ a=0,\ a<0$$

중 어느 하나이다. 즉 a는 양수, 0, 음수 중 어느 하나란 뜻이다.

그리고 실수의 집합 R의 임의의 두 실수 a, b에 대하여 $a-b$도 실수이므로

$$a-b>0,\ a-b=0,\ a-b<0$$

중 반드시 어느 하나가 성립한다. 즉 임의의 두 실수 a, b에 대하여

$$a>0,\ a=b,\ a<b$$

중 반드시 어느 하나가 성립한다는 것을 알 수 있다.

또, 실수의 집합 R의 임의의 세 원소 a, b, c에 대하여 다음과 같은 실수의 대소에 대한 기본 성질이 성립한다.

[Ⅰ] $a>b$, $b>c$이면 $a>c$
[Ⅱ] $a>b$이면 $a+c>b+c$
[Ⅲ] $a>b$이고 $c>0$이면 $ac>bc$
$a>b$이고 $c<0$이면 $ac<bc$

• [Ⅲ]은 부등식의 양변에 양의 수를 곱하면 부등호 방향이 변하지 않지만 음의 수를 곱하면 그 방향이 바뀐다는 의미이다.

이 기본 성질 Ⅱ, Ⅲ의 일부를 정리로 증명하여 보자.

정리 2.1

실수의 집합 R의 임의의 세 원소 $a,\ b,\ c$에 대하여 다음이 성립함을 증명하여라.

(1) $a>b,\ b>c$이면 $a>c$

(2) $a>b$이고 $c>0$이면 $ac>bc$

• $a,\ b\in R$일 때
$a>b \iff a-b>0$,
$a>0,\ b>0 \Rightarrow a+b>0,\ ab>0$

증명 (1) $a>b$의 양변에 $-b$를 더하면

$$a-b>0$$

$b>c$의 양변에 $-c$를 더하면 $b-c>0$

두 양수 $a-b,\ b-c$의 합도 양수이므로

$$(a-b)+(b-c)>0$$

$$a+\{(-b)+b\}-c>0$$

$$\therefore a-c>0 \quad \therefore a>c$$

(2) $ac-bc=(a-b)c$

$a>b$에서 $a-b>0$, 또 조건에서 $c>0$이므로

$$(a-b)c>0$$

$$\therefore ac-bc>0 \quad \therefore ac>bc$$

■

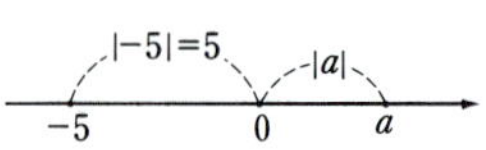

실직선 위에서 원점과 실수 a에 대응하는 점 사이의 거리를 a의 절댓값(absolute value)이라 하고 기호 $|a|$로 쓴다. 따라서

$$|a|=\begin{cases} a & (a\geq 0) \\ -a & (a<0) \end{cases}$$

임을 알 수 있다.

3은 양수이므로 $|3|=3$, -3은 음수이므로 $|-3|=-(-3)=3$ 이다.

예제 2.1 임의의 실수 a에 대하여 다음이 성립함을 밝혀라.

$$|-a|=|a|$$

증명 $a\geq 0$일 때, $|-a|=-(-a)=a$이고 $|a|=a$이므로

$$|-a|=|a|$$

$a<0$일 때, $|-a|=-a$이고 $|a|=-a$이므로

$$|-a|=|a|$$

그러므로 $|-a|=|a|$

■

예제 2.2 실수 x에 대하여 다음이 성립함을 밝혀라($c>0$).

$$\{x \mid |x|<c\}=\{x \mid -c<x<c\}$$

• 기호 $|x|$에서 $x\geq 0$일 때와 $x<0$일 때로 나누어 생각한다.

증명 (ⅰ) $x\geq 0$이면,

$|x|=x$이고 집합 $\{x \mid |x|<c\}$의 조건 $|x|<c$에 의하여

$$x<c$$

(ⅱ) $x<0$이면,

$|x|=-x$이고 (ⅰ)의 경우와 같이

$$-x<c$$
$$\therefore x>-c$$

(ⅰ), (ⅱ)의 결과를 결합하면

$$-c<x<c$$

즉, $\{x \mid |x|<c\}=\{x \mid -c<x<c\}$ ■

정리 2.2

$a, b\in R$에 대하여 다음이 성립함을 증명하여라.

(1) $-|a|\leq a\leq |a|$ (2) $|ab|=|a|\cdot|b|$

증명 (1) (ⅰ) $a>0$이면 $-|a|=-a<a=|a|$ 즉, $-|a|<a=|a|$

(ⅱ) $a<0$이면 $-|a|=a<-a=|a|$ 즉, $-|a|=a<|a|$

따라서 $-|a|\leq a\leq |a|$

(2) (ⅰ) $ab>0$이면 $|ab|=ab$, 여기서 a, b는 동부호

$a>0, b>0$인 경우 $|a|=a,\ |b|=b$이므로

$$|ab|=ab=|a||b|$$

$a<0, b<0$인 경우 $|a|=-a,\ |b|=-b$이므로

$$|a||b|=(-a)(-b)=ab=|ab|$$

(ⅱ) $ab<0$이면 $|ab|=-ab$, 여기서 a, b는 이부호

$a>0, b<0$인 경우 $|a|=a,\ |b|=-b$이므로

$$|ab|=-(ab)=a(-b)=|a||b|$$

$a<0, b>0$인 경우도 마찬가지이다.

(ⅰ), (ⅱ)의 결과에 따라 $|ab|=|a||b|$ ■

• a, b가 이부호이다는 a, b의 부호가 서로 다르다(반대이다)는 의미.

연습문제 1.2

임의의 실수 a는 $a>0$, $a=0$, $a<0$ 중 어느 하나

1. 임의의 실수 a에 대하여 $a^2 \geq 0$임을 밝혀라.

$a>b \Rightarrow a-b>0$

2. 세 실수 a, b, c에 대하여 다음을 각각 증명하여라.

(1) $a>b$이면 $a+c>b+c$

(2) $a>b$이고 $c<0$이면 $ac<bc$

실수 $c \geq 0$에 대하여 $|x| \leq c \Leftrightarrow -c \leq x \leq c$

3. 집합 $A=\{x \mid |x-2|<3\}$을 x 값의 범위를 구하여 나타내어라.

$|x|$는 $x \geq 0$, $x<0$으로 나누어 생각한다.

4. $\{x \mid |x|>c\}=\{x \mid x>c\} \cup \{x \mid x<-c\}$임을 밝혀라($c>0$).

5. 집합 $B=\{x \mid |x-3| \geq 2\}$을 x 값의 범위를 구하여 나타내어라.

정리 2.2를 이용

6. 두 실수 a, b에 대하여 $ab \leq |a| \cdot |b|$임을 밝혀라.

양변을 제곱하여 관찰한다.

7. 다음을 각각 증명하여라.

(1) $|a+b| \leq |a|+|b|$ (삼각부등식 : triangle inequality)

(2) $|a-b| \leq |a|+|b|$

(3) $|a-b| \geq ||a|-|b||$

#1. 구간(interval) $[a, b]$, $(a, b]$, $[a, b)$, (a, ∞), (∞, b) 등은 무엇을 뜻하는지를 조사하여라.

02 함 수
函數, Functions

$$f : X \rightarrow Y$$

$$X \xrightarrow{f} Y$$

$$f(x) =$$

$$f \circ g,\ f(g(x))$$

디리클레(Peter Gustau Lejeune Dirichlet ; 1805-1859).

독일의 수학자.

그는 베르린대학에서 연구활동(1828-1855)을 했다. 1855년에 가우스(Karl Friedrich Gauss ; 1777-1855)에 이어 괴팅겐(Götingen)대학의 교수가 되어 가우스가 연구한 정수론을 계속 연구하였다.

그는 독일어 외에 프랑스어에 능숙하여 당시 수학의 중추 역활을 했던 독일과 프랑스의 학문적 교류에 공헌한 바가 컸다고 한다.

당시에 수학은 정수론이 수학 연구의 주된 분야이기에 디리클레도 이 연구에 열중하였다.

등차수열의 첫째항과 공차가 소수이며 항과 항 사이에 무수히 많은 소수가 있다고 그가 발견한 것은 흥미로운 일이다.

이것을 디리클레 정리(Dirichlet's Theorem)라 한다.

그가 발견한 급수는 디리클레 급수(Dirichlet)라 하여 다음과 같다.

$$z = x + iy, \quad 0 < \lambda n \text{ 에 대하여}$$

$$f(z) = \sum_{n=1}^{\infty} a_n e^{-\lambda_n z}$$

여기서 $\lambda_n = \ln n$일 때

$$\sum_{n=1}^{\infty} \frac{a_n}{n^z}$$

이 된다. 여기서 $i = \sqrt{-1}$이고 e, ln, Σ 등은 이후 단원에서 설명할 것이다.

이러한 디리클레는 푸리에(J. B. Joseph Fourier ; 1768-1830, 프랑스 수학자)의 수학 연구에 큰 힘이 되었다고 한다.

특히 디리클레는 오늘날 우리가 사용하고 있는 함수의 기호를 창안하였다고 알려져 있다.

라이프니츠(Gottfried Wiehelm Leibniz ; 1646-1716, 독일의 수학자)가 쓰던 단순한 식으로만 생각했던 것을 사용하다가 함수는 대응관계로 정의한 디리클레의 주장이 나온 후 계산에만 의존하던 틀을 벗을 수 있었다고 한다.

그는 「변수 x, y에 대하여 변수 x의 값에 변수 y의 값이 정하여 지는 대응관계가 이루어질 때는 y는 x의 함수이다.」는 뜻으로 함수를 정의했던 것이라 한다.

그리고 디리클레의 수학적인 조건이나 문제가 오늘의 수리물리학이란 분야에 기초가 되었다.

2.1 함 수

집합 X의 각 원소 x에 집합 Y의 원소 y가 오직 하나만 대응하는 규칙을 X에서 Y로의 함수(function from X into Y) 또는 사상(mapping)이라 하고, 기호로 다음과 같이 나타낸다.

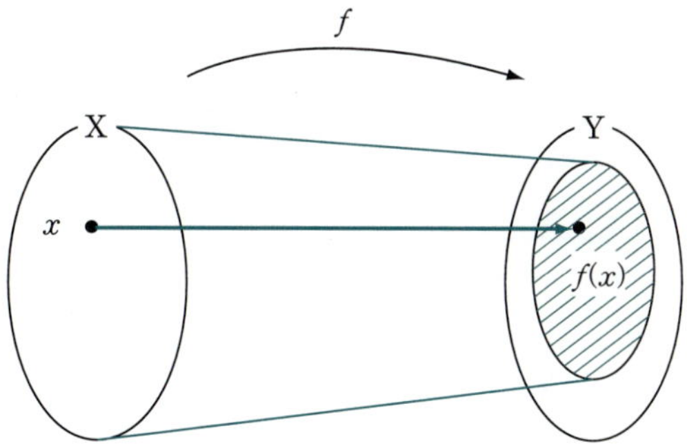

$$f : X \longrightarrow Y \quad \text{또는} \quad X \xrightarrow{f} Y$$

이 때, 집합 X를 함수 f의 정의역(domain), 집합 Y를 함수 f의 공변역 또는 공역(codomain)이라 한다.

함수를 나타내는 기호는 보통 문자로 $f, g, h, \varphi, \phi, F, G, H$ 등이다.

함수 $f : X \to Y$에서 X의 원소 x에 대응하는 Y의 원소 y를 $f(x)$로 나타내고, 이 $f(x)$를 f에 의한 x의 함숫값(value of function)이라 하며

$$y = f(x)$$

와 같이 나타낸다. 함수 $f : X \to Y$에서 함수값 전체의 집합

$$f(x) = \{y \mid y = f(x),\ x \in X\}$$

를 함수 f의 치역(range)이라 한다. 이 때, $f(x) \subset Y$ 즉, 치역은 공역의 부분집합임을 알 수 있다.

함수 $f : X \to Y$에서 X의 원소 x에 Y의 원소 y가 대응하면, 즉 $y = f(x)$에서 x를 독립변수(independent variable), y를 종속변수(dependent variable)라 한다.

예제 1.1 오른쪽 그림의 대응관계는 함수인가? 함수이면 함수값, 정의역, 공역, 치역을 구하여라.

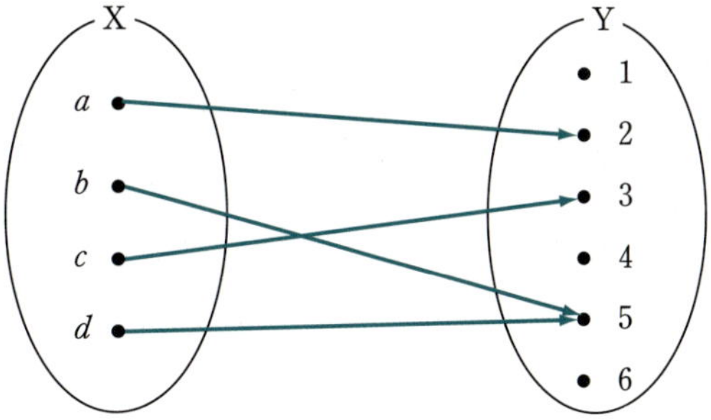

풀이 X의 각 원소에 Y의 원소 하나씩만 대응하고 있으므로 이 대응은 함수이다. 이 함수를 f라 하면 $f(a) = 2,\ f(b) = 5,\ f(c) = 3,\ f(d) = 5$이다. f의 정의역은 $X = \{a, b, c, d\}$, 치역은 $\{2, 3, 5\}$, 공역은 $Y = \{1, 2, 3, 4, 5, 6\}$이다. ■

한 함수 $y=f(x)$의 정의역과 공역은 함수값 $f(x)$가 정의될 수 있는 실수의 집합에서 생각하기로 하고, 정의역을 집합 $\{x|a \le x \le b\}$와 같이 표시해야 할 경우에는 다음과 같이 나타내면 된다.

$$y=f(x) \quad (a \le x \le b)$$

예제 1.2 다음 함수의 정의역, 공역, 치역을 말하여라.

(1) $y=x-1$ (2) $y=x^2$

(3) $y=x+2 \ (-3 \le x \le 5)$ (4) $y=x^2+1 \ (-2 \le x \le 2)$

• (3), (4)에서 공역은 함수값이 정의될 수 있는 범위를 생각하면 치역이 부분집합으로 될 수 있는 집합

풀이 (1) 정의역, 공역, 치역 모두 실수 전체의 집합 R

(2) 정의역, 공역은 실수 전체의 집합 R이고 치역은 음이 아닌 실수의 집합 $\{y|y \ge 0\}$

(3) 정의역은 $\{x|-3 \le x \le 5\}$, $x=-3$일 때 $y=-3+2=-1$이고 $x=5$일 때 $y=5+2=7$이므로 치역은 $\{y|-1 \le y \le 7\}$

(4) 정의역은 $\{x|-2 \le x \le 2\}$, $x=-2$일 때 $y=(-2)^2+1=5$, $x=2$일 때 $y=2^2+1=5$, $x=0$일 때 y의 최소값은 1이므로 치역은 $\{y|1 \le y \le 5\}$ ■

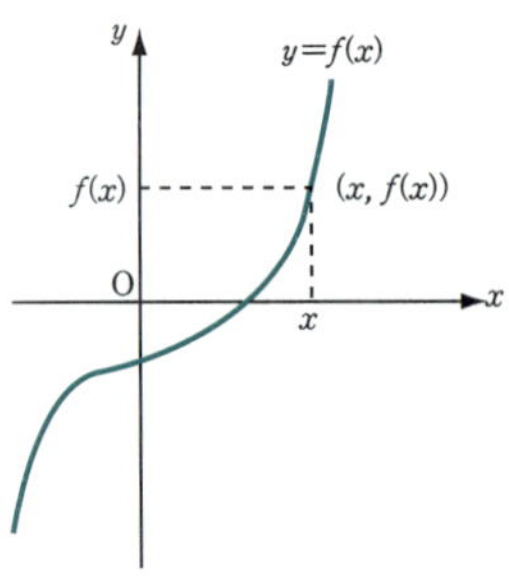

집합 X에서 집합 Y로의 함수 $y=f(x)$에 대하여 좌표평면 위의 점의 집합, 다시 말하여 방정식 $y=f(x)$를 만족하는 해의 순서쌍 (x, y), 즉 $(x, f(x))$를 좌표평면 위에 나타내는 점의 집합

$$G=\{(x, y)|y=f(x),\ x \in X\}$$

을 함수 $y=f(x)$의 그래프(graph)라 한다. $y=f(x)$를 그래프 G의 방정식이라고도 한다.

함수 $y=f(x)$에 대하여 정의역의 한 원소 a가 오직 한 개의 함수값 $f(a)$에 대응하기 때문에 함수 $y=f(x)$의 그래프와 직선 $x=a$는 오직 한 점에서 만난다는 것을 알 수 있다.

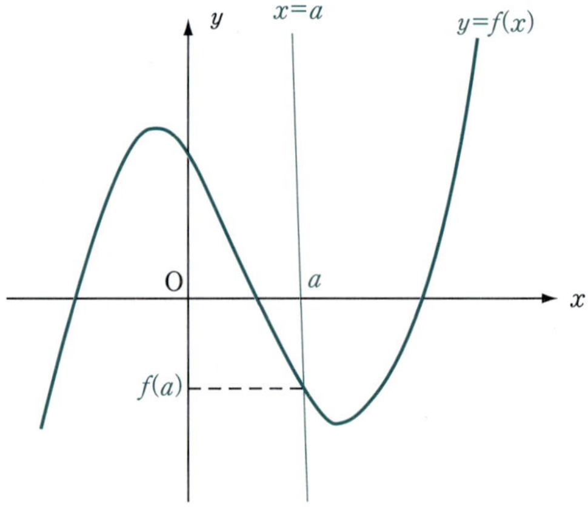

⊠예제 1.3 다음 함수의 그래프에 대하여 설명하여라.

(1) $y=2x-1$ (2) $y=-x^2+2$

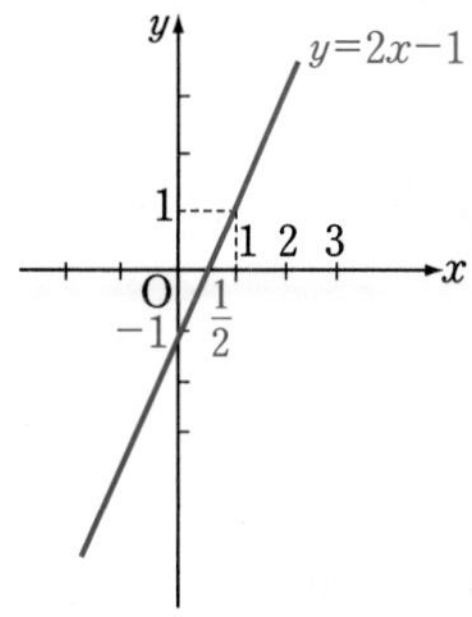

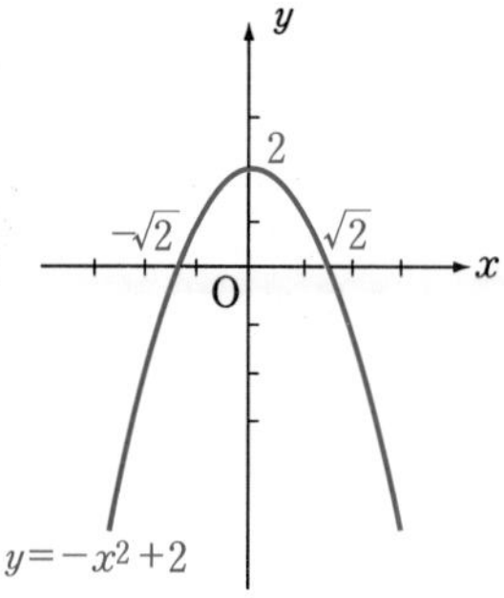

풀이 (1) 일차함수 $y=2x-1$의 그래프는 직선이고, 기울기가 2, y절편이 -1이다.

(2) 이차함수 $y=-x^2+2$의 그래프는 포물선이고, 꼭지점의 좌표가 $(0,\ 2)$, x 절편이 $-\sqrt{2}$, $\sqrt{2}$ 이며 y축($x=0$)이 대칭축이다. ■

함수 $f: X \to Y$ 에 대하여

「$x_1 \neq x_2$ 이면 $f(x_1) \neq f(x_2)$이다.」

가 성립할 때, 이 함수 f를 단사함수(injection, injective function), 또는 일대일함수(one-to-one function)라 한다.

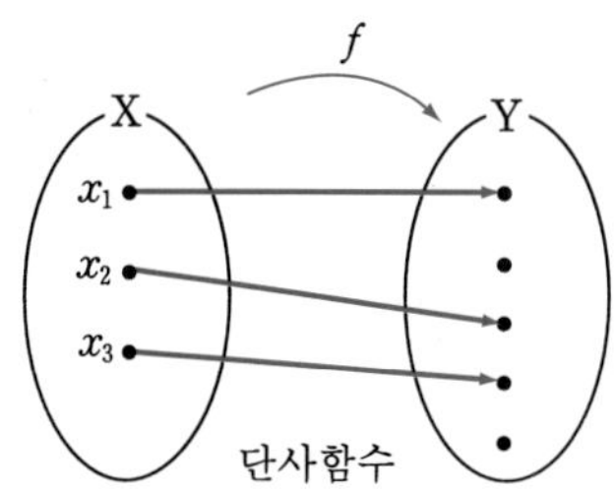

단사함수

그리고 함수 $f: X \to Y$ 에 대하여 공역과 치역이 일치할 때, 즉 $Y=f(X)$가 성립할 때 함수 f를 전사함수(surjection, surjective function), 또는 X에서 Y 위로의 함수(onto function)라 한다.

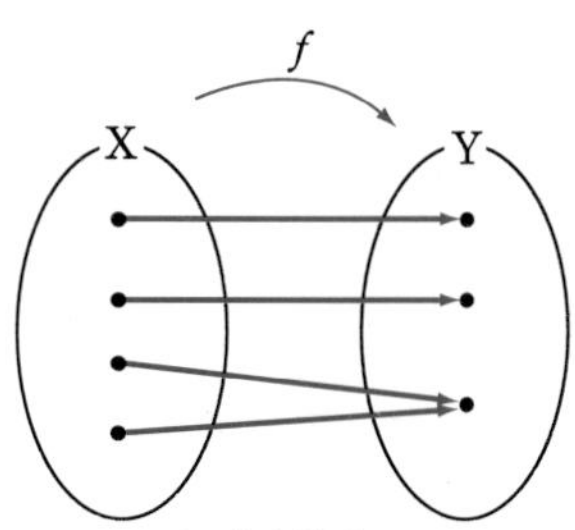

전사함수

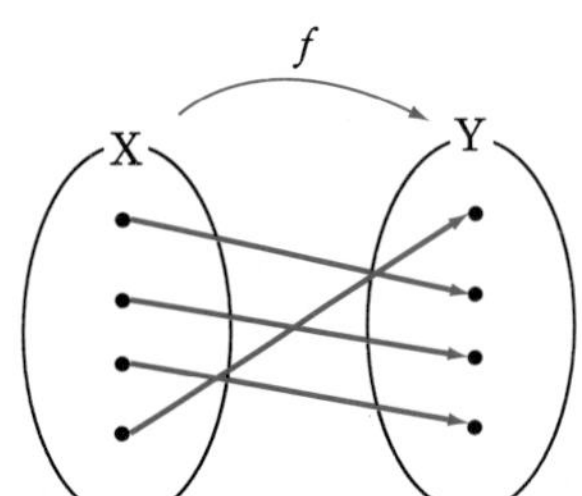

전단사함수

그리고 f가 전사이고 단사일 때 이 함수 f를 전단사함수(bijection, bijective function), 또는 일대일대응함수(bijective function)라 한다.

정의역 X의 임의의 원소 x에 그 자신이 대응하는 함수 f가 $f(x)=x$일 때 f를 항등함수(identity function)라 한다.

⊠예제 1.4 $f(x)=3x+1$은 전단사함수임을 설명하여라.

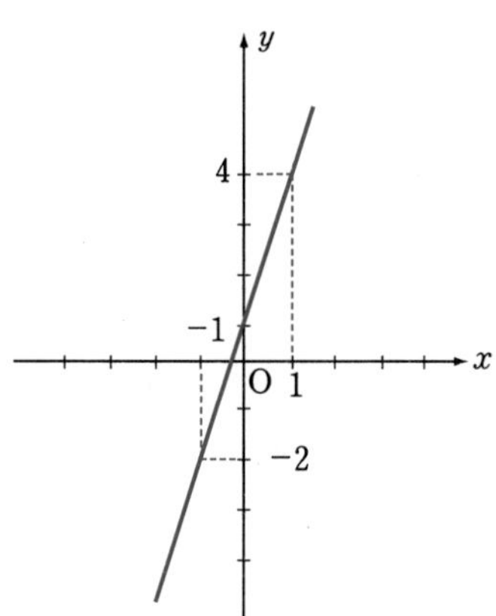

풀이 이 함수의 정의역인 실수의 집합 R에서 서로 다른 수 $x=-1$, $x=1(-1\neq 1)$에 대하여 $f(-1)=3(-1)+1=-2$, $f(1)=3\cdot 1+2=4$이므로 $f(-1)\neq f(1)$이다. 따라서 f는 전단사 함수이고 치역과 공역은 실수의 집합 R로 같다. ■

• $f: X \to Y$ 에서 $c \in Y$ 인 상수일 때 모든 $x \in X$ 에 대하여 $f(x)=c$ (상수)이면 f는 상수함수(constant function)라 한다.

정의역과 공역이 주어진 함수에 대하여 이해하여 보자.

• 그래프를 그리고 주어진 정의역과 공역, 그리고 치역을 생각하면 된다.

예제 1.5 다음 함수는 단사, 전사, 전단사함수 중 어느 것인가?

(1) $f\ :[-1, 1]\to[-2, 3],\ f(x)=2x$

(2) $f\ :[-1, 1]\to[-1, 0],\ f(x)=-x^2$

(3) $f:\ [-2, 2]\to[-4, 4],\ f(x)=x^2-4$

(4) $f\ :[0, 2]\to[0, 4],\ f(x)=x^2$

풀이

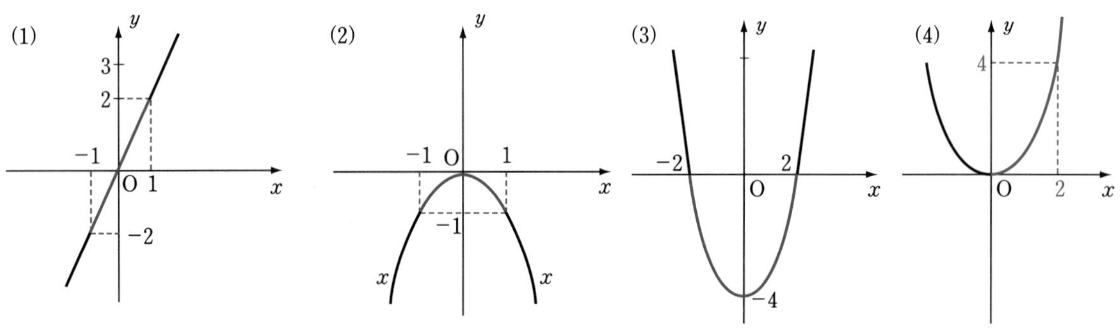

• $x_1,\ x_2\in[-1, 1]$, $x_1\neq x_2$이면 $f(x_1)=2x_1\neq 2x_2=f(x_2)$이다. $x_1\neq x_2$일 때 $f(x_1)=f(x_2)$일 수도 있다.

(1) 정의역은 $[-1, 1]$, 공역은 $[-2, 3]$, 치역은 $[-2, 2]$이고 $[-2, 2]\subset[-2, 3]$이다. 따라서 이 함수 f는 단사이지만 전사함수는 아니다.

(2) 정의역은 $[-1, 1]$, 공역은 치역과 $[-1, 0]$로 같다. 따라서 이 f는 전사이지만 단사함수는 아니다.

(3) 정의역은 $[-2, 2]$, 공역은 $[-4, 4]$, 치역은 $[-4, 0]$이다. $[-4, 0]\subset[-4, 4]$이며 $x_1,\ x_2\in[-2, 2]$일 때 $f(x_1)=f(x_2)$일 수도 있다. 따라서 이 함수 f는 전사도 단사도 아니다.

(4) 정의역 $[0, 2]$, 공역은 치역과 $[0, 4]$로 같다. $x_1,\ x_2\in[0, 2]$에 대하여 $x_1\neq x_2$이면 $x_1^2\neq x_2^2$이다. 따라서 이 경우의 함수 f는 전단사함수이다. ■

두 함수 $f:X\to Y$

$g:Y\to Z$

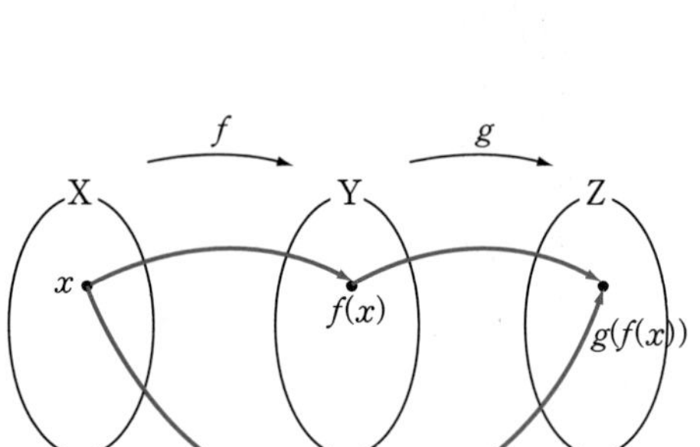

가 있다. 이 때 f에 의하여 $x\in X$가 $f(x)\in Y$에 대응하고 g에 의하여 $f(x)\in Y$가 $g(f(x))\in Z$에 대응한다면

X를 정의역, Z를 공역으로 하는 새 함수를 정의할 수 있다. 이 함수를 f와 g의 합성함수(composite function)라 하고

$$g \circ f : X \to Z$$

로 나타낸다. 이 때 합성함수 $g \circ f$는 X의 원소 x가 Z의 원소 $g(f(x))$에 대응하므로 $(g \circ f)(x) = g(f(x))$이다. 즉 합성함수 $g \circ f$는 $y = g(f(x))$로 나타낸다.

• 일반적으로 두 함수 g와 f의 합성함수는 연산 ∘에 대하여 교환법칙이 성립하지 않는다. 즉

$$g \circ f \neq f \circ g$$

함수 $f : X \to Y$. 즉 $y = f(x)$가 전단사함수이면 Y의 각 원소 y에 $y = f(x)$를 만족하는 X의 원소 x가 하나씩 존재한다. 즉 Y의 임의의 원소 y에 $y = f(x)$인 X의 원소 x를 대응시키는 새 함수, 정의역이 Y이고 공역이 X인 새 함수를 정의할 수 있다. 이 때의 함수를 $f : X \to Y$의 역함수(inverse function)라 하고 기호로

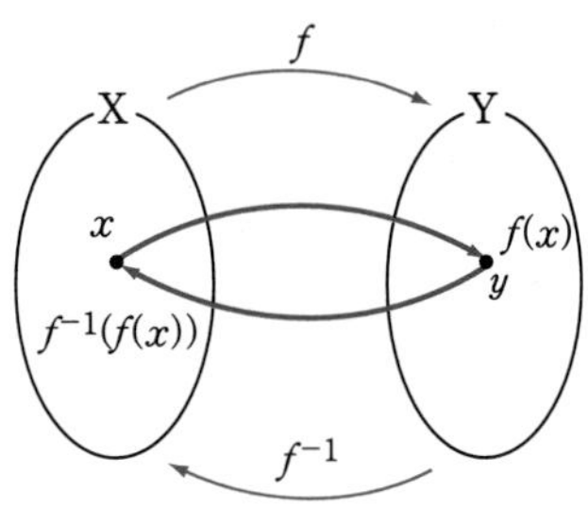

$$f^{-1} : Y \to X, \ \ x = f^{-1}(y)$$

와 같이 나타낸다.

함수 $f : X \to Y$; $y = f(x)$의 역함수 $f^{-1} : Y \to X, \ x = f^{-1}(y)$에서

$$(f \circ f^{-1})(y) = f(f^{-1}(y)) = f(x) = y$$
$$(f^{-1} \circ f)(x) = f^{-1}(f(x)) = f^{-1}(y) = x$$

이므로 함수 $f \circ f^{-1} : Y \to Y, \ f^{-1} \circ f : X \to X$는 항등함수이다.

예제 1.6 함수 $f(x) = 3x - 2 (-1 \leq x \leq 2)$의 역함수를 구하여라.

풀이 주어진 함수를 $y = 3x - 2$라 하고, 주어진 정의역 $\{x \mid -1 \leq x \leq 2\}$에 대한 치역을 구하면

$$\{x \mid -5 \leq y \leq 4\}$$

이다. 이제 $y = 3x - 2$를 x에 대하여 풀면

$$x = \frac{1}{3}(y + 2)$$

여기서 x와 y를 서로 바꾸어 쓰면 구하는 역함수는

$$y = \frac{1}{3}(x + 2) \qquad (-5 \leq x \leq 4)$$

■

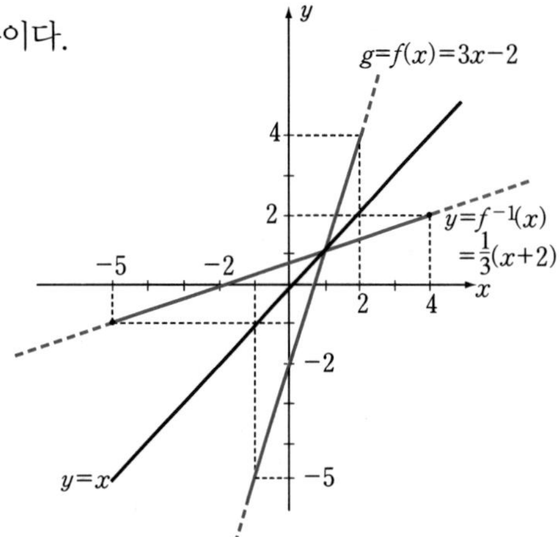

• 주어진 함수 $y = f(x)$의 그래프와 그 역함수 $y = f^{-1}(x)$의 그래프는 직선 $y = x$에 대하여 대칭이다.

연습문제 2.1

X의 한 원소가 Y의 오직 하나의 원소에 대응

1. 오른쪽 그림의 대응은 함수가 아니다. 그 이유를 설명하여라.

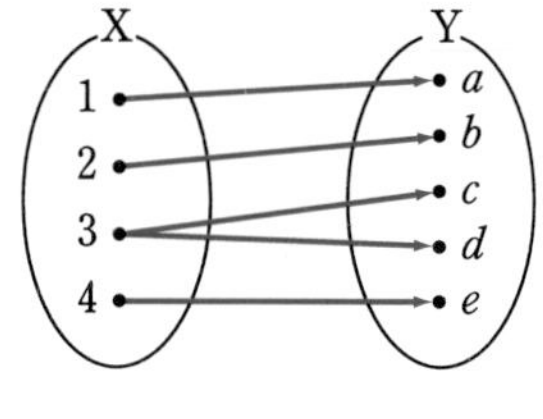

$\frac{1}{x}$에서 $x \neq 0$

2. 다음 함수의 정의역을 말하여라.

(1) $y = 3x + 1$　　(2) $y = \frac{1}{x}$

(3) $y = -x^2 + 2\,(-2 \leq y \leq 2)$

공역과 치역이 같은지?
$x_1 \neq x_2$이면
$f(x_1) \neq f(x_2)$인지?

3. 다음 함수는 단사, 전사, 전담사함수 중 어느 것인지 조사하여라.

(1) $f : [-2, 1] \to [0, 9],\ f(x) = (x+2)^2$

(2) $f : [-2, 2] \to [0, 4],\ f(x) = x^2$

(3) $f : [-2, 0] \to [-6, 0],\ f(x) = -x^2$

(4) $f : [-1, 1] \to [0, 4],\ f(x) = x^2 + 3$

4. 일차함수 $f(x) = ax + b\,(a \neq 0)$가 전단사함수임을 설명하여라.

$f \circ g \neq g \circ f$

5. 두 함수 $f(x) = x - 2$와 $g(x) = 2x + 3$에 대하여 합성함수 $f \circ g$와 $g \circ f$를 각각 구하고 비교하여라.

6. 두 함수 $f(x) = -x + 1,\ g(x) = x^2 - 3$에 대하여 다음 합성함수를 구하여라.

(1) $f \circ g$　　(2) $g \circ f$　　(3) $f \circ f$　　(4) $g \circ g$

$y = f(x) \Rightarrow x = f^{-1}(y)$
$\Updownarrow$ ($y = x$ 에 대칭)
$y = f^{-1}(x)$

7. 두 함수 $f(x) = x + 2,\ g(x) = 3x - 1$이 있다.

(1) 함수 f와 g의 역함수 f^{-1}와 g^{-1}을 각각 구하여라.

(2) (1)에 의하여 $(f^{-1})^{-1} = f,\ (g^{-1})^{-1} = g$임을 확인하여라.

(3) 합성함수 $g \circ f$와 이것의 역함수 $(g \circ f)^{-1}$를 구하여라.

(4) (3)에 의하여 $(g \circ f)^{-1} = f^{-1} \circ g^{-1}$임을 확인하여라.

#1. 두 함수 $f : X \to Y,\ g : Y \to Z$는 모두 전단사함수 일 때, 합성함수 $g \circ f$의 역함수가 존재함을 설명하고 $(g \circ f)^{-1} = f^{-1} \circ g^{-1}$임을 밝혀라.

#2. 기호 $[x]$는 x를 넘지 않는 최대정수라 한다. 이 때 함수

(1) $y = [x]$　　(2) $y = x - [x]$

의 그래프를 그려보아라.

2.2 유리함수, 무리함수

음이 아닌 정수 n, 실수 $a_0, a_1, a_2, \cdots\ a_n$에 대하여

$$f(x)=a_0x^n+a_1x^{n-1}+\cdots+a_{n-1}x+a_n$$

인 함수를 다항함수(polynomial function)라 한다.

· 다항함수 $y=f(x)$에서 $f(x)$는 x에 대한 다항식

일차함수 $y=ax+b\,(a\neq0)$, 이차함수 $y=ax^2+\ bx+c\,(a\neq0)$도 다항함수이다.

상수함수 $f(x)=c\,(c$는 상수)도 0차의 다항함수로 볼 수 있다.

일차함수 $y=ax+b\,(a\neq0)$의 그래프는 기울기가 a, y절편이 b인 직선이고 $a>0$일 때 x값이 증가함에 따라 y값도 증가하는 함수이고, $a<0$일 때 x값이 증가함에 따라 y값은 감소하는 함수이다.

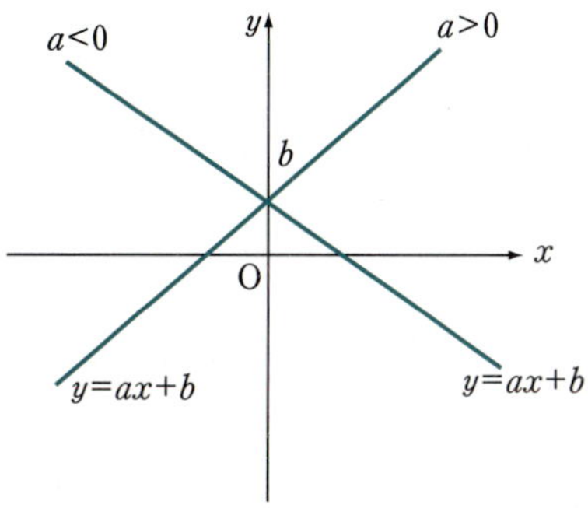

이차함수 $y=ax^2+bx+\ c\,(a\neq0)$은 완전제곱에 따라 변형하면

$$y=a\left(x+\frac{b}{2a}\right)^2-\frac{b^2-4ac}{4a}$$

이므로 이 이차함수의 그래프는 $y=ax^2$의 그래프를 x축 방향으로 $-\dfrac{b}{2a}$만큼, y축 방향으로 $-\dfrac{b^2-4ac}{4a}$만큼 평행이동한 것이다. 그러므로 이 이차함수의 그래프는 꼭짓점의 좌표가 $\left(-\dfrac{b}{2a},\ -\dfrac{b^2-4ac}{4a}\right)$이고 대칭축이 직선 $x=-\dfrac{b}{2a}$인 포물선이다.

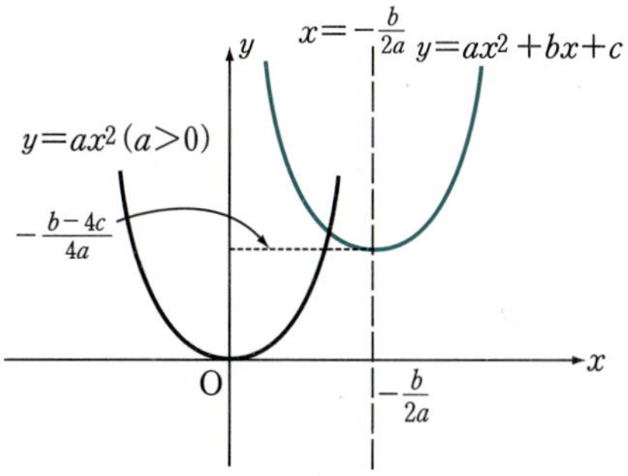

또 이 포물선의 그래프는 $a>0$일 때 아래로 볼록하고, $a<0$일 때 위로 볼록함을 알 수 있다.

그리고 이 함수는 $a>0$이면 최솟값, $a<0$이면 최댓값을 갖는다.

· $y=ax^2+bx+c$ $(a\neq0)$은 $a>0$이면 $x=-\dfrac{b}{2a}$일 때 최솟값 $-\dfrac{b^2-4ac}{4a}$ $a<0$이면 $x=-\dfrac{b}{2a}$일 때 최댓값 $-\dfrac{b^2-4ac}{4a}$를 갖는다.

이차함수에 대한 몇 가지 기본 예제를 풀어보자.

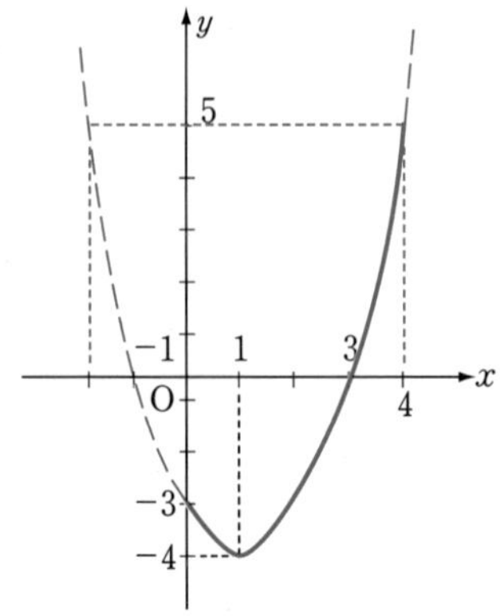

예제 2.1 함수 $f(x)=x^2-2x-3(0\leq x\leq 4)$의 최댓값과 최솟값을 구하여라.

풀이 $y=f(x)=x^2-2x-3=(x-1)^2-4$

$f(0)=-3,\ f(1)=-4,\ f(4)=5$

$x=1$일 때 최솟값 -4

$x=4$일 때 최댓값 5 ■

예제 2.2 이차함수 $y=x^2-2x$의 그래프와 직선 $y=ax-4$가 서로 다른 두 점에서 만나기 위한 a 값의 범위를 구하여라.

• $\begin{cases} y=ax^2+bx+c\ (a\neq 0) \\ y=px+q \quad\quad (p\neq 0) \end{cases}$
이 두 그래프 위치관계는 이차방정식
$ax^2+bx+c=px+q$
에 대하여
(i) 두 점에서 만날 조건
$D>0$
(ii) 접할 조건
$D=0$
(iii) 만나지 않을 조건
$D<0$

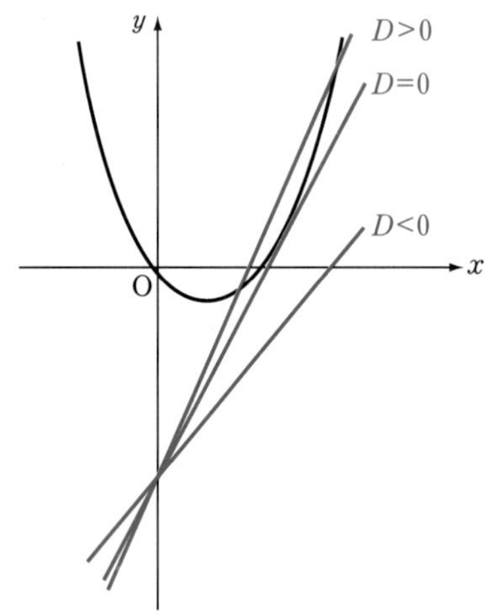

풀이 이차함수와 직선의 식에서 y를 소거

$$x^2-2x=ax-4$$
$$x^2-(a+2)x+4=0$$

이 이차방정식의 판별식 D가 $D>0$이어야 하므로

$$D=(a+2)^2-16=a^2+4x-12$$
$$=(a+6)(a-2)>0$$

즉, $a<-6,\ a>2$ ■

예제 2.3 이차부등식 $x^2-2(k-2)x+k(2k-1)>0$이 모든 실수 x에 대하여 항상 성립할 실수 k 값에 대하여 설명하여라.

• $ax^2+bx+c>0(a\neq 0)$
이 항상 성립할 조건
$a>0, D<0$

• $ax^2+bx+c<0(a\neq 0)$
이 항상 성립할 조건
$a<0, D<0$

풀이 $y=x^2-2(k-2)x+k(2k-1)$로 할 때, 모든 실수 x에 대하여 항상 $y>0$, 즉 이 이차함수의 그래프가 x축 위에만 존재하기 때문에 x축($y=0$)과 만나지 않아야 하므로 이차방정식

$$x^2-2(k-2)x+k(2k-1)=0$$

이 허근을 갖는 경우, 즉 $D<0$인 경우이다.

$$\frac{D}{4}=(k-2)^2-k(2k-1)<0$$
$$(k-1)(k+4)>0$$

따라서, 구하는 k 값의 범위는

$$k<-4,\ k>1$$ ■

유리함수 $y=f(x)$에서 $f(x)$가 x에 대한 분수식으로 나타낼 때 이 함수를 분수함수(fractional fuction)라 한다. 이제 이 분수함수의 그래프에 대하여 알아보자.

• 유리함수 [다항함수 / 분수함수]

분수함수 $y=\frac{k}{x}(k\neq 0)$의 그래프는 k의 값이 정해지면 $x(x\neq 0)$의 값에 대응하는 y의 값을 구하여 대응표를 만들어 그린다. 이 때 그려진 도형은 쌍곡선임을 알 수 있다. 이 그래프는 x의 절댓값이 커지면 커질수록 x축에, 작아지면 작아질수록 y축에 가까워진다. 이렇게 곡선 위의 점이 원점에서 멀어질수록 일정한 직선에 가까워질 때 이 직선을 점근선(asymptote)이라 한다.

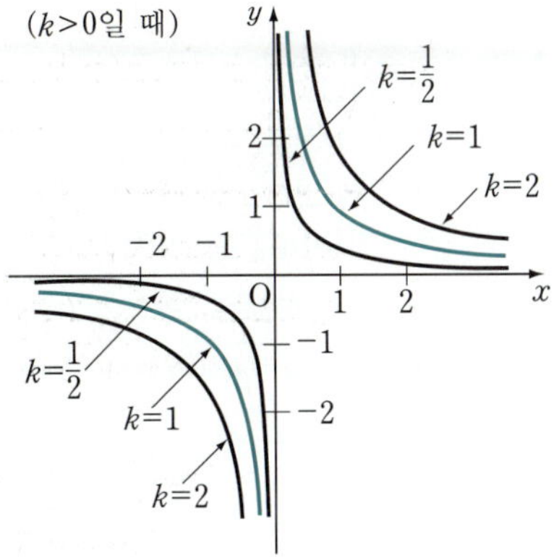

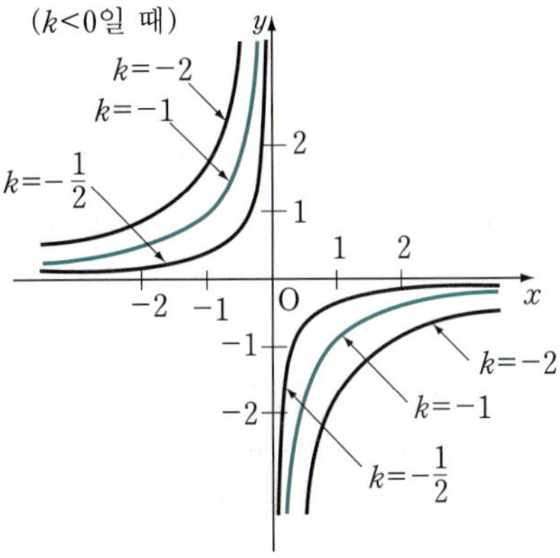

• $y=\frac{k}{x}(k\neq 0)$의 그래프
① 정의역, 치역은 $R-\{0\}$
② $k>0$이면 제1, 3사분면에 $k<0$이면 제2, 4분면에 있다.
③ 원점 또는 직선 $y=x$에 대칭인 쌍곡선
④ x축$(y=0)$, y축$(x=0)$이 점근선

따라서 분수함수 $y=\frac{k}{x}$의 그래프에서 점근선은 x축$(y=0)$, y축$(x=0)$임을 알 수 있다.

분수함수 $y=\frac{k}{x}$의 역함수는 자기 자신이다. 따라서 이 분수함수의 그래프는 직선 $y=x$에 대하여 대칭이다.

예제 2.4 분수함수 $y=\frac{1}{x}$의 그래프를 그려라.

풀이 x의 값을 $y=\frac{1}{x}$에 대입하여 이 x값에 대응하는 y값을 구하여 대응표를 만들고 이 표에 따라 그래프를 그리면 된다.

x	⋯	-3	-2	-1	1	2	3	⋯
y	⋯	$-\frac{1}{3}$	$-\frac{1}{2}$	-1	1	$\frac{1}{2}$	$\frac{1}{3}$	⋯

■

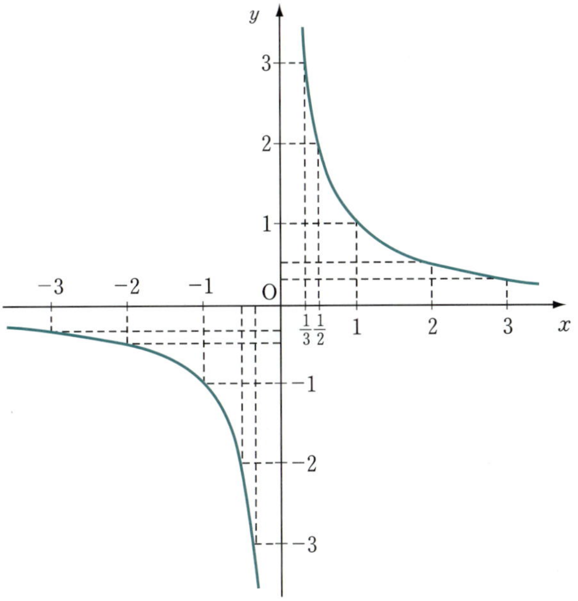

• $y=\dfrac{k}{x-p}+q$ 의 꼴로 변형한다.

예제 2.5 분수함수 $y=\dfrac{2x-1}{x-1}$ 의 그래프를 그리고 점근선의 방정식을 구하여라.

풀이 $y=\dfrac{2x-1}{x-1}=\dfrac{2(x-1)+1}{x-1}$
$=\dfrac{1}{x-1}+2$

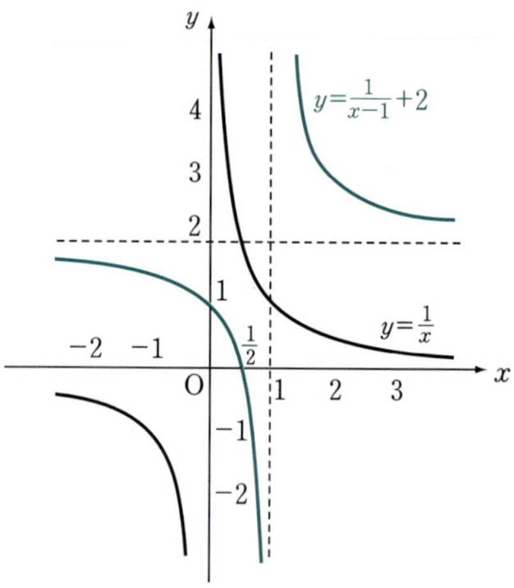

주어진 함수는 $y=\dfrac{1}{x}$ 의 그래프를 x축 방향으로 1만큼, y축 방향으로 2만큼 평행이동한 것이다. 그러므로 점근선의 방정식은

$$x=1,\ y=2$$

임을 알 수 있다. ■

일반적으로 분수함수 $y=\dfrac{ax+b}{cx+d}$ 의 그래프는 위 예제 2.5와 같은 방법으로 변형하여

$$y=\frac{k}{x-p}+q\,(k\neq 0)$$

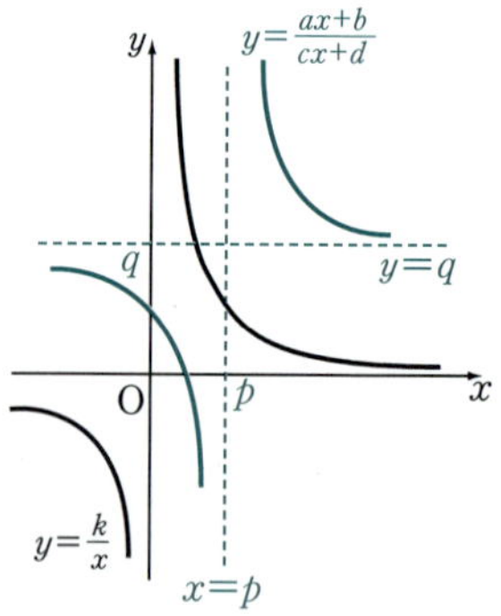

의 꼴로 만들면 분수함수 $y=\dfrac{k}{x}$ 의 그래프를

x축 방향으로 p만큼,
y축 방향으로 q만큼

평행이동한 쌍곡선이다. 따라서 점근선의 방정식은

$$x=p,\ y=q$$

가 된다.

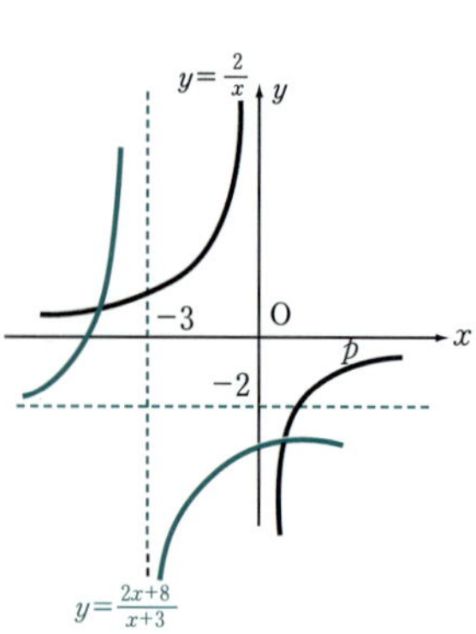

예제 2.6 분수함수 $y=-\dfrac{2x+8}{x+3}$ 의 그래프는 $y=\dfrac{-2-2(x+3)}{x+3}$

즉, $y=-\dfrac{2}{x+3}-2$ 이므로 $y=-\dfrac{2}{x}$ 의 그래프를 x축 방향으로 −3, y축 방향으로 −2만큼 평행이동한 쌍곡선이고, 점근선은 $x=-3,\ y=-2$이다. ■

함수 $y=f(x)$에서 $f(x)$가 x에 대한 무리식으로 나타낼 때 이 함수를 무리함수(irrational function)이라 한다. 무리함수에서 근호 안이 0 또는 양이어야 한다.

• $y=\sqrt{x-2}$ 에서 $x-2\geq 0$ 즉, $x\geq 2$. 따라서 정의역은 $\{x|x\geq 2\}$

이제 무리함수의 그래프를 그려 보자.

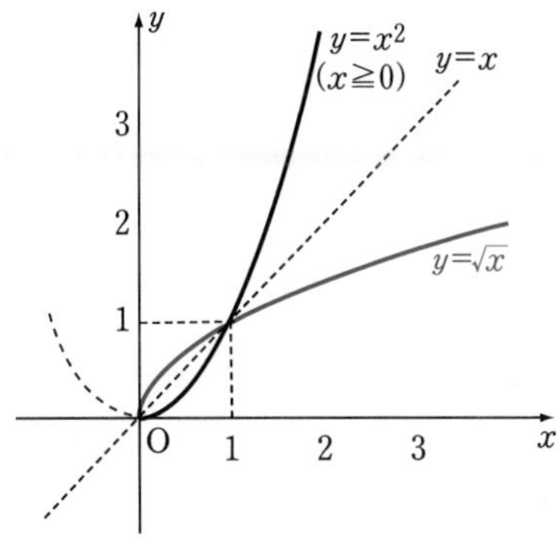

함수 $y=x^2$에서 정의역을 $\{x|x\geq 0\}$으로 정하면 치역은 $\{y|y\geq 0\}$이고, 전단사함수가 된다. 따라서 역함수가 존재하고 이를 구하면 무리함수 $y=\sqrt{x}$ 이고 정의역은 $\{x|x\geq 0\}$이다.

따라서 $y=\sqrt{x}$ 의 그래프는 $y=x^2(x\geq 0)$의 그래프와 직선 $y=x$에 대하여 대칭임을 알 수 있다.

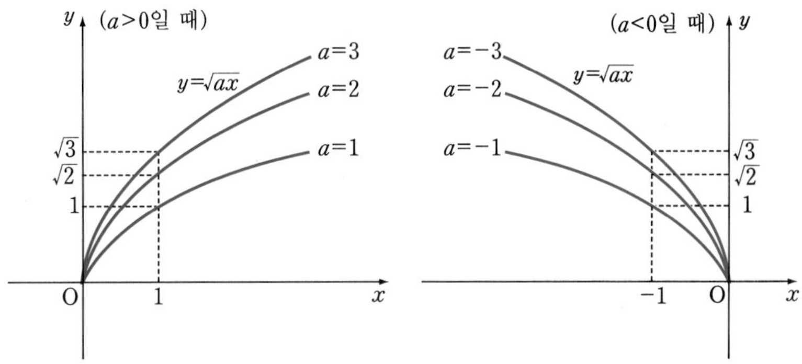

일반적으로 무리함수

$$y=\sqrt{ax}$$

에서 $ax\geq 0$이므로 정의역은

$$a>0\text{일 때, } \{x|x\geq 0\}$$
$$a<0\text{일 때, } \{x|x\leq 0\}$$

이고 치역은

$$\{y|y\geq 0\}$$

이다.

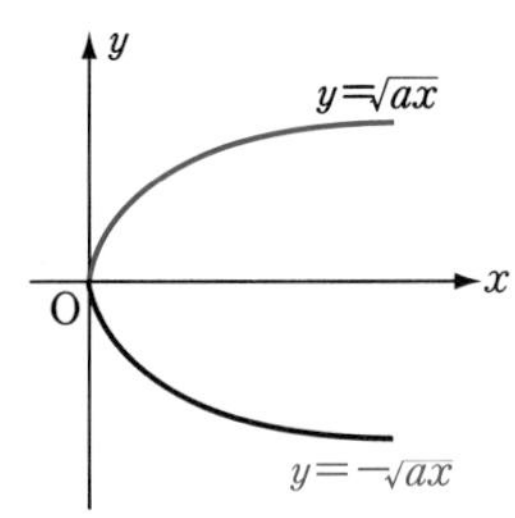

a의 값에 따라 이 무리함수의 그래프는 위와 같다.

무리함수 $y=\sqrt{ax}\,(a\neq 0)$와 무리함수 $y=-\sqrt{ax}$는 x축에 대하여 서로 대칭이다.

또 $y=\sqrt{ax}\,(a\neq 0)$의 역함수는 $y=\dfrac{1}{a}x^2(x\geq 0)$이고 그 그래프와 역함수의 그래프는 직선 $y=x$에 대하여 대칭이다.

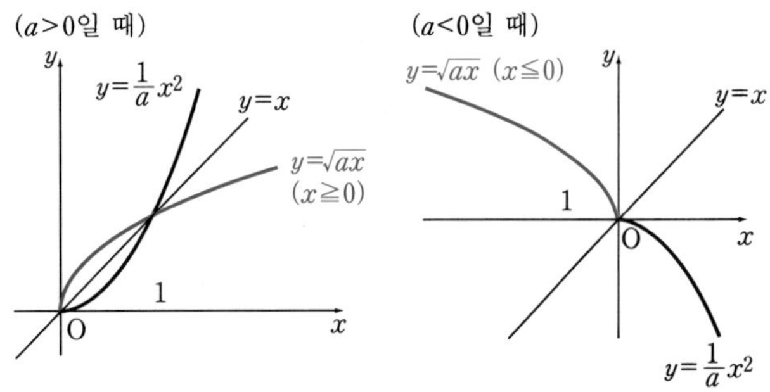

• $y=\sqrt{ax+b}+c$ 는
$y=\sqrt{a\left(x+\frac{b}{a}\right)}+c$
의 꼴로 변형한다.

예제 2.7 무리함수 $y=\sqrt{2x+1}+3$ 의 그래프에 대하여 설명하여라.

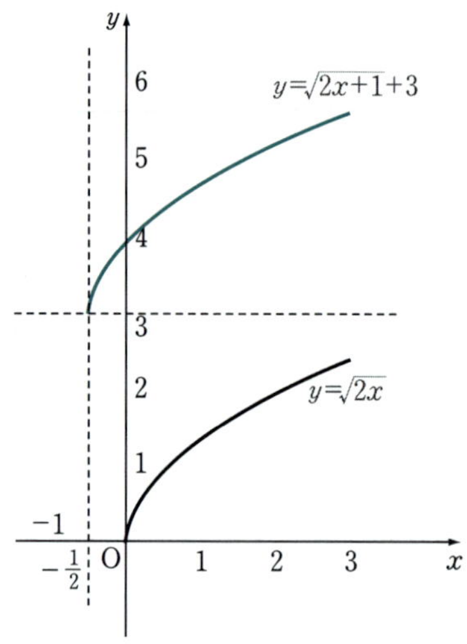

풀이 $y=\sqrt{2x+1}+3$ 에서 $2x+1\geq 0$

즉, 정의역은 $\left\{x \middle| x\geq -\frac{1}{2}\right\}$

또 치역은 $\{y|y\geq 3\}$이다. 따라서

$$y=\sqrt{2x+1}+3$$
$$\sqrt{2\left(x+\frac{1}{2}\right)}+3$$

이다. 주어진 무리함수의 그래프는 무리함수 $y=\sqrt{2x}$ 의 그래프를 x축 방향으로 $-\frac{1}{2}$만큼, y축 방향으로 3만큼 평행이동 한 것이다.

정의역은 $\left\{x \middle| x\geq -\frac{1}{2}\right\}$이고 치역은 $\{y|y\geq 3\}$ 임을 알 수 있다. ■

일반적으로 무리함수 $y=\sqrt{ax+b}+c\,(a\neq 0)$는 변형하면

$$y=\sqrt{a\left(x+\frac{b}{a}\right)}+c$$

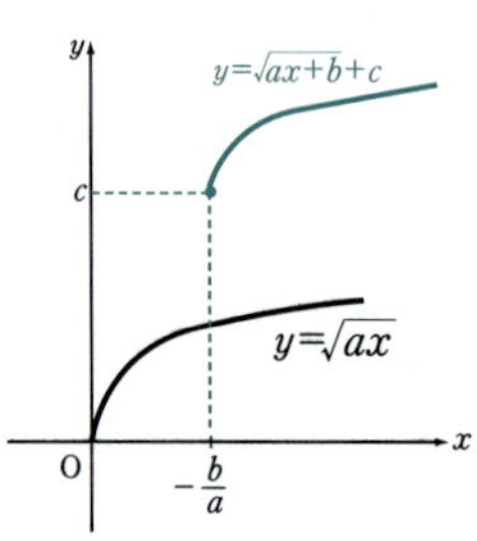

이다. 따라서 무리함수 $y=\sqrt{ax+b}+c\,(a\neq 0)$의 그래프는 무리함수 $y=\sqrt{ax}$의 그래프를

$$x\text{축 방향으로 } -\frac{b}{a}\text{만큼, } y\text{축 방향으로 } c\text{만큼 평행이동}$$

한 것임을 알 수 있다.

또 $y=\sqrt{ax+b}+c$의 근호 안이 0 또는 양수이어야 하므로

$$ax+b\geq 0$$

이다. 그러므로 무리함수 $y=\sqrt{ax+b}+c$의 정의역은

$$a>0\text{일 때 } \left\{x \middle| x\geq -\frac{b}{a}\right\},\quad a<0\text{일 때 } \left\{x \middle| x\leq -\frac{b}{a}\right\}$$

이고 치역은 $\{y|y\geq c\}$가 된다.

예제 2.8 무리함수 $y=-\sqrt{2x+4}-3$의 그래프는 $y=-\sqrt{2(x+2)}-3$이므로 무리함수 $y=-\sqrt{2x}$의 그래프를

x축 방향으로 -2만큼, y축 방향으로 -3만큼

평행이동한 것이다.

또 근호 안의 식 $2x+4$가 0 또는 양이어야 하므로 정의역은 $\{x \mid x \geq -2\}$이다. 그리고 치역은 $\{y \mid y \leq -3\}$이다. ■

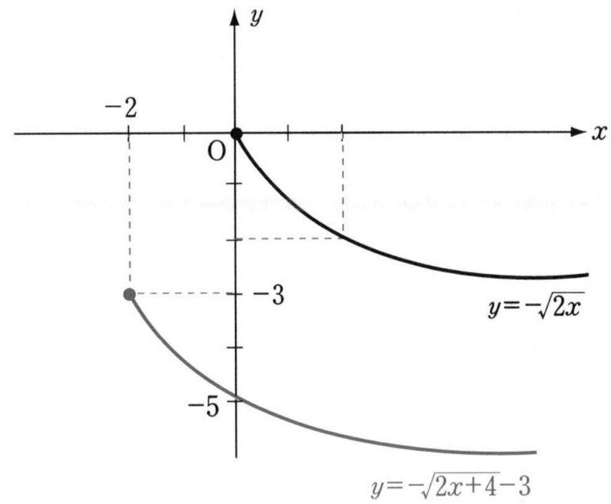

일반적으로 x에 대한 다항식 $P_0(x), P_1(x), \cdots, P_n(x)$로 이루어진 방정식

$$P_0(x)y^n + P_1(x)y^{n-1} + \cdots + P_{n-1}(x)y + P_n(x) = 0$$

으로 정하여지는 함수 $y=f(x)$를 대수함수(algebraic function)라 한다.

이에 반하여 대수함수가 아닌 함수를 초월함수(transcendental function)라 한다.

삼각함수, 지수함수, 로그함수 등은 초월함수이다.

함수 $y=f(x)$에 대하여 구간 (a, b)에서 「$a<x_1<x_2<b$이면 $f(x_1) \leq f(x_2)$」이 성립할 때, 이 함수는 (a, b)에서 단조증가(monotone increasing)한다고 하고, 「$a<x_1<x_2<b$이면 $f(x_1) \geq f(x_2)$」이 성립할 때, 이 함수는 (a, b)에서 단조감소(monotone decreasing)한다고 한다.

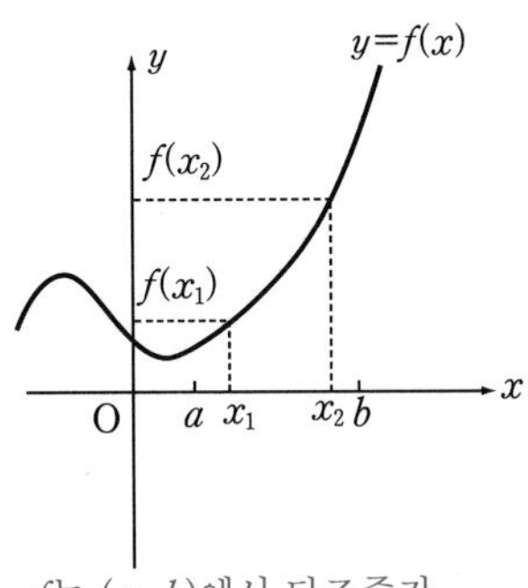

f는 (a, b)에서 단조증가

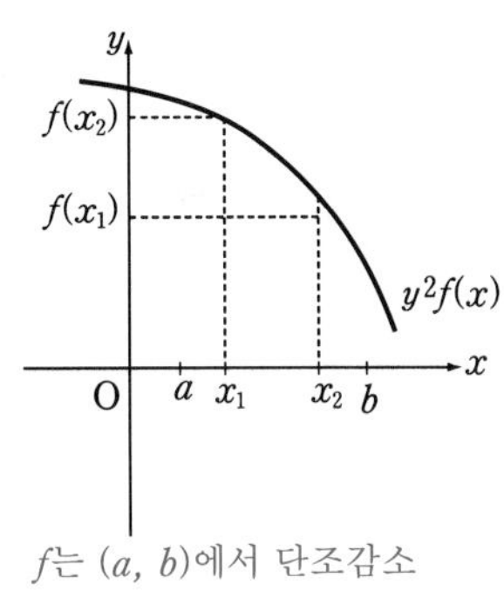

f는 (a, b)에서 단조감소

또 y가 종속변수이고 $f(x, y)=0$의 모양으로 정의되는 함수를 음함수(implicit function)라 한다. 이에 비하여 y가 종속변수이고 $y=f(x)$의 모양으로 정의되는 함수를 양함수(explicit function)라 한다.

예를 들어 음함수 $x^2+y^2=4$을 변형하면 양함수 $y=\sqrt{4-x^2}$과 $y=-\sqrt{4-x^2}$을 얻는다.

연습문제 2.2

구간의 끝점에서의 y값, 꼭지점의 y좌표를 비교한다.

1. 함수 $f(x) = -x^2 + 4x\,(-1 \le x \le 3)$의 최댓값과 최솟값을 구하여라.

$D<0$

2. 함수 $y = -x^2$의 그래프와 직선 $y = ax + 9$가 서로 만나지 않기 위한 실수 a 값의 범위를 정하여라.

$D<0$

3. 부등식 $x^2 + (k+4)x + (k+7) > 0$이 모든 실수 x에 대하여 항상 성립하도록 k 값의 범위를 정하여라.

(분모)$\neq 0$

4. 다음 분수함수의 정의역을 말하여라.

(1) $y = \dfrac{1}{x-1}$　(2) $y = \dfrac{x}{2x+3}$　(3) $y = \dfrac{2x-1}{x-3}$

5. 다음 분수함수에 대하여 대응표를 만들고 그 그래프를 그려라.

(1) $y = -\dfrac{1}{x}$　(2) $y = \dfrac{2}{x}$　(3) $y = \dfrac{1}{2x}$

$y = \dfrac{k}{x-p} + q$의 꼴로 변형하여 관찰한다.

6. 다음 분수함수의 그래프를 그리고, 점근선의 방정식을 구하여라.

(1) $y = \dfrac{2x+1}{x+2}$　(2) $y = -\dfrac{2(x-2)}{x-3}$　(3) $y = -\dfrac{x-3}{x-2}$

근호($\sqrt{\quad}$)안은 0 또는 양수, 즉 0 이상

7. 다음 무리함수의 정의역, 치역을 말하여라.

(1) $y = -\sqrt{3x}$　(2) $y = \sqrt{x+3}$　(3) $y = \sqrt{3x-2} - 1$

$y = \sqrt{a\left(x + \dfrac{b}{a}\right)} + c$

8. 다음 함수의 그래프를 그려라.

(1) $y = \sqrt{-2x+3} - 4$

(2) $y = -\sqrt{2x-4} + 3$

9. 다음 함수의 역함수를 구하고, 각각 정의역과 치역을 말하여라.

(1) $y = \dfrac{x+1}{1-x}$

(2) $y = \sqrt{x+1} - 2$

03 삼각함수
三角函數, Trigonometric Functions

이집트(Egypt)와 메소포타미아(Mesopotamia)에서 가장 일찍 삼각법(trigomometry)을 사용한 기록을 발견하였다고 한다.

바빌로니아(Babylonia)에서는 오늘날 사용하고 있는 sec(secant)와 같은 비를 사용한 것으로 추정되는 내용이 돌에 새겨진 것을 발견하였는데 이 돌은 1900~1600 B.C 때의 것으로 생각하고 있다.

1650 B.C 경에 발견된 이집트의 한 파피루스에 쓰여진 내용에서 이집트 피라밋(pyramid)에 적용한 삼각형의 변의 비에 해당한 내용이 있다고 한다.

그렇지만 이집트나 바빌로니아 어느 곳에서도 각의 크기를 사용하지 않았다.

히포크라스 시대 그리스인들에 의하여 원의 호의 길이 (또는 그 호에 대한 중심각의 크기)와 그 호에 대한 현의 길이 사이의 관계가 연구되어지고 있었다.

프톨레마이우스(Claudius Ptolemaeus)는 책 「알마게스트」(Almagest, A.D 140)에 $\frac{1}{4}^{\circ}$에서 90°까지의 각에 대한 현의 길이를 계산하여 표로 만들어 기록하였다.

수와 마찬가지로 삼각법은 인도의 수학자들로부터 아랍수학자들을 거쳐 12세기에 유럽에 전하여 졌다. 예를 들면 인도의 수학자들은 현의 길이를 반으로 하여 계산한 것을 그리스에서 더 발전되어졌다.

이 때 인도에서 원은 지름이 정하여진 것에서 생각하였다.

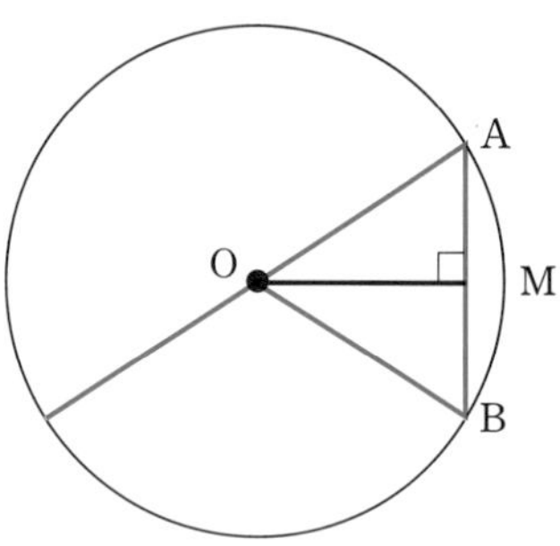

오른쪽 그림에서 현 AB의 반은 AM일 때, 이것은 지름을 2로 정하면 즉 반지름의 길이가 1이면 △OAM에서

$$\sin\angle AOM = \frac{\overline{AM}}{\overline{OA}} = \frac{\overline{AM}}{1} = \overline{AM}$$

이 되어 사인함수를 생각할 수 있다.

오늘날의 삼각법은 르네상스 때의 독일의 수학자, 천문학자 레기오몬타누스(Regiomontanus; 1436-1476)의 노력으로 비롯된다. Johann Müller가 본명이지만 라틴어로 불려지기를 희망해서 사용한 이름인가 보다.

1533년 출판한 그의 저서「삼각형 모든 종류에 관하여」(*De friangulis omni modis*)에서 삼각법을 이용하여 그의 주장을 최초로 내세웠다.

또 오늘날 사용하고 있는 사인법칙, 코사인법칙 등에 대한 설명 외에도 천체의 삼각법에 대한 연구결과의 자세한 설명을 기록한 저서를 출간하여 오늘의 학문연구에 공헌한 바 크다.

3.1 호도법

평면 위의 반직선 OP가 점 O를 중심으로 고정된 반직선 OX에서부터 회전한다고 하자. 이 때 반직선 OX를 시초선(initial ray), 회전하는 반직선 OP를 동경(radius vector)이라 하고, 동경 OP가 회전하는 방향은, 시계바늘 회전방향과

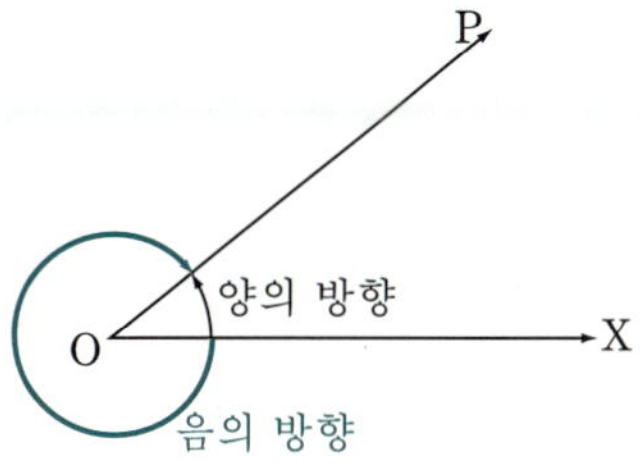

반대방향을 양의 방향(positive direction),
같은방향을 음의 방향(negative direction)

이라 하며, 각으로 나타낼 때, 음의 방향의 각에 – 부호를 붙이고 양의 방향의 각은 + 부호를 생략하고 이 때의 각을 각각 음의 각(negateve angle), 양의 각(positive angle)이라 한다.

$\angle XOP = 60^\circ$ 라 할 때, 이 각 XOP의 크기는 60° 이외에도

$$-660^\circ, \quad -300^\circ, \quad 420^\circ, \quad 780^\circ, \quad \cdots$$

등 여러 가지로 나타낼 수 있다.

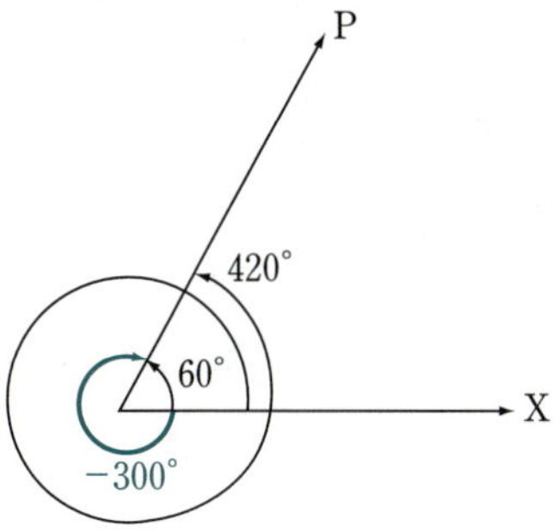

일반적으로 $\angle XOP$의 크기의 하나가 α° 이면

$$\alpha^\circ + 360^\circ \times n \ (n\text{은 정수})$$

와 같이 나타내는 각을 동경 OP가 나타내는 일반각(general angle)이라 한다.

반지름의 길이가 r인 원 O의 호 AB의 길이도 r일 때, 호의 길이는 중심각의 크기에 비례하므로 $\alpha^\circ : 360^\circ = r : 2\pi r$, 즉 $\alpha^\circ = \frac{180^\circ}{\pi}$ 이다. 이 $\frac{180^\circ}{\pi}$를 1라디안(radian)이라 하고 이를 단위로 각의 크기를 나타내는 방법을 호도법(circular measure)이라 한다.

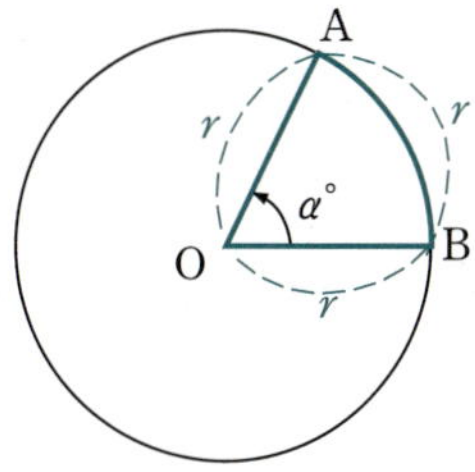

• 반지름의 길이(r)와 같은 길이의 호에 대한 중심각의 크기는 r에 관계없이 일정하다.

육십분법과 호도법으로 몇 개의 각을 나타내어 보자.

육십분법	45°	60°	120°	150°	180°	240°	270°	360°	-135°	-300°
호도법	$\frac{1}{4}\pi$	$\frac{1}{3}\pi$	$\frac{2}{3}\pi$	$\frac{5}{6}\pi$	π	$\frac{4}{3}\pi$	$\frac{3}{2}\pi$	2π	$-\frac{3}{4}\pi$	$-\frac{5}{3}\pi$

• $30^\circ = 30 \times \frac{\pi}{180} = \frac{\pi}{6}$
$\frac{\pi}{2} = \frac{\pi}{2} \times \frac{180^\circ}{\pi} = 90^\circ$

$\angle XOP$의 크기의 하나가 α(라디안) 일 때 동경 OP가 나타내는 일반각의 크기를 θ(θ는 실수)라 하면

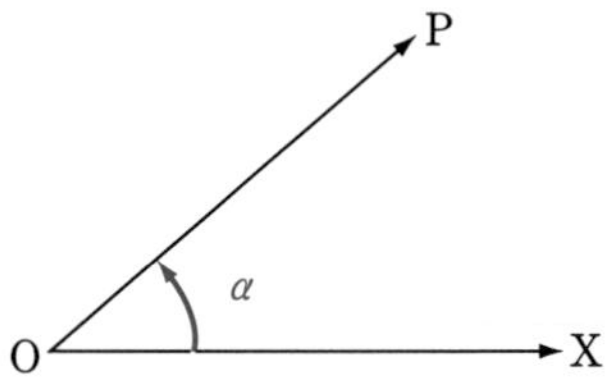

$$\theta = \alpha + 2n\pi \ (n\text{은 정수})$$

이고 α는 보통 $0 \leq \alpha \leq 2\pi$ 또는 $-\pi < \alpha \leq \pi$이다.

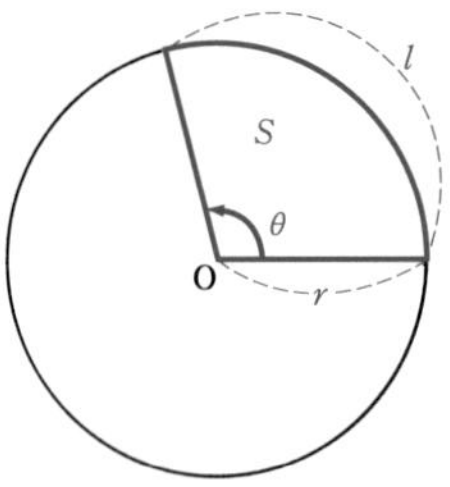

반지름의 길이가 r인 원 O에서 중심각의 크기가 θ인 부채꼴의 호의 길이를 l, 넓이를 S라 하면 호의 길이 l도, 넓이 S도 중심각의 크기 θ에 비례하므로

$$l : 2\pi r = \theta : 2\pi, \text{ 또 } S : \pi r^2 = \theta : 2\pi$$

이다. 따라서 $l = r\theta, \quad S = \frac{1}{2}r^2\theta = \frac{1}{2}rl$

연습문제 3.1

1. 다음 각은 각각 몇 사분면의 각인가?

(1) $135°$ (2) $-210°$

(3) $440°$ (4) $-410° + 360° \times n$ (n은 정수)

$1\text{라디안} = \frac{180°}{\pi}$

$1° = \frac{\pi}{180}$ 라디안

2. 다음의 빈 칸에 알맞게 써 넣어라.

육십분법	15°	90°	135°	(4)	(5)	(6)	(7)	(8)	(9)
호도법	(1)	(2)	(3)	$\frac{7}{6}\pi$	$\frac{5}{3}\pi$	$\frac{7}{4}\pi$	$-\frac{1}{4}\pi$	$-\frac{2}{3}\pi$	$-\frac{7}{6}\pi$

3. 반지름이 6cm, 중심각이 $\frac{\pi}{3}$인 부채꼴의 호의 길이 l과, 넓이 S를 구하여라.

4. 다음과 같은 부채꼴의 호의 길이 l과 넓이 S를 구하여라.

(1) 반지름 15cm, 중심각 150°

(2) 반지름 12cm, 중심각 135°

3.2 삼각함수의 정의와 성질

원점 O가 중심, 반지름의 길이가 r, 동경 OP가 나타내는 일반각은 θ라디안, 점 P의 좌표가 (x, y)이다. 이 때 r의 값에 관계없이 θ의 값에 따라 $\frac{y}{r}$, $\frac{x}{r}$, $\frac{y}{x}$ $(x\neq 0)$의 값이 오직 하나씩 정하여 진다.

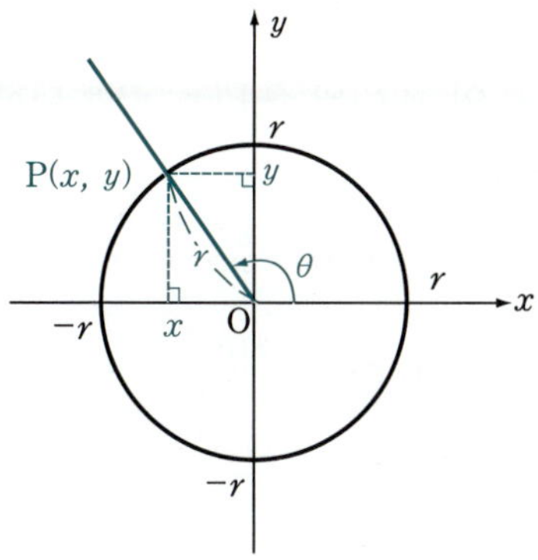

- 사인(sine)
- 코사인(cosine)
- 탄젠트(tangent)
- 코시컨트(cosecant)
- 시컨트(secant)
- 코탄젠트(cotangent)

즉, $\theta\to\frac{y}{r}$, $\theta\to\frac{x}{r}$, $\theta\to\frac{y}{x}(x\neq 0)$

와 같은 대응은 θ에 대한 함수이다.

이 함수를 차례로 θ의 사인함수, 코사인함수, 탄젠트함수라 한다.

또 $\theta\to\frac{r}{y}(y\neq 0)$, $\theta\to\frac{r}{x}(x\neq 0)$, $\theta\to\frac{x}{y}(y\neq 0)$인 대응도 함수이고 차례로 θ의 코시컨트함수, 시컨트함수, 코탄젠트함수라 한다.

이들을 차례로 나타내면 다음과 같다.

$$\sin\theta=\frac{y}{r},\qquad \cos\theta=\frac{x}{r},\qquad \tan\theta=\frac{y}{x}(x\neq 0)$$

$$\mathrm{cosec}\,\theta=\frac{r}{y}(y\neq 0),\quad \sec\theta=\frac{r}{x}(x\neq 0),\quad \cot\theta=\frac{x}{y}(y\neq 0)$$

이렇게 정의한 여섯 가지 함수를 통틀어 삼각함수(trigonometric functions)라 한다.

- $x=0$일 때 $\tan\theta$, $\sec\theta$는 정의되지 않는다.
- $y=0$일 때 $\mathrm{cosec}\,\theta$, $\cot\theta$는 정의되지 않는다.
- $\sin\theta=\frac{1}{\mathrm{cosec}\,\theta}$, $\cos\theta=\frac{1}{\sec\theta}$, $\tan\theta=\frac{1}{\cot\theta}$

삼각함수 값의 부호는 각 θ를 나타내는 동경 OP가 몇 사분면에 위치하는지, 즉 각 θ가 몇 사분면의 각인지에 따라 결정된다.

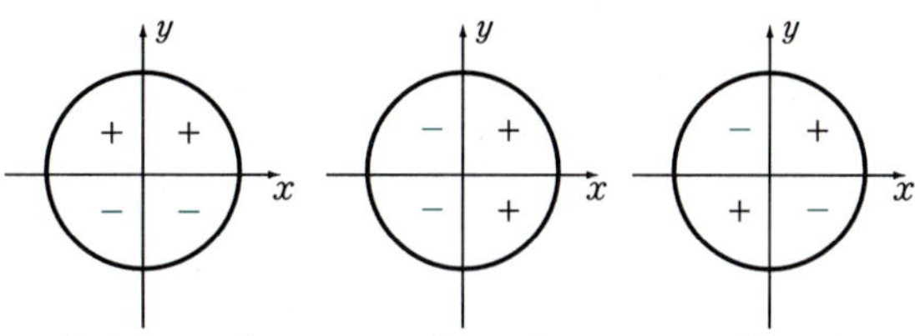

sinθ, cosecθ　　cosθ, secθ　　tanθ, cotθ

예제 2.1 원점 O와 점 P(−4, −3)를 지나는 동경이 나타내는 각 θ는 제3사분면의 각이고, $\overline{OP}=\sqrt{(-4)^2+(-3)^2}=5$이므로

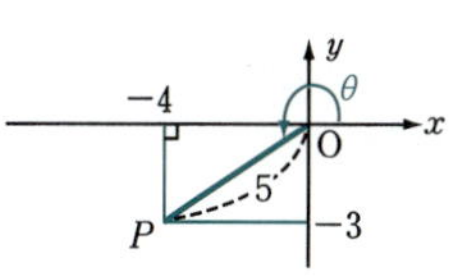

$$\sin\theta=-\frac{3}{5},\quad \cos\theta=-\frac{4}{5},\quad \tan\theta=\frac{3}{4}$$

$$\mathrm{cosec}\,\theta=-\frac{5}{3},\quad \sec\theta=-\frac{5}{4},\quad \cot\theta=\frac{4}{3}$$

■

이제 삼각함수의 몇 가지 기본 성질에 대하여 관찰한다.

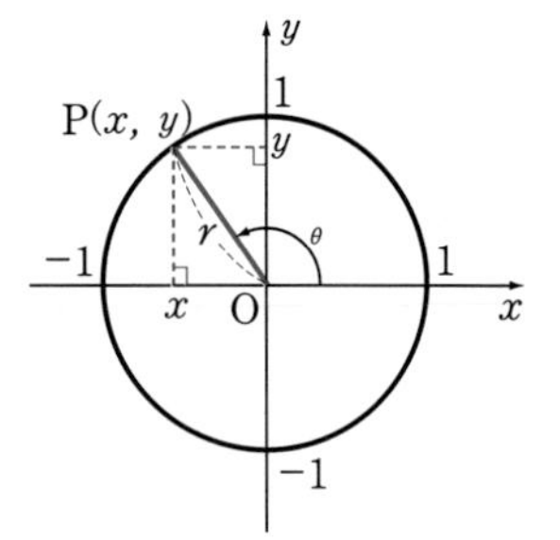

• 반지름의 길이가 1인 원을 단위원(unit circle)이라 한다.

중심이 원점이고 반지름의 길이가 1인 원이 있다. 이 원 위의 점 P(x, y)에 대하여 동경 OP를 나타내는 각이 θ이다.

이 때, $\sin\theta = \dfrac{y}{1} = y$, $\cos\theta = \dfrac{x}{1} = x$,

그리고 $\tan\theta = \dfrac{\sin\theta}{\cos\theta}$, $\cot\theta = \dfrac{\cos\theta}{\sin\theta}$

또 $x^2 + y^2 = 1$이므로 $\cos^2\theta + \sin^2\theta = 1$임을 알 수 있다.

예제 2.2 위의 단위원의 그림을 이용하여 다음을 증명하여라.

(1) $1 + \tan^2\theta = \sec^2\theta$ (2) $1 + \cot^2\theta = \mathrm{cosec}^2\theta$

증명 (1) $1 + \tan^2\theta = 1 + \left(\dfrac{y}{x}\right)^2 = \dfrac{x^2 + y^2}{x^2} = \dfrac{1}{x^2} = \left(\dfrac{1}{x}\right)^2 = \left(\dfrac{1}{\cos\theta}\right)^2 = \sec^2\theta$

(2) $1 + \cot^2\theta = 1 + \left(\dfrac{x}{y}\right)^2 = \dfrac{y^2 + x^2}{y^2} = \dfrac{1}{y^2} = \left(\dfrac{1}{y}\right)^2 = \left(\dfrac{1}{\sin\theta}\right)^2 = \mathrm{cosec}^2\theta$

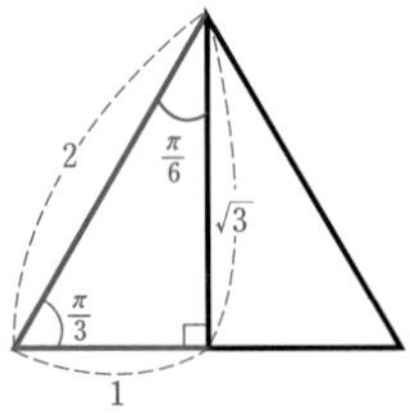

(한 변의 길이가 2인 정삼각형에서)

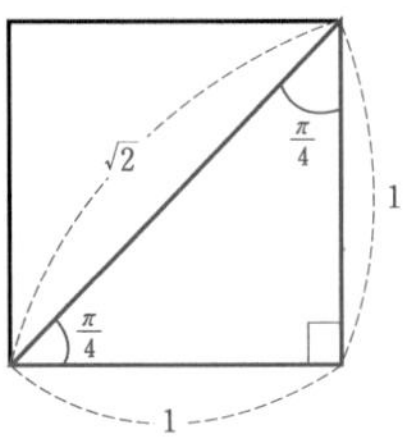

(한 변의 길이가 1인 정사각형에서)

오른쪽 그림의 단위원에서(n은 정수),

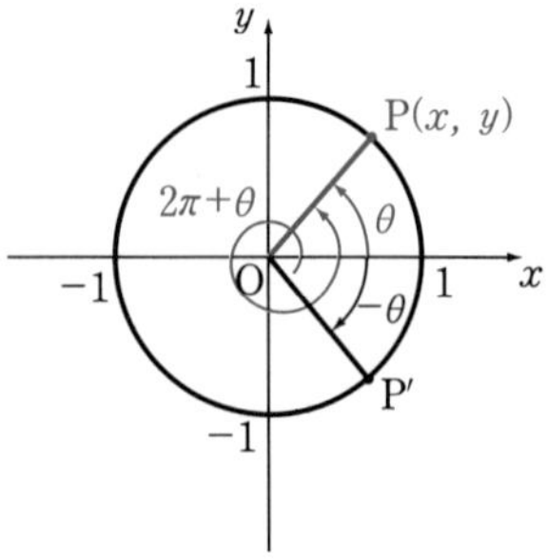

$$\sin(2n\pi + \theta) = \sin\theta$$
$$\cos(2n\pi + \theta) = \cos\theta$$
$$\tan(2n\pi + \theta) = \tan\theta$$

이다. 예를 들면

$$\sin\frac{25}{3}\pi = \sin\left(2\pi \times 4 + \frac{\pi}{3}\right) = \sin\frac{\pi}{3} = \frac{\sqrt{3}}{2}$$

$$\cos\left(-\frac{15}{4}\pi\right) = \cos\left(2\pi \times (-2) + \frac{\pi}{4}\right) = \cos\frac{\pi}{4} = \frac{1}{\sqrt{2}}$$

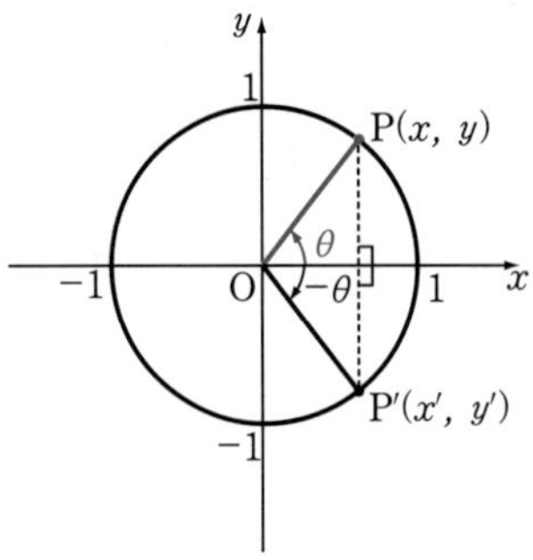

왼쪽 단위원에서,

$$\sin(-\theta) = y' = -y = -\sin\theta$$
$$\cos(-\theta) = x' = x = \cos\theta$$
$$\tan(-\theta) = \frac{y'}{x'} = \frac{-y}{x} = -\tan\theta$$

이다. 예를 들면

$$\sin\left(-\frac{\pi}{4}\right) = -\sin\frac{\pi}{4} = -\frac{1}{\sqrt{2}}$$

$$\cos\left(-\frac{\pi}{3}\right) = \cos\frac{\pi}{3} = \frac{1}{2}$$

오른쪽 그림의 단위원에서

$$\sin\left(\frac{\pi}{2}+\theta\right)=y'=x=\cos\theta$$
$$\cos\left(\frac{\pi}{2}+\theta\right)=x'=-y=-\sin\theta$$
$$\tan\left(\frac{\pi}{2}+\theta\right)=\frac{y'}{x'}=\frac{x}{-y}=-\cot\theta$$

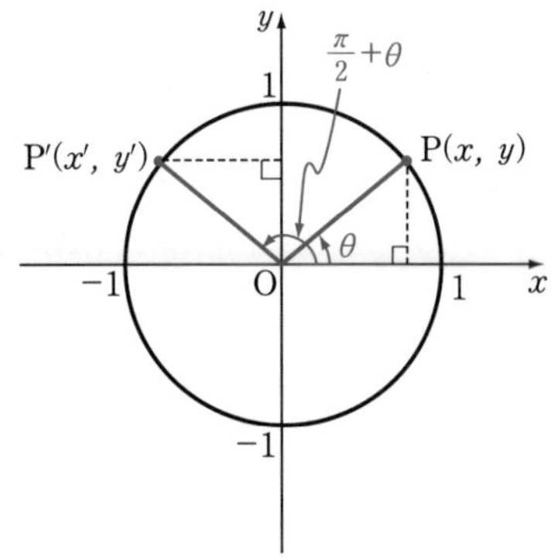

이다. 또 $\frac{\pi}{2}-\theta$의 삼각함수는 $\frac{\pi}{2}+\theta$의 삼각함수 식에 θ 대신 $-\theta$를 대입하여 정리하면 다음과 같다.

$$\sin\left(\frac{\pi}{2}-\theta\right)=\cos\theta,\ \cos\left(\frac{\pi}{2}-\theta\right)=\sin\theta,\ \tan\left(\frac{\pi}{2}-\theta\right)=\cot\theta$$

예를 들어 $\sin\frac{3}{4}\pi=\sin\left(\frac{\pi}{2}+\frac{\pi}{4}\right)=\cos\frac{\pi}{4}=\frac{1}{\sqrt{2}}$임을 알 수 있다.

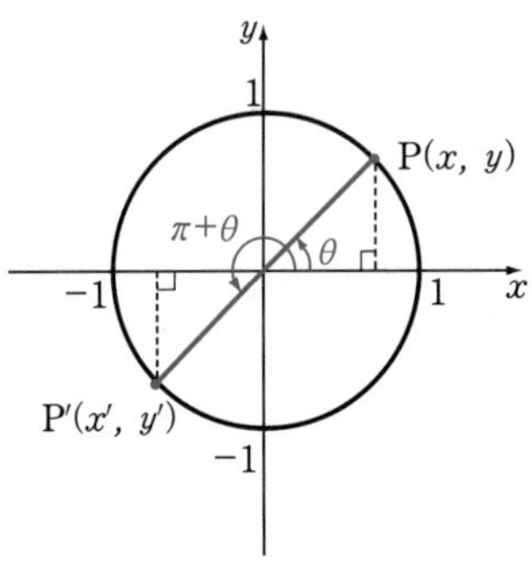

왼쪽 그림의 단위원에서

$$\sin(\pi+\theta)=y'=-y=-\sin\theta$$
$$\cos(\pi+\theta)=x'=-x=-\cos\theta$$
$$\tan(\pi+\theta)=\frac{y'}{x'}=\frac{-y}{-x}=\frac{y}{x}=\tan\theta$$

이다. 또 $\pi-\theta$의 삼각함수는 $\pi+\theta$의 삼각함수 식에 θ 대신 $-\theta$를 대입하여 정리하면 다음과 같다.

$$\sin(\pi-\theta)=\sin\theta,\ \cos(\pi-\theta)=-\cos\theta,\ \tan(\pi-\theta)=-\tan\theta$$

예를 들어, $\sin\frac{4}{3}\pi$를 $0\le\theta\le\frac{\pi}{2}$인 θ의 삼각함수로 나타내면

$$\sin\frac{4}{3}\pi=\sin\left(\pi+\frac{\pi}{3}\right)=-\sin\frac{\pi}{3}$$

이고 그 값을 구하면

$$\sin\frac{4}{3}\pi=-\sin\frac{\pi}{3}=-\frac{\sqrt{3}}{2}$$

이다.

연습문제 3.2

1. 다음 θ 값에 대한 $\sin\theta$, $\cos\theta$, $\tan\theta$의 값을 구하여라.

(1) $\theta = \frac{4}{3}\pi$ (2) $\theta = -\frac{7}{6}\pi$

(3) $\theta = \frac{5}{2}\pi$ (4) $\theta = -\frac{9}{4}\pi$

중심이 원점인 단위원을 그린다.
$\sin^2\theta + \cos^2\theta = 1$
$\tan\theta = \frac{\sin\theta}{\cos\theta}$

2. 각 θ가 제2사분면의 각이고 $\sin\theta = \frac{3}{5}$일 때, 다음 값을 구하여라.

$$\cos\theta,\ \tan\theta,\ \mathrm{cosec}\,\theta,\ \sec\theta,\ \cot\theta$$

3. $(\sin\theta - \cos\theta)^2 + (\sin\theta + \cos\theta)^2 = 2$임을 밝혀라.

4. 다음 등식이 성립함을 증명하여라.

(1) $\frac{\cot\alpha + \tan\beta}{\tan\alpha + \cot\beta} = \cot\alpha\tan\beta$

(2) $\frac{\tan\alpha + \tan\beta}{\cot\alpha + \cot\beta} = \tan\alpha\tan\beta$

(3) $\frac{\sin\alpha}{1+\cos\alpha} + \frac{1+\cos\alpha}{\sin\alpha} = \frac{2}{\sin\alpha} = 2\,\mathrm{cosec}\,\alpha$

(4) $\frac{\cos\theta}{1-\sin\theta} + \frac{1-\sin\theta}{\cos\theta} = \frac{2}{\cos\theta} = 2\sec\theta$

1(라디안) $= \frac{180^\circ}{\pi}$
$1^\circ = \frac{\pi}{180}$ (라디안)

5. (1) 405°, 210°, -315°를 호도법으로 나타내어라.

(2) $\cos 405^\circ$, $\tan 210^\circ$, $\cot(-315^\circ)$의 값을 구하여라.

6. 다음 삼각함수의 값을 구하여라.

(1) $\sin\left(-\frac{35}{6}\pi\right)$ (2) $\tan 150^\circ$

(3) $\cos\frac{2}{3}\pi$ (4) $\tan\left(-\frac{5}{6}\pi\right)$

$(\sin\theta + \cos\theta)^2$
$= 1 + 2\sin\theta\cos\theta$

7. (1) $\sin\theta + \cos\theta = \sqrt{2}$이다. $\sin\theta\cos\theta$의 값은 얼마인가?

(2) $\sin\theta - \cos\theta = \frac{1}{2}\left(0 < \theta < \frac{\pi}{2}\right)$일 때, $\sin\theta + \cos\theta$의 값은 얼마인가?

3.3 삼각함수의 그래프

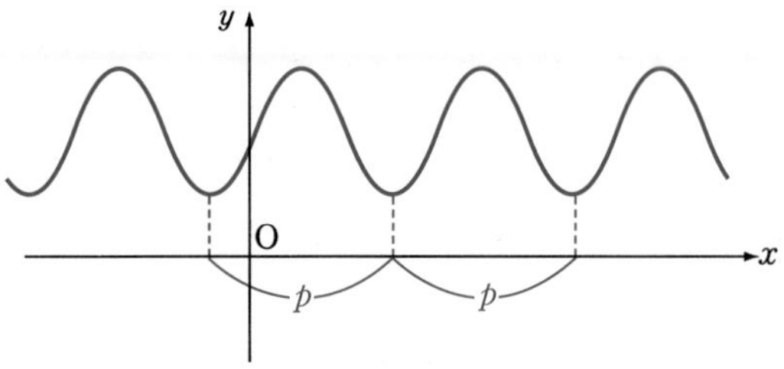

함수 $y=f(x)$에서 정의역의 임의의 원소 x에 대하여

$$f(x+p)=f(x)$$

를 만족하는 상수 $p\,(p\neq 0)$가 존재할 때, 이 $f(x)$를 p를 주기(period)로 하는 주기함수(pereodic function)라 한다.

보통 주기는 주기 중 최소의 양수를 택한다.

함수 $y=\sin x,\ y=\cos x,\ y=\tan x$에서 정수 n에 대하여

$$\sin(x+2n\pi)=\sin x,\ \cos(x+2n\pi)=\cos x,\ \tan(x+n\pi)=\tan x$$

이고 $2n\pi$ 중에서 최소의 양수는 2π, $n\pi$ 중에서 최소의 양수는 π이다. 그러므로 이 삼각함수는 다음과 같이 정리할 수 있다.

$y=\sin x,\ y=\cos x$는 주기가 2π인 주기함수,
$y=\tan x$는 주기가 π인 주기함수

예제 3.1 $y=\sin 4x$의 주기를 구하여라.

풀이 $f(x)=\sin 4x$, 주기를 p라 하면 $f(x+p)=f(x)$이므로

$$\sin 4(x+p)=\sin 4x,\ \text{즉}\ \sin(4x+4p)=\sin 4x$$

주기가 2π이므로 $4p=2\pi$이다. 즉

$$p=\frac{2\pi}{4}=\frac{\pi}{2}$$ ■

• $4x=x'$라 하면 $\sin(4x+4p)=\sin(x'+4p)$
즉
$\sin(x'+4p)=\sin x'$

좌표평면 위에 원점 O가 중심인 단위원이 있다. 각이 x인 동경과 단위원이 만난 점 P가 단위원 위를 움직일 때 $\sin x$의 값의 변화는 점 P의 y 좌표의 값의 변화와 같다. 즉 x의 값에 따라 점 P의 y 좌표가 $\sin x$이다.

따라서 $y=\sin x$의 그래프가 얻어진다.

- $y=f(x)=\sin x$ 라 하면 $f(-x)=f(x)$이므로 사인함수는 기함수이다.

여기서 함수 $y=\sin x$의 정의역은 실수의 집합 R이고, $\{y \mid -1 \le y \le 1\}$ 이 치역이다. $\sin(-x)=-\sin x$이므로 이 함수의 그래프는 원점에 대하여 대칭이다.

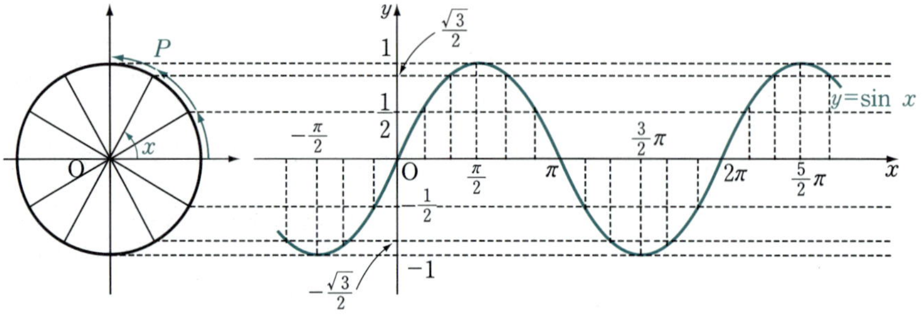

함수 $y=\cos x$의 그래프도 $y=\sin x$의 그래프와 같이 얻을 수 있는데, 단위원의 좌표축을 양의 방향으로 90° 만큼 회전시켜 그리도록 한다.

- $y=f(x)=\cos x$ 라 하면 $f(-x)=f(x)$이므로 코사인함수는 우함수이다.

함수 $y=\cos x$의 정의역과 치역은 함수 $y=\sin x$와 같다. 그리고 $\cos(-x)=\cos x$이므로 이 함수의 그래프는 y축에 대하여 대칭이다.

$\sin\left(x+\dfrac{\pi}{2}\right)=\cos x$이므로 $y=\sin x$의 그래프를 x축 방향으로 $-\dfrac{\pi}{2}$ 만큼 평행이동한 것이 $y=\cos x$의 그래프이다.

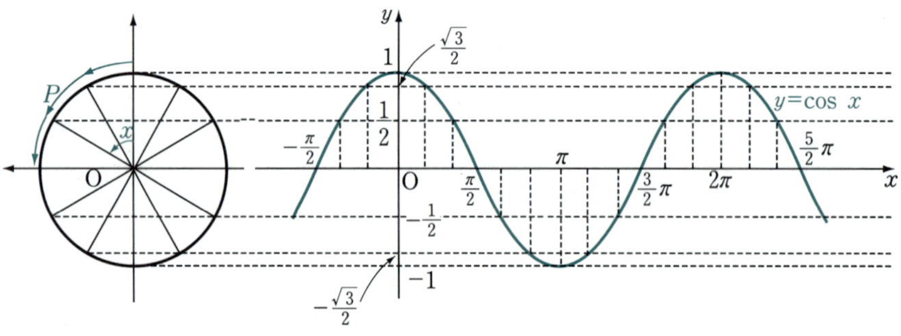

예제 3.2 함수 $y=2\cos x$의 그래프를 그려라. 그리고 최댓값과 최솟값을 구하여라.

풀이 $y=2\cos x$의 그래프는 $2\cos x$가 임의의 x에 대하여 $\cos x$의 2배이므로 $y=\cos x$의 그래프를 y축 방향으로 2배 확대한 것이다.

또 $-1 \le \cos x \le 1$이므로

$-2 \le 2\cos x \le 2$

$\therefore$ 최댓값은 2, 최솟값은 -2 ■

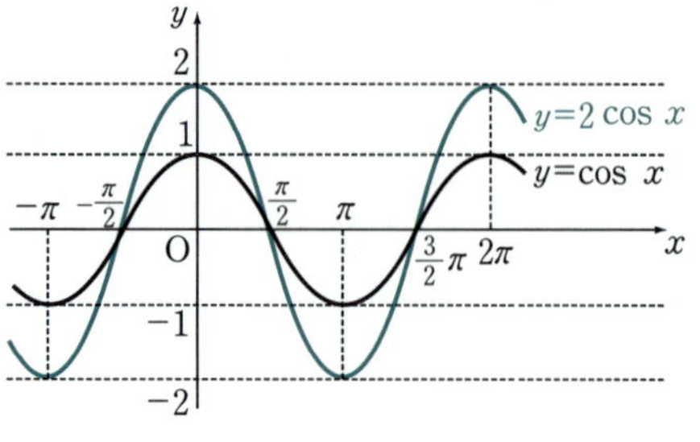

예제 3.3 함수 $y = 2\sin 2x$ 의 주기를 구하여라. 그리고 그래프를 그려라.

• $f(x+p) = f(x)$ 이면 $f(x)$는 주기가 p인 주기함수

풀이 $f(x) = 2\sin 2x$ 라 하고, 주기를 p라 하면

$$f(x+p) = 2\sin 2(x+p) = 2\sin(2x+2p) = 2\sin 2x = f(x)$$

$2x = x'$ 라 하면

$\sin(x'+2p) = \sin x'$

$y = \sin x'$ 의 주기는 2π이므로

$2p = 2\pi \quad \therefore p = \pi$ ■

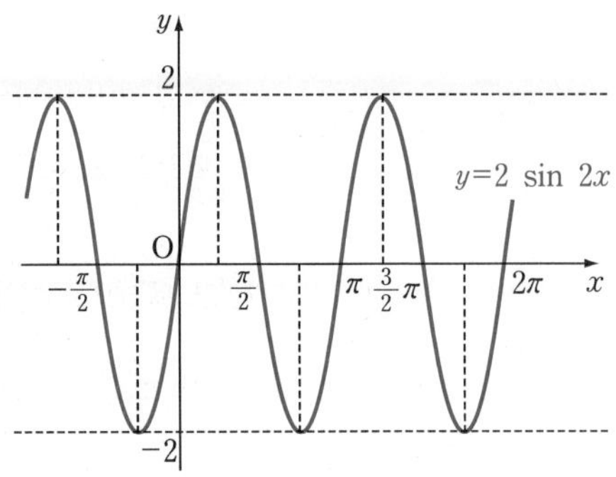

중심이 원점 O인 단위원이 있다. 각이 x인 동경과 만난 점을 P라 하고, 단위원 위의 점 (1, 0)에 이 원의 접선과 $\overline{OP}$의 연장선이 만난 점을 T라 할 때, 함수 $y = \tan x$의 y 값은 x의 값에 따라 점 T의 y좌표임을 알 수 있다.

따라서 함수 $y = \tan x$ 의 그래프는 다음과 같이 그릴 수 있다.

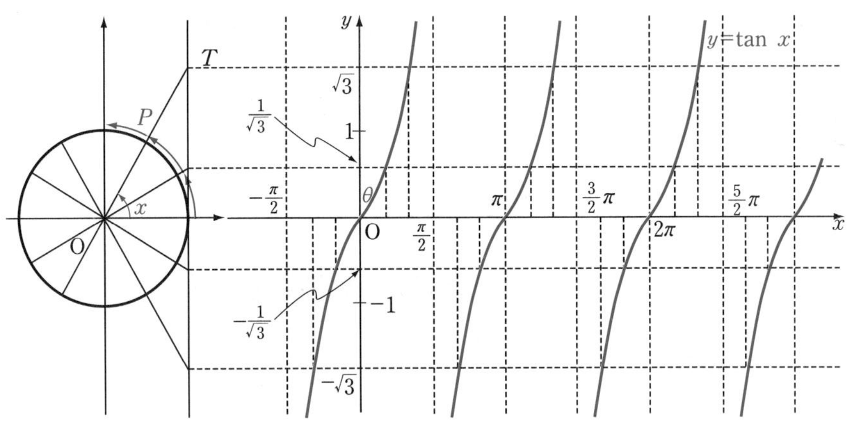

…… 즉, 정수 n에 대하여 $x = \frac{\pi}{2} + n\pi$에서 $\tan x$의 값은 정의되지 않는다.

따라서 정의역은 $\left\{x \,\middle|\, x \neq \frac{\pi}{2} + n\pi,\ n\text{은 정수}\right\}$이고, 치역은 실수의 집합 R이며 직선 $x = \frac{\pi}{2} + n\pi$는 점근선이다. 또 $\tan(x+n\pi) = \tan x$이므로 주기가 π인 주기함수이다. $\tan(-x) = -\tan x$ 이므로 이 그래프는 원점에 대하여 대칭이다.

• $f(x) = \tan x$
$f(x+n\pi) = \tan(x+n\pi) = \tan x$

• $f(-x) = \tan(-x) = -\tan = -f(x)$
이므로 $\tan x$는 기함수

예제 3.4 함수 $y=\tan\frac{1}{2}x$는 주기가 얼마인가? 이 함수의 점근선의 방정식을 구하고 그 그래프를 그려라.

• $\tan(\pi+\theta)=\tan\theta$

풀이 $f(x)=\tan\frac{1}{2}x$라 하면

$$\tan\frac{1}{2}x=\tan\left(\frac{1}{2}x+\pi\right)$$
$$=\tan\frac{1}{2}(x+2\pi)$$

이므로

$$f(x)=f(x+2\pi)$$

즉, 주기가 2π

점근선은 $\frac{1}{2}x=\frac{\pi}{2}+n\pi$에서

$$x=\pi+2n\pi$$

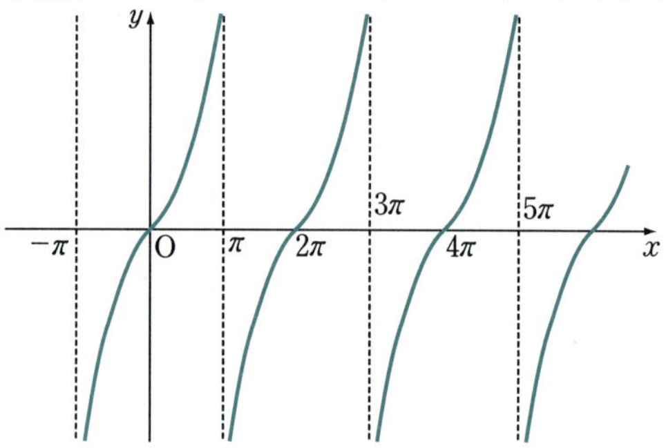

■

연습문제 3.3

$y=\sin x$, $y=\cos x$의 주기는 2π
$y=\tan x$의 주기는 π

1. 다음 함수의 주기를 각각 구하여라.

(1) $y=\sin\frac{1}{2}x$ (2) $y=\cos\frac{1}{3}x$

(3) $y=\tan 3x$

2. 다음 함수의 주기를 구하고 최댓값, 최솟값을 찾아라. 그리고 그 그래프를 그려라.

(1) $y=3\cos\frac{1}{2}x$ (2) $y=\frac{1}{2}\sin 4\left(x-\frac{\pi}{2}\right)$

3. $y=\tan(2x+\pi)$의 주기를 구하고, 그 그래프를 그려라.

$\operatorname{cosec} x=\frac{1}{\sin x}$
$\sec x=\frac{1}{\cos x}$
$\cot x=\frac{1}{\tan x}$

#1. 다음 삼각함수의 성질을 조사하고, 그 그래프를 그려라.

(1) $y=\operatorname{cosec} x$ (2) $y=\sec x$

(3) $y=\cot x$

#2. 다음 삼각방정식, 삼각부등식의 풀이에 대하여 설명하여라.

(1) $\sin\theta=\frac{1}{2}$ (2) $\cos\theta<\frac{1}{2}$ (단, $0\leq\theta<2\pi$)

3.4 사인법칙과 코사인법칙

△ABC의 세 각의 크기를 A, B, C, 이 세 각의 대변의 길이를 a, b, c라 한다.

△ABC의 세 각의 크기, 세 변의 길이, 또 △ABC의 외접원의 반지름의 길이 R 사이에 다음 관계가 성립한다.

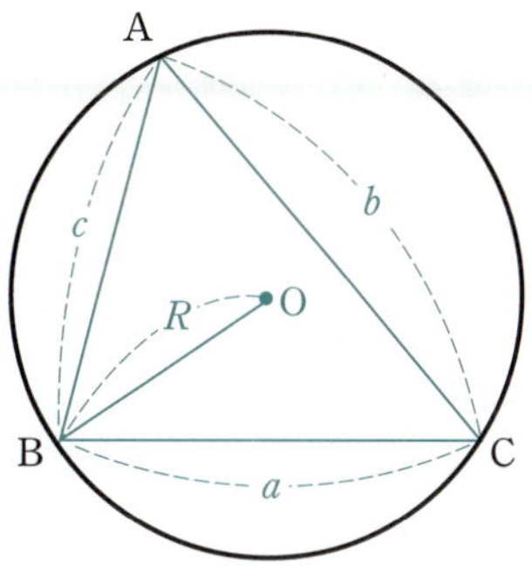

$$\frac{a}{\sin A}=\frac{b}{\sin B}=\frac{c}{\sin C}=2R$$

이것을 사인법칙(sine rule)이라 한다.

$\frac{a}{\sin A}=2R$, 변형하여 $\sin A=\frac{a}{2R}$가 성립함을 ∠A가 예각, 직각, 둔각인 세 가지 경우로 나누어 증명하자.

(i) ∠A < 90° (ii) ∠A = 90° (iii) ∠A > 90°

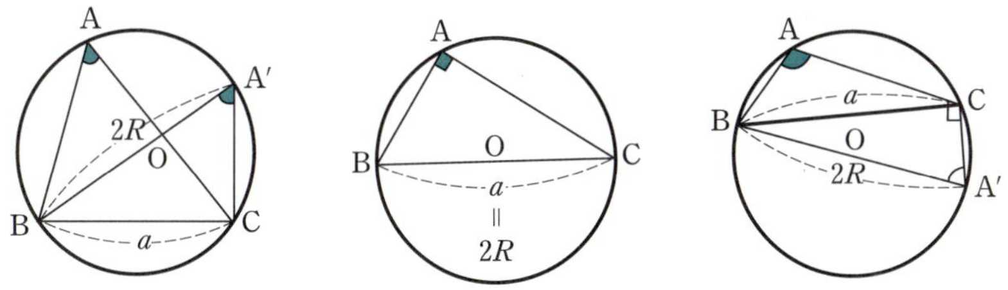

(i) ∠A < 90°일 때, A = A′, ∠A′CB = 90°

그러므로 $\sin A=\sin A'=\frac{\overline{BC}}{\overline{A'B}}=\frac{a}{2R}$

(ii) $\angle A=90°$일 때, $a=2R$, $\sin A=1$

그러므로 $\sin A=1=\frac{a}{2R}$

(iii) ∠A > 90°일 때, $A=\pi-A'$, ∠A′CB = 90°

그러므로 $\sin A=\sin(\pi-A')=\sin A'=\frac{a}{2R}$

(i), (ii), (iii)에 의하여 증명되었다.

이와 같은 방법으로, $\sin B=\frac{b}{2R}$, $\sin C=\frac{c}{2R}$임을 알 수 있다.

따라서, $$\frac{a}{\sin A}=\frac{b}{\sin B}=\frac{c}{\sin C}=2R$$

예제 4.1 $\angle B = 45°$, $\angle C = 60°$, $b = 6$ 인 $\triangle ABC$의 외접원의 반지름의 길이 R과 c의 값을 구하여라.

풀이 사인법칙에서 $\dfrac{b}{\sin B} = \dfrac{c}{\sin C} = 2R$

$\therefore \dfrac{6}{\sin 45°} = \dfrac{c}{\sin 60°} = 2R$

$\dfrac{6}{\sin 45°} = 2R$ 에서 $6\sqrt{2} = 2R \quad \therefore R = 3\sqrt{2}$

$\dfrac{c}{\sin 60°} = 2R$ 에서 $c = 2R\sin 60° = 3\sqrt{6}$ ■

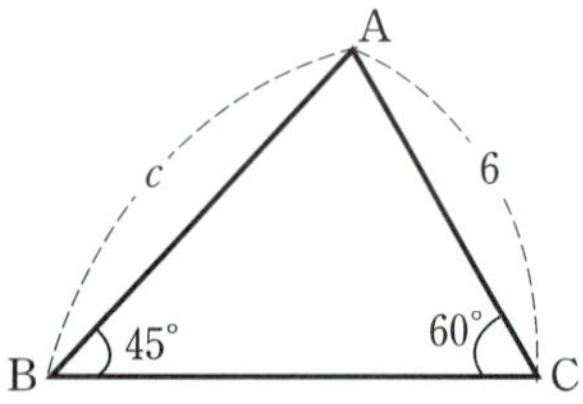

• $\cos 45° = \dfrac{1}{\sqrt{2}}$

$\sin 60° = \dfrac{\sqrt{3}}{2}$

$\triangle ABC$의 세 각의 크기 A, B, C와 이 세 각의 대변의 길이 a, b, c 사이에 다음 관계가 성립한다.

$$a = b\cos C + c\cos B \quad \cdots ①$$

$$b = c\cos A + a\cos C \quad \cdots ②$$

$$c = a\cos B + b\cos A \quad \cdots ③$$

이것을 제일코사인법칙(first cosine rule)이라 한다.

여기서 ①을 ∠B의 크기에 따라 사인법칙에서와 같이 세 가지 경우로 나누어 증명하자.

• ∠B < 90° : ∠B는 예각
∠B = 90° : ∠B는 직각
∠B > 90° : ∠B는 둔각

(i) $\angle B < 90°$ (ii) $\angle B = 90°$ (iii) $\angle A > 90°$

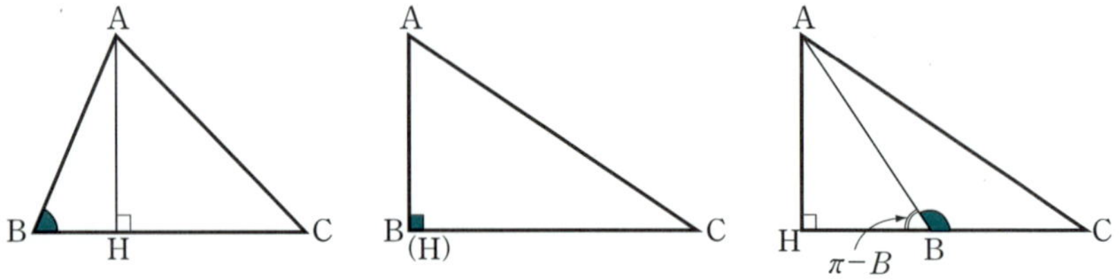

점 A에서 변 BC, 또는 그 연장선에 내린 수선의 발을 H라 한다.

(i) $\angle B < 90°$일 때, $a = \overline{BH} + \overline{HC} = c\cos B + b\cos C$

(ii) $\angle B = 90°$ 일 때, $\cos B = 0$이고, B와 H가 일치하므로

• $\overline{BH} = 0,\ c\cos B = 0$

$$a = \overline{BH} + \overline{HC} = c\cos B + b\cos C$$

(iii) $\angle B > 90°$일 때, $\cos(\pi - B) = -\cos B$이므로

$$a = \overline{HC} - \overline{BH} = b\cos C - c\cos(\pi - B) = c\cos B + b\cos C$$

따라서 ①이 증명되었다. 같은 방법으로 ②, ③이 증명된다.

제일코사인법칙에서 다음과 같은 관계를 얻을 수 있다.

$$a^2 = b^2 + c^2 - 2bc\cos A$$
$$b^2 = c^2 + a^2 - 2ca\cos B$$
$$c^2 = a^2 + b^2 - 2ab\cos C$$

이것을 제이코사인법칙(second cosine rule)이라 한다.

앞의 제일코사인법칙을 이용하면 간편하게 제이코사인법칙을 증명할 수 있다. 제일코사인법칙 ①, ②, ③에 대하여

①$\times a$ − ②$\times b$ − ③$\times c$를 계산하여 정리하면

$$a^2 - b^2 - c^2 = -2bc\cos A$$

따라서, $$a^2 = b^2 + c^2 - 2bc\cos A$$

그리고, ②$\times b$ − ①$\times a$ − ③$\times c$와 ③$\times c$ − ①$\times a$ − ②$\times b$를 각각 계산하고 정리하면 제이코사인법칙의 다른 두 식도 증명되어진다.

예제 4.2 $\triangle ABC$에서 $\angle B = 30°$, $\angle C = 45°$, $b = 5\sqrt{2}$, $c = 10$일 때 a의 값을 구하기 위하여 제일코사인법칙의 $a = b\cos C + c\cos B$에 주어진 값을 대입하면

$$a = 5\sqrt{2}\cos 45° + 10\cos 30° = 5\sqrt{2}\cdot\frac{1}{\sqrt{2}} + 10\cdot\frac{\sqrt{3}}{2} = 5 + 5\sqrt{3}$$ ■

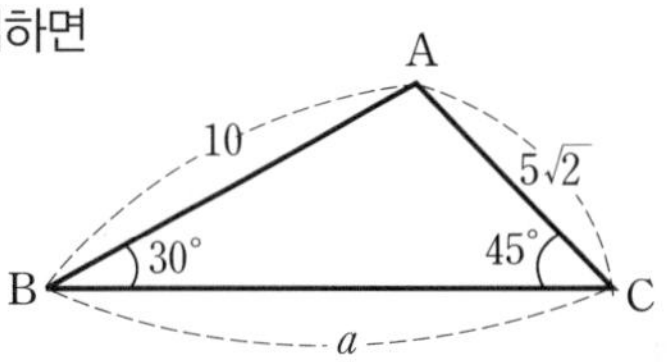

예제 4.3 $\triangle ABC$에서 $b = 4$, $c = 6$, $\angle A = 60°$일 때, a의 값은 제이코사인법칙 $a^2 = b^2 + c^2 - 2bc\cos A$에 주어진 조건을 대입하여

$$a^2 = 4^2 + 6^2 - 2\cdot 4\cdot 6\cdot\cos 60° = 28$$

$a > 0$이므로 $a = 2\sqrt{7}$과 같이 구할 수 있다. ■

$a^2 = 28$ $\therefore a = \pm\sqrt{28}$
a는 변의 길이이므로
$a > 0$ $\therefore a = \sqrt{28}$

오른쪽 그림에서 $\angle B$의 크기가 세 가지 경우 모두 $h = c\cos B$이므로 $\triangle ABC$의 넓이 S는

$$S = \frac{1}{2}ah = \frac{1}{2}ac\sin B$$

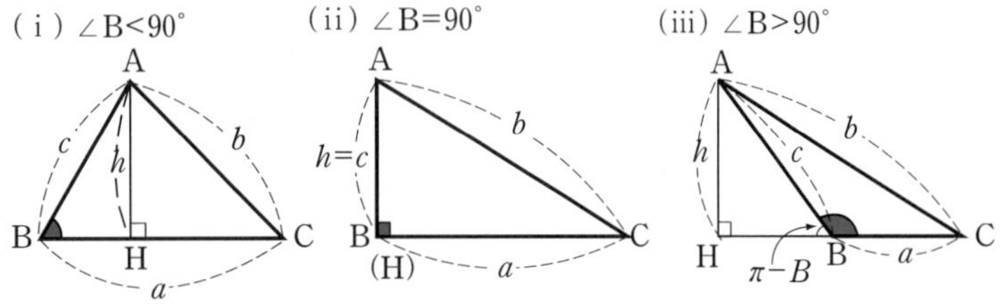

같은 방법으로 $\triangle ABC$의 넓이 S는

$$S = \frac{1}{2}bc\sin A = \frac{1}{2}ca\sin B = \frac{1}{2}ab\sin C$$

로 구할 수 있다.

예제 4.4 △ABC에서 $a=4,\ c=6,\ \angle\mathrm{B}=45^\circ$일 때, 이 △ABC의 넓이 S는

$$S=\frac{1}{2}ca\sin\mathrm{B}=\frac{1}{2}\cdot 6\cdot 4\cdot \sin 45^\circ=6\sqrt{2}$$

이다.

연습문제 3.4

$\dfrac{a}{\sin\mathrm{A}}=\dfrac{c}{\sin\mathrm{C}}=2R$

1. △ABC에서 $a=12,\ \angle\mathrm{B}=75^\circ,\ \angle\mathrm{C}=45^\circ$일 때, 이 삼각형의 외접원의 반지름 R과 c의 값을 각각 구하여라.

$c^2=a^2+b^2-2ab\cos\mathrm{C}$

2. △ABC에서 $a=2(\sqrt{3}+1),\ b=2\sqrt{2},\ c=4$이다. 이 때 $\angle\mathrm{C}$의 값을 정하여라.

$\dfrac{a}{\sin\mathrm{A}}=2R,\ \dfrac{b}{\sin\mathrm{B}}=2R,\ \dfrac{c}{\sin\mathrm{C}}=2R$

3. △ABC에서 다음 관계가 성립한다. 이 삼각형은 어떤 삼각형인가?

$$\sin^2\mathrm{A}+\sin^2\mathrm{B}=\sin^2\mathrm{C}$$

제이코사인법칙활용

4. 다음 등식을 만족하는 △ABC는 어떤 삼각형인가?

$$a\cos\mathrm{B}=b\cos\mathrm{A}$$

5. $a=6,\ b=5,\ c=4$인 △ABC의 넓이를 구하여라.

#1. 위의 문제 1번에서 b의 값을 어떻게 구하는지 조사하여라.

#2. 사각형의 두 대각선의 길이가 $p,\ q$이고, 이 두 대각선이 이루는 각의 크기가 θ이다. 이 사각형의 넓이 S는 $p,\ q,\ \theta$로 어떻게 나타내는지 조사하여라.

$\sin^2 x+\cos^2 x=1$

#3. 다음 연립방정식을 풀고 그 해에 대하여 설명하여라.

$$\begin{cases}\sin^2 x+\sin^2 y=\dfrac{1}{2}\\[2mm] \cos x\cos y=\dfrac{3}{4}\end{cases}$$

3.5 가법정리

오른쪽 그림과 같이 원점 O를 중심으로 하는 단위원이 x축과 점 A에서 만난다. 그리고 $\angle \mathrm{AOB} = \alpha$, $\angle \mathrm{BOC} = \beta$, $\angle \mathrm{AOD} = -\beta$ 되게 차례로 단위원 위에 점 B, C, D를 정한다. 이 때 점 A, B, C, D의 좌표를 찾으면

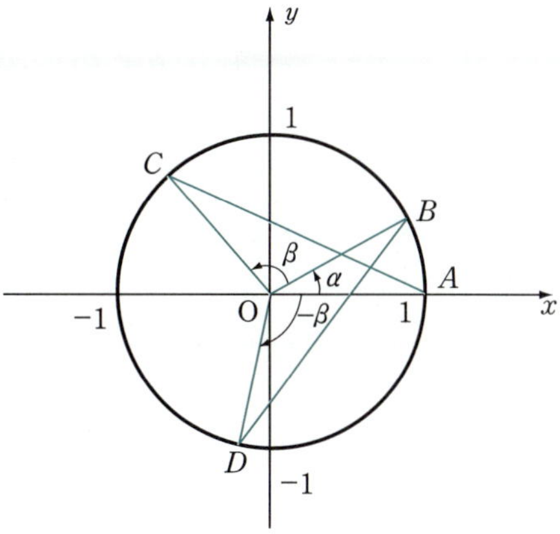

A는 (1, 0)
B는 $(\cos\alpha, \sin\alpha)$
C는 $(\cos(\alpha+\beta), \sin(\alpha+\beta))$
D는 $(\cos(-\beta), \sin(-\beta)) = (\cos\beta, -\sin\beta)$

이다. 여기서 △AOC와 △BOD는 두 변이 원의 반지름 1로 같고 그 끼인 각의 크기는 $\alpha+\beta = \alpha + |-\beta|$로 같아 합동이다.

• △AOC ≡ △BOD

그러므로 $\overline{\mathrm{AC}} = \overline{\mathrm{BD}}$, 즉

$$\sqrt{\{(1-\cos(\alpha+\beta)\}^2 + \{0-\sin(\alpha+\beta)\}^2} = \sqrt{(\cos\alpha - \cos\beta)^2 + (\sin\alpha + \sin\beta)^2}$$

양변을 제곱하면

$$\{1-\cos(\alpha+\beta)\}^2 + \{-\sin(\alpha+\beta)\}^2 = (\cos\alpha-\cos\beta)^2 + (\sin\alpha+\sin\beta)^2$$
$$1-2\cos(\alpha+\beta) + \cos^2(\alpha+\beta) + \sin^2(\alpha+\beta)$$
$$= \cos^2\alpha - 2\cos\alpha\cos\beta + \cos^2\beta + \sin^2\alpha + 2\sin\alpha\sin\beta + \sin^2\beta$$
$$2-2\cos(\alpha+\beta) = 2-2(\cos\alpha\cos\beta - \sin\alpha\sin\beta)$$
$$\therefore \cos(\alpha+\beta) = \cos\alpha\cos\beta - \sin\alpha\sin\beta$$

그리고 이 식의 α 대신 $\frac{\pi}{2}+\alpha$를 대입하면

• $\sin\left(\frac{\pi}{2}+\theta\right) = \cos\theta$
$\cos\left(\frac{\pi}{2}+\theta\right) = -\sin\theta$

$$\cos\left(\frac{\pi}{2}+\alpha+\beta\right) = \cos\left(\frac{\pi}{2}+\alpha\right)\cos\beta - \sin\left(\frac{\pi}{2}+\alpha\right)\sin\beta$$
$$\therefore -\sin(\alpha+\beta) = -\sin\alpha\cos\beta - \cos\alpha\sin\beta$$

그러므로 $\sin(\alpha+\beta) = \sin\alpha\cos\beta + \cos\alpha\sin\beta$

이다.

• $\tan\theta = \dfrac{\sin\theta}{\cos\theta}$

또, $\tan(\alpha+\beta) = \dfrac{\sin(\alpha+\beta)}{\cos(\alpha+\beta)} = \dfrac{\sin\alpha\cos\beta + \cos\alpha\sin\beta}{\cos\alpha\cos\beta - \sin\alpha\sin\beta}$

분모와 분자를 $\cos\alpha\cos\beta$로 나누면

$$\tan(\alpha+\beta) = \frac{\tan\alpha + \tan\beta}{1 - \tan\alpha\tan\beta}$$

• $\sin(-\theta) = -\sin\theta$
$\cos(-\theta) = \cos\theta$
$\tan(-\theta) = -\tan\theta$

이상의 $\sin(\alpha+\beta)$, $\cos(\alpha+\beta)$, $\tan(\alpha+\beta)$의 β에 대신 $-\beta$를 대입하면 $\sin(\alpha-\beta)$, $\cos(\alpha-\beta)$, $\tan(\alpha-\beta)$를 얻을 수 있다.

이들을 삼각함수의 가법정리(addition theorem), 또는 덧셈정리라 하고, 정리하여 나타내면 다음과 같다.

$$\sin(\alpha+\beta) = \sin\alpha\cos\beta + \cos\alpha\sin\beta \qquad \cdots ①$$

$$\sin(\alpha-\beta) = \sin\alpha\cos\beta - \cos\alpha\sin\beta \qquad \cdots ②$$

$$\cos(\alpha+\beta) = \cos\alpha\cos\beta - \sin\alpha\sin\beta \qquad \cdots ③$$

$$\cos(\alpha-\beta) = \cos\alpha\cos\beta + \sin\alpha\sin\beta \qquad \cdots ④$$

$$\tan(\alpha+\beta) = \frac{\tan\alpha + \tan\beta}{1 - \tan\alpha\tan\beta} \qquad \cdots ⑤$$

$$\tan(\alpha-\beta) = \frac{\tan\alpha - \tan\beta}{1 + \tan\alpha\tan\beta} \qquad \cdots ⑥$$

예제 5.1 $\sin 75^\circ = \sin(30^\circ + 45^\circ) = \sin 30^\circ \cos 45^\circ + \cos 30^\circ \sin 45^\circ$

$$= \frac{1}{2}\cdot\frac{1}{\sqrt{2}} + \frac{\sqrt{3}}{2}\cdot\frac{1}{\sqrt{2}} = \frac{\sqrt{2}+\sqrt{6}}{4}$$ ■

위의 가법정리의 공식을 이용하여 몇 가지 공식을 유도하여 보자.

①, ③, ⑤의 β 대신 α를 대입하면

$$\sin(\alpha+\alpha) = \sin\alpha\cos\alpha + \cos\alpha\sin\alpha$$

즉, $\sin 2\alpha = 2\sin\alpha\cos\alpha$

$$\cos(\alpha+\alpha) = \cos\alpha\cos\alpha - \sin\alpha\sin\alpha$$

• $\sin^2\theta + \cos^2\theta = 1$
$\sin^2\theta = 1 - \cos^2\theta$
$\cos^2\theta = 1 - \sin^2\theta$

즉, $\cos 2\alpha = \cos^2\alpha - \sin^2\alpha = (1 - \sin^2\alpha) - \sin^2\alpha$
$= 1 - 2\sin^2\alpha$

또는 $\cos 2\alpha = \cos^2\alpha - \sin^2\alpha = \cos^2\alpha - (1 - \cos^2\alpha)$
$= 2\cos^2\alpha - 1$

$$\tan(\alpha+\alpha) = \frac{\tan\alpha + \tan\alpha}{1 - \tan\alpha\cdot\tan\alpha},\ \text{즉}\ \tan 2\alpha = \frac{2\tan\alpha}{1 - \tan^2\alpha}$$

이를 정리하면 다음과 같으며 배각공식이라 한다.

$$\sin 2\alpha = 2\sin\alpha\cos\alpha$$
$$\cos 2\alpha = 1-2\sin^2\alpha = 2\cos^2\alpha - 1$$
$$\tan 2\alpha = 2\tan\alpha/(1-\tan^2\alpha)$$

• $2\tan\alpha/(1-\tan^2\alpha) = \dfrac{2\tan\alpha}{1-\tan^2\alpha}$

배각공식 $\cos 2\alpha = 1-2\sin^2\alpha$, $\cos 2\alpha = 2\cos^2\alpha - 1$의 α 대신 $\frac{\alpha}{2}$를 대입하고 $\tan\theta = \sin\theta/\cos\theta$를 이용하여 정리하면 다음과 같다.

이것을 반각공식이라 한다.

$$\sin^2\frac{\alpha}{2} = \frac{1-\cos\alpha}{2},\ \cos^2\frac{\alpha}{2} = \frac{1+\cos\alpha}{2},\ \tan^2\frac{\alpha}{2} = \frac{1-\cos\alpha}{1+\cos\alpha}$$

• $\sin^2\dfrac{\pi}{8} = \dfrac{1-\cos\frac{\pi}{4}}{2} = \dfrac{1-\frac{1}{\sqrt{2}}}{2} = \dfrac{2-\sqrt{2}}{4}$

$\therefore \sin\dfrac{\pi}{8} = \dfrac{\sqrt{2-\sqrt{2}}}{2}$

앞의 공식 ①, ③의 β 대신 2α를 대입하고 $\sin^2\alpha + \cos^2\alpha = 1$을 이용하여 정리하면 다음과 같고 이것을 3배각공식이라 한다.

$$\sin 3\alpha = 3\sin\alpha - 4\sin^3\alpha,\ \ \cos 3\alpha = 4\cos^3\alpha - 3\cos\alpha$$

$$\begin{array}{rl} & \sin\alpha\cos\beta + \cos\alpha\sin\beta \\ +) & \sin\alpha\cos\beta - \cos\alpha\sin\beta \\ \hline & 2\sin\alpha\cos\beta \end{array}$$

앞의 공식에서 ①±②, ③±④를 각각 계산하여 정리하면 다음과 같고 이것을 곱을 합으로 고치는 공식이라 한다.

$$\sin\alpha\cos\beta = \frac{1}{2}\{\sin(\alpha+\beta) + \sin(\alpha-\beta)\}$$
$$\cos\alpha\sin\beta = \frac{1}{2}\{\sin(\alpha+\beta) - \sin(\alpha-\beta)\}$$
$$\cos\alpha\cos\beta = \frac{1}{2}\{\cos(\alpha+\beta) + \cos(\alpha-\beta)\}$$
$$\sin\alpha\sin\beta = -\frac{1}{2}\{\cos(\alpha+\beta) - \cos(\alpha-\beta)\}$$

그리고 $\alpha+\beta = A$, $\alpha-\beta = B$라 놓으면 $\alpha = \frac{A+B}{2}$, $\beta = \frac{A-B}{2}$이다. 이 α, β를 곱을 합으로 고치는 공식에 대입하여 정리하면 다음과 같고 이것을 합을 곱으로 고치는 공식이라 한다.

$$\sin A + \sin B = 2\sin\frac{A+B}{2}\cos\frac{A-B}{2},$$
$$\sin A - \sin B = 2\cos\frac{A+B}{2}\sin\frac{A-B}{2}$$
$$\cos A + \cos B = 2\cos\frac{A+B}{2}\cos\frac{A-B}{2},$$
$$\cos A - \cos B = -2\sin\frac{A+B}{2}\sin\frac{A-B}{2}$$

연습문제 3.5

$15° = 45° - 30°$

1. $\sin 15°$, $\cos 15°$, $\tan 15°$의 값을 각각 구하여라.

$165° = 180° - 15°$

2. $\cos 165°$는 얼마인가?

$100° = 120° - 20°$
$140° = 120° + 20°$

3. $\cos 20° + \cos 100° + \cos 140°$를 계산하여라.

$\sin(\alpha \pm \beta) = \sin\alpha\cos\beta \pm \cos\alpha\sin\beta$
$\cos(\alpha \pm \beta) = \cos\alpha\cos\beta \mp \sin\alpha\sin\beta$

$\sin^2\theta + \cos^2\theta = 1$

4. 다음 등식을 각각 증명하여라.

(1) $\sin(x+y)\sin(x-y) = \sin^2 x - \sin^2 y = \cos^2 y - \cos^2 x$

(2) $\cos(x+y)\cos(x-y) = \cos^2 x - \sin^2 y = \cos^2 y - \sin^2 x$

(3) $\cos^2(\alpha+\beta) - \sin^2(\alpha-\beta) = \cos 2\alpha \cos 2\beta$

$\tan\theta = \dfrac{\sin\theta}{\cos\theta} = 1$
$\sin^2\theta + \cos^2\theta = 1$

5. 다음 물음에 답하여라.

(1) $\sin 2x = \dfrac{2\tan x}{1+\tan^2 x}$

(2) $\cos 2x = \dfrac{1-\tan^2 x}{1+\tan^2 x}$ 임을 각각 증명하여라.

(3) $\tan x = \dfrac{1}{2}$ 일 때 $\sin x, \cos x$ 의 값을 정하여라.

#1과 같이 두 삼각함수의 합을 하나의 삼각함수로 나타내는 것을 삼각함수의 합성이라 한다.

#1. 오른쪽 그림을 참고하여 다음 등식이 성립함을 설명하여라.

$$a\sin\theta + b\cos\theta = \sqrt{a^2+b^2}\sin(\theta+\phi)$$

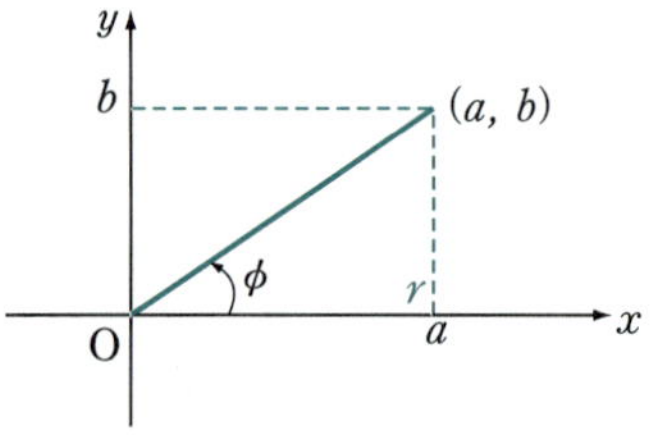

#2. #1을 적용하여 다음 함수의 최댓값, 최솟값을 구하고 최대, 최소인 때의 x 값을 말하여라.

(1) $f(x) = \sin x + \cos x$

(2) $f(x) = \sqrt{3}\cos x - \sin x$

3.6 역삼각함수

삼각함수 $y=\sin x$는 정의역을 구간 $\left[-\frac{\pi}{2}, \frac{\pi}{2}\right]$, $y=\cos x$는 정의역을 구간 $[0, \pi]$, $y=\tan x$는 정의역을 구간 $\left(-\frac{\pi}{2}, \frac{\pi}{2}\right)$로 정하면 이 세 삼각함수는 전단사함수가 되어 각각 역함수를 갖는다.

먼저 $y=\sin x$의 역함수에 대하여 관찰하자.

$y=\sin x$는 구간 $\left[-\frac{\pi}{2}, \frac{\pi}{2}\right]$에서 역함수를 가지며, 치역은 $[-1, 1]$이다. 이 때 이 함수의 역함수를

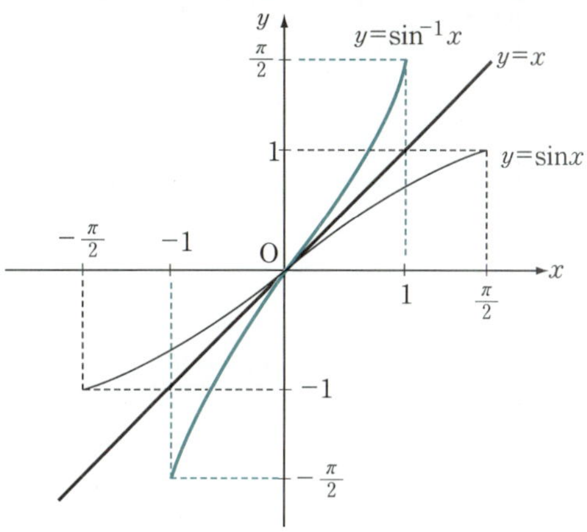

$$y=\sin^{-1}x$$

또는 $\quad y=\arcsin x$

로 나타내고 이것을 역사인(inverse sine 또는 arcsine)이라 한다.

따라서 $y=\sin^{-1}x$는 정의역이 $[-1, 1]$이고 치역이 $\left[-\frac{\pi}{2}, \frac{\pi}{2}\right]$인 함수이다.

- $y=\sin^{-1}x$
  정의역 : $\{x \mid -1\le x\le 1\}$
  치역 : $\left\{y \,\middle|\, -\frac{\pi}{2}\le y\le \frac{\pi}{2}\right\}$

$x=\sin y \Leftrightarrow y=\sin^{-1}x$

$y=\cos x$는 구간 $[0, \pi]$에서 역함수를 가지며 치역은 $[-1, 1]$이다.
이 때 이 함수의 역함수를

$$y=\cos^{-1}x \text{ 또는 } y=\arccos x$$

로 나타내고 이것을 역코사인(inverse cosine 또는 arccosine)이라 한다. 따라서 $y=\cos^{-1}x$는 정의역이 $[-1, 1]$이고 치역이 $[0, \pi]$인 함수이다.

- $y=\cos^{-1}x$
  정의역 : $\{x \mid -1\le x\le 1\}$
  치역 : $\{y \mid 0\le y\le \pi\}$

$x=\cos y \Leftrightarrow y=\cos^{-1}x$

$y=\tan x$는 구간 $\left(-\frac{\pi}{2}, \frac{\pi}{2}\right)$에서 역함수를 가지며 이 역함수를

$$y=\tan^{-1}x \text{ 또는 } y=\arctan x$$

로 나타내고 이것을 역탄젠트(inverse tangent 또는 arctangent)라 하고 정의역은 실수의 집합, 치역은 $\left(-\frac{\pi}{2}, \frac{\pi}{2}\right)$이다.

- $y=\tan^{-1}x$
  정의역 : 실수의 집합
  치역 : $\left\{y \,\middle|\, -\frac{\pi}{2}< y< \frac{\pi}{2}\right\}$

$x=\tan y \Leftrightarrow y=\tan^{-1}x$

역삼각함수(inverse trigonometric functions) $y=\sin^{-1}x$, $y=\cos^{-1}x$, $y=\tan^{-1}x$의 그래프를 그리면 다음과 같다.

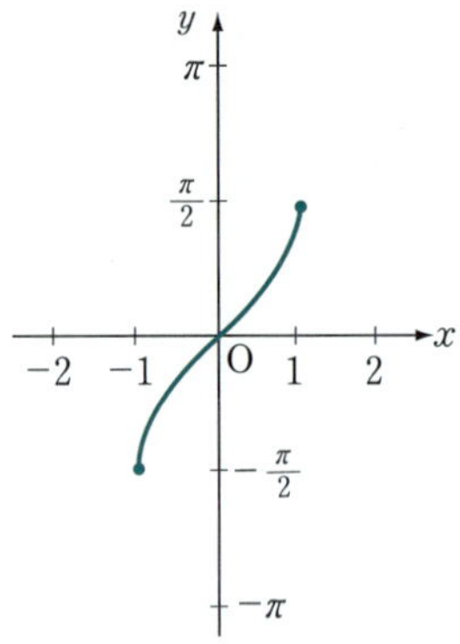

$y=\sin^{-1}x$

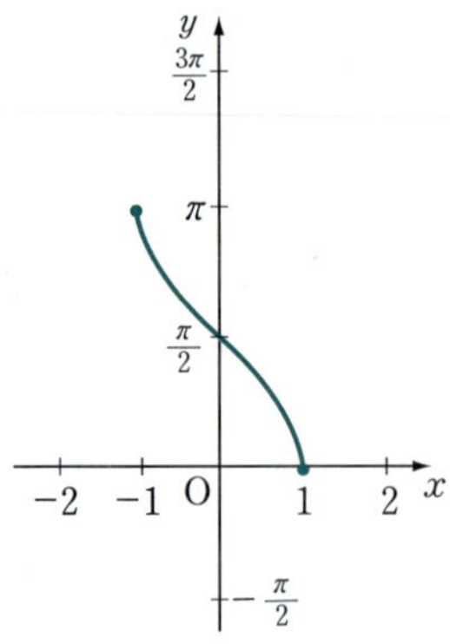

$y=\cos^{-1}x$

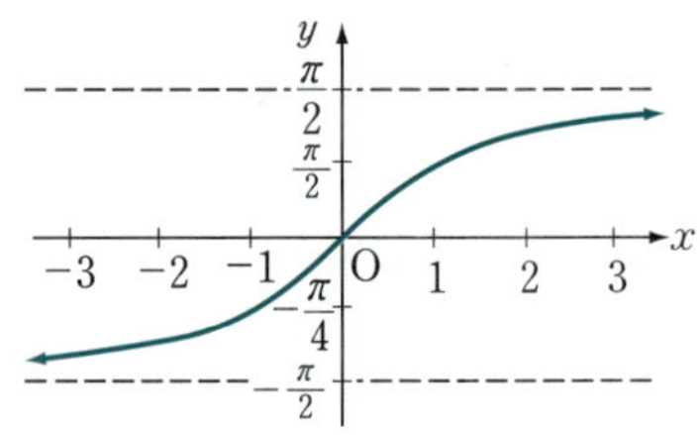

$y=\tan^{-1}x$

예제 6.1 다음의 값을 구하여라.

(1) $\sin^{-1}1$ (2) $\arccos(-1)$ (3) $\arctan 0$

풀이 (1) $\sin y=1 \therefore y=90^\circ=\pi/2$ ($\sin^{-1}1=y$로 하면 $\sin y=1$)

(2) $\cos y=-1 \therefore y=180^\circ=\pi$ ($\arccos(-1)=y$로 하면 $\cos y=-1$)

(3) $\tan y=0 \therefore y=0$ ($\arctan 0=y$로 하면 $\tan y=0$) ■

연습문제 3.6

1. 다음 값을 구하여라.

(1) $\sin^{-1}(1/2)$ (2) $\sin^{-1}0$ (3) $\sin^{-1}(-1)$

(4) $\cos^{-1}(-1/\sqrt{2})$ (5) $\cos^{-1}(\cos\pi)$

(6) $\tan^{-1}(-1)$ (7) $\tan^{-1}\sqrt{3}$

2. $x\in[-1, 1]$일 때 $\cos(\sin^{-1}x)=\sqrt{1-x^2}$임을 밝혀라.

3. $\sin^{-1}x=\cos^{-1}x$를 만족하는 x값을 정하여라.

#1. 삼각함수 $y=\operatorname{cosec}x$, $y=\sec x$, $y=\cot x$의 역삼각함수에 대하여 조사하고 그 그래프를 그려라.

04 지수함수와 로그함수

指數函數, Exponential Functions
Log函數, Logarithmic Functions

16세기 전후 천문학자들은 수를, 경우에 따라서는 대단히 큰 수를 계산할 때 종이와 필기구만 가지고 계산해야만 했다.

오늘날과 같이 계산기나 컴퓨터가 있었다면 얼마나 좋았을까?

스코틀랜드에서 출생한 수학자 네이피어(John Napier, 1882~1935)가 그렇게 복잡한 계산을 간편히 할 수 있고 빨리 할 것을 목적으로 20여년 간 연구하여 얻은 것이 로그(logarithm)이다.

1614년 「경이로운 로그법칙의 기술」(*Mirifici logarithmorum canomis descriptio*(Description of the Marvellous Rule of Logarithms))을 저술하여 출간한 네이피어는 이 저서에서 처음으로 로그에 대하여 설명하였다. 복잡한 계산을 위한 로그의 창안이고 보니 당시 유럽의 수학자와 천문학자는 열광하지 않을 수 없었다.

16세기 천문학의 발전은 네이피어의 공이라해도 지나친 것은 아니었다.

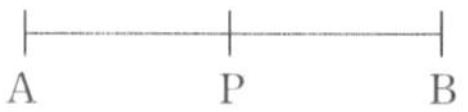

그의 계산은 선분의 길이에 대하여 비례관계를 생각하다가, 즉 선분 AB 위의 점 P를 잡고 A에서 출발하여 B로 가는 속도는 선분 PB에 비례하는 점운동으로 해결하려다가 로그를 창안했다고 한다.

이렇게 기하학적 원리를 기본으로 새로운 사실을 창안한 것은 우리도 한번 쯤 깊이 생각해볼 문제이다.

네이피어가 처음 로그(logarithm)을 얻은 것은 다음과 같은 식이다.

$$N = 10^7\left(1-\frac{1}{10^7}\right)^L$$

10^7은 소수를 피하기 위해서이고 L은 N의 로그이다.

네이피어는 「네이피어 로드」(Napier rod, Napier bones)라는 최초의 수학적 계산기를 고안했다고 한다. 셈을 간편하게 하는 기구인데, 곱셈, 나눗셈, 세제곱 계산에 쓰였다고 한다. 이것을 네이피어 계산봉이라고도 한다.

네이피어는 또 구면삼각형의 각과 변 사이의 관계를 만들기도 했다.

4.1 지수와 로그

어떤 수 a를 n번 거듭 곱한 것을 a의 n제곱이라 하고 a^n과 같이 나타낸다. $a, a^2, a^3, \cdots$ 은 모두 a의 거듭제곱이다.

• a^n (n → 지수, a → 밑)

a^n의 a를 거듭제곱의 밑(base), n을 거듭제곱의 지수(exponent 또는 power)라 한다.

n은 자연수 뿐만아니라 정수, 유리수, 실수까지 확장하여 다음의 지수법칙이 성립한다.

$a>0,\ b>0$이고, $m,\ n$이 실수일 때

$$a^m a^n = a^{m+n}$$
$$(a^m)^n = a^{mn}$$
$$(ab)^n = a^n b^n$$

$a \neq 0$일 때 지수법칙 $a^m a^n = a^{m+n}$이 $m=0$이어도 성립하려면 $a^0 a^n = a^{0+n} = a^n$에서 $a^0=1$로 받아들여야 한다. 또 $m=-n$으로 하여 $a^{-n}a^n = a^{-n+n} = a^0 = 1$이 성립하려면 $a^{-n}=1/a^n$ 임을 역시 받아들여야 한다.

• $a^0=1$
$a^{-n}=\dfrac{1}{a^n}$

n이 2 이상의 정수일 때 어떤 수 x를 n제곱하여 a가 되는 수, 즉 $x^n=a$인 x를 a의 n제곱근(nth root)이라 한다. 여기서 방정식 $x^n=a$의 근은 두 함수 $y=x^n$과 $y=a$의 교점의 x좌표이다.

n이 홀수이면 방정식 $x^n=a$의 근 중 실수인 것은 하나이고 다음과 같이 쓴다.

$$\sqrt[n]{a}$$

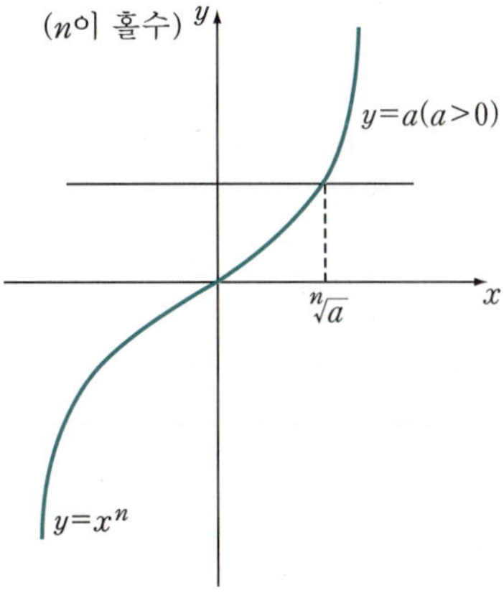

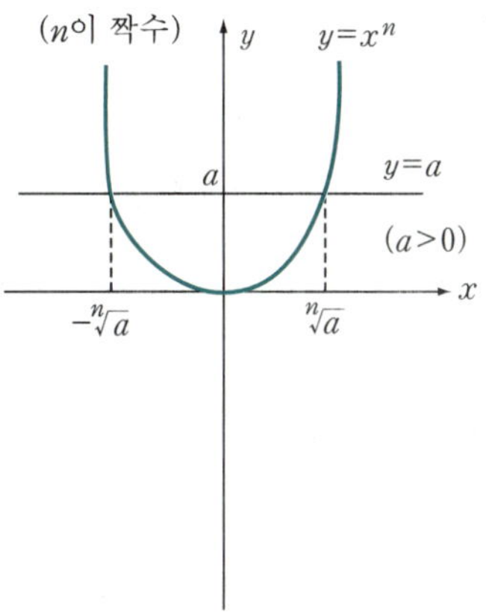

n이 짝수이면 방정식 $x^n=a$의 근 중 $a>0$인 경우 양수, 음수의 2개의 근이 있고, 다음과 같이 쓴다.

$$\sqrt[n]{a},\ -\sqrt[n]{a}$$

그리고 $(\sqrt[n]{a})^n = a$ 임을 알 수 있다($a \geq 0$).

• $\sqrt[n]{0}=0$

예제 1.1 다음 값을 구하여라.

- $\sqrt[3]{27} = 27^{\frac{1}{3}} = (3^3)^{\frac{1}{3}}$

(1) $\sqrt[3]{27}$　　(2) $\sqrt[5]{-32}$　　(3) $\sqrt[4]{(-4)^2}$

풀이 (1) $\sqrt[3]{27} = \sqrt[3]{3^3} = 3$　　(2) $\sqrt[5]{-32} = \sqrt[5]{(-2)^5} = -2$

(3) $\sqrt[4]{(-4)^2} = \sqrt[4]{16} = \sqrt[4]{2^4} = 2$ ■

- x는 실수
  $\sqrt{x^2} = |x|$
  $\sqrt[3]{x^3} = x$

$a>0,\ b>0,\ n$이 2 이상의 정수일 때, $ab>0,\ \sqrt[n]{a}\sqrt[n]{b}>0$이고

$$\left(\sqrt[n]{a}\sqrt[n]{b}\right)^n = \left(\sqrt[n]{a}\right)^n \cdot \left(\sqrt[n]{b}\right)^n = ab$$

따라서 $\sqrt[n]{a}\sqrt[n]{b}$는 ab의 양의 제곱근이다. 즉, $\sqrt[n]{a}\sqrt[n]{b} = \sqrt[n]{ab}$

이러한 방법으로 다음과 같은 거듭제곱근의 성질을 얻는다.

$$\sqrt[n]{a}\sqrt[n]{b} = \sqrt[n]{ab},\ \frac{\sqrt[n]{a}}{\sqrt[n]{b}} = \sqrt[n]{\frac{a}{b}},\ \sqrt[m]{a^n} = \left(\sqrt[m]{a}\right)^n,\ \sqrt[m]{\sqrt[n]{a}} = \sqrt[mn]{a}$$

예제 1.2 다음 식을 간단히 하여라.

(1) $\sqrt[7]{a^3} \times a^{\frac{4}{7}} \div \sqrt[5]{a^2}$　　(2) $\sqrt[4]{9} \times \sqrt[3]{\sqrt[6]{729}} \div \sqrt{\sqrt[3]{3^{-1}}}$

풀이 (1) (준식) $= a^{\frac{3}{7}} \times a^{\frac{4}{7}} \div a^{\frac{2}{5}} = a^{\frac{3}{7}+\frac{4}{7}-\frac{2}{5}} = a^{\frac{3}{5}}$

(2) (준식) $= \sqrt[4]{3^2} \times \left((3^6)^{\frac{1}{6}}\right)^{\frac{1}{3}} \div \left((3^{-1})^{\frac{1}{3}}\right)^{\frac{1}{2}} = 3^{\frac{1}{2}+\frac{1}{3}-\left(-\frac{1}{6}\right)} = 3$ ■

$a>0,\ a\neq1$일 때, $x(x>0)$에 대하여 $a^p = x$가 성립하는 실수 $p>0$가 하나 존재하고 $p = \log_a x$와 같이 나타낸다.

- $a^p = x \Leftrightarrow p = \log_a x$

이것을 a를 밑(base)으로 하는 x의 로그(logarithm)라 하고, x를 $\log_a x$의 진수(anti-logarithm)라 한다.

예를 들면 $3^2 = 9 \Leftrightarrow 2 = \log_3 9,\ \left(\frac{1}{2}\right)^3 = \frac{1}{8} \Leftrightarrow 3 = \log_{\frac{1}{2}}\frac{1}{8}$

$a^0 = 1,\ a^1 = a$이므로 $\log_a 1 = 0,\ \log_a a = 1$이다($a>0,\ a\neq1$).

그리고 $a>0,\ a\neq1,\ x>0,\ y>0$일 때 $\log_a x = p,\ \log_a y = q$라 하면

$$x = a^p,\ y = a^q \qquad xy = a^p a^q = a^{p+q}$$

이므로 $$\log_a xy = p + q = \log_a x + \log_a y$$

앞의 방법으로 다음과 같은 로그의 성질이 성립함을 알 수 있다.

$a>0,\ a\neq1,\ x>0,\ y>0$ 일 때(k는 임의의 실수)

$$\log_a 1=0,\ \ \log_a a=1$$
$$\log_a xy=\log_a x+\log_a y$$
$$\log_a \frac{x}{y}=\log_a x-\log_a y$$
$$\log_a x^k=k\log_a x$$

• $\log_a a^k=k\log_a a=k$

그리고 $a>0,\ a\neq1,\ b>0,\ b\neq1,\ x>0$일 때

$$\log_a x=\frac{\log_b x}{\log_b a}$$

이 성립하고, 이것을 밑변환(change of base) 공식이라 한다.

예제 1.3 다음 식을 간단히 하여라.

(1) $\log_2\frac{2}{3}-\log_2\frac{4}{3}+\log_2 32$ (2) $\log_9 27$

• $\log_{a^m} a^n=\frac{\log_a a^n}{\log_a a^m}=\frac{n\log_a a}{m\log_a a}=\frac{n}{m}$

풀이 (1) (준식) $=\log_2\left(\frac{2}{3}\div\frac{4}{3}\times32\right)=\log_2 16=\log_2 2^4=4$

(2) $\log_9 27=\frac{\log_3 27}{\log_3 9}=\frac{\log_3 3^3}{\log_3 3^2}=\frac{3}{2}$ ■

$x>0$인 x에 대하여 밑이 10인 로그 즉 $\log_{10}x$를 상용로그(common logarithm)라 한다. 상용로그표에 의하면 $\log_{10}4.32$의 값은

$$\log_{10}4.32=0.6355$$

임을 알 수 있다. 여기서 $\log_{10}4320$, $\log_{10}0.0432$의 값을 찾으면

$$\begin{aligned}\log_{10}4320&=\log_{10}(4.32\times10^3)=\log_{10}4.32+\log_{10}10^3\\&=0.6355+3=3.6355\\\log_{10}0.0432&=\log_{10}(4.32\times10^{-2})=\log_{10}4.32+\log10^{-2}\\&=0.6355+(-2)=-1.3645\end{aligned}$$

$x>0$인 x에 대하여 $x=a\times10^n\,(1\le a<10,\ n$은 정수)로 나타내어 양변에 상용로그를 잡으면

$$\log_{10}x=\log_{10}(a\times10^n)=\log_{10}a+\log_{10}10^n=n+\log_{10}a$$

• $\log_{10}x=n+\log_{10}a$ (n: 지표, $\log_{10}a$: 가수)

$1\le a<10$

$0\le\log_{10}a<1$

이 된다. 이 때 n을 $\log_{10}x$의 지표(characteristic), $\log_{10}a$를 $\log_{10}x$의 가수(mantissa)라 한다.

- 숫자배열이 같고 소수점의 위치만 다른 수들의 상용로그의 가수는 모두 같다.
- $\log_{10} x = \log x$
  $\log_{10} 4.32 = \log 4.32$
  $e = 2.718281828459045\cdots$

정수 부분이 n자리인 수의 상용로그의 지표는 $n-1$이고, 소수점 아래 n째 자리에서 처음으로 0이 아닌 수가 있는 수의 상용로그의 지표는 $-n$이다.

$\log_{10} 0.0432 = 0.6355 + (-2) = \bar{2}.6355$로 나타내기도 한다. 그리고 상용로그는 밑인 10을 생략하여 쓰기도 한다.

2.718281828……인 무리수를 e로 나타낸다. 이 무리수 e를 밑으로 하는 로그를 자연로그(natural logarithm) 또는 네이피어로그(Napierian logarithm)라 한다. 즉 $\log_e x$, 이것을 간단히 $\ln x$로 나타내기도 한다.

연습문제 4.1

- $(a^x)^y = a^{xy}$
  $\sqrt[m]{x^n} = x^{\frac{n}{m}}$
  $(\sqrt{\ } = \sqrt[2]{\ })$

1. 다음을 간단히 하여라.

(1) $2^4 \times 4^3 \times 8^{-2}$ (2) $\left(8\sqrt{x}\right)^{\frac{2}{3}} \times \sqrt[3]{x^2}$

2. 다음 값을 구하여라.

(1) $27^{-\frac{2}{3}}$ (2) $\left(\frac{1}{9}\right)^{-1.5}$ (3) $(-36)^{\frac{1}{2}}$ (4) $(-32)^{\frac{3}{5}}$

3. 다음을 간단히 하여라.

(1) $\sqrt[3]{\sqrt{27}}$ (2) $\sqrt[3]{0.00001}\sqrt[3]{100}$ (3) $\sqrt[5]{\sqrt{\sqrt[3]{64a^{10}b^{15}}}}$

4. 다음을 간단히 하여라.

(1) $\log_2(1+\sqrt{2}+\sqrt{3}) + \log_2(1+\sqrt{2}-\sqrt{3})$

(2) $\log_{\frac{1}{2}}\left(\sqrt{7+\sqrt{40}} - \sqrt{7-\sqrt{40}}\right)$

5. $\log_{10} 2$는 유리수가 아님을 증명하여라.

6. 상용로그표에서 $\log_{10} 5.74 = 0.7589$이다. 다음 값을 구하여라.

(1) $\log_{10} 574000$ (2) $\log_{10} 0.000574$

7. $a>0,\ a\neq 1$일 때 $a^{\log_a x} = x$임을 밝혀라.

#1. 문제6번에서 $\log_{10} 5.746$의 값은 어떻게 구하는지 조사하여라.

#2. 자연로그는 어떠한 문제 해결에 사용하는지 자료를 정리하여라.

4.2 지수함수

$a>0$, $a\neq1$고 x가 실수일 때, 정의역이 실수의 집합이며 치역이 양의 실수의 집합인 함수

$$y=a^x(a>0,\ a\neq1)$$

을 a를 밑으로 하는 지수함수(exponential function)라 한다.

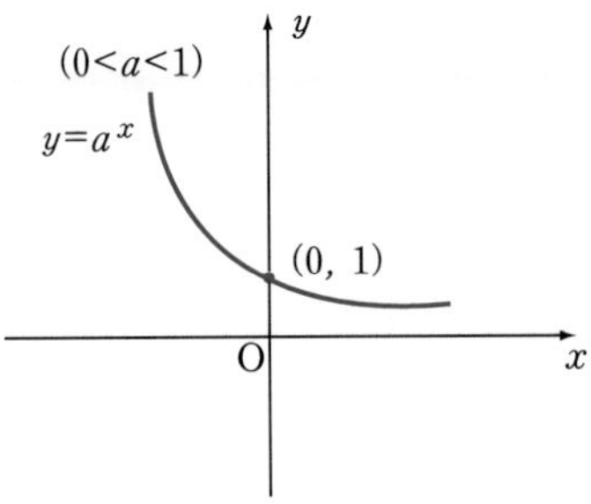

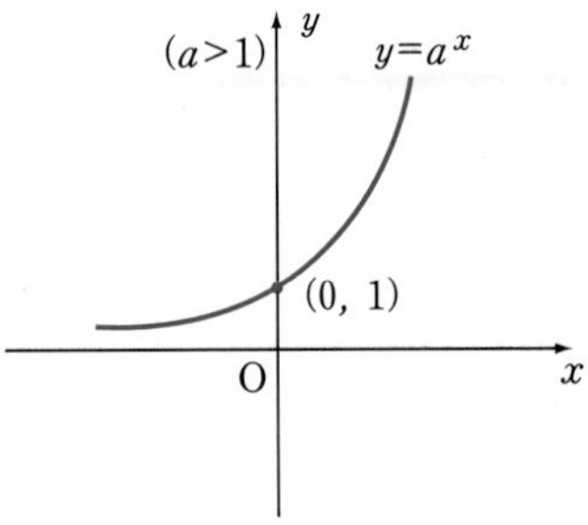

지수함수 $y=2^x$, $y=3^x$, $y=5^x$의 그래프와

$$y=\left(\frac{1}{2}\right)^x,\ y=\left(\frac{1}{3}\right)^x,\ y=\left(\frac{1}{5}\right)^x$$

의 그래프를 아래 그림과 같이 각각 같은 좌표평면 위에 그렸다.

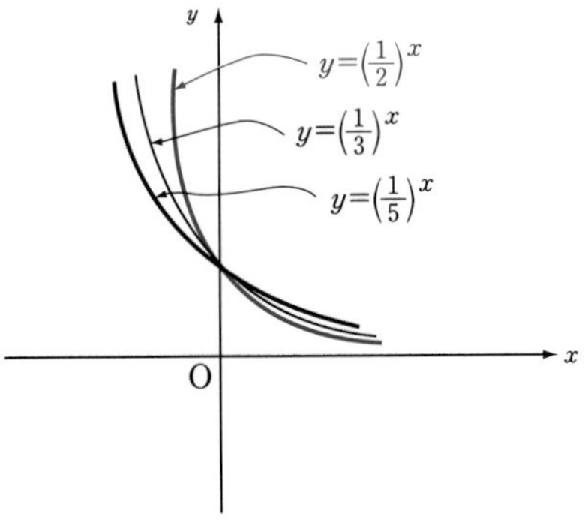

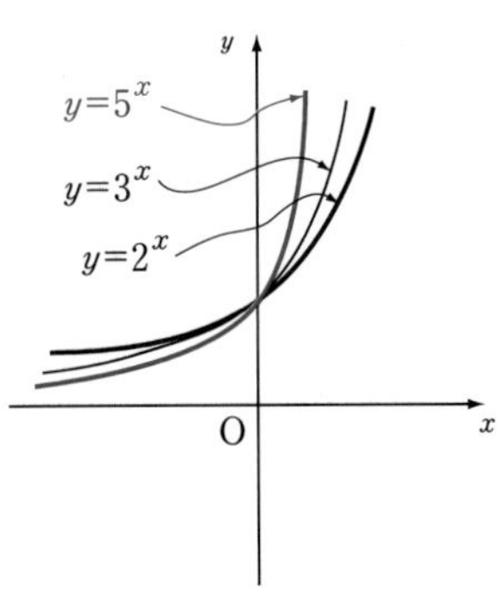

• $y=a^x$
정의역 : $(-\infty, \infty)$
치역 : $(0, \infty)$

이 그래프에서 지수함수 $y=a^x$은 x가 증가할 때, $0<a<1$이면 y의 값은 감소하고, $a>1$이면 y의 값도 증가함을 알 수 있다. 그리고 그래프는 점 (0, 1)을 지나고 x의 절대값이 한없이 커지면 y의 값은 한없이 0에 가까워진다. 즉 x축($y=0$)이 점근선이다. 또 a의 값에 따라 증가, 또는 감소의 양에 (위 그래프와 같이) 차이가 있음을 알 수 있다.

지수함수 $y=3^{x-2}-1$의 그래프는 지수함수 $y=3^x$의 그래프를

x축 방향으로 2만큼,
y축 방향으로 -1만큼

평행이동한 것이다.

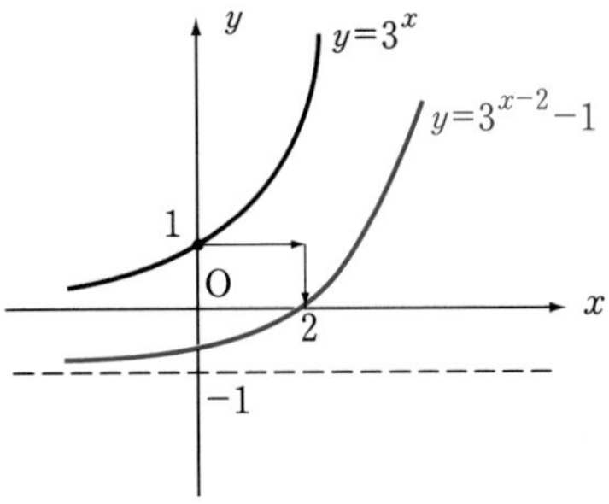

• C^{14} (방사성 탄소)은 한 생명체가 살아 있는 동안 체내에 흡수된 방사성 물질이다. 고고학자, 인류학자, 지질학자들은 한 생명체(유기체)가 죽은 연대를 방사성 탄성연령측정으로 방사성동위원소 C^{14}의 잔유량에 따라 연대를 추정하고 여러 자료를 분석한다.

예제 2.1 한 생명체(유기체)가 죽었을 때 C^{14}(carbon−14)은 조직 속에 오랜 기간 잔유하지는 않지만 지속적으로 소멸해 간다. A_0는 $t=0$일 때인 초기의 C^{14}의 양이고, t년 후 C^{14}가 남아있는 양 A는 다음과 같이 나타낸다고 한다.

$$A = A_0 e^{-0.00012t}$$

한 유기체가 C^{14}의 양이 20g이라면 5000년 후 이 유기체에는 C^{14}가 몇 g 남아 있을까?

풀이 $A_0 = 20,\ t = 5000$ 이므로

(계산기로 계산)

$$A = A_0 e^{-0.00012t} = 20 e^{-0.00012 \times 5000}$$
$$\fallingdotseq 11\,(\text{년})$$

■

연습문제 4.2

1. $y=2^x$의 그래프를 이용하여 다음 함수의 그래프를 그려라.

(1) $y = 4 \cdot 2^x$ (2) $y = 2^{-x}+1$ (3) $y = -\left(\frac{1}{2}\right)^{x+1}+3$

2. 다음 함수의 그래프를 그려라. (단, $e = 2.71828182\cdots\cdots$인 무리수)

(1) $f(x) = \dfrac{e^x + e^{-x}}{2}$ (2) $f(x) = \dfrac{e^x - e^{-x}}{2}$

$a>1$일 때
 $m>n$이면 $a^m>a^n$
$0<a<1$일 때
 $m>n$이면 $a^m<a^n$

3. 다음 세 개의 수의 대소관계를 말하여라.

(1) $\sqrt[3]{4},\ \sqrt{16},\ \sqrt[5]{256}$ (2) $\sqrt{0.7},\ \sqrt[3]{0.49},\ \sqrt[4]{0.343}$

• 밑을 같게 한다.
• $2^x = X$로 치환

4. 다음 방정식을 풀어라.

(1) $0.5^{3-2x} = 0.625^x$ (2) $2^{2x} - 3 \cdot 2^4 - 2^{x+1} = 0$

5. 다음 부등식을 풀어라.

(1) $3^{2x} < 9 \cdot 81^{1-x}$ (2) $0.5^{x-2} \le \dfrac{1}{32^{2-x}}$

(3) $2^{2x} - 5 \cdot 2^{x+1} + 16 > 0$ (4) $3^{2x} - 7 \cdot 3^x - 2 \cdot 3^2 < 0$

4.3 로그함수

지수함수 $y=a^x(a>0,\ a\neq1)$은 정의역이 실수의 집합이고 치역이 양의 실수의 집합인 전단사함수(일대일 대응 함수)이므로 역함수가 존재한다. 이 역함수를 구하면 로그의 정의에 따라 $y=a^x$에서

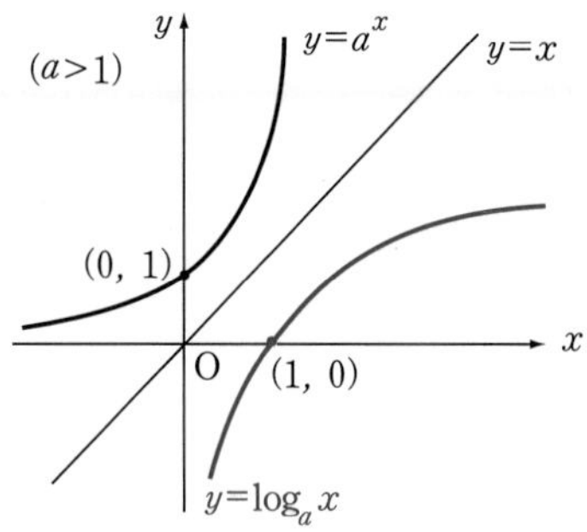

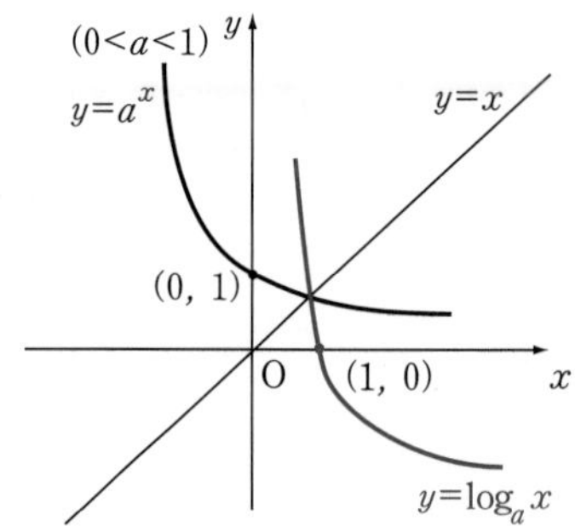

$$x=\log_a y$$

인데, x와 y를 바꾸어 쓰면

$$y=\log_a x$$

즉, 지수함수 $y=a^x$의 역함수는 $y=\log_a x$이다.

이 함수 $y=\log_a x$를 로그함수(logarithmic function)라 한다. 따라서 로그함수 $y=\log_a x$의 정의역은 양의 실수의 집합이고 치역은 실수의 집합이다. 그리고 x가 증가할 때, $0<a<1$이면 y는 감소하고, $a>1$이면 y도 증가한다. 또 이 로그함수의 그래프는 점 $(1,\ 0)$를 지나고 y축$(x=0)$이 점근선이다.

• $y=\log_a x$
정의역 : $(0,\ \infty)$
치역 : $(-\infty,\ \infty)$

예제 3.1 상용로그 $y=\log_{10}x$ 즉 $y=\log x$와 자연로그 $y=\log_e x$ 즉 $y=\ln x$의 그래프를 그려라. ■

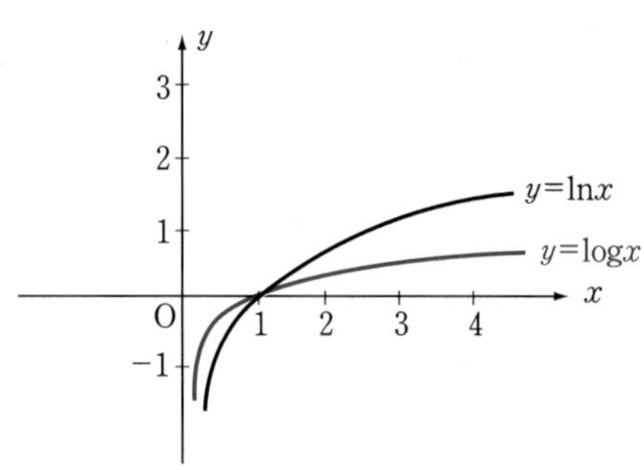

• $y=f(x)=\ln x$에서
$f\left(\frac{1}{e}\right)=\ln\frac{1}{e}=-1\left(\frac{1}{e}\fallingdotseq0.37\right)$
$f(e)=\ln e=1\quad(e\fallingdotseq2.72)$
$f(e^2)=\ln e^2=2\quad(e^2\fallingdotseq7.4)$

예제 3.2 (1) $y=\log_2(-x)$의 그래프는 $y=\log_2 x$의 그래프를 y축에 대하여 대칭이동한 것이다.

(2) $y=\log_{\frac{1}{2}}(x+2)$의 그래프는 $y=\log_{\frac{1}{2}}x$의 그래프를 x축 방향으로 -2만큼 평행이동한 것이다. ■

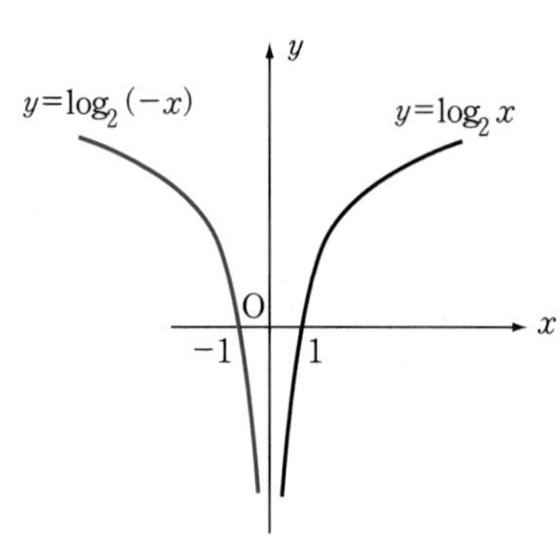

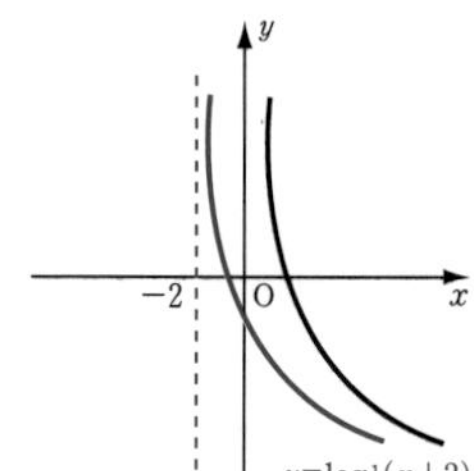

• $\log_a b = \dfrac{\log_k b}{\log_k a}$
밑이 같은 log로 변환

✉예제 3.3 다음 세 수의 대소관계를 말하여라.

$$\log_2 3\sqrt{3},\ \log_4 \sqrt[4]{27},\ \log_{16} 3\sqrt[6]{9}$$

풀이 $\log_2 3\sqrt{3} = \log_2 3^{\frac{3}{2}}$

$$\log_4 \sqrt[4]{27} = \frac{\log_2 \sqrt[4]{27}}{\log_2 4} = \frac{1}{2}\log_2 3^{\frac{3}{4}} = \log_2\left(3^{\frac{3}{4}}\right)^{\frac{1}{2}} = \log_2 3^{\frac{3}{8}}$$

$$\log_{16} 3\sqrt[6]{9} = \frac{\log_2 3\sqrt[6]{9}}{\log_2 16} = \frac{1}{4}\log_2 3^{\frac{4}{3}} = \log_2\left(3^{\frac{4}{3}}\right)^{\frac{1}{4}} = \log_2 3^{\frac{1}{3}}$$

$$\frac{1}{3}\left(=\frac{8}{24}\right) < \frac{3}{8}\left(=\frac{9}{24}\right) < \frac{3}{2}, \text{즉 } \log_2 3^{\frac{1}{3}} < \log_2 3^{\frac{3}{8}} < \log_2 3^{\frac{3}{2}}$$

$$\therefore \log_{16} 3\sqrt[6]{9} < \log_4 \sqrt[4]{27} < \log_2 3\sqrt{3}$$

연습문제 4.3

• $y=f(x)$, $y=f(-x)$는 y축에 서로 대칭
• $y=f(x)$, $y=-f(x)$는 x축에 서로 대칭

1. 다음 함수의 그래프를 그려라.

(1) $y=-\log_3(-x)$ (2) $y=\log_{\frac{1}{3}}(x-3)$

밑이 같은 log로 변환

2. 다음 세 수의 대소관계를 말하여라.

$$\log_{0.5}\sqrt{5},\quad \log_{0.25}\sqrt[5]{625},\quad \log_{0.125} 5\sqrt[3]{25}$$

로그의 진수는 양이다.
$\log_a b^k = k\log_a b$

3. 다음 방정식을 풀어라.

(1) $\log_{10} x + \log_{10}(x-3) = 1$
(2) $(\log_3 x)^2 = 3 - \log_3 x^2$
(3) $x^{\log_{10} x} = 100x$

4. 다음 부등식을 풀어라.

(1) $\log_3(x-1) < 2$
(2) $\log_{\frac{1}{2}}(3x-1) \geq -3$
(3) $(log_2 x)^2 < 10 + \log_2 x^3$

4.4 쌍곡선함수

자연지수함수(natural exponential function) $y = e^x$과 $y = e^{-x}$의 결합으로 이루어지는 함수를 다음과 같이 정의한다.

$$\text{쌍곡사인(hyperbolic sine)} : \sinh x = \frac{e^x - e^{-x}}{2}$$
$$\text{쌍곡코사인(hyperbolic cosine)} : \cosh x = \frac{e^x + e^{-x}}{2}$$

또 삼각함수의 경우처럼 그 외의 것도 다음과 같다.

• x 대신 $(-x)$를 대입하면 $\sinh(-x) = \frac{e^{-x} - e^x}{2} = \frac{-(e^x - e^{-x})}{2} = -\sinh x$

즉 $\sinh(-x) = -\sinh x$

마찬가지로

$\cosh(-x) = \cosh x$

$\tanh(-x) = -\tanh x$

$$\tanh x = \frac{\sinh x}{\cosh x}, \quad \operatorname{cosech} x = \frac{1}{\sinh x}$$
$$\operatorname{sech} x = \frac{1}{\cosh x}, \quad \coth x = \frac{1}{\tanh x}$$

연습문제 4.2의 2번과 같이 지수함수의 성질에 의하여 $y = \sinh x$, $y = \cosh x$, $y = \tanh x$의 그래프를 그리면 아래와 같다.

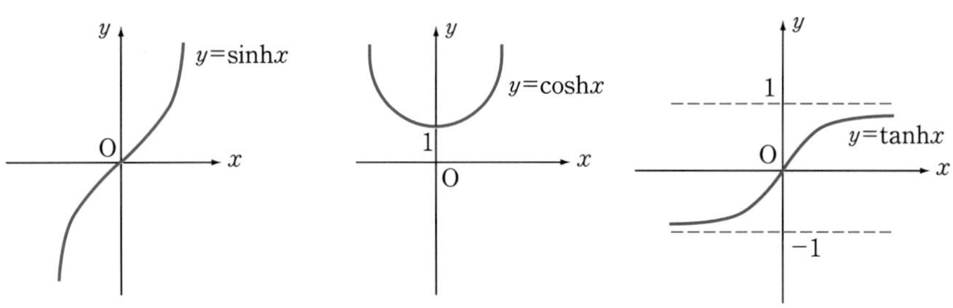

$$\cosh^2 x - \sinh^2 x = \left(\frac{e^x + e^{-x}}{2}\right)^2 - \left(\frac{e^x - e^{-x}}{2}\right)^2 = 1\text{이다.}$$

• $\cosh^2 - \sinh^2 = 1$

이것은 $x = \cosh a$, $y = \sinh a$로 할 때 점 $(\cosh a, \sinh a)$이 쌍곡선 $x^2 - y^2 = 1$ 위의 점임을 의미하여 두 지수함수 $y = e^x$, $y = e^{-x}$의 결합으로 이루어진 함수를 쌍곡선함수(hyperbolic function)라 한다.

또한 다음 등식이 성립한다.

$$\coth^2 x - \operatorname{cosech}^2 x = 1, \ \operatorname{sech}^2 x + \tanh^2 x = 1$$
$$\sinh(x \pm y) = \sinh x \cosh y \pm \cosh x \sinh y$$
$$\cosh(x \pm y) = \cosh x \cosh y \pm \sinh x \sinh y$$

• $\tanh(x \pm y) = \frac{\tanh x \pm \tanh y}{1 \pm \tanh x \tanh y}$

• $y=\coth^{-1}x$
$y=\mathrm{sech}^{-1}x$
$y=\mathrm{cosech}^{-1}x$
도 역쌍곡선함수

쌍곡선함수에서도 역함수 $y=\sinh^{-1}x$, $y=\cosh^{-1}x$, $y=\tanh^{-1}x$가 존재하고 삼각함수의 경우와 같이 arcsinh, arccosh, arctanh 등으로도 나타낸다. 이 함수들을 역쌍곡선함수(inverse hyperbolic function)이라 한다.

역쌍곡선함수는 로그로 나타낼 수 있다.

$$y=\sinh^{-1}x \text{에서} \quad x=\sinh y=\frac{e^y-e^{-y}}{2},\ 2x=e^y-e^{-y}$$

양변에 e^y을 곱하여 정리하면 $(e^y)^2-2xe^y-1=0$. 이것은 e^y에 대한 이차방정식이고 근의 공식에 의하여

$$e^y=x\pm\sqrt{x^2+1},\quad \therefore e^y=x+\sqrt{x^2+1}\ (e^y>0)$$

로그정의에 따라 $\quad y=\log_e(x+\sqrt{x^2+1})$

• "$\log_e$" = "ln"

즉, $\quad \sinh^{-1}x=\log_e(x+\sqrt{x^2+1})$

• 「sinh」는 「shine」, 「tanh」는 「than」 또는 「tansh」, 「cosech」는 「cosesh」 등으로 읽기도 한다.

같은 이치로 $\quad \cosh^{-1}x=\log_e(x\pm\sqrt{x^2-1})\ (x\geq 1)$

$$\tanh^{-1}x=\frac{1}{2}\log_e\frac{1+x}{1-x}\qquad (|x|<1)$$

연습문제 4.4

1. $\cosh(-x)=\cosh x$, $\tanh(-x)=-\tanh x$임을 밝혀라.

2. $\coth^2x-\mathrm{cosech}^2x=1$임을 증명하여라.

3. (1) $\sinh(x\pm y)=\sinh x\cosh y\pm\cosh x\sinh y$

(2) $\cosh(x\pm y)=\cosh x\cosh y\pm\sinh x\sinh y$

4. 3번을 이용하여 다음을 x만의 쌍곡선함수로 나타내어라.

(1) $\sinh 2x$ (2) $\cosh 2x$ (3) $\tanh 2x$

• $\coth^{-1}x$, $\mathrm{sech}^{-1}x$, $\mathrm{cosech}^{-1}x$도 5번과 같이 나타낼 수 있다.

5. 다음을 각각 증명하여라.

(1) $\cosh^{-1}x=\log_e(x\pm\sqrt{x^2-1}\ (x\geq 1)$

(2) $\tanh^{-1}x=\frac{1}{2}\log_e\frac{1+x}{1-x}\ (|x|<1)$

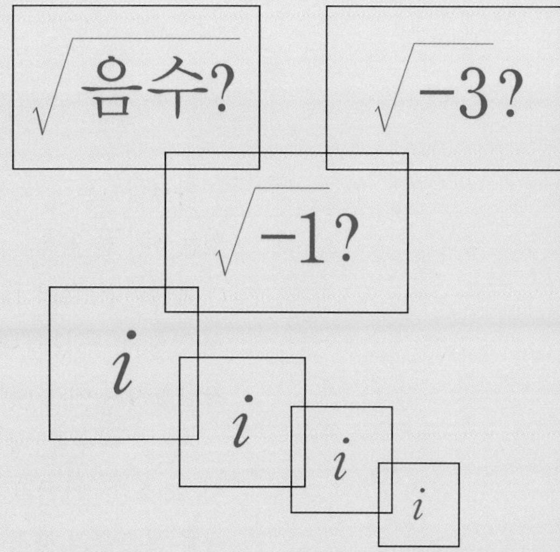

05 복소수

複素數, Complex Numbers

이탈리아의 수학자 페로(Scipione del Ferro, 1465−1526)가 최초로 3차방정식 $x^3+px+q=0$과 같은 꼴을 풀어냈다. 그러나 이탈리아의 수학자 타르탈리아(Tartaglia, 본명 Nicolo Fontana, 1500−1557)는 3차방정식의 일반적인 해법을 발견했다. 타르탈리아는 어렸을 때 얻은 상처로 말을 더듬었는데 말더듬이(tartagliare)란 말로 붙은 별명이다. 타르탈리아의 해법은 그의 승낙없이 카르다노(Girolamo Cardano, 1501−1576)의 저서 「위대한 예술」(Ars Magna, 1545(The Great Art))에 실어 타르탈리아의 공헌이라 했다.

그러나 타르탈리아는 당시 격노한 일이었었다.

이 방법은 삼차방정식

$$ax^3+bx^2+cx+d=0$$

에 $x=y-\frac{b}{3a}$를 대입하여 y^2항을 소거하고 y^3 항의 계수로 양변을 나누어

$$y^3+py+q=0$$

의 꼴로 변형한 다음 y에 대하여 풀어 해를 찾는 것이었다.

카르다노는 당시 이탈리아의 수학자, 물리학자, 천문학자이었다. 그는 방정식을 풀어 나온 음수의 제곱근을 가공의 양이라 했다.

카르다노는 $\sqrt{}$ 안의 수가 음수인 것은 효용이 없다고 했으나 오늘날 쓰고 있는 허수를 최초로 인정한 셈이 된다.

봄벨리(Rafael Bombelli, 1526-1576)는 이탈리아의 수학자이고 당시 굉장히 영향력이 있는 「대수학」(L'Algebra, 1572)의 저자인데, 그가 이차방정식, 삼차방정식의 해에 대하여 허수를 받아들인 최초의 수학자이다.

저서 「대수학」에서 복소수 언급은 물론 복소수의 사칙연산 등을 체계화하였다.

$\sqrt{-1}$ 을 부호 i 로 쓰도록 창안한 것은 스위스의 수학자 오일러(Leonhard Euler 1707-1783)이다. 이 때부터 복소수 i 를 사용한 복소수의 체계가 성립되기 시작하였다.

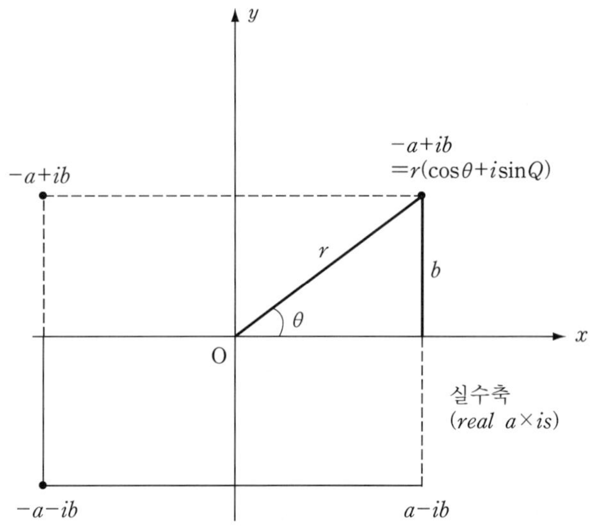

복소수를 $a + ib$로 나타내고 직교 좌표평면 위에 좌표 (a, b)로 나타낸 것을 아르강 그림(Argand diagram), 복소평면(complex plane)이라 하는데 이것은 1797년에 Caspar Wessel (1745-1818)에 의하여 처음 표현되었지만 아르강(Jean Robert Argand, 1768-1822) 이후 이름한 것이다.

5.1 복소수와 사칙연산

제곱하여 -1이 되는 수 하나를 문자 i로 나타낸다. 즉

$$i^2 = -1$$

이 수 i를 허수단위(imaginary unit)라 하고 $i = \sqrt{-1}$ 이다.

임의의 두 실수 x, y에 대하여 z를 써서

$$z = x + iy$$

의 꼴로 나타내는 수를 복소수(complex number)라 한다. 여기서 x를 복소수 z의 실수부분(real part), y를 z의 허수부분(imaginary part)라 하고, 다음과 같이 나타낸다.

$$\operatorname{Re} z = x, \ \operatorname{Im} z = y$$

복소수 $z = x + iy$에서 $y = 0$이면 z는 실수이므로 복소수의 집합 C는 실수의 집합 R을 포함한다. 즉 R⊂C. 그리고 $y \neq 0$이면 z는 실수가 아니다. 이렇게 실수가 아닌 복소수를 허수(imaginary number)라 한다.

x_1, x_2, y_1, y_2가 실수일 때, 두 복소수 $z_1 = x_1 + iy_1$, $z_2 = x_2 + iy_2$에 대하여

$$z_1 = z_2, \text{즉 } x_1 + iy_1 = x_2 + iy_2 \Leftrightarrow x_1 = x_2, \ y_1 = y_2$$

특히, $$x_1 + iy_1 = 0 \Leftrightarrow x_1 = y_1 = 0$$

예를 들면, 실수 x, y에 대하여 $(2x+1) - 4i = 5 + (y-1)i$에서 $2x + 1 = 5$, $-4 = y - 1$이다. 그러므로 $x = 2$, $y = -3$이다.

복소수 $z = x + iy$를 순서쌍 $z = (x, y)$로 나타내기도 한다.

그러면 복소수 $(x, 0)$는 실수와 같이 되고, 복소수 $(0, y)$는 순허수(pure imaginary)라 한다.

두 복소수 $z_1 = (x_1, y_1)$, $z_2 = (x_2, y_2)$에 대하여, 덧셈은 다음과 같이 정의한다.

$$z_1 + z_2 = (x_1, y_1) + (x_2, y_2) = (x_1 + x_2, y_1 + y_2)$$

• $(?)^2 = -1$
$i = \sqrt{-1}$

복소수 $\begin{cases} \text{실수 } x \\ \quad (y = 0 \text{ 일 때}) \\ \text{허수 } (x + iy) \\ \quad (y \neq 0 \text{ 일 때}) \end{cases}$

• $(x, y) = x + iy$

• $z_1 = (x_1, y_1)$,
$z_2 = (x_2, y_2)$일 때
$z_1 = z_2$
$\Leftrightarrow x_1 = x_2, \ y_1 = y_2$

• $z_1 = x_1 + xy_1$,
$z_2 = x_2 + iy_2$
$z_1 + z_2$
$= (x_1 + x_2) + i(y_1 + y_2)$

- $0=(0,\ 0)=0+i0$
  $z_1+0=z_1$
  $z_1+(-z_1)=0$
- z_1-z_2
  $=(x_1+iy_1)-(x_2+iy_2)$
  $=(x_1-x_2)+i(y_1-y_2)$
- z_1z_2
  $=(x_1+iy_1)(x_2+iy_2)$
  $=(x_1x_2-y_1y_2)$
  $+i(x_1y_2-x_2y_1)$

따라서, $(x_1,\ y_1)+(0,\ 0)=(x_1+0,\ y_1+0)=(x_1,\ y_1)$
$(x_1,\ y_1)+(-x_1,\ -y_1)=(x_1-x_1,\ y_1-y_1)=(0,\ 0)$

이므로 복소수의 덧셈에 대한 항등원(additive identity)은

$$0=(0,\ 0),$$

z_1의 덧셈에 대한 역원(additive inverse)은

$$-z_1=(-x_1,\ -y_1)$$

이다. 두 복소수의 뺄셈은 다음과 같이 정의된다.

$$z_1-z_2=(x_1,\ y_1)-(x_2,\ y_2)=(x_1-x_2,\ y_1-y_2)$$

또 두 복소수 $z_1=(x_1,\ y_1)$, $z_2=(x_2,\ y_2)$의 곱은

$$z_1z_2=(x_1,\ y_1)(x_2,\ y_2)=(x_1x_2-y_1y_2,\ x_1y_2+x_2y_1)$$

으로 정의한다.

그리고 $(x_1,\ y_1)(1,\ 0)=(x_1\cdot 1-y_1\cdot 0,\ x_1\cdot 0+1\cdot y_1)=(x_1,\ y_1)$이므로 복소수의 곱셈에 대한 항등원(multiplicative identity)은

- $1=(1,\ 0)=1+i0$

$$1=(1,\ 0)$$

이다. 0이 아닌 복소수 $z=(x,\ y)$에 대하여 $zz^{-1}=1$이 되는 z^{-1}가 존재한다. 이 z^{-1}를 z의 곱셈에 대한 역원(multiplicative inverse)이라 한다. 이것을 $z^{-1}=(u,\ v)$라 하고, $u,\ v$를 구하면

$$(x,\ y)(u,\ v)=(1,\ 0)$$
$$(xu-yv,\ yu+xv)=(1,\ 0).$$

따라서 $$\begin{cases} xu-yv=1 \\ yu+xv=0 \end{cases}$$

- $z=(x,\ y)=x+iy$ 의 곱셈에 대한 역원은
  z^{-1}
  $=\left(\frac{x}{x^2+y^2},\ \frac{-y}{x^2+y^2}\right)$
  $=\frac{x}{x^2+y^2}+i\frac{-y}{x^2+y^2}$

으로 $u,\ v$에 대한 연립방정식을 풀면

$$u=\frac{x}{x^2+y^2},\ v=\frac{-y}{x^2+y^2} \quad \text{즉,}\ z^{-1}=\left(\frac{x}{x^2+y^2},\ \frac{-y}{x^2+y^2}\right)$$

이제 $z_1=(x_1,\ y_1)$을 $z_2=(x_2,\ y_2)$로 나누는 셈은 $z_2(z_2\neq 0)$의 역원을 z_1에 곱하는 것과 같다.

즉, $$\frac{z_1}{z_2}=z_1z_2^{-1}$$

$$z_2^{-1}=\left(\frac{x_2}{x_2^2+y_2^2},\ \frac{-y_2}{x_2^2+y_2^2}\right)$$

$$\therefore \frac{z_1}{z_2}=z_1 z_2^{-1}=(x_1,\ y_1)\left(\frac{x_2}{x_2^2+y_2^2},\ \frac{-y_2}{x_2^2+y_2^2}\right)$$

$$=\left(\frac{x_1x_2}{x_2^2+y_2^2}+\frac{y_1y_2}{x_2^2+y_2^2},\ \frac{-x_1y_2}{x_2^2+y_2^2}+\frac{x_2y_1}{x_2^2+y_2^2}\right)$$

$$=\left(\frac{x_1x_2+y_1y_2}{x_2^2+y_2^2},\ \frac{x_2y_1-x_1y_2}{x_2^2+y_2^2}\right)$$

- $z_1=x_1+iy_1$, $z_2=x_2+iy_2$
  $\frac{z_1}{z_2}=z_1z_2^{-1}$
  $=(x_1+iy_1)\times\left(\frac{x_2}{x_2^2+y_2^2}+i\frac{-y_2}{x_2^2+y_2^2}\right)$
  $=\frac{x_1x_2+y_1y_2}{x_2^2+y_2^2}+i\frac{x_2y_1-x_1y_2}{x_2^2+y_2^2}$

복소수에서도 실수와 같은 연산법칙이 성립한다.

- $\frac{z_1}{z_2}=\frac{x_1+iy_2}{x_2+iy_2}=\frac{(x_1+iy_2)(x_2-iy_2)}{(x_2+iy_2)(x_2-iy_2)}$ 로 계산하여도 된다.

$$z_1+z_2=z_2+z_1,\quad z_1z_2=z_2z_1$$

: 교환법칙(commutative law)

$$z_1+(z_2+z_3)=(z_1+z_2)+z_3,\quad z_1(z_2z_3)=(z_1z_2)z_3$$

: 결합법칙(associative law)

$$z_1(z_2+z_3)=z_1z_2+z_1z_3$$

: 분배법칙(distributive law)

그리고 $(x_1,0)+(x_2,0)=(x_1+x_2,0)$, $(x_1,0)(x_2,0)=(x_1x_2,0)$이다. 여기서 또한 복소수 $(x,0)$의 꼴은 실수 x임을 알 수 있다.

- $i=(0,1)$
  $=0+i$
  $i^2=-1$

$$i=(0,1)$$

이라 하면 $i^2=(0,1)(0,1)=(0\times0-1\times1,\ 0\times1+1\times0)=-1$을 얻는다.

예제 1.1 다음을 계산하여라.

(1) $(2-5i)+(3+2i)$　　(2) $(3+2i)-(1-i)$

(3) $(3+2i)(1-i)$　　(4) $\frac{3+2i}{1-i}$

풀이 (1) $(2-5i)+(3+2i)=(2+3)+\{(-5)+2\}i=5-3i$

(2) $(3+2i)-(1-i)=(3-1)+\{2-(-1)\}i=2+3i$

(3) $(3+2i)(1-i)=3\cdot1+\{3\cdot(-1)+2\cdot1\}i+2i\cdot(-i)$
$=3-i-2i^2=3-i-2\cdot(-1)=5-i$

(4) $\frac{3+2i}{1-i}=\frac{(3+2i)(1+i)}{(1-i)(1+i)}=\frac{3+5i+2i^2}{1^2-i^2}=\frac{3+5i+2\cdot(-1)}{1-(-1)}$
$=\frac{1+5i}{2}$ ■

- 허수단위 i를 하나의 문자로 보고 계산한 후 i^2은 -1로 바꾸어 계산하여도 된다.

연습문제 5.1

1. 다음 등식이 성립하도록 실수 x, y의 값을 정하여라.

• $a+bi=c+di$
$\Leftrightarrow a=c,\ b=d$

(1) $3x+4i=-6-(3y-1)i$

(2) $(2x+y)+(x+3y-5)i=0$

2. 다음 수의 제곱근을 구하여라.

• $(?)^2=-5$

(1) -5 (2) -48 (3) $-\frac{2}{9}$

3. 다음을 계산하여라.

• i
$i^2=-1$
$i^3=-i$
$i^4=1$

(1) $(3-2i)+(-1+5i)$ (2) $(2-i)-(4-5i)$

(3) $(1+\sqrt{3}\,i)(2-3\sqrt{3}\,i)$ (4) $\frac{2-3i}{-1+2i}$

(5) $(i-3)^3$ (6) i^5 (7) $(1+i)^{-2}$ (8) $\frac{1}{i}$

4. 다음 값을 찾아보아라.

• $z=x+iy$에서
$\operatorname{Re} z=x,\ \operatorname{Im} z=y$

(1) $\operatorname{Re}(1+i)(3+i)$ (2) $\operatorname{Im}(2-i)(3-i)$

(3) $\operatorname{Re}\frac{4-3i}{i-2}$ (4) $\operatorname{Im}\frac{1}{x_1-iy_1}$

5. 이차방정식 $z^2-2z+3=0$의 근을 구하여라.

6. (1) n, k가 정수일 때 $i^n=i$이면 $n=4k+1$ 모양임을 설명하여라.

(2) $n=4k$일 때 $(1+i)^n=(1-i)^n$임을 설명하여라.

7. $\frac{5}{(1-i)(2-i)(3-i)}$를 간단히 하여라.

• 복소수의
덧셈에 대한 항등원 : 0
곱셈에 대한 항등원 : 1

8. 복소수의 연산법칙 중 분배법칙이 성립함을 증명하여라.

9. 다음 복소수의 덧셈, 곱셈에 대한 역원을 각각 구하여라.

(1) $2-\sqrt{5}\,i$ (2) $-i$

(3) $1+i$ (4) $\frac{1-i}{1+i}$

5.2 복소평면

xy 평면(직교좌표평면) 위에서 복소수 $z = x + iy$와 점 (x, y)를 연관지을 수 있다. 이렇게 복소수와 연관지은 직교좌표평면을 복소평면(complex plane), 또는 간단히 z 평면(z plane)이라 하고 x축을 실수축(real axis), y축을 허수축(imaginary axis)이라 한다. 두 복소수

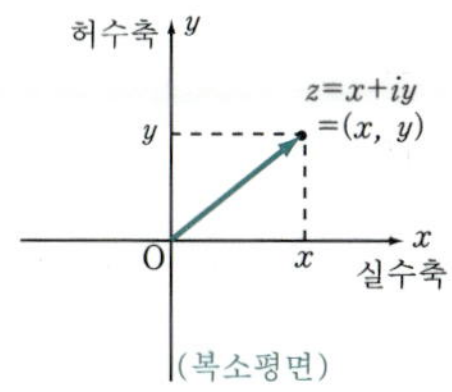

점 O는 원점

$$z_1 = x_1 + iy_1,$$
$$z_2 = x_2 + iy_2$$

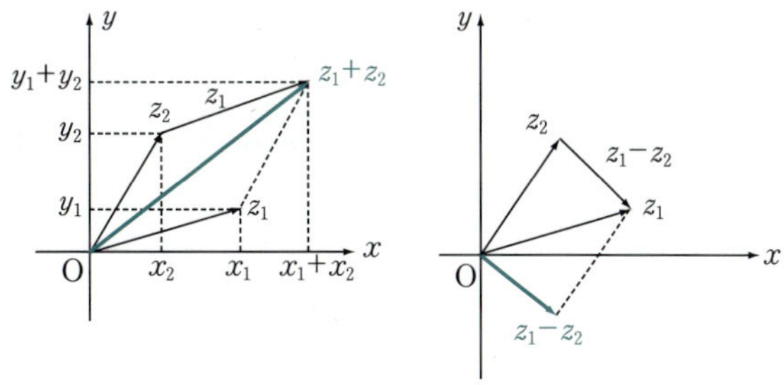

의 합 $z_1 + z_2$, 차 $z_1 - z_2$는 실수부분, 허수부분을 계산하여 관찰하면 오른쪽 그림과 같이 복소평면 위에 나타낼 수 있다.

복소수 $z = x + iy$의 절댓값(absolute value, modulus)은

$$|z| = \sqrt{x^2 + y^2}$$

와 같이 나타내는데 이것은 원점과 점(x, y) 사이의 거리이다.

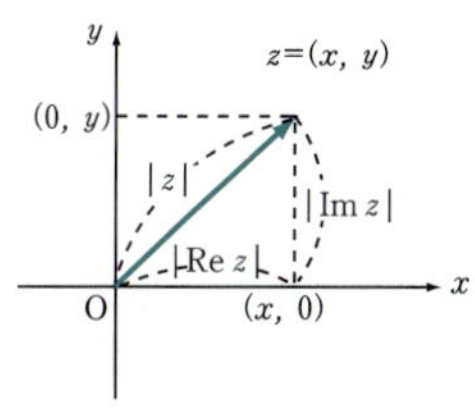

$|x| = |\mathrm{Re}\, z| \leq |z|$
$|y| = |\mathrm{Im}\, z| \leq |z|$

두 복소수 $z_1 = x_1 + iy_1$, $z_2 = x_2 + iy_2$ 사이의 거리는

$$|z_1 - z_2| = \sqrt{(x_1 - x_2)^2 + (y_1 - y_2)^2}$$

와 같이 얻어진다.

복소수 $x + iy$의 켤레복소수(complex conjugate)를 $x - iy$로 정의하고 $\overline{x + iy}$로 나타낸다. 즉 $z = x + iy$의 켤레복소수는 $\bar{z} = \overline{x + iy} = x - iy$로 나타낸다. z와 $\bar{z}$는 복소평면 위에서 x축에 대칭이다.

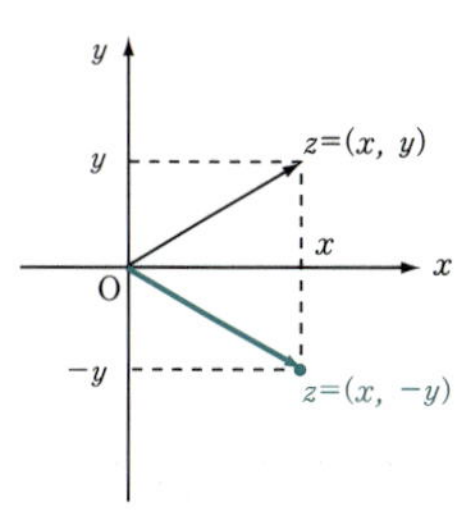

$|\mathrm{Re}\, z| = \dfrac{z + \bar{z}}{2}$

$|\mathrm{Im}\, z| = \dfrac{z - \bar{z}}{2i}$

$$z\bar{z} = (x + iy)(x - iy) = x^2 + y^2$$

이므로 $$|z|^2 = z\bar{z}$$

이다. 그리고 다음과 같은 성질이 성립한다.

$$\overline{z_1 + z_2} = \bar{z}_1 + \bar{z}_2,\ \overline{z_1 z_2} = \bar{z}_1 \bar{z}_2,\ \overline{z_1 / z_2} = \bar{z}_1 / \bar{z}_2$$

또, $$|z_1 z_2| = |z_1||z_2|,\ \left|\frac{z_1}{z_2}\right| = \frac{|z_1|}{|z_2|}\ (z_2 \neq 0)$$

예제 2.1 다음 부등식이 성립함을 증명하여라.

$$|z_1+z_2| \le |z_1|+|z_2| \quad \text{(삼각부등식, triangle inequality)}$$

- $|z|^2 = z\bar{z}$
- $\bar{\bar{z}} = z$

$\begin{cases} z = x+iy,\ \bar{z} = x-iy \\ z+\bar{z} = 2x = 2\,\mathrm{Re}\,z \end{cases}$

$|z_1\overline{z_2}| = |z_1||\overline{z_2}| = |z_1||z_2|$

- $\mathrm{Re}\,z \le |z|$

증명

$$\begin{aligned} |z_1+z_2|^2 &= (z_1+z_2)(\overline{z_1+z_2}) = (z_1+z_2)(\overline{z_1}+\overline{z_2}) \\ &= z_1\overline{z_1} + z_2\overline{z_1} + z_1\overline{z_2} + z_2\overline{z_2} \\ &= |z_1|^2 + z_1\overline{z_2} + \overline{z_1}z_2 + |z_2|^2 \\ &= |z_1|^2 + (z_1\overline{z_2} + \overline{z_1\overline{z_2}}) + |z_2|^2 \\ &= |z_1|^2 + 2\mathrm{Re}(z_1\overline{z_2}) + |z_2|^2 \\ &\le |z_1|^2 + 2|z_1\overline{z_2}| + |z_2|^2 = |z_1|^2 + 2|z_1||z_2| + |z_2|^2 \\ &= (|z_1|+|z_2|)^2 \end{aligned}$$

즉 $|z_1+z_2|^2 \le (|z_1|+|z_2|)^2 \quad \therefore |z_1+z_2| \le |z_1|+|z_2|$ ■

연습문제 5.2

- 복소평면 위에서 z_1+z_2는 z_1, z_2가 이웃하는 두 변인 평행사변형의 대각선

1. 두 복소수 $z_1 = 5+2i$, $z_2 = -3+3i$이다. 다음을 복소평면 위에 나타내어라.

(1) z_1, z_2 (2) z_1+z_2 (3) z_1-z_2

$|z| = |x+iy| = \sqrt{x^2+y^2}$
$\bar{z} = \overline{x+iy} = x-iy$
$|z_1z_2| = |z_1||z_2|$
$\overline{z_1z_2} = \overline{z_1}\,\overline{z_2}$

2. 다음을 간단히 하여라.

(1) $|(2+i)(3+i)|$ (2) $\overline{(2+i)(3+i)}$

(3) $\left|\dfrac{4+3i}{2-i}\right|$ (4) $\overline{\left(\dfrac{1-2i}{3+4i}\right)}$

3. 두 복소수 z_1, z_2에 대하여

(1) $\overline{z_1z_2} = \overline{z_1}\,\overline{z_2}$임을 증명하여라.

(2) $|z_1z_2| = |z_1||z_2|$임을 증명하여라.

- $|z|^2 = z\bar{z}$

4. $z = x+iy$일 때 $|z\bar{z}|$를 계산하여라.

#1. 부등식 $||z_1|-|z_2|| \le |z_1-z_2|$가 성립함을 증명하여라.

#2. (1) $|z| = r$을 만족하는 점의 집합을 그려보아라.

(2) $|z-2i| \le 1$을 만족하는 점의 집합을 그려보아라.

5.3 복소수의 극형식

복소평면에서 시초선을 Ox, 양의 방향으로 각 θ만큼 회전하여 이동한 동경을 OP, 그리고 $\overline{OP}=r$이라 한다.

이 때 점 P에 해당하는 복소수를 $z=x+iy(z\neq 0)$라 하면

$$x=r\cos\theta,\ y=r\sin\theta$$

이다. 여기서 복소수 z는

$$z=r\cos\theta+i\,r\sin\theta$$

즉 $$z=r(\cos\theta+i\sin\theta)$$

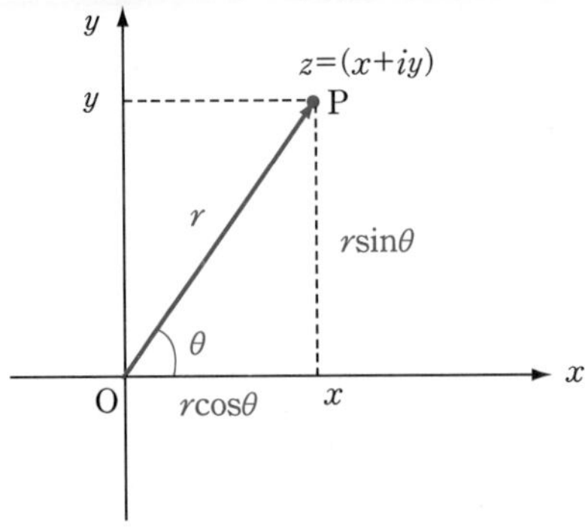

로 나타낸다. 이것을 복소수의 극형식(polar form)이라 한다.

$r=|z|$이고 θ는 z의 한 편각(argument)이라 하고

$$\theta=\arg z$$

로 나타낸다. 이 $\arg z$는 θ가 갖는 모든 값을 나타내지만 특히 $-\pi<\theta\le\pi$인 것을 $\arg z$의 주치(principal value)라 하고

$$\operatorname{Arg} z=\theta\ (-\pi<\theta\le\pi)$$

라 쓴다. 따라서 $\arg z=\operatorname{Arg} z+2n\pi(n=0,\ \pm1,\ \pm2,\ \cdots)$이다.

• $|z|=r=\sqrt{x^2+y^2}$
• $|z|=|r(\cos\theta+i\sin\theta)|$
$=|r||\cos\theta+i\sin\theta|$
$=r\sqrt{\cos^2\theta+\sin^2\theta}$
$=r\cdot 1=r$

• $z=0$이면 θ가 정의되지 않는다.
• $\theta=\arg z=\tan^{-1}\dfrac{y}{x}$

• $\arg z=\theta+2n\pi$
$=\operatorname{Arg} z+2n\pi$

예제 3.1 복소수 $z=-1-i$를 극형식으로 나타내고, r, $\operatorname{Arg}z$, $\arg z$을 말하여라.

풀이 $|z|=\sqrt{(-1)^2+(-1)^2}=\sqrt{2}$

$$\therefore z=-1-i=\sqrt{2}\left(-\frac{1}{\sqrt{2}}-\frac{1}{\sqrt{2}}i\right)$$
$$=\sqrt{2}\left\{\cos\left(-\frac{3}{4}\pi\right)+i\sin\left(-\frac{3}{4}\pi\right)\right\}$$
$$=\sqrt{2}\left(\cos\frac{3}{4}\pi-i\sin\frac{3}{4}\pi\right)$$
$$\therefore r=|z|=\sqrt{2}$$
$$\operatorname{Arg} z=-\frac{3}{4}\pi,\ \arg z=-\frac{3\pi}{4}+2n\pi \quad ■$$

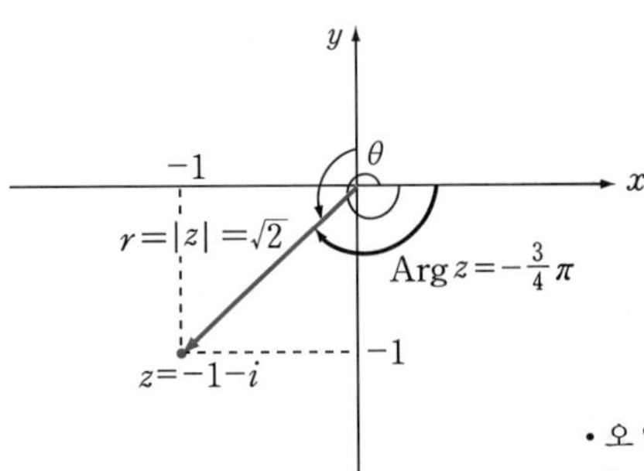

기호 $e^{i\theta}$, $\exp(i\theta)$가 다음과 같은 것을 오일러 공식이라 한다.

$$e^{i\theta}=\cos\theta+i\sin\theta$$

• 오일러공식(Euler's formula) : 1748년에 스위스의 수학자 오일러(Leonhard Euler, 1707-1783)에 의하여 소개되었다.

이 오일러공식에 의하면 극형식의 복소수 $z=r(\cos\theta+i\sin\theta)$는

$$z=r(\cos\theta+i\sin\theta)=re^{i\theta}$$

와 같이 지수형식(exponential form)으로 나타내어진다.

예제 3.2 앞의 예제 3.1의 복소수 $z=-1-i$를 지수형식으로 나타내어라.

• $r=|z|=|1-i| = \sqrt{(-1)^2+(-1)^2}$

풀이 $r=\sqrt{2}$, $\operatorname{Arg} z=-\frac{3}{4}\pi$ 이므로,

$$z=-1-i=\sqrt{2}\,e^{i\left(-\frac{3\pi}{4}+2n\pi\right)}\ (n=0, \pm 1, \pm 2, \cdots)$$

또는 $z=-1-i=\sqrt{2}\exp\left\{i\left(-\frac{3\pi}{4}+2n\pi\right)\right\}$ ■

지수형식의 두 복소수 $z_1=r_1e^{i\theta_1}$, $z_2=r_2e^{i\theta_2}$에 대하여

$$\begin{aligned} e^{i\theta_1}e^{i\theta_2} &= (\cos\theta_1+i\sin\theta_1)(\cos\theta_2+i\sin\theta_2) \\ &= (\cos\theta_1\cos\theta_2-\sin\theta_1\sin\theta_2)+i(\sin\theta_1\cos\theta_2+\cos\theta_1\sin\theta_2) \\ &= \cos(\theta_1+\theta_2)+i\sin(\theta_1+\theta_2) \\ &= e^{i(\theta_1+\theta_2)} \end{aligned}$$

• $e^{i(\theta_1-\theta_2)} = \cos(\theta_1-\theta_2) + i\sin(\theta_1-\theta_2)$

이므로 $z_1z_2=r_1e^{i\theta_1}\cdot r_2e^{i\theta_2}=r_1r_2e^{i\theta_1}e^{i\theta_2}=r_1r_2e^{i(\theta_1+\theta_2)}$

$$\frac{z_1}{z_2}=\frac{r_1e^{i\theta_1}}{r_2e^{i\theta_2}}=\frac{r_1}{r_2}\cdot\frac{e^{i\theta_1}\cdot e^{-i\theta_2}}{e^{i\theta_2}\cdot e^{-i\theta_2}}=\frac{r_1}{r_2}\cdot\frac{e^{i(\theta_1-\theta_2)}}{e^{i0}}=\frac{r_1}{r_2}e^{i(\theta_1-\theta_2)}$$

• $e^{-i\theta}=e^{i(-\theta)} = \cos(-\theta)+i\sin(-\theta) = \cos\theta-i\sin\theta$

또 $z=re^{i\theta}$일 때, $z^{-1}=\frac{1}{z}=\frac{1}{re^{i\theta}}=\frac{1}{r}e^{-i\theta}$

그리고 $z^n=(re^{i\theta})^n=r^n(e^{i\theta})^n=r^ne^{in\theta}$

여기서 $r=1$이면 $(e^{i\theta})^n=e^{in\theta}\ (n=0, \pm1, \pm2, \cdots)$이다.

즉, $(\cos\theta+i\sin\theta)^n=\cos n\theta+i\sin n\theta$

이것을 드 무아브르 공식(de Moivre's formula)이라 한다.

예제 3.3 $(1+i)^5$을 간단히 하여라.

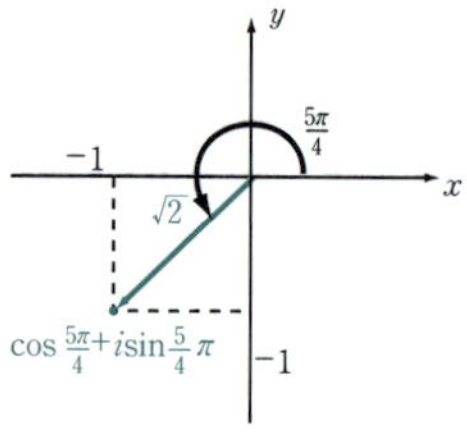

풀이 $1+i=\sqrt{2}\left(\frac{1}{\sqrt{2}}+\frac{1}{\sqrt{2}}i\right)=\sqrt{2}\left(\cos\frac{\pi}{4}+i\sin\frac{\pi}{4}\right)$

$$\begin{aligned} (1+i)^5 &= (\sqrt{2})^5\left(\cos\frac{\pi}{4}+i\sin\frac{\pi}{4}\right)^5=4\sqrt{2}\left(\cos\frac{5\pi}{4}+i\sin\frac{5\pi}{4}\right) \\ &= 4\sqrt{2}\left\{-\frac{1}{\sqrt{2}}+i\left(-\frac{1}{\sqrt{2}}\right)\right\}=-4-4i \end{aligned}$$

■

이제 $z^3=1$을 만족하는 복소수 z를 구하여 보자.

• $(\cos\theta+i\sin\theta)^n = \cos n\theta + i\sin n\theta$

$z=\cos\theta+i\sin\theta$라 하고 $z^3=1$에 대입하고 드 무아브르 공식을 이용하면

$$(\cos\theta+i\sin\theta)^3=1$$
$$\cos3\theta+i\sin3\theta=1$$

그러므로 $\qquad \cos3\theta=1,\ \sin3\theta=0$

따라서 $\qquad 3\theta=2k\pi \quad \therefore \theta=\dfrac{2k\pi}{3}$

$$k=0\text{일 때 } \theta=0,\ k=1\text{일 때 } \theta=\frac{2\pi}{3},\ k=2\text{일 때 } \theta=\frac{4\pi}{3}$$

• 방정식 $z^3=1$의 근은 3개

이고, $k=3$이면 $k=0$인 경우, $k=4$이면 $k=1$인 경우, ……로 $k=0, 1, 2$일 때 답으로 충분하다.

구하는 z는 $z_k=\cos\dfrac{2k\pi}{3}+i\sin\dfrac{2k\pi}{3}\,(k=0, 1, 2)$로 나타낼 수 있고

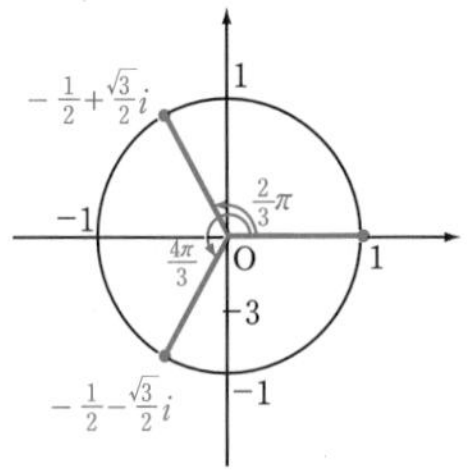

$$k=0:\ z_0=\cos0+i\sin0=1,$$
$$k=1:\ z_1=\cos\frac{2\pi}{3}+i\sin\frac{2\pi}{3}=-\frac{1}{2}+\frac{\sqrt{3}}{2}i$$
$$k=2:\ z_2=\cos\frac{4\pi}{3}+i\sin\frac{4\pi}{3}=-\frac{1}{2}-\frac{\sqrt{3}}{2}i$$

위와 같은 방법으로 $z^4=1$에서 z를 $z=\cos\theta+i\sin\theta$로 놓고 구하면

• 방정식 $z^4=1$의 근은 4개

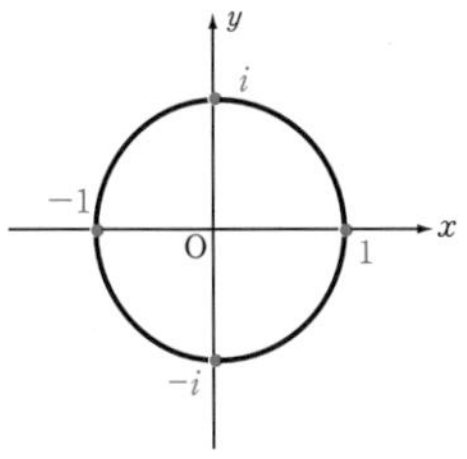

$$\cos4\theta+i\sin4\theta=1$$
$$\cos4\theta=1,\ \sin4\theta=0$$
$$4\theta=2k\pi \quad \therefore \theta=\frac{2k\pi}{4}\ (k=0, 1, 2, 3)$$

$z^4=1$을 만족하는 z를 z_k라 하면

$$z_k=\cos\frac{2k\pi}{4}+i\sin\frac{2k\pi}{4}\ \ (k=0, 1, 2, 3)$$

$k=0, 1, 2, 3$을 차례로 대입하면 $z_0=1,\ z_1=i,\ z_2=-1,\ z_3=-i$

일반적으로 $z^n=1$의 근은

• 방정식 $z^n=1$의 근은 n개

$$z_k=\cos\frac{2k\pi}{n}+i\sin\frac{2k\pi}{n}\ \ (k=0, 1, 2, \cdots, n-1)$$

이다.

연습문제 5.3

• $z = r(\cos\theta + i\sin\theta)$

1. 다음 복소수를 극형식으로 나타내어라.

(1) 3　　(2) $1+i$

(3) $\sqrt{3}+i$　　(4) i

(5) $\sqrt{3}-i$　　(6) $-\sqrt{3}-i$

• $z = re^{i\theta}$
$-\pi < \mathrm{Arg}\,z \leq \pi$

2. 위 1번의 복소수를 $\mathrm{Arg}z$를 써서 지수형식으로 나타내어라.

3. 다음 복소수의 편각의 주치 즉 $\mathrm{Arg}z$의 값을 구하여라.

(1) $z = (\sqrt{3}+i)^6$　　(2) $z = \dfrac{1}{2} \cdot \dfrac{i}{-1-i}$

(3) $z = \dfrac{-2}{1-\sqrt{3}\,i}$

• $(\cos\theta + i\sin\theta)^n = \cos n\theta + i\sin n\theta$

4. 다음을 간단히 하여라.

(1) $(\cos 10° - i\sin 10°)^{12}$　　(2) $\{\sqrt{3}(\cos 15° + i\sin 15°)\}^{-6}$

(3) $(1+i)^{10}$　　(4) $(-1+i)^7$

(5) $(1+\sqrt{3}\,i)^{-10}$　　(6) $\left(\dfrac{1+i}{\sqrt{3}+i}\right)^4$

• $z_1 = r_1 e^{i\theta}$, $z_2 = r_2 e^{i\theta_2}$

5. $\arg z_1 z_2 = \arg z_1 + \arg z_2$, $\arg\left(\dfrac{z_1}{z_2}\right) = \arg z_1 - \arg z_2$ 임을 설명하여라.

• 드 무아브르 공식을 이용.

6. (1) $\cos 3\theta = \cos^3\theta - 3\cos\theta\sin^2\theta$　　(2) $\sin 3\theta = 3\cos^2\sin\theta - \sin^3\theta$

(3) $\cos 5\theta = \cos^5\theta - 10\cos^3\theta\sin^2\theta + 5\cos\theta\sin^4\theta$ 임을 증명하여라.

7. $z^8 = 1$의 근을 구하여라.

#1. $|z| = \mathrm{R}$은 무엇을 나타내는가? $z = \mathrm{Re}^{i\theta}(0 \leq \theta \leq 2\pi)$는 무엇을 나타내는가? $z = z_0 + \mathrm{Re}^{i\theta}(0 \leq \theta \leq 2\pi)$에 대하여도 설명하여라.

#2. $z^n = z_0$, $z_0 = r_0 e^{i\theta_0}$의 근은 아래와 같음을 설명하여라.

$$z_k = \sqrt[n]{r_0}\exp\left[i\left(\frac{\theta_0}{n} + \frac{2k\pi}{2}\right)\right](k = 0, 1, 2, \cdots, n-1)$$

해석기하학(Anelgtic Geometry)

직선, 곡선 등을 좌표계(coordinate system)에 적용한 방정식으로 나타내어 여러 가지 성질을 연구하는 기하학의 한 형태.

좌표기하학(coordinate geometry)이라고도 하는데 1637년에 데카르트(René Descartes)에 의하여 처음 소개되었다하여 그의 이름을 따서 카티시안 좌표계(Cartesin coordinate system)라고도 한다. 또 좌표평면을 카티시안평면(Cartesian plane)이라고도 한다.

06 원추곡선

円錐曲線, Conics, Conic Sections

프랑스의 수학자 페르마(Pierre de Fermat, 1601~1665), 그는 데카르트와 같은 시대의 수학자이다. 상인의 아들로 태어나 법학을 공부하여 변호사 생활을 하였다. 수학은 그에게 취미였다.

그렇지만 페르마의 마지막 정리(Fermat's last theorem) 「$n>2$일 때, $x^n+y^n=z^n$을 만족하는 양의 정수 x, y, z는 존재하지 않는다.」—1637년, 또 페르마의 수(Fermat numbers.),

「$2^{2^n}+1=Fn$(n은 양정수)는 소수이다」 등을 미루어 볼 때, 페르마는 취미를 넘어 수학의 제반 문제의 연구에 몰두하였다.

그는 아폴로니우스의 기하학에 몰입하다가 일차방정식은 직선이란 도형에, 이차방정식은 원추곡선이라는 도형에 대응하고 이러한 것을 좌표평면에서 연구 가능한 해석기하학을 창안하였다.

• 페르마가 죽은 후 그의 논문에서 데카르트보다 더 깊이 해석기하학을 연구했다고 알려져 있다.

원추곡선(또는 원뿔곡선)은 직원뿔(right circular come)이 한 평면에 의하여 잘려진 부분에서 얻어진 곡선을 의미한다. 이것은 원뿔과 평면이 이루는 각의 크기에 따라 타원(ellipse), 포물선(parabola), 쌍곡선(hyperbola)이 된다. 여기서 원은 타원의 특수한 경우이다.

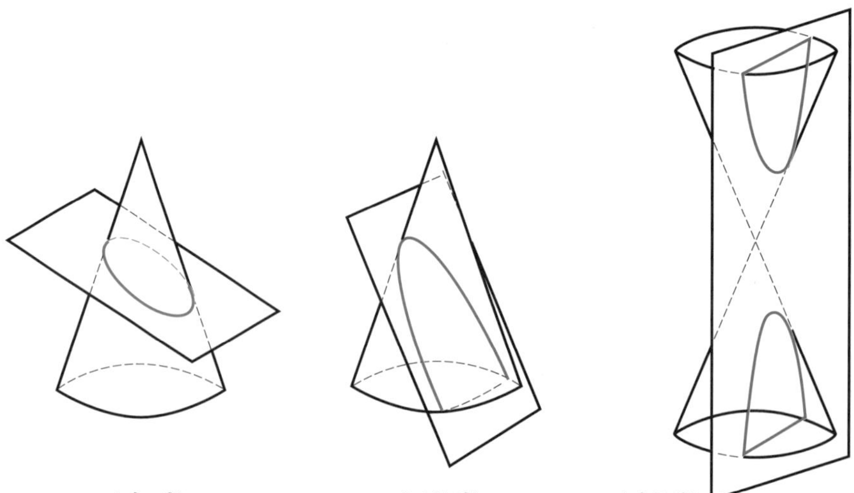

(타 원) (포물선) (쌍곡선)

그리스의 수학자 아폴로니우스(Apollonius, 260-190 B.C.)가 위와 같이 직원뿔과 평면이 만나 아름다운 곡선을 만들고 이들을 정의했다.

이것은 1600년대 데카르트, 페르마에 의하여 기하학과 대수학이 어우러져 해석기하학에서 방정식으로 설명하기까지 발전하지 않았다.

폴란드 태생 천문학자 코페르니쿠스(Nicholas Copernicus, 1473-1543)는 태양계의 행성들은 원운동을 한다고 생각하였고, 독일의 천문학자, 수학자인 케플러(Johann Kepler, 1571-1630)는 태양계의 행성들은 태양이 타원의 한 초점이 되는 타원운동을 한다고 발견했고, 이탈리아의 천문학자 갈릴레오 갈릴레이(Galileo Galilei, 1564-1642)는 탄도는 포물선을 나타내고, 영국의 천문학자, 수학자인 핼리(Edmond Halley, 1656-1742)는 혜성이 타원운동을 하여 (자신의 이름을 붙여 핼리혜성) 출현 연도를 예측한 것 등은 이 원추곡선을 해석기하학으로 연구한 결과일 것이다.

핼리혜성 : 태양의 주위를 76.2년의 주기로 도는 해당성속의 혜성, 예부터 흉조로 여김.

6.1 포물선

평면 위에서 한 고정점과 고정직선에서 같은 거리에 있는 모든 점의 집합을 포물선(parabola)이라 한다.

이 고정점을 포물선의 초점(focus, focal point), 또 이 고정직선을 포물선의 준선(directrix)이라 한다.

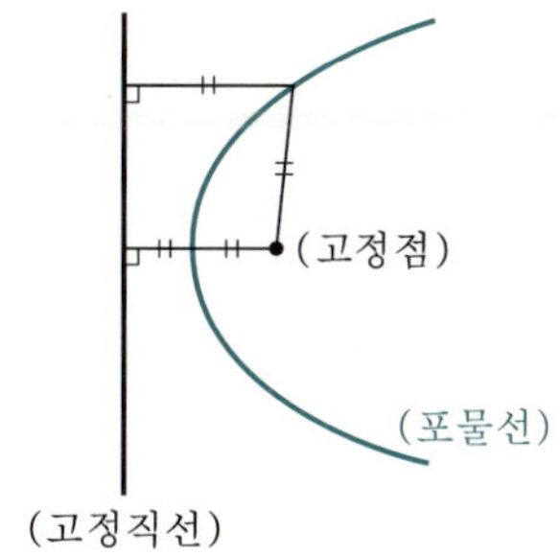

초점을 지나 준선 l에 수직인 직선을 x축, 준선과 x축의 교점과 초점 사이의 선분의 수직이등분선을 y축으로 잡고 초점을 $F(a,\ 0)$라 하고 포물선 위의 임의의 점을 $P(x,\ y)$, P에서 준선에 내린 수선의 발을 M이라 하면 좌표는 $(-a,\ y)$임을 알 수 있다.

• $y^2=4ax$에서 x축을 이 포물선의 축(axis)이라 한다. (x축에 대칭)

포물선 정의에 의하면

$$\overline{PF}^2=\overline{PM}^2$$
$$(x-a)^2+y^2=(x+a)^2$$
$$\therefore\ y^2=4ax$$

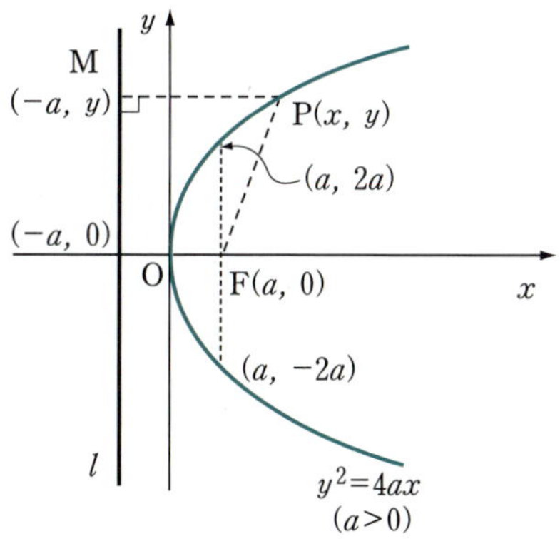

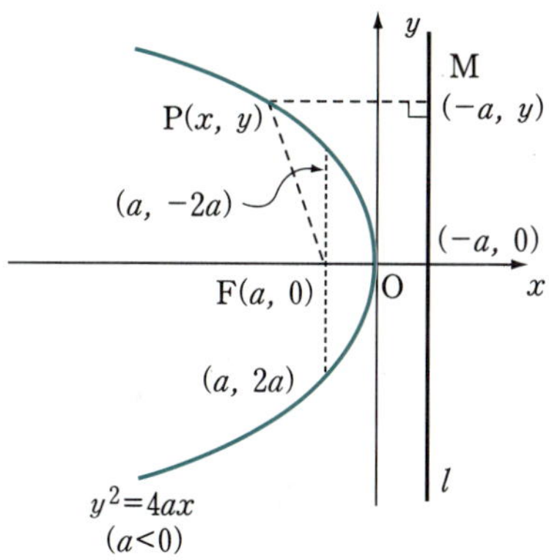

이것은, 초점의 좌표가 $(a,\ 0)$, 준선의 방정식이 $x=-a$인 포물선의 방정식이다. 꼭짓점(vertex)은 원점이다.

초점이 y축 위에 있는 경우는

$$x^2=4ay$$

로 준선의 방정식은 $y=-a$, 초점의 좌표는 $(0,\ a)$, 꼭짓점은 원점이다.

• 포물선 $x^2=4ay$의 축은 y이다. (y축에 대칭)

예제 1.1

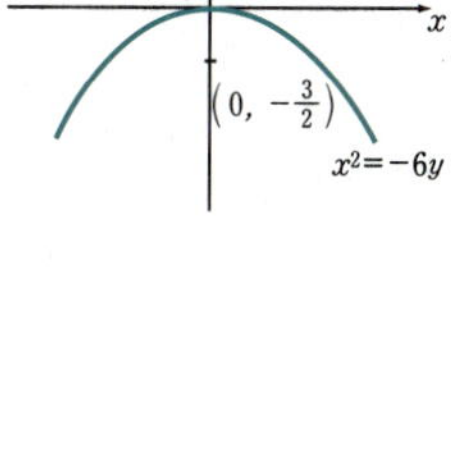

(1) 포물선 $3y^2=8x$는 $y^2=\frac{8}{3}x$, $\therefore 4a=\frac{8}{3}$에서 $a=\frac{2}{3}$이므로 초점은 $\left(\frac{2}{3},\ 0\right)$, 준선의 방정식은 $x=-\frac{2}{3}$이다.

(2) 포물선 $x^2=-6y$는 $4a=-6$에서 $a=-\frac{3}{2}$이므로 초점은 $\left(0,\ -\frac{3}{2}\right)$, 준선의 방정식은 $y=\frac{3}{2}$이다. ■

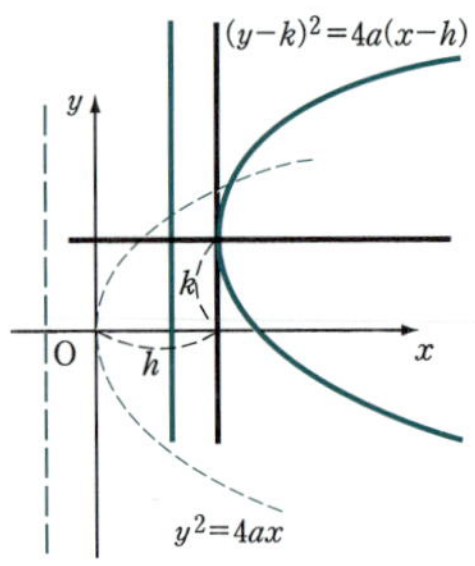

포물선 $y^2=4ax$를 x축 방향으로 h만큼, y축 방향으로 k만큼 평행이동하면 포물선의 방정식은

$$(y-k)^2=4a(x-h) \quad \cdots ①$$

이고, 초점은 $(a+h,\ k)$, 준선은 $x=-a+h$, 꼭짓점은 $(h,\ k)$이다. 같은 이치로 포물선

$$(x-h)^2=4a(y-k) \quad \cdots ②$$

는 초점이 $(h,\ a+k)$, 준선이 $y=-a+k$, 꼭짓점이 $(h,\ k)$이다.

예제 1.2 방정식 $y^2-4y-8x+28=0$은 변형하면

$$(y-2)^2=8(x-3)$$

으로 $4a=8,\ a=2$가 되어 초점이 $(2+3,\ 2)$ 즉 $(5,\ 2)$, 준선이 $x=-2+3=1$, 꼭짓점이 $(3,\ 2)$인 포물선이다. ■

①, ②는 포물선의 표준형(standard form)이라 하는데, 정리하면 다음과 같다. 이것을 포물선의 일반형(general form)이라 한다.

$$y^2+Dx+Ey+F=0,\quad x^2+Dx+Ey+F=0$$

연습문제 6.1

1. 다음 포물선의 초점, 준선을 구하고 그래프를 그려라.

(1) $y^2=-\frac{2}{3}x$ (2) $x^2=\frac{8}{5}y$ (3) $x^2=-12y$

(4) $y^2-12x-48=0$ (5) $x^2+8y+24=0$

(6) $y^2+2y+6x+4=0$ (7) $x^2-8x-6y-8=0$

2. 다음 주어진 조건에 알맞은 포물선의 방정식을 구하여라.

(1) 초점이 $(-2,\ 0)$, 준선이 $x=2$ (2) 초점이 $(0,\ 4)$, 준선이 $y=-4$

(3) 꼭지점이 $(3,\ -2)$, 초점이 $(3,\ -8)$ (4) 초점이 $(2,\ -3)$, 준선이 $x=6$

(5) 초점이 $(-2,\ 2)$ 준선이 $y=4$

(6) 세 점 $(-1,\ 5)$, $(1,\ 1)$, $(2,\ 2)$를 지나고 축은 y축에 평행

#1. 한 포물선의 초점에서 준선에 평행한 직선이 포물선에 의하여 잘린 선분을 통경(latus rectum)이라 한다. 1번 포물선들의 통경의 길이를 구하여 보자.

6.2 타 원

평면 위에서 두 고정점 F, F′에 이르는 거리의 합이 일정한 점 P들 전체의 집합을 타원(ellipse)이라 한다.

이 때, 두 고정점 F, F′을 이 타원의 초점(focus, 또는 복수로 foci)이라 한다.

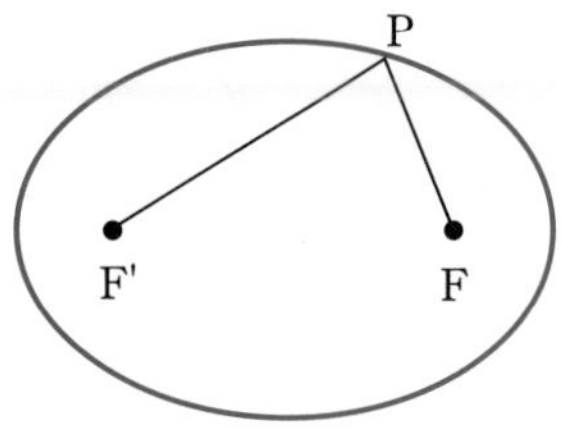

• 두 고정점 F, F′에 $\overline{FF'}$보다 긴 줄(실)을 매고 점 P에 연필 끝을 대고 줄을 팽팽히 하고 그려 나가면 타원이 그려진다.

이제 타원의 방정식을 구하여 보자.

두 초점 F, F′을 지나는 직선을 x축, $\overline{FF'}$ 중점을 원점 O, 또 $\overline{FF'}$의 수직이등분선을 y축으로 하고, F$(c, 0)$, F′$(-c, 0)$로 놓고 그리고 점 P(x, y)와 이 두 초점 사이의 거리의 합을 $2a$라 한다.

• 여기서 원점을 타원의 중심(center)이라 한다.

$$\overline{PF'}+\overline{PF}=2a\ (\text{일정})$$

$$\sqrt{(x+c)^2+y^2}+\sqrt{(x-c)^2+y^2}=2a$$

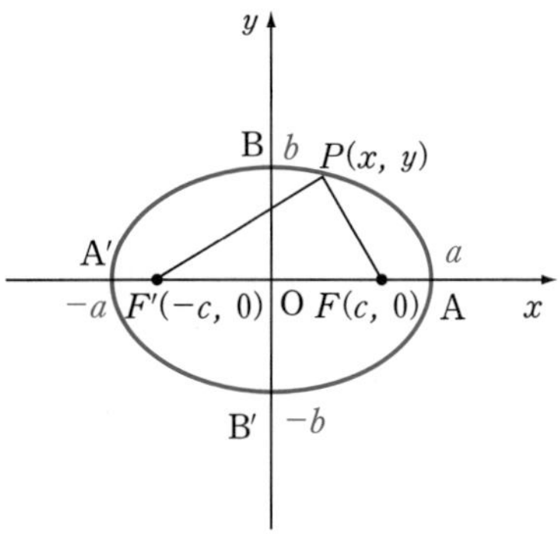

• △PF′F에서
$\overline{PF'}+\overline{PF}>\overline{F'F}$
$2a>2c$ 즉 $a>c$
따라서 $a^2-c^2>0$
$a^2b^2\neq 0$

• $b^2=a^2-c^2<a^2$
$\therefore b<a$

두 번째 근호를 이항하고 양변을 제곱한 후 정리하면

$$cx-a^2=-a\sqrt{(x-c)^2+y^2}$$

다시 양변을 제곱한 후 정리하면

$$(a^2-c^2)x^2+a^2y^2=a^2(a^2-c^2)$$

여기서 $a^2-c^2=b^2$으로 하고 $a^2b^2(\neq 0)$으로 양변을 나누면

$$\frac{x^2}{a^2}+\frac{y^2}{b^2}=1$$

이 타원과 x, y축과의 교점을 위 그림과 같이 A, A′, B, B′이라 하면, $y=0$일 때 $x=\pm a$, $x=0$일 때 $y=\pm b$이므로 A$(a, 0)$, A′$(-a, 0)$, B$(0, b)$ B′$(0, -b)$이다. 이 때 $b^2=a^2-c^2<a^2$ 즉 $b<a$이다.

여기서 선분 AA′$(=2a)$을 이 타원의 장축(major axis), 선분 BB′$(=2b)$를 단축(minor axis)이라 한다.

또 두 초점을 지나 장축에 수직인 직선이 타원에 의하여 잘린 선분을 포물선에서와 같이 통경(latus rectum)이라 한다.

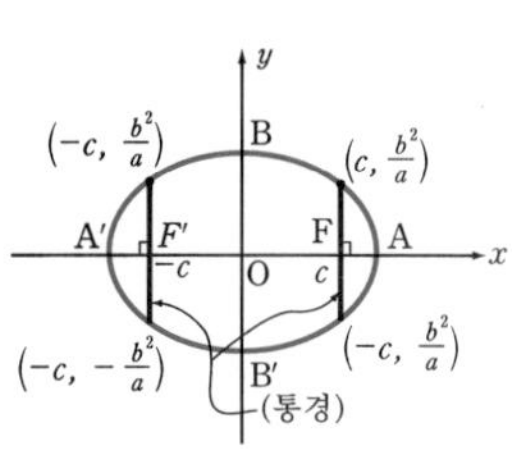

• 통경의 길이는
$\frac{b^2}{a}-\left(-\frac{b^2}{a}\right)=\frac{2b^2}{a}$

- 통경의 길이는
$$\left|\frac{b^2}{a}-\left(\frac{b^2}{a}\right)\right|=\frac{2b^2}{a}$$
- 장축의 길이는 $2a$
- 단축의 길이는 $2b$

그리고 두 초점이 $F(0, c)$, $F'(0, -c)$로 y축 위에 있을 때, 앞에서와 같은 방법으로 타원의 방정식을 구하면

$$\frac{y^2}{a^2}+\frac{x^2}{b^2}=1$$

이다. 이 타원의 장축은 y축 위에 있고 단축은 x축 위에 있게 된다.

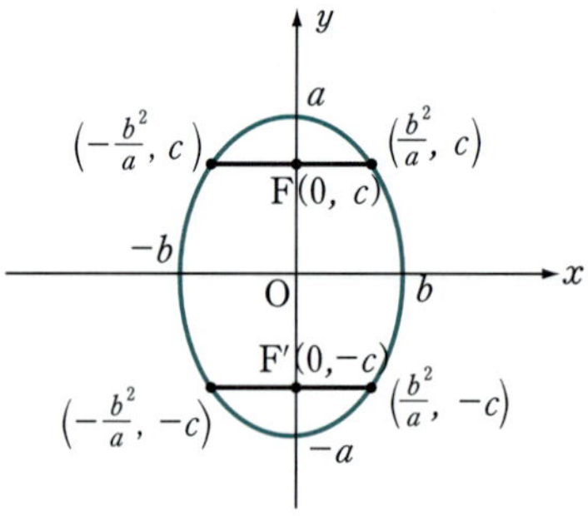

- 타원과 장축, 단축이 만난 네 점을 타원의 꼭짓점이라 한다.

예제 2.1 다음 타원의 초점과 꼭지점의 좌표, 장축과 단축의 길이를 각각 구하고 그래프를 그려라.

(1) $16x^2+25y^2=400$ (2) $25x^2+9y^2=225$

- $a^2-c^2=b^2$에서 $c^2=a^2-b^2$
- $\frac{x^2}{a^2}+\frac{y^2}{b^2}=1\,(a>b)$의 초점은 x축 위에 $\frac{y^2}{a^2}+\frac{x^2}{b^2}=1\,(a>b)$의 초점은 y축 위에.

풀이 (1) 양변을 400으로 나누면

$$\frac{x^2}{25}+\frac{y^2}{16}=1,\ 즉\ \frac{x^2}{5^2}+\frac{y^2}{4^2}=1$$

$a=5$, $b=4$이므로

$c^2=a^2-b^2=5^2-4^2=9$ $\therefore c=3$

초점 : $(\pm 3, 0)$

꼭짓점 : $(\pm 5, 0)$ $(0, \pm 4)$

장, 단축의 길이 : 10, 8

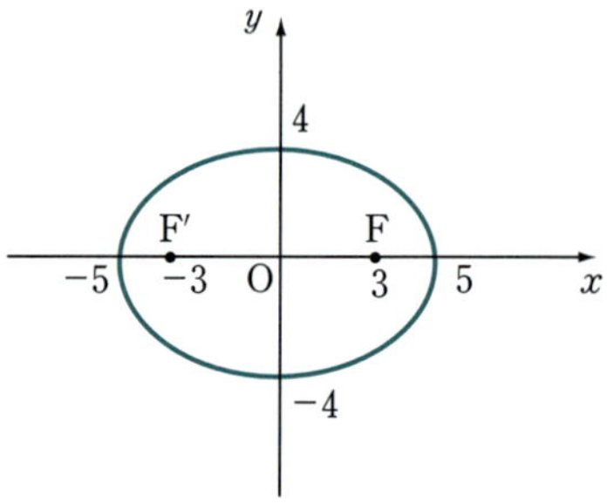

(2) 양변을 225로 나누면

$$\frac{x^2}{9}+\frac{y^2}{25}=1,\ 즉\ \frac{y^2}{5^2}+\frac{x^2}{3^2}=1$$

$a=5$, $b=3$이므로

$c^2=a^2-b^2=5^2-3^2=16$ $\therefore c=4$

초점 : $(0, \pm 4)$

꼭짓점 : $(\pm 3, 0)$, $(0, \pm 5)$

장, 단축의 길이 : 10, 6 ■

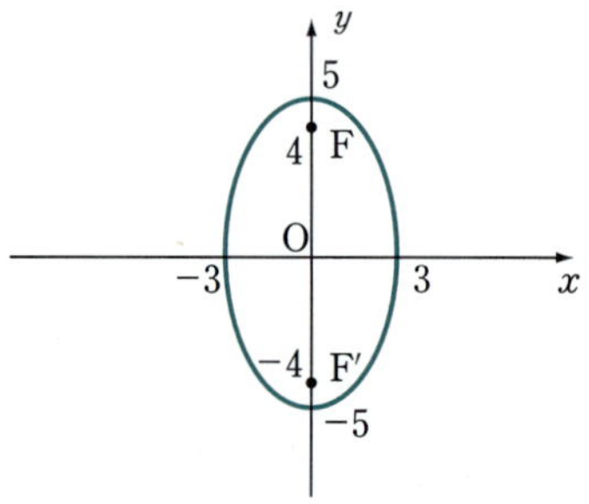

타원의 방정식 $\frac{x^2}{a^2}+\frac{y^2}{b^2}=1$을 유도하는 과정에서(앞 쪽에서)

$$-a\sqrt{(x-c)^2+y^2}=cx-a^2$$

을 얻었었다. 이 식의 양변을 $-a$로 나눈 다음 정리하면

$$\sqrt{(x-c)^2+y^2}=\frac{c}{a}\left(\frac{a^2}{c}-x\right)$$

이것의 좌변은 점 P(x, y)와 초점 F$(c, 0)$ 사이의 거리이고, 우변은 점 P(x, y)와 직선 $x=a^2/c$ 사이의 거리에 c/a를 곱한 것이다.

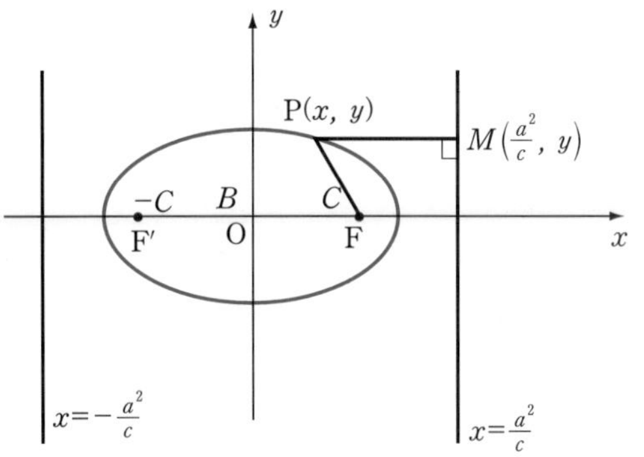

이 때의 직선 $x=a^2/c$은 이 타원의 초점 F$(c, 0)$에 대한 준선이다. 같은 이치로 $x=-a^2/c$은 초점 F$'(-c, 0)$에 대한 준선이다.

여기서 c/a를 이 타원의 이심률(eccentricity)이라 하고 e로 나타낸다. 즉 $e=c/a$

$e=0$이면 $c=0$이고 $b^2=a^2-c^2$에서 $a=b$가 되어 두 초점이 중심으로 모아진 원이 된다. $e=1$이면 $c=a$이고 $b^2=a^2-c^2$에서 $b=0$이 되어 타원의 방정식을 쓸 수 없다. 그러나 $e=1$이면 두 초점을 잇는 선분이 된다.

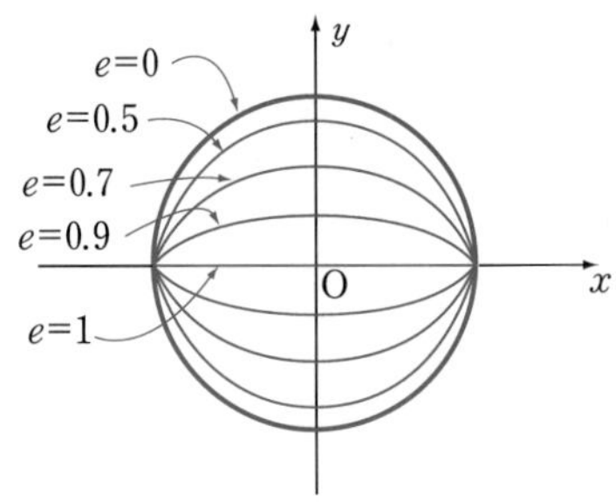

- $c=\sqrt{a^2-b^2}$
- 이심률을 중심거리비율이라고도 한다.
- $e=\dfrac{c}{a}=\dfrac{2c}{2a}=\dfrac{(\text{초점 사이의 거리})}{(\text{장축의 길이})}$
- $e=0$일 때, 타원의 두 초점은 일치하여 원의 중심이 된다.

따라서 타원이려면 $0<e<1$이어야 한다.

타원 $\dfrac{x^2}{a^2}+\dfrac{y^2}{b^2}=1$을 x축 방향으로 h만큼, y축 방향으로 k만큼 평행이동한 타원의 방정식은 다음과 같고 중심은 (h, k)가 된다.

$$\frac{(x-h)^2}{a^2}+\frac{(y-k)^2}{b^2}=1 \qquad \cdots ①$$

이 때, (①)의 초점은 $(\pm c+h, k)$이다. 또 장축이 y축에 평행인 경우 앞에서와 같이 평행이동했다면 다음과 같고 중심은 (h, k)이다.

$$\frac{(y-k)^2}{a^2}+\frac{(x-h)^2}{b^2}=1 \qquad \cdots ②$$

여기서 초점은 $(h, \pm c+k)$이다.

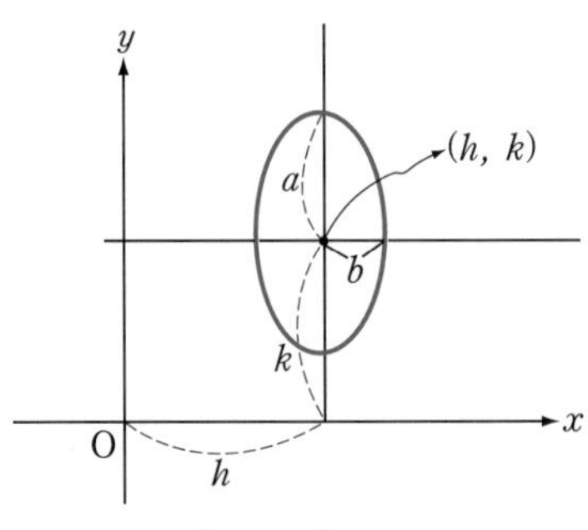

$\frac{(y-k)^2}{a^2}+\frac{(x-h)^2}{b^2}=1$

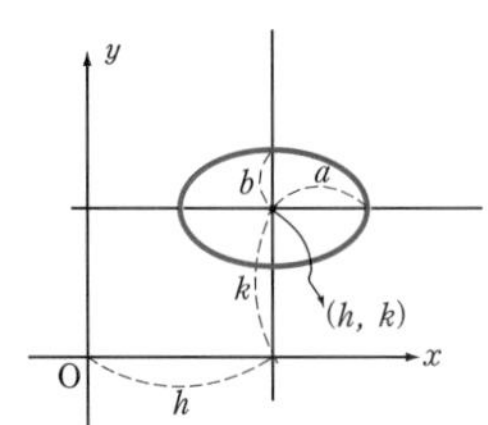

$\frac{(x-h)^2}{a^2}+\frac{(y-k)^2}{b^2}=1$

✉예제 2.2 방정식 $9x^2-18x+25y^2+100y-116=0$을 변형하면

$$9(x^2-2x+1)+25(y^2+4y+4)=225$$

양변을 225로 나누고 정리하면

②에서 $a=5$, $b=3$,
$c=\sqrt{a^2-b^2}=4$
②의 초점이 $(\pm4, 0)$
①의 초점은 $(\pm4+1, 0-2)$

$$\frac{(x-1)^2}{5^2}+\frac{(y+2)^2}{3^2}=1$$

이 된다. 이것은 타원

$$\frac{x^2}{5^2}+\frac{y^2}{3^2}=1$$

을 x, y축 방향으로 1, −2만큼 평행이동한 타원임을 알 수 있다. ■

①, ②를 타원의 표준형(standard form)이라 하고 ①을 정리하면 다음과 같은 꼴로 쓸 수 있다. 이를 타원의 일반형이라 한다.

$$\mathrm{A}x^2+\mathrm{B}y^2+\mathrm{D}x+\mathrm{E}y+\mathrm{F}=0 \quad (\mathrm{A}\neq\mathrm{B},\ \mathrm{AB}>0)$$

연습문제 6.2

1. 다음 타원의 장, 단축의 길이, 이심률, 초점, 꼭지점의 좌표, 준선의 식, 그리고 통경의 길이를 각각 구하고, 도형을 그려라.

(1) $4x^2+9y^2=36$

(2) $4y^2+25x^2=100$

(3) $16x^2+25y^2+96x-100y-156=0$

(4) $9x^2+4y^2-72x-24y+144=0$

2. 두 점 (4, 2), (−2, 2)에서 거리의 합이 8이 되는 점의 집합을 구하여라.

3. 초점의 좌표가 (7, −3), (1, −3)이고 한 꼭짓점의 좌표가 (9, −3)인 타원의 방정식을 구하여라.

6.3 쌍곡선

평면 위에서 두 고정점 F, F′에 이르는 거리의 차가 일정한 점 P 전체의 집합을 쌍곡선(hyperbola)이라 하고, 이 고정점 F, F′을 쌍곡선의 초점이라 한다.

F(c, 0), F($-c$, 0) 또 P(x, y)라 하고 P와 F, F′의 거리의 차를 $2a$라 하면

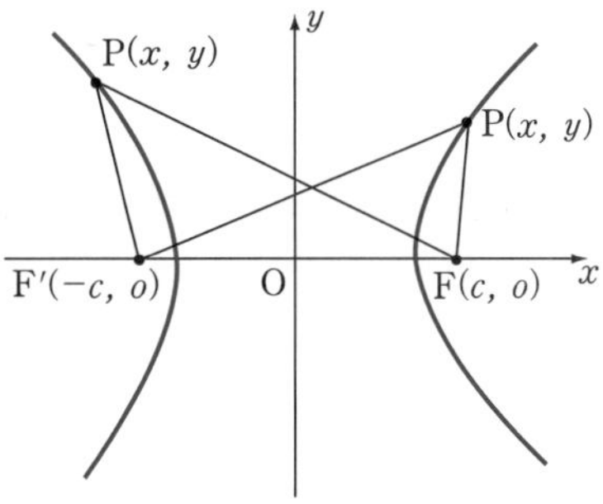

• 왼쪽 그림에서 $\triangle$PF′F의 한변 $\overline{FF'}$의 길이가 $2c$이고 다른 두 변 $\overline{PF}$와 $\overline{PF'}$의 차가 $2a$이므로 $2c>2a$, 즉, $c>a$ 또 $c^2-a^2>0$

$\overline{PF'}-\overline{PF}=2a$ 또는 $\overline{PF'}-\overline{PF}=-2a$

즉 $\overline{PF'}-\overline{PF}=\pm 2a$

$\sqrt{(x+c)^2+y^2}-\sqrt{(x-c)^2+y^2}=\pm 2a$

$\sqrt{(x+c)^2+y^2}=\pm 2a+\sqrt{(x-c)^2+y^2}$

양변을 제곱하고 정리하면

$$cx-a^2=\pm a\sqrt{(x-c)^2+y^2}$$

이 식의 양변을 다시 제곱하여 정리하면

$$(c^2-a^2)x^2-a^2y^2=a^2(c^2-a^2)$$

$c^2-a^2=b^2$이라 놓고 양변을 a^2b^2으로 나누면 다음과 같은 쌍곡선의 방정식을 얻는다.

$$\frac{x^2}{a^2}-\frac{y^2}{b^2}=1 \qquad \cdots ①$$

이 쌍곡선의 방정식을 x, y에 대하여 풀면 각각 다음과 같다.

$$x=\pm\frac{a}{b}\sqrt{b^2+y^2}, \quad y=\pm\frac{b}{a}\sqrt{x^2-a^2}$$

근호 안에서 $x^2<a^2$인 x의 값은 제외된다. 따라서 직선 $x=a$, $x=-a$ 사이에 쌍곡선의 그래프가 없다. 두 점 ($-a$, 0), (0, a)를 꼭지점(vertices), 꼭지점 사이의 직선을 가로축(transverse axis)이라 한다.

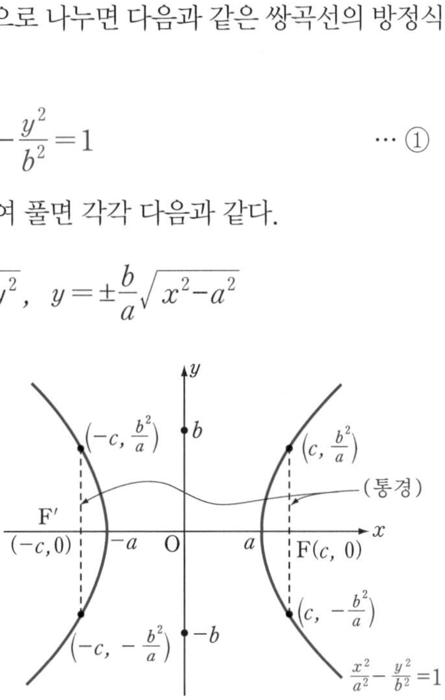

• 통경의 길이는 $\frac{b^2}{a}-\left(-\frac{b^2}{a}\right)=\frac{2b^2}{a}$

• 가로축의 길이는 $2a$

• 켤레축의 길이는 $2b$

그리고 두 점 $(0,\ b)$, $(0,\ -b)$ 사이의 선분을 켤레축(conjugate axis)이라 하고, 이 가로축과 켤레축이 만난 점을 이 쌍곡선의 중심(center)이라 하며, 초점을 지나 가로축에 수직인 직선이 쌍곡선에 의하여 잘린 선분을 **통경**(latus rectum)이라 한다.

- 쌍곡선 $\frac{x^2}{a^2}-\frac{y^2}{b^2}=1$에서 $x=c$를 대입하면 $$\frac{c^2}{a^2}-\frac{y^2}{b^2}=1$$ $c^2=a^2+b^2$이므로 $$\frac{a^2+b^2}{a^2}-\frac{y^2}{b^2}=1$$ 양변에 a^2b^2을 곱하고 y에 대하여 풀면 $$y=\pm\frac{b^2}{a}$$ 즉 통경의 양 끝점은 $$\left(c,\ -\frac{b^2}{a}\right),\ \left(c,\ \frac{b^2}{a}\right)$$
- $\frac{x^2}{a^2}-\frac{y^2}{b^2}=1$를 y에 대하여 풀면 $$y=\pm\frac{b}{a}\sqrt{x^2-a^2}$$

쌍곡선 $\frac{x^2}{a^2}-\frac{y^2}{b^2}=1$의 꼭지점 $(-a,\ 0)$, $(a,\ 0)$와 $(0,\ -b)$, $(0,\ b)$를 지나 가로축, 켤레축에 수직인 직선이 만나 만든 사각형이 있다. 이 사각형의 한 대각선이 만든 직선 $y=\frac{b}{a}x$와 쌍곡선 중 오른쪽이고 제1사분면에 있는 $y=\frac{b}{a}\sqrt{x^2-a^2}$을 관찰하여 보자.

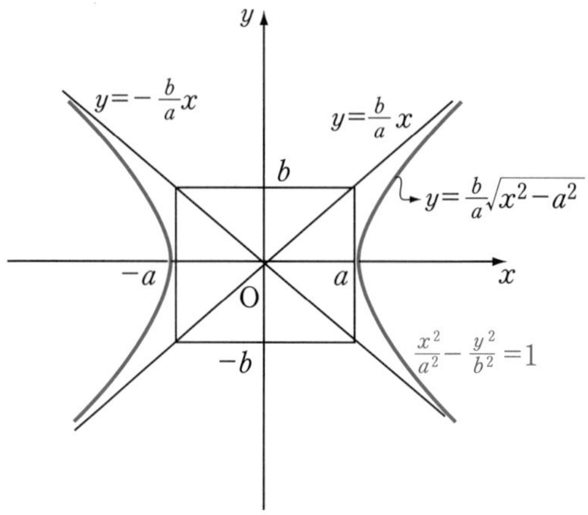

$$\frac{b}{a}x-\frac{b}{a}\sqrt{x^2-a^2}=\frac{b(x-\sqrt{x^2-a^2})}{a}=\frac{ab}{x+\sqrt{x^2-a^2}}$$

$x(x>a)$가 점점 커지면 이 값은 0에 가까우나 0은 아니므로 곡선은 직선 아래에서 무한히 직선에 가까워진다. 즉 이 직선은 곡선의 점근선(asymptote)이 된다. 또 직선 $y=(-b/a)x$의 경우도 같은 이치로 점근선이다.

따라서 쌍곡선 $\frac{x^2}{a^2}-\frac{y^2}{b^2}=1$의 점근선은 $y=\pm\frac{b}{a}x$이다.

- ①의 가로축은 x축 위에, 켤레축은 y축 위에 있다.
- ②의 가로축은 y축 위에, 켤레축은 x축 위에 있다.

이제 두 초점이 y축 위에 있는 경우 즉 초점이 $\mathrm{F}(0,\ c)$, $\mathrm{F}'(0,\ -c)$일 때 쌍곡선의 방정식은 앞에서와 같은 방법으로 유도하면 다음과 같다.

$$\frac{y^2}{a^2}-\frac{x^2}{b^2}=1 \qquad \cdots②$$

이 쌍곡선의 꼭지점은 $(0,\ -a)$, $(0,\ a)$이고 $a,\ b,\ c$ 사이의 관계는 마찬가지로 $c>a$, $c^2=a^2+b^2$이다.

같은 이치로 쌍곡선 ②의 점근선은 $y=\pm\frac{a}{b}x$이다.

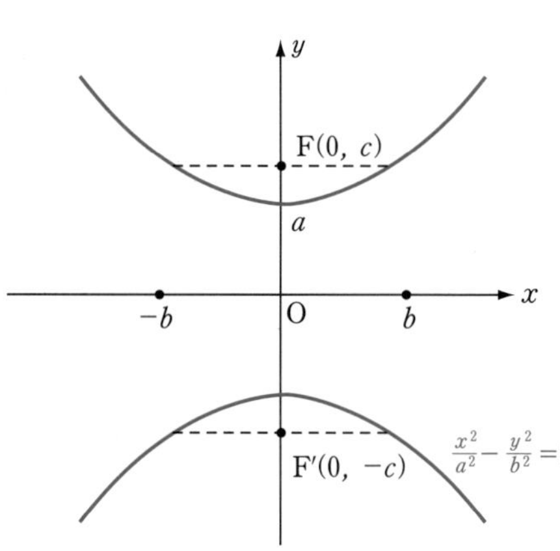

앞의 쌍곡선의 방정식에서 $a=b$이면 두 점근선은 수직으로 만나고 두 축의 길이가 같다. 이 때의 쌍곡선을 직각쌍곡선(equilateral hyperbola)이라 한다.

쌍곡선의 이심률(eccentricity) e는 $e=c/a$이고 $e>1$ $(\because c>a)$이다.

• c가 a 값에 아주 가깝다면 $c^2=a^2+b^2$에서 b는 아주 작은 값을 갖게 된다. 즉 점근선이 이루는 각의 크기는 아주 작아지므로 이 각은 e의 값에 따라 정하여진다. 따라서 쌍곡선의 모양을 알 수 있게 된다.

타원에서 초점과 준선을 생각한 것과 같이 쌍곡선 $\dfrac{x^2}{a^2}-\dfrac{y^2}{b^2}=1$에서도 초점 $(c, 0)$에 대한 준선(directrix)은 $x=a^2/c$, 초점 $(-c, 0)$에 대한 준선은 $x=-a^2/c$임을 알 수 있다.

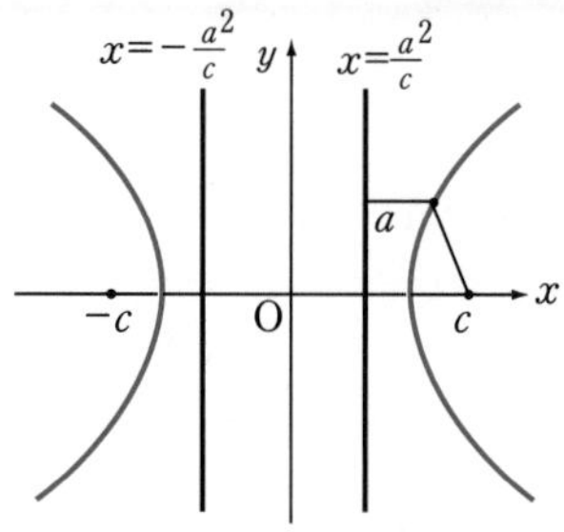

쌍곡선 ②의 준선은

$$y=\pm\frac{a^2}{c}$$

예제 3.1 다음 쌍곡선의 꼭지점과 초점의 좌표, 이심률, 준선과 점근선의 방정식, 통경의 길이를 구하고 각 쌍곡선을 그려라.

(1) $9x^2-16y^2=144$ (2) $16y^2-9x^2=144$

• 원추곡선은
(i) $0<e<1$이면 타원
(ii) $e=1$이면 포물선
(iii) $e>1$이면 쌍곡선

풀이 (1) 양변을 144로 나누면 $\dfrac{x^2}{4^2}-\dfrac{y^2}{3^2}=1$

따라서 $a=4$, $b=3$, $c=\sqrt{4^2+3^2}=5$

그러므로 꼭지점은 $(\pm4, 0)$

초점은 $(\pm5, 0)$,

이심률 $e=c/a=5/4$,

준선은 $x=\pm a^2/c=\pm16/5$,

점근선은 $y=\pm(b/a)x=\pm\dfrac{3}{4}x$,

통경은 $\dfrac{2b^2}{a}=\dfrac{9}{2}$

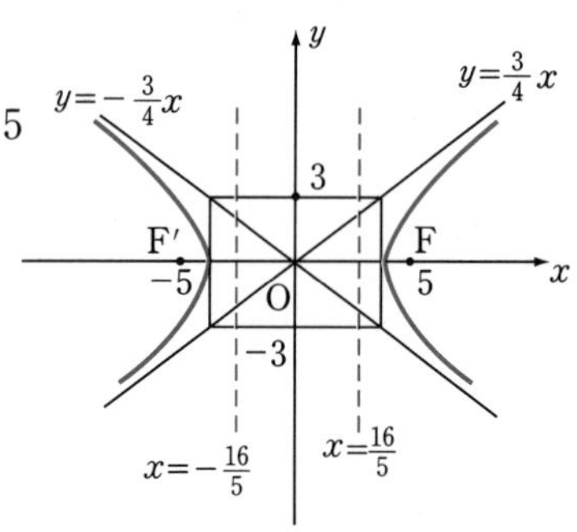

(1)의 점근선은

$$\frac{x^2}{4^2}-\frac{y^2}{3^2}=0$$

으로 하고 y에 대하여 풀면

$$y=\pm\frac{3}{4}x$$

(2) 양변을 144로 나누면 $\dfrac{y^2}{3^2}-\dfrac{x^2}{4^2}=1$

따라서 $a=3,\ b=4,\ c=\sqrt{3^2+4^2}=5$

그러므로 꼭지점은 $(0,\ \pm3)$,

초점은 $(0,\ \pm5)$,

이심률 $e=c/a=5/3$,

준선은 $y=\pm a^2/c\pm9/5$,

점근선은 $y=\pm\dfrac{a}{b}x=\pm\dfrac{3}{4}x$,

통경은 $\dfrac{2b^2}{a}=\dfrac{32}{3}$ ■

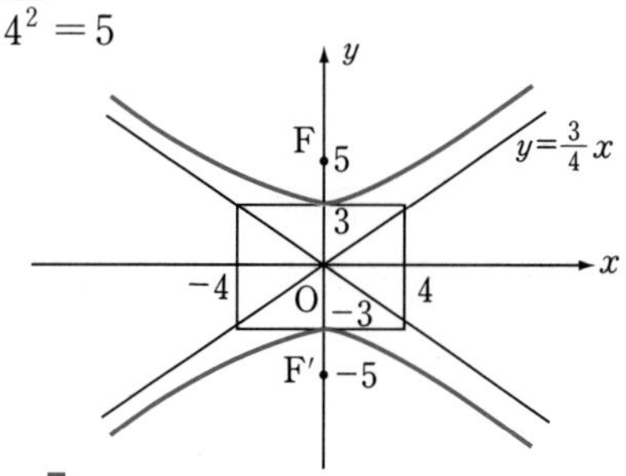

(2)의 점근선은

$$\frac{y^2}{3^2}-\frac{x^2}{4^2}=0$$

으로 하고 y에 대하여 풀면

$$y=\pm\frac{3}{4}x$$

앞의 쌍곡선 ①과 ②를 x축 방향으로 h, y축 방향으로 k만큼 평행이동시키면 다음과 같다.

$$\frac{(x-h)^2}{a^2}-\frac{(y-k)^2}{b^2}=1 \quad \cdots ③, \quad \frac{(y-k)^2}{a^2}-\frac{(x-h)^2}{b^2}=1 \quad \cdots ④$$

✉예제 3.2 쌍곡선 $12y^2-4x^2+72y+16x+44=0$를 변형하면

• ②′ 의 초점은 (0, ±4)
①′ 의 초점은
(0+2, ±4−3)

②′ 의 꼭지점은 (0, ±2)
①′ 의 꼭지점은
(0+2, ±2−3)

$$12(y^2+6y+9)-4(x^2-4x+4)+44-108+16=0$$

따라서

$$\frac{(y+3)^2}{2^2}-\frac{(x-2)^2}{(2\sqrt{3})^2}=1 \quad \cdots ①'$$

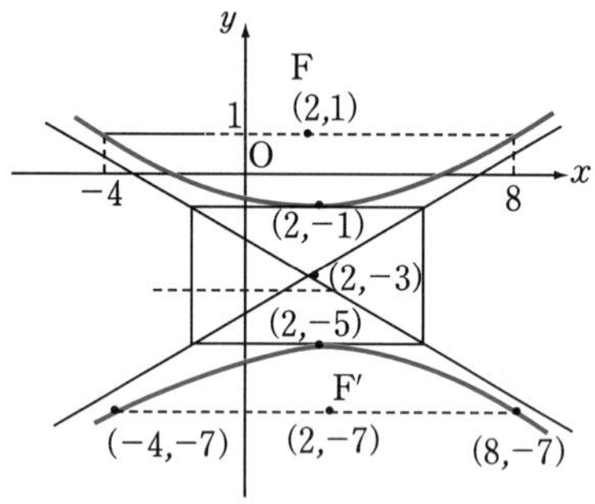

이것은 쌍곡선

$$\frac{y^2}{2^2}-\frac{x^2}{(2\sqrt{3})^2}=1 \quad \cdots ②'$$

을 x축 방향으로 2, y축 방향으로 −3만큼 평행이동시킨 것이다. ②′ 에서 $a=2,\ b=2\sqrt{3},\ c=\sqrt{2^2+(2\sqrt{3})^2}=4$이므로 이에 따라 ①′ 을 관찰할 수 있다. ■

앞의 쌍곡선 ③, ④를 표준형이라 하고 ③을 정리하면

$$\mathrm{A}x^2+\mathrm{B}y^2+\mathrm{D}x+\mathrm{E}y+\mathrm{F}=0 \quad (\mathrm{AB}<0)$$

인데 이것을 쌍곡선의 일반형이라 한다.

연습문제 6.3

1. 다음 쌍곡선의 꼭지점과 초점의 좌표, 이심률, 통경의 길이, 준선과 점근선의 방정식을 구하고 그 그래프를 그려라.

(1) $x^2-y^2=16$ (2) $9x^2-25y^2=225$ (3) $y^2-4x^2=16$

(4) $\dfrac{(x+2)^2}{16}-\dfrac{(y-3)^2}{9}=1$ (5) $2y^2-x^2+4y+4x-4=0$

• $\dfrac{y^2}{a^2}-\dfrac{x^2}{b^2}=1$에서
$c^2=a^2+b^2$
켤레축의 길이 : $2b$

2. 초점의 좌표가 (0, ±2)이고 켤레축의 길이가 3인 쌍곡선의 방정식을 구하여라.

3. 점 (3, 6)을 지나는 쌍곡선의 점근선이 $y=\pm\sqrt{2}\,x$일 때, 이 쌍곡선의 방정식을 구하여라.

#1. $\dfrac{x^2}{a^2}-\dfrac{y^2}{b^2}=1$과 $\dfrac{y^2}{b^2}-\dfrac{x^2}{a^2}=1$을 켤레쌍곡선(conjugate hyperbolas)이라 하는데 점근선은 같다고 한다. 이를 설명하여라.

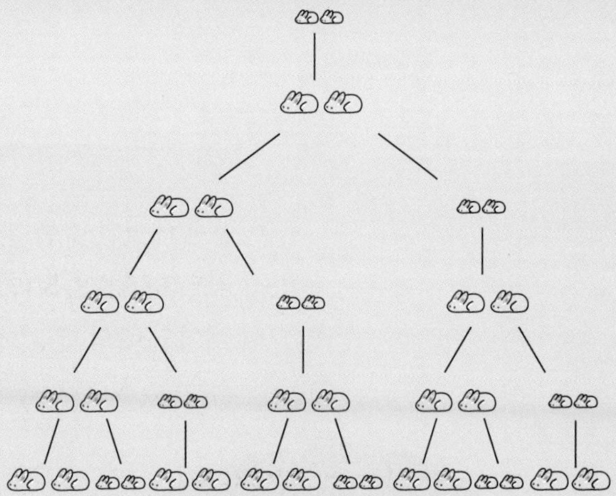

07 수 열

數列, Sequences

피보나치(Fibonacci, 1175-1250, Leonardo of Pisa로도 알려져 있다). 이탈리아의 수학자. 아라비아 숫자체계(Hindu-Arabic number system)를 지키는 내용을 담은 저서 Liber abaci(1202, The Book of the Abacus)는 유명하다.

피보나치는 다음과 같은 생각을 했다고 한다.

성장한 토끼 한 쌍은 한 달만에 토끼 한 쌍을 낳고, 이 새끼 토끼 한 쌍은 한 달 자라야 성장한 토끼가 된다고 한다. 성장한 토끼 한 쌍이 1월에 새끼 한 쌍을 낳기 시작하면 12월에는 몇 쌍의 토끼가 될까?

처음 낳은 토끼 한 쌍은 1개월이 지나서 성장한 토끼가 되고 다시 1개월이 지나서 한 쌍의 새끼를 낳을 수 있다. 즉 처음 낳은 토끼 한 쌍은 태어나서 2개월이 되어서 새끼를 낳을 수 있는 셈이다.

이렇게 생각하면 달마다 토끼(한 쌍)의 수는 다음과 같다.

1, 2, 3, 5, 8, 13, 21, 34, 55, 89, 144, 233

이렇게 배열된 수를 관찰하면 앞의 두 수의 합이 바로 뒤의 수 즉 $1+2=3$, $2+3=5$, $3+5=8$, $5+8=13$, $8+13=21$, …이 됨을 알 수 있다.

이 배열된 수의 맨 앞에 1을 더 써서

$$1, 1, 2, 3, 5, 8, 13, 21, 34, 55, 89, 144, 233, \cdots$$

와 같이 나타낸 수의 배열을 피보나치수열(Fibonacci sequence)이라 한다.

자연의 현상은 희귀한 성질을 가지고 수학적 사고에 접근하고 있다.

해바라기씨가 배열된 모양을 관찰하여 보면 시계바늘 방향의 줄과 그 반대 방향의 줄을 따라 나선형을 이루고 있다. 어느 한 꽃을 살펴보면 시계 바늘 방향의 나선형의 줄의 개수와 그 반대 방향의 나선형의 줄의 개수는 (21, 34)이다. 또 다른 것들을 관찰하여 보면 (13, 21), (34, 55), …임을 알 수 있다. 즉

8, 13, 21, 34, 55, 89

로 피보나치수열의 수들로 되어 있음을 알 수 있다. 이러한 예는 꿀벌의 한 세대와 차세대와의 그 수의 차이, 또 솔방울이나 파인애플에서도 찾을 수 있다.

이렇게 자연현상은 우리에게 많은 것을 가르쳐 주고 있다. 항상 관찰력을 갖고 생각하고 산다면 새로운 현상이 여러분에게 가치있는 커다란 암시를 주지않을까?

7.1 수 열

자연수의 집합 N을 정의역, 실수의 집합 R을 공역으로 하는

$$f : N \rightarrow R$$

인 함수 f를 수열(sequence)이라 한다. 이 때,

$f(1), f(2), f(3), \cdots, f(n), \cdots$

으로 나타낸 함수값을 항(term)이라 한다.

앞의 피보나치수열 1, 1, 2, 3, 5, 8, 13, 21, 34, 55, 89, 144, 233, …에서 $f(1)=1, f(2)=1, f(3)=2, f(4)=3, f(5)=5, f(6)=8, f(7)=13, \cdots$

• 피보나치수열에서
정의역 : 1, 2, 3, 4, 5, 6, 7, …
↓ ↓ ↓ ↓ ↓ ↓ ↓
치역 : 1, 1, 2, 3, 5, 8, 13, …

• 수열을 progression이라고도 한다.

일반적으로 $f(n)=a_n$으로 나타내고, a_1을 첫째항(first term) 또는 제1항, a_2를 둘째항(second term) 또는 제2항, a_3를 셋째항(third term) 또는 제3항, …, a_n을 제n항(nth term) 또는 일반항(general term)이라 한다.

수열 $a_1, a_2, a_3, \cdots, a_n, \cdots$을 간단히 $\{a_n\}$으로 나타내기도 한다. $f(n)$은 제n항으로 n에 대한 함수값이다. 정의역이 1에서 n까지 자연수의 집합일 때 함수 f를 유한수열(finite sequence)라 하고 마지막 항인 $f(n)$을 끝항(final term), 항의 개수 n을 항수라 한다. 반면 정의역이 자연수 전체의 집합 N일 때, f를 무한수열(infinite sequence)이라 한다.

• 피보나치수열에서
$a_1=1, a_2=1, a_3=2,$
$a_4=3, a_5=5, a_6=8, \cdots$

예제 1.1

(1) 수열 $\{n^2\}$을 제5항까지 나열하면 $1^2, 2^2, 3^2, 4^2, 5^2$ 즉 1, 4, 9, 16, 25이고,

(2) 수열 $\{(-1)^n 2+1\}$을 제5항까지 나열하면 $(-1)^1 2+1, (-1)^2 2+1, (-1)^3 2+1, (-1)^4 2+1, (-1)^5 2+1$ 즉 $-1, 3, -1, 3, -1$이다. ■

예제 1.2

(1) 수열 9, 99, 999, …의 일반항 a_n은, $10-1, 10^2-1, 10^3-1, \cdots$이므로 $a_n=10^n-1$이고,

(2) 수열 $\frac{1}{1\cdot 2}, \frac{1}{2\cdot 3}, \frac{1}{3\cdot 4}, \cdots$은 일반항 a_n이 $a_n=\frac{1}{n(n+1)}$이다. ■

등차수열

• 등차수열 $\{a_n\}$에서
a_1
$a_2 \rangle a_2 - a_1 = d$
$a_3 \rangle a_3 - a_2 = d$
$a_4 \rangle a_4 - a_3 = d$
$\vdots$
$a_{n-1} \rangle a_n - a_{n-1} = d$
$a_n \rangle a_{n+1} - a_n = d$
a_{n+1}

수열 $\{a_n\}$에서 앞의 항에 일정한 수 d를 더하여 그 다음 항이 되게 하는 수열, 즉

$$a_{n+1} = a_n + d \ (n = 1, 2, 3, \cdots, d\text{는 상수})$$

가 성립하는 이 수열 $\{a_n\}$을 등차수열(arithmetic sequence)이라 하고, 이 일정한 수 d를 공차(common difference)라고 한다.

예를 들면, 수열 3, 5, 7, 9, 11, …은 첫째항이 3, 공차가 2인 등차수열이고, 수열 7, 4, 1, −2, −5, …은 첫째항이 7이고, 공차가 −3인 등차수열이다.

첫째항이 a, 공차가 d인 등차수열 $\{a_n\}$에서

$$\begin{aligned} a_1 &= a \\ a_2 &= a_1 + d = a + d \\ a_3 &= a_2 + d = (a+d) + d = a + 2d \\ a_4 &= a_3 + d = (a+2d) + d = a + 3d \\ &\vdots \end{aligned}$$

이므로 제n항은 $a_n = a + (n-1)d$

임을 알 수 있다. 즉 이 등차수열의 일반항은 $a_n = a + (n-1)d$이다.

예제 1.3 다음 등차수열의 일반항을 구하여라.

(1) 2, 6, 10, 14, … (2) 6, 4, 2, 0, …

풀이 (1) $a = 2,\ d = 4$이므로 $a_n = a + (n-1)d = 2 + (n-1)\cdot 4 \quad \therefore a_n = 4n - 2$

(2) $a = 6,\ d = -2$이므로 $a_n = 6 + (n-1)(-2) \ \therefore a_n = -2n + 8$ ■

예제 1.4 한 직장에서 2004년에 연봉을 25000000(이천오백만)원을 받고 있는 근로자가 있다. 이 근로자는 특별한 변화가 없는 한 매해마다 345000원인 연봉인상분을 더 받기로 되어 있다. 2029년의 연봉은 얼마이겠는가?

풀이 첫째항 $a = 25000000$, 공차 $d = 345000$인 등차수열의 제25항(2029−2004 = 25) a_{25}를 구하는 문제이므로

$$a_{25} = 25000000 + (25-1) \times 345000 = 33280000(\text{원})$$ ■

세 수 a, b, c가 이 순서로 등차수열을 이룬다고 하면 공차가 d일 때, $a = b - d$, b, $c = b + d$가 성립하고 d를 소거하면

$$2b = a + c$$

가 되며, 역으로 $2b = a + c$가 성립하면 $b - a = c - b$이다. 이것을 d라 하면 $b - a = d$, $c - b = d$이고 $a = b - d$, b, $c = b + d$로 a, b, c는 등차수열이다. 이 때, b를 등차중항(arithmetic mean)이라 한다.

• $a = b - d$
$+ \underline{)\, c = b + d}$
$a + c = 2b$

• a, b, c가 등차수열 $\Longleftrightarrow 2b = a + c$

예제 1.5 5와 −7 사이에 5개의 등차중항을 넣어 등차수열을 이룰 때, 이 7개의 수를 나열하여라.

풀이 첫째항이 5, 제7항이 −7인 등차수열이므로 공차를 d라 하면

$$a_7 = 5 + (7-1)d = -7 \quad \therefore d = -2$$

따라서 구하는 수를 차례로 쓰면

$$5, 3, 1, -1, -3, -5, -7$$

■

• 등차수열 $\{a_n\}$의 각항의 역수로 된 수열 $\left\{\frac{1}{a_n}\right\}$을 조화수열(harmonic sequence)이라 한다.

• 일반항이 $a_n = a + (n-1)d$인 등차수열에 대한 조화수열의 일반항은 $\frac{1}{a_n} = \frac{1}{a + (n-1)d}$

첫째항이 a, 공차가 d인 등차수열의 첫째항부터 제n항까지의 합 S_n은 제n항을 l이라 할 때

$$S_n = a + (a + d) + (a + 2d) + \cdots\cdots + (l - 2d) + (l - d) + l \cdots ①$$

이 ①의 우변의 항의 순서를 역으로 쓰면

$$S_n = l + (l - d) + (l - 2d) + \cdots + (a + 2d) + (a + d) + a \quad \cdots ②$$

①+②를 계산하면

$$2S_n = (a + l) + (a + l) + (a + l) + \cdots + (a + l) + (a + l) + (a + l)$$
$$= n(a + l)$$

즉, $$S_n = \frac{n(a + l)}{2}$$

$l = a + (n-1)d$를 이 S_n에 대입하면 다음과 같은 공식을 얻는다.

$$S_n = \frac{n\{2a + (n-1)d\}}{2}$$

• $(a + l)$이 n개

• l은 첫째항이 a, 공차가 d인 등차수열의 제n항

• n은 항의 개수(항수)

예제 1.6 1에서 n까지 자연수의 합은, 첫째항이 $a = 1$, 끝항 $l = n$, 항수가 n인 등차수열의 합이므로

$$S_n = \frac{n(a + l)}{2}$$

에 의하여 $$1 + 2 + 3 + \cdots + (n-1) + n = \frac{n(n+1)}{2}$$

■

• 처음 12개 항의 합 : $a_1 + a_2 + \cdots + a_{12} = S_{12}$

예제 1.7 첫째항이 8, 공차가 -3인 등차수열의 처음 12개 항의 합은 $a=8$, $d=-3$, $n=12$이므로 $S_n = \frac{n\{2a+(n-1)d\}}{2}$에서

$$S_{12} = \frac{12 \cdot \{2 \times 8 + (12-1)(-3)\}}{2} = -102$$ ■

예제 1.8 일반항 a_n이 n에 대한 일차식으로 나타내어지는 수열 $\{a_n\}$은 등차수열임을 밝혀라.

증명 $a_n = pn + q$ (p, q는 상수, $n = 1, 2, 3, \cdots$)이라 하면

$$\begin{aligned} a_{n+1} - a_n &= p(n+1) + q - (pn+q) \\ &= p(\text{일정}) \end{aligned}$$

또 $a_1 = p + q$. 그러므로 수열 $\{a_n\}$은 첫째항이 $p+q$, 공차가 p인 등차수열이다. ■

• $S_n = a_1 + a_2 + \cdots + a_{n-1} + a_n$
$S_{n-1} = a_1 + a_2 + \cdots + a_{n-1}$
$-)$
$S_n - S_{n-1} = a_n$

수열 $\{a_n\}$의 첫째항부터 제n항까지의 합을 S_n이라 하면

$$S_n = a_1 + a_2 + a_3 + \cdots + a_{n-1} + a_n (n \geq 2)$$

이고, 첫째항부터 제$n-1$항까지의 합 S_{n-1}은

$$S_{n-1} = a_1 + a_2 + a_3 + \cdots + a_{n-1} (n \geq 2)$$

이다. 이 두 식을 변끼리 빼면

$$S_n - S_{n-1} = a_n$$

이것을 정리하여 나타내면 다음과 같다.

$$\begin{cases} n = 1 \text{이면 } a_1 = S_1 \\ n \geq 2 \text{이면 } a_n = S_n - S_{n-1} \end{cases}$$

• S_{n-1}은 S_n의 n 대신 $n-1$을 대입한 것임

예제 1.9 $S_n = 3n^2 + n$인 수열 $\{a_n\}$은 등차수열임을 밝혀라.

증명 $n \geq 2$일 때,

$$\begin{aligned} a_n &= S_n - S_{n-1} \\ &= 3n^2 + n - \{3(n-1)^2 + (n-1)\} \\ &= 6n - 2 \end{aligned} \quad \cdots ①$$

$n = 1$일 때 $a_1 = S_1 = 4$ $\cdots ②$

①에 $n=1$을 대입한 결과와 ②가 같으므로 이 수열의 일반항은 ①로 나타낼 수 있다. 따라서 이 수열은 첫째항이 4, 공차가 6인 등차수열. ■

등비수열

수열$\{a_n\}$에서 앞의 항에 일정한 수 r을 곱하여 그 다음 항이 되게 하는 수열 즉

$$a_{n+1}=a_n\cdot r \quad (n=1,\ 2,\ 3,\ \cdots,\ r\text{은 상수})$$

이 성립하는 이 수열 $\{a_n\}$을 등비수열(geometric sequence)이라 하고, 이 일정한 수 r을 공비(common ratio)라고 한다.

• 등비수열에서 $\{a_n\}$에서 $\dfrac{a_2}{a_1}=\dfrac{a_3}{a_2}=\dfrac{a_4}{a_3}=\cdots=r$

예를 들면, 수열 1, 2, 4, 8, …은 첫째항이 1, 공비가 2인 등비수열이고,
수열 12, -4, $\frac{4}{3}$, $-\frac{4}{9}$, …은 첫째항이 12, 공비가 $-\frac{1}{3}$인 등비수열이다.

첫째항이 a, 공비가 r인 등비수열 $\{a_n\}$에서

$$\begin{aligned}
&a_1=a\\
&a_2=a_1r=ar\\
&a_3=a_2r=(ar)r=ar^2\\
&a_4=a_3r=(ar^2)r=ar^3\\
&\ \vdots
\end{aligned}$$

이므로 제n항은 $\quad a_n=ar^{n-1}$

임을 알 수 있다. 즉 이 등비수열의 일반항은 $a_n=ar^{n-1}$이다.

예제 1.10 다음 등비수열의 일반항을 구하여라.

(1) 1, -3, 9, -27, … (2) 8, 4, 2, 1, …

풀이 (1) $a=1$, $r=-3$이므로 $a_n=ar^{n-1}=1\cdot(-3)^{n-1}$ $\therefore a_n=(-3)^{n-1}$

(2) $a=8$, $r=\frac{1}{2}$이므로 $a_n=8\left(\frac{1}{2}\right)^{n-1}=2^3\cdot\frac{1}{2^{n-1}}$ $\therefore a_n=2^{4-n}$ ■

0이 아닌 세 수 a, b, c가 이 순서로 등비수열을 이룬다고 하면 공비를 r로 할 때, a, $b=ar$, $c=ar^2$이고 둘째항은 양변을 제곱하고, 셋째항은 양변에 a를 곱하면

$$b^2=a^2r^2,\quad ac=a^2r^2$$

이 두 식을 비교하면

$$b^2=ac$$

• $b=\pm\sqrt{ac}\ (ac>0)$

임을 알 수 있다.

• $a,\ b,\ c$가 등비수열 $\Longleftrightarrow b^2=ac$

역으로 $b^2=ac$가 성립할 때, 이 식의 양변을 $ab\,(ab\neq 0)$로 나누고 그 몫을 r이라 하면

$$\frac{b}{a}=\frac{c}{b}=r \quad \therefore b=ar,\ c=br=ar^2$$

이 성립하므로 $a,\ b,\ c$는 공비가 r인 등비수열이다.

이 때 b를 등비중항(geometric mean)이라 한다.

예제 1.11 다음 등비수열에서 ☐에 알맞은 수를 찾아라.

(1) $-2,\ -6,\ \square,\ \square,\ -162,\ \cdots$ (2) $\square,\ \square,\ -4,\ 1,\ \cdots$

풀이 (1) $a=-2,\ r=\dfrac{a_2}{a_1}=\dfrac{-6}{-2}=3 \ \therefore a_3=ar^2=-2\cdot 3^2=-18,$

$a_4=ar^3=-2\cdot 3^3=-54$

(2) $r=\dfrac{a_4}{a_3}=\dfrac{1}{-4}=-\dfrac{1}{4},\ a_3=-4 \ \therefore a\left(-\dfrac{1}{4}\right)^2=-4$

$\therefore a=-64,\ a_2=ar=-64\left(-\dfrac{1}{4}\right)=16$ ■

첫째항이 a, 공비가 r인 등비수열의 첫째항부터 제n항까지의 합을 S_n이라 하면

$$S_n=a+ar+ar^2+\cdots+ar^{n-2}+ar^{n-1} \qquad \cdots ①$$

이 식 ①의 양변에 r을 곱하면

$$rS_n=ar+ar^2+ar^3+\cdots+ar^{n-1}+ar^n \qquad \cdots ②$$

①에서 ②를 변끼리 빼면

$$(1-r)S_n=a(1-r^n)$$

$$\begin{cases} r\neq 1\text{일 때} & S_n=\dfrac{a(1-r^n)}{1-r}=\dfrac{a(r^n-1)}{r-1} \\ r=1\text{일 때} & S_n=a+a+a+\cdots+a+a=na \end{cases}$$

• $S_n=\underbrace{a+a+a+\cdots+a}_{n\text{개}}$

예제 1.12 첫째항이 2, 공비가 -2인 등비수열의 첫째항부터 제10항까지의 합을 구하여라.

풀이 $S_n=\dfrac{a(1-r^n)}{1-r}$에서 $a=2,\ r=-2,\ n=10$이므로

$$S_{10}=\frac{2\{1-(-2)^{10}\}}{1-(-2)}=-682$$ ■

예제 1.13 수열 9, 99, 999, 9999, …의 첫째항부터 제n항까지의 합 S_n을 계산하여라.

풀이 $S_n = 9 + 99 + 999 + 9999 + \cdots + 999\cdots9$

$$= (10-1) + (10^2-1) + (10^3-1) + (10^4-1) + \cdots + (10^n-1)$$
$$= 10 + 10^2 + 10^3 + 10^4 + \cdots + 10^n - n$$
$$= \frac{10(10^n-1)}{10-1} - n$$
$$= \frac{1}{9}(10^{n+1} - 10 - 9n)$$ ■

• 제n항 999…9은 9가 n개이다. -1을 n번 더하면 $-n$

예제 1.14 수열 $\{a_n\}$의 첫째항부터 제n항까지의 합 S_n이

• p는 1이 아닌 상수

$$S_n = p^n - 1 (p \neq 1)$$

이면 이 수열은 등비수열임을 증명하여라.

증명 $n \geq 2$일 때,

$$\begin{aligned} a_n &= S_n - S_{n-1} \\ &= p^n - 1 - (p^{n-1} - 1) \\ &= p^n - p^{n-1} \\ &= (p-1)p^{n-1} \end{aligned} \quad \cdots ①$$

$n=1$일 때, $S_1 = p-1$, ①에서 $a_1 = p-1$

즉 $$a_1 = S_1 = p-1 \quad \cdots ②$$

①에서의 첫째항과 주어진 조건에서의 첫째항이 ②와 같이 일치하므로 ①은 첫째항부터 성립한다.

따라서 이 수열 $\{a_n\}$은 첫째항이 $p-1$, 공비가 p인 등비수열이다. ■

예제 1.15 매년 초에 1,000,000원씩 연이율 4%, 1년마다 복리로 A은행에 적립할 때 10년 후의 원리합계는 얼마인가?

풀이 적립한 횟수는 10회, 적립기간은 10년, 9년, …, 1년이 되기 때문에 원리합계 S는

$$S = 1000000(1+0.04) + 1000000(1+0.04)^2 + \cdots + 1000000(1+0.04)^{10}$$
$$= \frac{1000000 \times (1.04^{10}-1)}{1.04-1}$$
$$\fallingdotseq 12486351 \text{(원)}$$ ■

• 상용로그표를 사용하여 계산할 수 있다.
「$x = 1.04^{10}$
$\log x = 10 \log 1.04$」

합의 기호 Σ

수열 $\{a_n\}$의 첫째항부터 제n항까지의 합을 기호 Σ(summation notation)를 사용하여

• Σ는 라틴어 Summa의 S에 해당하는 그리스 문자.

$$S_n = a_1 + a_2 + a_3 + \cdots + a_n = \sum_{k=1}^{n} a_k$$

와 같이 나타내기도 한다. $1+2+3+\cdots+n = \sum_{k=1}^{n} k$로 나타낼 수 있다.

• $\sum_{k=1}^{n} a_k$는 $\sum_{i=1}^{n} a_i$, $\sum_{j=1}^{n} a_j$, $\sum_{l=1}^{n} a_l$ 등으로 써도 된다.

예제 1.16

(1) $2+2\cdot 3+2\cdot 3^2+2\cdot 3^3+\cdots+2\cdot 3^{n-1}$을 Σ 기호를 써서 나타내면 $\sum_{k=1}^{n} 2\cdot 3^{k-1}$이다.

(2) $\sum_{k=1}^{6}(3k-2)$를 Σ 기호를 사용하지 않고 수열의 합으로 나타내면 $1+4+7+10+13+16$이다. ■

Σ의 기본 성질에 대하여 알아 보자.

• $\sum_{k=1}^{n} a_k$는 $\sum_{i=1}^{n} a_i$, $\sum_{j=1}^{n} a_j$, $\sum_{l=1}^{n} a_l$ 등으로 써도 된다.

$$\begin{aligned}\sum_{k=1}^{5} 3k^2 &= 3\cdot 1^2+3\cdot 2^2+3\cdot 3^2+3\cdot 4^2+3\cdot 5^2\\ &= 3(1^2+2^2+3^2+4^2+5^2)\\ &= 3\sum_{k=1}^{5} k^2\end{aligned}$$

$$\begin{aligned}&\sum_{k=1}^{n} ca_k\\ &= ca_1+ca_2+\cdots+ca_n\\ &= c(a_1+a_2+\cdots+a_n)\\ &= c\sum_{k=1}^{n} a_k\end{aligned}$$

즉 $\sum_{k=1}^{n} ca_k = c\sum_{k=1}^{n} a_k$($c$는 상수)임을 미루어 알 수 있다.

$$\begin{aligned}\sum_{k=1}^{n}(a_k\pm b_k) &= (a_1\pm b_1)+(a_2\pm b_2)+(a_3\pm b_3)+\cdots+(a_n\pm b_n)\\ &= (a_1+a_2+a_3+\cdots+a_n)\pm(b_1+b_2+b_3+\cdots+b_n)\\ &= \sum_{k=1}^{n} a_k \pm \sum_{k=1}^{n} b_k \text{ (복호 동순)}\end{aligned}$$

도 이해한다.

위와 같은 방법에 따라 다음과 같이 Σ의 성질을 정리할 수 있다.

$$\sum_{k=1}^{n} c = \underbrace{c+c+\cdots+c}_{c\text{가 } n\text{개}} = nc$$

c가 상수 일 때

$$\sum_{k=1}^{n}(a_k\pm b_k) = \sum_{k=1}^{n} a_k \pm \sum_{k=1}^{n} b_k \text{ (복호동순)}$$

$$\sum_{k=1}^{n} ca_k = c\sum_{k=1}^{n} a_k$$

$$\sum_{k=1}^{n} c = nc$$

예제 1.17 $\sum_{k=1}^{n} k = 1+2+3+\cdots+n = \frac{n(n+1)}{2}$ 을 이용하여 $\sum_{k=1}^{n}(4k+1)$ 을 n에 대한 식으로 나타내어라.

- $\sum_{k=1}^{50} k = \frac{50(50+1)}{2} = 1275$

풀이 $\sum_{k=1}^{n}(4k+1) = \sum_{k=1}^{n} 4k + \sum_{k=1}^{n} 1 = 4\sum_{k=1}^{n} k + n \times 1$

$= 2n(n+1) + n = 2n^2 + 3n$ ■

- $\sum_{k=1}^{n} 1$: 1을 n번 더한다.

예제 1.18 $\sum_{k=1}^{n} k^2 = \frac{n(n+1)(2n+1)}{6}$ 임을 증명하여라.

증명 $S_n = \sum_{k=1}^{n} k^2 = 1^2 + 2^2 + 3^2 + \cdots + (n-1)^2 + n^2$ 이라 한다. 항등식

$$(k+1)^3 - k^3 = 3k^2 + 3k + 1$$

의 k 자리에 1, 2, 3, ⋯, $n-1$, n을 차례로 대입하면

$$\begin{aligned}
2^3 - 1^3 &= 3\cdot 1^2 + 3\cdot 1 + 1 \\
3^3 - 2^3 &= 3\cdot 2^2 + 3\cdot 2 + 1 \\
4^3 - 3^3 &= 3\cdot 3^2 + 3\cdot 3 + 1 \\
&\vdots \\
n^3 - (n-1)^3 &= 3(n-1)^2 + 3(n-1) + 1 \\
(n+1)^3 - n^3 &= 3\cdot n^2 + 3\cdot n + 1
\end{aligned}$$

이 식들을 변끼리 더하면

$$(n+1)^3 - 1^3 = 3\sum_{k=1}^{n} k^2 + 3\sum_{k=1}^{n} k + \sum_{k=1}^{n} 1 = 3S_n + 3\cdot\frac{n(n+1)}{2} + n$$

$$\therefore 3S_n = (n+1)^3 - (n+1) - \frac{3n(n+1)}{2}$$

$$= \frac{1}{2}n(n+1)(2n+1)$$

즉, $S_n = \sum_{k=1}^{n} k^2 = \frac{n(n+1)(2n+1)}{6}$ ■

- $(a+b)^3 = a^3 + 3a^2b + 3ab^2 + b^3$
- $\sum_{k=1}^{50} k^2 = \frac{50(50+1)(2\cdot 50+1)}{6} = 42925$

$(n+1)^3 - (n+1) - \frac{3n(n+1)}{2}$
$= \frac{n+1}{2}\{2(n+1)^2 - 2 - 3n\}$
$= \frac{n+1}{2}(2n^2 + n)$

예제 1.19 $\sum_{k=1}^{n}(k+1)(k-3) = \sum_{k=1}^{n}(k^2 - 2k - 3)$

$= \sum_{k=1}^{n} k^2 - 2\cdot\sum_{k=1}^{n} k - \sum_{k=1}^{n} 3$

$= \frac{n(n+1)(2n+1)}{6} - 2\cdot\frac{n(n+1)}{2} - 3n$

$= \frac{n}{6}\{(n+1)(2n+1) - 6(n+1) - 18\}$

$= \frac{1}{6}n(2n^2 - 3n - 23)$ ■

예제 1.20 $\sum_{k=1}^{n} k^3 = 1^3 + 2^3 + 3^3 + \cdots + n^3 = \left\{\frac{n(n+1)}{2}\right\}^2$ 임을 증명하여라.

증명 $S_n = \sum_{k=1}^{n} k^3 = 1^3 + 2^3 + 3^3 + \cdots + n^3$이라 한다. 항등식

• $(a+b)^4 = a^4 + 4a^3b + 6a^2b^2 + 4ab^3 + b^4$

$$(k+1)^4 - k^4 = 4k^3 + 6k^2 + 4k + 1$$

의 k 자리에 $1, 2, 3, \cdots, n-1, n$을 차례로 대입하면

$$\begin{aligned}
2^4 - 1^4 &= 4\cdot 1^3 + 6\cdot 1^2 + 4\cdot 1 + 1\\
3^4 - 2^4 &= 4\cdot 2^3 + 6\cdot 2^2 + 4\cdot 2 + 1\\
4^4 - 3^4 &= 4\cdot 3^3 + 6\cdot 3^2 + 4\cdot 3 + 1\\
&\vdots\\
n^4 - (n-1)^4 &= 4(n-1)^3 + 6(n-1)^2 + 4(n-1) + 1\\
(n+1)^4 - n^4 &= 4\cdot n^3 + 6\cdot n^2 + 4\cdot n + 1
\end{aligned}$$

• $\sum_{k=1}^{50} k^3 = \left\{\frac{50(50+1)}{2}\right\}^2 = 1625625$

이 식들을 변끼리 더하면

• $\sum_{k=1}^{n} k^3 = \left\{\frac{n(n+1)}{2}\right\}^2 = \left\{\sum_{k=1}^{n} k\right\}^2$

$$\begin{aligned}
(n+1)^4 - 1^4 &= 4\sum_{k=1}^{n} k^3 + 6\sum_{k=1}^{n} k^2 + 4\sum_{k=1}^{n} k + \sum_{k=1}^{n} 1\\
&= 4S_n + 6\cdot\frac{n(n+1)(2n+1)}{6} + 4\ \frac{n(n+1)}{2} + n
\end{aligned}$$

$$\begin{aligned}
\therefore 4S_n &= (n+1)^4 - (n+1) - n(n+1)(2n+1) - 2n(n+1)\\
&= (n+1)(n^3+n^2)\\
&= n^2(n+1)^2
\end{aligned}$$

즉 $$S_n = \sum_{k=1}^{n} k^3 = \left\{\frac{n(n+1)}{2}\right\}^2$$ ■

예제 1.21 다음 합을 구하여라.

(1) $\sum_{k=1}^{10} (k-1)(3k+2)$ (2) $\sum_{k=1}^{n} k(k-1)(k-2)$

풀이 (1)
$$\begin{aligned}
\sum_{k=1}^{10} (k-1)(3k+2) &= \sum_{k=1}^{10} (3k^2-k-2) = 3\sum_{k=1}^{10} k^2 - \sum_{k=1}^{10} k - \sum_{k=1}^{10} 2\\
&= 3\cdot\frac{10(10+1)(2\cdot 10+1)}{6} - \frac{10(10+1)}{2} - 10\times 2 = 1080
\end{aligned}$$

(2)
$$\begin{aligned}
\sum_{k=1}^{n} k(k-1)(k-2) &= \sum_{k=1}^{n} (k^3 - 3k^2 + 2k) = \sum_{k=1}^{n} k^3 - 3\sum_{k=1}^{n} k^2 + 2\sum_{k=1}^{n} k\\
&= \left\{\frac{n(n+1)}{2}\right\}^2 - 3\cdot\frac{n(n+1)(2n+1)}{6} + 2\cdot\frac{n(n+1)}{2}\\
&= \frac{1}{4}n(n+1)(n-1)(n-2)
\end{aligned}$$ ■

그 밖의 수열

지금까지 다루지 않은 여러 가지 수열을 생각하도록 한다.

먼저 기호 하나를 익히도록 한다.

n이 양의 정수일 때 기호 $n!$은 1에서 n까지의 정수를 모두 연속적으로 곱한 것을 의미한다. 즉

$$n! = n(n-1)(n-2)\cdots 3\cdot 2\cdot 1$$

여기서 $0! = 1$로 정한다. $n!$은 'n factorial'로 읽는다.

• $1!=1$
$2!=2\cdot1=2$
$3!=3\cdot2\cdot1=6$
$4!=4\cdot3\cdot2\cdot1=24$
$5!=5\cdot4\cdot3\cdot2\cdot1=120$
$6!=6\cdot5\cdot4\cdot3\cdot2\cdot1=720$
$7!=\cdots=5040$
$10!=10\cdot9\cdot8\cdots3\cdot2\cdot1$
$=3628800$

예제 1.22 $a_n = \dfrac{2^n}{(n-1)!}$ 으로 나타내는 수열 $\{a_n\}$의 첫째항부터 제5항까지의 합을 구하여라.

풀이

$$\begin{aligned} S_5 &= a_1 + a_2 + a_3 + a_4 + a_5 \\ &= \frac{2}{0!} + \frac{4}{1!} + \frac{8}{2!} + \frac{16}{3!} + \frac{32}{4!} \\ &= 2 + 4 + 4 + \frac{8}{3} + \frac{4}{3} = 14 \end{aligned}$$

■

예제 1.23 다음 수열의 일반항을 구하고 첫째항부터 제n항까지의 합을 구하여라.

(1) $1^2, 4^2, 7^2, 10^2, \cdots$

(2) $1,\ 1+2,\ 1+2+3,\ 1+2+3+4,\ \cdots$

풀이 (1) 1, 4, 7, 10, ⋯은 첫째항이 1, 공차가 3인 등차수열이므로 주어진 수열의 일반항은

$$a_n = \{1 + (n-1)\cdot 3\}^2 = (3n-2)^2$$

따라서

$$\begin{aligned} S_n &= \sum_{k=1}^{n} a_k = \sum_{k=1}^{n}(3k-2)^2 = 9\sum_{k=1}^{n}k^2 - 12\sum_{k=1}^{n}k + \sum_{k=1}^{n}4 \\ &= 9\cdot\frac{n(n+1)(2n+1)}{6} - 12\cdot\frac{n(n+1)}{2} + 4n \\ &= \frac{1}{2}n(6n^2-3n-1) \end{aligned}$$

(2) 일반항은 $a_n = 1+2+3+4+\cdots+n = \dfrac{n(n+1)}{2}$

따라서

$$\begin{aligned} S_n &= \sum_{k=1}^{n} a_k = \sum_{k=1}^{n}\frac{k(k+1)}{2} = \frac{1}{2}\left(\sum_{k=1}^{n}k^2 + \sum_{k=1}^{n}k\right) \\ &= \frac{1}{2}\left(\frac{n(n+1)(2n+1)}{6} + \frac{n(n+1)}{2}\right) = \frac{n(n+1)(n+2)}{6} \end{aligned}$$

■

• $\frac{1}{A\cdot B}=\frac{1}{B-A}\left(\frac{1}{A}-\frac{1}{B}\right)$
분수꼴의 수열은 위의 우변과 같은 부분분수(partial fraction)로 고쳐 본다.

✉예제 1.24 $\sum_{k=1}^{n}\frac{1}{k(k+1)}$을 계산하여라.

풀이 제k항은 $\frac{1}{k(k+1)}=\frac{1}{k}-\frac{1}{k+1}$로 변형할 수 있으므로

$$\begin{aligned}\sum_{k=1}^{n}\frac{1}{k(k+1)}&=\frac{1}{1\cdot 2}+\frac{1}{2\cdot 3}+\frac{1}{3\cdot 4}+\cdots+\frac{1}{(n-1)n}+\frac{1}{n(n+1)}\\&=\left(\frac{1}{1}-\frac{1}{2}\right)+\left(\frac{1}{2}-\frac{1}{3}\right)+\left(\frac{1}{3}-\frac{1}{4}\right)+\cdots+\left(\frac{1}{n-1}-\frac{1}{n}\right)+\left(\frac{1}{n}-\frac{1}{n+1}\right)\\&=1-\frac{1}{n+1}=\frac{n}{n+1}\end{aligned}$$

■

• 등차와 등비수열의 혼합형처럼 된 수열의 합 S는 공비에 해당하는 문자나 수를 양변에 곱하여

$S-rS$

즉 변끼리 빼어 그 합을 구한다.

✉예제 1.25 수열의 합 $1+2x+3x^2+\cdots+nx^{n-1}$을 구하여라.

풀이 구하는 수열의 합을 S라 하면 즉

$$S=1+2x+3x^2+\cdots+(n-1)x^{n-2}+nx^{n-1} \quad \cdots ①$$

$x=1$일 때, $S=1+2x+3+\cdots+(n-1)+n=\frac{n(n+1)}{2}$

$x\neq 1$일 때, ①의 양변에 x를 곱하면

$$xS=x+2x^2+3x^3+\cdots+(n-1)x^{n-1}+nx^n \quad \cdots ②$$

①에서 ②를 변끼리 빼면

$$S-xS=1+x+x^2+\cdots+x^{n-1}-nx^n$$

$$(1-x)S=\frac{1-x^n}{1-x}-nx^n \quad \therefore S=\frac{1-(n+1)x^n+nx^{n+1}}{(1-x)^2}$$

다시 정리하여 답하면

$x=1$일 때, $\frac{n(n+1)}{2}$

$x\neq 1$일 때, $\frac{1-(n+1)x^n+nx^{n-1}}{(1-x)^2}$

■

1, 3, 7, 13, 21, 31, ⋯
2, 4, 6, 8, 10, ⋯

2, 4, 6, 8, ⋯은 1, 3, 7, 13, ⋯의 계차수열

수열 $\{a_n\}$에 대하여 $b_n=a_{n+1}-a_n(n=1, 2, 3, \cdots)$인 b_n을 항으로 하는 수열 $\{b_n\}$을 수열 $\{a_n\}$의 계차수열(sequence of differences)이라 한다.

$b_n=a_{n+1}-a_n$의 n에 $1, 2, 3, \cdots, n-1$을 대입하면 다음과 같다.

$$b_1=a_2-a_1,\ b_2=a_3-a_2,\ b_3=a_4-a_3,\ \cdots,\ b_{n-1}=a_n-a_{n-1}$$

앞의 식들을 변끼리 더하면

$$b_1 + b_2 + b_3 + \cdots + b_{n-1} = a_n - a_1$$
$$\therefore a_n = a_1 + \sum_{k=1}^{n-1} b_k \quad (n \geq 2)$$

$a_1 \ a_2 \ a_3 \ a_4 \ \cdots \ a_{n-1} \ a_n$
$b_1 \ \ b_2 \ \ b_3 \ \ \cdots \ \ b_{n-1}$

• $b_1 = a_2 - a_1$
$b_2 = a_3 - a_2$
$b_3 = a_4 - a_3$
$\vdots \quad \vdots \quad \vdots$
$+ \underline{)\, b_{n-1} = a_n - a_{n-1}}$

예제 1.26 수열 1, 4, 9, 16, 25, 36, ⋯의 일반항 a_n을 구하고, 첫째항부터 제n항까지의 합 S_n을 구하여라.

풀이 계차수열 $\{b_n\}$은 3, 5, 7, 9, 11, ⋯인 등차수열이므로

$$b_n = 3 + (n-1) \cdot 2 = 2n + 1$$
$$\therefore a_n = a_1 + \sum_{k=1}^{n-1} b_k = 1 + \sum_{k=1}^{n-1} (2k+1) = 1 + 2 \cdot \frac{n(n-1)}{2} + (n-1)$$
$$= n^2 \quad (n \geq 2)$$

$n=1$일 때 이 a_n에 대입하면 $a_1 = 1^2 = 1$이어 문제에서 준 수열의 첫째항과 같으므로

$$a_n = n^2 \quad (n = 1, 2, 3, \cdots)$$
$$S_n = \sum_{k=1}^{n} a_k = \sum_{k=1}^{n} k^2 = \frac{n(n+1)(2n+1)}{6}$$ ■

• 1, 4, 9, 16, 15, 36, ⋯
3, 5, 7, 9, 11, ⋯

연습문제 7.1

1. 수열 -4, -1, 2, 5, ⋯의 일반항 a_n을 구하여라.

• $a_n = a + (n-1)d$

2. 제9항이 -1, 제20항이 -23인 등차수열의 첫째항과 공차를 구하여라.

• $\begin{cases} a_9 = \\ a_{20} = \end{cases}$

3. 다음 등차수열의 첫째항과 공차를 구하여라. (A, B는 상수)

(1) $\{3n-4\}$ (2) $\left\{-\frac{3}{2}n+1\right\}$ (3) $\{\mathrm{A}n - \mathrm{B}\}$

• $\{f(n)\} \Rightarrow a_n = f(n)$

4. 두 자리 자연수 중 6으로 나누면 3이 남는 자연수 모두의 합은 얼마인가?

- $n \geq 2$ 일 때
  $a_n = S_n - S_{n-1}$

5. 첫째항부터 제n항까지의 합 S_n이 다음과 같이 나타낼 때, 그 수열은 어떠한 수열인지를 말하고 일반항도 구하여라.

(1) $S_n = 2n^2 + n$　　　(2) $S_n = n^2 - 2n$

(3) $S_n = n^2 + n + 1$

6. 수열 $-81,\ 27,\ -9,\ 3,\ \cdots$의 일반항 a_n을 구하여라.

- $a_n = ar^{n-1}$

7. $a_3 = 12,\ a_5 = 48$인 등비수열 $\{a_n\}$에서 첫째항 a와 공비 r을 각각 구하여라.

8. 수열의 합 $2 + \sqrt{2} + 1 + \cdots + \dfrac{1}{8\sqrt{2}}$을 계산하여라.

- $r = \dfrac{a_2}{a_1} = \dfrac{a_3}{a_2} = \cdots$

9. 첫째항부터 제n항까지의 합 S_n이 $S_n = 3^n - 1$일 때, 이 수열 $\{a_n\}$은 어떠한 수열인가?

10. 올해 초 은행에서 A원을 빌려 올해 말부터 일정한 금액 a원을 매년 말에 지불하여 n년 동안 빌린 돈을 모두 상환하려고 할 때, 연이율 r, 1년마다 복리로 계산하면 a는 얼마인가?

11. 다음을 계산하여라.

(1) $2 + 22 + 222 + \cdots + \overbrace{222\cdots2}^{n\text{개}}$

(2) $1^2 + 2^2 + 3^2 + \cdots 20^2$

(3) $\displaystyle\sum_{k=1}^{n} (k+2)(k-3)$

(4) $1 \cdot 2 \cdot 3 + 2 \cdot 3 \cdot 4 + 3 \cdot 4 \cdot 5 + \cdots + n(n+1)(n+2)$

(5) $\dfrac{1}{1 \cdot 3} + \dfrac{1}{3 \cdot 5} + \dfrac{1}{5 \cdot 7} + \cdots + (\text{제}n\text{항})$

(6) $1 + \dfrac{1}{1+2} + \dfrac{1}{1+2+3} + \dfrac{1}{1+2+3+4} + \cdots + (\text{제}n\text{항})$

(7) $1 + 2 \cdot \dfrac{1}{3} + 3 \cdot \dfrac{1}{3^2} + 4 \cdot \dfrac{1}{3^3} + \cdots + 10 \cdot \dfrac{1}{3^9}$

(8) $1 + 3x + 5x^2 + \cdots + (2n-1)x^{n-1}$

(9) $\dfrac{1}{1+\sqrt{2}} + \dfrac{1}{\sqrt{2}+\sqrt{3}} + \dfrac{1}{\sqrt{3}+2} + \cdots + \dfrac{1}{\sqrt{n}+\sqrt{n+1}}$

(10) $\displaystyle\sum_{l=1}^{n} \sum_{k=1}^{l} k$

$$\frac{1}{\sqrt{k}+\sqrt{k+1}} = \frac{\sqrt{k+1}-\sqrt{k}}{\left(\sqrt{k}+\sqrt{k+1}\right)\left(\sqrt{k+1}-\sqrt{k}\right)}$$

$a_1\ a_2\ a_3\ a_4\ \cdots$
$b_1\ b_2\ b_3\ \cdots$

12. 다음 수열의 일반항 a_n과 첫째항부터 제n항까지의 합 S_n을 구하여라.

(1) $1,\ 3,\ 7,\ 15,\ 31,\ 63,\ \cdots$　　　(2) $0,\ -2,\ -2,\ 0,\ 4,\ \cdots$

7.2 수학적귀납법

자연수 n에 대한 어떤 명제에 관하여

(i) $n=1$일 때 이 명제가 성립한다.

(ii) $n=k$일 때 이 명제가 성립한다고 가정하면, $n=k+1$일 때에도 이 명제가 성립한다.

위 (i), (ii)가 증명되면 이 명제는 모든 자연수에 대하여 성립한다.

이와 같이 증명하는 방법을 수학적귀납법(mathematical induction)이라 한다.

• 자연수의 집합 N에서
(i) $1\in N$
(ii) $k\in N$이면 $k+1\in N$
인 성질을 이용한 증명 방법이 수학적귀납법

예제 2.1 수학적귀납법으로 다음 등식이 성립함을 증명하여라.

$$1+3+5+\cdots+(2n-1)=n^2$$

증명 (i) $n=1$일 때, (좌변) $=1$, (우변) $=1^2=1$

그러므로 $n=1$일 때 이 등식은 성립한다.

(ii) $n=k$일 때 성립한다고 가정하면

$$1+3+5+\cdots+(2k-1)=k^2$$

이 식의 양변에 제$k+1$항 $2(k+1)-1=2k+1$을 더하면

$$\begin{aligned}1+3+5+\cdots+(2k-1)+(2k+1)&=k^2+(2k+1)\\&=(k+1)^2\end{aligned}$$

이므로 이것은 $n=k+1$일 때에도 성립한다.

따라서 주어진 등식은 모든 자연수 n에 대하여 성립한다. ■

$n=1$일 때 주어진 명제가 성립하므로 $n=2$일 때에도 그 명제는 성립한다. 또 이 추론을 따르면 $n=2$일 때 주어진 명제가 성립하므로 $n=2+1=3$일 때에도 그 명제는 성립한다. 또 $n=3$일 때 성립하므로 $n=3+1=4$일 때에도 성립한다.

이렇게 차례로 임의의 자연수 n에서도 성립함을 알 수 있다.

예제 2.2 수학적귀납법으로 다음 부등식이 성립함을 증명하여라.

$$(1+h)^n > 1+nh \quad (h>0,\ n=2,\ 3,\ 4,\ \cdots)$$

증명 $(1+h)^n > 1+nh$ … ①

(i) $n=2$일 때, $h>0$이므로 $1+2h+h^2 > 1+2h$

즉, $(1+h)^2 > 1+2h$

그러므로 ①은 성립한다.

(ii) $n=k\ (k \geq 2)$일 때 부등식 ①이 성립한다고 가정하면

$(1+h)^k > 1+kh$ … ②

②의 양변에 $1+h$를 곱하면 $(1+h>0)$

• $1+3h+2h^2 > 1+3h$

$$(1+h)^k(1+h) > (1+kh)(1+h)$$
$$(1+h)^{k+1} > 1+(k+1)h+kh^2 > 1+(k+1)h$$

즉, $(1+h)^{k+1} > 1+(k+1)h$

이것은 ①에서 $n=k+1$일 때이므로 ①은 $n=k+1$일 때에도 성립함을 의미한다.

따라서 부등식 ①은 $n \geq 2$인 모든 자연수 n에 대하여 성립한다. ■

위의 예제 2.2와 같이 $m>1$, m이 자연수일 때 어떤 명제를 $n \geq m$인 모든 자연수에 대하여 성립함을 수학적귀납법으로 증명하려면 앞의 수학적귀납법 증명 방법의

(i)에서 $n=1$ 대신 $n=m$

(ii)에서 $n=k$ 대신 $n=k(k \geqq m)$

이라 놓고 같은 이치로 주어진 명제가 성립함을 증명하면 된다.

수열 $\{a_n\}$에서 첫째항 a_1의 값과, 두 항 a_{n+1}, a_n 또는 a_{n-1}, a_n 사이의 관계식을 알면 이 수열의 모든 항

$$a_1,\ a_2,\ a_3,\ \cdots, a_n,\ \cdots$$

을 차례로 정하여 알 수 있다.

이렇게 수열을 정의하는 방법을 수열의 귀납적 정의(inductive definition)라 한다.

여기서 a_{n+1}과 a_n 사이의 관계식, 즉 항 사이의 관계식을 점화식(recurrence formula)이라 한다.

예를 들어 보자. $a_1=1$이고, a_{n+1}과 a_n의 관계식, 즉 점화식이

$$a_{n+1}=3a_n+1$$

인 수열은

$$\begin{aligned}
&a_1=1\\
&a_2=3a_1+1=3\times1+1=3+1=4\\
&a_3=3a_2+1=3(3+1)+1=3^2+3+1=13\\
&a_4=3a_3+1=3(3^2+3+1)+1=3^3+3^2+3+1=40\\
&a_5=3a_4+1=3(3^3+3^2+3+1)+1=3^4+3^3+3^2+3+1=121\\
&\vdots
\end{aligned}$$

이므로 수열 1, 4, 13, 40, 121, …로 정의된다.

그리고 이 수열 $\{a_n\}$의 일반항은

$$\begin{aligned}
a_n&=3^{n-1}+3^{n-2}+3^{n-3}+\cdots+3^3+3^2+3+1\\
&=\frac{1\cdot(3^n-1)}{3-1}\\
&=\frac{3^n-1}{2}
\end{aligned}$$

임을 알 수 있다.

• 여기서 얻은 $a_n=\dfrac{3^n-1}{2}$은 모든 자연수 n에 대하여 성립하는지를 수학적 귀납법으로 증명하는 것이 필요하다.

예제 2.3 $a_1=1,\ a_{n+1}=a_n+2n\,(n=1, 2, 3, \cdots)$으로 정의되는 수열 $\{a_n\}$의 일반항 a_n과 $S_n=a_1+a_2+\cdots+a_n$을 각각 구하여라.

풀이 주어진 점화식은 $a_{n+1}-a_n=2n$이고 여기의 n에 1, 2, 3, …, $n-1$을 차례로 대입하면

$$\begin{aligned}
a_2-a_1&=2\cdot1\\
a_3-a_2&=2\cdot2\\
a_4-a_2&=2\cdot3\\
&\vdots\\
a_n-a_{n-1}&=2(n-1)
\end{aligned}$$

이다. 변끼리 더하면 $a_n-a_1=2\sum_{k=1}^{n-1}k=2\cdot\dfrac{(n-1)n}{2}=(n-1)n$

$$\therefore a_n=a_1+(n-1)n=1+(n-1)n=n^2-n+1$$

$$\begin{aligned}
S_n&=\sum_{k=1}^{n}a_k=\sum_{k=1}^{n}(k^2-k+1)=\frac{n(n+1)(2n+1)}{6}-\frac{n(n+1)}{2}+n\\
&=\frac{1}{3}n(n^2+2)
\end{aligned}$$

■

- $\sum_{k=1}^{n} k = \frac{n(n+1)}{2}$

  $\sum_{k=1}^{n-1} k = \frac{(n-1)\{(n-1)+1\}}{2}$

  $\sum_{k=1}^{n-2} k = \frac{(n-2)\{(n-2)+1\}}{2}$

  $\sum_{k=1}^{100} k = \frac{100(100+1)}{2}$

앞의 예제 2.3에서 $a_{n+1} = a_n + 2n$을 $a_{n+1} - a_n = 2n$으로 할 때 $a_{n+1} - a_n = b_n$이라 하면, 수열 $\{a_n\}$의 계차수열 $\{b_n\}$의 일반항은 $b_n = 2n$이므로

$$\begin{aligned} a_n &= a_1 + \sum_{k=1}^{n-1} b_k \\ &= 1 + \sum_{k=1}^{n-1} 2k = 1 + 2 \cdot \frac{(n-1)n}{2} \\ &= n^2 - n + 1 \end{aligned}$$

과 같이 구하여도 된다.

연습문제 7.2

- (i) $n=1$일 때
  (ii) $n=k$일 때, 성립한다고 가정하면

1. 수학적귀납법으로 다음 등식이 성립함을 증명하여라.

(1) $1^2 + 2^2 + 3^2 + \cdots + n^2 = \frac{n(n+1)(2n+1)}{6}$

(2) $1 \cdot 2 + 2 \cdot 3 + 3 \cdot 4 + \cdots + n(n+1) = \frac{1}{3}n(n+1)(n+2)$

(3) $\frac{1}{1 \cdot 2} + \frac{1}{2 \cdot 3} + \frac{1}{3 \cdot 4} + \cdots + \frac{1}{n(n+1)} = \frac{n}{n+1}$

2. 다음 부등식이 성립함을 수학적귀납법으로 증명하여라.

(1) $2^n > n$

(2) $2^n > n^2 (n \geq 5)$

(3) $|\sin n\theta| \leq n \sin\theta$ ($0 \leq \theta \leq \pi$, n은 자연수)

3. 다음과 같이 정의되는 수열 $\{a_n\}$의 일반항 a_n을 각각 구하여라.

(1) $a_1 = 1,\ a_{n+1} = \frac{1}{2}a_n + 1$

(2) $a_1 = 0,\ a_{n+1} = a_n + 3n^2 + n$

(3) $a_1 = 2,\ a_{n+1} = \frac{a_n}{1-2a_n}$

(4) $a_1 = 2,\ a_{n+1} = 2^n a_n$

(5) $a_1 = 1,\ a_2 = 2,\ 2a_{n+2} - 3a_{n+1} + a_n = 0$

08 극한과 연속

極限, 連續 Limits, Continuity

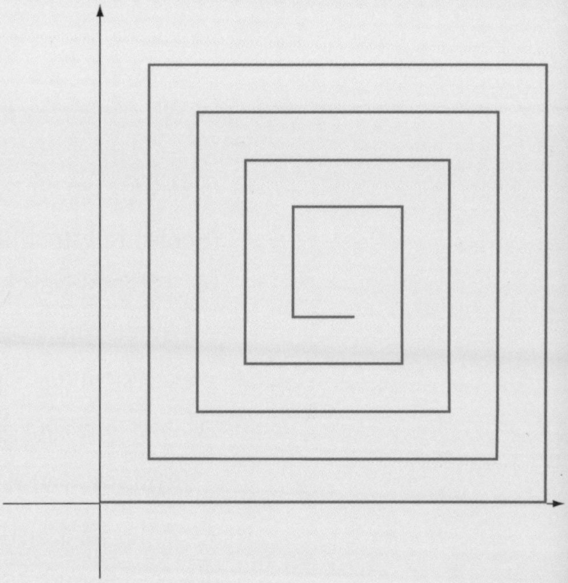

코시(Augustin Louis Cauchy, 1789-1857)

프랑스의 수학자. 해석학 분야에서 더욱 정확하고 엄밀하게 연구 노력한 수학자. Cours d'analyse(1821. A Course of Analysis) 즉 해석학 입문(또는 강좌)이란 그의 저서에서 오늘날 사용하고 있는 극한의 기호, 연속, 수렴, 미분가능성 등에 대한 중요한 개념을 정의하고 소개하였다.

코시는 나이가 어렸을 때부터수학에 대한 관심과 열정이 대단하여 항상 책에 묻혀 살았다고 한다.

당시 수학의 대가 라그랑주(Joseph Louis Lagrange, 1736-1813)와 라플라스(Pierre Simon Laplace, 1749-1827)는 코시에게 수학 공부를 권하기도 했다고 한다.

그러나 어린 나이에 책에만 묻혀 허약해진 코시를 늘 걱정하였다고 한다.

특히 라그랑주가 코시의 부친에게 코시가 17세가 되기 전에 수학 도서를 그에게 주지말고 숨겨두라고까지 부탁했다고 한다.

코시는 1805년 에꼴 뽈리테크닉(Ecole Polytechnique)에 입학하여 공학을 전공하였다.

1807년 졸업 후 토목 기사가 되었으나 수학 연구를 게을리 하지 않았다. 수학 연구에만 전념하였다.

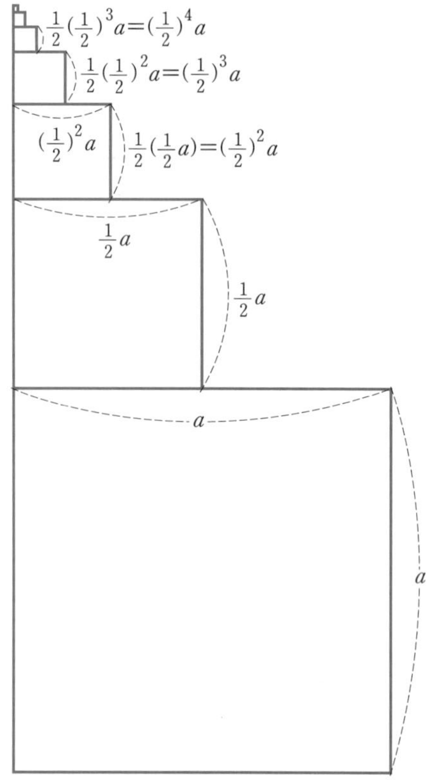

1816년에 수학적 업적을 인정받은 코시는 과학아카데미(Academie des Science)의 회원이 되었다.

그는 다수의 논문을 썼다고 한다. 짧은 시간에 많은 양(일주일에도 여러 편)의 논문을 제출하였다고 한다.

무한수열의 수렴 조건을 연구한 결과는 수학에 큰 자국을 남긴 것이 된다.

그는 미분적분학, 복소함수론, 대수학, 해석학, 기하학 뿐만아니라 수리물리학, 역학, 광학, 천문학 등 아주 많은 분야에 업적을 남겼다.

이론 물리 쪽에도 많은 공헌을 했다고 한다.

앞에서도 잠깐 말한 것과 같이 오늘날 우리가 사용하고 있는 무한급수의 수렴성을 관찰하는 것, 함수의 극한이나 함수의 연속에 대한 개념은 코시에 의하여 그 수학적 엄밀함이 정의되었고 체계화되었다.

8.1 수열의 극한

무한수열 $a_1, a_2, a_3, \cdots, a_n, \cdots$
에서 n이 한없이 커질 때 a_n의 값이 일정한 값 α에 한없이 가까워지면 이 수열 $\{a_n\}$은 α에 수렴한다(converge)고 하고 이 α를 수열 $\{a_n\}$의 극한값 또는 극한(limit)이라 한다. 이것을

$$n \to \infty \text{일 때 } a_n \to \alpha, \quad \text{또는 } \lim_{n\to\infty} a_n = \alpha$$

와 같이 나타낸다.

- ∞는 무한대(infinity)라 하는데 이것은 기호일 뿐 이고 수는 아니다.
- $n\to\infty$은 항의 번호 n이 한없이 커진다는 뜻이다.
- lim은 limit의 약자.
- 극한값(limit value)

그리고 수열 $\{a_n\}$에서 n이 한없이 커질 때 a_n도 한없이 커지면 이 수열은 양의 무한대로 발산한다(diverge)고 하고 이것을

$$n \to \infty \text{일 때 } a_n \to \infty, \quad \text{또는 } \lim_{n\to\infty} a_n = \infty$$

로 나타낸다.

또 수열 $\{a_n\}$에서 n이 한없이 커질 때 a_n은 한없이 작아지면 이 수열은 음의 무한대로 발산한다고 하고 이것을

$$n \to \infty \text{일 때 } a_n \to -\infty, \quad \text{또는} \quad \lim_{n\to\infty} a_n = -\infty$$

로 나타낸다.

수렴		$\cdots\cdots \lim_{n\to\infty} a_n = \alpha$ (α는 실수)
발산	양의 무한대로 발산	$\cdots\cdots \lim_{n\to\infty} a_n = \infty$
	음의 무한대로 발산	$\cdots\cdots \lim_{n\to\infty} a_n = -\infty$
	진동	

수열의 일반항이 $a_n = (-1)^{n-1}$과 같은 수열은 수렴하지도 않고 양이나 음의 무한대로 발산하지도 않는다.

이러한 수열은 진동한다(oscillate, vibrate)고 한다.

그리고 수렴하지 않는 수열은 모두 발산한다고 한다.

- $\dfrac{2n+3}{n+1} = \dfrac{\frac{2n+3}{n}}{\frac{n+1}{n}} = \dfrac{2+\frac{3}{n}}{1+\frac{1}{n}}$

$n\to\infty$ 일 때 $\dfrac{3}{n}\to 0$

$n\to\infty$ 일 때 $\dfrac{1}{n}\to 0$

예제 1.1

수열 $\left\{\dfrac{2n+3}{n+1}\right\}$의 극한(값)은 $\displaystyle\lim_{n\to\infty}\frac{2n+3}{n+1} = \lim_{n\to\infty}\frac{2+\frac{3}{n}}{1+\frac{1}{n}} = 2$

■

무한수열의 극한값에 대하여 다음의 기본 성질이 성립한다.
두 수열 $\{a_n\}$, $\{b_n\}$은 각각 수렴하고 극한값이 다음과 같을 때,

$$\lim_{n\to\infty} a_n = \alpha,\ \lim_{n\to\infty} b_n = \beta$$

(1) $\lim_{n\to\infty} ca_n = c\lim_{n\to\infty} a_n = c\alpha$ (c는 상수)
(2) $\lim_{n\to\infty} (a_n \pm b_n) = \lim_{n\to\infty} a_n \pm \lim_{n\to\infty} b_n = \alpha \pm \beta$ (복호동순)
(3) $\lim_{n\to\infty} a_n b_n = \lim_{n\to\infty} a_n \cdot \lim_{n\to\infty} b_n = \alpha\beta$
(4) $\lim_{n\to\infty} \dfrac{b_n}{a_n} = \dfrac{\lim_{n\to\infty} b_n}{\lim_{n\to\infty} a_n} = \dfrac{\beta}{\alpha}\ (\alpha \neq 0)$

예제 1.2 다음 수열의 수렴, 발산을 조사하고 수렴하는 것은 그 극한값을 말하여라.

(1) $\dfrac{2}{3}, \dfrac{3}{4}, \dfrac{4}{5}, \cdots$

(2) $\left\{\dfrac{n^2+2}{1+2+3+\cdots+n}\right\}$

(3) $\left\{\dfrac{n^2}{2n+1}\right\}$

• $n\to\infty$ 일 때 $\dfrac{1}{n}\to 0$
$n\to\infty$ 일 때 $\dfrac{2}{n}\to 0$

풀이 (1) 일반항 $a_n = \dfrac{n+1}{n+2}$ 이므로

$$\lim_{n\to\infty} a_n = \lim_{n\to\infty} \frac{n+1}{n+2} = \lim_{n\to\infty} \frac{1+\frac{1}{n}}{1+\frac{2}{n}} = \frac{1+0}{1+0} = 1$$

따라서 이 수열의 극한값은 1이고, 수열은 1에 수렴한다.

• $\lim_{n\to\infty} \dfrac{1+\frac{2}{n^2}}{1+\frac{1}{n}} = \dfrac{\lim_{n\to\infty}\left(1+\frac{2}{n^2}\right)}{\lim_{n\to\infty}\left(1+\frac{1}{n}\right)} = \dfrac{\lim_{n\to\infty} 1 + \lim_{n\to\infty} \frac{2}{n^2}}{\lim_{n\to\infty} 1 + \lim_{n\to\infty} \frac{1}{n}} = \dfrac{1+0}{1+0} = 1$

(2) $$\lim_{n\to\infty} a_n = \lim_{n\to\infty} \frac{n^2+2}{1+2+3+\cdots+n} = \lim_{n\to\infty} \frac{n^2+2}{\frac{n(n+1)}{2}}$$

$$= \lim_{n\to\infty} \frac{2(n^2+2)}{n(n+1)} = 2\lim_{n\to\infty} \frac{n^2+2}{n^2+n} = 2\lim_{n\to\infty} \frac{1+\frac{2}{n^2}}{1+\frac{1}{n}} = 2$$

따라서 이 수열의 극한값은 2이고, 수열은 2에 수렴한다.

(3) $$\lim_{n\to\infty} a_n = \lim_{n\to\infty} \frac{n^2}{2n+1} = \lim_{n\to\infty} \frac{1}{\frac{2}{n}+\frac{1}{n^2}} = \infty$$

따라서 이 수열은 양의 무한대로 발산한다. ■

예제 1.3 수열 $\left\{\sqrt{n^2+n}-n\right\}$의 극한값을 구하여라.

풀이

$$\lim_{n\to\infty} a_n = \lim_{n\to\infty}\left(\sqrt{n^2+n}-n\right) = \lim_{n\to\infty}\frac{\left(\sqrt{n^2+n}-n\right)(\sqrt{n^2+n}+n)}{\sqrt{n^2+n}+n}$$

$$= \lim_{n\to\infty}\frac{\left(\sqrt{n^2+n}\right)^2-n^2}{\sqrt{n^2+n}+n} = \lim_{n\to\infty}\frac{n}{\sqrt{n^2+n}+n}$$

$$= \lim_{n\to\infty}\frac{\frac{n}{n}}{\frac{\sqrt{n^2+n}+n}{n}} = \lim_{n\to\infty}\frac{1}{\sqrt{1+\frac{1}{n}}+1}$$

$$= \frac{1}{\sqrt{1+0}+1} = \frac{1}{2}$$

■

- $\left(\sqrt{a}-\sqrt{b}\right)\left(\sqrt{a}+\sqrt{b}\right) = \left(\sqrt{a}\right)^2-\left(\sqrt{b}\right)^2 = a-b$
- (분모) $= \frac{\sqrt{n^2+n}+n}{n} = \frac{\sqrt{n^2+n}}{n}+\frac{n}{n} = \sqrt{\frac{n^2+n}{n^2}}+1 = \sqrt{1+\frac{1}{n}}+1$

수렴하는 수열의 극한 사이에 다음 성질이 성립한다($n=1, 2, 3, \cdots$)

(1) $\lim_{n\to\infty} a_n = \alpha, \lim_{n\to\infty} b_n = \beta$일 때, $a_n \le b_n$이면 $\alpha \le \beta$

(2) $\lim_{n\to\infty} a_n = \alpha = \lim_{n\to\infty} c_n$일 때, $a_n \le b_n < c_n$이면 $\lim_{n\to\infty} b_n = \alpha$

- $a_n \le b_n$이면 $\lim_{n\to\infty} a_n \le \lim_{n\to\infty} b_n$

예제 1.4 일반항이 다음과 같은 수열의 극한값을 각각 구하여라.

(1) $\frac{1}{n}\sin n\theta$　　　　(2) $\frac{n}{10^n}\ (n\ge 2)$

풀이 (1) $|\sin n\theta| \le 1$ 즉, $-1 \le \sin n\theta \le 1$　　$\cdots$ ①

①의 각 변에 $\frac{1}{n}$을 곱하면 $-\frac{1}{n} \le \frac{1}{n}\sin n\theta \le \frac{1}{n}$

$$\therefore 0 = \lim_{n\to\infty}\left(-\frac{1}{n}\right) \le \lim_{n\to\infty}\frac{1}{n}\sin n\theta \le \lim_{n\to\infty}\frac{1}{n} = 0$$

$$\therefore \lim_{n\to\infty}\frac{1}{n}\sin n\theta = 0$$

(2) $n^2 < 10^n$이므로 역수를 취하고 각 변에 n을 곱하면

$$\frac{n}{10^n} < \frac{n}{n^2} \quad \text{즉, } 0 < \frac{n}{10^n} < \frac{1}{n}$$

$$\therefore 0 < \lim_{n\to\infty}\frac{n}{10^n} < \lim_{n\to\infty}\frac{1}{n} = 0$$

$$\therefore \lim_{n\to\infty}\frac{n}{10^n} = 0$$

■

• 항이 한없이 계속되는 등비수열을 무한등비수열(infi- nite geometrical sequ-ence)이라 한다.

극한값 $\lim_{n\to\infty} r^n$을 관찰하자.

(1) $r>1$ 일 때 : 수학적귀납법에 따라 $(1+h)^n>1+nh$가 성립하므로

$$r=1+h(h>0)$$

라 하면 $r^n=(1+h)^n>1+nh(n\geq 2)$

$$r^n>1+nh$$

• $\lim_{n\to\infty} 3^n=\infty$

• $\lim_{n\to\infty}\left(\frac{1}{3}\right)^n=0$

• $\lim_{n\to\infty}(-3^n)=?$

수열 $(-3)^n$은 진동한다.

• $\lim_{n\to\infty}\left(-\frac{1}{3}\right)^n=0$

$$\lim_{n\to\infty} r_n \geq \lim_{n\to\infty}(1+nh)=\infty$$

즉 $\lim_{n\to\infty} r_n=\infty$

(2) $r=1$ 일 때 : 자연수 n에 대하여 $r^n=1$이므로

$$\lim_{n\to\infty}=r^n=1$$

(3) $0<r<1$ 일 때 : $(1+h)^n>1+nh$ 각 변의 역수를 취하면

$$\frac{1}{(1+h)^n}<\frac{1}{1+nh}$$

$r=\frac{1}{1+h}$이라 하면

$$r^n=\left(\frac{1}{1+h}\right)^n=\frac{1}{(1+h)^n}<\frac{1}{1+nh} \quad \therefore r^n<\frac{1}{1+nh}$$

$$\therefore \lim_{n\to\infty} r^n \leq \lim_{n\to\infty}\frac{1}{1+nh}=0 \quad \therefore \lim_{n\to\infty} r^n=0$$

(4) $r=0$ 일 때 : $\lim_{n\to\infty} r^n=0$

(5) $-1<r<0$ 일 때 : $r=-t$로 놓으면 $0<t<1$이므로 (3)에 따라

$$\lim_{n\to\infty} r^n=\lim_{n\to\infty}(-t)^n=\lim_{n\to\infty}(-1)^n t^n=0$$

(6) $r=-1$ 일 때 : $-1, 1, -1, 1, \cdots$ 이어 $\left\{r^n\right\}$은 발산한다(진동).

(7) $r<-1$ 일 때 : $r=-t$로 놓으면 $t>1$이므로 (1)에 따라

$$\lim_{n\to\infty} r^n=\lim_{n\to\infty}(-t)^n=\lim_{n\to\infty}(-1)^n t^n$$

여기서 이 극한값은 $(-1)^n$에 의하여 그 부호가 결정된다.

즉 수열 $\{r^n\}$은 발산한다(진동).

그러므로

$$|r|<1\text{일 때 } \lim_{n\to\infty} r^n=0$$

r	$\{r^n\}$
$r\leq -1$	발산(진동)
$-1<r<1$	0에 수렴
$r=1$	1에 수렴
$r>1$	∞로 발산

$|r|<1$ 일 때 $\lim_{n\to\infty} r^n=0$

예제 1.5 극한값 $\lim_{n\to\infty}\frac{5^{n+1}+4^{n+1}}{5^n+4^n}$을 구하여라.

풀이 분모, 분자를 5^n으로 나누면 $\lim_{n\to\infty}\frac{5^{n+1}+4^{n+1}}{5^n+4^n}=\lim_{n\to\infty}\frac{5+4\left(\frac{4}{5}\right)^n}{1+\left(\frac{4}{5}\right)^n}$

$\lim_{n\to\infty}\left(\frac{4}{5}\right)^n=0$이므로 $\lim_{n\to\infty}\frac{5^{n+1}+4^{n+1}}{5^n+4^n}=\frac{5+4\cdot 0}{1+0}=5$ ■

• $\left|\frac{4}{5}\right|<1$이므로 $\lim_{n\to\infty}\left(\frac{4}{5}\right)^n=0$

연습문제 8.1

1. 다음 수열의 수렴, 발산을 조사하고 수렴하면 그 극한값을 구하여라.

(1) $\frac{2}{3}, \frac{4}{5}, \frac{6}{7}, \frac{8}{9}, \cdots$ (2) $\left\{\frac{1^2+2^2+3^2+\cdots+n^2}{n^3+n+1}\right\}$

2. 다음 수열의 극한값을 구하여라.

(1) $\left\{\frac{3n^2-2n+2}{5n^2-1}\right\}$ (2) $\left\{\frac{(2n-1)(n+2)}{3n^2+1}\right\}$

3. 다음 극한값을 구하여라.

(1) $\lim_{n\to\infty}\left(\sqrt{n+2}-\sqrt{n-1}\right)$ (2) $\lim_{n\to\infty}\frac{\sqrt{n+1}+\sqrt{n}}{\sqrt{2n+1}-\sqrt{n}}$

(3) $\lim_{n\to\infty}\sqrt{n}\left(\sqrt{n+1}-\sqrt{n}\right)$ (4) $\lim_{n\to\infty}\left(\log\sqrt{n+1}-\log\sqrt{n}\right)$

4. 일반항이 다음과 같은 수열의 극한값을 구하여라.

(1) $\frac{\cos n\theta}{n}$ (2) $\frac{n}{2^n}(n\geq 5)$

(3) $\frac{\log n^2}{n^2}(n\geq 2)$ (4) $\frac{3^n}{2^n+1}$

(5) $\frac{2^{3n}-1}{3^{2n}+1}$ (6) $\frac{3^{n+1}}{3^n+1}$

• $\log n^2=\log_{10}n^2$

5. 다음 무한등비수열이 수렴하도록 x값의 범위를 정하여라.

(1) $1, -2x, (-2x)^2, (-2x)^3, \cdots$

(2) $1, \sqrt{2}\cos x, \left(\sqrt{2}\cos x\right)^2, \cdots \ (-\pi/2<x<\pi/2)$

수열의 극한

연구 과정

정의

임의의 $\varepsilon>0$에 대하여 양정수 N이 존재해서

$$n>N \Rightarrow |a_n-\alpha|<\varepsilon$$

이면, 수열 $\{a_n\}$의 극한(값)은 α라 하고

$$n\to\infty \text{일 때 } a_n\to\alpha, \text{ 또는 } \lim_{n\to\infty}a_n=\alpha$$

와 같이 나타낸다.

이 때 수열 $\{a_n\}$은 α에 수렴한다고 한다. 이것은 임의의 양수 ε에 대하여 양정수 N이 존재해서 수열 $\{a_n\}$의 첫째항부터 제N항 이외의 항은 $(\alpha-\varepsilon,\ \alpha+\varepsilon)$인 개구간에 속한다는 의미이다.

정의

임의의 양수 M에 대하여 양정수 N이 존재해서

$$n>N \Rightarrow a_n>M \ (\text{또는 } a_n<-M)$$

이면 수열 $\{a_n\}$은 양의 무한대(또는 음의 무한대)로 발산한다.

이것을 기호로 $n\to\infty$일 때 $a_n\to\infty$ (또는 $-\infty$), $\lim_{n\to\infty}a_n=\infty$(또는 $-\infty$)로 나타낸다.

정리 $\lim_{n\to\infty}a_n$의 값이 존재하면 유일하다.

증명 $\lim_{n\to\infty}a_n=\alpha$, $\lim_{n\to\infty}a_n=\alpha'$이라 하면 임의의 $\varepsilon>0$에 대하여 양정수 N_1이 존재해서

$$n>N_1 \Rightarrow |a_n-\alpha|<\frac{\varepsilon}{2}$$

또 양정수 N_2가 존재해서

$$n>N_2 \Rightarrow |a_n-\alpha'|<\frac{\varepsilon}{2}$$

$N=\max(N_1,\ N_2)$라 하면

$$n>N \Rightarrow |a_n-\alpha|<\frac{\varepsilon}{2},\ |a_n-\alpha'|<\frac{\varepsilon}{2}$$

$$|\alpha-\alpha'|=|\alpha-a_n+a_n-\alpha'|\le|a_n-\alpha|+|a_n-\alpha'|$$

$$<\frac{\varepsilon}{2}+\frac{\varepsilon}{2}=\varepsilon$$

α, α'은 고정된 실수, ε은 임의의 양수, $|\alpha-\alpha'|\ge0$이고 ε보다 작으므로 $|\alpha-\alpha'|=0$을 의미한다. 즉 $\alpha=\alpha'$ ■

정리 수렴하는 수열은 유계이다.

즉, $\lim_{n\to\infty}a_n=\alpha$이면 $|a_n|\le M$인 M이 존재한다 $(M>0)$.

증명 $\varepsilon=1$이라 하면 $\lim_{n\to\infty}a_n=\alpha$이므로 양정수 N이 존재하여

$$n>N \Rightarrow |a_n-\alpha|<1$$

그런데

$$\begin{aligned}|a_n|&=|a_n-\alpha+\alpha|\\&\le|a_n-\alpha|+|\alpha|\\&<1+|\alpha|\end{aligned}$$

$M=\max\{|a_1|, |a_2|, \cdots, |a_N|, 1+|\alpha|)$라 하면 자연수 n에 대하여

$$|a_n|<M$$ ■

정리 $\lim_{n\to\infty}a_n=\alpha$, $\lim_{n\to\infty}b_n=\beta$일 때

(1) $\lim_{n\to\infty}(a_n\pm b_n)=\alpha\pm\beta$ (복호동순)

(2) $\lim_{n\to\infty}a_nb_n=\alpha\beta$

증명 (1) 임의의 $\varepsilon>0$에 대하여 N_1이 존재해서

$$n>N_1 \Rightarrow |a_n-\alpha|<\frac{\varepsilon}{2}$$

또 N_2가 존재해서 $n>N_2=|b_n-\beta|<\frac{\varepsilon}{2}$

$N=\max(N_1, N_2)$라 하면

$$n>N \Rightarrow |a_n \pm b_n-(\alpha \pm \beta)|=|a_n-\alpha \pm (b_n-\beta)|$$
$$\le |a_n-\alpha| \pm |b_n-\beta|<\frac{\varepsilon}{2}+\frac{\varepsilon}{2}=\varepsilon$$

(2) 수열 $\{a_n\}$은 수렴하므로 $|a_n| \le M$인 $M>0$이 존재한다. 주어진 $\varepsilon>0$에 대하여 자연수 N_1이 존재해서

$$n>N_1 \Rightarrow |a_n-\alpha|<\frac{\varepsilon}{2(1+|\beta|)}$$

또 자연수 N_2가 존재해서

$$n>N_2 \Rightarrow |b_n-\beta|<\frac{\varepsilon}{2M}$$

$n>\max(N_1, N_2)$라 하면

$$|a_nb_n-\alpha\beta|=|a_n(b_n-\beta)+\beta(b_n-\alpha)|$$
$$\le |a_n||b_n-\beta|+|\beta||a_n-\alpha|$$
$$<M\cdot\frac{\varepsilon}{2M}+|\beta|\cdot\frac{\varepsilon}{2(1+|\beta|)}$$
$$<M\cdot\frac{\varepsilon}{2M}+|\beta|\cdot\frac{\varepsilon}{2|\beta|}=\frac{\varepsilon}{2}+\frac{\varepsilon}{2}=\varepsilon$$

■

앞의 정리에서, 즉

$\lim_{n\to\infty} a_n=\alpha$, $\lim_{n\to\infty} b_n=\beta$일 때

(3) $\lim_{n\to\infty} ca_n=c\alpha$ (c는 실수)

(4) $\lim_{n\to\infty} \frac{a_n}{b_n}=\frac{\alpha}{\beta}$ ($b_n\neq 0$, $\beta\neq 0$)

증명 (3) $c=0$인 경우, 모든 자연수 n에 대하여 $|ca_n-c\alpha|=0$이므로 분명하다.

$c\neq 0$인 경우,

임의로 주어진 $\varepsilon>0$에 대하여 자연수 N이 존재해서

$$n>N \Rightarrow |a_n-\alpha|<\frac{\varepsilon}{|c|}$$

$$\therefore |ca_n-c\alpha|=|c(a_n-\alpha)|$$
$$=|c||a_n-\alpha|$$
$$<|c|\cdot\frac{\varepsilon}{|c|}$$
$$=\varepsilon$$

(4) 먼저 $\lim_{n\to\infty}\frac{1}{b_n}=\frac{1}{\beta}$임을 증명하자.

자연수 N_1이 존재하여

$$n>N_1 \Rightarrow |b_n-\beta|<\frac{|\beta|}{2}$$

그러므로 $n>N_1$이면

$$|\beta|-|b_n| \le |\beta-b_n|=|b_n-\beta|<\frac{|\beta|}{2}$$
$$\therefore |b_n|>\frac{|\beta|}{2}$$

또 $\lim_{n\to\infty} b_n=\beta$에서, 임의로 주어진 $\varepsilon>0$에 대하여 자연수 N_2가 존재해서

$$n>N_2 \Rightarrow |b_n-\beta|<\frac{|\beta|^2\cdot\varepsilon}{2}$$

$n>\max(N_1, N_2)$라 하면

$$\left|\frac{1}{b_n}-\frac{1}{\beta}\right|=\left|\frac{\beta-b_n}{b_n\beta}\right|=\frac{|b_n-\beta|}{|b_n||\beta|}$$
$$<\frac{\frac{|\beta|^2\cdot\varepsilon}{2}}{\frac{|\beta|}{2}\cdot|\beta|}=\varepsilon$$

즉, $\lim_{n\to\infty}\frac{1}{b_n}=\frac{1}{\beta}$

앞의 정리의 (2)를 적용하면

$$\lim_{n\to\infty}\frac{a_n}{b_n}=\lim_{n\to\infty}a_n\cdot\frac{1}{b_n}$$
$$=\lim_{n\to\infty}a_n\cdot\lim_{n\to\infty}\frac{1}{b_n}$$
$$=\alpha\cdot\frac{1}{\beta}=\frac{\alpha}{\beta}$$

■

무리수 e 연구 과정

예제 $a_n=\left(1+\dfrac{1}{n}\right)^n$ 인 수열 $\{a_n\}$은 수렴한다.

증명 (i) $a_n=\left(1+\dfrac{1}{n}\right)^n$

$$=1+{}_nC_1\left(\frac{1}{n}\right)+{}_nC_2\left(\frac{1}{n}\right)^2+{}_nC_3\left(\frac{1}{n}\right)^3+\cdots+{}_nC_n\left(\frac{1}{n}\right)^n$$

$$=1+n\cdot\frac{1}{n}+\frac{n(n-1)}{2!}\cdot\frac{1}{n^2}+\frac{n(n-1)(n-2)}{3!}\cdot\frac{1}{n^3}+\cdots+\frac{n(n-1)(n-2)\cdots 3\cdot 2\cdot 1}{n!}\cdot\frac{1}{n^n}$$

$$=1+1+\frac{1}{2!}\cdot\frac{n}{n}\cdot\frac{n-1}{n}+\frac{1}{3!}\cdot\frac{n}{n}\cdot\frac{n-1}{n}\cdot\frac{n-2}{n}+\cdots+\frac{1}{n!}\cdot\frac{n}{n}\cdot\frac{n-1}{n}\cdot\frac{n-2}{n}\cdots\frac{3}{n}\cdot\frac{2}{n}\cdot\frac{1}{n}$$

$$=1+1+\frac{1}{2!}\left(1-\frac{1}{n}\right)+\frac{1}{3!}\left(1-\frac{1}{n}\right)\left(1-\frac{2}{n}\right)+\cdots+\frac{1}{n!}\left(1-\frac{1}{n}\right)\left(1-\frac{2}{n}\right)\cdots\left(1-\frac{n-1}{n}\right)$$

같은 방법으로

$$a_{n+1}=1+1+\frac{1}{2!}\left(1-\frac{1}{n+1}\right)+\frac{1}{3!}\left(1-\frac{1}{n+1}\right)\left(1-\frac{2}{n+1}\right)+\cdots+\frac{1}{n!}\left(1-\frac{1}{n+1}\right)\left(1-\frac{2}{n+1}\right)\cdots\left(1-\frac{n-1}{n+1}\right)+\frac{1}{(n+1)!}\left(1-\frac{1}{n+1}\right)\left(1-\frac{2}{n+1}\right)\cdots\left(1-\frac{n}{n+1}\right)$$

a_n의 각 항은 a_{n+1}에 대응하는 각 항보다 작거나 같고 a_{n+1}은 a_n보다 양의 항을 하나 더 가지고 있기 때문에

$$2\leq a_1<a_2<a_3<\cdots<a_n<a_{n+1}<\cdots$$

수열 $\{a_n\}$은 증가하는 수열이다.

(ii) $a_n\leq 1+\dfrac{1}{1!}+\dfrac{1}{2!}+\dfrac{1}{3!}+\cdots+\dfrac{1}{n!}$

$$\leq 1+1+\frac{1}{2}+\frac{1}{2\cdot 2}+\cdots+\frac{1}{2\cdot 2\cdot 2\cdots 2}$$

$$=1+1+\frac{1}{2}+\frac{1}{2^2}+\frac{1}{2^3}+\cdots+\frac{1}{2^n}$$

$$<1+1+\frac{1}{2}+\frac{1}{2^2}+\frac{1}{2^3}+\cdots+\frac{1}{2^n}+\cdots$$

$$=1+\lim_{n\to\infty}\frac{1\left\{1-\left(\frac{1}{2}\right)^n\right\}}{1-\frac{1}{2}}=3$$

따라서 수열 $\{a_n\}$은 유계이다.

(i), (ii)에 의하여 수열 $\{a_n\}$은 수렴한다. ■

이 예제에서

$$\lim_{n\to\infty}a_n=\lim_{n\to\infty}\left(1+\frac{1}{n}\right)^n=e$$

라 한다. 즉 이 수열의 극한은 e이다.

계산에 의하면

$$e=2.718281828\cdots$$

이고 무리수이다.

또, e는 무리수 π와 같이 초월수(transcendental number)이다.

그리고

$$e=1+\frac{1}{1!}+\frac{1}{2!}+\frac{1}{3!}+\cdots++\frac{1}{n!}+\cdots$$

이다. 이 때 항의 수와 그 계산한 결과는 다음과 같다.

항의 수	합
1	1.0
2	2.0
3	2.5
4	2.6666667
5	2.7083333
⋮	⋮
⋮	⋮
8	2.7182540

8.2 무한급수

무한수열 $\{a_n\}$에 대하여 $a_1+a_2+a_3+\cdots+a_n+\cdots$을 무한급수(infinite series)라 하고

$$\sum_{k=1}^{\infty} a_k, \quad \sum_{n=1}^{\infty} a_n$$

등으로 나타낸다. 또 첫째항부터 제n항까지의 합 S_n, 즉

$$S_n = a_1+a_2+a_3+\cdots+a_n = \sum_{k=1}^{n} a_k$$

를 이 무한급수의 제n항까지의 부분합(partial sum)이라 한다.

부분합으로 이루어진 수열 $\{S_n\}$, 즉

$$S_1 = a_1,\ S_2 = a_1+a_2,\ S_3 = a_1+a_2+a_3,\ \cdots,$$
$$S_n = a_1+a_2+a_3+\cdots+a_n,\ \cdots$$

이 어떤 실수 S에 수렴하면, 즉 $\lim_{n\to\infty} S_n = S$이면, 무한급수 $\sum_{k=1}^{\infty} a_k$는 S에 수렴한다고 하고 S를 이 무한급수의 합이라 한다.

부분합의 수열이 발산하면 이 무한급수는 발산한다고 한다.

- $\sum_{k=1}^{\infty} a_k = a_1+a_2+\cdots+a_n+\cdots$
- $\sum_{k=1}^{\infty} a_k = \lim_{n\to\infty}\sum_{k=1}^{n} a_k = \lim_{n\to\infty} S_n$

예제 2.1 다음 무한급수의 수렴, 발산을 조사하고, 수렴하면 그 합을 구하여라.

(1) $\sum_{n=1}^{\infty} n$ (2) $\sum_{n=1}^{\infty} \frac{1}{n(n+1)}$ (3) $\sum_{n=1}^{\infty} (-1)^n$

풀이 (1) $\lim_{n\to\infty} S_n = \lim_{n\to\infty}\sum_{k=1}^{n} k = \lim_{n\to\infty}\frac{n(n+1)}{2} = \infty$ 발산한다.

(2)
$$\sum_{k=1}^{\infty}\frac{1}{n(n+1)} = \lim_{n\to\infty}\sum_{k=1}^{n}\frac{1}{k(k+1)}$$
$$= \lim_{n\to\infty}\sum_{k=1}^{n}\left(\frac{1}{k}-\frac{1}{(k+1)}\right)$$
$$= \lim_{n\to\infty}\left(1-\frac{1}{n+1}\right) = 1,$$

수렴한다.

(3) $\sum_{n=1}^{\infty}(-1)^n = (-1)+1+(-1)+1+\cdots,$

발산(진동)한다. ■

- $\sum_{k=1}^{n}\left(\frac{1}{k}-\frac{1}{k+1}\right) = \left(\frac{1}{1}-\frac{1}{2}\right)+\left(\frac{1}{2}-\frac{1}{3}\right)+\left(\frac{1}{3}-\frac{1}{4}\right)+\cdots+\left(\frac{1}{n}-\frac{1}{n+1}\right) = 1-\frac{1}{n+1}$

- 예제 2.2의 역은 성립하지 않는다.
- $\lim_{n\to\infty} a_n \neq 0$ 이면 $\sum_{n=1}^{\infty} a_n$ 은 발산한다.
- $\sum_{k=1}^{\infty} ar^{k-1} = a + ar + ar^2 + \cdots + ar^{n-1} + \cdots$

예제 2.2 $\sum_{n=1}^{\infty} a_n$ 이 수렴하면 $\lim_{n\to\infty} a_n = 0$ 이다.

증명 $S_n = \sum_{k=1}^{n} a_k$, $S = \sum_{k=1}^{\infty} a_k = \lim_{n\to\infty} S_n$ 이라 하면

$$\lim_{n\to\infty} a_n = \lim_{n\to\infty}(S_n - S_{n-1}) = \lim_{n\to\infty} S_n - \lim_{n\to\infty} S_{n-1}$$
$$= S - S = 0$$ ■

무한등비수열 $\{ar^{n-1}\}$ 에 대하여 $(a \neq 0)$

$$a + ar + ar^2 + \cdots + ar^{n-1} + \cdots \qquad \cdots ①$$

을 첫째항이 a, 공비가 r 인 무한등비급수(infinite geometrical series)라 한다. 이 무한등비급수의 부분합 S_n 은

$$S_n = a + ar + ar^2 + \cdots + ar^{n-1}$$

이다. 이 때

$r \neq 1$ 인 경우;

$$S_n = \frac{a(1-r^n)}{1-r} = \frac{a}{1-r} - \frac{ar^n}{1-r}$$

(i) $r > 1$ 일 때, $\lim_{n\to\infty} r^n = \infty$, 따라서 무한등비급수 ①은 발산한다.

(ii) $|r| < 1$ 일 때, $\lim_{n\to\infty} r^n = 0$, 무한등비급수 ①은 수렴하고

$$S = \lim_{n\to\infty} S_n = \lim_{n\to\infty}\left(\frac{a}{1-r} - \frac{ar^n}{1-r}\right) = \frac{a}{1-r}$$

(iii) $r \leq -1$ 일 때, 수열 $\{r^n\}$ 은 발산한다. 따라서 무한등비급수 ①은 발산한다.

$r = 1$ 인 경우;

$\lim_{n\to\infty} S_n = \lim_{n\to\infty} na = \infty$, 무한등비급수 ①은 발산한다.

정리하여 다시 쓰면 다음과 같다.

다음 무한등비급수에 대하여

$$a + ar + ar^2 + \cdots + ar^{n-1} + \cdots \quad (a \neq 0)$$

$|r| < 1$ 일 때 수렴하고, 그 합은 $S = \frac{a}{1-r}$

$|r| \geq 1$ 일 때 발산한다.

예제 2.3 다음 무한등비급수의 수렴, 발산을 조사하고, 수렴하면 그 합을 구하여라.

(1) $\frac{1}{2}+\frac{1}{2^2}+\frac{1}{2^3}+\cdots+\frac{1}{2^n}+\cdots$

(2) $1-\sqrt{2}+2-2\sqrt{2}+4-\cdots$

풀이 (1) 첫째항은 $\frac{1}{2}$, 공비가 $\frac{1}{2}$, 즉 $\left|\frac{1}{2}\right|<1$이므로 수렴한다.

구하는 합 S는

$$S=\frac{a}{1-r}=\frac{\frac{1}{2}}{1-\frac{1}{2}}=1$$

(2) 첫째항은 1, 공비가 $-\sqrt{2}$, 즉 $\left|-\sqrt{2}\right|>1$이므로 이 무한등비급수는 발산한다. ■

예제 2.4 점 O에서 30°를 이루고 만나는 두 반직선 l_1, l_2가 오른쪽 그림과 같고, l_1 위에 $\overline{OA_1}=2$ 되게 점 A_1을 잡고 A_1에서 l_2에 수선 $\overline{A_1A_2}$, 또 A_2에서 l_1에 수선 $\overline{A_2A_3}$, 또 A_3에서 l_2에 수선 $\overline{A_3A_4}$를 내린다.

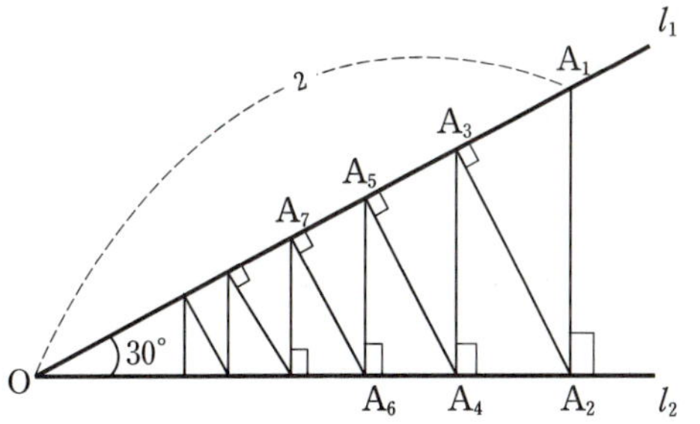

이렇게 한없이 계속할 때, 수선들의 길이의 합

$$\overline{A_1A_2}+\overline{A_2A_3}+\overline{A_3A_4}+\cdots$$

을 구하여라.

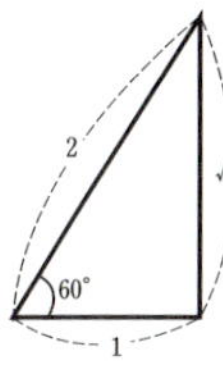

풀이 $\overline{A_1A_2}=2\sin 30°=1,\quad \overline{A_2A_3}=\overline{A_1A_2}\sin 60°=\frac{\sqrt{3}}{2},$

$\overline{A_3A_4}=\overline{A_2A_3}\sin 60°=\left(\frac{\sqrt{3}}{2}\right)^2,\quad \overline{A_4A_5}=\overline{A_3A_4}\sin 60°=\left(\frac{\sqrt{3}}{2}\right)^3,\quad\cdots$

$\therefore\ \overline{A_1A_0}+\overline{A_2A_3}+\overline{A_3A_4}+\overline{A_4A_5}+\cdots$

$=1+\left(\frac{\sqrt{3}}{2}\right)+\left(\frac{\sqrt{3}}{2}\right)^2+\left(\frac{\sqrt{3}}{2}\right)^3+\cdots$

$=\frac{1}{1-\frac{\sqrt{3}}{2}}=\frac{2}{2-\sqrt{3}}=2(2+\sqrt{3})$ ■

- $0.\dot{3} = 0.333\cdots = 0.3 + 0.03 + 0.003 + \cdots = \frac{3}{10} + \frac{3}{10^2} + \frac{3}{10^3} + \cdots = \frac{\frac{3}{10}}{1-\frac{1}{10}} = \frac{3}{9} = \frac{1}{3}$

예제 2.5 무한등비급수에 의하여 순환소수를 분수로 나타낼 수 있다.

(1) $0.\dot{3}\dot{1} = 0.313131\cdots = 0.31 + 0.0031 + 0.000031 + 0.00000031 + \cdots$

$$= \frac{31}{100} + \frac{31}{100^2} + \frac{31}{100^3} + \cdots = \frac{\frac{31}{100}}{1-\frac{1}{100}} = \frac{31}{99}$$

(2) $0.5\dot{1}2\dot{7} = 0.5127127\cdots = 0.5 + 0.0127 + 0.0000127 + 0.0000000127$

$$= \frac{5}{10} + \frac{127}{10^4} + \frac{127}{10^7} + \frac{127}{10^{10}} + \cdots$$

$$= \frac{5}{10} + \frac{\frac{127}{10^4}}{1-\frac{1}{10^3}} = \frac{5}{10} + \frac{127}{9990} = \frac{2561}{4995}$$

■

연습문제 8.2

- $\frac{1}{A \cdot B} = \frac{1}{B-A}\left(\frac{1}{A} - \frac{1}{B}\right)$

1. 다음 급수의 수렴, 발산을 조사하고, 수렴하면 그 합을 구하여라.

(1) $\sum_{n=1}^{\infty}(-n)$ (2) $\sum_{n=1}^{\infty}\frac{1}{(2n-1)(2n+1)}$

(3) $\sum_{n=1}^{\infty}(-2)^{n-1}$

2. 다음 무한급수의 수렴, 발산을 조사하고, 수렴하면 그 합을 구하여라.

(1) $\sum_{n=1}^{\infty}\frac{n}{2n+1}$ (2) $\sum_{n=1}^{\infty}\frac{1}{\sqrt{n+1}-\sqrt{n}}$

(3) $\sum_{n=1}^{\infty}\frac{1}{(3n-2)(3n+1)}$

- $|r|<1$ 이면 $\sum_{n=1}^{\infty} ar^{n-1}$ 은 수렴한다. $|r| \ge 1$ 이면 $\sum_{n=1}^{\infty} ar^{n-1}$ 은 발산한다.

3. 다음 무한등비급수의 수렴, 발산을 조사하고, 수렴하면 그 합을 구하여라.

(1) $1 - \frac{1}{\sqrt{2}} + \frac{1}{2} - \frac{1}{2\sqrt{2}} + \cdots$ (2) $2 - 3 + \frac{9}{2} - \frac{27}{4} + \cdots$

(3) $\sin 60° + \sin^2 60° + \sin^3 60° + \cdots$ (4) $1 - 0.1 + 0.01 - 0.001 + \cdots$

4. 한 변의 길이가 a인 정사각형의 각 변의 중점을 이은 정사각형을 만들고 그 정사각형의 각 변의 중점을 이어 정사각형을 만든다. 이렇게 반복하여 만든 모든 정사각형의 둘레의 합은 얼마인가?

8.3 함수의 극한

함수 $f(x)=\dfrac{x^3-1}{x-1}$ 은 $x=1$ 에서 정의되지 않으나 $x\neq 1$ 인 모든 실수에 대하여

$$\begin{aligned} f(x)&=\frac{x^3-1}{x-1}\\ &=\frac{(x-1)(x^2+x+1)}{x-1}\\ &=x^2+x+1 \end{aligned}$$

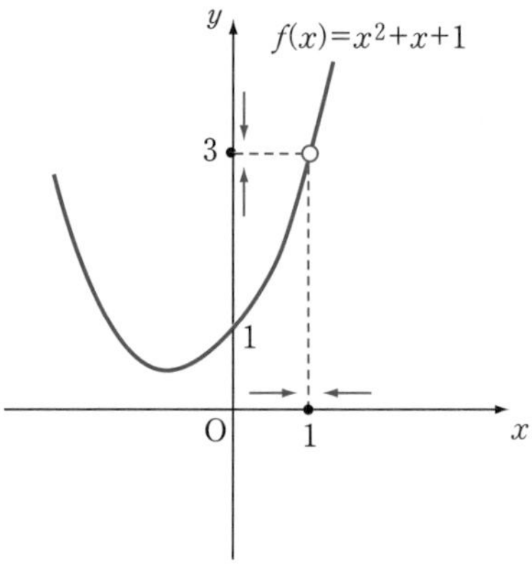

이다. 따라서 x 가 $x\neq 1$ 이고 1에 한없이 가까워지면 $f(x)$ 는 3에 한없이 가까워짐을 알 수 있다.

x 가 일정한 값 a 에 한없이 가까이 갈 때 $x\to a$ 로 나타낸다($|x-a|\to 0$).

$x\to a$ 일 때 이것에 대응하는 함숫값 $f(x)$ 가 일정한 값 α 에 한없이 가까워지면, 즉 $|x-a|$ 가 0에 한없이 가까워질 때 $|f(x)-\alpha|$ 가 0에 한없이 가까워지면 함수 $f(x)$ 는 α 에 수렴한다고 하며, α 를 $f(x)$ 의 극한값 또는 극한이라 한다. 이것을

$$x\to a \text{ 일 때 } f(x)\to\alpha\,,\quad \text{또는 } \lim_{x\to a}f(x)=\alpha$$

로 나타낸다.

- $x\to a$ 는 x 가 a 와 다른 값을 취하면서 a 에 한없이 가까이 간다는 뜻이고 $x=a$ 가 된다는 것은 아니다.
  또 $f(a)$ 와 $\lim_{x\to a}f(x)$ 의 값이 반드시 일치하는 것은 아니다.

- $\lim_{x\to 1}\dfrac{x^3-1}{x-1}$
  $=\lim_{x\to 1}\dfrac{(x-1)(x^2+x+1)}{x-1}$
  $=\lim_{x\to 1}(x^2+x+1)$
  $=2$

$x\to a$ 일 때, $f(x)$ 가 양으로 그 절댓값이 한없이 커지면 $\lim_{x\to a}f(x)=\infty$, 또는 $x\to a$ 일 때 $f(x)\to\infty$ 로 나타내고 양의 무한대로 발산한다고 하고 $f(x)$ 가 음으로 그 절댓값이 한없이 커지면 $\lim_{x\to a}f(x)=-\infty$, 또는 $x\to a$ 일 때 $f(x)\to-\infty$ 로 나타내고 음의 무한대로 발산한다고 한다.

x 가 a 보다 큰 값(우측)에서 a 에 한없이 가까이 갈 때, $f(x)$ 가 α 에 한없이 가까워지면

$$\lim_{x\to a+0}f(x)=\alpha$$

로 나타내고, α 를 $f(x)$ 의 우극한값 또는 우극한(right hand limit)이라 한다.

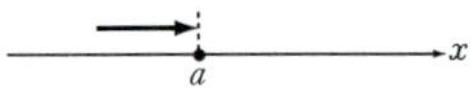

또, x가 a보다 작은 값(좌측)에서 a에 한없이 가까이 갈 때 $f(x)$가 α에 한없이 가까워지면

$$\lim_{x\to a-0} f(x)=\alpha$$

로 나타내고, α를 $f(x)$의 좌극한값 또는 좌극한(left hand limit)이라 한다.

$a=0$이면 $x\to 0+0,\ x\to 0-0$ 대신 $x\to +0,\ x\to -0$로 쓴다.

$x\to a$일 때 $f(x)\to\alpha$, 즉 $x\to a$일 때 $f(x)$의 극한값은

• 좌극한과 우극한의 값이 같을 때 극한 $\lim_{x\to a} f(x)$가 존재한다.

$$\lim_{x\to a+0} f(x)=\lim_{x\to a-0} f(x)=\alpha$$

인 경우에 존재한다.

예제 3.1 $\lim_{x\to +0}\dfrac{1}{x}=\infty,\ \lim_{x\to -0}\dfrac{1}{x}=-\infty$ 이어서

$\lim_{x\to +0}\dfrac{1}{x}\neq\lim_{x\to -0}\dfrac{1}{x}$ 이므로

$\lim_{x\to 0}\dfrac{1}{x}$은 그 값이 존재하지 않는다. ■

수열의 극한에서와 같이 함수의 극한에서도 다음과 같은 기본성질이 성립한다.

$\lim_{x\to a} f(x)=\alpha,\ \lim_{x\to a} g(x)=\beta$일 때

(1) $\lim_{x\to a} cf(x)=c\lim_{x\to a} f(x)=c\alpha$ (c는 상수)

(2) $\lim_{x\to a}\{f(x)\pm g(x)\}=\lim_{x\to a} f(x)\pm\lim_{x\to a} g(x)=\alpha\pm\beta$ (복호동순)

(3) $\lim_{x\to a} f(x)g(x)=\lim_{x\to a} f(x)\cdot\lim_{x\to a} g(x)=\alpha\beta$

(4) $\lim_{x\to a}\dfrac{f(x)}{g(x)}=\dfrac{\lim_{x\to a} f(x)}{\lim_{x\to a} g(x)}=\dfrac{\alpha}{\beta}$ $(\beta\neq 0)$

• $\lim_{x\to 2}(x^2-x+1)$
$=2^2-2+1=3$

• $\lim_{x\to 3}\dfrac{x+1}{x+3}$
$=\dfrac{3+1}{3+3}=\dfrac{2}{3}$

유리함수 $f(x)$가 다항함수이거나 $f(x)$가 분수함수이며 $f(a)$의 분모가 0이 아니면 $\lim_{n\to\infty} f(x)=f(a)$이다.

예제 3.2 다음 극한값을 구하여라.

(1) $\lim_{x \to 2}(x^2-3x-4)$　　(2) $\lim_{x \to -2} \dfrac{2x^2+1}{x^2-2x+2}$

풀이 (1) $x \to 2$일 때 $x^2 \to 4$, $3x \to 6$이므로

$$\lim_{x \to 2}(x^2-3x-4) = 4-6-4 = -6$$

(2) $x \to -2$일 때 $2x^2+1 \to 9$, $x^2-2x+2 \to 10$이므로

$$\lim_{x \to -2} \frac{2x^2+1}{x^2-2x+2} = \frac{9}{10}$$

■

예제 3.3 다음 극한값을 구하여라.

• x의 값을 대입하여 분모, 분자가 0이 되면 0이 되는 요인을 제거하도록 변형하여 푼다.

(1) $\lim_{x \to -3} \dfrac{x^2-9}{x+3}$　　(2) $\lim_{x \to 2} \dfrac{\sqrt{x+2}-2}{x-2}$

풀이 (1) $\lim_{x \to -3} \dfrac{x^2-9}{x+3} = \lim_{x \to -3} \dfrac{(x-3)(x+3)}{x+3} = \lim_{x \to -3}(x-3) = -6$

(2) $$\lim_{x \to 2} \frac{\sqrt{x+2}-2}{x-2} = \lim_{x \to 2} \frac{(x+2)-4}{(x-2)(\sqrt{x+2}+2)}$$
$$= \lim_{x \to 2} \frac{1}{\sqrt{x+2}+2} = \frac{1}{4}$$

■

예제 3.4 다음 극한값을 구하여라.

• 분모, 분자가 ∞가 되는 경우
분모의 최고 차수로 분모, 분자를 각각 나누어 수렴, 발산을 조사한다.

(1) $\lim_{x \to \infty} \dfrac{2x+1}{x^2+3}$　　(2) $\lim_{x \to \infty} \dfrac{4x^2+x+1}{x^2-x+2}$

(3) $\lim_{x \to \infty} \dfrac{x^2+3x}{2x-1}$

풀이

(1) $$\lim_{x \to \infty} \frac{2x+1}{x^2+3} = \lim_{x \to \infty} \frac{\frac{2}{x}+\frac{1}{x^2}}{1+\frac{3}{x^2}} = \frac{0+0}{1+0} = \frac{0}{1} = 0$$

(2) $$\lim_{x \to \infty} \frac{4x^2+x+1}{x^2-x+2} = \lim_{x \to \infty} \frac{4+\frac{1}{x}+\frac{1}{x^2}}{1-\frac{1}{x}+\frac{2}{x^2}} = \frac{4+0+0}{1-0+0} = 4$$

(3) $$\lim_{x \to \infty} \frac{x^2+3x}{2x-1} = \lim_{x \to \infty} \frac{2x+3}{2-\frac{1}{x}} = \infty \text{ (발산한다)}$$

■

예제 3.5 $\lim_{x\to 0} x\sin\frac{1}{x}=0$임을 밝혀라.

증명 $\left|\sin\frac{1}{x}\right|\leq 1$이므로 $0\leq\left|x\sin\frac{1}{x}\right|=|x|\left|\sin\frac{1}{x}\right|\leq|x|$

$\lim_{x\to 0}|x|=0$이므로 $\lim_{x\to 0}\left|x\sin\frac{1}{x}\right|=0$

$$\therefore \lim_{x\to 0} x\sin\frac{1}{x}=0$$ ■

이제 $\lim_{x\to 0}\frac{\sin x}{x}=1$ 임을 알아 본다.

(i) $0<x<\frac{\pi}{2}$인 경우, 오른쪽 그림에서

- $\overline{OA}=r$, $\overline{AC}$는 원 O의 접선
- $\overline{OA}\perp\overline{AC}$

$\triangle AOB<(\text{부채꼴 }AOB)<\triangle AOC$

즉, $\frac{1}{2}r^2\sin x<\frac{1}{2}r^2x<\frac{1}{2}r^2\tan x$

$\sin x<x<\tan x,\ 1<\frac{x}{\sin x}<\frac{\tan x}{\sin x}=\frac{1}{\cos x}$

$$\therefore \cos x<\frac{\sin x}{x}<1$$

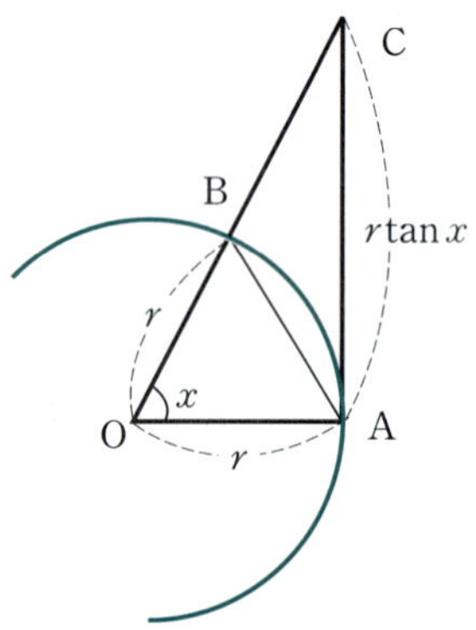

$\lim_{x\to 0}\cos x=1$이므로 $\lim_{x\to 0}\frac{\sin x}{x}=1$

(ii) $-\frac{\pi}{2}<x<0$ 인 경우, $x=-\theta$라 하면

$$\lim_{x\to -0}\frac{\sin x}{x}=\lim_{\theta\to +0}\frac{\sin(-\theta)}{-\theta}=\lim_{\theta\to +0}\frac{\sin\theta}{\theta}=1$$

(i), (ii)에 의하여 $\lim_{x\to 0}\frac{\sin x}{x}=1$

예제 3.6 다음 극한값을 구하여라.

(1) $\lim_{x\to 0}\frac{\tan x}{x}$ (2) $\lim_{x\to 0}\frac{\sin 3x}{\tan x}$ (3) $\lim_{x\to\pm\infty}\frac{\sin x}{x}$

- $\lim_{x\to 0}\frac{x}{\sin x}=\lim_{x\to 0}\frac{1}{\frac{\sin x}{x}}=\frac{1}{1}=1$
- $\frac{\tan x}{x}=\frac{\frac{\sin x}{\cos x}}{x}=\frac{\sin x}{x\cos x}$

풀이 (1) $\lim_{x\to 0}\frac{\tan x}{x}=\lim_{x\to 0}\frac{\sin x}{x\cos x}=\lim_{x\to 0}\frac{\sin x}{x}\cdot\frac{1}{\cos x}=1\cdot 1=1$

(2) $\lim_{x\to 0}\frac{\sin 3x}{\tan x}=\lim_{x\to 0}\frac{\sin 3x}{3x}\cdot\frac{x}{\sin x}\cdot\frac{\cos x}{1}\cdot 3=1\cdot 1\cdot 1\cdot 3=3$

(3) $x=\frac{1}{t}$로 하면 $\lim_{x\to\pm\infty}\frac{\sin x}{x}=\lim_{t\to 0}\frac{\sin\frac{1}{t}}{\frac{1}{t}}=\lim_{t\to 0}t\sin\frac{1}{t}=0$ ■

연습문제 8.3

1. 다음 극한값을 구하여라.

(1) $\lim_{x\to -1}(x^3-3x^2-2x-1)$ (2) $\lim_{x\to 3}\frac{x-5}{x^2-3x+2}$

2. 다음 극한값을 구하여라.

(1) $\lim_{x\to -2}\frac{x^3+8}{x^2-x-6}$ (2) $\lim_{x\to 1}\frac{\sqrt{x+3}-2}{x-1}$

3. 다음 극한값을 구하여라.

(1) $\lim_{x\to \infty}\frac{x-4}{2x^2+3}$ (2) $\lim_{x\to \infty}\frac{2x^2-x-1}{3x^2+x+2}$

(3) $\lim_{x\to \infty}\frac{2x^2+x+1}{x+3}$

• 분자의 높은 차수로 분모, 분자를 나눈다.

4. 다음 극한값을 구하여라.

(1) $\lim_{x\to \infty}\frac{4x}{\sqrt{x^2+2}-3}$ (2) $\lim_{x\to -\infty}\frac{4x}{\sqrt{x^2+2}-3}$

• $x<0$ 일 때 $\sqrt{x^2}=|x|=-x$

5. 다음 극한값을 구하여라.

(1) $\lim_{x\to \infty}(x^3-3x^2)$ (2) $\lim_{x\to \infty}(\sqrt{x^2-x+1}-x)$

(3) $\lim_{x\to 0}\frac{1}{x}\left(\frac{1}{x+3}-\frac{1}{3}\right)$

6. 극한값 $\lim_{x\to \infty}\frac{1}{x}\cos x$ 을 구하여라.

• $\lim_{x\to 0}\frac{\tan x}{x}=1$

• $\lim_{x\to 0}\frac{x}{\tan x}=\lim_{x\to 0}\frac{1}{\frac{\tan x}{x}}=\frac{1}{1}=1$

7. 다음 극한값을 구하여라.

(1) $\lim_{x\to 0}\frac{\sin 2x}{\sin 3x}$ (2) $\lim_{x\to 0}\frac{\tan 3x}{\tan 5x}$

8. 다음 극한값을 구하여라.

(1) $\lim_{x\to 0}\frac{\log_a(1+x)}{x}$ (2) $\lim_{x\to 0}\frac{a^x-1}{x}$

• x가 실수 일 때

$\lim_{x\to \infty}\left(1+\frac{1}{x}\right)^x=e$

$\lim_{x\to 0}(1+x)^{\frac{1}{x}}=e$

#1. $\lim_{x\to \infty}\frac{4^x+1}{5^x-1}$의 값을 구하고 $\lim_{x\to \infty}(a^x+b^x)^{\frac{1}{x}}$ 의 수렴, 발산을 조사하여라.

함수의 극한 　　　　연구 과정

정의

임의의 $\varepsilon>0$에 대하여 $\delta>0$가 존재하여

$$0<|x-a|<\delta \text{ 이면 } |f(\alpha)-\varepsilon|<\varepsilon$$

이 성립할 때,

함수 $f(x)$는 α에 수렴한다고 한다. 이 때 α를 $f(x)$의 극한값(limit value) 또는 극한이라 하고 다음과 같이 나타낸다.

$$x\to a \text{ 일 때 } f(x)\to\alpha \text{ 또는 } \lim_{x\to a} f(x)=\alpha$$

충분히 작은 양수 ε에 대하여

「$a-\delta<x<a+\delta$ 이면

$\alpha-\varepsilon<f(x)<\alpha+\varepsilon$」

이 되는 충분히 작은 양수 ε이 존재한다는 의미이다.

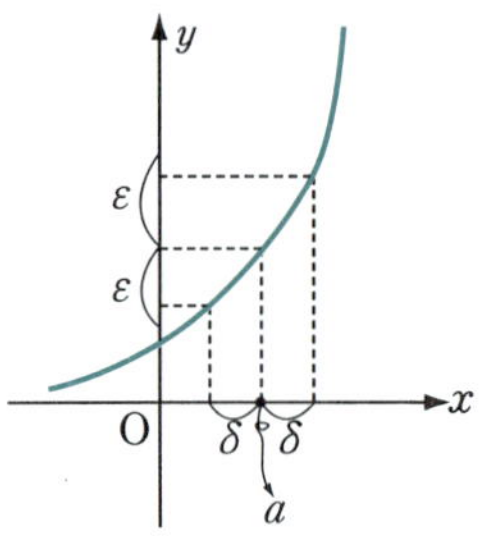

예 함수 $f(x)=2x-7$이 있다. $|f(x)-(-3)|<\varepsilon$에서 $\varepsilon=1$이 되게 하려면 $|x-2|<\delta$인 δ는

$$|2x-7-(-3)|=|2(x-2)|<1$$
$$\therefore |x-2|<0.5$$

이므로 $\delta=0.5$ 즉 $\delta=\varepsilon/2$ 되게 잡을 수 있다. 따라서 정의처럼 나타내면

「$\varepsilon=1$에 대하여 $\delta=0.5$가 존재하여

$0<|x-2|<0.5 \Rightarrow |f(x)-(-3)|<1$

이므로 $x\to2$일 때 $f(x)$의 극한값은 -3이다」

즉 $\lim_{x\to2} f(x)=\lim_{x\to2}(2x-7)=-3$

예 $\lim_{x\to3}(2x+1)=7$임을 밝혀보자.

임의의 $\varepsilon>0$에 대하여

$$0<|x-3|<\delta \Rightarrow |(2x+1)-7|<\varepsilon$$

이 되는 $\delta>0$가 존재하는지를 밝히면 된다.

$|(2x+1)-7|=|2(x-3)|=2|x-3|<\varepsilon$이려면 $|x-3|<\varepsilon/2$이므로 $\delta=\varepsilon/2$으로 잡으면 된다.

즉

$$0<|x-3|<\delta=\varepsilon/2 \Rightarrow |(2x+1)-7|<\varepsilon$$

정리

$x\to a$일 때 $f(x)$, $g(x)$가 극한값을 가질 때

(1) $\lim_{x\to a}\{f(x)\pm g(x)\}=\lim_{x\to a} f(x)\pm\lim_{x\to a} g(x)$

(2) $\lim_{x\to a} cf(x)=c\lim_{x\to a} f(x)$ (c는 상수)

(3) $\lim_{x\to a} f(x)g(x)=\lim_{x\to a} f(x)\cdot\lim_{x\to a} g(x)$

(4) $\lim_{x\to a}\dfrac{f(x)}{g(x)}=\dfrac{\lim_{x\to a} f(x)}{\lim_{x\to a} g(x)}\left(\lim_{x\to a} g(x)\neq0\right)$

증명 $\lim_{x\to a} f(x)=A$, $\lim_{x\to a} g(x)=B$라 하자.

(1) 주어진 임의의 $\varepsilon>0$에 대하여 $\delta_1>0$이 존재하여

$$0<|x-a|<\delta_1 \Rightarrow |f(x)-A|<\varepsilon/2$$

또 $\delta_2>0$가 존재하여

$$0<|x-a|<\delta_2 \Rightarrow |g(x)-B|<\varepsilon/2$$

$\delta=\min(\delta_1,\ \delta_2)$라 하면

$$0<|x-a|<\delta \Rightarrow |f(x)-A|<\varepsilon/2$$
$$|g(x)-B|<\varepsilon/2$$

그러므로

$$\begin{aligned}0<|x-a|<\delta \Rightarrow &|f(x)\pm g(x)-(A\pm B)|\\ &=|(f(x)-A)+(g(x)-B)|\\ &\le|f(x)-A|+|g(x)-B|\\ &<\varepsilon/2+\varepsilon/2=\varepsilon\end{aligned}$$

(2) $c=0$인 경우는 분명하다.

$c\neq0$ 인 경우,

임의의 주어진 $\varepsilon>0$에 대하여 $\delta>0$가 존재하여

$$0<|x-a|<\delta \Rightarrow |f(x)-A|<\frac{\varepsilon}{|c|}$$

$$\begin{aligned}\therefore |cf(x)-cA|&=|c(f(x)-A)|\\&=|c||f(x)-A|\\&<|c|\cdot\frac{\varepsilon}{|c|}=\varepsilon\end{aligned}$$

$$\therefore \lim_{x\to a} cf(x)=cA=c\lim_{x\to a} f(x)$$

(3) 주어진 $\varepsilon>0$에 대하여 $\delta_1>0$이 존재하여

$0<|x-a|<\delta_1 \Rightarrow$

$$|f(x)-A|<\min\left(1,\ \frac{\varepsilon}{2(|B|+1)}\right)$$

$|f(x)-A|<1$이므로

$$|f(x)|-|A|\le|f(x)-A|<1$$
$$\therefore |f(x)|<1+|A|$$

또 $\delta_2>0$가 존재하여

$$0<|x-a|<\delta_2 \Rightarrow |g(x)-B|<\frac{\varepsilon}{2(|A|+1)}$$

$\delta=\min(\delta_1,\ \delta_2)$라 놓으면

$0<|x-a|<\delta \Rightarrow$

$$\begin{aligned}&|f(x)g(x)-AB|\\&=|f(x)\cdot\{g(x)-B\}+B\{f(x)-A\}|\\&\le|f(x)\cdot\{g(x)-B\}|+|B\{f(x)-A\}|\\&=|f(x)||g(x)-B|+|B||f(x)-A|\\&\le(1+|A|)\cdot\frac{\varepsilon}{2(|A|+1)}+|B|\cdot\frac{\varepsilon}{2|B|+1}\\&<(1+|A|\cdot\frac{\varepsilon}{2(|A|+1)}+|B|\cdot\frac{\varepsilon}{2|B|}\\&=\varepsilon/2+\varepsilon/2=\varepsilon\end{aligned}$$

$$\begin{aligned}\therefore \lim_{x\to a} f(x)g(x)&=AB\\&=\lim_{x\to a} f(x)\cdot\lim_{x\to a} g(x)\end{aligned}$$

(4) 먼저 $\lim_{x\to a}\frac{1}{g(x)}=\frac{1}{B}\,(B\neq0)$을 증명하자.

주어진 $\varepsilon>0$에 대하여 $\delta>0$가 존재하여

$0<|x-a|<\delta \Rightarrow$

$$|g(x)-B|<\min\left(\frac{|B|}{2},\ \frac{\varepsilon|B|^2}{2}\right)$$

$|g(x)-B|<\frac{|B|}{2}$ 이면

$$|B|-|g(x)|\le|g(x)-B|<\frac{B}{2}\text{ 이므로}$$

$$|g(x)|>\frac{|B|}{2}\ \text{ 즉 }\ \frac{1}{|g(x)|}<\frac{2}{|B|}$$

따라서 $0<|x-a|<\delta$ 이면

$$\begin{aligned}\left|\frac{1}{g(x)}-\frac{1}{B}\right|&=\left|\frac{B-g(x)}{g(x)B}\right|\\&=\frac{|g(x)-B|}{|B||g(x)|}\\&=\frac{1}{|B|}\cdot\frac{1}{|g(x)|}\cdot|g(x)-B|\\&<\frac{1}{|B|}\cdot\frac{2}{|B|}\cdot\frac{\varepsilon|B|^2}{2}\\&=\varepsilon\end{aligned}$$

$$\begin{aligned}\therefore \lim_{x\to a}\frac{1}{g(x)}&=\frac{1}{B}\\&=\frac{1}{\lim_{x\to a} g(x)}\end{aligned}$$

이 정리의 (3)에 따라

$$\begin{aligned}\lim_{x\to a}\frac{f(x)}{g(x)}&=\lim_{x\to a} f(x)\cdot\frac{1}{g(x)}\\&=\lim_{x\to a} f(x)\cdot\lim_{x\to a}\frac{1}{g(x)}\\&=A\cdot\frac{1}{B}=\frac{A}{B}\\&=\frac{\lim_{x\to a} f(x)}{\lim_{x\to a} g(x)}\end{aligned}$$

■

예 (1) $\lim_{x\to-2}(x^3-x)=\lim_{x\to-2}x(x^2-1)$

$=\lim_{x\to-2}x\lim_{x\to-2}(x^2-1)$

$=\lim_{x\to-2}x\cdot\lim_{x\to-2}(x-1)(x+1)$

$=\lim_{x\to-2}x\cdot\lim_{x\to-2}(x-1)\cdot\lim_{x\to-2}(x+1)$

$=(-2)\cdot(-3)\cdot(-1)=-6$

(2)

$\lim_{x\to2}\frac{2x^2-5x+2}{x^2-4}=\lim_{x\to2}\frac{(x-2)(2x-1)}{(x-2)(x+2)}$

$=\lim_{x\to2}\frac{2x-1}{x+2}=\frac{\lim_{x\to2}(2x-1)}{\lim_{x\to2}(x+2)}$

$=\frac{1}{4}$

정리

$f(x)\le g(x)\le h(x)$일 때,

$\lim_{x\to a}f(x)=\lim_{x\to a}h(x)=A$이면 $\lim_{x\to a}g(x)=A$

증명 주어진 $\varepsilon>0$에 대하여 δ_1이 존재하여

$$0<|x-a|<\delta_1\Rightarrow|f(x)-A|<\varepsilon$$

즉, $A-\varepsilon<f(x)<A+\varepsilon$

또 $\delta_2>0$가 존재하여

$$0<|x-a|<\delta_2\Rightarrow|h(x)-A|<\varepsilon$$

즉, $A-\varepsilon<h(x)<A+\varepsilon$

$\delta=\min(\delta_1,\ \delta_2)$라 하면

$$0<|x-a|<\delta\Rightarrow \begin{aligned}&A-\varepsilon<f(x)<A+\varepsilon\\&A-\varepsilon<h(x)<A+\varepsilon\end{aligned}$$

조건에 의하면

$$A+\varepsilon<f(x)\le g(x)\le h(x)<A-\varepsilon$$

$\therefore A+\varepsilon<g(x)<A-\varepsilon$, 즉 $|g(x)-A|<\varepsilon$

$\therefore \lim_{x\to a}g(x)=A$

정의

주어진 $M>0$에 대하여 $\delta>0$가 존재하여

$$0<|x-a|<\delta\Rightarrow f(x)>M$$

이면 $\lim_{x\to a}f(x)=\infty$

또 주어진 $M>0$에 대하여 $\delta>0$가 존재하여

$$0<|x-a|<\delta\Rightarrow f(x)<-M$$

이면 $\lim_{x\to a}f(x)=-\infty$

수열의 극한과 함수의 극한을 참고하면 다음을 이해할 수 있다.

임의의 $\varepsilon>0$에 대하여 양수 N이 존재하여

$$x>N\Rightarrow|f(x)-A|<\varepsilon$$

이면 $\lim_{x\to\infty}f(x)=A$이다.

또, 주어진 $M>0$에 대하여 $\delta>0$가 존재하여

$$a<x<a+\delta\Rightarrow f(x)>M$$

이면 $\lim_{x\to a+0}f(x)=\infty$이다.

이와 같은 이치로

$$\lim_{x\to a+0}f(x)=\infty$$
$$\lim_{x\to a-0}f(x)=\infty$$
$$\lim_{x\to a+0}f(x)=-\infty$$
$$\lim_{x\to a-0}f(x)=-\infty$$

등을 위와 같이 표현할 수 있다.

8.4 함수의 연속

함수 $y=f(x)$가

(i) $x=a$에서 정의되고

(ii) $\lim_{x \to a} f(x)$가 존재하며

(iii) $\lim_{x \to a} f(x)=f(a)$

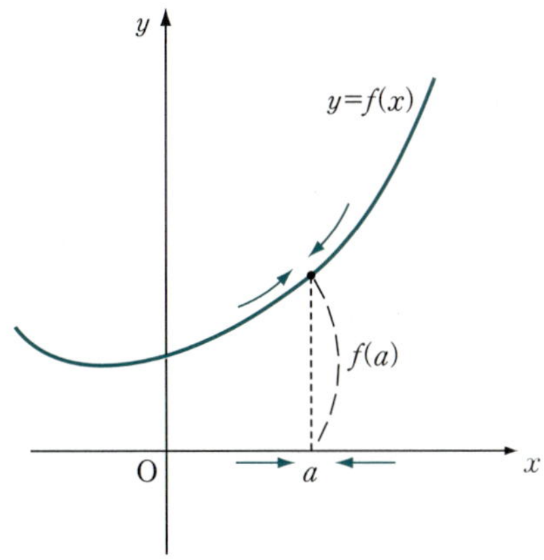

이 성립하면 이 함수는 $x=a$에서 연속(continuous)이라 한다.

함수 $y=f(x)$가 어떤 구간의 모든 점에서 연속일 때, 이 함수 $y=f(x)$는 이 구간에서 연속 또는 연속함수(continuous function)라 한다.

그러나 함수 $y=f(x)$가 $x=a$에서 연속이 아니면, 이 함수는 $x=a$에서 불연속(discontinuous)이라 한다.

• $a<b$일 때
$\{x|a \le x \le b\}$은 $[a, b]$,
$\{x|a<x<b\}$은 (a, b),
$\{x|a \le x<b\}$은 $[a, b)$,
$\{x|a<x \le b\}$은 $(a, b]$,
또 $\{x|x \ge a\}$은 $[a, \infty)$,
$\{x|x \le a\}$은 $(-\infty, a]$,
$\{x|x>a\}$은 (a, ∞),
$\{x|x<a\}$은 $(-\infty, a)$.

(a, b), (a, ∞), $(-\infty, a)$ 등을 개구간(open interval), $[a, b]$를 폐구간(closed interval)이라 하고 이들을 통틀어 구간(interval)이라 한다.
실수 전체의 집합은 $(-\infty, \infty)$이다.

예제 4.1 다음 함수의 그래프를 그리고 불연속인 점을 말하여라.

• $y=f(x)$가 $x=a$에서 불연속일 때, a를 불연속점이라 한다.

(1) $f(x)=\dfrac{x^2-1}{x-1}$

(2) $f(x)=\begin{cases} x^2+1 & (x \ne 0) \\ 0 & (x=0) \end{cases}$

풀이 (1) $x \ne 1$일 때

$$f(x)=\frac{x^2-1}{x-1}$$
$$=\frac{(x-1)(x+1)}{x-1}$$
$$=(x+1)$$

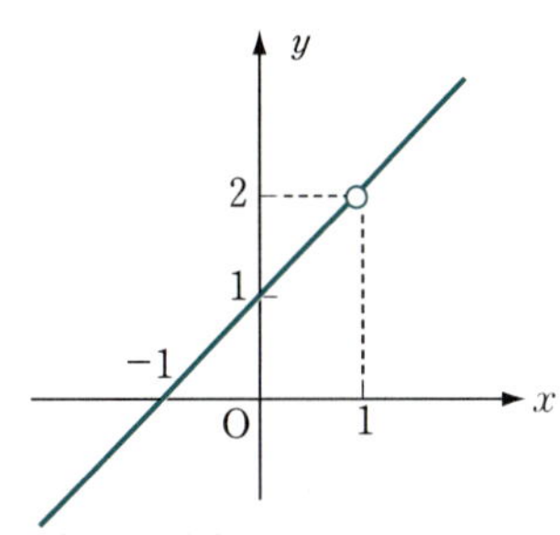

x=1에서 불연속

$x=1$에서 불연속

(2) $f(x)=\begin{cases} x^2+1 & (x \ne 0) \\ 0 & (x=0) \end{cases}$

$x \ne 0$일 때, $f(x)=x^2+1$

$x=0$, $f(x)=0$. 즉, 점(0, 0)

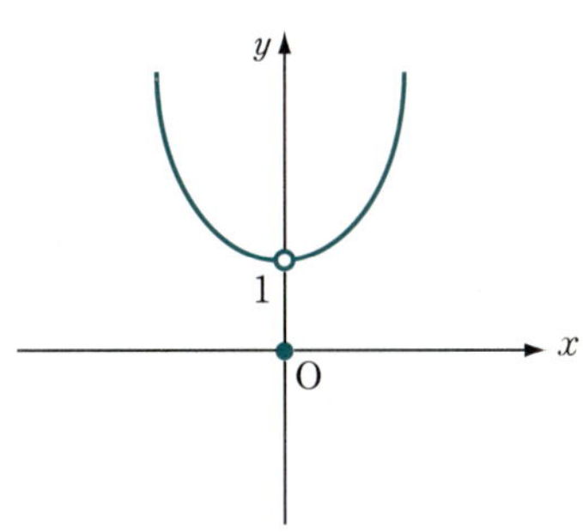

■

• (ⅰ) $f(a)$가 존재하고
(ⅱ) $\lim_{x \to a} f(x)$가 존재하고
(ⅲ) $\lim_{x \to a} f(x) = f(a)$
$\Rightarrow y = f(x)$는 $x = a$에서 연속이다.

이것은 간략히 함수 $y = f(x)$에 대하여

$$\lim_{x \to a} f(x) = f(a)$$

가 성립하면 이 함수는 $x = a$에서 연속임을 의미한다.

예제 4.2 다음 함수는 임의의 실수에 대하여 연속임을 증명하여라.

(1) $f(x) = x^3 + 1$ (2) $f(x) = \dfrac{x}{x^2+3}$

증명 (1) 임의의 실수 a에 대하여

(ⅰ) $f(a) = a^3 + 1$

(ⅱ) $\lim_{x \to a} f(x) = \lim_{x \to a}(x^3 + 1) = a^3 + 1$

(ⅲ) $\lim_{x \to a} f(x) = f(a)$

이므로

$f(x)$는 $(-\infty, \infty)$에서 연속이다.

(2) 임의의 실수 a에 대하여

(ⅰ) $f(a) = \dfrac{a}{a^2+3}$

(ⅱ) $\lim_{x \to a} f(x) = \lim_{x \to a} \dfrac{x}{x^2+3} = \dfrac{a}{a^2+3}$

(ⅲ) $\lim_{x \to a} f(x) = f(a)$

이므로

$f(x)$는 $(-\infty, \infty)$에서 연속이다. ■

함수의 극한의 기본 성질에 따라 (c는 상수)

$$\lim_{x \to a} f(x) = f(a),\ \lim_{x \to a} g(x) = g(a) \text{이면}$$

$$\lim_{x \to a} cf(x) = cf(a),$$
$$\lim_{x \to a}\{f(x) \pm g(x)\} = f(a) \pm g(a)$$
$$\lim_{x \to a} f(a)\,g(x) = f(a)\,g(a),$$
$$\lim_{x \to a} \frac{f(x)}{g(x)} = \frac{f(a)}{g(a)} \quad (g(a) \neq 0)$$

이므로, 어떤 구간에서 $f(x)$, $g(x)$가 연속이면 그 구간에서 다음 함수도 연속이다.

$$cf(x),\ f(x) \pm g(x)$$
$$f(x)\,g(x),\ \frac{f(x)}{g(x)}(g(x) \neq 0)$$

또한, $f(x)$의 치역이 $g(x)$가 연속인 구간에 포함될 때 합성함수 $(g \circ f)(x)$도 연속이다.

연속함수는 다음과 같은 최댓값, 최솟값의 정리가 성립한다.

「함수 $f(x)$가 폐구간 $[a, b]$에서 연속이면,
$f(x)$는 이 구간에서 반드시 최댓값, 최솟값을 갖는다.」

• 최댓값 정리(extreme-value theorem)
$f(x)$가 $[a, b]$에서 연속이면 $x \in [a, b]$에 대하여

$$f(x_1) \le f(x) \le f(x_2)$$

이 성립하는 x_1, x_2가 $[a, b]$에 존재한다.
이 함수 $f(x)$의 구간 $[a, b]$에서의 최댓값을 M, 최솟값을 m이라 하면

$$M = f(x_2),\quad m = f(x_1)$$

이다.

폐구간 $[-2, 1]$에서 연속인 함수

$$f(x) = x^2 + 4x$$

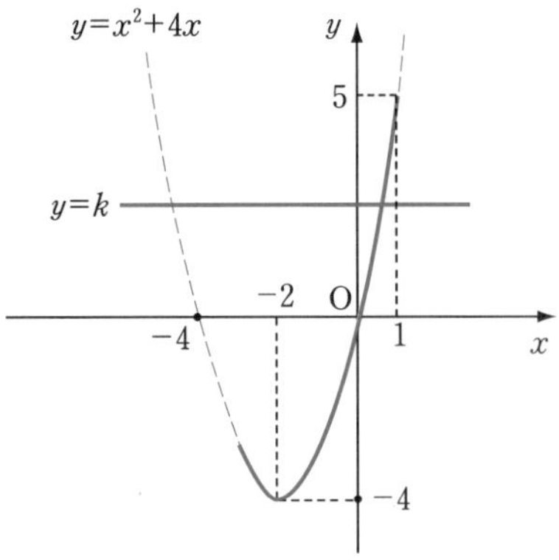

가 있다. $f(-2) = -4 < 0$, $f(1) = 5 > 0$이다. 이 때 $-4 \le k \le 5$인 상수 k에 대하여

$$y = k\text{와 } f(x) = x^2 + 4x$$

의 그래프는 적어도 한 점에서 만나고 그 교점의 x좌표는 방정식

$$x^2 + 4x = k(-4 \le k \le 5)$$

의 근으로, 이 방정식은 구간 $[-2, 1]$에서 적어도 하나의 근을 갖는다.

일반적으로 어떤 폐구간에서 연속인 함수에 대하여 다음과 같은 중간값의 정리(intermediate-value theorm)가 성립한다.

(1) 폐구간 $[a, b]$에서 연속인 함수 $y = f(x)$의 최댓값을 M, 최솟값을 m이라 하고, k를 $m < k < M$인 임의의 실수라 할 때

$$f(c) = k$$

를 만족하는 실수 c가 구간 $[a, b]$에 적어도 하나 존재한다.

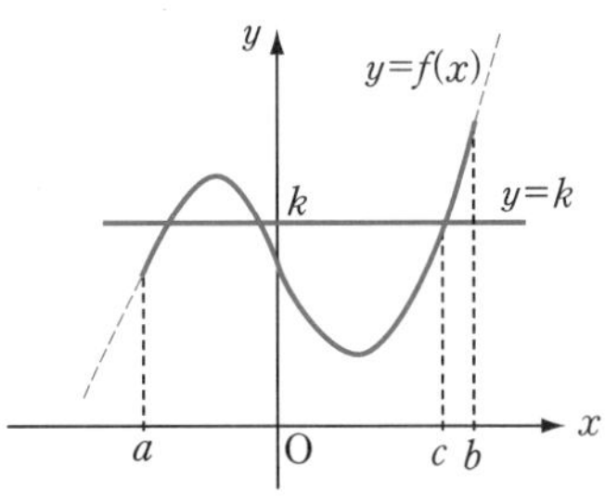

(2) 폐구간 $[a, b]$에서 함수 $y = f(x)$가 연속이고,

$$f(a)\,f(b) < 0$$

일 때

$$f(c) = 0$$

인 c가 $[a, b]$에 적어도 하나 존재한다.

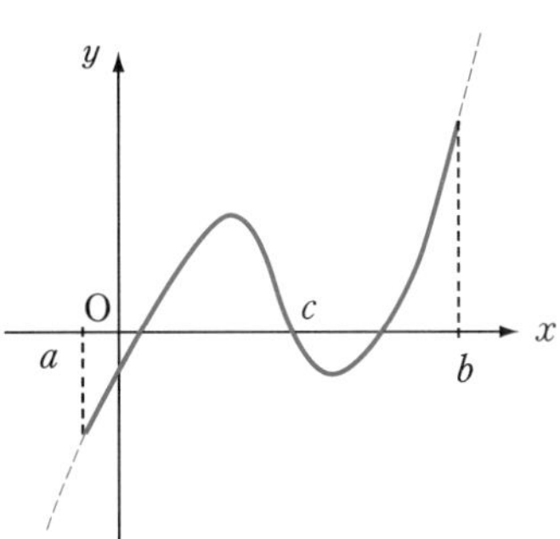

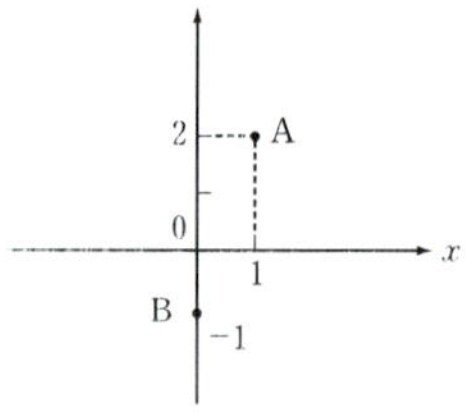

• 함수 $f(x)=x^3+2x-1$에서 $f(1)=2$, $f(0)=-1$이므로 A(1, 2), B(0, −1)이다. $f(x)$는 연속이므로 두 점 A, B를 지난다. 따라서 0과 1 사이를 지날 것이다.

예제 4.3 방정식 $x^3+2x-1=0$은 0과 1 사이에 적어도 한 개의 실근을 갖는다. 이것을 증명하여라.

증명 방정식의 좌변을 $f(x)$라 놓는다. 즉

$$f(x)=x^3+2x-1$$

$f(x)$는 폐구간 [0, 1]에서 연속이고,

$$f(0)=-1<0,\ f(1)=2>0$$

이므로 $f(0)\cdot f(1)<0$이다.

그러므로 $f(c)=0$되는 c가 0과 1 사이에 적어도 한 개가 존재한다.(중간값 정리 (2)에 의하여)

따라서 방정식 $x^3+2x-1=0$은 0과 1 사이에 적어도 한 개의 실근을 갖는다. ■

연습문제 8.4

1. 함수 $f(x)=\begin{cases} x\ (x\ge 1) \\ -x\ (x<1)\end{cases}$의 그래프를 그리고 불연속점을 말하여라.

2. 함수 $f(x)=\dfrac{x}{x^2+1}$는 임의의 실수에서 연속임을 보여라.

3. 다음 함수의 주어진 ( ) 안의 점에서 연속인지를 조사하여라.

   (1) $f(x)=x^2+x+1\ (x=2)$　　(2) $f(x)=\dfrac{x+2}{x^2-x-2}\ (x=-1)$

   (3) $f(x)=[x]\ (x=3)$ ($[x]$는 x보다 크지 않은 최대 정수)

• $\frac{1}{x}$에서 $x\neq 0$

4. $f(x)=\sin x$, $g(x)=\dfrac{1}{x}$일 때 다음과 같은 합성함수의 연속인 구간을 각각 정하여라.

   (1) $f\circ g$　　(2) $g\circ f$

• 중간값 정리 적용

5. (1) 방정식 $x^3-4x+1=0$은 1과 2 사이에,

   (2) 방정식 $\cos x-x=0$은 0과 $\dfrac{\pi}{2}$ 사이에 적어도 하나의 실근을 가짐을 각각 증명하여라.

$$f(x),\ \int,\ \int f(x)\,dx$$

$$dx^n = ndx^{x-1} \qquad \int dx$$

09 미 분

微分, Differentiation

$$\frac{d(uv)}{dx} = v\frac{du}{dx} + u\frac{dv}{dx}$$

$$(uv)_n = u_n v + u_{n-1}v + \frac{n(n-1)}{2!}u_{n-2}v_2 + \cdots + nu_1 v_{n-1} + uv_n$$

라이프니츠(Gottfried Wilhelm Leibniz, 1646-1716)

독일의 수학자이자 물리학자, 철학자.

미분법에 대한 그의 독창적 제안을 저서 Nova methodus pro maximis et minimis(1684, 극대, 극솟값을 결정하기 위한 새로운 방법)를 통하여 발표하였다.

또 라이프니츠는 적분법에도 기여한 바가 크다. 요즈음 흔히 사용하고 있는 적분법의 여러 기호는 라이프니츠가 제안한 것들이다. 아버지를 일찍 여의고 주로 어머니에게 윤리적, 종교적 가치관을 형성하는데 큰 영향을 받았다.

그래서인지 어린 나이에도 수학 이외에도 철학, 역사, 문학 등에도 관심이 높았고 학습 열의가 대단하였다고 한다.

라이프치히(Leipzig) 대학의 윤리학 교수였던 아버지의 저서를 읽기 위해서 였는지 라틴어와 그리스어를 혼자 힘으로 정복한 것이 12살 때라니 그의 학문에 대한 호기심과 열정을 엿볼 수 있는 일이다.

1661년 라이프니츠는 14살 되던 해 라이프치히대학에 입학하였다.

대학에 다니는 동안 그는 철학에 몰두하였다.

그는 졸업논문도 철학에 관한 논문이었다. 이것은 개인 본질에 대한 「*De Principio Individui*」이란 논문으로 철학의 단자론(單子論)을 처음 논한 것이라 하여 오늘날 「Leibniz의 이론」으로도 알려져 있다.

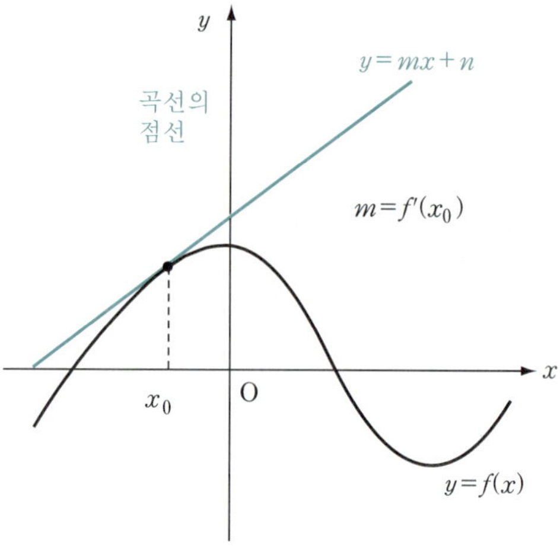

- 라이프니츠의 단자론(monadology) 만유(萬有)는 비공간적, 비물질적인 무수한 단자로 되어 있고 그 하나하나가 우주 전체를 나타내고, 단자 사이에 이루어지는 조화(調和)는 신의 예정(豫定)에 의한 것이다.
- 단자, monad

라이프니츠는 대학을 졸업한 후 철학, 논리학 문제의 증명에서 수학이 매우 중요한 위치에 있음을 알게 되었다고 한다.

라이프니츠에서 법학박사과정 중 수학에 더욱 관심을 쏟았고 학위논문은 철학과 수학이 서로 필요에 의하여 접목된 것이었다고 한다.

라이프니츠가 미분적분학을 발견한 것은 수학의 역사에서 엄청난 사건이다.

그 당시 그가 사용하던 기호

$$\int f(x)\,dx,$$

는 오늘날에도 그대로 쓰고 있다. 그리고

$$dx^n = nx^{n-1}$$

을 발견하기도 했다.

새로운 사실을 알아내기위한 라이프니츠의 집념, 한 사람의 열정은 미래의 인간사회에 커다란 빛으로 오래 남게 한다. 라이프니츠는 어부처럼 고기를 잡아 모든 인간에게 무상으로 나누어 준 셈이다.

9.1 도함수

함수 $y=f(x)$에서 x가 x_1에서 x_2까지 변화하면 함수의 값이 $y_1=f(x_1)$에서 $y_2=f(x_2)$까지 변화할 때,

비(ratio)

$$\frac{y_2-y_1}{x_2-x_1}=\frac{f(x_2)-f(x_1)}{x_2-x_1}=\frac{(y\text{의 변화량})}{(x\text{의 변화량})}$$

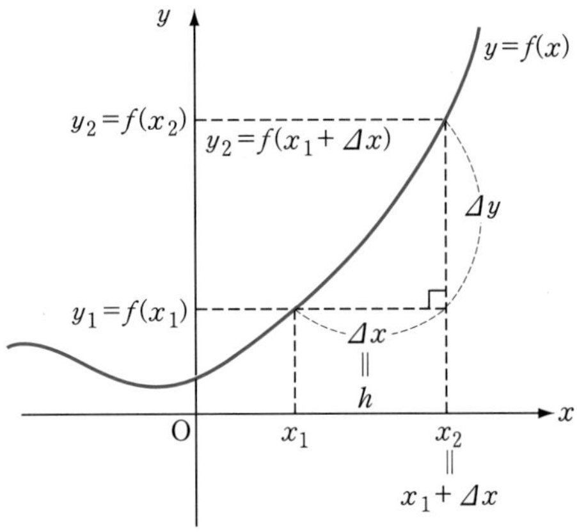

을 x_1과 x_2 사이에서 x에 대한 y의 평균변화율(average rate of change)이라 한다.

여기서, $\Delta x=x_2-x_1$,

$\Delta y=y_2-y_1=f(x_2)-f(x_1)$

이라 나타낼 때 Δx를 x의 증분, Δy를 y의 증분(increment)이라 한다.

- Δx, Δy에서 Δ는 그리스 문자로 「delta」라 읽는다. 즉 'delta x', 'delta y'

따라서 함수 $y=f(x)$에서 x가 x_1에서 $x_1+\Delta x$까지 변화할 때, 이 함수의 평균변화율은

$$\frac{\Delta y}{\Delta x}=\frac{f(x_1+\Delta x)-f(x_1)}{\Delta x}$$

와 같이 나타낼 수 있다. 여기서 $\Delta x\to 0$일 때의 극한값

$$\lim_{\Delta x\to 0}\frac{\Delta y}{\Delta x}=\lim_{\Delta x\to 0}\frac{f(x_1+\Delta x)-f(x_1)}{\Delta x}$$

이 존재하며 유한확정이면 $f(x)$는 $x=x_1$에서 미분가능하다(be differentiable)고 하고, 이 극한값을 함수 $y=f(x)$의 $x=x_1$에서의 미분계수(differential coefficient) 또는 함수의 $y=f(x)$의 $x=x_1$에서의 순간변화율(instantaneous rate of change)이라 한다.

이 때 $\Delta x=x_2-x_1=h$라 놓고 순간변화율을 다시 나타내면

$$f'(x_1)=\lim_{h\to 0}\frac{f(x_1+h)-f(x_1)}{h}$$

이다.

함수 $f(x)$가 어떤 구간에서 미분가능할 때 이 함수 $f(x)$는 그 구간에서 미분가능하다고 한다.

- (′)는 프라임 기호(prime symbol)라 하고 f'은 'f prime'이라 읽는다.

• $f(x)=-x^2+4x$ 는 $x=3$ 에서 극한값

$$\lim_{h\to 0}\frac{f(3+h)-f(3)}{h}$$

이 존재하므로, $f(x)$는 $x=3$ 에서 미분가능이다. (실은 함수 $f(x)=-x^2+4x$ 는 모든 실수에서 그 극한값이 존재하므로 모든 실수에서 미분가능이다)

예제 1.1 함수 $f(x)=-x^2+4x$ 의 $x=3$ 에서의 미분계수를 구하여라.

풀이
$$\begin{aligned} f'(3) &= \lim_{h\to 0}\frac{f(3+h)-f(3)}{h} \\ &= \lim_{h\to 0}\frac{-(3+h)^2+4(3+h)-(-3^2+4\cdot 3)}{h} \\ &= \lim_{h\to 0}\frac{-(3^2+6h+h^2)+4\cdot 3+4h-(-3^2+4\cdot 3)}{h} \\ &= \lim_{h\to 0}\frac{-2h-h^2}{h}=\lim_{h\to 0}\frac{h(-2-h)}{h} \\ &= \lim_{h\to 0}(-2-h)=-2 \end{aligned}$$
■

함수 $y=f(x)$의 그래프 위의 두 점

$$\mathrm{P}(x_1,\ f(x_1)),\ \mathrm{Q}(x_1+\Delta x,\ f(x_1+\Delta x))$$

에 대하여 오른쪽 그림에서 평균변화율

$$\frac{\Delta y}{\Delta x}=\frac{f(x_1+\Delta x)-f(x_1)}{\Delta x}$$

은 직선 PQ의 기울기이다.

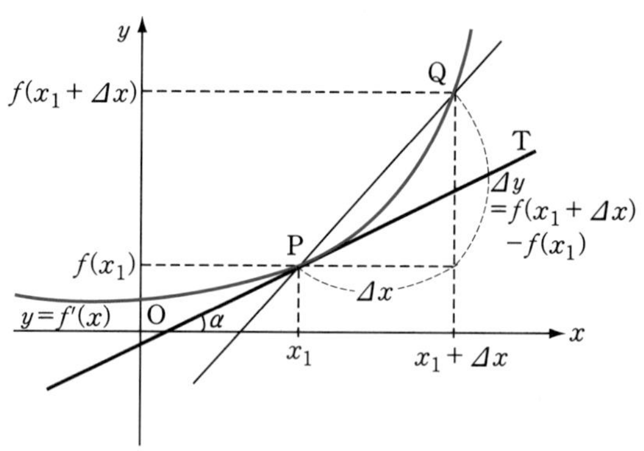

여기서 $\Delta x\to 0$일 때, 점 Q는 곡선을 따라 점 P에 한없이 가까워지고, 직선 PQ는 P를 중심으로 회전하며 기울기가 $f'(x_1)$인 한 직선 PT에 한없이 가까워짐을 알 수 있다.

이 때 직선 PT를 점 P에서(또는 $x=x_1$에서) 이 곡선의 접선(tangent, tangent line)이라 하고 점 P를 접점(point of contact, point of tangency)이라 한다.

따라서, $y=f(x)$의 $x=x_1$에서의 미분계수 $f'(x_1)$은 곡선 $y=f(x)$ 위의 점 $(x_1,\ f(x_1))$에서의 접선의 기울기(slope)와 같다. 또 접선이 x축과 양의 방향으로 이루는 각의 크기를 α라 하면

$$f'(x_1)=\tan\alpha$$

이다.

앞의 예제 1.1에서 함수 $f(x)=-x^2+4x$의 $x=3$에서의 접선의 기울기가 -2임을 알 수 있다.

정리 1.1

함수 $f(x)$가 $x=x_1$에서 미분가능이면 이 함수는 그 점에서 ($x=x_1$에서) 연속이다.

증명 가정에서 함수 $f(x)$는 $x=x_1$에서 $f'(x_1)=\lim_{h\to0}\frac{f(x_1+h)-f(x_1)}{h}$이 존재한다.

$$\begin{aligned}\lim_{h\to0}\{f(x_1+h)-f(x_1)\}&=\lim_{h\to0}\frac{f(x_1+h)-f(x_1)}{h}\cdot h\\&=\lim_{h\to0}\frac{f(x_1+h)-f(x_1)}{h}\cdot\lim_{h\to0}h\\&=f'(x)\cdot0=0\end{aligned}$$

즉, $$\lim_{h\to0}f(x_1+h)=f(x_1)$$

그러므로 함수 $f(x)$는 $x=x_1$에서 연속이다. ■

• $\lim_{h\to0}f(x_1+h)=f(x_1)$ 임을 증명하면 된다.
여기서 $x_1+h=t$ 라 하면 $h\to0$일 때 $t\to x_1$이다. 따라서

$$\lim_{h\to0}f(x_1+h)=\lim_{t\to x_1}f(t)$$

즉 $\lim_{h\to0}\{f(x_1+h)-f(x_1)\}=0$의 증명은 $\lim_{t\to x_1}\{f(t)-f(x_1)\}=0$의 증명과 같다.

$$\therefore\ \lim_{t\to x_1}\{f(t)-f(x_1)\}=\lim_{t\to x_1}\frac{f(t)-f(x_1)}{t-x_1}\times(t-x_1)=f'(x_1)\cdot0$$

그러나 이 정리 1.1의 역은 성립하지 않는다.

이것을 밝힐 수 있는 예를 하나 들어보자.

함수 $f(x)=|x|$는 $x=0$에서 연속이다. 그렇지만 $f'(0)$는,

$$\lim_{h\to0}\frac{f(0+h)-f(0)}{h}=\lim_{h\to0}\frac{|h|}{h}$$

이다. 여기서

$$\lim_{h\to+0}\frac{|h|}{h}=\lim_{h\to+0}\frac{h}{h}=1,\ \lim_{h\to-0}\frac{|h|}{h}=\lim_{h\to-0}\frac{-h}{h}=-1$$

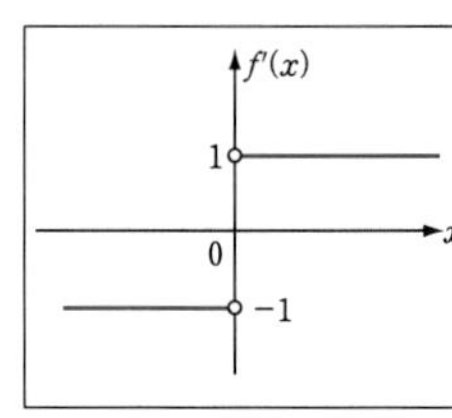

$f(x)=|x|$에 대한 $f'(x)$의 그래프

이므로 $f'(0)$가 존재하지 않는다. 즉 $f'(x)=|x|$는 $x=0$에서 미분가능이 아니다. 다시 말해서 $f(x)=|x|$는 $x=0$에서 연속이지만 그 점에서 이 함수는 미분불능이다.

함수 $f(x)$는 $\lim_{h\to+0}\frac{f(x_1+h)-f(x_1)}{h}$, $\lim_{h\to-0}\frac{f(x_1+h)-f(x_1)}{h}$이 각각 존재할 때 $f(x)$는 $x=x_1$의 오른쪽 또는 왼쪽에서 미분가능하다고 하고 이 각 극한값을 오른쪽 또는 왼쪽 미분계수라 한다.

함수 $y=f(x)$의 $x=x_1$에서의 미분계수 $f'(x_1)$은 x_1의 값이 결정되면 이 x_1에 대응하여 정하여진다. 따라서 함수 $y=f(x)$에 대하여 정의역의 임의의 x에 $f'(x)$가 대응하는 새로운 함수

$$f' : x \longrightarrow f'(x)$$

를 정할 수 있다. 여기서

• $x+h=t$라 놓으면 $h\to 0$일 때 $t\to x$이므로 $y=f(x)$의 도함수는 다음과 같이 나타낼 수도 있다.

$$f'(x)=\lim_{t\to x}\frac{f(t)-f(x)}{t-x}$$

$$f'(x)=\lim_{h\to 0}\frac{f(x+h)-f(x)}{h}$$

이 때 함수 $f'(x)$를 함수 $f(x)$의 도함수(derivative)라 한다.

함수 $y=f(x)$의 도함수를

$$y',\ f'(x),\ \frac{dy}{dx},\ \frac{d}{dx}f(x),\ \frac{df}{dx},\ D_x f(x)$$

등으로 나타낸다.

함수 $y=f(x)$에서 $f'(x)$를 구하는 것을 $f(x)$를 x에 대하여 미분한다(differentiate)고 하고, 이렇게 계산하는 방법(미분하는 수학적인 과정, 방법)을 미분법(differentiation)이라 한다.

예제 1.2 함수 $f(x)=x^3$의 도함수를 구하여라. 또 $f'(-1)$, $f'(2)$도 구하여라.

풀이 다음 극한값이 존재하는 모든 x의 값에 대하여 도함수는

$$f'(x)=\lim_{h\to 0}\frac{f(x+h)-f(x)}{h}$$

라 정의하였다. 따라서 다음과 같은 순서로 계산하여 보자.

• $f(x+h)$를 $f(x)+h$로 계산하면 안된다.

(i) $f(x+h)$를 계산한다.

$$\begin{aligned} f(x+h) &= (x+h)^3 \\ &= x^3+3x^2h+3xh^2+h^3 \end{aligned}$$

(ii) $f(x+h)-f(x)$를 계산한다.

$$\begin{aligned} f(x+h)-f(x) &= (x^3+3x^2h+3xh^2+h^3)-x^3 \\ &= 3x^2h+3xh^2+h^3 \end{aligned}$$

(iii) 분수식 $\dfrac{f(x+h)-f(x)}{h}$를 간단히 한다.

$$\begin{aligned} \frac{f(x+h)-f(x)}{h} &= \frac{3x^2h+3xh^2+h^3}{h} = \frac{h(3x^2+3xh+h^2)}{h} \\ &= 3x^2+3xh+h^2 \end{aligned}$$

(iv) $h \to 0$일 때의 극한값을 구한다.

$$\begin{aligned} f'(x) &= \lim_{h \to 0} \frac{f(x+h) - f(x)}{h} \\ &= \lim_{h \to 0}(3x^2 + 3xh + h^2) = 3x^2 + 3x \cdot 0 + 0 \\ &= 3x^2 \end{aligned}$$

또 $f'(-1)$, $f'(2)$는 위 (iv)의 $f'(x) = 3x^2$에서 $x = -1$, $x = 2$를 대입한 값이므로

$$f'(-1) = 3(-1)^2 = 3$$
$$f'(2) = 3 \cdot 2^2 = 12$$

■

예제 1.3 함수 $f(x) = \dfrac{1}{x}$의 도함수를 구하여라.

풀이 (i) $f(x+h) = \dfrac{1}{x+h}$

(ii) $f(x+h) - f(x) = \dfrac{1}{x+h} - \dfrac{1}{x} = \dfrac{x-(x+h)}{x(x+h)} = \dfrac{-h}{x(x+h)}$

(iii) $$\begin{aligned} \frac{f(x+h) - f(x)}{h} &= \frac{\frac{-h}{x(x+h)}}{h} = \frac{-h}{x(x+h)} \cdot \frac{1}{h} \\ &= \frac{-1}{x(x+h)} \end{aligned}$$

• $\dfrac{\frac{B}{A}}{\frac{D}{C}} = \dfrac{B}{A} \div \dfrac{D}{C} = \dfrac{B}{A} \times \dfrac{C}{D}$

(iv) $$\begin{aligned} f'(x) &= \lim_{h \to 0} \frac{f(x+h) - f(x)}{h} = \lim_{h \to 0} \frac{-1}{x(x+h)} = \frac{-1}{x(x+0)} \\ &= -\frac{1}{x^2} \end{aligned}$$

예제 1.4 함수 $f(x) = \sqrt{x}$의 도함수를 구하여라.

풀이 $$\begin{aligned} f'(x) &= \lim_{h \to 0} \frac{f(x+h) - f(x)}{h} = \lim_{h \to 0} \frac{\sqrt{x+h} - \sqrt{x}}{h} \\ &= \lim_{h \to 0} \frac{(x+h) - x}{h\left(\sqrt{x+h} + \sqrt{x}\right)} = \lim_{h \to 0} \frac{1}{\sqrt{x+h} + \sqrt{x}} \\ &= \frac{1}{\sqrt{x+0} + \sqrt{x}} = \frac{1}{2\sqrt{x}} \end{aligned}$$

• 분자 · 분모에 $\sqrt{x+h} + \sqrt{x}$를 곱한다.

■

연습문제 9.1

1. 함수 $f(x)=x^2-2x$ 의 $x=-1$ 에서의 미분계수를 구하여라.

• 곡선 $y=f(x)$ 위의 점 $(x_1,\ f(x_1))$ 에서 이 곡선에의 접선의 방정식을 기울기가 $x=x_1$ 에서의 미분계수는 $f'(x_1)$ 이므로

$$y-f(x_1)=f'(x_1)\cdot(x-x_1)$$

• 곡선 $y=f(x)$ 위의 점 $(x_1,\ f(x_1))$ 에서 이 곡선에의 법선의 방정식은 접선과 수직인 직선이므로 기울기는 $-1/f'(x_1)$ 이 되어

$$y-f(x_1)=-\frac{1}{f'(x_1)}\cdot(x-x_1)$$

2. 함수 $f(x)=x^3$ 의 곡선이 있다. 다음과 같은 이 곡선 위의 점에서의 접선, 즉 이 곡선의 접선의 방정식을 구하여라.

(1) (1, 1) (2) (2, 8)

(3) (−2, −8)

3. 함수 $y=f(x)$ 로 나타내는 곡선 위의 점 $(x_1,\ f(x_1))$ 에서 이 점에서의 곡선의 접선에 수직인 직선, 즉 접점에서 그 접선에 수직인 직선을 그 점 $x=x_1$ 에서의 곡선의 법선(normal, normal line)이라 한다. 위 2번의 각 점에서의 법선의 방정식을 구하여라.

4. 곡선 $y=\sqrt{x}$ 에서 $x=4$ 에서의 접선의 방정식을 구하여라. 또 법선의 방정식도 구하여라.

5. 다음 곡선에서 주어진 x 에서의 접선과 법선의 방정식을 각각 구하여라.

(1) $f(x)=x^2,\ x=-2$ (2) $f(x)=\dfrac{2}{\sqrt{x}},\ x=1$

• $(a\pm b)(a^2\pm ab+b^2)=a^3\pm b^3$

6. 다음 함수의 도함수를 (도함수의) 정의에 의하여 구하여라.

(1) $y=3x^2-2x+1$ (2) $y=\dfrac{1}{x^2}$

(3) $y=\dfrac{1}{\sqrt{x}}$ (4) $y=\sqrt[3]{x}$

(5) $y=\dfrac{x-1}{x+1}$

#1. $x=0$ 일 때 $f(x)=0$ 이고, $x\neq 0$ 일 때 다음과 같이 주어진 함수는 $x=0$ 에서 연속인가(?), 미분가능한가(?)를 조사하여라.

(1) $f(x)=\sin\dfrac{1}{x}$ (2) $f(x)=x\sin\dfrac{1}{x}$

(3) $f(x)=x^2\sin\dfrac{1}{x}$

9.2 미분법의 기본공식

함수를 미분할 때마다 도함수의 정의에 따라 계산하는 것 보다 먼저 기본적인 형태의 함수를 도함수의 정의에 의하여 미분하고 그 결과를 여러 함수에 적용하여 미분하는 것이 편리할 것이다. 따라서 도함수의 정의에 따라 미분법의 기본공식을 구하자.

• $f'(x)$
$= \lim_{h \to 0} \frac{f(x+h)-f(x)}{h}$

> **정리 2.1**
>
> c는 상수이고, n은 자연수일 때
>
> (1) $f(x)=c$ 이면 $f'(x)=0$
>
> (2) $f(x)=x^n$ 이면 $f'(x)=nx^{n-1}$

증명 (1) $f(x)=c$

$$f'(x)=\lim_{h \to 0} \frac{f(x+h)-f(x)}{h} = \lim_{h \to 0} \frac{c-c}{h} = 0$$

(2) $f(x)=x^n$

$$\begin{aligned} f'(x) &= \lim_{h \to 0} \frac{f(x+h)-f(x)}{h} \\ &= \lim_{h \to 0} \frac{(x+h)^n - x^n}{h} \\ &= \lim_{h \to 0} \frac{1}{h}\{(x+h)^n - x^n\} \\ &= \lim_{h \to 0} \frac{1}{h}\{(x+h)-x\}\{(x+h)^{n-1}+(x+h)^{n-2}\cdot x \\ &\qquad + (x+h)^{n-3}\cdot x^2 + \cdots + (x+h)x^{n-2} + x^{n-1}\} \\ &= \lim_{h \to 0}\{(x+h)^{n-1}+(x+h)^{n-2}\cdot x+(x+h)^{n-3}\cdot x^2 \\ &\qquad + \cdots + (x+h)^2 x^{n-3} + (x+h)x^{n-2} + x^{n-1}\} \\ &= x^{n-1} + x^{n-2}\cdot x + x^{n-3}\cdot x^2 + \cdots \\ &\qquad \cdots + x^2 x^{n-3} + x\cdot x^{n-2} + x^{n-1} \\ &= \underbrace{x^{n-1}+x^{n-1}+x^{n-1}+\cdots+x^{n-1}+x^{n-1}+x^{n-1}}_{x^{n-1}\text{이 } n\text{개}} \\ &= nx^{n-1} \end{aligned}$$

■

• $a^n - b^n$
$= (a-b)$
$\times (a^{n-1} + a^{n-2}b + a^{n-3}b^2 + \cdots + a^2 b^{n-3} + ab^{n-2} + b^{n-1})$

예제 2.1 다음 함수를 미분하여라.

(1) $y=3$ (2) $y=x^5$

풀이 (1) $y'=0$

(2) $y'=5x^{5-1}=5x^4$

정리 2.2

두 함수 $f(x)$, $g(x)$가 미분가능하면 $f(x)\pm g(x)$, $f(x)g(x)$, $\dfrac{f(x)}{g(x)}$ $(g(x)\neq 0)$도 미분가능하고,

(1) $(cf(x))'=cf'(x)$

(2) $(f(x)\pm g(x))'=f'(x)\pm g'(x)$

(3) $(f(x)g(x))'=f'(x)g(x)+f(x)g'(x)$

(4) $\left(\dfrac{f(x)}{g(x)}\right)'=\dfrac{f'(x)g(x)-f(x)g'(x)}{\{g(x)\}^2}$ $(g(x)\neq 0)$

• $y=cf(x)$
$\Rightarrow y'=cf'(x)$

증명 (1) $y=cf(x)$라 하면

$$\begin{aligned} y'=(cf(x))' &= \lim_{h\to 0}\frac{cf(x+h)-cf(x)}{h} \\ &= \lim_{h\to 0}\frac{c\{f(x+h)-f(x)\}}{h} \\ &= c\cdot\lim_{h\to 0}\frac{f(x+h)-f(x)}{h} \\ &= cf'(x) \end{aligned}$$

• $y=f(x)\pm g(x)$
$\Rightarrow y'=f'(x)\pm g'(x)$

(2) $y=f(x)\pm g(x)$라 하면

$$\begin{aligned} y' &= (f(x)\pm g(x))' \\ &= \lim_{h\to 0}\frac{f(x+h)\pm g(x+h)-\{f(x)\pm g(x)\}}{h} \\ &= \lim_{h\to 0}\frac{f(x+h)-f(x)\pm\{g(x+h)-g(x)\}}{h} \\ &= \lim_{h\to 0}\left(\frac{f(x+h)-f(x)}{h}\pm\frac{g(x+h)-g(x)}{h}\right) \\ &= \lim_{h\to 0}\frac{f(x+h)-f(x)}{h}\pm\lim_{h\to 0}\frac{g(x+h)-g(x)}{h} \\ &= f'(x)\pm g'(x) \end{aligned}$$

(3) $y=f(x)g(x)$라 하면

$$y'=(f(x)g(x))'=\lim_{h\to 0}\frac{f(x+h)g(x+h)-f(x)g(x)}{h}$$

$$=\lim_{h\to 0}\frac{f(x+h)g(x+h)-f(x)g(x+h)+f(x)g(x+h)-f(x)g(x)}{h}$$

$$=\lim_{h\to 0}\left(\frac{f(x+h)g(x+h)-f(x)g(x+h)}{h}+\frac{f(x)g(x+h)-f(x)g(x)}{h}\right)$$

$$=\lim_{h\to 0}\left(\frac{f(x+h)-f(x)}{h}\cdot g(x+h)+f(x)\cdot\frac{g(x+h)-g(x)}{h}\right)$$

$$=\lim_{h\to 0}\frac{f(x+h)-f(x)}{h}\cdot g(x+h)+\lim_{h\to 0}f(x)\cdot\frac{g(x+h)-g(x)}{h}$$

$$=f'(x)g(x)+f(x)g'(x)$$

• $y=f(x)g(x)\Rightarrow$
$y'=f'(x)g(x)+f(x)g'(x)$

• $y=uv$
$\Rightarrow y'=u'v+uv'$

(4) $y=\dfrac{f(x)}{g(x)}$라 하면

$$y'=\left(\frac{f(x)}{g(x)}\right)'=\lim_{h\to 0}\frac{\dfrac{f(x+h)}{g(x+h)}-\dfrac{f(x)}{g(x)}}{h}$$

$$=\lim_{h\to 0}\frac{\dfrac{f(x+h)g(x)-f(x)g(x+h)}{g(x)g(x+h)}}{h}$$

$$=\lim_{h\to 0}\frac{f(x+h)g(x)-f(x)g(x+h)}{g(x)g(x+h)}\cdot\frac{1}{h}$$

$$=\lim_{h\to 0}\frac{1}{g(x)g(x+h)}\cdot\frac{f(x+h)g(x)-f(x)g(x+h)}{h}$$

$$=\lim_{h\to 0}\frac{1}{g(x)g(x+h)}\cdot\frac{f(x+h)g(x)-f(x)g(x)+f(x)g(x)-f(x)g(x+h)}{h}$$

$$=\lim_{h\to 0}\frac{1}{g(x)g(x+h)}\left\{\frac{f(x+h)-f(x)}{h}\cdot g(x)-f(x)\cdot\frac{g(x+h)-g(x)}{h}\right\}$$

$$=\frac{1}{g(x)g(x)}\{f'(x)\cdot g(x)-f(x)\cdot g'(x)\}$$

$$=\frac{f'(x)g(x)-f(x)g'(x)}{\{g(x)\}^2}$$ ■

• $y=\dfrac{f(x)}{g(x)}\Rightarrow$
$y'=\dfrac{f'(x)g(x)-f(x)g'(x)}{\{g(x)\}^2}$

예제 2.2 다음 함수를 미분하여라.

(1) $y=2x^3+2x^2-x-3$　　(2) $y=(3x+1)(x^2+2x-2)$

(3) $y=\dfrac{2x-1}{2x+1}$

풀이 (1) $y'=\left(2x^3+2x^2-x-3\right)'$

$=\left(2x^3\right)'+\left(2x^2\right)'-(x)'-(3)'$

$=2\left(x^3\right)'+2\left(x^2\right)'-(x)'-(3)'$

$=2\cdot 3x^2+2\cdot 2x-1-0$

$=6x^2+4x-1$

• $\left(x^3\right)'=3x^{3-1}=3x^2$
$\left(x^2\right)'=2x^{2-1}=2x'=2x$
$(x)'=\left(x^1\right)'=1\cdot x^{1-1}$
$=x^0=1$

(2) $y'=\left\{(3x+1)(x^2+2x-2)\right\}'$

$=(3x+1)'\left(x^2+2x-2\right)+(3x+1)\left(x^2+2x-2\right)'$

$=3\left(x^2+2x-2\right)+(3x+1)(2x+2)$

$=3x^2+6x-6+6x^2+8x+2$

$=9x^2+14x-4$

(3) $y'=\left(\dfrac{2x-1}{2x+1}\right)'=\dfrac{(2x-1)'(2x+1)-(2x-1)(2x+1)'}{(2x+1)^2}$

$=\dfrac{2(2x+1)-(2x-1)\cdot 2}{(2x+1)^2}$

$=\dfrac{4}{(2x+1)^2}$ ■

예제 2.3 n이 정수일 때, $y=x^n$을 미분하면 $y'=nx^{n-1}$임을 증명하여라.

증명 (i) n이 양의 정수일 때, 정리 2.1에서 밝혔다.

(ii) $n=0$일 때, 분명하다.

(iii) n이 음의 정수일 때,

$n=-m\,(m>0)$이라 하면

$y=x^n=x^{-m}=\dfrac{1}{x^m}$

정리 2.2의 (4)와 위 (i)에 의하여 미분하면

$y'=\left(\dfrac{1}{x^m}\right)'=\dfrac{0-\left(x^m\right)'}{\left(x^m\right)^2}=\dfrac{-mx^{m-1}}{x^{2m}}$

$=-mx^{m-1-2m}=-mx^{-m-1}$

$=nx^{n-1}$ ■

• $\left(x^4\right)'=4x^{4-1}=4x^3$
$\left(x^{-3}\right)'=-3x^{-3-1}$
$=-3x^{-4}$
$=-\dfrac{3}{x^4}$

• $\left(\dfrac{1}{x^5}\right)'=\left(x^{-5}\right)'$
$=-5x^{-5-1}$
$=-5x^{-6}$
$=-\dfrac{5}{x^6}$

정리 2.3 합성함수의 미분법

$z=g(x)$가 미분가능하고, $y=f(z)$가 $z=g(x)$의 치역에서 미분가능하면 합성함수 $(f\circ g)(x)$는 미분가능하고

$$\frac{dy}{dx}=\frac{dy}{dz}\cdot\frac{dz}{dx}=f'(z)g'(x)$$

증명 $y=f(g(x))$

$$\frac{dy}{dx}=\lim_{\Delta x\to 0}\frac{f(g(x+\Delta x))-f(g(x))}{\Delta x}$$

x의 증분 Δx에 대하여 $z=g(x)$, $y=f(z)$의 증분을 각각 Δz, Δy라 하면

$$\Delta y=f(g(x+\Delta x))-f(g(x))=f(z+\Delta z)-f(z)$$

여기서 $\Delta x\to 0$이면 $\Delta z=g(x+\Delta x)-g(x)\to 0$ ($\because$ $z=g(x)$는 연속)

따라서

$$\begin{aligned}\frac{dy}{dx}&=\lim_{\Delta x\to 0}\frac{f(g(x+\Delta x))-f(g(x))}{\Delta x}=\lim_{\Delta x\to 0}\frac{f(z+\Delta z)-f(z)}{\Delta x}\\&=\lim_{\Delta x\to 0}\frac{f(z+\Delta z)-f(z)}{\Delta z}\cdot\frac{\Delta z}{\Delta x}\\&=\lim_{\Delta z\to 0}\frac{f(z+\Delta z)-f(z)}{\Delta z}\cdot\lim_{\Delta x\to 0}\frac{\Delta z}{\Delta x}\\&=\lim_{\Delta z\to 0}\frac{f(z+\Delta z)-f(z)}{\Delta z}\cdot\lim_{\Delta x\to 0}\frac{g(x+\Delta x)-g(x)}{\Delta x}\\&=\frac{dy}{dz}\cdot\frac{dz}{dx}=f'(z)g'(x)\end{aligned}$$

■

• $y=f(x)$에서

$f'(x)$

$=\lim_{h\to 0}\frac{f(x+h)-f(x)}{h}$

$f'(x)$

$=\lim_{\Delta x\to 0}\frac{f(x+\Delta x)-f(x)}{\Delta x}$

$f'(x)=\lim_{t\to x}\frac{f(t)-f(x)}{t-x}$

• $h'(x)=\frac{dh}{dx}$

$h'(z)=\frac{dh}{dz}$

예제 2.4 $y=(2x^3-x^2-3x+1)^5$을 미분하여라.

풀이 $z=2x^3-x^2-3x+1$이라 하면 $y=z^5$

$$\begin{aligned}\frac{dy}{dx}&=\frac{dy}{dz}\cdot\frac{dz}{dx}\\&=5z^4\cdot(6x^2-2x-3)\\&=5(2x^3-x^2-3x+1)^4(6x^2-2x-3)\end{aligned}$$

■

• $t=2x^3-x^2-3x+1$

로 하면

$y=t^5$

$\therefore\ \frac{dy}{dx}=\frac{dy}{dt}\cdot\frac{dt}{dx}=$

$y=f(z)$, $z=g(w)$, $w=h(x)$라 하면 위 정리 2.3을 적용하여

$$\frac{dy}{dx}=\frac{dy}{dz}\cdot\frac{dz}{dx}=\frac{dy}{dz}\cdot\frac{dz}{dw}\cdot\frac{dw}{dx}$$

임을 알 수 있다.

예제 2.5 α가 유리수일 때, $y=x^{\alpha}$을 미분하면 $y'=\alpha x^{\alpha-1}$임을 증명하여라.

• 지금까지 α가 자연수일 때(정리 2.1), α가 정수일 때(예제 2.3), α가 유리수일 때(예제 2.5)로 확장하여

$y=x^{\alpha} \Rightarrow y'=\alpha x^{\alpha-1}$

임을 증명하여 알았다. 여기서 α가 임의의 실수일 때에도 이 미분공식은 성립한다. α가 실수일 때의 증명은 다음 9.3절의 〈지수함수와 로그함수의 미분법〉에서 다룬다. (153쪽 예제 3.8)

증명 (i) $\alpha>0$일 때

$\alpha=\dfrac{q}{p}$ (p, q는 양정수)라 하면

$$y=x^{\alpha}=x^{\frac{q}{p}}$$

양변을 p제곱하면

$$y^{p}=\left(x^{\frac{q}{p}}\right)^{p}=x^{q}$$

$z=y^{p}=x^{q}$으로 놓는다.

$z=y^{p}$에서 $\dfrac{dz}{dx}=\dfrac{dz}{dy}\cdot\dfrac{dy}{dx}=py^{p-1}\dfrac{dy}{dx}$ … ①

$z=x^{q}$에서 $\dfrac{dz}{dx}=qx^{q-1}$ … ②

①, ②에서 $py^{p-1}\dfrac{dy}{dx}=qx^{q-1}$

여기에 $y=x^{\frac{q}{p}}$을 대입하면

$$p\left(x^{\frac{q}{p}}\right)^{p-1}\frac{dy}{dx}=qx^{q-1} \quad \therefore\ px^{q-\frac{q}{p}}\frac{dy}{dx}=qx^{q-1}$$

$$\therefore\ y'=\frac{dy}{dx}=\frac{q}{p}\cdot\frac{x^{q-1}}{x^{q-\frac{q}{p}}}=\frac{q}{p}x^{q-1-\left(q-\frac{q}{p}\right)}=\frac{q}{p}x^{\frac{q}{p}-1}=\alpha x^{\alpha-1}$$

(ii) $\alpha<0$일 때

$\alpha=-\dfrac{q}{p}$ (p, q는 양정수)라 하면

$$y=x^{\alpha}=x^{-\frac{q}{p}}=\frac{1}{x^{\frac{q}{p}}}$$

$$\therefore\ y'=\frac{dy}{dx}=\left(\frac{1}{x^{\frac{q}{p}}}\right)'=\frac{-\left(x^{\frac{q}{p}}\right)'}{\left(x^{\frac{q}{p}}\right)^{2}}=\frac{-\frac{q}{p}x^{\frac{q}{p}-1}}{x^{\frac{2q}{p}}}=-\frac{q}{p}x^{\frac{q}{p}-1-\frac{2q}{p}}$$

$$=-\frac{q}{p}x^{-\frac{q}{p}-1}=\alpha x^{\alpha-1}$$

■

예제 2.5에 의하여

$$\frac{d}{dz}\sqrt{z}=\frac{d}{dz}z^{\frac{1}{2}}=\frac{1}{2}z^{\frac{1}{2}-1}=\frac{1}{2}z^{-\frac{1}{2}}=\frac{1}{2}\cdot\frac{1}{z^{\frac{1}{2}}}=\frac{1}{2\sqrt{z}}$$

예제 2.6 $y=\sqrt{x^2-2x-1}$을 미분하려고, $z=x^2-2x-1$라 하면 $y=\sqrt{z}$

$$\therefore\ y'=\frac{dy}{dx}=\frac{dy}{dz}\cdot\frac{dz}{dx}=\frac{d}{dz}\sqrt{z}\cdot\frac{d}{dx}(x^2-2x-1)$$

$$=\frac{1}{2\sqrt{z}}\cdot(2x-2)=\frac{1}{\sqrt{z}}(x-1)=\frac{x-1}{\sqrt{x^2-2x-1}}$$

■

정리 2.4 역함수의 미분법

$y=f(x)$가 미분가능하고 역함수 $x=f^{-1}(y)$가 존재하면 이것은 $y=f(x)$의 치역에서 미분가능하고

$$\frac{dx}{dy}=\frac{1}{\frac{dy}{dx}},\ 즉\ \frac{d}{dy}f^{-1}(y)=\frac{1}{\frac{d}{dx}f(x)}$$

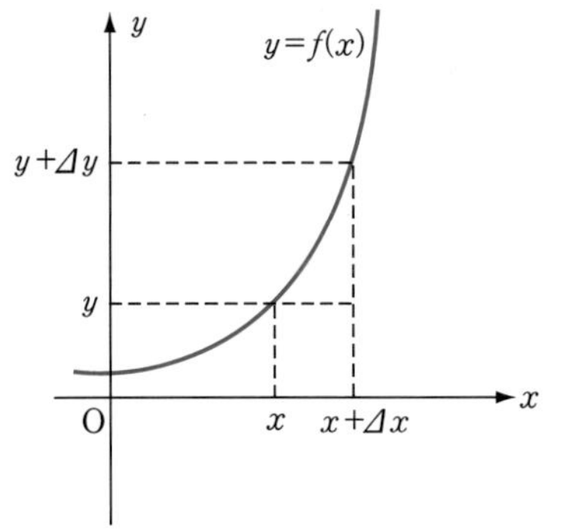

증명 충분히 작은 Δy에 대하여

$$y+\Delta y=f(x+\Delta x)$$

이 성립하는 Δx가 존재하고

$$\Delta y=f(x+\Delta x)-f(x),\ \Delta x=f^{-1}(y+\Delta y)-f^{-1}(y)$$

$\Delta y\to 0$이면 $\Delta x\to 0$

$$\therefore \frac{dx}{dy}=\frac{d}{dy}f^{-1}(y)=\lim_{\Delta y\to 0}\frac{f^{-1}(y+\Delta y)-f^{-1}(y)}{\Delta y}=\lim_{\Delta x\to 0}\frac{\Delta x}{f(x+\Delta x)-f(x)}$$

$$=\lim_{\Delta x\to 0}\frac{1}{\frac{f(x+\Delta x)-f(x)}{\Delta x}}=\frac{1}{\frac{d}{dx}f(x)}=\frac{1}{\frac{dy}{dx}}$$

■

예제 2.7 (1) $y=\frac{2x-1}{x+1}$에서 $\frac{dx}{dy}=\frac{1}{\frac{dy}{dx}}=\frac{1}{\frac{3}{(x+1)^2}}=\frac{(x+1)^2}{3}$

(2) $x=\sqrt{y^2+1}$에서 $\frac{dy}{dx}=\frac{1}{\frac{dx}{dy}}=\frac{1}{\frac{y}{\sqrt{y^2+1}}}=\frac{\sqrt{y^2+1}}{y}$ ■

• (1) $\frac{dy}{dx}=\frac{d}{dx}\left(\frac{2x-1}{x+1}\right)$
$=\frac{(2x-1)'(x+1)-(2x-1)(x+1)'}{(x+1)^2}$

(2) $\frac{dx}{dy}=\frac{d}{dy}\sqrt{y^2+1}$
$=\frac{d}{dy}(y^2+1)^{\frac{1}{2}}$
$=\frac{1}{2}(y^2+1)^{\frac{1}{2}-1}\cdot\frac{d}{dy}(y^2+1)$

음함수 $f(x, y)=0$에서 dy/dx를 구하려면 $f(x, y)=0$을 $y=g(x)$꼴로 고쳐서 미분하거나, y를 x의 함수로 보고 합성함수의 미분법에 따라 $f(x, y)=0$의 각 변을 x에 대하여 미분한 다음 y', dy/dx에 대하여 풀면 된다. 이것을 음함수의 미분법이라 한다.

예제 2.8 $x^2-3xy+y^2-2=0$에서 $\frac{dy}{dx}$를 구하려면 각 변을 x에 대하여 미분하고 $\frac{dy}{dx}$에 대하여 풀면

$$\frac{d}{dx}(x^2)-3\frac{d}{dx}(xy)+\frac{d}{dx}(y^2)-\frac{d}{dx}(2)=0,\ 2x-3\left(y+x\frac{dy}{dx}\right)+2y\cdot\frac{dy}{dx}=0$$

$$2x-3y+(-3x+2y)\frac{dy}{dx}=0\quad\therefore \frac{dy}{dx}=\frac{-2x+3y}{-3x+2y}=\frac{2x-3y}{3x-2y}$$

■

• $\frac{d}{dx}(xy)$
$=\left(\frac{d}{dx}x\right)\cdot y+x\cdot\left(\frac{d}{dx}y\right)$

• $\frac{d}{dx}y^2$
$=2y^{2-1}\cdot\left(\frac{d}{dx}y\right)$

• 함수 $\begin{cases} x = \cos t \\ y = \sin t \end{cases}$

$(0 \le t \le 2\pi)$은

$$x^2 = \cos^2 t$$
$$y^2 = \sin^2 t$$

이므로

$$x^2 + y^2 = \cos^2 t + \sin^2 t = 1$$

즉, $x^2 + y^2 = 1$

인 원을 나타낸다. 즉, 원을 매개변수(parameter)로 나타내면 위와 같다.

정리 2.5 매개변수로 나타내는 함수의 미분법

x, y가 매개변수 t를 써서 $x = f(t)$, $y = g(t)$로 나타내고 $f(t)$, $g(t)$는 t의 함수이고 t에 대하여 미분가능하며 $f'(t) \neq 0$, 역함수 $t = f^{-1}(x)$가 존재할 때

$$\frac{dy}{dx} = \frac{g'(t)}{f'(t)} = \frac{\frac{dy}{dt}}{\frac{dx}{dt}}$$

증명 $x = f(t)$의 역함수 $t = f^{-1}(x)$와 $y = g(t)$의 합성함수 $y = g\left(f^{-1}(x)\right)$에 대하여 정리 2.3, 정리 2.4에 따라

$$\frac{dy}{dx} = \frac{dy}{dt} \cdot \frac{dt}{dx} = \frac{dy}{dt} \cdot \frac{1}{\frac{dx}{dt}} = \frac{dy/dt}{dx/dt}$$ ■

예제 2.9 $x = t^3 - 3t$, $y = (t^2-1)\sqrt{t^2-1}$ 에서 $y = (t^2-1)^{\frac{3}{2}}$ 이므로

$$\frac{dy}{dx} = \frac{dy/dt}{dx/dt} = \frac{\frac{3}{2}(t^2-1)^{\frac{1}{2}} \cdot 2t}{3(t^2-1)} = \frac{t}{(t^2-1)^{\frac{1}{2}}} = \frac{t}{\sqrt{t^2-1}}$$ ■

연습문제 9.2

1. 다음 함수를 미분하여라.

• $(uv)' = u'v + uv'$

$\left(\sqrt{f(x)}\right)' = \dfrac{f'(x)}{2\sqrt{f(x)}}$

(1) $y = (2x+1)(x^2+x-1)$ (2) $y = \dfrac{x^2+x+1}{x+1}$

(3) $y = \dfrac{1}{(x^2+1)^4}$ (4) $y = x\sqrt{x^2-1}$

2. 다음에서 $\dfrac{dy}{dx}$를 구하여라.

(1) $2x^2 - xy + 2y^2 = 0$ (2) $x^3 - x^2y + 3xy^2 - y^3 = 0$

3. $y = \dfrac{2x}{x+1}$ 에서 $\dfrac{dx}{dy}$를, $x = \dfrac{y}{\sqrt{y^2+1}}$ 에서 $\dfrac{dy}{dx}$를 구하여라.

• $\dfrac{dy}{dx} = \dfrac{\frac{dy}{dt}}{\frac{dx}{dt}}$

4. $y = t + \dfrac{1}{t}$, $x = \sqrt{t} + \dfrac{1}{\sqrt{t}}$ 일 때, $\dfrac{dy}{dx}$를 구하여라.

9.3 여러 가지 함수의 미분법

삼각함수의 미분법

$\lim_{x\to 0}\frac{\sin x}{x}=1$임을 알고 있다. 이것과 삼각함수의 가법(덧셈)정리를 적용하여 삼각함수의 미분법을 알아본다.

또 역삼각함수의 미분법도 설명하기로 한다.

정리 3.1 삼각함수의 미분법

(1) $(\sin x)'=\cos x$ (2) $(\cos x)'=-\sin x$

(3) $(\tan x)'=\sec^2 x$ (4) $(\csc x)'=-\csc x\cot x$

(5) $(\sec x)'=\sec x\tan x$ (6) $(\cot x)'=-\csc^2 x$

증명 (1) $f(x)=\sin x$

$$f'(x)=(\sin x)'=\lim_{h\to 0}\frac{\sin(x+h)-\sin x}{h}$$
$$=\lim_{h\to 0}\frac{2\sin\frac{(x+h)-x}{2}\cdot\cos\frac{(x+h)+x}{2}}{h}$$
$$=\lim_{h\to 0}\frac{2\sin\frac{h}{2}\cdot\cos\left(x+\frac{h}{2}\right)}{h}$$
$$=\lim_{h\to 0}\frac{\sin\frac{h}{2}}{\frac{h}{2}}\cdot\cos\left(x+\frac{h}{2}\right)=1\cdot\cos(x+0)$$
$$=\cos x$$

(2) $f(x)=\cos x$

$$f'(x)=(\cos x)'=\left\{\sin\left(x+\frac{\pi}{2}\right)\right\}'$$
$$=\cos\left(x+\frac{\pi}{2}\right)=-\sin x$$

(3) $f(x)=\tan x$

$$f'(x)=(\tan x)'=\left(\frac{\sin x}{\cos x}\right)'=\frac{\cos^2 x-\sin x\cdot(-\sin x)}{\cos^2 x}$$
$$=\frac{1}{\cos^2 x}=\sec^2 x$$

(4), (5), (6)도 위와 같이 증명하면 된다. ■

• $\lim_{x\to 0}\frac{\cos x-1}{x}=0$

$(\because)\ \lim_{x\to 0}\frac{\cos x-1}{x}$
$=\lim_{x\to 0}\frac{\cos x-1}{x}\cdot\frac{\cos x+1}{\cos x+1}$
$=\lim_{x\to 0}\frac{\cos^2 x-1}{x(\cos x+1)}$
$=\lim_{x\to 0}\frac{-\sin^2 x}{x(\cos x+1)}$
$=-\lim_{x\to 0}\frac{\sin x}{x}\cdot\frac{\sin x}{\cos x+1}$
$=-(1)\cdot\frac{0}{1+1}=0$

이것을 이용하여

$(\sin x)'$
$=\lim_{h\to 0}\frac{\sin(x+h)-\sin x}{h}$
$=\lim_{h\to 0}\frac{\sin x\cos h+\cos x\sin h-\sin x}{h}$
$=\lim_{h\to 0}\frac{\sin x(\cos h-1)+\cos x\sin h}{h}$
$=\lim_{h\to 0}\left(\sin x\cdot\frac{\cos h-1}{h}+\cos x\cdot\frac{\sin h}{h}\right)$
$=\sin x\cdot 0+\cos x\cdot 1$
$=\cos x$

• $\sin A-\sin B$
$=2\cos\frac{A+B}{2}\times\sin\frac{A-B}{2}$

예제 3.1 다음 함수를 미분하여라.

- $\dfrac{dy}{dx}=\dfrac{dy}{dt}\cdot\dfrac{dt}{dx}$

(1) $y=\sin(2x+3)$ (2) $y=\sin^3 x$

(3) $y=\cos\dfrac{k}{x}$ (k는 상수) (4) $y=\tan x+\dfrac{1}{2}\tan^2 x$

(1) $2x+3$을 한 문자로 보고 미분한 후 $2x+3$을 미분하여 곱한다.

풀이 (1) $2x+3=t$라 하면 $y=\sin t$

$$\therefore \frac{dy}{dx}=\frac{dy}{dt}\cdot\frac{dt}{dx}=\frac{d}{dt}\sin t\cdot\frac{d}{dx}(2x+3)$$
$$=\cos t\cdot 2=2\cos(2x+3)$$

$$(y'=(\sin(2x+3))'=\cos(2x+3)\cdot(2x+3)'=2\cos(2x+3))$$

(2) $(\sin^3 x)'=\{(\sin x)^3\}'$ $\sin x$를 한 문자로 보고 미분한 후 $\sin x$를 미분하여 곱한다.

- $\dfrac{d}{dx}\{f(x)\}^n=n\{f(x)\}^{n-1}\cdot f'(x)$

(2) $$y'=(\sin^3 x)'=\{(\sin x)^3\}'$$
$$=3(\sin x)^{3-1}\cdot(\sin x)'$$
$$=3\sin^2 x\cdot\cos x$$

(3) $$y'=\left(\cos\frac{k}{x}\right)'=-\sin\frac{k}{x}\cdot\left(\frac{k}{x}\right)'=-\sin\frac{k}{x}\cdot\left(-\frac{k}{x^2}\right)$$
$$=\frac{k}{x^2}\sin\frac{k}{x}$$

(4) $$y'=\left(\tan x+\frac{1}{2}\tan^2 x\right)'=(\tan x)'+\left(\frac{1}{2}\tan^2 x\right)'$$
$$=\sec^2 x+\frac{1}{2}\cdot 2(\tan x)^{2-1}\cdot(\tan x)'$$
$$=\sec^2 x+\tan x\cdot\sec^2 x$$
$$=(1+\tan x)\sec^2 x$$

■

- $y=\sin^{-1}x \iff x=\sin y \left(-\frac{\pi}{2}\le y\le\frac{\pi}{2}\right)$
- $y=\cos^{-1}x \iff x=\cos y \ (0\le y\le\pi)$
- $y=\tan^{-1}x \iff x=\tan y \left(-\frac{\pi}{2}< y<\frac{\pi}{2}\right)$

정리 3.2

(1) $(\sin^{-1}x)'=\dfrac{1}{\sqrt{1-x^2}}$ (2) $(\cos^{-1}x)'=\dfrac{-1}{\sqrt{1-x^2}}$

(3) $(\tan^{-1}x)=\dfrac{1}{1+x^2}$ (4) $(\csc^{-1}x)'=\dfrac{-1}{|x|\sqrt{x^2-1}}$

(5) $(\sec^{-1}x)'=\dfrac{1}{|x|\sqrt{x^2-1}}$ (6) $(\cot^{-1}x)'=\dfrac{-1}{1+x^2}$

증명 (1) $y=\sin^{-1}x$라 하면 $x=\sin y$, $\cos y>0\left(\because -\frac{\pi}{2}<y<\frac{\pi}{2}\right)$

$$\therefore y'=\frac{dy}{dx}=\frac{1}{\frac{dx}{dy}}=\frac{1}{\cos y}=\frac{1}{\sqrt{1-\sin^2 y}}=\frac{1}{\sqrt{1-x^2}}$$

■

(2) $y=\cos^{-1}x$ 라 하면 $x=\cos y$, $\sin y>0(\because 0<y<\pi)$

$$\therefore y'=\frac{dy}{dx}=\frac{1}{\frac{dx}{dy}}=\frac{1}{-\sin y}=\frac{-1}{\sqrt{1-\cos^2 y}}=\frac{-1}{\sqrt{1-x^2}}$$

(3) $y=\tan^{-1}x$ 라 하면 $x=\tan y$

$$\therefore y'=\frac{dy}{dx}=\frac{1}{\frac{dx}{dy}}=\frac{1}{\sec^2 y}=\frac{1}{1+\tan^2 y}=\frac{1}{1+x^2}$$

(4), (5), (6)도 위와 같이 증명할 수 있다. ■

예제 3.2 다음 함수를 미분하여라.

(1) $y=\sin^{-1}2x$ (2) $y=\tan^{-1}(x^2)$ (3) $y=\csc^{-1}\sqrt{x}$

풀이 (1) $y'=\frac{1}{\sqrt{1-(2x)^2}}\cdot(2x)'=\frac{2}{\sqrt{1-4x^2}}$

(2) $y'=\frac{1}{1+(x^2)^2}\cdot(x^2)'=\frac{2x}{1+x^4}$

(3) $y'=\frac{-1}{\sqrt{x}\sqrt{(\sqrt{x})^2-1}}(\sqrt{x})'=\frac{-1}{\sqrt{x}\sqrt{x-1}}\cdot\frac{1}{2\sqrt{x}}$

$=\frac{-1}{2x\sqrt{x-1}}$ ■

예제 3.3 다음이 성립함을 밝혀라.

(1) $\left(\sin^{-1}\frac{x}{a}\right)'=\frac{1}{\sqrt{a^2-x^2}}$ (2) $\left(\cos^{-1}\frac{x}{a}\right)'=\frac{-1}{\sqrt{a^2-x^2}}$

증명 (1) $\left(\sin^{-1}\frac{x}{a}\right)'=\frac{1}{\sqrt{1-\left(\frac{x}{a}\right)^2}}\left(\frac{x}{a}\right)'=\frac{a}{\sqrt{a^2-x^2}}\cdot\frac{1}{a}$

$=\frac{1}{\sqrt{a^2-x^2}}$

(2) $\left(\cos^{-1}\frac{x}{a}\right)'=\frac{-1}{\sqrt{1-\left(\frac{x}{a}\right)^2}}\left(\frac{x}{a}\right)'=\frac{-a}{\sqrt{a^2-x^2}}\cdot\frac{1}{a}$

$=\frac{-1}{\sqrt{a^2-x^2}}$ ■

• $\left(\tan^{-1}\frac{x}{a}\right)'$

$=\frac{1}{1+\left(\frac{x}{a}\right)^2}\left(\frac{x}{a}\right)'$

$=\frac{1}{\frac{a^2+x^2}{a^2}}\cdot\frac{1}{a}$

$=\frac{a^2}{a^2+x^2}\cdot\frac{1}{a}$

$=\frac{a}{x^2+a^2}$

(a>1)

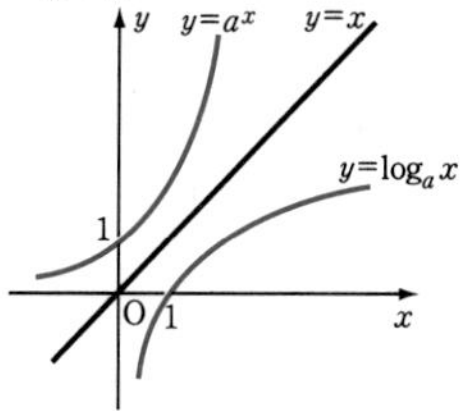

(0<a<1)

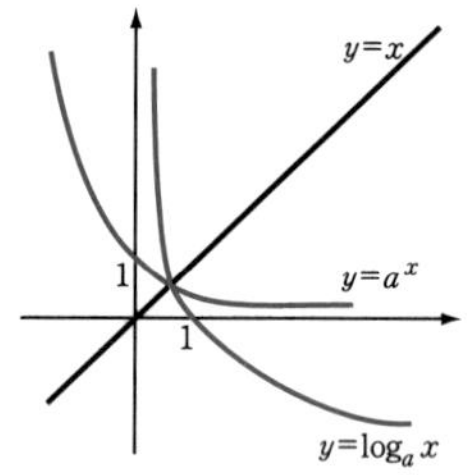

지수함수와 로그함수의 미분법

지수함수 $y=a^x$은 $(-\infty, \infty)$에서 연속이다.

$a>1$일 때, $\lim\limits_{x\to-\infty} a^x=0$, $\lim\limits_{x\to\infty} a^x=\infty$이고, $y=a^x$은 증가함수,

$0<a<1$일 때, $\lim\limits_{x\to-\infty} a^x=\infty$, $\lim\limits_{x\to\infty} a^x=0$이고, $y=a^x$은 감소함수이다.

$y=a^x$의 역함수는 $y=\log_a x$이고 $a>1$일 때 증가, $0<a<1$일 때 감소하는 함수이다.

정리 3.3

$$\lim_{x\to\infty}\left(1+\frac{1}{x}\right)^x=e$$

증명 $x>1$, $n\le x<n+1$인 자연수 n이 존재한다.

이 부등식의 각 변의 역수를 잡으면

$$\frac{1}{n}\ge\frac{1}{x}>\frac{1}{n+1} \text{ 즉, } \frac{1}{n+1}<\frac{1}{x}\le\frac{1}{n}$$

$$1+\frac{1}{n+1}<1+\frac{1}{x}\le1+\frac{1}{n}$$

$$\left(1+\frac{1}{n+1}\right)^n<\left(1+\frac{1}{x}\right)^n\le\left(1+\frac{1}{n}\right)^n \qquad \cdots ①$$

그런데 $$\left(1+\frac{1}{x}\right)^x\le\left(1+\frac{1}{n}\right)^x$$

$$\left(1+\frac{1}{x}\right)^n\le\left(1+\frac{1}{x}\right)^x,\ \left(1+\frac{1}{n}\right)^n<\left(1+\frac{1}{n}\right)^{n+1}$$

즉, $\left(1+\frac{1}{x}\right)^n\le\left(1+\frac{1}{x}\right)^x\le\left(1+\frac{1}{n}\right)^n<\left(1+\frac{1}{n}\right)^{n+1}$ 이므로 ①은

$$\left(1+\frac{1}{n+1}\right)^n<\left(1+\frac{1}{x}\right)^x<\left(1+\frac{1}{n}\right)^{n+1} \qquad \cdots ②$$

• 수열의 극한에서 $\lim\limits_{n\to\infty}\left(1+\frac{1}{n}\right)^n=e$

수열의 극한에 의하여

$$\lim_{n\to\infty}\left(1+\frac{1}{n+1}\right)^n=\lim_{n\to\infty}\left[\left(1+\frac{1}{n+1}\right)^{n+1}\Big/\left(1+\frac{1}{n+1}\right)\right]=\frac{e}{1}=e$$

$$\lim_{n\to\infty}\left(1+\frac{1}{n}\right)^{n+1}=\lim_{n\to\infty}\left(1+\frac{1}{n}\right)^n\cdot\left(1+\frac{1}{n}\right)=e\cdot1=e$$

$n\le x<n+1$에서 $n\to\infty$일 때 $x\to\infty$이므로

②에서 $$\lim_{n\to\infty}\left(1+\frac{1}{x}\right)^x=e$$ ■

예제 3.4 다음이 성립함을 각각 증명하여라.

(1) $\lim_{x\to-\infty}\left(1+\frac{1}{x}\right)^x=e$　　　(2) $\lim_{x\to0}(1+x)^{\frac{1}{x}}=e$

증명 (1) $x<0$일 때 $x=-p$ $(p>0)$라 하면

$$x\to-\infty \text{ 일 때 } p\to\infty$$

또 $$\left(1+\frac{1}{x}\right)^x=\left(1+\frac{1}{-p}\right)^{-p}=\left(\frac{-p+1}{-p}\right)^{-p}=\left(\frac{p-1}{p}\right)^{-p}=\left(\frac{p}{p-1}\right)^p$$
$$=\left(\frac{p-1+1}{p-1}\right)^p=\left(1+\frac{1}{p-1}\right)^p$$
$$=\left(1+\frac{1}{p-1}\right)^{p-1}\cdot\left(1+\frac{1}{p-1}\right)$$

$$\therefore \lim_{x\to-\infty}\left(1+\frac{1}{x}\right)^x=\lim_{p\to\infty}\left(1+\frac{1}{p-1}\right)^{p-1}\cdot\left(1+\frac{1}{p-1}\right)=e\cdot1=e$$

• $\left(\frac{p-1}{p}\right)^{-p}=\frac{1}{\left(\frac{p-1}{p}\right)^p}=\left(\frac{1}{\frac{p-1}{p}}\right)^p=\left(\frac{p}{p-1}\right)^p$

(2) $\frac{1}{x}=t$라 한다.

(i) $t\to+0$일 때 $x\to\infty$이므로 정리 3.3에 따라

$$\lim_{t\to+0}(1+t)^{\frac{1}{t}}=\lim_{x\to\infty}\left(1+\frac{1}{x}\right)^x=e$$

(ii) $t\to-0$일 때 $x\to-\infty$이므로 (1)에 따라

$$\lim_{t\to-0}(1+t)^{\frac{1}{t}}=\lim_{t\to-\infty}\left(1+\frac{1}{x}\right)^x=e$$

(i), (ii)에서 $\lim_{t\to+0}(1+t)^{\frac{1}{t}}=\lim_{t\to-0}(1+t)^{\frac{1}{t}}$

$$\therefore \lim_{t\to0}(1+t)^{\frac{1}{t}}=e,\ \text{즉}\ \lim_{x\to0}(1+x)^{\frac{1}{x}}=e$$ ■

• $\lim_{x\to\infty}\left(1+\frac{1}{x}\right)^x=e$
$\lim_{x\to-\infty}\left(1+\frac{1}{x}\right)^x=e$
$\lim_{x\to0}(1+x)^{\frac{1}{x}}=e$

이제 지수함수와 로그함수의 도함수를 구하라.

• $\log_e a=\ln a$

> **정리 3.4**
>
> (1) $y=e^x\Rightarrow y'=e^x$
> $y=a^x\Rightarrow y'=a^x\ln a$ $(a\neq1,\ a>0)$
>
> (2) $y=\log_a x\Rightarrow y'=\frac{1}{x\ln a}$ $(a\neq1,\ a>0)$
> $y=\ln x\Rightarrow y'=\frac{1}{x}$

- $y=f(x)$
  $y'=f'(x)$
  $=\lim_{h\to 0}\frac{f(x+h)-f(x)}{h}$

증명 (1) $y=e^x$

$$y'=\lim_{h\to 0}\frac{e^{x+h}-e^x}{h}=\lim_{h\to 0}\frac{e^x(e^h-1)}{h}=e^x\lim_{h\to 0}\frac{e^h-1}{h}$$

여기서 $e^h-1=t$라 하면 $h\to 0$일 때 $t\to 0$이고

$e^h=1+t \quad \therefore h=\log_e(1+t)=\ln(1+t)$이므로

$$\lim_{h\to 0}\frac{e^h-1}{h}=\lim_{t\to 0}\frac{t}{\log_e(1+t)}=\lim_{t\to 0}\frac{1}{\frac{\log_e(1+t)}{t}}$$
$$=\lim_{t\to 0}\frac{1}{\frac{1}{t}\log_e(1+t)}=\lim_{t\to 0}\frac{1}{\log_e(1+t)^{\frac{1}{t}}}=\frac{1}{\log_e e}$$
$$=1$$

따라서 $\qquad y'=e^x\cdot 1=e^x$

또 $y=a^x$일 때

- $A^{\log_A B}=B$
  $e^{\log_e a^x}=a^x$

$$y'=(a^x)'=(e^{\log_e a^x})'=(e^{x\log_e a})'$$
$$=e^{x\log_e a}\cdot(x\log_e a)'$$
$$=e^{x\log_e a}\cdot\log_e a$$
$$=e^{\log_e a^x}\cdot\log_e a$$
$$=a^x\ln a$$

(2) $y=\log_a x$에서 $\quad x=a^y$

$$\therefore y'=\frac{dy}{dx}=\frac{1}{\frac{dx}{dy}}=\frac{1}{a^y\ln a}=\frac{1}{x\ln a}$$

여기서 $a=e$로 하면

- $\ln e=\log_e e=1$

$$(\ln x)'=(\log_e x)'=\frac{1}{x\ln e}=\frac{1}{x}$$ ■

예제 3.5 $y=e^{f(x)}$의 도함수를 구하여라.

풀이 정리 3.4와 합성함수의 미분법을 적용한다.

- $(e^{f(x)})'=e^{f(x)}\cdot f'(x)$

$z=f(x)$라 하면 $y=e^z$이므로

$$\frac{dy}{dx}=\frac{dy}{dz}\cdot\frac{dz}{dx}$$
$$=e^z\cdot f'(x)=e^{f(x)}\cdot f'(x)$$ ■

예제 3.6 다음 함수의 도함수를 구하여라.

(1) $y=\ln|x|$ (2) $y=\ln|f(x)|$

풀이 (1) $x>0$일 때, $y'=(\ln x)'=\dfrac{1}{x}$

$x<0$일 때, $y=\ln(-x)$, $-x=t\,(t>0)$라 하면

$$y=\ln t$$

$$\frac{dy}{dx}=\frac{dy}{dt}\cdot\frac{dt}{dx}=\frac{1}{t}\cdot(-1)=\frac{1}{-t}=\frac{1}{x}$$

따라서 $$\frac{dy}{dx}=\frac{d}{dx}(\log|x|)=\frac{1}{x}$$

(2) $t=f(x)$라 하면 $y=\ln|t|$

$$\therefore \frac{dy}{dx}=\frac{dy}{dt}\cdot\frac{dt}{dx}=\frac{1}{t}\cdot f'(x)=\frac{f'(x)}{f(x)}$$ ■

• $(\ln|x|)'=\dfrac{1}{x}$

• $(\ln|f(x)|)'=\dfrac{f'(x)}{f(x)}$

예제 3.7 다음 함수를 미분하여라.

(1) $y=x^x$ (2) $y=(\ln x)^x$

풀이 (1) 양변에 자연로그를 잡으면 $\ln y=\ln x^x=x\ln x$

양변을 x에 대하여 미분하면

$$\frac{y'}{y}=(x)'\ln x+x(\ln x)'$$

$$\therefore y'=y(\ln x+1)=x^x(1+\ln x)$$

(2) 양변에 자연로그를 잡으면 $\ln y=x\ln(\ln x)$

양변을 x에 대하여 미분하면

$$\frac{y'}{y}=(x)'\ln(\ln x)+x\{\ln(\ln x)\}'=\ln(\ln x)+\frac{x(\ln x)'}{\ln x}$$

$$\therefore y'=y\left\{\ln(\ln x)+\frac{1}{\ln x}\right\}=(\ln x)^x\left\{\ln(\ln x)+\frac{1}{\ln x}\right\}$$ ■

• $x(\ln x)'$
$=x\cdot\dfrac{1}{x}=1$

• $\ln(\ln x)^x$
$=x\ln(\ln x)$

예제 3.8 a가 임의의 실수일 때 $y=x^a$의 양변에 자연로그를 잡으면

$$\ln y=a\ln x$$

양변을 x에 대하여 미분하면

$$\frac{y'}{y}=a\cdot\frac{1}{x}\quad\therefore y'=y\cdot a\cdot\frac{1}{x}=x^a\cdot a\cdot\frac{1}{x}=ax^{a-1}$$ ■

• 실수 a에 대하여
$y=x^a$
$\Rightarrow y'=ax^{a-1}$

쌍곡선함수의 미분법

- $\sinh x = \dfrac{e^x - e^{-x}}{2}$

  $\cosh x = \dfrac{e^x + e^{-x}}{2}$

  $\tanh x = \dfrac{\sinh x}{\cosh x} = \dfrac{e^x - e^{-x}}{e^x + e^{-x}}$

  $\operatorname{csch} x = \dfrac{1}{\sinh x}$

  $\operatorname{sech} x = \dfrac{1}{\cosh x}$

  $\coth x = \dfrac{1}{\tanh x}$

쌍곡선함수와 역쌍곡선함수의 미분법을 알아본다.

쌍곡선함수의 도함수는 지수함수의 미분법을 적용하여 간단히 구할 수 있다.

정리 3.5

(1) $(\sinh x)' = \cosh x$　　(2) $(\cosh x)' = \sinh x$

(3) $(\tanh x)' = \operatorname{sech}^2 x$　　(4) $(\operatorname{csch} x)' = -\operatorname{csch} x \coth x$

(5) $(\operatorname{sech} x)' = \operatorname{sech} x \tanh x$　　(6) $(\coth x)' = -\operatorname{csch}^2 x$

증명 (1) $y = \sinh x$라 하면 $\sinh x = \dfrac{e^x - e^{-x}}{2}$이므로

$$y' = \frac{d}{dx}\sinh x = \frac{d}{dx}\left(\frac{e^x - e^{-x}}{2}\right) = \frac{e^x + e^{-x}}{2} = \cosh x$$

(2) $y = \cosh x$라 하면

$$y' = \frac{d}{dx}\cosh x = \frac{d}{dx}\left(\frac{e^x + e^{-x}}{2}\right) = \frac{e^x - e^{-x}}{2} = \sinh x$$

(3) $y = \tanh x$라 하면

$$y' = \frac{d}{dx}\tanh x = \frac{d}{dx}\left(\frac{\sinh x}{\cosh x}\right) = \frac{(\sinh x)'\cosh x - \cosh x \cdot (\sinh x)'}{\cosh^2 x}$$

$$= \frac{\cosh^2 x - \sinh^2 x}{\cosh^2 x} = \frac{1}{\cosh^2 x} = \operatorname{sech}^2 x$$

(4), (5), (6)도 위와 같이 증명할 수 있다. ■

예제 3.9 다음 함수를 미분하여라.

(1) $y = \cosh^2 3x$　　(2) $y = e^x \sinh x$

풀이 (1) $y' = \left\{(\cosh 3x)^2\right\}' = 2\cosh 3x \cdot (\cosh 3x)'$

$= 2\cosh 3x \cdot \sinh 3x \cdot (3x)'$

$= 6\cosh 3x \cdot \sinh 3x$

(2) $y' = \left(e^x\right)' \sinh x + e^x (\sinh x)'$

$= e^x \cdot \sinh x + e^x \cdot \cosh x$

$= e^x \cdot \dfrac{e^x - e^{-x}}{2} + e^x \cdot \dfrac{e^x + e^{-x}}{2} = \dfrac{e^x \cdot e^x - 1}{2} + \dfrac{e^x e^x + 1}{2}$

$= e^{2x}$ ■

- $e^x \cdot e^{-x} = e^{x-x} = e^0 = 1$

역쌍곡선함수의 도함수는 로그함수의 미분법을 적용하여 간단히 구할 수 있다.

정리 3.6

(1) $\left(\sinh^{-1}x\right)' = \dfrac{1}{\sqrt{1+x^2}}$ (4) $\left(\operatorname{csch}^{-1}x\right)' = \dfrac{1}{\sqrt{x^2+x^4}}$

(2) $\left(\cosh^{-1}x\right)' = \dfrac{1}{\sqrt{x^2-1}}$ (5) $\left(\operatorname{sech}^{-1}x\right)' = \dfrac{-1}{x\sqrt{1-x^2}}$

(3) $\left(\tanh^{-1}x\right)' = \dfrac{1}{1-x^2}$ (6) $\left(\coth^{-1}x\right)' = \dfrac{-1}{x^2-1}$

- $\sinh^{-1}x = \ln\left(x+\sqrt{x^2+1}\right)$

  $\cosh^{-1}x = \ln\left(x+\sqrt{x^2-1}\right)$

  $\tanh^{-1}x = \dfrac{1}{2}\ln\dfrac{1+x}{1-x}$

  $\operatorname{csch}^{-1}x = \ln\left(\dfrac{1}{x}+\sqrt{\dfrac{1}{x^2}+1}\right)$

  $\operatorname{sech}^{-1}x = \ln\left(\dfrac{1}{x}+\sqrt{\dfrac{1}{x^2}-1}\right)$

  $\coth^{-1}x = \dfrac{1}{2}\ln\dfrac{x+1}{x-1}$

증명 (1) $y=\sinh^{-1}x$라 하면 $\sinh^{-1}x = \ln\left(x+\sqrt{x^2+1}\right)$이므로

$$y' = \frac{d}{dx}\sinh^{-1}x = \frac{d}{dx}\ln\left(x+\sqrt{x^2+1}\right)$$
$$= \frac{1}{x+\sqrt{x^2+1}}\cdot\left(x+\sqrt{x^2+1}\right)'$$
$$= \frac{1}{x+\sqrt{x^2+1}}\cdot\left(1+\frac{x}{\sqrt{x^2+1}}\right) = \frac{1}{\sqrt{1+x^2}}$$

(2) $y=\cosh^{-1}x$라 하면 $\cosh^{-1}x = \ln\left(x+\sqrt{x^2-1}\right)$이므로

$$y' = \frac{d}{dx}\cosh^{-1}x = \frac{d}{dx}\ln\left(x+\sqrt{x^2-1}\right) = \frac{1}{x+\sqrt{x^2-1}}\cdot\left(x+\sqrt{x^2-1}\right)'$$
$$= \frac{1}{x+\sqrt{x^2-1}}\cdot\left(1+\frac{x}{\sqrt{x^2-1}}\right) = \frac{1}{\sqrt{x^2-1}}$$

- $(\ln|f(x)|)' = \dfrac{f'(x)}{f(x)}$

(3) $y=\tanh^{-1}x$라 하면 $\tanh^{-1}x = \dfrac{1}{2}\ln\dfrac{1+x}{1-x}$이므로

$$y' = \frac{d}{dx}\tanh^{-1}x = \frac{d}{dx}\left(\frac{1}{2}\ln\frac{1+x}{1-x}\right) = \frac{1}{2}\cdot\frac{1-x}{1+x}\cdot\left(\frac{1+x}{1-x}\right)'$$
$$= \frac{1}{2}\cdot\frac{1-x}{1+x}\cdot\frac{(1-x)-(-1)(1+x)}{(1-x)^2} = \frac{1}{1-x^2}$$

(4), (5), (6)도 위와 같이 증명할 수 있다. ■

예제 3.10 다음 함수를 미분하여라.

(1) $y=\sinh^{-1}(3x^2)$ (2) $y=\tanh^{-1}(2x)$

풀이 (1) $y' = \dfrac{1}{\sqrt{1+(3x^2)^2}}(3x^2)' = \dfrac{6x}{\sqrt{1+9x^4}}$

(2) $y' = \dfrac{1}{1-(2x)^2}(2x)' = \dfrac{2}{1-4x^2}$ ■

연습문제 9.3

1. 다음 함수를 미분하여라.

(1) $y=\cos 3x$ (2) $y=\sin x^3$ (3) $y=x\cos x$

(4) $y=\tan x^2$ (5) $y=\sqrt{\sin x}$ (6) $y=(x+\cos x)^2$

(7) $y=\cos\left(e^{2x}\right)$ (8) $y=\sin(\ln x)$ (9) $y=\sin\sqrt{x^2-1}$

(10) $y=\dfrac{\cos x}{\sin^2 x}$ (11) $y=\sin x\cos x$ (12) $y=\dfrac{1+x^2}{\cos x}$

2. 다음 함수를 미분하여라.

(1) $y=\sin^{-1}3x$ (2) $y=\cos^{-1}\sqrt{x}$ (3) $y=\tan^{-1}(1+x)$

(4) $y=\sec^{-1}(x^2-1)$ (5) $y=\csc^{-1}\dfrac{1}{x}$ (6) $y=x\cot^{-1}x^2$

• α 가 임의의 실수 $\left(x^{\alpha}\right)'=\alpha x^{\alpha-1}$

3. 다음 함수를 미분하여라.

(1) $y=e^{2x}$ (2) $y=5^x$ (3) $y=x^{\sqrt{3}}$

(4) $y=3^{x^2}$ (5) $y=(a^x-1)^3$ (6) $y=(\ln x)^3$

(7) $y=\ln(\ln x)$ (8) $y=\log_a x^4$ (9) $y=\log_a\left(\sqrt{x}+\dfrac{1}{x}\right)$

(10) $y=e^{\cos x}$ (11) $y=e^x\cos x$ (12) $y=\ln(\sin x)$

4. 다음 함수를 미분하여라.

(1) $y=x^{\frac{1}{x}}$ (2) $y=\left(\dfrac{1}{x}\right)^{\frac{1}{x}}$ (3) $y=x^{\ln x}$

(4) $y=x^{\sin^{-1}x}$ (5) $y=(\ln x)^{\frac{1}{x}}$ (6) $y=x^{\sin x}$

(7) $y=(\sin x)^{\sin x}$ (8) $y=(\cos x)^{\cos x}$ (9) $y=(\tan x)^{\sin x}$

(10) $y=\sqrt{\dfrac{1+x}{1-x}}$ (11) $y=(x-a_1)(x-a_2)(x-a_3)\cdots(x-a_n)$

5. 다음 함수를 미분하여라.

(1) $y=\sinh^2 3x$ (2) $y=\cosh\sqrt{x}$ (3) $y=\tanh(x-3x^2)$

(4) $y=x\,\mathrm{sech}\,x^3$ (5) $y=\ln(\cosh 3x)$ (6) $y=\sinh(\sin x)$

(7) $y=x^2\ln(\sin x^3)$ (8) $y=e^{\tanh x}(\cosh x)$ (9) $y=\mathrm{csch}^{-1}(\tan x)$

(10) $y=\tanh^{-1}(\cos x)$ (11) $y=e^{\cosh^{-1}x}$ (12) $y=e^{\sinh^{-1}x}\cdot\sin^{-1}x$

9.4 고계도함수

함수 $y=f(x)$의 도함수 $y'=f'(x)$가 미분가능할 때

$$\lim_{h\to 0}\frac{f'(x+h)-f'(x)}{h}$$

으로 얻어진 함수를 $y=f(x)$의 2계도함수(derivative of 2nd order)라 하고 다음과 같이 나타낸다.

$$y'',\ f''(x),\ \frac{d^2y}{dx^2},\ \frac{d^2}{dx^2}f(x),\ D_x^2 y,\ \cdots$$

또한 함수 $f''(x)$가 미분가능할 때 $f''(x)$를 미분하여 얻어진 함수를 $y=f(x)$의 3계도함수(derivative of 3rd order)라 한다.

이와 같이 함수 $y=f(x)$를 거듭 n회(번) 미분가능할 때, n계도함수를 생각할 수 있고 이 n계도함수를 다음과 같이 나타낸다.

$$y^{(n)},\ f^{(n)}(x),\ \frac{d^n y}{dx^n},\ \frac{d^n}{dx^n}f(x),\ D^n y,\ \cdots$$

$n\geq 2$일 때, $f^{(n)}(x)$를 $y=f(x)$의 고계도함수(derivative of higher order)라 한다.

- $y=f(x)$
  $f'(x)=\lim\limits_{h\to 0}\frac{f(x+h)-f(x)}{h}$
  $f''(x)=\lim\limits_{h\to 0}\frac{f'(x+h)-f'(x)}{h}$
- $y''',\ f'''(x),\ \frac{d^3y}{dx^3},\ \cdots$
- $\frac{d}{dx}\left(\frac{d^{n-1}}{dx^{n-1}}f(x)\right)=\frac{d^n}{dx^n}f(x)$

예제 4.1 다음 함수의 2계도함수를 구하여라.

(1) $y=x^3$ (2) $y=\sqrt{x}$

(3) $y=x\sin x$

풀이 (1) $y'=3x^2,\ y''=6x$

(2) $y'=\frac{1}{2\sqrt{x}}=\frac{1}{2}x^{-\frac{1}{2}}$,

$y''=\frac{1}{2}\cdot\left(-\frac{1}{2}\right)x^{-\frac{1}{2}-1}=-\frac{1}{4}x^{-\frac{3}{2}}=-\frac{1}{4x\sqrt{x}}$

(3) $y'=(x)'\sin x+x(\sin x)'$
$=\sin x+x\cos x$

$y''=(\sin x)'+(x\cos x)'$
$=\cos x+\{(x)'\cos x+x(\cos x)'\}$
$=\cos x+\cos x-x\sin x$
$=2\cos x-x\sin x$ ■

- $y = x^3$
  $y' = 3x^2$
  $y'' = 6x$
  $y''' = 6$
  $y^{\text{iv}} = y^{(4)} = 0$
  $y^{\text{v}} = y^{(5)} = 0$
  $\vdots$

예제 4.2 다음 함수의 3계도함수를 구하여라.

(1) $y = x^3$ (2) $y = \dfrac{1}{1-x^2}$ (3) $y = e^{2x}$

풀이 (1) $y' = 3x^2$, $y'' = 6x$, $y''' = 6$

(2) $$y = \frac{1}{1-x^2} = \frac{1}{(1-x)(1+x)} = \frac{1}{2}\left(\frac{1}{1-x} + \frac{1}{1+x}\right)$$
$$= \frac{1}{2}\{(1-x)^{-1} + (1+x)^{-1}\}$$
$$y' = \frac{1}{2}\{(-1)(1-x)^{-2}\cdot(-1) + (-1)(1+x)^{-2}\}$$
$$= \frac{1}{2}\{(1-x)^{-2} - (1+x)^{-2}\}$$
$$y'' = \frac{1}{2}\{(-2)(1-x)^{-3}\cdot(-1) - (-2)(1+x)^{-3}\}$$
$$= \frac{1}{2}\{2(1-x)^{-3} + 2(1+x)^{-3}\} = (1-x)^{-3} + (1+x)^{-3}$$
$$y''' = (-3)(1-x)^{-4}\cdot(-1) + (-3)(1+x)^{-4}$$
$$= \frac{3}{(1-x)^4} - \frac{3}{(1+x)^4}$$

- $y = e^{2x}$
  $y' = 2e^{2x}$
  $y'' = 2^2 e^{2x}$
  $y''' = 2^3 e^{2x}$
  $\vdots$
  $y^{(n)} = 2^n e^{2x}$

(3) $$y' = e^{2x}\cdot(2x)' = 2e^{2x}$$
$$y'' = 2e^{2x}(2x)' = 2^2 e^{2x}$$
$$y''' = 2^2 e^{2x}\cdot(2x)' = 2^3 e^{2x} = 8e^{2x}$$ ■

예제 4.3 $y = x^{\alpha}$ 의 n 계도함수를 구하여라.

풀이 $$y' = \alpha x^{\alpha-1}$$
$$y'' = \alpha(\alpha-1)x^{\alpha-2}$$
$$y''' = \alpha(\alpha-1)(\alpha-2)x^{\alpha-3}$$
$$y^{\text{iv}} = \alpha(\alpha-1)(\alpha-2)(\alpha-3)x^{\alpha-4}$$
$$\vdots$$
$$y^{(n)} = \alpha(\alpha-1)(\alpha-2)(\alpha-3)\cdots(\alpha-n+1)x^{\alpha-n}$$

- $y^{(n)} = \alpha(\alpha-1)(\alpha-2) \times (\alpha-3)\cdots\{\alpha-(n-1)\} \times x^{\alpha-n}$

이 때 α가 양정수라 하면

(i) $n < \alpha$ 일 때, $y^{(n)} = \alpha(\alpha-1)(\alpha-2)(\alpha-3)\cdots(\alpha-n+1)x^{\alpha-n}$

(ii) $n = \alpha$ 일 때, $y^{(n)} = \alpha(\alpha-1)(\alpha-2)(\alpha-3)\cdots 3\cdot 2\cdot 1 = \alpha!$

(iii) $n > \alpha$ 일 때, $y^{(\alpha)} = \alpha!$, $y^{(\alpha+1)} = 0$, $y^{(\alpha+2)} = 0$, $\cdots$, $y^{(n)} = 0$ ■

예제 4.4 다음 함수의 n 계도함수를 구하여라.

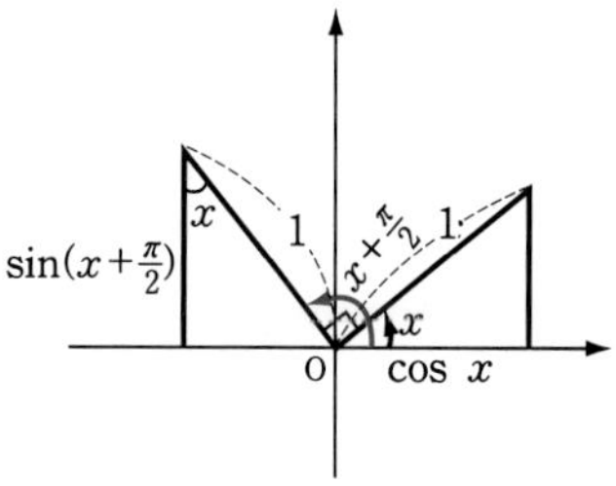

(1) $y=\sin x$　　(2) $y=e^{ax}$　　(3) $y=\ln x$

풀이 (1) $y=\sin x$

$$y'=\cos x=\sin\left(x+\frac{\pi}{2}\right)$$

$$y''=\left\{\sin\left(x+\frac{\pi}{2}\right)\right\}'=\cos\left(x+\frac{\pi}{2}\right)\cdot\left(x+\frac{\pi}{2}\right)'$$

$$=\cos\left(x+\frac{\pi}{2}\right)=\sin\left\{\left(x+\frac{\pi}{2}\right)+\frac{\pi}{2}\right\}=\sin\left(x+2\cdot\frac{\pi}{2}\right)$$

$$y'''=\cos\left(x+2\cdot\frac{\pi}{2}\right)=\sin\left\{\left(x+2\cdot\frac{\pi}{2}\right)+\frac{\pi}{2}\right\}=\sin\left(x+3\cdot\frac{\pi}{2}\right)$$

$$\vdots$$

$$y^{(n)}=\sin\left(x+\frac{n\pi}{2}\right)$$

(2) $y=e^{ax}$

$$y'=\left(e^{ax}\right)(ax)'=ae^{ax},\quad y''=a\left(e^{ax}\right)'=a\cdot e^{ax}\cdot(ax)'=a^2e^{ax}$$

$$y'''=a^2\left(e^{ax}\right)'=a^2e^{ax}(ax)'=a^3e^{ax},\quad\cdots,\quad y^{(n)}=a^ne^{ax}$$

(3) $y=\ln x,\ y'=x^{-1},\ y''=(-1)x^{-2},\ y'''=(-1)(-2)x^{-3}$

$$y^{\text{iv}}=(-1)(-2)(-3)x^{-4},\quad\cdots,\quad y^{(n)}=(-1)(-2)(-3)\cdots(n-1)x^{-n}$$

즉, $$y^{(n)}=\frac{(-1)^{n-1}\cdot(n-1)!}{x^n}$$ ■

- $y=e^x$
  $y'=e^x$
  $y''=e^x$
  $y'''=e^x$
  $\vdots$
  $y^{(n)}=e^x$, 즉
  $y=y'=y''=y'''=\cdots=y^{(n)}=e^x$

연습문제 9.4

1. 다음 함수의 n 계도함수를 구하여라.

(1) $y=\cos x$　　(2) $y=\sin 2x$　　(3) $y=a^x$

- $-\sin x=\cos\left(x+\frac{\pi}{2}\right)$
- $\frac{1}{a^2-x^2}=\frac{1}{(a-x)(a+x)}=\frac{1}{2a}\left(\frac{1}{a+x}+\frac{1}{a-x}\right)$
- $\frac{d^2y}{dx^2}=\frac{d}{dx}\left(\frac{dy}{dx}\right)$

2. $a\neq0$일 때 $y=\dfrac{1}{a^2-x^2}$의 n 계도함수를 구하여라.

3. $y=e^x\sin x$의 n 계도함수를 구하여라.

4. 2계도함수 $\dfrac{d^2y}{dx^2}$을, 역함수, 매개변수로 나타내는 함수에서 어떻게 구하는지를 설명하여라.

라이프니츠 정리 연구 과정

${}_nC_r$: 서로 다른 n 개(의 물건) 중 r 개를 택하는 경우의 수(조합의 수)를 의미하고

$${}_nC_r \text{, 또는} \binom{n}{r}$$

로 나타내며 다음과 같이 계산한다.

$$\begin{aligned}{}_nC_r &= \frac{n(n-1)(n-2)\cdots\{n-(r-1)\}}{r!} \\ &= \frac{n(n-1)(n-2)\cdots(n-r+1)}{r!} \\ &= \frac{n(n-1)(n-2)\cdots(n-r+1)(n-r)!}{r!(n-r)!} \\ &= \frac{n!}{r!(n-r)!}\end{aligned}$$

${}_nC_0$ 는 1로 하고, ${}_nC_n=1$이다.

예를 들어

$${}_{10}C_0=1,\ {}_{10}C_1=\frac{10!}{1!(10-1)!}=\frac{10\cdot 9!}{9!}=10$$

$${}_{10}C_2=\frac{10!}{2!8!}=\frac{10\cdot 9\cdot 8!}{2!\cdot 8!}=45$$

$${}_{10}C_3=\frac{10!}{3!7!}=\frac{10\cdot 9\cdot 8\cdot 7!}{3\cdot 2\cdot 1\cdot 7!}=120 \text{ 이고}$$

$${}_{10}C_3=\frac{10!}{3!7!}=\frac{10!}{7!(10-7)!}={}_{10}C_7 \text{이다.}$$

〈라이프니츠 정리, Leibniz Theorem〉

어떤 구간에서 x 의 함수 f, g가 n 회 미분가능하면

$$\begin{aligned}(fg)^{(n)} &= \sum_{r=0}^{n} {}_nC_r f^{(n-r)} g^{(r)} \\ &= f^{(n)} g + n f^{(n-1)} g' + \cdots \\ &\quad \cdots + \frac{n(n-1)\cdots(n-r+1)}{r!} f^{(n-r)} g^{(r)} \\ &\quad + f g^{(n)}\end{aligned}$$

증명 수학적 귀납법으로 증명하자.

(i) $n=1$ 일 때,

$$\begin{aligned}(fg)' &= \sum_{r=0}^{1} {}_1C_r f^{(1-r)} g^{(r)} \\ &= {}_1C_0 f' g^{(0)} + {}_1C_1 f^{(0)} g' \\ &= f'g + fg'\end{aligned}$$

따라서 성립한다.

(ii) $n=k$ 일 때 성립한다고 가정하자. 즉

$$\begin{aligned}(fg)^{(k)} &= \sum_{r=0}^{k} {}_kC_r f^{(k-r)} g^{(r)} \\ &= f^{(k)} g + {}_kC_1 f^{(k-1)} g' + {}_kC_2 f^{(k-2)} g'' \\ &\quad + \cdots + {}_kC_r f^{(k-r)} g^{(r)} + \cdots + f g^{(k)}\end{aligned}$$

양변을 x에 대하여 미분하고

$${}_kC_r + {}_kC_{r+1} = {}_{k+1}C_{r+1}$$

을 적용한다.

$$\begin{aligned}&(fg)^{(k+1)} \\ &= \left\{f^{(k+1)} g + f^{(k)} g'\right\} \\ &\quad + {}_kC_1\left\{f^{(k)} g' + f^{(k-1)} g''\right\} \\ &\quad + {}_kC_2\left\{f^{(k-1)} g'' + f^{(k-2)} g'''\right\} \\ &\quad + \cdots \\ &\quad + {}_kC_r\left\{f^{(k-r+1)} g^{(r)} + f^{(k-r)} g^{(r+1)}\right\} \\ &\quad + \cdots \\ &\quad + \left\{f' g^{(k)} + f g^{(k+1)}\right\} \\ &= f^{(k+1)} g + ({}_kC_0 + {}_kC_1) f^{(k)} g' \\ &\quad + ({}_kC_1 + {}_kC_2) f^{(k-1)} g'' \\ &\quad + ({}_kC_2 + {}_kC_3) f^{(k-2)} g''' \\ &\quad + \cdots \\ &\quad + ({}_kC_r + {}_kC_{r+}1) f^{(k-r)} g^{(r+1)} \\ &\quad + \cdots + f g^{(k+1)} \\ &= f^{(k+1)} g + {}_{k+1}C_1 f^{(k)} g' + {}_{k+1}C_2 f^{(k-1)} g'' \\ &\quad + \cdots + {}_{k+1}C_r f^{(k+1-r)} g^{(r)} + \cdots + f g^{(k+1)} \\ &= \sum_{r=0}^{k+1} {}_{k+1}C_r f^{(k+1-r)} g^{(r)}\end{aligned}$$

$n=k+1$ 일 때에도 성립한다. ■

라이프니츠 정리

예제 $y=x^3e^x$ 의 n 계도함수를 구하여라.

풀이 $y^{(n)}=\sum_{r=0}^{n}{}_nC_r\left(x^3\right)^{(r)}\left(e^x\right)^{(n-r)}$

여기서 $f(x)=x^3$ 이라 하면

$$f'(x)=3x^2,\ f''(x)=6x,\ f'''(x)=6,\ \cdots$$
$$\cdots,\ f^{(r)}(x)=0\,(r\geq 4)$$

따라서

$$\begin{aligned}y^{(n)}=&x^3\left(e^x\right)^{(n)}+{}_nC_1\left(x^3\right)'\left(e^x\right)^{(n-1)}\\&+{}_nC_2\left(x^3\right)''\left(e^x\right)^{(n-2)}\\&+{}_nC_3\left(x^3\right)'''\left(e^x\right)^{(n-3)}\\&+{}_nC_4\left(x^3\right)^{\text{iv}}\left(e^x\right)^{(n-4)}\\&+\cdots\end{aligned}$$

$$\begin{aligned}\therefore\ y^{(n)}=&x^3e^x+n\cdot 3x^2\cdot e^x\\&+\frac{n(n-1)}{2!}(6x)e^x\\&+\frac{n(n-1)(n-2)}{3!}\cdot 6\cdot e^x\\&+\frac{n(n-1)(n-2)(n-3)}{4!}\cdot 0\cdot e^x\\&+\cdots\\=&x^3e^x+3nx^2e^x+3n(n-1)xe^x\\&+n(n-1)(n-2)e^x+0+0+\cdots\\=&e^x\{x^3+3nx^2+3n(n-1)x\\&+n(n-1)(n-2)\}\ ■\end{aligned}$$

문제 #1. 위의 예제와 같은 방법으로

(1) $y=x^3\ln x$　　　(2) $y=x^2a^x$

의 n 계도함수를 구하여 보라.

문제 #2. $f(x)=\tan^{-1}x$ 일 때 $f^{(n)}(0)$의 값을 구하여 보라.

미분 　　　연구 과정

함수 $y=f(x)$가 x에 대하여 미분가능할 때

$$\lim_{\Delta x\to 0}\frac{f(x+\Delta x)-f(x)}{\Delta x}=f'(x)\qquad\cdots ①$$

이다. 여기서 $\Delta x\to 0$ 일 때, $\varepsilon(\Delta x)\to 0$ 인 $\varepsilon(\Delta x)$가 존재하여 ①은

$$\frac{f(x+\Delta x)-f(x)}{\Delta x}-f'(x)=\varepsilon(\Delta x),\ \Delta x\neq 0$$

이라 나타낼 수 있다.

$$\therefore f(x+\Delta x)-f(x)=f'(x)\,\Delta x+\varepsilon(\Delta x)\cdot\Delta x\qquad\cdots ②$$

②의 우변의 첫째항 $f'(x)\,\Delta x$ 에서 Δx 의 계수 $f'(x)$ 는 일정하나 둘째항 $\varepsilon(\Delta x)\cdot\Delta x$ 에서 Δx 의 계수 $\varepsilon(\Delta x)$ 는 0에 수렴하므로 좌변

$$f(x+\Delta x)-f(x),\ 즉\ \Delta y$$

의 주된 값은 $f'(x)\,\Delta x$ 임을 알 수 있다.

이 때 $f'(x)\,\Delta x$ 를 점 x에서의 $f(x)$의 미분(differential)이라 하고

$$dy,\ df(x)$$

로 나타낸다. 즉

$$dy=df(x)=f'(x)\,\Delta x\qquad\cdots ③$$

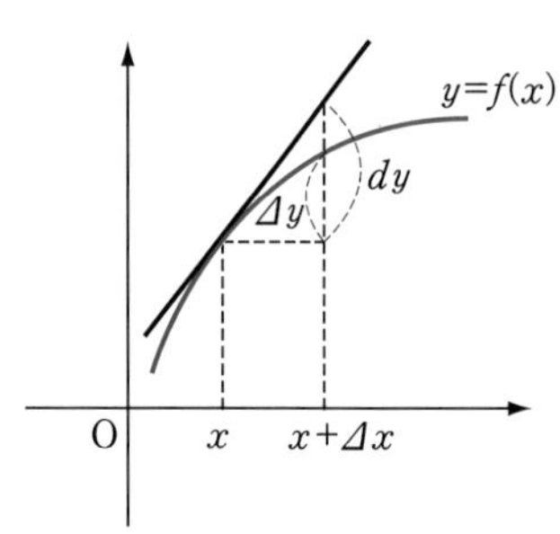

여기서 Δx 는 x와 관계없으나 dy는 변수 x와 변수 Δx 의 함수로 볼 수 있다.

$$y=f(x)=x$$

라 하면 x를 x의 함수로 보아 $f'(x)=1$이므로 ③과 같은 방법으로 나타내면

$$\begin{aligned} dx &= df(x) \\ &= f'(x)\Delta x = 1 \cdot \Delta x \qquad \cdots ④ \\ &= \Delta x \end{aligned}$$

즉, 변수 x의 미분은 x의 증분 Δx이다. ③, ④에서

$$dy = f'(x)dx \qquad \cdots ⑤$$

$$\therefore f'(x) = \frac{dy}{dx}\left(= \frac{y\text{의 미분}}{x\text{의 미분}}\right)$$

으로 $f'(x)$는 미분의 몫이다.

①, ②에서

$$f(x) \neq 0,\ \Delta x \doteqdot 0$$

$$\Delta y = f(x+\Delta x) - f(x) \doteqdot f'(x)\Delta x \qquad \cdots ⑥$$

따라서 함수 $y = f(x)$에서 x의 변화량 Δx에 대하여 함수값의 변화량 Δy를 Δx의 일차식으로 그 근사값을 ⑥과 같이 구할 수 있다.

예제 1 $\sin 45° = 0.7071$이다. $\sin 46°$의 근사값을 구하여라.

풀이 $f(x) = \sin x$라 하면

$$f'(x) = \cos x$$

그리고 $x = 45°$, $\Delta x = 1°$로 하자.

그러면

$$\Delta y = f(x+\Delta x) - f(x) \doteqdot f'(x)\Delta x$$

에 의하여

$$\Delta y = f(45° + 1°) - f(45°) \doteqdot f'(45°) \times 1°$$

즉
$$\begin{aligned} \Delta y &= \sin(45° + 1°) - \sin(45°) \\ &\doteqdot (\cos 45°) \times 1° \end{aligned}$$

이 때 $\sin 45° = \cos 45° = 0.7071$

$$1° = \frac{\pi}{180} \doteqdot 0.0175$$

이므로

$$\sin 46° - \sin 45° \doteqdot (\cos 45°) \times 1°$$

에서

$$\begin{aligned} \sin 46° &\doteqdot \sin 45° + (\cos 45°) \times 1° \\ &= 0.7071 + 0.7071 \times 0.0175 \\ &\doteqdot 0.7071 + 0.0124 \\ &= 0.7195 \end{aligned}$$

■

예제 2 $x = 4.9998$일 때 함수

$$f(x) = x^3 - 2x^2 + x - 10$$

의 (함수값의) 근사값을 구하여라.

풀이 $x = 5$로 하면 $\Delta x = -0.0002$

$f'(x) = 3x^2 - 4x + 1$이므로

$$\begin{aligned} df(x) &= f'(x)\Delta x \\ &= (3 \cdot 5^2 - 4 \cdot 5 + 1) \cdot (-0.0002) \end{aligned}$$

즉 $\Delta f(x) = f(x+\Delta x) - f(x)$

$$\begin{aligned} &= f(5 - 0.0002) - f(5) \\ &\doteqdot (3 \cdot 5^2 - 4 \cdot 5 + 1) \cdot (-0.0002) \\ &= 56 \times (-0.0002) = -0.0112 \end{aligned}$$

$$\begin{aligned} \therefore f(4.9998) &\doteqdot f(5) + (-0.0112) \\ &= (5^3 - 2.5^2 + 5 - 10) + (-0.0112) \\ &= 69.9888 \end{aligned}$$

■

예제 3 $h \doteqdot 0$일 때 $(1+h)^\alpha \doteqdot 1 + \alpha h (\alpha > 1)$임을 밝혀라.

증명 $f(x) = x^\alpha$로 하면

$$df(x) = f'(x)\Delta x = \alpha x^{\alpha - 1}\Delta x$$

$\Delta x \doteqdot 0$일 때

$$\Delta f(x) = f(x+\Delta x) - f(x) = f'(x)\Delta x$$

$$\therefore \Delta f(x) = (x+\Delta x)^\alpha - x^\alpha \doteqdot \alpha x^{\alpha-1}\Delta x$$

$$\begin{aligned} (x+\Delta x)^\alpha &\doteqdot x^\alpha + \alpha x^{\alpha-1}\Delta x \\ &= x^\alpha\left(1 + \frac{\alpha}{x} \cdot \Delta x\right) \end{aligned}$$

여기서 $x = 1$, $\Delta x = h$로 하면

$$(1+h)^\alpha \doteqdot 1^\alpha(1+\alpha h) = 1 + \alpha h$$

■

9.5 도함수의 활용

함수의 증가, 감소

도함수의 부호에 의하여 함수값이 변화하는 상태를 알 수 있다. 다시 말하면 미분계수의 부호에 따라 주어진 점에서 함수의 증가상태와 감소상태를 알아볼 수 있다.

함수 $f(x)$의 $x=x_1$에서의 미분계수

$$f'(x_1)=\lim_{\Delta x\to 0}\frac{f(x_1+\Delta x)-f(x_1)}{\Delta x}$$

는 $|\Delta x|$가 충분히 작으면 다음과 같이 나타낼 수 있다.

$$f'(x_1)\fallingdotseq\frac{f(x_1+\Delta x)-f(x_1)}{\Delta x}$$

따라서 충분히 작은 $|\Delta x|$에 대하여

(i) $f'(x_1)>0$인 경우

$\frac{f(x_1+\Delta x)-f(x_1)}{\Delta x}>0$이므로

$\Delta x>0$일 때, $f(x_1+\Delta x)-f(x_1)>0$

즉, $f(x_1+\Delta x)>f(x_1)$

$\Delta x<0$일 때, $f(x_1+\Delta x)-f(x_1)<0$

즉, $f(x_1+\Delta x)<f(x_1)$

이 경우 함수 $y=f(x)$는 $x=x_1$에서 증가상태(increasing state)에 있다고 한다.

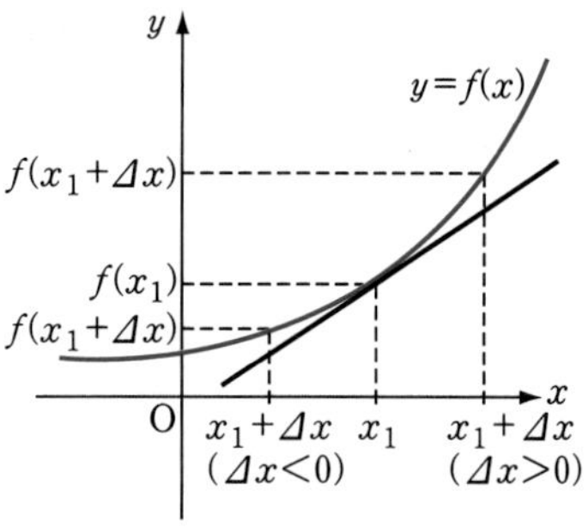

• $f'(x_1)>0$: $x=x_1$에서의 $y=f(x)$의 그래프에 대한 접선의 기울기가 양, : $y=f(x)$는 $x=x_1$에서 증가상태

(ii) $f'(x_1)<0$인 경우

$\frac{f(x_1+\Delta x)-f(x_1)}{\Delta x}<0$이므로

$\Delta x>0$일 때, $f(x_1)>f(x_1+\Delta x)$

$\Delta x<0$일 때, $f(x_1)<f(x_1+\Delta x)$

이 경우 함수 $y=f(x)$는 $x=x_1$에서 감소상태에 있다고 한다.

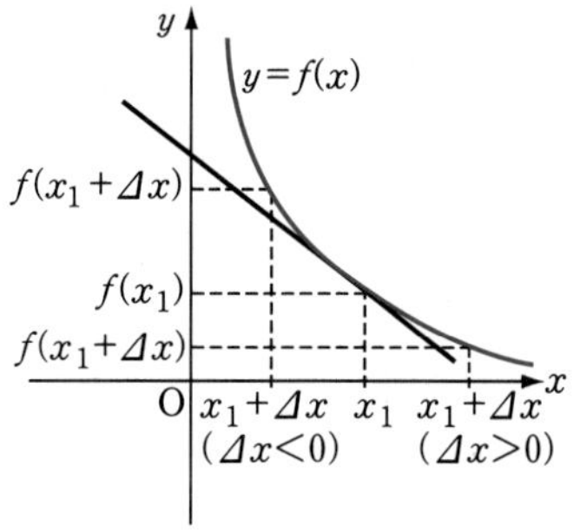

• $f'(x_1)<0$: $x=x_1$에서의 $y=f(x)$의 그래프에 대한 접선의 기울기가 음, : $y=f(x)$는 $x=x_1$에서 감소상태

• 감소상태(decreasing state)

• $f(x)=x^3$은 $x=0$에서 증가상태에 있지만 $f'(0)>0$이 아니고 $f'(x)=0$이므로 「$f'(x_1)>0 \Rightarrow f(x)$는 $x=x_1$에 증가상태에 있다.」의 역은 성립하지 않는다.

예제 5.1 함수 $f(x)=x^2-3x+4$에 대하여 다음 x의 값에서 증가상태인지 감소상태인지를 조사하여라.

(1) $x=-2$ (2) $x=2$

풀이 주어진 함수의 도함수 $f'(x)=2x-3$에서

(1) $f'(-2)=-7<0$이므로 $f(x)$는 $x=-2$에서 감소상태에 있고,

(2) $f'(2)=1>0$이므로 $f(x)$는 $x=2$에서 증가상태에 있다. ■

함수 $f(x)$가 어떤 구간의 임의의 두 수 x_1, x_2에 대하여

$$x_1<x_2 \text{이면} \quad f(x_1)<f(x_2)$$

일 때, 함수 $f(x)$는 이 구간에서 증가한다(increase)고 하며, 이 구간에서 증가함수(increasing function)라 한다.

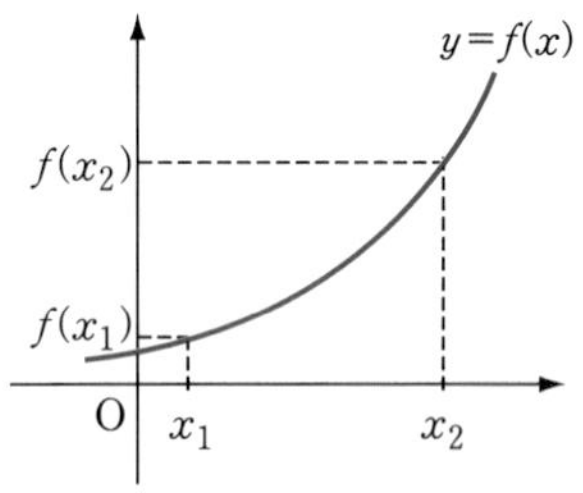

또, $x_1<x_2$이면 $f(x_1)>f(x_2)$

일 때, 함수 $f(x)$는 이 구간에서 감소한다(decrease)고 하며, 이 구간에서 감소함수(decreasing function)라 한다.

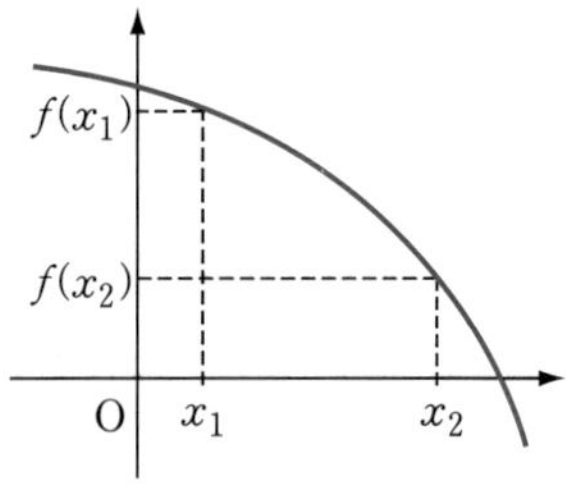

• 함수 $y=f(x)$가 어떤 구간에서 미분가능할 때 이 구간의 모든 x에 대하여 $f'(x)>0$이면 $f(x)$는 이 구간에서 증가한다. $f'(x)<0$이면 $f(x)$는 이 구간에서 감소한다.

따라서 함수 $y=f(x)$의 도함수 $f'(x)$가 어떤 구간에서 양이면 $f(x)$는 이 구간의 모든 점에서 증가상태에 있으므로 $f(x)$는 이 구간에서 증가한다.

또 $f'(x)$가 어떤 구간에서 음이면 $f(x)$는 이 구간의 모든 점에서 감소상태에 있으므로 $f(x)$는 이 구간에서 감소한다.

예제 5.2 함수 $f(x)=x^3-3x-2$의 증가, 감소를 조사하여라.

풀이 $f'(x)=3x^2-3=3(x+1)(x-1)$이므로 함수 $f(x)$의 증가와 감소를 알아보려고 표를 만들면 다음과 같다.

• ↗는 함수 $f(x)$의 증가, ↘는 함수 $f(x)$의 감소를 나타낸다. 이것을 사용한 오른쪽과 같은 표를 증감표라 한다.

x	$x<-1$	-1	$-1<x<1$	1	$1<x$
$f'(x)$	$+$	0	$-$	0	$+$
$f(x)$	↗	0	↘	-4	↗

즉, $f(x)$는 $-1<x<1$에서 감소하고, $x<-1$ 또는 $x>1$에서 증가한다. ■

예제 5.3 함수 $f(x)=x^3+x^2+x+1$은 모든 실수 x에 대하여 증가함을 밝혀라.

증명 $f'(x)=3x^2+2x+1$

$f'(x)=0$ 즉, $3x^2+2x+1=0$의 판별식 $\frac{D}{4}=1^2-3\cdot1=-2<0$이므로

$y=3x^2+2x+1$의 그래프는 x축과 만나지 않고 x축 위쪽에만 존재한다.

따라서 모든 실수 x에 대하여 $3x^2+2x+1>0$

즉, $$f'(x)>0$$

그러므로 함수 $y=f(x)$는 모든 실수 x에 대하여 증가한다. ■

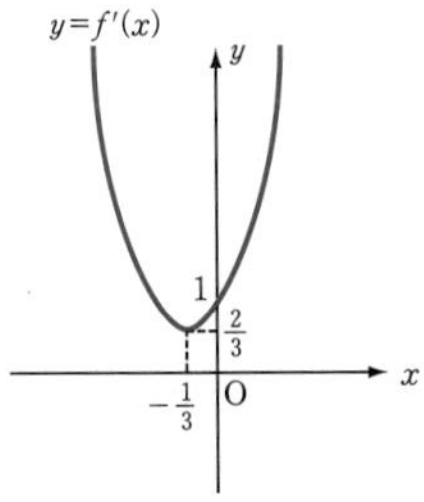

예제 5.4 다음과 같은 함수의 증가, 감소를 조사하여라.

(1) $f(x)=\frac{1}{x^2}$ (2) $f(x)=\sqrt{x+1}$

(3) $f(x)=2^x$ (4) $f(x)=\left(\frac{1}{2}\right)^x$

(5) $f(x)=\ln x$ (6) $f(x)=\frac{3}{2}x+\cos x$

풀이 (1) $f'(x)=-2x^{-2-1}=\frac{-2}{x^3}$

$x>0$이면 $f'(x)<0$, $x<0$이면 $f'(x)>0$이므로, 주어진 함수는 $(0, \infty)$에서 감소, $(-\infty, 0)$에서 증가한다.

(2) $(-1, \infty)$에서 $f'(x)=\frac{1}{2\sqrt{x+1}}>0$이므로 $(-\infty, \infty)$에서 즉 모든 실수 x에 대하여 $f(x)=\sqrt{x+1}$은 증가한다.

(3) $f'(x)=2^x\ln2$, 모든 실수 x에 대하여 $f'(x)>0$이므로 $f(x)=2^x$는 $(-\infty, \infty)$에서 증가한다.

(4) $f'(x)=\left(\frac{1}{2}\right)^x\ln\frac{1}{2}=-\left(\frac{1}{2}\right)^x\ln2$, 모든 실수 x에 대하여 $f'(x)<0$이므로 이 함수는 $(-\infty, \infty)$에서 감소한다.

(5) $f'(x)=\frac{1}{x}$, 정의역 $(0, \infty)$에서 $f'(x)>0$이므로 이 함수는 이 구간에서 증가한다.

(6) $f'(x)=\frac{3}{2}-\sin x$, $[0, \infty]$에서 $f'(x)>0$이므로 이 함수는 이 구간에서 증가한다. ■

• $a\le x_1<x_2\le b$ 일 때,
$f(x_1)\le f(x_2)$
이면 $f(x)$는 단조증가함수(monotone increasing function),
$f(x_1)\ge f(x_2)$
이면 $f(x)$는 단조감소함수(monotone decreasing function)라 한다.

함수의 극대, 극소

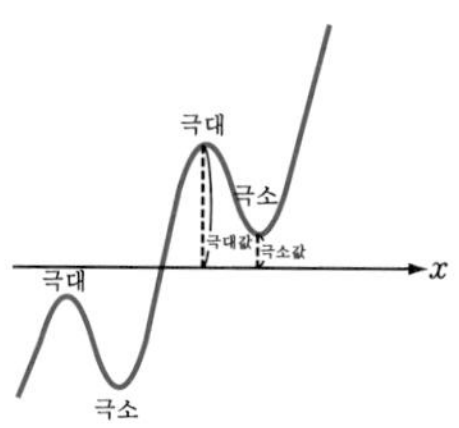

함수 $f(x)$가 $x=x_1$, $x=x_2$에서 연속이다.

그리고 x가 증가하면서

(i) $x=x_1$의 좌우에서 $f(x)$가 증가상태에서 감소상태로 변하면 $f(x)$는 $x=x_1$에서 극대가 된다고 하고 $f(x_1)$을 극댓값(relative maximum, local maximum)이라 한다.

(ii) $x=x_2$의 좌우에서 $f(x)$가 감소상태에서 증가상태로 변하면 $f(x)$는 $x=x_2$에서 극소가 된다고 하고 $f(x_2)$를 극솟값(relative minimum, local minimum)이라 한다.

극댓값과 극솟값을 통틀어 극값(relative extremum, local extremum)이라 한다.

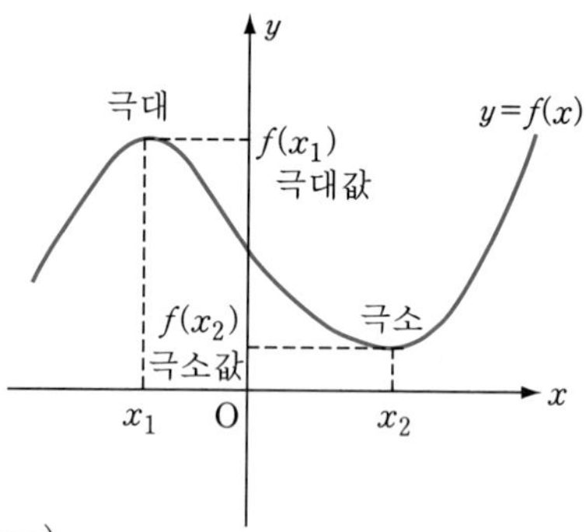

> **정리 5.1**
>
> 함수 $f(x)$가 극값을 갖고, 그리고 $f'(x_1)$이 존재하면 $f'(x_1)=0$이다.

증명 먼저 함수 $f(x)$가 $x=x_1$에서 극댓값을 갖는다고 가정한다. 그러면 x_1에 충분히 가까운 x의 값에 대하여

$$f(x_1) \geq f(x)$$

마찬가지로 h가 양이거나 음으로 0에 가까울 때

$$f(x_1) \geq f(x_1+h) \text{ 즉, } f(x_1+h)-f(x_1) \leq 0$$

(i) $h>0$일 때, $\dfrac{f(x_1+h)-f(x_1)}{h} \leq 0$

$$\therefore \lim_{h\to+0}\frac{f(x_1+h)-f(x_1)}{h} \leq \left(\lim_{h\to+0} 0 = \right) 0 \text{ 즉, } f'(x_1) \leq 0$$

(ii) $h<0$일 때, $\dfrac{f(x_1+h)-f(x_1)}{h} \geq 0$

$$\therefore \lim_{h\to-0}\frac{f(x_1+h)-f(x_1)}{h} \geq \left(\lim_{h\to-0} 0 = \right) 0 \text{ 즉, } f'(x_1) \geq 0$$

(i), (ii)의 결과에 의하여 $f'(x_1)=0$

$f(x)$가 극솟값을 갖는 경우도 위와 같은 방법으로 증명된다. ■

• $f'(x_1)$이 존재함은 $f(x)$가 $x=x_1$에서 미분가능하고

$f'(x)$

$=\lim_{h\to0}\dfrac{f(x_1+h)-f(x_1)}{h}$

$=\lim_{h\to0^+}\dfrac{f(x_1+h)-f(x_1)}{h}$

$=\lim_{h\to0^-}\dfrac{f(x_1+h)-f(x_1)}{h}$

일반적으로 정리 5.1의 역은 성립하지 않는다. 다시 말해서 함수 $f(x)$에 대하여 $f'(x)=0$를 만족하는 x의 값에서 $f(x)$가 반드시 극값을 갖는 것은 아니다.

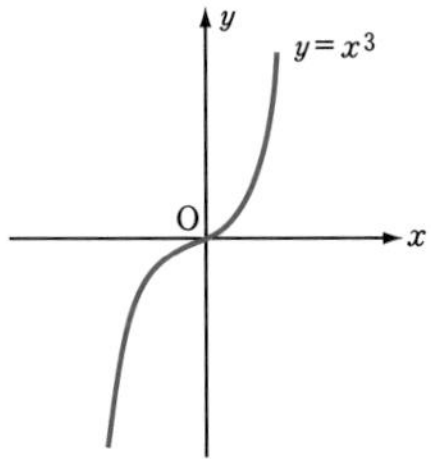

예를 들어 $f(x)=x^3$을 보자.

$f'(x)=3x^2=0$에서 $x=0$ 즉, $f'(0)=0$이다. 그렇지만 $f'(x)$의 부호는 $x=x_1$의 좌우(또는 앞뒤)에서 바뀌지 않고 $x\neq0$인 모든 x에 대하여 $f'(x)=3x^2>0$이므로 이 함수 $f(x)=x^3$은 $x=0$에서 극값을 가지지 않는다.

따라서 함수 $y=f(x)$가 $x=x_1$에서 연속이고, $x=x_1$의 좌우에서 $f'(x)$의 부호가

(1) $+$에서 $-$로 변하면 $f(x)$는 $x=x_1$에서 극대, $f(x_1)$은 극댓값

(2) $-$에서 $+$로 변하면 $f(x)$는 $x=x_1$에서 극소, $f(x_1)$은 극솟값이다.

예제 5.5 함수 $f(x)=x^3-6x^2+9x+2$의 극값을 구하고 그 그래프를 그려라.

• $f'(x)=0$인 x의 값을 구하고 이 x의 값 좌우에서 $f'(x)$의 부호를 조사하여 극값을 구한다.

• 극값을 이용하여 함수의 그래프를 그릴 수 있다.

풀이 $f'(x)=3x^2-12x+9=3(x-1)(x-3)$

$f'(x)=0$에서 $x=1,\ 3$

$f(1)=6,\ f(3)=2$

x	$\cdots$	1	$\cdots$	3	$\cdots$
$f'(x)$	$+$	0	$-$	0	$+$
$f(x)$	↗	6	↘	2	↗

따라서 극댓값은 6, 극솟값은 2 ■

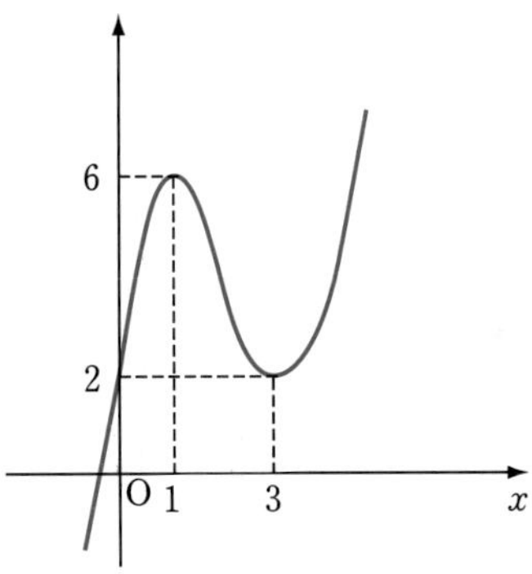

예제 5.6 $f(x)=x^{\frac{2}{3}}$의 증가, 감소, 극값을 갖는지를 설명하여라.

$$f'(x)=\frac{2}{3}x^{\frac{2}{3}-1}=\frac{2}{3}\cdot\frac{1}{x^{\frac{1}{3}}}=\frac{1}{3\sqrt[3]{x}},\ x=0$$

에서 연속이나 미분불능이다. 그러나 증감표에서 증가, 감소상태로 $f(x)$는 $x=0$에서 극소이고, 극솟값은 $f(0)=0$

x	$-\infty$	$\cdots$	0	$\cdots$	$+\infty$
$f'(x)$		$-$		$+$	
$f(x)$	$+\infty$	↘	0	↗	$+\infty$

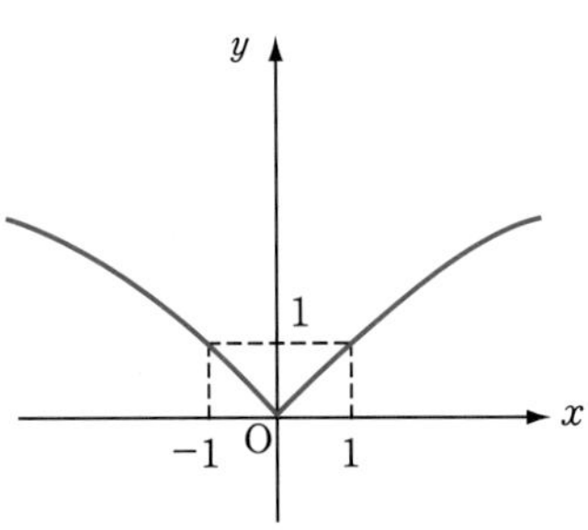

■

곡선의 오목 · 볼록

함수 $y=f(x)$가 $x=x_1$에서 미분가능하고 곡선 위의 점 $(x_1, f(x_1))$에서 곡선 $y=f(x)$에의 접선과, 충분히 작은 $h\,(h>0)$에 대하여 x_1의 좌측 x_1-h에서 우측 x_1+h 사이의 임의의 x에서 이 곡선에 그은 접선이 있다.

• 「위로 오목」은 「아래로 볼록」, 「아래로 오목」은 「위로 볼록」이라고도 한다.

(i) 곡선 $y=f(x)$가 이 접선들 위쪽에 있을 때 이 곡선은 점 $x=x_1$ 또는 점$(x_1, f(x_1))$에서 위로 오목(concave upward)이라 하고

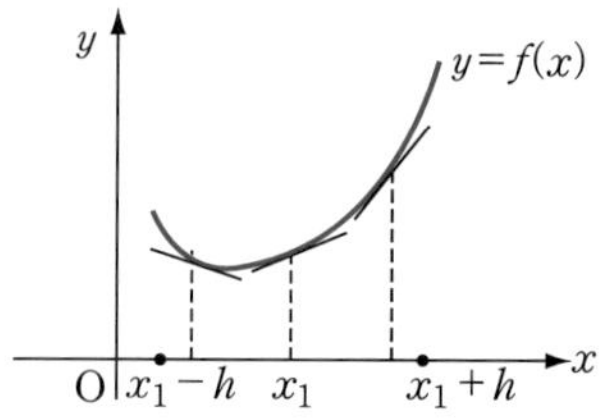

(위로 오목)

(ii), (i)과 반대로 곡선 $y=f(x)$가 그 접선들 아래쪽에 있을 때 이 곡선은 점 $x=x_1$ 또는 $(x_1, f(x_1))$에서 아래로 오목(concave downward)이라 한다.

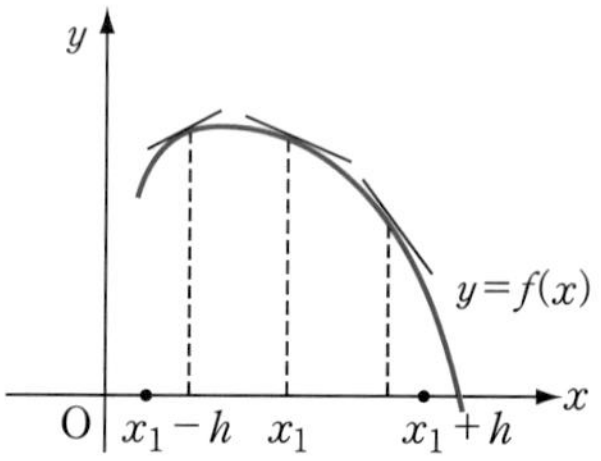

(아래로 오목)

• $y=f(x)$에 대하여 (a, b)에서 $f'(x)>0$이면 $f(x)$는 증가하고 $f'(x)<0$이면 $f(x)$는 감소한다.

또한, 다음과 같이 생각할 수 있다.

함수 $y=f(x)$가 구간 (a, b)에서 2계도함수가 존재할 때, 구간 (a, b)에 있는 모든 x에 대하여

(i) $f''(x)>0$일 때

$f'(x)$는 구간 (a, b)에서 증가한다.

이것은 (a, b)에서 이 곡선의 접선의 기울기가 증가함을 뜻하므로 곡선은 이 구간에서 위로 굽는다.

즉 이 곡선은 구간 (a, b)에서 위로 오목이고,

(ii) $f''(x)<0$일 때

$f'(x)$는 구간 (a, b)에서 감소한다.

이것은 (a, b)에서 이 곡선의 접선의 기울기가 감소함을 뜻하므로 곡선은 이 구간에서 아래로 굽는다.

즉 이 곡선은 구간 (a, b)에서 아래로 오목이다.

그리고 곡선 $y=f(x)$ 위의 점 $(c, f(c))$에서 곡선이 위로 오목이다가 아래로 오목, 또는 아래로 오목이다가 위로 오목일 때 이 점 $(c, f(c))$를 변곡점(inflection point, point of inflection)이라 한다.

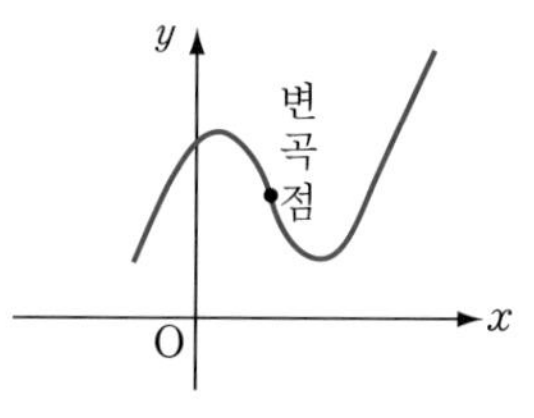

곡선 $y = f(x)$에서 $f''(c) = 0$이든지 $f''(c)$가 존재하지 않든지 점$(c,\ f(c))$는 이 곡선의 변곡점일 수도 있다.

• 함수 $f(x)$의 변곡점에서 이계도함수는 0이거나 존재하지 않는다.

그러나 $f''(x)$의 부호가 $x = c$의 앞뒤에서 바뀌면 점$(c,\ f(c))$는 이 곡선의 변곡점이다.

예를 들어, 함수 $f(x) = (x-1)^4$을 관찰하자.

$$f'(x) = 4(x-1)^3$$
$$f''(x) = 12(x-1)^2$$

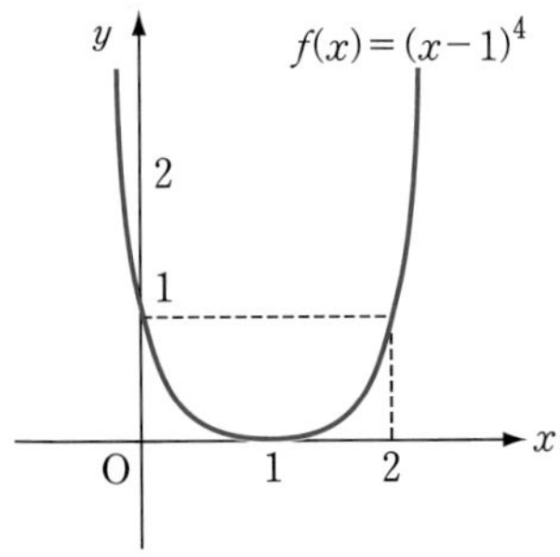

$f''(x) = 0$에서 $x = 1$, 이 함수는 모든 실수 $x(x \neq 1)$에 대하여 $f''(x) > 0$이기 때문에 점 (1, 0)는 변곡점이 아니다.

곡선 $f(x) = (x-1)^4$은 항상 위로 오목하고 변곡점이 없다.

그러므로 곡선 $y = f(x)$의 변곡점을 찾으려면 $f''(x) = 0$이 되는 점의 좌우에서, 즉 $f''(x) = 0$에서 $x = c$일 때 $x = c$의 앞뒤(좌우)에서 $f''(x)$의 부호가 변하는지를 조사하여야 한다.

예제 5.7 함수 $f(x) = x^3 - 3x^2 - 9x + 12$의 극값을 구하고 변곡점이 있으면 찾아라.

풀이 $f'(x) = 3x^2 - 6x - 9 = 3(x+1)(x-3)$

$$f'(x) = 0\text{에서 } x = -1,\ 3$$

$f''(x) = 6x - 6 = 6(x-1)$

$$f''(x) = 0\text{에서 } x = 1$$

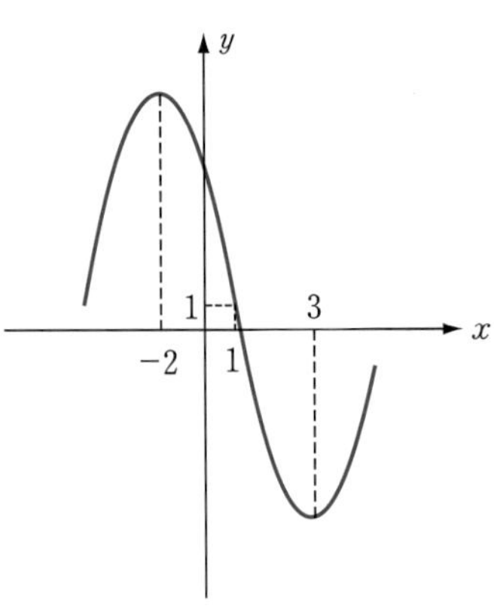

x	…	-1	…	1	…	3	…
f'의 부호	+	0	−	−	−	0	+
f''의 부호	−	−	−	0	+	+	+
f의 증감	↗	$f(-1)$ 17	↘	$f(1)$ 1	↘	$f(3)$ -15	↗
곡선의 오목	아래로		아래로		위로		위로
곡선의 모양	⌒		⌒		⌣		⌣

$x = -1$일 때 $f(x)$는 극대, 극댓값은 17

$x = 3$일 때 $f(x)$는 극소, 극솟값은 -15

$x = 1$의 좌우에서, $f''(x) < 0$에서 $f''(x) > 0$으로 바뀌었다. 따라서 변곡점은 (1, 1) ■

• 삼차함수의 그래프는 변곡점에 대하여 대칭이다.

정리 5.2

함수 $f(x)$는 x_1을 포함하는 어떤 개구간에서 $f''(x_1)$가 존재하고 $f'(x)=0$이다. 이 때

(1) $f''(x_1)>0$이면, $f(x)$는 x_1에서 극솟값을 갖는다.

(2) $f''(x_2)<0$이면, $f(x)$는 x_1에서 극댓값을 갖는다.

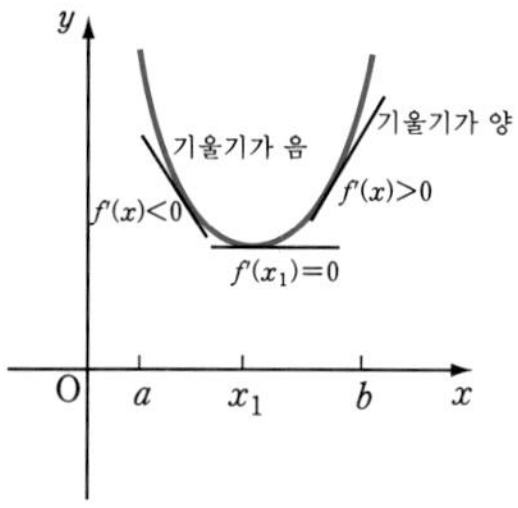

증명 (1) x_1을 포함하는 어떤 개구간을 $I=(a, b)$라 하자.

이 I의 모든 x에 대하여 $f''(x)>0$이면 곡선 $f(x)$는 위로 오목이고 $f'(x)$는 증가한다.

$f'(x_1)=0$이므로 I에서 $x<x_1$일 때 $f'(x)<0$, $x>x_1$일 때 $f'(x)>0$임을 알 수 있다. 즉 $f'(x)$의 부호가 음에서 양으로 변하고 $f'(x_1)=0$이므로 $f(x)$는 $x=x_1$에서 극소이고 극솟값 $f(x_1)$을 갖는다.

(2)도 (1)과 같은 방법으로 밝힐 수 있다. ■

예제 5.8 다음 함수의 극값을 이계도함수를 이용하여 구하여라.

(1) $f(x)=x^3-3x^2+2$ (2) $f(x)=-2x^3+3x^2-1$

풀이 (1) $f'(x)=3x^2-6x=3x(x-2)$, $f'(x)=0$에서 $x=0$, $x=2$

$f''(x)=6x-6=6(x-1)$,

$f''(0)=-6<0$이므로 $x=0$에서 극대, 극댓값은 $f(0)=2$

$f''(2)=6>0$이므로 $x=2$에서 극소, 극솟값은 $f(2)=-2$

(2) $f'(x)=-6x^2+6x=-6x(x-1)$, $f'(x)=0$에서 $x=0$, $x=1$

$f''(x)=-12x+6=-6(2x-1)$,

$f''(0)=6>0$이므로 $x=0$에서 극소, 극댓값은 $f(0)=-1$

$f''(1)=-6<0$이므로 $x=1$에서 극대, 극솟값은 $f(1)=0$ ■

예제 5.9 함수 $f(x)=\sqrt{3}x+2\sin x$의 극값을 구하여라$(0\le x\le 2\pi)$.

풀이 $f'(x)=\sqrt{3}+2\cos x$, $f'(x)=0$에서 $\cos x=-\frac{\sqrt{3}}{2}$, $x=\frac{5\pi}{6}, \frac{7\pi}{6}$

$$f''(x)=-2\sin x,\quad f''\left(\frac{5\pi}{6}\right)=-1<0,\quad f''\left(\frac{7\pi}{6}\right)=1>0$$

따라서 극댓값은 $f\left(\frac{5\pi}{6}\right)=\frac{5\sqrt{3}\pi+6}{6}$, 극솟값은 $f\left(\frac{7\pi}{6}\right)=\frac{7\sqrt{3}\pi-6}{6}$ ■

함수의 최대 · 최소

구간 $[a, b]$에서 정의되는 함수 $f(x)$가 있다. 이 구간에 있는 모든 x에 대하여 $f(c) \geq f(x)$ 즉 $f(c)$가 $f(x)$에서 가장 큰 값일 때, $f(c)$를 $x=c$에서 함수 $f(x)$의 최댓값(absolute maximum)이라 하고, 이 구간에 있는 모든 x에 대하여 $f(c) \leq f(x)$ 즉 $f(c)$가 $f(x)$에서 가장 작은 값일 때 $f(c)$를 $x=c$에서 함수 $f(x)$의 최솟값(absolute minimum)이라 한다(c는 구간 $[a, b]$에 있다).

그리고 함수 $f(x)$가 개구간 (a, b)에서 미분가능할 때, 폐구간 $[a, b]$에서 이 함수의 최댓값은 (a, b)에서의 극댓값과 $f(a)$, $f(b)$ 중 가장 큰 값이다. 또한 최솟값은 그 구간에서의 극솟값과 $f(a)$, $f(b)$ 중 가장 작은 값이다.

• 연속함수의 성질에 따라 폐구간 $[a, b]$에서 함수 $f(x)$의 최댓값과 최솟값은 함수의 이 구간에서의 극댓값, 극솟값, $f(a)$, $f(b)$ 중에서 가장 큰 값이 최댓값, 가장 작은 값이 최솟값이다.

• $f(-3)$, $f(3)$, $[-3, 3]$에서의 극값을 비교한다.

예제 5.10 구간 $[-3, 3]$에서 함수 $f(x)=-2x^3+3x^2+12x-5$의 최댓값과 최솟값을 구하여라.

풀이 $f'(x)=-6x^2+6x+12$
$=-6(x^2-x-2)$
$=-6(x+1)(x-2)$

$f'(x)=0$에서 $x=-1$, $x=2$

조건의 구간 $[-3, 3]$에서 증감표를 만들어 보면 다음과 같다.

x	-3	$\cdots$	-1	$\cdots$	2	$\cdots$	3
$f'(x)$		$-$	0	$+$	0	$-$	
$f(x)$	40	↘	-12	↗	15	↘	4

극솟값은 $f(-1)=-12$
극댓값은 $f(2)=15$
그리고 $f(-3)=40$,
$f(3)=4$
이 값들을 비교하면
$x=-3$일 때 최대이고
최댓값은 40
$x=-1$일 때 최소이고
최솟값은 -12

■

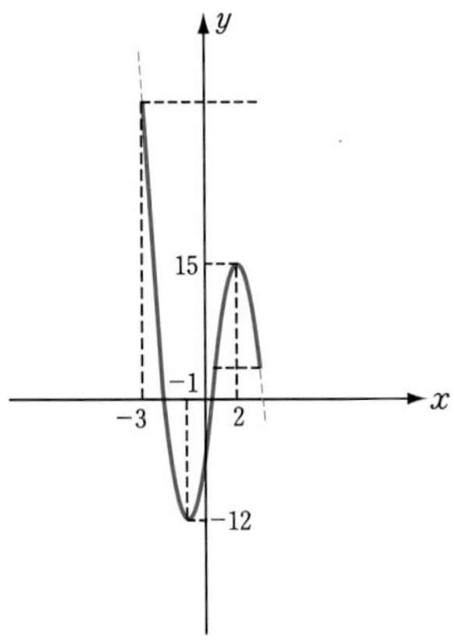

예제 5.11 한 변의 길이가 30cm인 정사각형 모양의 종이가 있다. 이 종이의 네 모퉁이에서 같은 크기의 정사각형을 잘라 내고 남은 부분을 접어서 상자를 만들려고 한다. 이 상자의 부피를 최대로 하려면 잘라내는 정사각형의 한 변의 길이를 얼마로 정하면 되겠는가?

• 한 변의 길이가 30cm이고 양쪽에서 $x$cm만큼씩 자르므로

$$0 < x < 15$$

임을 알 수 있다.

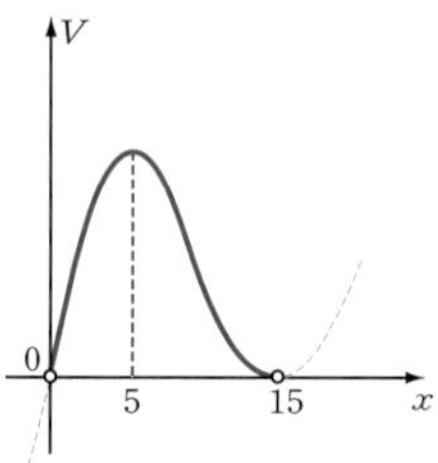

풀이 잘라내는 정사각형의 한 변의 길이를 $x$cm라 하면 상자의 세 모서리의 길이는 각각

$$x,\ 30-2x,\ 30-2x$$

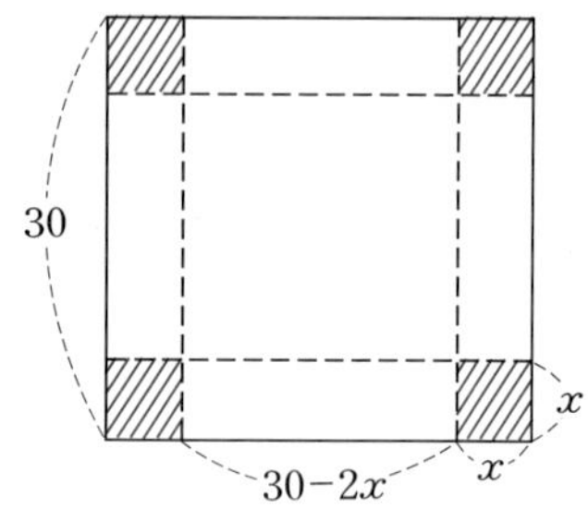

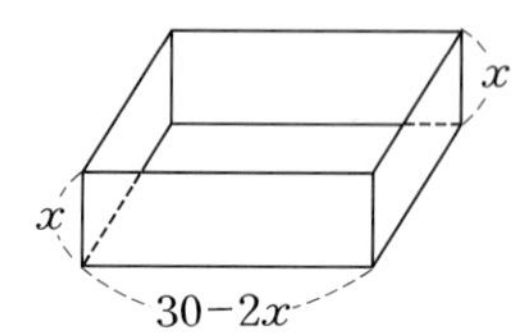

이다. 이 상자의 부피를 V라 하면

$$V = x(30-2x)^2 = 4x^3 - 120x^2 + 900x \quad (\text{단, } 0 < x < 15)$$

$$V' = 12x^2 - 240x + 900 = 12(x-5)(x-15)$$

$$V' = 0,\ 0 < x < 15,\ x = 5$$

를 참고로 하고 증감표를 만들면

x	0	$\cdots$	5	$\cdots$	15
V'		+	0	−	
V		↗	2000	↘	

그러므로 $x=5$일 때 V는 극대이고 최대이다. ■

예제 5.12 $f(x) = \dfrac{x^2-x-1}{x^2+x+1}$의 최댓값과 최솟값을 구하여라.

• $\lim_{x\to\pm\infty} f(x) = \lim_{x\to\pm\infty} \dfrac{x^2-x-1}{x^2+x+1} = 1$

즉 이 함수의 점근선은 $y=1$이다.

• 이 함수

$$f(x) = \frac{x^2-x-1}{x^2+x+1}$$

은 극솟값이 최소, 극댓값이 최대이다.

풀이

$$f'(x) = \frac{(2x-1)(x^2+x+1) - (x^2-x-1)(2x+1)}{(x^2+x+1)^2} = \frac{2x(x+2)}{(x^2+x+1)^2}$$

$f'(x) = 0$에서 $x=0,\ x=2$

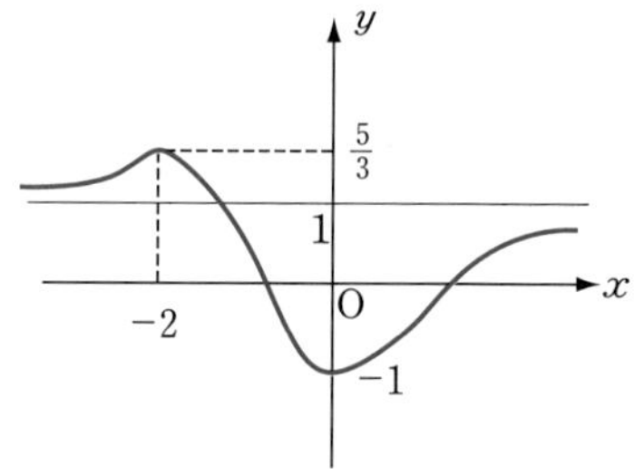

x	$-\infty$	$\cdots$	-2	$\cdots$	0	$\cdots$	∞
$f'(x)$		+	0	−	0	+	
$f(x)$	1	↗	$\frac{5}{3}$	↘	−1	↗	1

그러므로 최솟값은 −1, 최댓값은 $\dfrac{5}{3}$ ■

속도와 가속도

어떤 물체가 직선 위를 움직일 때 이 물체는 직선운동을 한다고 한다.

수직선 위에서 직선운동을 하는 점 P가 시각 t일 때 좌표를 x라 하면 x는 t의 함수이고 다음과 같이 나타낼 수 있다.

$$x=f(t)$$

어떤 물체가 수직선 위에서 시각이 t에서 $t+\Delta t$까지 변할 때 점 P(x)에서 점 Q$(x+\Delta x)$까지 직선운동을 하였다면 함수 $x=f(t)$에 대하여

• $x=f(t)$
$v(t)=f'(t)$

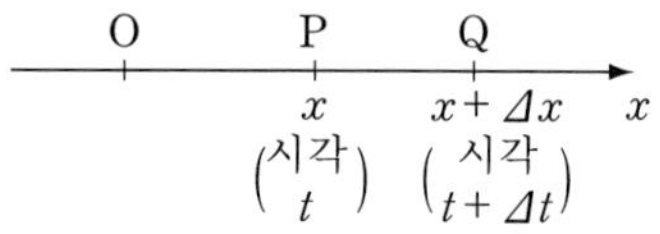

$$\frac{\Delta x}{\Delta t}=\frac{f(t+\Delta t)-f(t)}{\Delta t}$$

은 시각 t에서 $t+\Delta t$까지의 $f(t)$의 평균변화율이다. 이것은 시각 t에서 시각 $t+\Delta t$까지의 이 물체(점 P)의 평균속도(average velocity)가 된다.

그리고 $\Delta t\to 0$일 때 평균변화율의 극한값은 시각 t에서의 x의 변화율(순간변화율)

$$f'(t)=\lim_{\Delta t\to 0}\frac{\Delta x}{\Delta t}=\lim_{\Delta t\to 0}\frac{f(t+\Delta t)-f(t)}{\Delta t}=\frac{dx}{dt}$$

를 시각 t에서의 이 물체(점 P)의 순간속도(instantaneous velocity) 또는 속도(velocity)라 하고 $v(t)$로 나타낸다.

속도의 크기, 즉 속도의 절대값 $|v(t)|$를 속력(speed)이라 한다. 그리고 물체(점 P)는 $v(t)>0$일 때 양의 방향으로, $v(t)<0$일 때 음의 방향으로 움직인다.

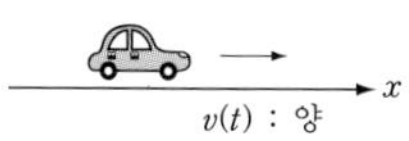

또한 시각 t에서 시각 $t+\Delta t$까지 변할 때 어떤 물체의 속도가 v가 Δv까지 변하면, 속도 v도 시각 t에 대한 함수이므로 시각 t에서 시각 $t+\Delta t$까지의 속도의 평균변화율은

$$\frac{\Delta v}{\Delta t}=\frac{v(t+\Delta t)-v(t)}{\Delta t}$$

이다. 여기서 $\Delta t\to 0$일 때 이 평균변화율의 극한값 $\lim_{\Delta t\to 0}\frac{\Delta v}{\Delta t}$를, 즉

$$v'(t)=\lim_{\Delta t\to 0}\frac{v(t+\Delta t)-v(t)}{\Delta t}=\frac{dv}{dt}$$

• $a(t)=v'(t)=f''(t)$

를 시각 t에서의 이 물체의 가속도(acceleration)이라 하고 $a(t)$로 나타낸다.

• 거리를 시간에 대하여 미분하면 속도, 속도를 시간에 대하여 미분하면 가속도가 된다.

• 시간은 경과한 시간을 뜻하므로 양이다. 즉, $t>0$

예제 5.13 수직선 위에서 직선운동을 하는 점 P가 시각 t초 후의 좌표 x가

$$x=t^3-6t$$

이었다. 1초 후 점 P의 속도와 가속도를 구하여라. 또 속도가 21인 순간의 시각을 말하여라.

풀이 시각 t에서의 속도를 $v(t)$, 가속도를 $\alpha(t)$라 하면

$$v(t)=\frac{dx}{dt}=3t^2-6, \quad \alpha(t)=\frac{dv}{dt}=6t$$

따라서 $v(1)=-3, \quad \alpha(1)=6$

또 $v(t)=21$에서

$$3t^2-6=21 \quad \therefore 3(t+3)(t-3)=0$$

$t>0$이므로 $t=3$

따라서 구하는 답은, 속도는 -3, 가속도는 6, 시각은 3(초)이다. ■

예제 5.14 어떤 물체를 지면에서 똑바로 위를 향하여 쏘아 올린 후 t초 후의 높이를 $h(t)$라 하면 $h(t)$는

$$h(t)=14.7t-4.9t^2$$

이라 한다. 이 때 다음 물음에 답하여라(높이의 단위는 m이다).

(1) 이 물체의 처음 속도를 구하여라.

(2) 이 물체가 최고점에 도달하였을 때까지 걸린 시간을 말하여라. 또 그 최고 높이를 구하여라.

풀이 시각 t에서 속도를 $v(t)$라 하면

$$v(t)=\frac{d}{dt}h(t)=14.7-9.8t$$

(1) 처음 속도는 $t=0$일 때이므로

$$v(0)=14.7(\mathrm{m/sec})$$

(2) 최고점에 도달하는 순간의 속도는 0이므로

즉, $$v(t)=0$$
$$14.7-9.8t=0$$
$$\therefore t=1.5(\text{초})$$

최고 높이는 $h(1.5)$이므로

$$h(1.5)=14.7\times1.5-4.9\times1.5^2=11.025(\mathrm{m})$$ ■

연습문제 9.5

1. 다음 함수의 증가 · 감소를 조사하여라.

(1) $f(x) = -x^3 + 1$　　(2) $f(x) = x^3 - 12x + 1$

(3) $f(x) = 3^{-x}$　　(4) $f(x) = \dfrac{1}{\sqrt{x-1}}$

(5) $f(x) = \ln \dfrac{1}{x}$　　(6) $f(x) = \dfrac{e^x}{x}$

• $y = f(x)$
$f'(x) > 0$ 인 x의 구간에서 증가
$f'(x) < 0$ 인 x의 구간에서 감소

2. 다음 함수의 극값을 구하여라.

(1) $f(x) = -x^3 + 3x$　　(2) $f(x) = x^3 - 6x^2 + 12x - 3$

(3) $f(x) = 3x^4 - 8x^3 + 4$　　(4) $f(x) = x\sqrt{2x - x^2}$

(5) $f(x) = \dfrac{2x^2 - x + 2}{x^2 + 1}$　　(6) $f(x) = (1 + \sin x)\cos x \ (0 \le x \le 2\pi)$

(7) $f(x) = xe^{-x}$　　(8) $f(x) = x^{\frac{1}{x}} \ (x > 0)$

• $f'(x) = 0$ 인 x의 값 앞뒤에서 $f'(x)$의 부호가 바뀌는가? (극값)

3. 다음 함수의 극값, 변곡점을 구하고 그 그래프를 그려라. (단, 위 2번에서 극값을 구한 함수는 변곡점이 있으면 구하고 그 그래프를 그린다)

(1) $f(x) = x^3 - 6x^2 + 12x - 3$　　(2) $f(x) = 3x^4 - 8x^3 + 4$

(3) $f(x) = x^3(x - 2)$　　(4) $f(x) = \dfrac{2}{x^2 + 1}$

(5) $f(x) = x \ln x$　　(6) $f(x) = xe^{-x}$

• $f''(x) = 0$ 인 x의 값 앞뒤에서 $f''(x)$의 부호가 바뀌는가? (변곡점)

4. 방정식 $x^3 - 6x^2 + 9x - 2 = 0$은 몇 개의 실근을 갖는가?

• 방정식 $f(x) = 0$의 실근의 개수는 $y = f(x)$의 그래프와 x축과의 교점의 개수

5. 다음 부등식을 증명하여라.

(1) $x^3 + 4 \ge 3x^2 \ (x \ge 0)$　　(2) $x > \sin x \ (x > 0)$

(3) $\cos x > 1 - \dfrac{x^2}{2} \ (x > 0)$　　(4) $\dfrac{\sin x}{x} > \dfrac{2}{\pi} \left(0 < x < \dfrac{\pi}{2}\right)$

• $f(x) > g(x)$의 증명은
$h(x) = f(x) - g(x)$
로 놓고 $h(x)$의 최솟값이 양임을 밝힌다.

6. 포물선 $y = 9 - x^2$과 x축과의 교점 A, B에 대하여 선분 AB를 밑변, 이 포물선 위의 두 점을 이은 선분을 윗변으로 하는 사다리꼴의 넓이의 최댓값을 정하여라.

7. 직선운동하는 어떤 물체가 제동을 걸고 t초 후의 거리 $s(t)$는 $s(t) = 27t - 4.5t^2$인 관계가 있다. 제동을 걸고 정지할 때까지 걸린 시간은 얼마인가? 제동을 건 후의 가속도는 얼마인가?

평균값 정리

연구 과정

정리 1. Rolle의 정리

함수 $f(x)$가 폐구간 $[a, b]$에서 연속이고 개구간 (a, b)에서 미분가능일 때

$$f(a)=f(b)=0 \text{ 이면 } f'(c)=0,\ a<c<b$$

를 만족하는 c가 존재한다.

증명 (i) f가 상수함수인 경우

$[a, b]$에서 항상 $f(x)=0$이므로 a와 b 사이에 조건에 맞는 $(f'(c)=0)$ 임의의 c가 존재한다.

(ii) f가 상수함수가 아닌 경우

$f(x)$가 $[a, b]$에서 연속이므로 $f(x)$는 $[a, b]$의 어떤 점 c에서 최댓값 $f(c)$를 가진다.

이 때 $a<c<b$이다.

여기서 아주 작은 h에 대하여

$$f(c+h)-f(c)\leq 0$$

그리고

$$\lim_{h\to 0+}\frac{f(c+h)-f(c)}{h}\leq 0 \qquad \cdots ①$$

$$\lim_{h\to 0-}\frac{f(c+h)-f(c)}{h}\geq 0 \qquad \cdots ②$$

그런데 $f(x)$는 (a, b)에서 미분가능이므로 $f'(c)$가 존재하고 좌, 우극한이 같다. 즉

$$\begin{aligned} f'(c)&=\lim_{h\to 0}\frac{f(c+h)-f(c)}{h}\\ &=\lim_{h\to +0}\frac{f(c+h)-f(c)}{h}\\ &=\lim_{h\to -0}\frac{f(c+h)-f(c)}{h} \end{aligned}$$

이것과 ①, ②에 의하여

$$f'(c)=0$$

■

정리 2. Cauchy의 평균값 정리

두 함수 $f(x)$, $g(x)$가 $[a, b]$에서 연속이고 (a, b)에서 미분가능이며 (a, b)에서 $g'(x)\neq 0$일 때

$$\frac{f(b)-f(a)}{g(b)-g(a)}=\frac{f'(c)}{g'(c)},\ a<c<b$$

를 만족하는 c가 존재한다.

증명 $g(x)$에 대하여 정리 1의 대우명제를 생각하면

「(a, b)에서 $g'(x)\neq 0$이면 $g(a)\neq g(b)$」

그리고 $F(x)$를

$$F(x)=f(b)-f(x)-\frac{f(b)-f(a)}{g(b)-g(a)}\{g(b)-g(x)\}$$

로 놓으면 $F(x)$는 $[a, b]$에서 연속이고 (a, b)에서 미분가능이다.

그러므로 $F(x)$는 Rolle의 정리의 조건을 만족한다. 그래서

$$F'(c)=0,\quad a<c<b$$

가 되는 c가 존재한다. 그런데

$$F'(x)=-f'(x)-\frac{f(b)-f(a)}{g(b)-g(a)}\{-g'(x)\}$$

이므로 $x=c$를 대입하면

$$\begin{aligned} F'(c)&=-f'(c)-\frac{f(b)-f(a)}{g(b)-g(a)}\{-g'(c)\}\\ &=0 \end{aligned}$$

$$f'(c)=\frac{f(b)-f(a)}{g(b)-g(a)}\cdot g'(c)$$

즉 $\dfrac{f(b)-f(a)}{g(b)-g(a)}=\dfrac{f'(c)}{g'(c)}$

따라서 증명되었다.

■

> **정리 3. 평균값 정리**(mean value theorem)
>
> 함수 $f(x)$가 $[a,\ b]$에서 연속이고 $(a,\ b)$에서 미분가능이면
>
> $$\frac{f(b)-f(a)}{b-a}=f'(c),\ a<c<b$$
>
> 를 만족하는 c가 존재한다.

증명 $F(x)=f(x)-f(a)-\dfrac{f(b)-f(a)}{b-a}(x-a)$

라 하면 이 $F(x)$는 $[a,\ b]$에서 연속이고 $(a,\ b)$에서 미분가능이다. 그러므로 $F(x)$는 Rolle의 정리의 조건을 만족한다. 그래서

$$F'(c)=0,\ a<c<b$$

가 되는 c가 존재한다. 그런데

$$F'(x)=f'(x)-\frac{f(b)-f(a)}{b-a}$$

이므로 $x=c$를 대입하면

$$F'(c)=-f'(c)-\frac{f(b)-f(a)}{b-a}=0$$

즉, $$\frac{f(b)-f(a)}{b-a}=f'(c)$$

따라서 증명되었다. ■

평균값 정리의 기하학적 의미는, $f(x)$가 $[a,\ b]$에서 연속이고 $(a,\ b)$에서 미분가능이면 두 점 $(a,\ f(a))$, $(b,\ f(b))$를 지나는 직선과 평행한 $f(x)$의 접선을 $(a,\ b)$ 내의 적어도 한 점에서 그을 수 있다는 것이다.

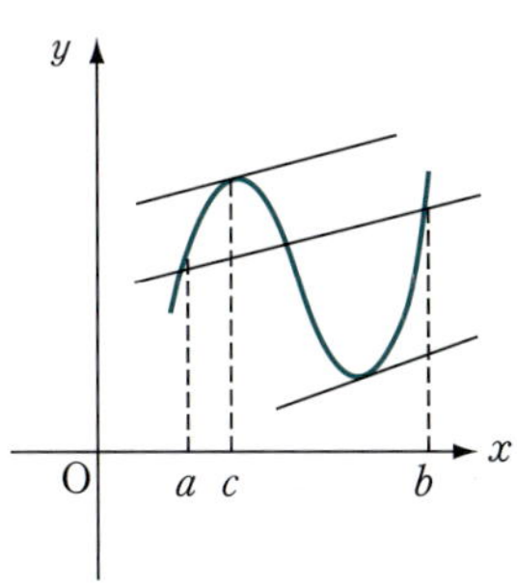

평균값 정리에서

$$\frac{c-a}{b-a}=\theta,\quad b-a=h$$

라 놓으면 $\dfrac{c-a}{h}=\theta$

$$\therefore\ c=a+\theta h$$

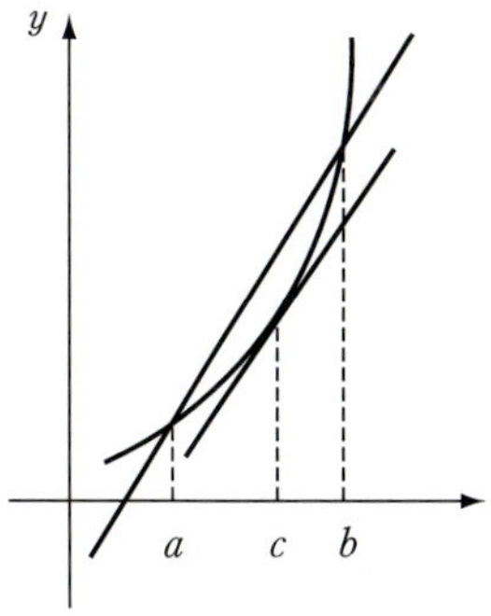

$b=a+h$이므로

$$\frac{f(b)-f(a)}{b-a}=f'(c)$$

에 대입하면 $\dfrac{f(a+h)-f(a)}{h}=f'(a+\theta h)$

여기서 $a<c<b,\ a<a+\theta h<b$

$$\therefore\ 0<\theta h<b-a,\ 0<\theta h<h,\ 즉,\ 0<\theta<1$$

$$f(a+h)=f(a)+hf'(a+\theta h) \qquad \cdots ①$$

a자리에 x를 대입하면

$$f(x+h)=f(x)+hf'(x+\theta h),\ 0<\theta<1$$

예제 1. 임의의 실수 $a,\ b$에 대하여 다음이 성립함을 밝혀라. $|\sin b-\sin a|\le|b-a|$

증명 $f(x)=\sin x$라 하면 $f'(x)=\cos x$

평균값 정리에 의하여

$$\frac{f(b)-f(a)}{b-a}=f'(c),\ a<c<b$$

$$\left|\frac{\sin b-\sin a}{b-a}\right|=|\cos c|\le 1$$

$$\therefore\ |\sin b-\sin a|\le|b-a|$$ ■

문제 #1. 평균값 정리의 조건을 만족하는 $f(x)$에 대하여 $f'(x)=0$이면 $f(x)$는 상수함수이다.

문제 #2. 평균값 정리의 조건을 만족하는 $f(x),\ g(x)$에 대하여 $f'(x)=g'(x)$이면 $f(x)=g(x)+c$인 상수 c가 존재한다.

부정형의 극한 연구 과정

$x \to a$ 또는 $x \to \pm\infty$ 일 때 함수 $f(x)$, $g(x)$의 극한이 0, 1, $\pm\infty$로 되어서

$$f(x) \pm g(x),\ f(x)g(x),\ \frac{f(x)}{g(x)},\ \{f(x)\}^{g(x)}$$

의 극한은

$$\infty - \infty,\ 0 \times \infty,\ \frac{0}{0},\ \frac{\infty}{\infty},\ 1^{\infty},\ 0^{\circ},\ \infty^{\circ}$$

등의 모양으로 될 경우가 있다. 이 때, 이러한 모양을 부정형(indeterminate form, indeterminate expression)이라 한다.

정리 1. 로피탈 법칙(L'Hospital's rule)

a를 제외한 $x = a$의 근방에서 $f(x)$, $g(x)$가 미분가능이고 $g'(x) \neq 0$이다.

$x \to a$일 때 $f(x) \to 0$, $g(x) \to 0$이고

$\lim\limits_{x \to a} \dfrac{f'(x)}{g'(x)}$가 존재하면

$$\lim_{x \to a} \frac{f(x)}{g(x)} = \lim_{x \to a} \frac{f'(x)}{g'(x)}$$

증명 $f(a) = g(a) = 0$으로 하면 $f(x)$, $g(x)$는 $x = a$ 근방에서 연속이다.

(i) $a < x$인 경우

$f(x)$, $g(x)$는 $[a, x]$에서 연속이고 (a, x)에서 미분가능이다.

그리고 $g(a) = 0$이므로 (a, x)에 있는 모든 값 $c\,(\in (a, x))$에 대하여 $g'(c) \neq 0$이다.

따라서 Cauchy 평균값 정리를 적용하면

$$\frac{f(x) - f(a)}{g(x) - g(a)} = \frac{f'(p)}{g'(p)}$$

즉, $\dfrac{f(x)}{g(x)} = \dfrac{f'(p)}{g'(p)},\ a < p < x$

를 만족하는 p가 존재한다. ■

(ii) $x < a$인 경우

(i)과 같은 이치로

$$\frac{f(x)}{g(x)} = \frac{f'(p)}{g'(p)},\ x < p < a$$

를 만족하는 p가 존재한다.

$x \to a$이면 $p \to a$가 되므로

$$\lim_{x \to a} \frac{f(x)}{g(x)} = \lim_{p \to a} \frac{f'(p)}{g'(p)} = \lim_{x \to a} \frac{f'(x)}{g'(x)}$$

정리 2. 로피탈 법칙

$f(x)$, $g(x)$가 미분가능이다. $x \to \infty$일 때 $g'(x) \neq 0$, $f(x) \to \infty$, $g(x) \to \infty$이고

$\lim\limits_{x \to \infty} \dfrac{f'(x)}{g'(x)}$가 존재하면

$$\lim_{x \to \infty} \frac{f(x)}{g(x)} = \lim_{x \to \infty} \frac{f'(x)}{g'(x)}$$

이 정리의 증명은 생략한다.

위 두 정리에서 로피탈 법칙은 $x \to a$일 때에도, $x \to \pm\infty$일 때에도 성립한다.

또한 정리 1에서 $f(x)$, $g(x)$가 n번 미분가능하고 $g^{(n)}(x) \neq 0$, $x \to a$일 때

$f(x) \to 0$, $g(x) \to 0$이며

$\lim\limits_{x \to a} \dfrac{f^{(n)}(x)}{g^{(n)}(x)}$가 존재하면

$$\lim_{x \to a} \frac{f(x)}{g(x)} = \lim_{x \to a} \frac{f^{(n)}(x)}{g^{(n)}(x)}$$

이것은 $x \to a$, $x \to \pm\infty$일 때에도 성립한다. ■

부정형의 극한

연구 과정

예제 1. 로피탈 법칙에 의하여 다음 극한값을 구하여라.

(1) $\lim_{x \to 0} \frac{\tan x}{x}$ (2) $\lim_{x \to 0} \frac{e^x - e^{-x}}{\sin x}$

(3) $\lim_{x \to \infty} \frac{\ln x}{x^n}$ (4) $\lim_{x \to \infty} \frac{x^n}{e^x}$

풀이 (1) $f(x) = \tan x$, $g(x) = x$라 하면 $x \to 0$일 때 $f(x) \to 0$, $g(x) \to 0$이므로

$\frac{f(x)}{g(x)} = \frac{\tan x}{x}$는 부정형이다.

$$\therefore \lim_{x \to 0} \frac{\tan x}{x} = \lim_{x \to 0} \frac{(\tan x)'}{(x)'} = \lim_{x \to 0} \frac{\sec^2 x}{1} = 1$$

(2) $x \to 0$일 때 $e^x - e^{-x} \to 0$, $\sin x \to 0$이므로

$\frac{e^x - e^{-x}}{\sin x}$은 부정형이다.

$$\therefore \lim_{x \to 0} \frac{e^x - e^{-x}}{\sin x} = \lim_{x \to 0} \frac{(e^x - e^{-x})'}{(\sin x)'}$$
$$= \lim_{x \to 0} \frac{e^x + e^{-x}}{\cos x} = \frac{1+1}{1} = 2$$

(3) $x \to \infty$일 때 $\ln x \to \infty$, $x^n \to \infty$이므로

$\frac{\ln x}{x^n}$는 부정형이다.

$$\therefore \lim_{x \to \infty} \frac{\ln x}{x^n} = \lim_{x \to \infty} \frac{(\ln x)'}{\left(x^n\right)'} = \lim_{x \to \infty} \frac{\frac{1}{x}}{nx^{n-1}}$$
$$= \lim_{x \to \infty} \frac{1}{nx^n} = 0$$

(4) $f(x) = x^n$, $g(x) = e^x$라 하면 $x \to \infty$일 때, $f(x) \to \infty$, $g(x) \to \infty$

$$\therefore \lim_{x \to \infty} \frac{x^n}{e^x} = \lim_{x \to \infty} \frac{f(x)}{g(x)} = \lim_{x \to \infty} \frac{f^{(n)}(x)}{g^{(n)}(x)}$$
$$= \lim_{x \to \infty} \frac{n!}{e^x} = 0$$

■

예제 2. 다음 극한값을 구하여라.

(1) $\lim_{x \to 0} (\csc x - \cot x)$ (2) $\lim_{x \to +0} x \ln x$

(3) $\lim_{x \to 0} x^x$

풀이 (1) $\lim_{x \to 0} (\csc x - \cot x) = \lim_{x \to 0} \left(\frac{1}{\sin x} - \frac{\cos x}{\sin x} \right)$

$$= \lim_{x \to 0} \frac{1 - \cos x}{\sin x} = \lim_{x \to 0} \frac{(1 - \cos x)'}{(\sin x)'}$$
$$= \lim_{x \to 0} \frac{\sin x}{\cos x} = 0$$

(2) $\lim_{x \to +0} x \ln x = \lim_{x \to +0} \frac{\ln x}{\frac{1}{x}}$

$$= \lim_{x \to +0} \frac{(\ln x)'}{\left(\frac{1}{x}\right)'} = \lim_{x \to +0} \frac{\frac{1}{x}}{-\frac{1}{x^2}}$$
$$= \lim_{x \to +0} (-x) = 0$$

(3) $\lim_{x \to 0} x^x = \lim_{x \to 0} e^{\ln x^x} = \lim_{x \to 0} e^{x \ln x}$

(2)에서 $\lim_{x \to 0} x \ln x = 0$이므로

$\lim_{x \to 0} x^x = \lim_{x \to 0} e^{x \ln x} = e^0 = 1$ ■

문제 #1. 다음 극한값을 구하여라.

(1) $\lim_{x \to 0} \frac{x - \sin x}{x^3}$ (2) $\lim_{x \to \infty} \frac{(\ln x)^2}{x}$

(3) $\lim_{x \to \infty} x^{\frac{1}{x}}$ (4) $\lim_{x \to 0} \left(\frac{1}{x} \right)^{\sin x}$

(5) $\lim_{x \to 0} \left(\frac{\tan x}{x} \right)^{\frac{1}{x}}$

문제 #2. 임의의 실수 p에 대하여 다음이 성립함을 밝혀라.

$$\lim_{x \to \infty} \frac{x^p}{e^x} = 0$$

Taylor 정리 연구 과정

정리 1. 테일러 정리(Taylor's theorem)

함수 $f(x)$가 있다. $[a, b]$에서 $f^{(n-1)}(x)$가 연속이고 (a, b)에서 $f(x)$가 n번 미분가능할 때

$$f(b)=f(a)+\frac{f'(a)}{1!}(b-a)+\frac{f''(a)}{2!}(b-a)^2+\cdots+\frac{f^{(n-1)}(a)}{(n-1)!}(b-a)^{n-1}+R_n \cdots ①$$

$$R_n=\frac{f^{(n)}(c)}{n!}(b-a)^n,\ a<c<b$$

를 만족하는 c가 존재한다.

증명 $F(x)$, $G(x)$를 다음과 같이 놓자.

$$F(x)=f(b)-\left\{f(x)+\frac{f'(x)}{1!}(b-x)+\frac{f''(x)}{2!}(b-x)^2+\cdots+\frac{f^{(n-1)}(x)}{(n-1)!}(b-x)^{n-1}\right\} \cdots ②$$

$$G(x)=(b-x)^n$$

이 때, $F(x)$, $G(x)$는 $[a, b]$에서 연속이고 (a, b)에서 미분가능이므로 Cauchy의 평균값 정리에 의하여

$$\frac{F(b)-F(a)}{G(b)-G(a)}=\frac{F'(c)}{G'(c)} \cdots ③$$

$a<c<b$인 c가 존재한다. 그런데

$$F'(x)=-f'(x)-\{-f'(x)+f''(x)(b-x)\}-\left\{\frac{f''(x)}{1!}(b-x)+\frac{f'''(x)}{2!}(b-x)^2\right\}-\cdots\cdots-\left\{-\frac{f^{(n-1)}(x)}{(n-2)!}(b-x)^{n-2}+\frac{f^{(n)}(x)}{(n-1)!}(b-x)^{n-1}\right\}$$

$$\therefore F'(x)=-\frac{f^{(n)}(x)}{(n-1)!}(b-x)^{n-1} \cdots ④$$

$$G'(x)=-n(b-x)^{n-1} \cdots ⑤$$

①, ②에서

$$F(a)=R_n=\frac{f^{(n)}(c)}{n!}(b-a)^n \cdots ⑥$$

④, ⑤, ⑥ 및 이에 의한 값을 ③에 대입하여 정리하면 ①을 얻는다. 따라서 증명되었다. ■

이제 $\frac{c-a}{b-a}=\theta$, $b-a=h$라 하면
$c-a=\theta h$, 즉 $c=a+\theta h$가 되므로 ①은

$$f(a+h)=f(a)+\frac{f'(a)}{1!}h+\frac{f''(a)}{2!}h^2+\cdots+\frac{f^{(n-1)}(a)}{(n-1)!}h^{n-1}+\frac{f^{(n)}(a+\theta h)}{n!}h^n(=R_n) \cdots ⑦$$

이고 $a<c<b$에서 $a<a+\theta h<a+h$,

$$0<\theta h<h \text{ 즉 } 0<\theta<1$$

⑦에서 $n=1$이면

$$f(a+h)=f(a)+f'(a+\theta h)h,\ 0<\theta<1$$

$n=2$이면

$$f(a+h)=f(a)+f'(a)h+\frac{1}{2}f''(a+\theta h)h^2,\quad 0<\theta<1$$

이다. 이것은 Taylor 정리의 응용으로 근사값을 구할 때 적용한다.

또 $b=x$라 놓으면 ①은

$$f(x)=f(a)+\frac{f'(a)}{1!}(x-a)+\frac{f''(a)}{2!}(x-a)^2+\cdots+\frac{f^{(n-1)}(a)}{(n-1)!}(x-a)^{n-1}+\frac{f^{(n)}(a+\theta(x-a))}{n!}(x-a)^n,$$

$$0<\theta<1 \cdots ⑧$$

Taylor 정리

⑧의 우변을 함수 $f(x)$의 $x=a$에서의 Taylor 전개식(expansion), ⑧의 끝항을 잉여항, 나머지항(remainder term)이라 한다.

정리 2. Maclaurin 정리

$f(x)$가 $x=0$을 포함하는 구간에서 n번 미분가능하면

$$f(x)=f(0)+\frac{f'(0)}{1!}x+\frac{f''(0)}{2!}x^2+\cdots$$
$$\cdots+\frac{f^{(n-1)}(0)}{(n-1)!}x^{n-1}+R_n$$

$$R_n=\frac{f^{(n)}(\theta x)}{n!}x^n,\ 0<\theta<1 \qquad \cdots ⑨$$

예제 1. $f(x)=x^3-2x^2+3x-5$를 $x-2$에 대한 식으로 나타내어 보면 $f(2)=1$, $f'(2)=7$, $f''(2)=8$, $f'''(2)=6$이고 $n\geq 4$일 때 $f^{(n)}(x)=0$이다.

Taylor 정리에 의하면

$$f(x)=f(2)+\frac{f'(2)}{1!}(x-2)+\frac{f''(2)}{2!}(x-2)^2$$
$$+\frac{f'''(2)}{3!}(x-2)^3$$
$$=(x-2)^3+4(x-2)^2+7(x-2)+1$$

예제 2. $f(x)=\sin x$에 대하여 $f(0)=0$, $f'(0)=1$, $f''(0)=0$, $f'''(0)=-1$, $f^{\text{iv}}(0)=0$, $\cdots$

$$f^{(2k+1)}(x)=\sin\left(x+\frac{2k+1}{2}\pi\right)=(-1)^k\cos x$$

이므로 Maclaurin 정리에 따라

$$\sin x=x-\frac{x^3}{3!}+\frac{x^5}{5!}-\cdots$$
$$+(-1)^{n-1}\frac{x^{2n-1}}{(2n-1)!}+(-1)^n\frac{x^{2n+1}}{(2n+1)!}\cos\theta x$$
$$(0<\theta<1)$$

함수의 전개 연구 과정

Taylor 정리에 따라 자연수 n에 대하여

$$f(x)=f(a)+\frac{f'(a)}{1!}(x-a)$$
$$+\frac{f''(a)}{2!}(x-a)^2+\cdots$$
$$\cdots+\frac{f^{(n-1)}(a)}{(n-1)!}(x-a)^{n-1}$$
$$+\frac{f^{(n)}(a+\theta(x-a))}{n!}(x-a)^n(=R_n),$$
$$0<\theta<1$$

임을 알았다.

이 때 $n\to\infty;\ R_n\to 0$ 즉 $\lim_{n\to\infty}R_n=0$이면 $f(x)$는 다음과 같은 식을 얻는다.

$$f(x)=\sum_{n=0}^{\infty}\frac{f^{(n)}(a)}{n!}(x-a)^n$$

이것을 함수 $f(x)$를 $x-a$에 대한 멱급수(power series)로 전개하였다고 한다.

$$f(x)=f(a)+\frac{f'(a)}{1!}(x-a)$$
$$+\frac{f''(a)}{2!}(x-a)^2+\cdots$$
$$\cdots+\frac{f^{(n)}(a)}{n!}(x-a)^n+\cdots$$
$$=\sum_{n=0}^{\infty}\frac{f^{(n)}(a)}{n!}(x-a)^n \qquad \cdots ①$$

을 함수 $f(x)$를 $x=a$에 대하여 Taylor 전개하였다고 하고, 우변의 급수를 Taylor 급수라 한다.

①에서 $a=0$으로 하면

$$f(x)=f(0)+\frac{f'(0)}{1!}x+\frac{f''(0)}{2!}x^2+\cdots$$
$$\cdots+\frac{f^{(n)}(0)}{n!}x^n+\cdots$$
$$=\sum_{n=0}^{\infty}\frac{f^{(n)}(0)}{n!}x^n$$

이다.

이 우변의 급수를 Maclaurin 급수라 한다.

예제 1. α는 임의의 실수이다. 다음이 성립함을 밝혀라.

$$\lim_{n\to\infty}\frac{\alpha^n}{n!}=0$$

증명 (i) $\alpha=0$일 때, 성립한다.

(ii) $\alpha\neq 0$일 때

$$|\alpha|\leq N$$

인 자연수 N이 존재한다.

$n>N$인 n에 대하여

$$\frac{|\alpha|^n}{n!}=\frac{|\alpha|}{1}\cdot\frac{|\alpha|}{2}\cdot\frac{|\alpha|}{3}\cdots\frac{|\alpha|}{N-1}\cdot\frac{|\alpha|}{N}$$
$$\times\frac{|\alpha|}{N+1}\cdot\frac{|\alpha|}{N+2}\cdots\frac{|\alpha|}{n-1}\cdot\frac{|\alpha|}{n}$$
$$=\frac{|\alpha|^N}{N!}\cdot\frac{|\alpha|}{N+1}\cdot\frac{|\alpha|}{N+2}\cdots\frac{|\alpha|}{n-1}\cdot\frac{|\alpha|}{n}$$
$$<\frac{|\alpha|^N}{N!}\cdot\underbrace{\frac{|\alpha|}{N+1}\cdot\frac{|\alpha|}{N+1}\cdots\frac{|\alpha|}{N+1}\cdot\frac{|\alpha|}{N+1}}_{(n-N)\text{개}}$$
$$=\frac{|\alpha|^N}{N!}\cdot\left(\frac{|\alpha|}{N+1}\right)^{n-N}$$

그리고 $0\leq\dfrac{|\alpha|}{N+1}<1$

$(\because |\alpha|\leq N<N+1,\ 0\leq|\alpha|<N+1)$

그러므로 $\displaystyle\lim_{n\to\infty}\frac{|\alpha|^N}{N!}\cdot\left(\frac{|\alpha|}{N+1}\right)^{n-N}=0$

$$\frac{|\alpha|^n}{n!}<\frac{|\alpha|^N}{N!}\cdot\left(\frac{|\alpha|}{N+1}\right)^{n-N}$$

이므로

$$\lim_{n\to\infty}\frac{|\alpha|^N}{n!}<\lim_{n\to\infty}\frac{|\alpha|^N}{n!}\cdot\left(\frac{|\alpha|}{N+1}\right)^{n-N}=0$$

여기서 $\dfrac{|\alpha|^n}{n!}>0$

$$\therefore \lim_{n\to\infty}\frac{|\alpha|^n}{n!}=0$$ ■

예제 2. 다음은 주어진 함수를 모든 실수 x에 대하여 Maclaurin 급수로 전개한 것이다. 이것을 밝혀라.

(1) $\displaystyle e^x=1+\frac{1}{1!}x+\frac{1}{2!}x^2+\cdots+\frac{1}{n!}x^n+\cdots=\sum_{n=0}^{\infty}\frac{1}{n!}x^n$

(2) $\displaystyle \sin x=x-\frac{1}{3!}x^3+\cdots+\frac{(-1)^{n-1}}{(2n-1)!}x^{2n-1}+\cdots=\sum_{n=1}^{\infty}\frac{(-1)^{n-1}}{(2n-1)!}x^{2n-1}$

(3) $\displaystyle \cos x=1-\frac{1}{2!}x^2+\frac{1}{4!}x^4\cdots+\frac{(-1)^n}{(2n)!}x^{2n}+\cdots=\sum_{n=1}^{\infty}\frac{(-1)^n}{(2n)!}x^{2n}$

증명 (1) $f(x)=e^x$이라 한다.

$$f(x)=f'(x)=f''(x)=\cdots=f^{(n)}(x)=e^x$$
$$f^{(n)}(\theta x)=e^{\theta x}$$
$$f^{(n)}(0)=e^0=1\ (n=1,2,3,\cdots)$$

따라서 Maclaurin 정리에서

$$f(x)=f(0)+\frac{f'(0)}{1!}x+\frac{f''(0)}{2!}x^2+\cdots+\frac{f^{(n-1)}(0)}{(n-1)!}x^{n-1}+R_n$$
$$R_n=\frac{f^{(n)}(\theta x)}{n!}x^n,\ 0<\theta<1$$
$$\therefore e^x=1+x+\frac{x^2}{2!}+\cdots+\frac{x^{n-1}}{(n-1)!}+R_n$$
$$R_n=\frac{x^n}{n!}e^{\theta x},\ (0<\theta<1)$$
$$|R_n|=e^{|\theta x|}.\frac{|x^n|}{n!}$$
$$<e^{|x|}.\frac{|x|^n}{n!}\ (\because |\theta x|<|x|)$$

$e^{|x|}$는 유계, $\lim_{n\to\infty}\frac{|x|^n}{n!}=0$ (예제 1에서)

이므로 $\lim_{n\to\infty}R_n=0$

$$\therefore e^x=1+\frac{x}{1!}+\frac{x^2}{2!}+\cdots+\frac{x^n}{n!}+\cdots$$
$$=\sum_{n=0}^{\infty}\frac{x^n}{n!}$$

(2) $f(x)=\sin x$라 한다.

$$f^{(k)}(x)=\sin\left(x+\frac{k\pi}{2}\right)$$
$$f^{(2n-1)}(\theta x)=\sin\left(\theta x+\frac{2n-1}{2}\pi\right)$$
$$=-\cos(\theta x+n\pi)$$
$$f^{(k)}(0)=\sin\frac{k\pi}{2}=\begin{cases}0 & (k=2n)\\(-1)^{k-1} & (k=2n-1)\end{cases}$$

Maclaurin 정리에 의하여

$$\sin x=x-\frac{x^3}{3!}+\frac{x^5}{5!}-\cdots$$
$$\cdots+(-1)^{n-2}\cdot\frac{x^{2n-3}}{(2n-3)!}+R_{2n-1}$$
$$R_{2n-1}=(-1)^{n-1}\cdot\frac{x^{2n-1}}{(2n-1)!}(-\cos(\theta x+n\pi))$$
$$0<\theta<1$$
$$|R_{2n-1}|=\left|\frac{x^{2n-1}}{(2n-1)!}\right||\cos(\theta x+n\pi)|$$
$$\leq\left|\frac{x^{2n-1}}{(2n-1)!}\right|$$
$$\lim_{n\to\infty}\frac{|x|^{2n-1}}{(2n-1)!}=0\ (\because \text{예제 1에서})$$

즉,

$$\lim_{n\to\infty}R_{2n-1}=0$$
$$\therefore \sin x=x-\frac{x^3}{3!}+\frac{x^5}{5!}-\cdots$$
$$\cdots+(-1)^{n-1}\cdot\frac{x^{2n-1}}{(2n-1)!}+\cdots$$

즉

$$\sin x=\sum_{n=1}^{\infty}(-1)^{n-1}\cdot\frac{x^{2n-1}}{(2n-1)!}$$

(3) $f(x)=\cos x$라 한다.

$$f^{(k)}(x)=\cos\left(x+\frac{k\pi}{2}\right)$$
$$f^{(2n)}(\theta x)=\cos\left(\theta x+\frac{2n\pi}{2}\right)$$
$$=\cos(\theta x+n\pi)$$
$$f^{(k)}(0)=\cos\frac{k\pi}{2}$$
$$=\begin{cases}(-1)^k & (k=2n)\\0 & (k=2n-1)\end{cases}$$

Maclaurin 정리에 의하여

$$\cos x=1-\frac{x^2}{2!}+\frac{x^4}{4!}-\cdots$$
$$\cdots+(-1)^{n-1}\cdot\frac{x^{2n-2}}{(2n-2)!}+R_{2n}$$
$$R_{2n}=(-1)^n\cdot\frac{x^{2n}}{(2n)!}\cos(\theta x+n\pi)$$
$$0<\theta<1$$
$$|R_{2n}|=\left|\frac{x^{2n}}{(2n)!}\right||\cos(\theta x+n\pi)|$$
$$\leq\frac{|x|^{2n}}{(2n)!}$$
$$\lim_{n\to\infty}\frac{|x|^{2n}}{(2n)!}=0$$

이므로

$$\lim_{n\to\infty}R_{2n}=0$$
$$\therefore \cos x=1-\frac{x^2}{2!}+\frac{x^4}{4!}-\cdots$$
$$\cdots+(-1)^n\cdot\frac{x^{2n}}{(2n)!}+\cdots$$

즉

$$\cos x=\sum_{n=0}^{\infty}(-1)^n\frac{x^{2n}}{(2n)!}$$ ■

앞의 예제 2-(1)에서 e^x은

$$e^x = 1 + \frac{x}{1!} + \frac{x^2}{2!} + \frac{x^3}{3!} + \cdots + \ + \frac{x^n}{n!} + \cdots$$
$$= \sum_{n=0}^{\infty} \frac{x^n}{n!}$$

이다. 여기서 $x=1$을 대입하면

$$e = 1 + \frac{1}{1!} + \frac{1}{2!} + \frac{1}{3!} + \cdots + \ + \frac{1}{n!} + \cdots$$
$$= \sum_{n=0}^{\infty} \frac{1}{n!}$$

이 되므로 무리수 e의 근사값을 소수 몇째 자리라도 계산할 수 있다.

또 x 자리에 ix를 대입하자.

여기서 $i=\sqrt{-1}$이다. 따라서

$$\begin{pmatrix} i^2=-1, \ i^3 = i \cdot i^2 = -i, \\ i^4 = (i^2)^2 = (-1)^2 = 1, \ \cdots \end{pmatrix}$$

$$\begin{aligned} e^{ix} &= 1 + \frac{ix}{1!} + \frac{(ix)^2}{2!} + \frac{(ix)^3}{3!} \\ &\quad + \frac{(ix)^4}{4!} + \frac{(ix)^5}{5!} + \cdots \\ &= 1 + ix - \frac{x^2}{2!} - i\frac{x^3}{3!} + \frac{x^4}{4!} + i\frac{x^5}{5!} - \cdots \\ &= \left(1 - \frac{x^2}{2!} + \frac{x^4}{4!} - \cdots\right) \\ &\quad + i\left(x - \frac{x^3}{3!} + \frac{x^5}{5!} - \cdots\right) \end{aligned}$$

이것과 예제 2-(2), (3)을 비교하면

$$e^{ix} = \cos x + i \sin x \qquad \cdots ①$$

이것을 오일러 공식(Euler's formula)이라 한다.

①의 x 자리에 $-x$를 대입하면

$$e^{-ix} = \cos x - i \sin x \qquad \cdots ②$$

①, ②를 변끼리 더하거나 빼면

$$\cos x = \frac{e^{ix} + e^{-ix}}{2}, \ \sin x = \frac{e^{ix} - e^{-ix}}{2i}$$

를 얻는다.

(문자 i가 포함된 수

$a + ib$ (a, b는 실수)

를 복소수라 한다.)

문제 #1. 다음 함수를 Maclaurin 급수로 전개하여 보아라.

(1) e^{-2x} (2) $\sin 3x$

(3) 2^x

문제 #2. 다음이 성립함을 밝혀라.

(1) $\ln(1+x) = x - \frac{1}{2}x^2 + \frac{1}{3}x^3 - \cdots$
$= \sum_{n=1}^{\infty} \frac{(-1)^{n-1}}{n} x^n, \ (-1 < x \leq 1)$

(2) $\sin^{-1} x = x + \frac{1}{2} \cdot \frac{x^3}{3} + \frac{1 \cdot 3}{2 \cdot 4} \cdot \frac{x^5}{5}$
$+ \frac{1 \cdot 3 \cdot 5}{2 \cdot 4 \cdot 6} \cdot \frac{x^7}{7} + \cdots, \ (|x| < 1)$

(3) $\sinh x = x + \frac{x^3}{3!} + \frac{x^5}{5!} + \frac{x^7}{7!} + \cdots$
$(-\infty < x < \infty)$

(4) $\cosh x = 1 + \frac{x^2}{2!} + \frac{x^4}{4!} + \frac{x^6}{6!} + \cdots$
$(-\infty < x < \infty)$

(5) $(1+x)^\alpha = 1 + \frac{\alpha}{1!}x + \frac{\alpha(\alpha-1)}{2!}x^2 + \cdots$
$= \sum_{n=0}^{\infty} \binom{\alpha}{n} x^n, \ (-1 < x < 1)$

여기서

$$\binom{\alpha}{n} = \frac{\alpha(\alpha-1)(\alpha-2)\cdots(\alpha-n+1)}{n!}$$
$$= {}_{\alpha}C_{n}$$

10 적분
積分. Integration

뉴턴(Sir Isaac Newton ; 1642-1727) 영국의 수학자, 물리학자이다.

농부의 아들로 태어나 농부가 되리라 가족은 생각했겠으나 그는 일찍부터 기계 장치의 원리나 자연현상에 흥미를 가지고 있었다. 삼촌의 노력으로 대학 입학준비를 하였고 그후 1661년 케임브리지의 트리니티 칼리지에 장학생으로 입학하였다. 1664년 런던에 페스트 전염병이 돌아 학교가 폐쇄되어 뉴턴은 고향(울스소프)으로 갔다. 1665년은 석사학위를 받도록 준비했어야 했으나 고향으로 갈 수밖에 없었고 1667년 잠시 케임브리지에 다녀온 일 외에 계속 머물렀다.

고향의 정원에는 실제로 사과나무 한 그루가 있었다고 한다.

중력과 행성의 운동이 이 사과나무 한 그루에서 시작되었는지도 모른다.

수학과 철학에 푹 빠졌던 시절로 그가 기억하는 기간에 발견한 일이었다.

그후 1668년에 석사학위를 받았다.

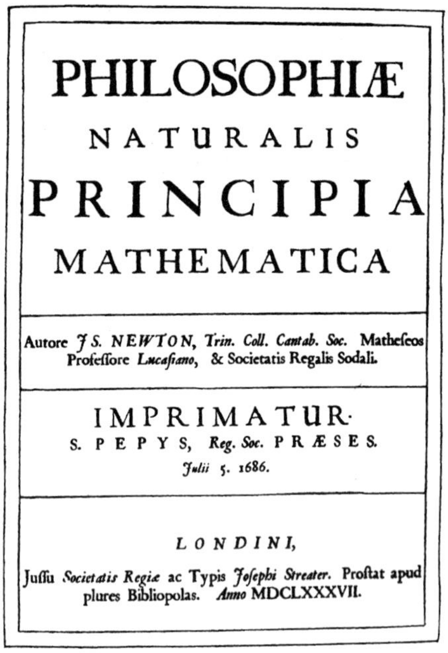
PHILOSOPHIÆ
NATURALIS
PRINCIPIA
MATHEMATICA

Autore J S. NEWTON, Trin. Coll. Cantab. Soc. Matheseos Professore Lucasiano, & Societatis Regalis Sodali.

IMPRIMATUR·
S. PEPYS, Reg. Soc. PRÆSES.
Julii 5. 1686.

LONDINI,
Jussu Societatis Regiæ ac Typis Josephi Streater. Prostat apud plures Bibliopolas. Anno MDCLXXXVII.

뉴턴은 당시 행성의 문제 토론을 제의한 핼리(Edmund Halley ; 1656-1742)의 덕분으로 위대한 저서를 출판하게 된다.

「자연철학의 수학적 원리」 *Philosophiae Naturalis Pricipia Mathematica*(*Mathemathematical principles of Natural Philosophy*)가 그것이다.

보통 「프린키피아」 *Principia*로 부른다.

뉴턴은 미분적분학의 시조이다. 뉴턴은 경쟁적인 과학자들과의 논쟁을 고통스러워했다고 한다. 이중 대표적인 인물이 독일의 라이프니츠. 영국과 대륙(유럽)에서 각각 미적분학의 시조라고 한다. 라이프니츠가 미적분에 대한 저서는 먼저 출판했으나, 뉴턴이 미적분을 발견한 것은 라이프니츠보다 약 10년 정도 앞선 시기였다. 그렇지만 그들은 각각 따로 독립적으로 미적분학을 발견한 것이다.

여러 해 동안 영국의 수학과 독일의 수학이 등을 돌리고 있었다고 한다. 이들이 서로 이렇게 반목하지 않았다면 오늘날 상상하지 못할 정도로 과학은 더 발전할 수 있었을까?

위 프린키피아는 $F = ma$, 관성의 법칙 등의 내용이 수록된 3권으로 구성된 책이다.

Alexander Pope의 싯귀에

「*Nature and Nature's law lay hid in night, God said 'Let Newton be', and all was light*」

자연과 자연법칙이 어둠에 묻혔다.
신이 뉴턴에게 명하니
모든 것이 빛이 들어났도다.

두 사람의 불화를 풀려고 영국 학술원에 라이프니츠가 청원할 때 불행히도 당시 원장이 뉴턴이었다고 한다.

10.1 부정적분

함수 $F(x)$의 도함수가 $f(x)$일 때, 즉 $F'(x)=f(x)$일 때, $F(x)$를 $f(x)$의 역도함수(antiderivative)라 한다.

- $F'(x)=f(x)$일 때, $F(x)$를 $f(x)$의 원시함수(primitive function)라고도 한다.

$F'(x)=f(x)$일 때 $G(x)$도 $f(x)$의 역도함수라 하면 $G'(x)=f(x)$이므로

$$(G(x)-F(x))'=G'(x)-F'(x)=f(x)-f(x)=0$$

도함수가 0인 함수는 상수함수이므로 임의의 상수 C에 대하여

$$G(x)-F(x)=C,\ G(x)=F(x)+C$$

역으로, $G(x)=F(x)+C$라 하면 $G'(x)=F'(x)=f(x)$이므로 $G(x)$는 $f(x)$의 역도함수이다.

함수 $f(x)$의 모든 역도함수를 다음과 같이 나타낸다.

$$\int f(x)\,dx$$

- $\int f(x)\,dx$는 '적분 $f(x)\,dx$' 또는 'integral $f(x)\,dx$'로 읽는다.

여기서 기호 $\int$를 적분기호(integral sign), $f(x)$를 피적분함수(integrand), $\int f(x)\,dx$를 $f(x)$의 부정적분(indefinite integral)이라 한다.

이상을 정리하여 다시 나타내면,

$F(x)$가 $f(x)$의 부정적분의 하나일 때

$$\int f(x)\,dx=F(x)+C \qquad \cdots ①$$

이다. 변수 x를 적분변수(integral variable), C를 적분상수(integral constant)라 하고, 어떤 함수의 부정적분을 구하는 것을 그 함수를 적분한다(integrate)라 하며 이러한 계산 방법을 적분법(integration)이라 한다.

- $F'(x)=f(x) \Leftrightarrow \int f(x)\,dx = F(x)+C$ (C는 적분상수)

위 ①의 양변을 x에 대하여 미분하면

$$\frac{d}{dx}\int f(x)\,dx=\frac{d}{dx}\{F(x)+C\}=\frac{d}{dx}F(x)=f(x)$$

즉 $$\frac{d}{dx}\int f(x)\,dx=f(x)$$

이므로 적분법은 미분법의 역연산이다.

- $\frac{d}{dx}\int f(x)\,dx=f(x)$

$$\frac{d}{dx}x^{n+1}=(n+1)x^n \text{ 즉 } \frac{d}{dx}\left(\frac{x^{n+1}}{n+1}\right)=x^n \text{이므로}$$

$$\int x^n dx=\frac{x^{n+1}}{n+1}+C \quad (C\text{는 적분상수})$$

가 성립한다.

• $\int dx=\int 1dx = \int x^0 dx = \frac{x^{0+1}}{0+1}+C = x+C$

예제 1.1 다음 부정적분을 계산하여라.

(1) $\int x dx$ (2) $\int x^5 dx$

풀이 (1) $\int xdx=\int x^1 dx=\frac{x^{1+1}}{1+1}+C=\frac{x^2}{2}+C$

(2) $\int x^5 dx=\frac{x^{5+1}}{5+1}+C=\frac{x^6}{6}+C$ ■

> **정리 1.1**
>
> (1) $\int kf(x)dx=k\int f(x)dx$ (k는 상수)
>
> (2) $\int \{f(x)\pm g(x)\}dx=\int f(x)dx\pm\int g(x)dx$ (복호동순)

증명 (1) $F'(x)=f(x)$라 하면 $\int f(x)dx=F(x)+C$ (C는 적분상수)

임의의 상수 k에 대하여 $\{kF(x)\}'=kF'(x)=kf(x)$이므로

$$\int kf(x)dx=kF(x)+C_1 \quad (C_1\text{은 적분상수})$$

$C_1=kC$로 하면

$$\int kf(x)dx=kF(x)+kC=k\{F(x)+C\}=k\int f(x)dx$$

(2) $F'(x)=f(x)$, $G'(x)=g(x)$라 하면

$$\int f(x)dx=F(x)+C_1,\ \int g(x)dx=G(x)+C_2$$

$\{F(x)\pm G(x)\}'=F'(x)\pm G'(x)=f(x)\pm g(x)$이므로

$$\int \{f(x)\pm g(x)\}dx=F(x)\pm G(x)+C$$

• 계산한 결과에서 적분상수 C를 쓰면 된다.

$C=C_1\pm C_2$로 하면

$$\begin{aligned}\int \{f(x)\pm g(x)\}dx &= F(x)\pm G(x)+C_1\pm C_2\\ &=(F(x)+C_1)\pm(G(x)\pm C_2)\\ &=\int f(x)dx\pm\int g(x)dx\end{aligned}$$ ■

예제 1.2 다음 부정적분을 구하여라.

(1) $\int (3x^2-2x+4)\,dx$　　　(2) $\int (2x+1)(3x-1)\,dx$

풀이 (1) $\int (3x^2-2x+4)\,dx = \int 3x^2\,dx - \int 2x\,dx + \int 4\,dx$

$= 3\int x^2\,dx - 2\int x\,dx + 4\int dx$

$= 3\cdot\frac{1}{3}x^3 - 2\cdot\frac{1}{2}x^2 + 4\cdot x + C$

$= x^3 - x^2 + 4x + C$

(2) $\int (2x+1)(3x-1)\,dx = \int (6x^2+x-1)\,dx$

$= 6\int x^2\,dx + \int x\,dx - \int dx$

$= 2x^3 + \frac{1}{2}x^2 - x + C$ ■

• $\int x^2\,dx = \frac{x^{2+1}}{2+1} + C$

• $\int x\,dx = \frac{x^{1+1}}{1+1} + C$

예제 1.3 다음 부정적분을 구하여라.

(1) $\int x\left(\frac{1}{x}-x\right)^3 dx$　　(2) $\int (\sin x + e^{-x})\,dx$　　(3) $\int \frac{dx}{\sqrt{x+1}-\sqrt{x}}$

풀이 (1) $\int x\left(\frac{1}{x^3}-\frac{3}{x}+3x-x^3\right)dx = \int\left(\frac{1}{x^2}-3+3x^2-x^4\right)dx$

$= -\frac{1}{x} - 3x + x^3 - \frac{1}{5}x^5 + C$

$= \frac{1}{5}x^5 + x^3 - 3x - \frac{1}{x} + C$

(2) $\int (\sin x + e^{-x})\,dx = -\cos x - e^{-x} + C$

(3) $\int \frac{1}{\sqrt{x+1}-\sqrt{x}}\,dx = \int \frac{\sqrt{x+1}+\sqrt{x}}{(\sqrt{x+1}-\sqrt{x})(\sqrt{x+1}+\sqrt{x})}\,dx$

$= \int (\sqrt{x+1}+\sqrt{x})\,dx$

$= \frac{1}{\frac{1}{2}+1}(x+1)^{\frac{1}{2}+1} + \frac{1}{\frac{1}{2}+1}x^{\frac{1}{2}+1} + C$

$= \frac{1}{\frac{3}{2}}(x+1)^{\frac{3}{2}} + \frac{1}{\frac{3}{2}}x^{\frac{3}{2}} + C$

$= \frac{2}{3}(x+1)^{\frac{3}{2}} + \frac{2}{3}x^{\frac{3}{2}} + C$

$= \frac{2}{3}\left\{(x+1)^{\frac{3}{2}} + x^{\frac{3}{2}}\right\} + C$ ■

• $\int \frac{1}{x^2}\,dx = \int x^{-2}\,dx$
$= \frac{x^{-2+1}}{-2+1} + C$
$= -\frac{1}{x} + C$

• $(-\cos x)' = \sin x$
$\therefore \int \sin x\,dx = -\cos x + C$

• $(-e^{-x})' = e^{-x}$
$\therefore \int e^{-x}\,dx = -e^{-x} + C$

• $\left(\frac{2}{3}x^{\frac{3}{2}}\right)' = x^{\frac{1}{2}} = \sqrt{x}$
$\therefore \int \sqrt{x}\,dx = \frac{2}{3}x^{\frac{3}{2}} + C$

• $\left\{\frac{2}{3}(x+1)^{\frac{3}{2}}\right\}' = (x+1)^{\frac{1}{2}}$

다음은 부정적분의 다른 계산방법이다.

치환적분법

- $F'(x)=f(x)$일 때 $F(x)$는 $f(x)$의 부정적분

정리 1.2

함수 $x=g(t)$가 미분가능이면

$$\int f(x)\,dx=\int f(g(t))\,g'(t)\,dt$$

증명 $\dfrac{d}{dt}\left(\int f(x)\,dx\right)=\dfrac{d}{dx}\left(\int f(x)\,dx\right)\dfrac{dx}{dt}=f(x)\cdot\dfrac{dx}{dt}$

$=f(g(t))\cdot g'(t)$

즉, $\int f(x)\,dx$는 $f(g(t))\cdot g'(t)$의 부정적분이다.

따라서 $\int f(x)\,dx=\int f(g(t))\,g'(t)\,dt$ ■

이 정리 1.2와 같이 변수를 바꾸어 적분하는 방법을 치환적분법(integration by substitution)이라 한다.

- $t=f(x)$에서 t의 미분(differential of t)은 dt로 쓰고 다음과 같다.
  $dt=f'(x)\,dx$

예제 1.4 다음 부정적분을 구하여라.

(1) $\int 24x(x^2+1)^3\,dx$ (2) $\int x^2\sqrt{x^3-1}\,dx$

(3) $\int \dfrac{2x+3}{(x^2+3x)^2}\,dx$

풀이 (1) $x^2+1=t$로 하면 $2x\,dx=dt$ (t의 미분)

$$\therefore \int 24x(x^2+1)^3\,dx=\int 12\cdot 2x(x^2+1)^3\,dx=12\int(x^2+1)^3\cdot 2x\,dx$$
$$=12\int t^3\,dt=12\cdot\frac{1}{4}t^4+C=3t^4+C$$
$$=3(x^2+1)^4+C$$

- $\int\sqrt{t}\,dt=\int t^{\frac{1}{2}}\,dt=\dfrac{t^{\frac{1}{2}+1}}{\frac{1}{2}+1}+C$

(2) $x^3-1=t$로 하면 $3x^2\,dx=dt$

$$\therefore \int x^2\sqrt{x^3-1}\,dx=\frac{1}{3}\int\sqrt{x^3-1}\cdot 3x^2\,dx=\frac{1}{3}\int\sqrt{t}\,dt$$
$$=\frac{1}{3}\cdot\frac{t^{3/2}}{3/2}+C$$
$$=\frac{2}{9}(x^3-1)^{\frac{3}{2}}+C$$

(3) $x^2+3x=u$로 하면 $(2x+3)\,dx=du$ (u의 미분)

$$\therefore \int\frac{2x+3}{(x^2+3x)^2}\,dx=\int\frac{1}{u^2}\,du=\int u^{-2}\,du=\frac{1}{-1}u^{-1}+C$$
$$=-\frac{1}{u}+C=-\frac{1}{x^2+3x}+C$$ ■

예제 1.5 다음 부정적분을 구하여라.

(1) $\int x^2 e^{x^3} dx$　　(2) $\int \frac{(2x+5)\,dx}{x^2+5x}$

(3) $\int \sin x \cos^2 x\,dx$　　(4) $\int \frac{1}{x}(\ln x)^3 dx$

풀이 (1) $x^3=t$로 하면 $3x^2dx=dt$

$$\therefore \int x^2 e^{x^3} dx=\int \frac{1}{3}\cdot 3x^2 e^{x^3} dx=\frac{1}{3}\int e^{x^3}\cdot 3x^2 dx$$
$$=\frac{1}{3}\int e^t dt=\frac{1}{3}e^t+C=\frac{1}{3}e^{x^3}+C$$

(2) $x^2+5x=t$로 하면 $(2x+5)\,dx=dt$

$$\therefore \int \frac{(2x+5)\,dx}{x^2+5x}=\int \frac{dt}{t}=\ln|t|+C$$
$$=\ln\left|x^2+5x\right|+C$$

(3) $\cos x=u$로 하면 $-\sin x\,dx=du$

$$\therefore \int \sin x\cos^2 x\,dx=-\int \cos^2 x\cdot(-\sin x)\,dx=-\int u^2 du$$
$$=-\frac{1}{3}u^3+C=-\frac{1}{3}\cos^3 x+C$$

(4) $\ln x=u$로 하면 $\frac{1}{x}dx=du$

$$\therefore \int \frac{1}{x}(\ln x)^3 dx=\int (\ln x)^3\cdot\frac{1}{x}dx=\int u^3 du$$
$$=\frac{1}{4}u^4+C$$
$$=\frac{1}{4}(\ln x)^4+C$$

■

- $\int \{u(x)\}^n\cdot u'(x)\,dx=\frac{\{u(x)\}^{n+1}}{n+1}+C$ $(n\neq-1)$
- $\int e^{u(x)}\cdot u'(x)\,dx=e^{u(x)}+C$
- $\int \frac{u'(x)\,dx}{u(x)}=\ln|u(x)|+C$

예제 1.6 부정적분 $\int x\sqrt{1-x}\,dx$를 구하여라.

풀이 $1-x=t$로 하면 $x=1-t,\ dx=-dt$

$$\therefore \int x\sqrt{1-x}\,dx=\int (1-t)\sqrt{t}\,(-dt)$$
$$=\int (t-1)t^{\frac{1}{2}}dt=\int\left(t^{\frac{3}{2}}-t^{\frac{1}{2}}\right)dt$$
$$=\frac{t^{\frac{3}{2}+1}}{\frac{3}{2}+1}-\frac{t^{\frac{1}{2}+1}}{\frac{1}{2}+1}+C$$
$$=\frac{2}{5}t^{\frac{5}{2}}-\frac{2}{3}t^{\frac{3}{2}}+C$$
$$=\frac{2}{5}(1-x)^{\frac{5}{2}}-\frac{2}{3}(1-x)^{\frac{3}{2}}+C$$

■

부분적분법

정리 1.3

두 함수 $f(x)$, $g(x)$가 미분가능일 때

$$\int f'(x)g(x)\,dx = f(x)g(x) - \int f(x)g'(x)\,dx$$

$f'(x)=1$이면

$$\int g(x)\,dx = xg(x) - \int xg'(x)\,dx$$

증명 $\{f(x)g(x)\}' = f'(x)g(x) + f(x)g'(x)$

즉, $f(x)g(x)$는 $f'g(x) + f(x)g'(x)$의 부정적분이므로

$$\int \{f'(x)g(x) + f'(x)g'(x)\}\,dx = f(x)g(x)$$

$$\int f'(x)g(x)\,dx + \int f(x)g'(x)\,dx = f(x)g(x)$$

• $f'(x)=1$이면 $f(x)=x$

$$\therefore \int f'(x)g(x)\,dx = f(x)g(x) - \int f(x)g'(x)\,dx$$ ■

이 **정리 1.3**과 같이 적분하는 방법을 부분적분법(integration by parts)이라 한다.

예제 1.7 다음 부정적분을 구하여라.

(1) $\int xe^{2x}\,dx$ (2) $\int \ln x\,dx$

• (1) $f'(x)=e^{2x}$, $g(x)=x$ 라 하면 $f(x)=\frac{1}{2}e^{2x}$, $g'(x)=1$
(2) $f'(x)=1$, $g(x)=\ln x$ 라 하면 $f(x)=x$, $g'(x)=\frac{1}{x}$

풀이 (1) $\int xe^{2x}\,dx = \int x\left(\frac{1}{2}e^{2x}\right)'dx = x\cdot\frac{1}{2}e^{2x} - \int (x)'\cdot\frac{1}{2}e^{2x}\,dx$

$$= \frac{1}{2}xe^{2x} - \frac{1}{2}\int e^{2x}\,dx$$

$$= \frac{1}{2}xe^{2x} - \frac{1}{2}\left(\frac{1}{2}e^{2x}\right) + C$$

$$= \frac{1}{4}e^{2x}(2x-1) + C$$

(2) $\int \ln x\,dx = \int 1\cdot\ln x\,dx = \int (x)'\ln x\,dx$

$$= x\ln x - \int x(\ln x)'\,dx$$

$$= x\ln x - \int x\cdot\frac{1}{x}\,dx$$

$$= x\ln x - \int dx$$

$$= x\ln x - x + C$$ ■

예제 1.8 다음 부정적분을 구하여라.

(1) $\int 2x^2 e^x dx$ (2) $\int x^2 \cos x dx$

- 부분적분법을 거듭 사용하는 문제이다.

(1) $f'(x) = e^x$, $g(x) = 2x^2$이라 하면 $f(x) = e^x, g'(x) = 4x$

풀이 (1) $\int 2x^2 e^x dx = \int 2x^2 (e^x)' dx = 2x^2 e^x - \int 4xe^x dx$

$$= 2x^2 e^x - 4\int xe^x dx \quad \cdots ①$$

- $\int xe^x dx$에서 $f'(x) = e^x$, $g(x) = x$이라 하면 $f(x) = e^x$, $g'(x) = 1$

여기서 $\int xe^x dx$를 또 부분적분법으로 구하면

$$\int xe^x dx = \int x(e^x)' dx = xe^x - \int 1 \cdot e^x dx$$
$$= xe^x - \int e^x dx$$
$$= xe^x - e^x + C_1 \quad \cdots ②$$

①, ②에서

$$\int 2x^2 e^x dx = 2x^2 e^x - 4\left(xe^x - e^x + C_1\right)$$
$$= 2\left(x^2 - 2x + 2\right)e^x + C \quad (C = -4C_1)$$

- 적분상수 C는 모든 계산 마지막 부분에서 나타낸다.

(2) $\int x^2 \cos x dx = \int x^2 (\sin x)' dx = x^2 \sin x - 2\int x \sin x dx$

(2) $f'(x) = \cos x$, $g(x) = x^2$이라 하면 $f(x) = \sin x$, $g'(x) = 2x$

여기서 $\int x \sin x dx = \int x(-\cos x)' dx$

$$= x(-\cos x) - \int 1 \cdot (-\cos x) dx$$
$$= -x\cos x + \int \cos x dx$$
$$= -x\cos x + \sin x + C_2$$

- $\int x \sin x dx$에서 $f'(x) = \sin x$, $g(x) = x$ $f(x) = -\cos x$, $g'(x) = 1$

$$\therefore \int x^2 \cos x dx = x^2 \sin x - 2(-x\cos x + \sin x + C_2)$$
$$= (x^2 - 2)\sin x + 2x\cos x + C \quad (C = -2C_2)$$ ■

예제

1.9 부정적분 $I = \int e^x \sin x dx$를 구하여라.

풀이 $I = \int e^x \sin x dx = \int (e^x)' \sin x dx$

$$= e^x \sin x - \int e^x \cos x dx \quad \cdots ①$$

여기서 $\int e^x \cos x dx = \int \left(e^x\right)' \cos x dx$

$$= e^x \cos x + \int e^x \sin x dx$$
$$= e^x \cos x + I \quad \cdots ②$$

①, ②에서 $I = e^x \sin x - \left(e^x \cos x + I\right)$

$$2I = e^x(\sin x - \cos x)$$
$$\therefore I = \frac{1}{2} e^x (\sin x - \cos x) + C$$ ■

연습문제 10.1

• $\int kf(x)\,dx = k\int f(x)\,dx$
$\int \{f(x)+g(x)\}\,dx = \int f(x)\,dx + \int g(x)\,dx$

1. 다음 부정적분을 구하여라.

(1) $\int \frac{1}{x^2}dx$ (2) $\int \sqrt{t}\,dt$ (3) $\int (3u^2-4u+2)\,du$

(4) $\int \left(-\frac{3}{x}+e^{-2x}\right)dx$ (5) $\int \frac{x^2+1}{\sqrt{2x}}dx$ (6) $\int 3\sin 2x\,dx$

• $\int f(x)\,dx = \int f(g(t))g'(t)\,dt$

2. 다음 부정적분을 치환적분법으로 구하여라.

(1) $\int x(x^2-1)^n\,dx$ (2) $\int a^x\,dx\,(a\neq1,\ a>0)$

(3) $\int \tan x\,dx$ (4) $\int e^x(e^x+1)^2\,dx$

(5) $\int \frac{e^x-e^{-x}}{e^x+e^{-x}}dx$ (6) $\int \frac{x+2}{\sqrt{x+1}}dx$

• $\int f'g\,dx = fg-\int fg'\,dx$

3. 다음 부정적분을 부분적분법으로 구하여라.

(1) $\int xe^x\,dx$ (2) $\int x\ln x\,dx$ (3) $\int x\cos x\,dx$

(4) $\int x^2e^{-x}\,dx$ (5) $\int x(\ln x)^2\,dx$ (6) $\int x^2\ln x\,dx$

4. 다음 부정적분을 구하여라. $(a\neq1,\ a>0)$

(1) $\int x3^x\,dx$ (2) $\int x^2 3^x\,dx$ (3) $\int \log_a x\,dx$

(4) $\int x\log_a x\,dx$ (5) $\int (\ln x)^2\,dx$ (6) $\int e^x\cos x\,dx$

• 피적분함수의 삼각함수는 일차의 꼴로 변형하여 그 부정적분을 구한다.

• $\cos 2x = \cos^2 x-\sin^2 x = 1-2\sin^2 x = 2\cos^2 x-1$

5. 다음 부정적분을 구하여라.

(1) $\int \sin^2 x\,dx$ (2) $\int \cos^2 x\,dx$

(3) $\int (\sin x-2\cos x)^2\,dx$ (4) $\int (\sin x+\cos x)^2\,dx$

(5) $\int \sin 2x\cos 3x\,dx$ (6) $\int \cos x\cdot\cos 3x\,dx$

(7) $\int \sin 2x\sin 3x\,dx$

• 부분분수(partial fraction)로 고친다.

6. 다음 부정적분을 구하여라.

(1) $\int \frac{x^2}{x+1}dx$ (2) $\int \frac{3x\,dx}{x^2-3x+2}$

(3) $\int \frac{4x+1}{(x-2)(x+1)^2}dx$

치환적분 연구 과정

치환적분법으로 부정적분을 구하는 문제를 더 다루도록 한다.

예제 1. 다음은 주어진 함수의 부정적분을 구한 것이다. 이것을 밝혀라.

(1) $\int \frac{1}{\sqrt{a^2-x^2}}dx=\sin^{-1}\frac{x}{a}+C\ (a>0)$

(2) $\int \frac{1}{a^2+x^2}dx=\frac{1}{a}\tan^{-1}\frac{x}{a}+C\ (a\neq 0)$

(3) $\int \cot x\,dx=\ln|\sin x|+C$

(4) $\int \csc x\,dx=\ln\left|\tan\frac{x}{2}\right|+C$

(5) $\int \sec x\,dx=\ln\left|\tan\left(\frac{x}{2}+\frac{\pi}{4}\right)\right|+C$

증명 (1) $x=at$라 하면 $dx=a\,dt$

$$\int\frac{1}{\sqrt{a^2-x^2}}dx=\int\frac{1}{\sqrt{a^2-a^2t^2}}a\,dt$$
$$=\int\frac{1}{a\sqrt{1-t^2}}a\,dt=\int\frac{1}{\sqrt{1-t^2}}dt$$
$$=\sin^{-1}t+C=\sin^{-1}\frac{x}{a}+C$$

(2) $x=at$라 하면 $dx=a\,dt$

$$\int\frac{1}{a^2+x^2}dx=\int\frac{1}{a^2+a^2t^2}a\,dt$$
$$=\int\frac{1}{a^2(1+t^2)}a\,dt$$
$$=\frac{1}{a}\int\frac{1}{1+t^2}dt$$
$$=\frac{1}{a}\tan^{-1}t+C$$
$$=\frac{1}{a}\tan^{-1}\frac{x}{a}+C$$

(3) $\cot x=\frac{\cos x}{\sin x}$

$\sin x=t$라 하면 $\cos x\,dx=dt$

$$\int\cot x\,dx=\int\frac{\cos x}{\sin x}dx=\int\frac{1}{t}dt$$
$$=\ln|t|+C=\ln|\sin x|+C$$

(4) $\csc x=\frac{1}{\sin x}$

$$\sin x=\sin\left(2\cdot\frac{x}{2}\right)$$
$$=2\sin\frac{x}{2}\cos\frac{x}{2}$$

를 알고

$\tan\frac{x}{2}=u$라 하면

$$\frac{1}{2}\sec^2\frac{x}{2}\cdot dx=du$$

$$\therefore \int\csc x\,dx=\int\frac{1}{\sin x}dx$$
$$=\int\frac{1}{2\sin\frac{x}{2}\cos\frac{x}{2}}dx$$

$\left(\cos^2\frac{x}{2}\text{로 분모분자를 나눈다}\right)$

$$=\int\frac{\frac{1}{\cos^2\frac{x}{2}}}{2\cdot\frac{\sin\frac{x}{2}}{\cos\frac{x}{2}}}dx=\int\frac{\sec^2\frac{x}{2}}{2\tan\frac{x}{2}}dx$$
$$=\int\frac{\frac{1}{2}\sec^2\frac{x}{2}dx}{\tan\frac{x}{2}}=\int\frac{du}{u}$$
$$=\ln|u|+C$$
$$=\ln\left|\tan\frac{x}{2}\right|+C$$

(5) $\csc\left(x+\frac{\pi}{2}\right)=\sec x$

$x+\frac{\pi}{2}=u$라 하면 $dx=du$

$$\therefore \int\sec x\,dx=\int\csc\left(x+\frac{\pi}{2}\right)dx$$
$$=\int\csc u\,du \quad \text{((4)번의 결과에 의하여)}$$
$$=\ln\left|\tan\frac{u}{2}\right|+C$$
$$=\ln\left|\tan\left(\frac{x}{2}+\frac{\pi}{4}\right)\right|+C$$

■

피적분함수에 다음이 포함되었을 때

$$\sqrt{a^2-x^2},\ \sqrt{a^2+x^2},\ \sqrt{x^2-a^2},\ (a>0)$$

$\sqrt{a^2-x^2}$은 $x=a\sin\theta$

$\sqrt{a^2+x^2}$은 $x=a\tan\theta$

$\sqrt{x^2-a^2}$은 $x=a\sec\theta$

와 같이 각각 삼각함수로 치환하면

$$\begin{aligned}\sqrt{a^2-x^2}&=\sqrt{a^2-a^2\sin^2\theta}=a\sqrt{1-\sin^2\theta}\\&=a\sqrt{\cos^2\theta}=a|\cos\theta|\end{aligned}$$

$$\begin{aligned}\sqrt{a^2+x^2}&=\sqrt{a^2+a^2\tan^2\theta}=a\sqrt{1+\tan^2\theta}\\&=a\sqrt{\sec^2\theta}=a|\sec\theta|\end{aligned}$$

$$\begin{aligned}\sqrt{x^2-a^2}&=\sqrt{a^2\sec^2\theta-a^2}=a\sqrt{\sec^2\theta-1}\\&=a\sqrt{\tan^2\theta}=a|\tan\theta|\end{aligned}$$

가 된다.

따라서 피적분함수의 근호를 없애고 삼각함수로 바꾸어 계산할 수 있다.

예제 2. 다음이 성립함을 밝혀라.

(1) $\displaystyle\int\frac{1}{\sqrt{a^2-x^2}}\,dx=\sin^{-1}\frac{x}{a}+C$

(2) $\displaystyle\int\frac{1}{\sqrt{a^2+x^2}}\,dx=\ln\left|x+\sqrt{a^2+x^2}\right|+C$

(3) $\displaystyle\int\frac{1}{x\sqrt{x^2-a^2}}\,dx=\frac{1}{a}\sec^{-1}\frac{x}{a}+C$

(4) $\displaystyle\int\frac{1}{a^2+x^2}\,dx=\frac{1}{a}\tan^{-1}\frac{x}{a}+C$

(5) $\displaystyle\int\sqrt{a^2-x^2}\,dx$

$\displaystyle=\frac{1}{2}\left(x\sqrt{a^2-x^2}+a^2\sin^{-1}\frac{x}{a}\right)+C\ (a>0)$

증명 (1) $x=a\sin\theta$ 라 하면 $\theta=\sin^{-1}\dfrac{x}{a}$

$$dx=a\cos\theta\,d\theta\ \left(-\frac{\pi}{2}\le\theta<\frac{\pi}{2}\right)$$

$$\begin{aligned}\therefore\int\frac{1}{\sqrt{a^2-x^2}}\,dx&=\int\frac{a\cos\theta}{\sqrt{a^2-a^2\sin^2\theta}}\,d\theta\\&=\int\frac{a\cos\theta}{a\sqrt{1-\sin^2\theta}}\,d\theta=\int\frac{a\cos\theta}{a\cos\theta}\,d\theta\\&=\int d\theta=\theta+C=\sin^{-1}\frac{x}{a}+C\end{aligned}$$

(2) $x=a\tan\theta$ 라 하면 $\left(-\dfrac{\pi}{2}<\theta<\dfrac{\pi}{2}\right)$

$$dx=a\sec^2\theta\,d\theta$$

$$\begin{aligned}\therefore\int\frac{1}{\sqrt{a^2+x^2}}\,dx&=\int\frac{a\sec^2\theta\,d\theta}{\sqrt{a^2+a^2\tan^2\theta}}\\&=\int\frac{a\sec^2\theta\,d\theta}{a\sqrt{1+\tan^2\theta}}=\int\frac{a\sec^2\theta}{a\sqrt{\sec^2\theta}}\,d\theta\\&=\int\sec\theta\,d\theta\end{aligned}$$

$$\left(\begin{aligned}&\frac{d}{dx}\{\ln(\sec\theta+\tan\theta)\\&=\frac{(\sec\theta+\tan\theta)'}{\sec\theta+\tan\theta}\\&=\frac{\sec\theta\tan\theta+\sec^2\theta}{\sec\theta+\tan\theta}\\&=\frac{(\sec\theta+\tan\theta)\sec\theta}{\sec\theta+\tan\theta}\\&=\sec\theta \text{ 이므로}\end{aligned}\right.$$

$$=\ln|\sec\theta+\tan\theta|+C_1$$

$$\left(\begin{aligned}&\text{여기서 }\tan\theta=\frac{x}{a}\\&\sec\theta=\sqrt{1+\tan^2\theta}\\&\quad=\sqrt{1+\frac{x^2}{a^2}}\\&\quad=\frac{\sqrt{a^2+x^2}}{a}\text{ 이므로}\end{aligned}\right.$$

$$\begin{aligned}&=\ln\left|\frac{\sqrt{a^2+x^2}}{a}+\frac{x}{a}\right|+C_1\\&=\ln\left|\frac{x+\sqrt{a^2+x^2}}{a}\right|+C_1\\&=\ln\left|x+\sqrt{a^2+x^2}\right|+C\\&\qquad(C=C_1-\ln a)\end{aligned}$$

(3) $x=a\sec\theta$라 하면 $dx=a\sec\theta\tan\theta d\theta$

$$\therefore \int\frac{dx}{x\sqrt{x^2-a^2}}=\int\frac{a\sec\theta\tan\theta d\theta}{a\sec\theta\sqrt{a^2\sec^2\theta-a^2}}$$
$$=\int\frac{a\sec\theta\cdot\tan\theta d\theta}{a\sec\theta\cdot a\tan\theta}$$
$$=\int\frac{1}{a}d\theta=\frac{1}{a}\theta+C$$
$$=\frac{1}{a}\sec^{-1}\frac{x}{a}+C$$

(4) $x=a\tan\theta$라 하면 $dx=a\sec^2\theta d\theta$
$$\left(-\frac{\pi}{2}<\theta<\frac{\pi}{2}\right)$$

$$\therefore \int\frac{dx}{a^2+x^2}=\int\frac{a\sec^2\theta d\theta}{a^2+a^2\tan^2\theta}$$
$$=\int\frac{a\sec^2\theta d\theta}{a^2(1+\tan^2\theta)}=\int\frac{a\sec^2\theta d\theta}{a^2\sec^2\theta}$$
$$=\int\frac{1}{a}d\theta=\frac{1}{a}\theta+C$$
$$=\frac{1}{a}\tan^{-1}\frac{x}{a}+C$$

($x=a\tan\theta$에서 $\frac{x}{a}=\tan\theta\ \therefore\theta=\tan^{-1}\frac{x}{a}$

(5) $x=a\sin\theta$라 하면 $dx=a\cos\theta d\theta$
$$\theta=\sin^{-1}\frac{x}{a},\ \left(-\frac{\pi}{2}\le x\le\frac{\pi}{2}\right)$$

$$\int\sqrt{a^2-x^2}\,dx$$
$$=\int\sqrt{a^2-a^2\sin^2\theta}\cdot a\cos\theta d\theta$$
$$=\int a\sqrt{1-\sin^2\theta}\cdot a\cos\theta d\theta$$
$$=\int a\sqrt{\cos^2\theta}\cdot a\cos\theta d\theta=\int a^2\cos^2\theta d\theta$$
$$=a^2\int\frac{1+\cos2\theta}{2}d\theta=\frac{a^2}{2}\left(\theta+\frac{\sin^2\theta}{2}\right)+C$$
$$=\frac{a^2}{2}(\theta+\sin\theta\cos\theta)+C$$

여기서 $-\frac{\pi}{2}\le x\le\frac{\pi}{2}$이므로 $\cos\theta\ge0$이고,

$$\cos\theta=\sqrt{1-\sin^2\theta}=\sqrt{1-\left(\frac{x}{a}\right)^2}=\frac{\sqrt{a^2-x^2}}{a}$$

$$\therefore \int\sqrt{a^2-x^2}\,dx$$
$$=\frac{a^2}{2}\left(\sin^{-1}\frac{x}{a}+\frac{x}{a}\cdot\frac{\sqrt{a^2-x^2}}{a}\right)+C$$
$$=\frac{1}{2}\left(x\sqrt{a^2-x^2}+a^2\sin^{-1}\frac{x}{a}\right)+C$$ ■

앞의 예제 2-(2)번 즉

$$\int\frac{1}{\sqrt{a^2+x^2}}dx=\ln\left|x+\sqrt{a^2+x^2}\right|+C$$

은 특별한 치환방법으로도 증명할 수 있다.

예제 3. 다음을 증명하여라.

$$\int\frac{1}{\sqrt{x^2+a^2}}dx=\ln\left|x+\sqrt{x^2+a^2}\right|+C$$

증명 $\sqrt{x^2+a^2}=t-x$ … ①라 하면

$$x^2+a^2=(t-x)^2$$
$$=t^2-2tx+x^2$$
$$\therefore 2tx=t^2-a^2$$
$$x=\frac{t^2-a^2}{2t} \qquad \cdots ②$$
$$dx=\frac{(t^2-a^2)'\cdot2t-(t^2-a^2)\cdot(2t)'}{(2t)^2}dt$$
$$=\frac{4t^2-2t^2+2a^2}{4t^2}dt$$
$$=\frac{t^2+a^2}{2t^2}dt$$

①, ②에서 $\sqrt{x^2+a^2}=t-\frac{t^2-a^2}{2t}=\frac{t^2+a^2}{2t}$

따라서

$$\int\frac{1}{\sqrt{x^2+a^2}}dx=\int\frac{1}{\frac{t^2+a^2}{2t}}\cdot\frac{t^2+a^2}{2t^2}dt$$
$$=\int\frac{1}{t}dt=\ln|t|+C$$
$$=\ln\left|x+\sqrt{x^2+a^2}\right|+C$$ ■

문제 #1. 위 예제 3의 방법과 같이 $\sqrt{x^2-a^2}=t$라 치환하여 다음을 증명하여 보아라.

$$\int\frac{1}{\sqrt{x^2-a^2}}dx=\ln\left|x+\sqrt{x^2-a^2}\right|+C$$

부분적분법으로 부정적분을 구하는 문제를 더 다루도록 한다.

예제 1. 다음 부정적분을 구하여라.

(1) $\int(\sin^{-1}x)^2dx$ (2) $\int\tan^{-1}\sqrt{\frac{x}{a}}\,dx$

풀이 (1) $\int(\sin^{-1}x)^2dx=\int(x)'(\sin^{-1}x)^2dx$

$=x(\sin^{-1}x)^2-\int x\cdot 2\sin^{-1}x\cdot\frac{1}{\sqrt{1-x^2}}dx$

$=x(\sin^{-1}x)^2-2\int\frac{x}{\sqrt{1-x^2}}\cdot\sin^{-1}x\,dx \cdots ①$

$\left(\frac{d}{dx}\sin^{-1}x=\frac{1}{\sqrt{1-x^2}}\right)$

여기서

$\int\frac{x}{\sqrt{1-x^2}}\cdot\sin^{-1}x\,dx$

$=\int(-\sqrt{1-x^2})'\sin^{-1}x\,dx$

$=-\sqrt{1-x^2}\cdot\sin^{-1}x-\int(-\sqrt{1-x^2})\cdot\frac{1}{\sqrt{1-x^2}}dx$

$=-\sqrt{1-x^2}\cdot\sin^{-1}x+\int dx$

$=-\sqrt{1-x^2}\sin^{-1}x+x+C_1 \cdots ②$

①, ②에서

$\int(\sin^{-1}x)^2dx$

$=x(\sin^{-1}-x)^2$
$-2\left(-\sqrt{1-x^2}\sin^{-1}x+x+C_1\right)$

$=x(\sin^{-1}x)^2+2\sqrt{1-x^2}\sin^{-1}x$
$-2x+C\ \ (C=-2C_1)$

(2) $\tan^{-1}\sqrt{\frac{x}{a}}=t$라 하면

$\sqrt{\frac{x}{a}}=\tan t,\ \frac{x}{a}=\tan^2t$

$x=a\tan^2t$

$dx=a(\tan^2t)'dt$

$\therefore\int\tan^{-1}\sqrt{\frac{x}{a}}\,dx$

$=\int t\cdot a(\tan^2t)'dt$

$=a\int t(\tan^2t)'dt$

$=at\cdot\tan^2t-a\int 1\cdot\tan^2t\,dt$

$=at\cdot\tan^2t-a\int\tan^2t\,dt \cdots ①$

여기서

$\int\tan^2t\,dt=\int(\sec^2t-1)dt$

$=\tan t-t+C_1 \cdots ②$

①, ②에서

$\int\tan^{-1}\sqrt{\frac{x}{a}}\,dx$

$=at\cdot\tan^2t-a\tan t-at+C$
$(C=-aC_1)$

$=a\tan^{-1}\sqrt{\frac{x}{a}}\cdot\left(\sqrt{\frac{x}{a}}\right)^2$
$-a\sqrt{\frac{x}{a}}+a\tan^{-1}\sqrt{\frac{x}{a}}+C$

$=a\tan^{-1}\sqrt{\frac{x}{a}}\cdot\frac{x}{a}-\sqrt{a^2\cdot\frac{x}{a}}$
$+a\tan^{-1}\sqrt{\frac{x}{a}}+C$

$=(x+a)\tan^{-1}\sqrt{\frac{x}{a}}-\sqrt{ax}+C$ ■

예제 2. 다음이 성립함을 밝혀라. $(a^2+b^2\neq 0)$

(1) $\int e^{ax}\sin bx\,dx$
$=\frac{1}{a^2+b^2}e^{ax}(a\sin bx-b\cos bx)$

(2) $\int e^{ax}\cos bx\,dx$
$=\frac{1}{a^2+b^2}e^{ax}(a\cos bx+b\sin bx)$

증명 (i) $a=0$일 때, (1), (2)의 부정적분은 쉽게 구할 수 있다.

(ii) $a\neq 0$일 때, I, J가 다음과 같다고 하자.

$I=\int e^{ax}\sin bx\,dx,\quad J=\int e^{ax}\cos bx\,dx$

$$I=\int e^{ax}\sin bx\,dx$$
$$=\int\left(\frac{1}{a}e^{ax}\right)'\sin bx\,dx$$
$$=\frac{1}{a}e^{ax}\cdot\sin bx-\int\frac{1}{a}e^{ax}\cdot b\cos bx\,dx$$
$$=\frac{1}{a}e^{ax}\cdot\sin bx-\frac{b}{a}\int e^{ax}\cdot\cos bx\,dx$$
$$=\frac{1}{a}e^{ax}\sin bx-\frac{b}{a}J$$

즉, $I=\frac{1}{a}e^{ax}\sin bx-\frac{b}{a}J$

$\therefore\ aI+bJ=e^{ax}\sin bx$ ⋯ ①

또, $J=\int e^{ax}\cos bx\,dx$
$$=\int\left(\frac{1}{a}e^{ax}\right)'\cos bx\,dx$$
$$=\frac{1}{a}e^{ax}\cos bx-\int\frac{1}{a}e^{bx}(-b\sin bx)dx$$
$$=\frac{1}{a}e^{ax}\cos bx+\frac{b}{a}\int e^{bx}\sin bx\,dx$$
$$=\frac{1}{a}e^{ax}\cos bx+\frac{b}{a}I$$

즉, $J=\frac{1}{a}e^{ax}\cos bx+\frac{b}{a}I$

$\therefore\ bI-aJ=-e^{ax}\cos bx$ ⋯ ②

①, ②를 I, J에 대한 연립방정식으로 이것을 풀자.

①×a+②×b

$$a^2I+b^2I=ae^{ax}\sin bx-be^{ax}\cos bx$$
$$\therefore\ I=\frac{1}{a^2+b^2}e^{ax}(a\sin bx-b\cos bx)$$

따라서 (1)이 증명되었고

①×b−②×a

$$b^2J+a^2J=be^{ax}\sin bx+ae^{ax}\cos bx$$
$$\therefore\ J=\frac{1}{a^2+b^2}e^{ax}(b\sin bx+a\cos bx)$$

따라서 (2)도 증명되었다. ■

예제 3. n이 자연수이다. 다음이 성립함을 각각 증명하여라.

(1) $I_n=\int\sin^n x\,dx$일 때
$$I_n=-\frac{1}{n}\sin^{n-1}x\cdot\cos x+\frac{n-1}{n}I_{n-2}$$

(2) $I_n=\int\cos^n x\,dx$일 때
$$I_n=-\frac{1}{n}\cos^{n-1}x\cdot\sin x+\frac{n-1}{n}I_{n-2}$$

(3) $I_n=\int\frac{1}{(x^2+a^2)^n}dx$ 일 때
$$I_n=\frac{1}{a^2}\left\{\frac{x}{(2n-2)(x^2+a^2)^{n-1}}+\frac{2n-3}{2n-2}I_{n-1}\right\}$$

증명 (1) $I_n=\int\sin^n x\,dx$
$$=\int\sin^{n-1}x\cdot\sin x\,dx$$
$$=\int\sin^{n-1}x\cdot(-\cos x)'dx$$
$$=\sin^{n-1}x\cdot(-\cos x)-\int(n-1)\sin^{n-2}x\cdot\cos x\cdot(-\cos x)\,dx$$
$$=-\sin^{n-1}x\cdot\cos x+(n-1)\int\sin^{n-2}x\cdot\cos^2 x\,dx$$
$$=-\sin^{n-1}x\cdot\cos x+(n-1)\int\sin^{n-2}x\cdot(1-\sin^2 x)\,dx$$
$$=-\sin^{n-1}x\cdot\cos x+(n-1)\int\sin^{n-2}x\,dx-(n-1)\int\sin^n x\,dx$$
$$=-\sin^{n-1}x\cdot\cos x+(n-1)I_{n-2}-(n-1)I_n$$
$$\therefore\ I_n+(n-1)I_n=-\sin^{n-1}x\cdot\cos x+(n-1)I_{n-2}$$
$$nI_n=-\sin^{n-1}x\cdot\cos x+(n-1)I_{n-2}$$
$$\therefore\ I_n=-\frac{1}{n}\sin^{n-1}x\cdot\cos x+\frac{n-1}{n}I_{n-2}$$

(2) $I_n = \int \cos^n x dx = \int \cos^{n-1} x \cdot \cos x dx$

$= \int \cos^{n-1} x \cdot (\sin x)' dx$

$= \cos^{n-1} x \cdot \sin x$

$- \int (n-1) \cos^{n-2} x \cdot (-\sin x) \cdot \sin x dx$

$= \cos^{n-1} x \cdot \sin x$

$+ (n-1) \int \cos^{n-2} x \cdot (1-\cos^2 x) dx$

$= \cos^{n-1} x \cdot \sin x$

$+ (n-1) \int \cos^{n-2} x dx$

$-(n-1) \int \cos^n x dx$

$= \cos^{n-1} x \cdot \sin x + (n-1) I_{n-2} - (n-1) I_n$

$I_n + (n-1) I_n = \cos^{n-1} x \cdot \sin x$

$+ (n-1) I_{n-2}$

$\therefore I_n = \frac{1}{n} \cos^{n-1} x \cdot \sin x + \frac{n-1}{n} I_{n-2}$

(3) $I_n = \int \frac{1}{(x^2+a^2)^n} dx = \int (x)' \frac{1}{(x^2+a^2)^n} dx$

$= x \cdot \frac{1}{(x^2+a^2)^n}$

$- \int x \cdot \left\{ -n(x^2+a^2)^{-n-1} \cdot 2x \right\} dx$

$= \frac{x}{(x^2+a^2)^n} + 2n \int \frac{x^2}{(x^2+a^2)^{n+1}} dx$

$= \frac{x}{(x^2+a^2)^n} + 2n \int \frac{x^2+a^2-a^2}{(x^2+a^2)^{n+1}} dx$

$= \frac{x}{(x^2+a^2)^n} + 2n \left\{ \int \frac{1}{(x^2+a^2)^n} dx \right.$

$\left. -a^2 \int \frac{1}{(x^2+a^2)^{n+1}} dx \right\}$

$= \frac{x}{(x^2+a^2)^n} + 2n (I_n - a^2 I_{n+1})$

$2na^2 I_{n+1} = \frac{x}{(x^2+a^2)^n} + (2n-1) I_n$

$\therefore I_{n+1} = \frac{1}{a^2} \left\{ \frac{x}{2n(x^2+a^2)^{n-1}} + \frac{2n-1}{2n} I_n \right\}$

따라서

$$I_n = \frac{1}{a^2} \left\{ \frac{x}{(2n-2)(x^2+a^2)^{n-1}} + \frac{2n-3}{2n-2} I_{n-1} \right\}$$

■

예제 4. 다음이 성립함을 증명하여라.

(1) $\int \sqrt{a^2-x^2}\, dx$

$= \frac{1}{2} \left(x\sqrt{a^2-x^2} + a^2 \sin^{-1} \frac{x}{a} \right) + C$

(2) $\int \sqrt{x^2+a^2}\, dx$

$= \frac{1}{2} \left(x\sqrt{x^2+a^2} \right.$

$\left. + a^2 \ln \left| x + \sqrt{x^2+a^2} \right| \right) + C$

증명 (1) $I = \int \sqrt{a^2-x^2}\, dx$

$= \int (x)' \sqrt{a^2-x^2}\, dx$

$= x\sqrt{a^2-x^2} - \int x \cdot \frac{-2x}{2\sqrt{a^2-x^2}} dx$

$= x\sqrt{a^2-x^2} - \int \frac{-x^2}{\sqrt{a^2-x^2}} dx$

$= x\sqrt{a^2-x^2} - \int \frac{a^2-x^2-a^2}{\sqrt{a^2-x^2}} dx$

$= x\sqrt{a^2-x^2} - \int \left(\frac{a^2-x^2}{\sqrt{a^2-x^2}} - \frac{a^2}{\sqrt{a^2-x^2}} \right) dx$

$= x\sqrt{a^2-x^2}$

$- \int \sqrt{a^2-x^2}\, dx + a^2 \int \frac{1}{\sqrt{a^2-x^2}} dx$

$= x\sqrt{a^2-x^2} - I + a^2 \sin^{-1} \frac{x}{a} + C_1$

$\therefore 2I = x\sqrt{a^2-x^2} + a^2 \sin^{-1} \frac{x}{a} + C_1$

$\therefore I = \int \sqrt{a^2-x^2}\, dx$

$= \frac{1}{2} \left(x\sqrt{a^2-x^2} + a^2 \sin^{-1} \frac{x}{a} \right) + C$

$\left(C = \frac{1}{2} C_1 \right)$

((1)번은 앞에서 삼각함수로 치환하여 부정적분을 구하였으나 부분적분법으로도 구할 수 있다는 예이다. (2)번도 그러한 예이지만 푸는 과정 중 삼각함수로 치환하여 풀었던 〈치환적분〉의 예제 2의 2번을 적용한다.)

(2) $I=\int\sqrt{x^2+a^2}\,dx=\int(x)'\sqrt{x^2+a^2}\,dx$

$$=x\sqrt{x^2+a^2}\,dx-\int x\cdot\frac{-2x}{2\sqrt{x^2+a^2}}dx$$

$$=x\sqrt{x^2+a^2}\,dx-\int\frac{x^2}{\sqrt{x^2+a^2}}dx$$

$$=x\sqrt{x^2+a^2}\,dx-\int\frac{x^2+a^2-a^2}{\sqrt{x^2+a^2}}dx$$

$$=x\sqrt{x^2+a^2}-\int\frac{x^2+a^2}{\sqrt{x^2+a^2}}dx+\int\frac{a^2}{\sqrt{x^2+a^2}}dx$$

$$=x\sqrt{x^2+a^2}-\int\sqrt{x^2+a^2}\,dx+a^2\int\frac{1}{\sqrt{x^2+a^2}}dx$$

$$=x\sqrt{x^2+a^2}-I+a^2\ln\left|x+\sqrt{x^2+a^2}\right|+C_1$$

$$\therefore 2I=x\sqrt{x^2+a^2}+a^2\ln\left|x+\sqrt{x^2+a^2}\right|+C_1$$

$$\therefore I=\int\sqrt{x^2+a^2}\,dx=\frac{1}{2}\left(x\sqrt{x^2+a^2}+a^2\ln\left|x+\sqrt{x^2+a^2}\right|\right)+C$$

$$\left(C=\frac{1}{2}C_1\right)$$

■

문제 #1. 위 (2)번과 같은 방법으로 다음이 성립함을 증명하여 보아라.

$$\int\sqrt{x^2-a^2}\,dx=\frac{1}{2}\left(x\sqrt{x^2-a^2}+a^2\ln\left|x+\sqrt{x^2-a^2}\right|\right)+C$$

분수함수를 몇 개의 분수식의 합의 꼴로 변형하는 것을 부분분수로 분해한다고 하고, 분수함수의 적분은 부분분수로 고쳐서 계산하도록 한다.

예제 다음 부정적분을 구하여라.

(1) $\int\frac{1}{x^2-a^2}dx$ (2) $\int\frac{x^2+2x-10}{x^2(x^2+4x+5)}dx$

풀이 (1) $\frac{1}{x^2-a^2}=\frac{1}{(x+a)(x-a)}$

$$=\frac{A}{x+a}+\frac{B}{x-a}$$

$$=\frac{(A+B)x+(-aA+aB)}{(x+a)(x-a)}$$

$$A+B=0,\ \ -aA+aB=1$$

$$A=-1/2a,\ B=1/2a$$

$$\therefore\int\frac{1}{x^2-a^2}dx$$

$$=-\frac{1}{2a}\int\frac{1}{x+a}dx+\frac{1}{2a}\int\frac{1}{x-a}dx$$

$$=\frac{1}{2a}(-\ln|x+a|+\ln|x-a|)+C$$

$$=\frac{1}{2a}\ln\left|\frac{x-a}{x+a}\right|+C$$

(2) $\frac{x^2+2x-10}{x^2(x^2+4x+5)}$

$$=\frac{A}{x}+\frac{B}{x^2}+\frac{Cx+D}{x^2+4x+5}$$

$$\therefore A=2,\ B=C=-2,\ D=-5$$

$$\therefore (\text{준식})=\int\left(\frac{2}{x}-\frac{2}{x^2}-\frac{2x+5}{x^2+4x+5}\right)dx$$

$$=\int\left(\frac{2}{x}-\frac{2}{x^2}-\frac{(2x+4)+1}{x^2+4x+5}\right)dx$$

$$=\int\left(\frac{2}{x}-\frac{2}{x^2}-\frac{2x+4}{x^2+4x+5}-\frac{1}{x^2+4x+5}\right)dx$$

$$=\int\left(\frac{2}{x}-\frac{2}{x^2}-\frac{(x^2+4x+5)'}{x^2+4x+5}-\frac{1}{1+(x+2)^2}\right)dx$$

$$=2\ln x+\frac{2}{x}-\ln(x^2+4x+5)-\tan^{-1}(x+2)+C$$

삼각함수를 포함한 함수의 적분   연구 과정

($\tan x$ 또는 $\sin^2 x$, $\cos^2 x$를 포함한 함수)

$\tan x = t$라 하면

$$dt = \sec^2 x\,dx = (1+\tan^2 x)\,dx$$
$$= (1+t^2)\,dx$$
$$\cos^2 x = \frac{1}{\sec^2 x} = \frac{1}{1+\tan^2 x} = \frac{1}{1+t^2}$$
$$\sin^2 x = \cos^2 x \cdot \tan^2 x = \frac{t^2}{1+t^2}$$

✉예제 1. 다음 부정적분을 구하여라.

(1) $\displaystyle\int \frac{2-\tan x}{1+\tan x}\,dx$ (2) $\displaystyle\int \frac{\sin^2 x}{2+\cos^2 x}\,dx$

풀이 (1) $\tan x = t$ 라 하면 $dt = (1+t^2)\,dx$

$$\int \frac{2-\tan x}{1+\tan x}\,dx = \int \frac{2-t}{1+t}\cdot\frac{1}{1+t^2}\,dt$$

$$\left[\begin{array}{l}\dfrac{2-t}{1+t}\cdot\dfrac{1}{1+t^2} = \dfrac{A}{1+t} + \dfrac{Bt+C}{1+t^2} \\ \text{에서 } A = 3/2, B = -3/2, C = 1/2\end{array}\right]$$

$$= \frac{1}{2}\int\left(\frac{-3t+1}{t^2+1} + \frac{3}{t+1}\right)dt$$
$$= \frac{1}{2}\int\left(\frac{-3t}{t^2+1} + \frac{1}{t^2+1} + \frac{3}{t+1}\right)dt$$
$$= \frac{1}{2}\int\left(-\frac{3}{2}\cdot\frac{(t^2+1)'}{t^2+1} + \frac{1}{t^2+1} + \frac{3}{t+1}\right)dt$$
$$= \frac{1}{2}\left\{-\frac{3}{2}\ln(t^2+1) + \tan^{-1}t + 3\ln(t+1)\right\} + C$$
$$= \frac{1}{2}\left\{-3\left(\ln\sqrt{t^2+1} - \ln(t+1)\right) + \tan^{-1}t\right\} + C$$
$$= \frac{1}{2}\left(\tan^{-1}t - 3\ln\frac{\sqrt{t^2+1}}{t+1}\right) + C$$
$$= \frac{1}{2}\left(x - 3\ln\frac{\sqrt{\tan^2 x+1}}{\tan x+1}\right) + C$$
$$= \frac{1}{2}\left(x - 3\ln\left|\frac{\sec x}{\tan x+1}\right|\right) + C$$

(2) $\tan x = t$ 라 하면 $dx = \dfrac{1}{1+t^2}\,dt$

$$\therefore \int \frac{\sin^2 x}{2+\cos^2 x}\,dx$$
$$= \int\left\{\frac{t^2}{1+t^2} \Big/ \left(2+\frac{1}{1+t^2}\right)\right\}\cdot\frac{1}{1+t^2}\,dt$$
$$= \int \frac{t^2}{(2t^2+3)(t^2+1)}\,dt$$
$$= \int\left(\frac{3}{2t^2+3} - \frac{1}{t^2+1}\right)dt$$
$$= \sqrt{\frac{3}{2}}\tan^{-1}\left(\sqrt{\frac{2}{3}}\,t\right) - \tan^{-1}t + C$$
$$= \sqrt{\frac{3}{2}}\tan^{-1}\left(\frac{\sqrt{6}}{3}\tan x\right) - x + C \quad ■$$

($\cos x$, $\sin x$를 포함한 함수)

$\tan\dfrac{x}{2} = t$라 하면

($\cos^2\dfrac{x}{2}$로 분자·분모를 나눈다.)

$$\sin x = 2\sin\frac{x}{2}\cos\frac{x}{2} = \frac{2\sin\frac{x}{2}\cos\frac{x}{2}}{\cos^2\frac{x}{2} + \sin^2\frac{x}{2}}$$
$$= \frac{2\tan\frac{x}{2}}{1+\tan^2\frac{x}{2}} = \frac{2t}{1+t^2}$$
$$\cos x = \cos\left(2\cdot\frac{x}{2}\right) = \frac{\cos^2\frac{x}{2} - \sin^2\frac{x}{2}}{\cos^2\frac{x}{2} + \sin^2\frac{x}{2}}$$
$$= \frac{1-t^2}{1+t^2}$$
$$\frac{1}{2}\sec^2\frac{x}{2}\,dx = dt, \quad \frac{1}{2}\left(1+\tan^2\frac{x}{2}\right)dx = dt$$
$$\frac{1}{2}(1+t^2)\,dx = dt, \quad dx = \frac{2}{1+t^2}\,dt$$

✉예제 2. $\displaystyle\int \frac{1}{\sin x}\,dx = \int \frac{1+t^2}{2t}\cdot\frac{2}{1+t^2}\,dt$

$$= \int \frac{1}{t}\,dt = \ln|t| + C = \ln\left|\tan\frac{x}{2}\right| + C$$

10.2 정적분

어떤 도형의 넓이(면적)나 부피(체적)를 구하려고 한다. 이때, 이 도형을 세분하여 얻은 도형의 넓이나 부피의 합으로 된 근사값의 극한으로 주어진 도형의 넓이나 부피를 구할 수 있다. 이러한 방법을 구분구적법이라 한다.

포물선 $y=x^2$과 x축 및 직선 $x=a\ (a>0)$로 둘러싸인 도형의 넓이를 구분구적법으로 구하여 보자.

구간 $[0, a]$를 n등분한 각 분점과 양 끝점의 x좌표를 차례로 쓰면

$$0,\ \frac{a}{n},\ \frac{2a}{n},\ \frac{3a}{n},\ \cdots,\ \frac{(n-1)a}{n},\ \frac{na}{n}\ (=a)$$

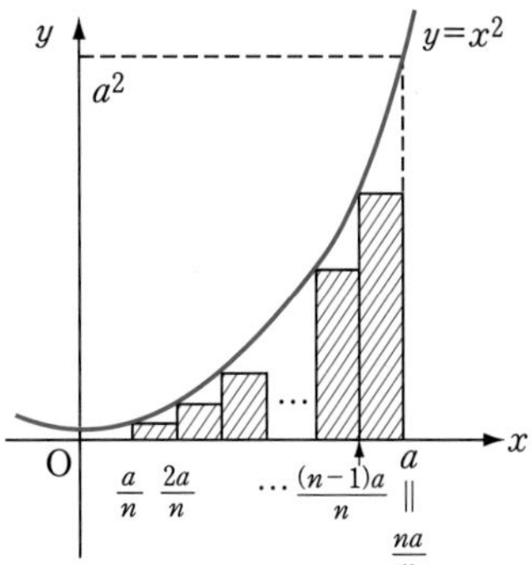

오른쪽 첫째 그림의 직사각형의 넓이의 합을 S_n, 둘째 그림의 직사각형의 넓이의 합을 S'_n, 구하는 넓이를 S라 한다. 그러면

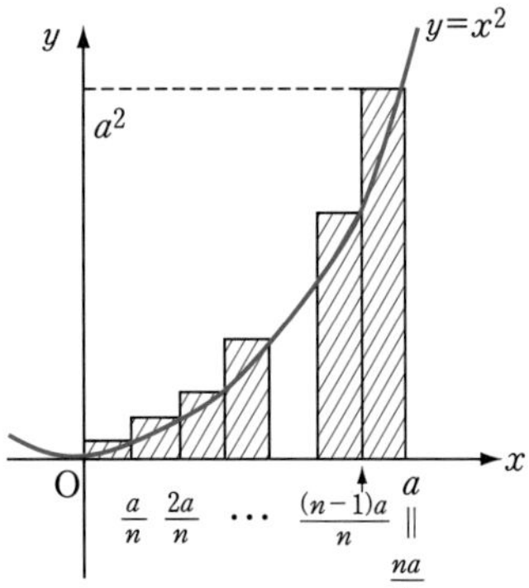

$$\begin{aligned} S_n &= \frac{a}{n}\left(\frac{a}{n}\right)^2+\frac{a}{n}\left(\frac{2a}{n}\right)^2+\cdots \\ &\quad \cdots+\frac{a}{n}\left\{\frac{(n-1)a}{n}\right\}^2 \\ &= \frac{a^3}{n^3}\{1^2+2^2+\cdots+(n-1)^2\} \\ &= \frac{a^3}{n^3}\cdot\frac{(n-1)n(2n-1)}{6} \end{aligned}$$

$$\begin{aligned} S'_n &= \frac{a}{n}\left(\frac{a}{n}\right)^2+\frac{a}{n}\left(\frac{2a}{n}\right)^2+\cdots \\ &\quad \cdots+\frac{a}{n}\left\{\frac{(n-1)a}{n}\right\}^2+\frac{a}{n}\left(\frac{na}{n}\right)^2 \\ &= \frac{a^3}{n^3}\{1^2+2^2+\cdots+(n-1)^2+n^2\}=\frac{a^3}{n^3}\cdot\frac{n(n+1)(2n+1)}{6} \end{aligned}$$

그리고 $S_n<S<S'_n$이므로 $\lim\limits_{n\to\infty}S_n \le S \le \lim\limits_{n\to\infty}S'_n$

여기서 $$\lim_{n\to\infty}S_n=\lim_{n\to\infty}S'_n=S=\frac{a^3}{3}$$

임을 알 수 있다.

- $\sum\limits_{k=1}^{n-1}k^2=\frac{(n-1)n(2n-1)}{6}$

  $\sum\limits_{k=1}^{n}k^2=\frac{n(n+1)(2n+1)}{6}$

- $\frac{a^3}{n^3}\frac{(n-1)n(2n-1)}{6}$
  $=\frac{a^3}{6}\cdot\frac{n-1}{n}\cdot\frac{n}{n}\cdot\frac{2n-1}{n}$
  $=\frac{a^3}{6}\left(1-\frac{1}{n}\right)\cdot1\cdot\left(2-\frac{1}{n}\right)$

- $\frac{a^3}{n^3}\cdot\frac{n(n+1)(2n+1)}{6}$
  $=\frac{a^3}{6}\cdot\frac{n}{n}\cdot\frac{n+1}{n}\cdot\frac{2n+1}{n}$
  $=\frac{a^3}{6}\cdot1\cdot\left(1+\frac{1}{n}\right)\left(2+\frac{1}{n}\right)$

- $\lim\limits_{n\to\infty}S_n=\frac{a^3}{6}\cdot2$

앞의 구분구적법에 의하여 정적분의 의미를 알아본다.

함수 $f(x)$가 폐구간 $[a, b]$에서 연속이고 $f(x) \geq 0$일 때, 곡선 $y=f(x)$, x축 및 두 직선 $x=a$, $x=b$로 둘러싸인 도형의 넓이 S를 구하여 보자.

구간 $[a, b]$를 n등분하여 분점과 끝점을 차례로

$$a=x_0, x_1, x_2, \cdots, x_{n-1}, x_n=b$$

라 하고 각 소구간의 길이를 Δx라 하면 이것은 다음과 같다.

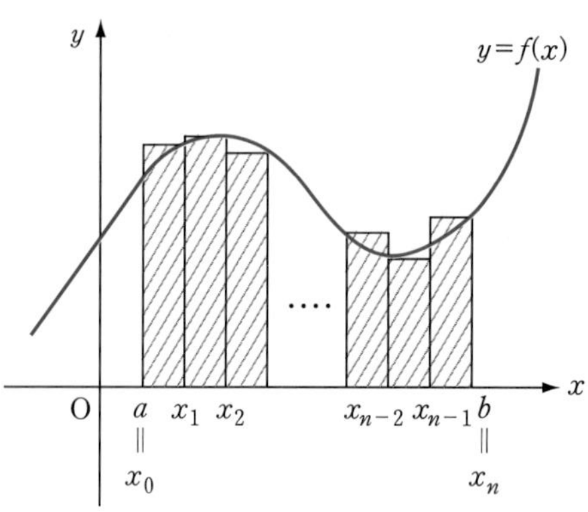

• $\Delta x = x_1 - x_0$
$= x_2 - x_1 = \cdots$
$\cdots = x_k - x_{k-1} = \cdots$
$= x_n - x_{n-1}$
$= \dfrac{b-a}{n}$

$$\Delta x = \frac{b-a}{n}$$

오른쪽 그림의 n개의 직사각형의 넓이의 합을 S_n이라 하면

$$S_n = f(x_1)\Delta x + f(x_2)\Delta x + \cdots + f(x_{n-1})\Delta x + f(x_n)\Delta x$$
$$= \sum_{k=1}^{n} f(x_k)\Delta x$$

여기서 n이 한없이 커질 때 S_n은 S(구하는 넓이)에 한없이 가까워지므로 이것을 극한으로 나타내면 다음과 같다.

• $S = \lim\limits_{n\to\infty} S_n$
$= \lim\limits_{n\to\infty} \sum\limits_{k=1}^{n} f(x_{k-1})\Delta x$

$$S = \lim_{n\to\infty} S_n = \lim_{n\to\infty} \sum_{k=1}^{n} f(x_k)\Delta x$$

그리고 함수 $f(x)$가 폐구간 $[a, b]$에서 연속이고 $f(x) < 0$일 때, 곡선 $y=f(x)$, x축 및 두 직선 $x=a$, $x=b$로 둘러싸인 도형의 넓이 S에 대하여 $f(x_k)\Delta x < 0$이므로

$$\lim_{n\to\infty} S_n = \lim_{n\to\infty} \sum_{k=1}^{n} f(x_k)\Delta x = -S$$

이 됨을 알 수 있다.

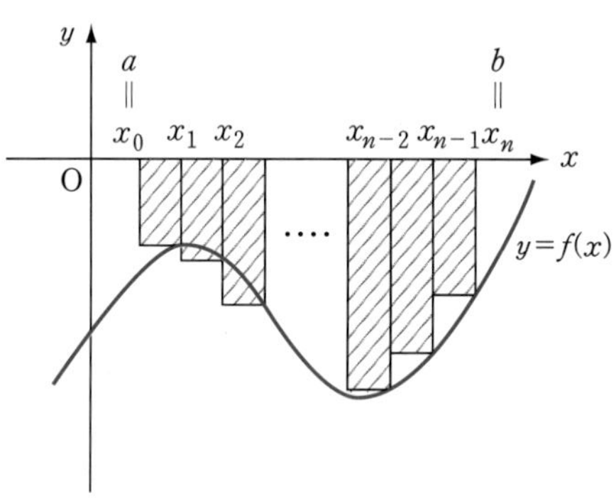

일반적으로 함수 $f(x)$가 폐구간 $[a, b]$에서 연속일 때 극한값

$$\lim_{n\to\infty} \sum_{k=1}^{n} f(x_k)\Delta x$$

가 존재하고, 이 극한값을 함수 $f(x)$의 a에서 b까지의 정적분(definite integral)이라 하고 기호로 다음과 같이 나타낸다.

$$\int_a^b f(x)\,dx$$

즉, $$\lim_{n\to\infty}\sum_{k=1}^{n} f(x_k)\Delta x=\int_a^b f(x)\,dx \qquad \left(\Delta x=\frac{b-a}{n}\right)$$

이때, a를 아래끝 또는 하한(lower limit), b를 위끝 또는 상한(upper limit)이라 하고, 정적분 $\int_a^b f(x)\,dx$를 구하는 것을 $f(x)$를 a에서 b까지 적분한다고 한다. 또 구간 $[a,\ b]$를 적분구간이라 하고 부정적분과 같이 $f(x)$를 피적분함수, x를 적분변수라 한다.

함수 $y=f(x)$는 폐구간 $[a,\ b]$에서 연속이고 $f(x)\ge 0$이다. 이때 구간 $[a, b]$에 속하는 임의의 x에 대하여 곡선 $y=f(x)$, x축 및 a에서 x 사이의 넓이를 $S(x)$라 하면

$$S(x)=\int_a^x f(x)\,dx$$

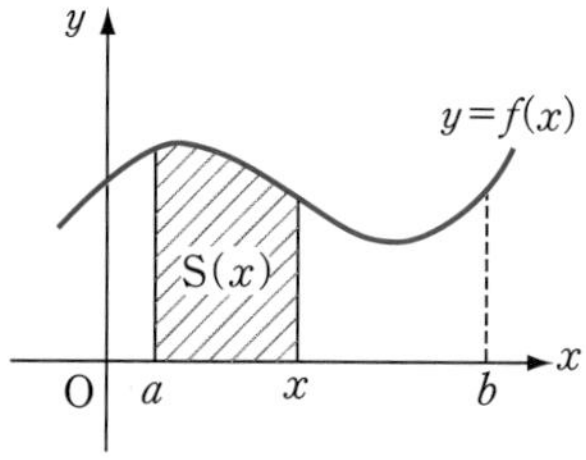

이다. 여기서 x의 증분 Δx에 대한 $S(x)$의 증분을 ΔS라 하면

$$\Delta S=S(x+\Delta x)-S(x)$$

이다. 폐구간$[x,\ x+\Delta x]$에서 함수 $y=f(x)$는 연속이므로 최댓값과 최솟값을 갖는다. 이 최댓값, 최솟값을 M, m이라 하면

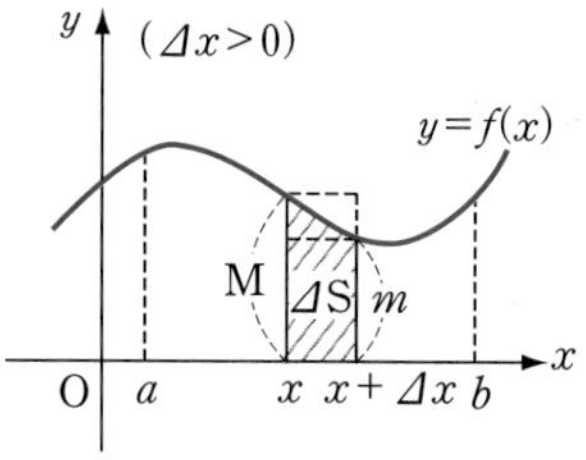

$\Delta x>0$일 때, $m\Delta x\le \Delta S\le M\Delta x$

$\Delta x<0$일 때, $M\Delta x\le \Delta S\le m\Delta x$

이다. Δx의 부호에 관계없이 부등식의 각 변을 Δx로 나누면 다음이 성립한다.

$$m\le\frac{\Delta S}{\Delta x}\le M$$

$\Delta x\to 0$이면 함수 $f(x)$가 구간 $[a,\ b]$에서 연속이므로

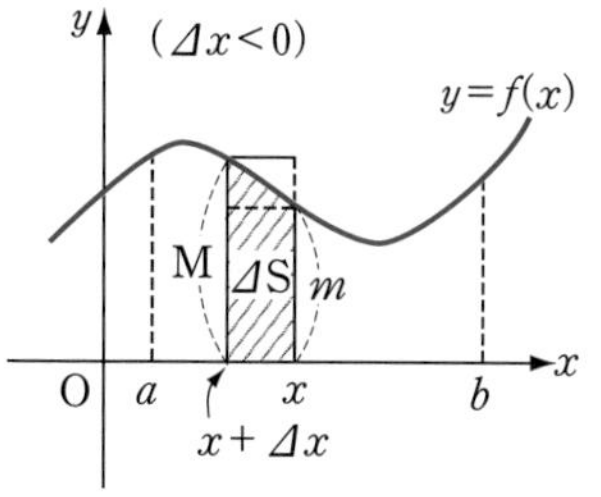

$$m\to f(x),\ M\to f(x)$$

즉, $f(x)=\lim_{\Delta x\to 0}M\le\lim_{\Delta x\to 0}\frac{\Delta S}{\Delta x}\le\lim_{\Delta x\to 0}M=f(x)$ $\quad\therefore \lim_{\Delta x\to 0}\frac{\Delta S}{\Delta x}=f(x)$

따라서 $\frac{dS}{dx}=f(x)$이다. $f(x)<0$인 경우도 같은 이치로 성립한다.

• $\lim_{n\to\infty}\sum_{k=1}^{n} f(x_{k-1})\Delta x=\int_a^b f(x)\,dx$ 로도 나타낸다.

• $\int_a^b f(x)\,dx$는 '적분 a에서 b까지 $f(x)\,dx$' 또는 'integral a에서 b까지 $f(x)\,dx$'라 읽는다.

• 정적분 $\int_a^b f(x)\,dx$의 값은 함수 $f(x)$, a, b만으로 정해지는 실수이므로 적분변수를 x 대신 다른 문자를 사용하여도 그 값은 실수이고 변하지 않는다. 즉, $\int_a^b f(x)\,dx=\int_a^b f(t)\,dt=\int_a^b f(y)\,dy=\cdots$

• 부정적분은 변수에 따라 다르므로 변수를 다른 문자로 바꾸어 쓰면 안된다. $\int f(x)\,dx\ne\int f(t)\,dt$

다시 정리하면 다음과 같다.

함수 $f(x)$가 폐구간 $[a, b]$에서 연속이고 $S(x)=\int_a^x f(x)\,dx$이면

$$S'(x)=\frac{d}{dx}\int_a^x f(x)\,dx=f(x)$$

예제 2.1 다음을 x에 대하여 미분하여라.

• $\frac{d}{dx}\int_a^x f(x)\,dx=f(x)$
$\frac{d}{dx}\int_a^x f(t)\,dt=f(x)$

(1) $\int_1^x (x^2-3x-2)\,dx$ (2) $\int_3^x (e^t-\cos t)\,dt$

풀이 (1) $\frac{d}{dx}\int_1^x (x^2-3x-2)\,dx=x^2-3x-2$

(2) $\frac{d}{dx}\int_3^x (e^t-\cos t)\,dt=e^x-\cos x$ ■

함수 $f(x)$가 폐구간 $[a, b]$에서 연속일 때,

$$S(x)=\int_a^x f(x)\,dx \text{이면} \qquad S'(x)=f(x)$$

이므로 $S(x)$는 $f(x)$의 부정적분이다. 여기서 $F(x)$를 $f(x)$의 부정적분의 하나라 하면

$$S(x)=F(x)+C, \quad \text{즉} \int_a^x f(x)\,dx=F(x)+C \qquad (C\text{는 적분상수})$$

이다. $S(a)=\int_a^a f(x)\,dx=0$이므로

$$F(a)+C=0 \quad \text{즉, } C=-F(a)$$

• $F'(x)=f(x)$
$\int f(x)\,dx=F(x)+C$
$\int_a^b f(x)\,dx=[F(x)+C]_a^b$
$=F(b)+C$
$-\{F(a)+C\}$
$=F(b)-F(a)$
이므로 정적분에서는 부정적분일 때의 적분상수를 사용하지 않아도 된다.

그러므로

$$\int_a^x f(x)\,dx=F(x)-F(a)$$

이다. 여기서 $x=b$로 놓으면

$$\int_a^b f(x)\,dx=F(b)-F(a)$$

이고 $F(b)-F(a)=\big[F(x)\big]_a^b$ 로 나타낸다.

다시 정리하면 다음과 같다.

정리 2.1

미적분학의 기본정리(fundamental theorem of calculus)

함수 f가 $[a, b]$에서 연속이고,

$$F'(x)=f(x) \text{이면} \qquad \int_a^b f(x)\,dx=[F(x)]_a^b=F(b)-F(a)$$

이제까지 정적분 $\int_a^b f(x)\,dx$를 $a<b$인 경우에 정의하였다. 그러나 $a=b$, $a>b$인 경우도 각각 다음과 같이 정의한다.

• $F'(x)=f(x) \Rightarrow$ $\int_a^a f(x)\,dx=[F(x)]_a^a$ $=F(a)-F(a)=0$

$$\int_a^a f(x)\,dx=0, \quad \int_a^b f(x)\,dx=-\int_b^a f(x)\,dx$$

$a>b$인 경우 $F(x)$를 $f(x)$의 부정적분이라 하면

$$\begin{aligned}\int_a^b f(x)\,dx&=-\int_b^a f(x)\,dx=-[F(x)]_b^a\\&=-\{F(a)-F(b)\}\\&=F(b)-F(a)\end{aligned}$$

이므로 앞의 미적분의 기본정리는 아래끝, 위끝의 대소에 관계없이 성립함을 알 수 있다.

예제 2.2 다음 정적분을 구하여라.

(1) $\int_1^2 (2x+1)\,dx$ (2) $\int_1^0 (x^2+x-1)\,dx$

(3) $\int_0^{\frac{\pi}{2}} (e^{2x}-\cos x)\,dx$

풀이 (1) $\int_1^2 (2x+1)\,dx=\left[x^2+x\right]_1^2=(4+2)-(1+1)=4$

(2) $\int_0^1 (x^2+x-1)\,dx=\left[\frac{x^3}{3}+\frac{x^2}{2}-x\right]_0^1=\frac{1}{3}+\frac{1}{2}-1-0=-\frac{1}{6}$

(3) $\int_0^{\frac{\pi}{2}} (e^{2x}-\cos x)\,dx=\left[\frac{1}{2}e^{2x}-\sin x\right]_0^{\frac{\pi}{2}}$

$=\left(\frac{1}{2}e^{\pi}-\sin\frac{\pi}{2}\right)-\left(\frac{1}{2}-0\right)=\frac{1}{2}e^{\pi}-1-\frac{1}{2}=\frac{1}{2}(e^{\pi}-3)$ ■

• $e^0=1$
$\sin\frac{\pi}{2}=1$

정적분을 계산하기 위하여 몇 가지 정적분의 성질을 알아본다.

함수 $f(x)$, $g(x)$의 부정적분을 각각 $F(x)$, $G(x)$라 하면

• $F'(x)=f(x) \Rightarrow$ $\int_a^b f(x)\,dx=[F(x)]_a^b$ $=F(b)-F(a)$

$$\{kF(x)\}'=kF'(x)=kf(x)\ (k\text{는 상수})$$
$$\{F(x)\pm G(x)\}'=F'(x)\pm G'(x)=f(x)\pm g(x)\ (\text{복호동순})$$

이므로

$$\begin{aligned}\int_a^b kf(x)\,dx&=[kF(x)]_a^b=kF(b)-kF(a)=k\{F(b)-F(a)\}\\&=k\int_a^b f(x)\,dx\end{aligned}$$

이다.

그리고 또

• ± 이중으로 반복된 부호는 한 식에서 같은 순서이다 : 복호동순

$$\begin{aligned}\int_a^b \{f(x)\pm g(x)\}\,dx &= [F(x)\pm G(x)]_a^b \\ &= \{F(b)\pm G(b)\}-\{F(a)\pm G(a)\} \\ &= \{F(b)-F(a)\}\pm\{G(b)-G(a)\} \\ &= \int_a^b f(x)\,dx \pm \int_a^b g(x)\,dx \quad \text{(복호동순)}\end{aligned}$$

임의의 세 실수 a, b, c에 대하여 $F'(x)=f(x)$일 때

$$\begin{aligned}\int_a^c f(x)\,dx+\int_c^b f(x)\,dx &= [F(x)]_a^c+[F(x)]_c^b \\ &= \{F(c)-F(a)\}+\{F(b)-F(c)\} \\ &= F(b)-F(a) \\ &= \int_a^b f(x)\,dx\end{aligned}$$

지금까지 다룬 정적분의 성질을 모두 정리하면 다음과 같다.

(1) $\int_a^a f(x)\,dx=0$

(2) $\int_a^b f(x)\,dx=-\int_b^a f(x)\,dx$

(3) $\int_a^b kf(x)\,dx=k\int_a^b f(x)\,dx$

(4) $\int_a^b \{f(x)+g(x)\}\,dx=\int_a^b f(x)\,dx+\int_a^b g(x)\,dx$

(5) $\int_a^b f(x)\,dx=\int_a^c f(x)\,dx+\int_c^b f(x)\,dx$

예제 2.3 정적분 (1) $\int_{-1}^2 (x^2-2x-2)\,dx$ (2) $\int_1^3 \left(\sqrt{x}-x^2\right)dx$를 구하여라.

• $\int_a^b \{f(x)\pm g(x)\}\,dx = \int_a^b f(x)\,dx \pm \int_a^b g(x)\,dx$

풀이 (1)
$$\begin{aligned}\int_{-1}^2 (x^2-2x-2)\,dx &= \int_{-1}^2 x^2\,dx-2\int_{-1}^2 x\,dx-2\int_{-1}^2 dx \\ &= \left[\frac{x^3}{3}\right]_{-1}^2-2\left[\frac{x^2}{2}\right]_{-1}^2-2\,[x]_{-1}^2 \\ &= \left\{\frac{2^3}{3}-\frac{(-1)^3}{3}\right\}-2\left\{\frac{2^2}{2}-\frac{(-1)^2}{2}\right\}-2\{2-(-1)\} \\ &= \left(\frac{8}{3}+\frac{1}{3}\right)-2\left(\frac{4}{2}-\frac{1}{2}\right)-2(2+1) \\ &= 3-3-6 \\ &= -6\end{aligned}$$

(2)
$$\begin{aligned}\int_1^3 \left(\sqrt{x}-x^2\right)dx &= \left[\frac{2}{3}x^{\frac{3}{2}}-\frac{x^3}{3}\right]_1^3=\left(\frac{2}{3}\cdot 3^{\frac{3}{2}}-\frac{3^3}{3}\right)-\left(\frac{2}{3}\cdot 1^{\frac{3}{2}}-\frac{1^3}{3}\right) \\ &= 2\sqrt{3}-\frac{26}{3}\end{aligned}$$

■

예제 2.4 다음 정적분을 구하여라.

- $\int_a^b f(x)\,dx + \int_a^b g(x)\,dx$
  $= \int_a^b \{f(x) + g(x)\}\,dx$
- $\int_a^b f(x)\,dx$
  $= -\int_b^a f(x)\,dx$

(1) $\int_{\frac{1}{2}}^{1}(x+2)^2\,dx + \int_{1}^{\frac{1}{2}}(x-2)^2\,dx$ (2) $\int_1^e\left(x+\frac{1}{x}\right)^3 dx + \int_1^e\left(x-\frac{1}{x}\right)^3 dx$

풀이 (1) $\int_{\frac{1}{2}}^{1}(x+2)^2\,dx + \int_{1}^{\frac{1}{2}}(x-2)^2\,dx = \int_{\frac{1}{2}}^{1}(x+2)^2 - \int_{\frac{1}{2}}^{1}(x-2)^2\,dx$

$$= \int_{\frac{1}{2}}^{1}\{(x+2)^2-(x-2)^2\}\,dx = \int_{\frac{1}{2}}^{1} 8x\,dx$$

$$= \left[4x^2\right]_{\frac{1}{2}}^{1} = 4-1 = 3$$

(2) $\int_1^e\left(x+\frac{1}{x}\right)^3 dx + \int_1^e\left(x-\frac{1}{x}\right)^3 dx = \int_1^e\left\{\left(x+\frac{1}{x}\right)^3 + \left(x-\frac{1}{x}\right)^3\right\}dx$

$$= \int_1^e\left(2x^3 + 6\cdot\frac{1}{x}\right)dx = 2\int_1^e x^3\,dx + 6\int_1^e \frac{1}{x}\,dx$$

$$= 2\left[\frac{x^4}{4}\right]_1^e + 6\left[\ln x\right]_1^e = 2\left(\frac{e^4}{4}-\frac{1}{4}\right) + 6(\ln e - \ln 1)$$

$$= \frac{e^4}{2} - \frac{1}{2} + 6 = \frac{1}{2}(e^4+11)$$

■

예제 2.5 다음 정적분을 구하여라.

(1) $\int_1^3 |x^2-2x|\,dx$ (2) $\int_0^\pi |\cos x|\,dx$

풀이 (1) $1 \le x \le 2$ 에서 $|x^2-2x| = -(x^2-2x)$

$2 \le x \le 3$ 에서 $|x^2-2x| = x^2-2x$

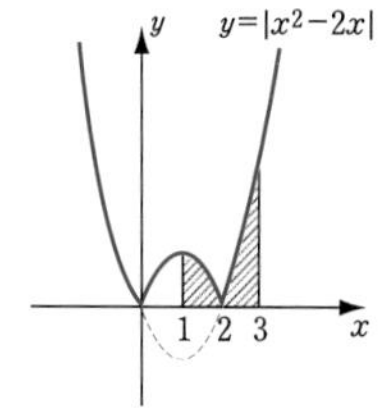

$$\therefore \int_1^3 |x^2-2x|\,dx = \int_1^2\{-(x^2-2x)\}\,dx + \int_2^3 (x^2-2x)\,dx$$

$$= -\left[\frac{x^3}{3}-x^2\right]_1^2 + \left[\frac{x^3}{3}-x^2\right]_2^3 = 2$$

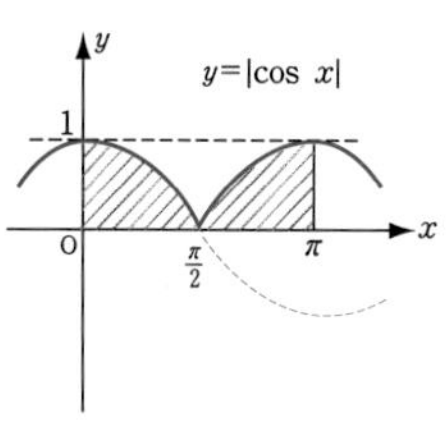

(2) $0 \le x \le \frac{\pi}{2}$ 에서 $|\cos x| = \cos x$

$\frac{\pi}{2} \le x \le 0$ 에서 $|\cos x| = -\cos x$

$$\therefore \int_0^\pi |\cos x|\,dx = \int_0^{\frac{\pi}{2}} \cos x\,dx + \int_{\frac{\pi}{2}}^{\pi}(-\cos x)\,dx$$

$$= \left[\sin x\right]_0^{\frac{\pi}{2}} - \left[\sin x\right]_{\frac{\pi}{2}}^{\pi}$$

$$= \left(\sin\frac{\pi}{2} - \sin 0\right) - \left(\sin\pi - \sin\frac{\pi}{2}\right)$$

$$= (1-0)-(0-1) = 2$$

■

정적분의 치환적분법

치환적분법을 이용하여 정적분을 구할 수 있는 방법을 알아본다.

> **정리 2.2**
>
> 함수 $f(x)$가 $[a,\ b]$에서 연속이고, 함수 $x=g(t)$는 $[\alpha,\ \beta]$에서 미분가능이고 $g'(t)$가 연속이다. 이때 $a=g(\alpha)$, $b=g(\beta)$이면
>
> $$\int_a^b f(x)\,dx=\int_\alpha^\beta f(g(t))\,g'(t)\,dt$$

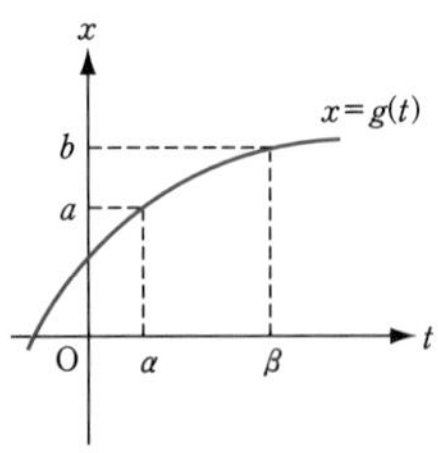

증명 $F(x)=\int_a^x f(x)\,dx$라 하면 $F'(x)=f(x)$

$$\therefore \int_a^b f(x)\,dx=[F(x)]_a^b=F(b)-F(a) \qquad \cdots ①$$

부정적분의 치환적분법에 따라

$$\int f(g(t))\,g'(t)\,dt=\int f(x)\,dx=F(x)=F(g(t))$$

이므로

$$\begin{aligned}\int_\alpha^\beta f(g(t))\,g'(t)\,dt&=[F(g(t))]_\alpha^\beta=F(g(\beta))-F(g(\alpha))\\&=F(b)-F(a)\qquad \cdots ②\end{aligned}$$

①, ②에서

$$\int_a^b f(x)\,dx=\int_\alpha^\beta f(g(t))\,g'(t)\,dt$$ ■

• $y=\sqrt{a^2-x^2}$ 의 그래프는 중심이 원점, 반지름이 a인 원의 윗부분(반원)

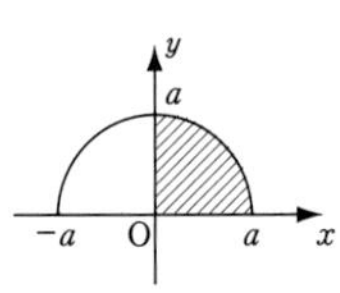

$\therefore \int_0^a \sqrt{a^2-x^2}\,dx$ 는 사분원의 넓이이다.

• (1)

x	$0\to1$
t	$1\to2$

• (2)

x	$0\to a$
θ	$0\to\frac{\pi}{2}$

예제 2.6 다음 정적분을 구하여라.

(1) $\int_0^1 \frac{x}{x^2+1}\,dx$ (2) $\int_0^a \sqrt{a^2-x^2}\,dx$

풀이 (1) $x^2+1=t$라 하면 $2x\,dx=dt$, $x=0$일 때 $t=1$, $x=1$일 때 $t=2$이므로

$$\int_0^1 \frac{x}{x^2+1}\,dx=\int_1^2 \frac{1}{2t}\,dt=\frac{1}{2}[\ln|t|]_1^2=\frac{1}{2}\ln 2$$

(2) $x=a\sin\theta\,(a>0)$라 하면 $dx=a\cos\theta\,d\theta$, $x=0$일 때 $\theta=0$, $x=a$일 때 $\theta=\pi/2$이므로

$$\begin{aligned}\int_0^a \sqrt{a^2-x^2}\,dx&=\int_0^{\frac{\pi}{2}} \sqrt{a^2-a^2\sin^2\theta}\cdot a\cos\theta\,d\theta=a^2\int_0^{\frac{\pi}{2}}\cos^2\theta\,d\theta\\&=\frac{a^2}{2}\int_0^{\frac{\pi}{2}}(1+\cos 2\theta)\,d\theta=\frac{a^2}{2}\left[\theta+\frac{1}{2}\sin 2\theta\right]_0^{\frac{\pi}{2}}=\frac{\pi a^2}{4}\end{aligned}$$ ■

정적분의 부분적분법

부분적분법을 이용하여 정적분을 구할 수 있는 방법을 알아본다.

정리 2.3

함수 $f(x)$, $g(x)$가 $[a, b]$에서 미분가능이고 $f'(x)$, $g'(x)$가 연속일 때

$$\int_a^b f'(x)g(x)\,dx = [f(x)g(x)]_a^b - \int_a^b f(x)g'(x)\,dx$$

증명 부정적분의 부분적분법에서

$$\int \{f'(x)g(x) + f(x)g'(x)\}\,dx = f(x)g(x)$$

$$\therefore \int_a^b \{f'(x)g(x) + f(x)g'(x)\}\,dx = [f(x)g(x)]_a^b$$

따라서 $\int_a^b f'(x)g(x)\,dx = [f(x)g(x)]_a^b - \int_a^b f(x)g'(x)\,dx$

예제 2.7 다음 정적분을 구하여라.

(1) $\int_1^e \ln x\,dx$　　(2) $\int_0^{\frac{\pi}{2}} x^2 \sin x\,dx$

풀이 (1) $\int_1^e \ln x\,dx = \int_1^e (x)'\ln x\,dx = [x\ln x]_1^e - \int_1^e x\cdot\frac{1}{x}\,dx$

$= e - \int_1^e 1\,dx = e - [x]_1^e = e-(e-1) = 1$

(2) $\int_0^{\frac{\pi}{2}} x^2\sin x\,dx = \int_0^{\frac{\pi}{2}} x^2(-\cos x)'\,dx = [-x^2\cos x]_0^{\frac{\pi}{2}} + 2\int_0^{\frac{\pi}{2}} x\cos x\,dx$

$= 0 + 2\int_0^{\frac{\pi}{2}} x(\sin x)'\,dx = 2[x\sin x]_0^{\frac{\pi}{2}} - 2\int_0^{\frac{\pi}{2}} \sin x\,dx$

$= 2\left(\frac{\pi}{2}\sin\frac{\pi}{2}\right) - 2[-\cos x]_0^{\frac{\pi}{2}} = \pi - 2\left(-\cos\frac{\pi}{2} + \cos 0\right) = \pi - 2$ ■

• (1) $f'(x) = 1$, $g(x) = \ln x$, $f(x) = x$, $g'(x) = \frac{1}{x}$

(2) $f'(x) = \sin x$, $g(x) = x^2$, $f(x) = -\cos x$, $g'(x) = 2x$

예제 2.8 $I = \int_0^{\frac{\pi}{2}} e^{-x}\sin x\,dx = \int_0^{\frac{\pi}{2}} (-e^{-x})'\sin x\,dx$

$= [-e^{-x}\sin x]_0^{\frac{\pi}{2}} + \int_0^{\frac{\pi}{2}} e^{-x}\cos x\,dx = -e^{-\frac{\pi}{2}} + \int_0^{\frac{\pi}{2}} (-e^{-x})'\cos x\,dx$

$= -e^{-\frac{\pi}{2}} + [-e^{-x}\cos x]_0^{\frac{\pi}{2}} - \int_0^{\frac{\pi}{2}} e^{-x}\sin x\,dx = -e^{-\frac{\pi}{2}} + (0+1) - I$

$\therefore I = \int_0^{\frac{\pi}{2}} e^{-x}\sin x\,dx = \frac{1}{2}\left(1 - e^{-\frac{\pi}{2}}\right)$ ■

• $f'(x) = e^{-x}$, $g(x) = \sin x$, $f(x) = -e^{-x}$, $g'(x) = \cos x$

연습문제 10.2

- $\int_a^b f(x)\,dx + \int_a^b g(x)\,dx = \int_a^b \{f(x)+g(x)\}\,dx$
- $\int_a^b f(x)\,dx = \int_a^c f(x)\,dx + \int_c^b f(x)\,dx$
- $\int_a^b f(x)\,dx + \int_\alpha^\beta f(g(t))g'(t)\,dt$ $\alpha = g(a),\ \beta = g(b)$

1. 다음 정적분을 구하여라.

(1) $\int_0^3 (2x^2+3)\,dx + 3\int_3^0 (x^2-x)\,dx$ (2) $\int_{-3}^3 |x^2+x-2|\,dx$

(3) $\int_{-1}^{\sqrt{2}} |e^x-1|\,dx$ (4) $\int_0^\pi |\sin 2x|\,dx$

(5) $\int_a^b x^n\,dx\,(a>0,\ n>0)$ (6) $\int_0^4 \frac{x}{\sqrt{x^2+9}}\,dx$

(7) $\int_{-2}^2 \frac{1}{x^2+4}\,dx$

2. 다음 정적분을 치환적분법으로 구하여라.

(1) $\int_0^1 \sqrt{1-x}\,dx$ (2) $\int_1^2 \frac{1}{(x+1)^2}\,dx$

(3) $\int_0^2 x\sqrt{4-x^2}\,dx$ (4) $\int_1^e \frac{\ln x}{x}\,dx$

(5) $\int_e^{e^2} \frac{1}{x\ln x}\,dx$ (6) $\int_0^1 xe^{x^2}\,dx$

(7) $\int_0^{\frac{\pi}{2}} \sin x\cos^3 x\,dx$ (8) $\int_0^{\frac{\pi}{2}} \frac{\cos x}{1+\sin x}\,dx$

- $\int_a^b f'g\,dx = [fg]_a^b - \int_a^b fg'\,dx$

3. 다음 정적분을 부분적분법으로 구하여라.

(1) $\int_1^e x\ln x\,dx$ (2) $\int_0^1 xe^x\,dx$ (3) $\int_0^{\frac{\pi}{2}} x\cos x\,dx$

(4) $\int_1^2 x^2\ln x\,dx$ (5) $\int_0^1 x^2e^{-x}\,dx$ (6) $\int_0^{\frac{\pi}{2}} x^2\cos x\,dx$

4. 정적분 $I=\int_0^{\frac{\pi}{2}} e^{-x}\sin x\,dx$를 구하여라.

- 정적분 정의 $\lim_{n\to\infty}\sum_{k=1}^n f(x_k)\Delta Ax = \int_a^b f(x)\,dx$ $\Delta x = \frac{b-a}{n}$, $x_k = a + k\Delta x$ 여기서 $a=0,\ b=1$이면 $\lim_{n\to\infty}\sum_{k=1}^n f\left(\frac{k}{n}\right)\frac{1}{n} = \int_0^1 f(x)\,dx$

5. 다음 정적분을 구하여라.

(1) $\int_{\frac{1}{\sqrt{3}}}^1 \tan^{-1}x\,dx$ (2) $\int_0^{\frac{\sqrt{3}}{2}} \sin^{-1}x\,dx$

6. 다음 등식이 성립함을 밝혀라.

(1) $\int_0^a f(a-x)\,dx = \int_0^a f(x)\,dx$ (2) $\int_a^b f(x)\,dx = \int_{a+p}^{b+p} f(x-p)\,dx$

7. 다음 극한값을 정적분으로 구하여라.

(1) $\lim_{n\to\infty}\frac{1}{n^4}\sum_{k=1}^n k^3$ (2) $\lim_{n\to\infty}\frac{1}{n^2}\sum_{k=1}^n \sqrt{n^2-k^2}$ (3) $\lim_{n\to\infty}\sum_{k=1}^n \frac{1}{n+k}$

정적분의 정의 연구 과정

함수 $f(x)$가 폐구간 $I=[a, b]$에서 유계이다. 이 구간 I 내에 $n+1$개의 점 $x_0, x_1, x_2, \cdots, x_{n-1}, x_n$을

$$a=x_0<x_1<x_2<\cdots<x_{n-1}<x_n=b$$

되게 잡으면 구간 $I=[a, b]$는 n개의 소구간

$$[x_0, x_1], [x_1, x_2], [x_2, x_3], \cdots, [x_{n-1}, x_n]$$

으로 나누어진다.

이때 유한순서집합

$$P=\{x_0, x_1, x_2, \cdots, x_n\}$$

을 구간 $I=[a, b]$의 분할(partition)이라 한다.

여기서 분할 P의 소구간 $I_i=[x_{i-1}, x_i]$의 임의의 한 점을 ξ_i라 할 때

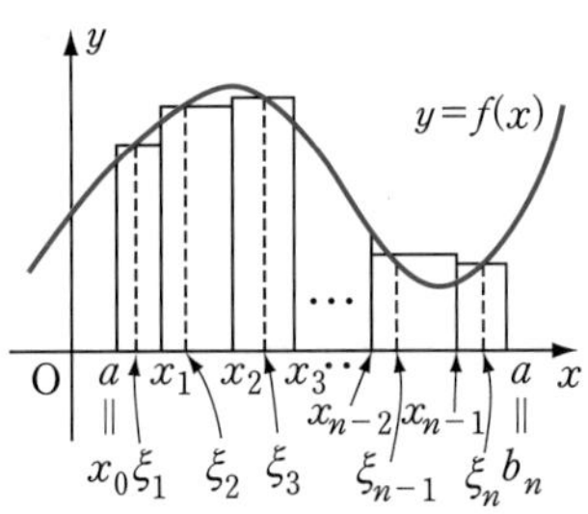

$$\sum_{i=1}^{n} f(\xi_i)\,\Delta x_i$$

$(\Delta x_i=x_i-x_{i-1})$

를 분할 P에 의하여 결정되는 f의 리만합(Rie-mann sum)이라 한다.

여기서 Δx_i 중 가장 큰 값을 P의 norm이라 하고 $\|P\|$로 나타내자.

$\|P\|\to 0$일 때 $\sum_{i=1}^{n} f(\xi_i)\,\Delta x_i$가 일정한 값에 수렴하면, 즉 극한값

$$\lim_{\|P\|\to 0} \sum_{i=1}^{n} f(\xi_i)\,\Delta x_i$$

가 존재하면 $f(x)$는 $[a, b]$에서 적분가능(integrable)이라 하고 이 극한값을

$$\int_a^b f(x)\,dx$$

로 나타내고 이것을 $f(x)$의 $x=a$에서 $x=b$까지의 정적분이라 한다.

$f(x)$가 $[a, b]$에서 연속이고 $f(x)\ge 0$이면 $\int_a^b f(x)\,dx$는 왼쪽 그림에서 n개의 직사각형 넓이의 극한으로 곡선 $y=f(x)$, x축, 두 직선 $x=a$, $x=b$로 둘러싸인 도형의 넓이이다.

리만적분의 기본적인 개념을 알아본다. 함수 $f(x)$가 폐구간 $[a, b]$에서 정의되고 연속이다. 구간 $[a, b]$의 분할 P를 다음과 같이 정한다.

$$a=x_0<x_1<\cdots<x_{i-1}<x_i<\cdots<x_{n-1}<x_n=b$$

이때 $x\in[a, b]$에 대하여 $f(x)$는 최댓값, 최솟값을 갖는다. 이 최댓값을 M, 최솟값을 m이라 한다. 또 소구간 $[x_{i-1}, x_i]$에서 $x\in[x_{i-1}, x_i]$에 대하여 $f(x)$의 최댓값을 M_i, 최솟값을 m_i라 하면

$$m\le m_i\le M_i\le M$$

$i=1, 2, 3, \cdots, n$에 대하여

$$\Delta x_i=x_i-x_{i-1},\ \|P\|=\max\{\Delta x_i\}\text{일 때}$$

$$U_P=\sum_{i=1}^{n} M_i\,\Delta x_i$$

를 구간 $[a, b]$에서 분할 P에 대한 상합(upper sum)이라 한다. 또

$$L_P=\sum_{i=1}^{n} m_i\,\Delta x_i$$

를 $[a, b]$에서 분할 P에 대한 하합(lower sum)이라 한다. 상합 U_P와 하합 L_P는 분할 P에 따라 그 값이

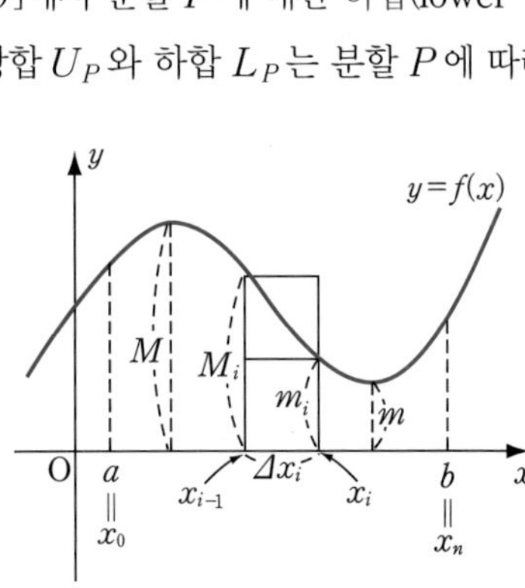

정적분의 정의 　　연구 과정

변하고

$$m_i \le M_i$$

$$L_P = \sum_{i=1}^{n} m_i \Delta x_i \le \sum_{i=1}^{n} M_i \Delta x_i = U_P$$

분할 P에 따른 상합 U_P의 값 중 가장 작거나 가장 가까운 작은 값을 $[a, b]$에서 함수 $f(x)$의 상적분(upper integral)이라 하고,

$$\bar{\int_a^b} f(x)\,dx$$

로 나타내고, 하합 L_P의 값 중 가장 크거나 가장 가까운 큰 값을 $[a, b]$에서 $f(x)$의 하적분(lower integral)이라 하고

$$\underline{\int_a^b} f(x)\,dx$$

로 나타낸다. 이상에서 다음을 알 수 있다.

$$L_P \le \underline{\int_a^b} f(x)\,dx \le \bar{\int_a^b} f(x)\,dx \le U_P$$

함수 $f(x)$가 폐구간 $I=[a, b]$에서 유계일 때, 상적분과 하적분이 같으면 즉,

$$\bar{\int_a^b} f(x)\,dx = \underline{\int_a^b} f(x)\,dx$$

이면 $f(x)$는 I에서 리만적분가능(Riemann integrable)이라 하고 간단히

$$\int_a^b f(x)\,dx$$

로 나타내고 이 정적분을 리만적분(Riemann integral)이라 한다. 즉

$$\bar{\int_a^b} f(x)\,dx = \underline{\int_a^b} f(x)\,dx = \int_a^b f(x)\,dx$$

리만(Georg Friedrich Bernhard Rimann : 1826-1866)은 독일의 수학자이고, 리만적분 명칭은 그의 이름을 사용한 것이다.

예제 1. 상수함수는 적분가능이다.

증명 $f(x)=c$라 하면 이것은 $I=[a, b]$에서 유계이고 I의 분할 P를

$$a=x_0<x_1<x_2<\cdots<x_{n-1}<x_n=b$$

로 한다. 이때

$$U_P = \sum_{i=1}^{n} M_i \Delta x_i = \sum_{i=1}^{n} c\Delta x_i$$
$$= c\sum_{i=1}^{n} \Delta x_i = c(b-a)$$
$$L_P = \sum_{i=1}^{n} m_i \Delta x_i = \sum_{i=1}^{n} c\Delta x_i$$
$$= c\sum_{i=1}^{n} \Delta x_i = c(b-a)$$
$$\therefore U_P = L_P = c(b-a)$$
$$\therefore \bar{\int_a^b} f(x)\,dx = \underline{\int_a^b} f(x)\,dx = c(b-a)$$

즉, 상수함수는 적분가능고 $\int_a^b c\,dx = c(b-a)$

예제 2. 함수 $f(x)=\begin{cases} 1 & (x\text{는 유리수}) \\ 0 & (x\text{는 무리수}) \end{cases}$ 는 $[a, b]$에서 적분가능이 아니다.

증명 위 예제 1의 경우와 같이 $i=1, 2, \cdots, n$에 대하여 $m_i=0, M_i=1$이므로

$$U_P = \sum_{i=1}^{n} M_i \Delta x_i = \sum_{i=1}^{n} 1\cdot\Delta x_i = b-a$$
$$L_P = \sum_{i=1}^{n} m_i \Delta x_i = \sum_{i=1}^{n} 0\cdot\Delta x_i = 0$$

임의의 분할 P에 대하여도 성립하므로

$$b-a = \bar{\int_a^b} f(x)\,dx \ne \underline{\int_a^b} f(x) = 0$$

즉, $f(x)$는 $[a, b]$에서 적분가능이 아니다. ■

이상적분

피적분함수 또는 적분구간이 유계가 아닌 경우까지 적분의 정의를 확장한다.

아래와 같이 의미를 확장한 적분을 이상적분(improper integral), 또는 넓은 의미의 적분이라 한다.

(유한구간에서)

함수 $f(x)$가 $[a, b)$에서 정의되고 a와 b 사이의 모든 t에 대하여 $\{x|x\in[a, t]\}$에서 적분가능이고 b의 근방에서 유계가 아닐 때 b를 $f(x)$의 특이점(singular point, singularity)이라 한다.

이때 $\int_a^b f(x)\,dx$를 a에서 b까지 $f(x)$의 이상적분이라 한다.

함수 $f(x)$가 $[a, b)$에서 연속이고 $x=b$가 $f(x)$의 특이점이면 $f(x)$는 $[a, b-\varepsilon]\,(\varepsilon>0)$에서 연속이므로

$$\int_a^{b-\varepsilon} f(x)\,dx$$

가 존재한다.

이상의 내용은 구간 $(a, b]$, (a, b)에서도 같은 이치로 성립한다.

정의

(1) $f(x)$가 $[a, b)$에서 연속이고 $x=b$가 $f(x)$의 특이점이고 $\lim_{\varepsilon\to+0}\int_a^{b-\varepsilon} f(x)\,dx$가 존재하면 (유한이거나 $\pm\infty$인 경우 모두)

$$\int_a^b f(x)\,dx=\lim_{\varepsilon\to+0}\int_a^{b-\varepsilon} f(x)\,dx$$

(2) $f(x)$가 $(a, b]$에서 연속이고 $x=a$가 $f(x)$의 특이점이면 (1)과 같은 이치로

$$\int_a^b f(x)\,dx=\lim_{\varepsilon\to+0}\int_{a+\varepsilon}^{b} f(x)\,dx$$

(3) $f(x)$가 (a, b)에서 연속이고 $x=a$, $x=b$가 $f(x)$의 특이점이면 (1)과 같은 이치로

$$\int_a^b f(x)\,dx=\lim_{\substack{\varepsilon_1\to 0\\ \varepsilon_2\to 0}}\int_{a+\varepsilon_1}^{b-\varepsilon_2} f(x)\,dx$$

이 정의 1-(1), (2), (3)에서 극한이 유한이면 $f(x)$는 $[a, b]$에서 적분가능,

또는

$$\int_a^b f(x)\,dx$$

가 수렴한다고 하고,

극한(유한)이 존재하지 않으면 적분은 가능하지 않다.

정리 1.

함수 $f(x)$가 $[a, b]$에서 특이점이 유한개이고 특이점을 제외한 x에서 연속이다. 함수 $F(x)$는 $[a, b]$에서 연속이고 특이점을 제외한 x에서

$F'(x)=f(x)$이면

$$\int_a^b f(x)\,dx=F(b)-F(a)$$

증명 $f(x)$의 특이점이 $x=t$이고 $f(x)$가 $[a, t)$, $(t, b]$에서 연속이면

$$\begin{aligned}
&\int_a^b f(x)\,dx\\
&=\lim_{\varepsilon_1\to+0}\int_a^{t-\varepsilon} f(x)\,dx\\
&\qquad+\lim_{\varepsilon_2\to+0}\int_{t+\varepsilon}^{b} f(x)\,dx\\
&=\lim_{\varepsilon\to+0}\{F(t-\varepsilon)-F(a)\}\\
&\qquad+\lim_{\varepsilon_2\to+0}\{F(b)-F(t+\varepsilon)\}\\
&=\{F(t)-F(a)\}+\{F(b)-F(t)\}\\
&=F(b)-F(a)
\end{aligned}$$

■

이상적분 연구 과정

예제 1. 다음 정적분을 구하여라.

(1) $\int_0^1 \frac{1}{\sqrt{x}}dx$ (2) $\int_{-1}^1 \frac{1}{x}dx$ (3) $\int_0^1 \ln x\,dx$

풀이 (1) $f(x)=\frac{1}{\sqrt{x}}$ 에서 $x=0$은 특이점.

$F(x)=2\sqrt{x}$ 는 [0, 1]에서 연속이고 $x\neq 0$ 인 x에 대하여 $F'(x)=f(x)$

$$\therefore \int_0^1 \frac{1}{\sqrt{x}}dx=\lim_{\varepsilon\to+0}\int_\varepsilon^1 \frac{1}{\sqrt{x}}dx$$
$$=\lim_{\varepsilon\to+0}\left[2\sqrt{x}\right]_\varepsilon^1$$
$$=\lim_{\varepsilon\to+0}\left(2-2\sqrt{\varepsilon}\right)=2$$

(2) $x=0$은 $\frac{1}{x}$의 특이점이다.

$\int_{-1}^1 \frac{1}{x}dx=\int_{-1}^0 \frac{1}{x}dx+\int_0^1 \frac{1}{x}dx$에서

$$\int_{-1}^0 \frac{1}{x}dx=\lim_{\varepsilon\to+0}\int_{-1}^{0-\varepsilon}\frac{1}{x}dx=\lim_{\varepsilon\to+0}[\ln|x|]_{-1}^{-\varepsilon}$$
$$=\lim_{\varepsilon\to+0}\ln|\varepsilon|=-\infty$$

또 $\int_0^1 \frac{1}{x}dx=\lim_{\varepsilon\to+0}\int_{0+\varepsilon}^1 \frac{1}{x}dx=\infty$

즉 $\int_{-1}^1 \frac{1}{x}dx=(-\infty)+\infty$로 적분이 존재하지 않는다.

(3) $\int_0^1 \ln x\,dx=\lim_{\varepsilon\to+0}\int_{0+\varepsilon}^1 \ln x\,dx$

$$=\lim_{\varepsilon\to+0}\int_\varepsilon^1 (x)'\ln x\,dx$$
$$=\lim_{\varepsilon\to+0}\left\{[x\ln x]_\varepsilon^1-\int_\varepsilon^1 x\cdot\frac{1}{x}dx\right\}$$
$$=\lim_{\varepsilon\to+0}\left\{-\varepsilon\ln\varepsilon-[x]_\varepsilon^1\right\}$$
$$=\lim_{\varepsilon\to+0}\{-\varepsilon(\ln\varepsilon-1)-1\}=-1$$ ■

(무한구간에서)

정의

(1) $\lim_{b\to\infty}\int_a^b f(x)dx$가 존재하면

$$\int_a^\infty f(x)dx=\lim_{n\to\infty}\int_a^b f(x)dx$$

(2) (1)과 같은 이치로

$$\int_{-\infty}^b f(x)dx=\lim_{a\to-\infty}\int_a^b f(x)dx$$

(3), (1), (2)와 같은 이치로

$$\int_{-\infty}^\infty f(x)dx=\lim_{\substack{a\to-\infty\\ b\to\infty}}\int_a^b f(x)dx$$

예제 2. 다음 정적분을 구하여라.

(1) $\int_1^\infty \frac{1}{x^2}dx$ (2) $\int_{-\infty}^\infty \frac{1}{1+x^2}dx$

(3) $\int_1^\infty \frac{1}{1+\ln x}dx$

풀이 (1) $\int_1^\infty \frac{1}{x^2}dx=\lim_{b\to\infty}\int_1^b \frac{1}{x^2}dx=\lim_{b\to\infty}\left[-\frac{1}{x}\right]_1^b$

$$=\lim_{b\to\infty}\left\{-\frac{1}{b}-\left(-\frac{1}{1}\right)\right\}=1$$

(2) $\int_{-\infty}^\infty \frac{1}{1+x^2}dx=\lim_{\substack{a\to-\infty\\ b\to\infty}}\int_a^b \frac{1}{1+x^2}dx$

$$=\lim_{\substack{a\to-\infty\\ b\to\infty}}[\tan^{-1}x]_a^b$$
$$=\lim_{\substack{a\to-\infty\\ b\to\infty}}(\tan^{-1}b-\tan^{-1}a)$$
$$=\frac{\pi}{2}-\left(-\frac{\pi}{2}\right)=\pi$$

($y=\tan^{-1}x$의 그래프를 참고)

(3) $x\geq 1$일 때 $\ln x<x$이므로

$$1+\ln x<1+x,\quad \frac{1}{1+\ln x}>\frac{1}{1+x}$$
$$\therefore \int_1^\infty \frac{1}{1+\ln x}dx>\int_1^\infty \frac{1}{1+x}dx$$
$$\int_1^\infty \frac{1}{1+x}dx=\lim_{b\to\infty}\int_1^b \frac{1}{1+x}dx$$
$$=\lim_{b\to\infty}[\ln(1+x)]_1^b$$
$$=\lim_{b\to\infty}\{\ln(1+b)-\ln 2\}=\infty$$
$$\therefore \int_1^\infty \frac{1}{1+\ln x}dx=\infty$$ ■

10.3 정적분의 응용

넓이(면적)

[I] 함수 $f(x)$가 폐구간 $[a, b]$에서 연속이다. 이때, 곡선 $y = f(x)$와 x축 및 두 직선 $x = a$, $x = b$로 둘러싸인 도형의 넓이를 S라 한다.

(i) 폐구간 $[a, b]$에서 $f(x) \geq 0$이면

$$S = \int_a^b f(x)\,dx$$

이다.

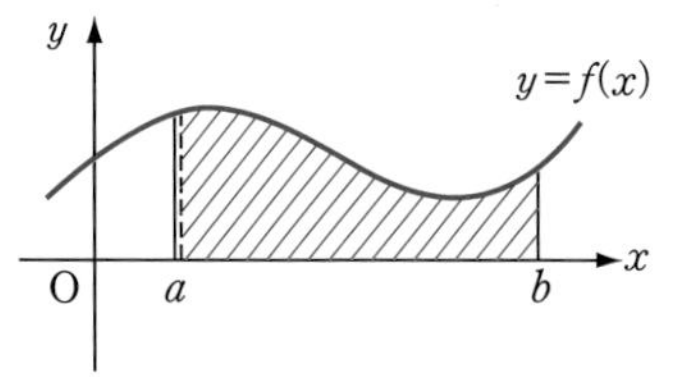

(ii) 폐구간 $[a, b]$에서 $f(x) \leq 0$이면

$$S = \int_a^b \{-f(x)\}\,dx$$

$$= -\int_a^b f(x)\,dx$$

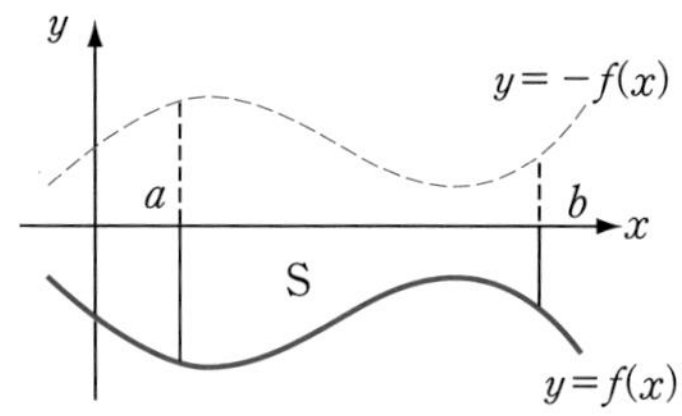

여기서 이 S는 $f(x) \geq 0$인 구간과 $f(x) \leq 0$인 구간을 파악하여 구하면 된다. 일반적으로 이것을 나타내면

$$S = \int_a^b |f(x)|\,dx$$

이다.

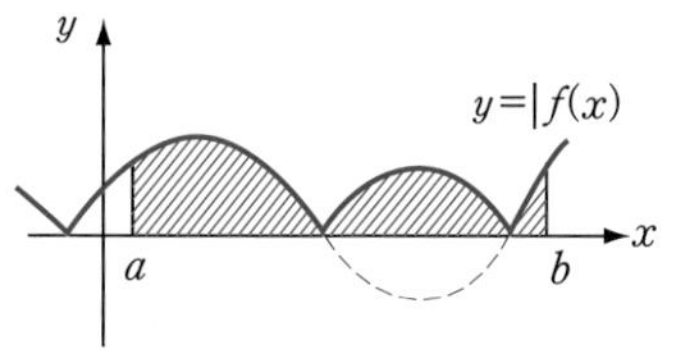

• $y = |f(x)|$는 $y = \begin{cases} f(x) & (f(x) \geq 0) \\ -f(x) & (f(x) < 0) \end{cases}$

예제 3.1 곡선 $y = x(x-1)(x+2)$와 x축으로 둘러싸인 도형의 넓이를 구하여라.

풀이 $y = 0$에서

$$x(x-1)(x+2) = 0$$

$x = 0, 1, -2$

$-2 \leq x \leq 0$일 때, $y \geq 0$

$0 \leq x \leq 1$일 때, $y \leq 0$

$$S = \int_{-2}^{1} |y|\,dx$$

$$= \int_{-2}^{1} |x^3 + x^2 - 2x|\,dx$$

$$= \int_{-2}^{0} (x^3 + x^2 - 2x)\,dx - \int_0^1 (x^3 + x^2 - 2x)\,dx = \frac{37}{12}$$

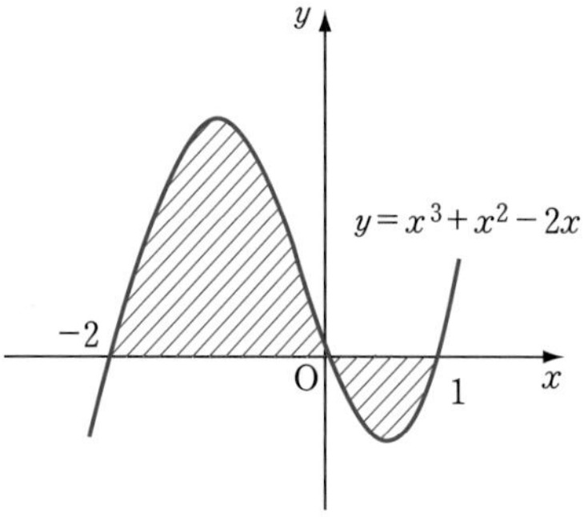

• $\left[\frac{x^4}{4} + \frac{x^3}{3} - x^2\right]_{-2}^{0} - \left[\frac{x^4}{4} + \frac{x^3}{3} - x^2\right]_{0}^{1} = \frac{37}{12}$

• $S = \int_a^b |f(x)|\,dx$

예제 3.2 구간 $\left[-\frac{\pi}{4}, \pi\right]$에서 곡선 $y = \sin x$와 x축 및 직선 $x = -\frac{\pi}{4}$로 둘러싸인 도형의 넓이를 구하여라.

풀이 $-\frac{\pi}{4} \le x \le 0$에서 $y \le 0$, $0 \le x \le \pi$에서 $y \ge 0$이므로

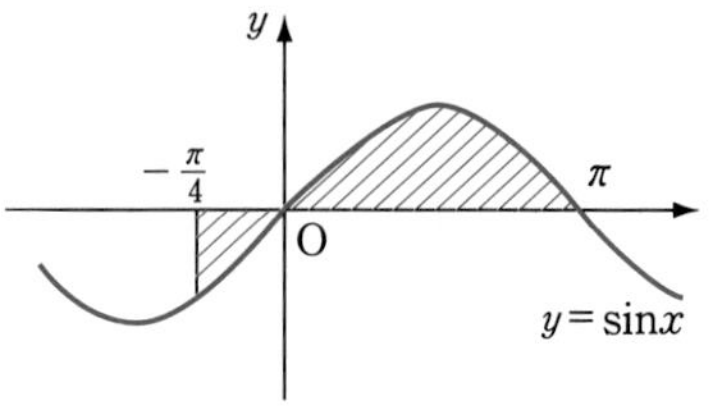

구하는 넓이 S는

$$
\begin{aligned}
S &= \int_{-\frac{\pi}{4}}^{\pi} |\sin x|\,dx \\
&= \int_{-\frac{\pi}{4}}^{0} (-\sin x)\,dx + \int_0^{\pi} \sin x\,dx \\
&= [\cos x]_{-\frac{\pi}{4}}^{0} + [-\cos x]_0^{\pi} \\
&= 1 - \frac{1}{\sqrt{2}} + \{-(-1)-(-1)\} \\
&= 3 - \frac{1}{\sqrt{2}} = \frac{6-\sqrt{2}}{2}
\end{aligned}
$$

■

• $\cos\left(-\frac{\pi}{4}\right) = \cos\frac{\pi}{4} = \frac{1}{\sqrt{2}}$

[II] 폐구간 $[a, b]$에서 $y = f(x)$, $y = g(x)$의 그래프와 두 직선 $x = a$, $x = b$로 둘러싸인 도형의 넓이를 S라 한다.

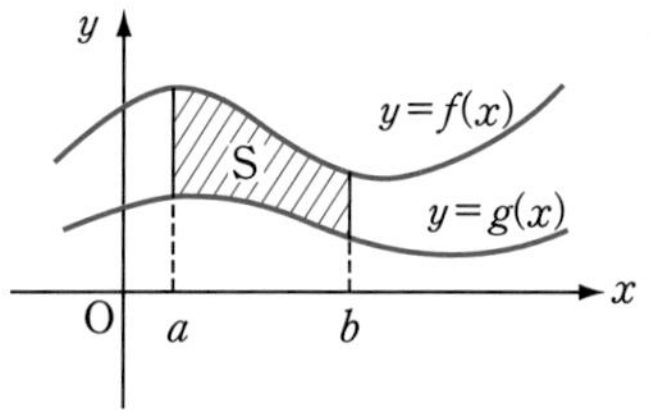

(i) $f(x) \ge g(x) \ge 0$일 경우

$$
\begin{aligned}
S &= \int_a^b f(x)\,dx - \int_a^b g(x)\,dx \\
&= \int_a^b \{f(x) - g(x)\}\,dx
\end{aligned}
$$

(ii) $g(x) \le f(x)$이고 $f(x)$ 또는 $g(x)$가 음의 값을 가질 경우, 두 곡선 $y = f(x)$, $y = g(x)$를 y축 방향으로 k만큼 평행이동하여

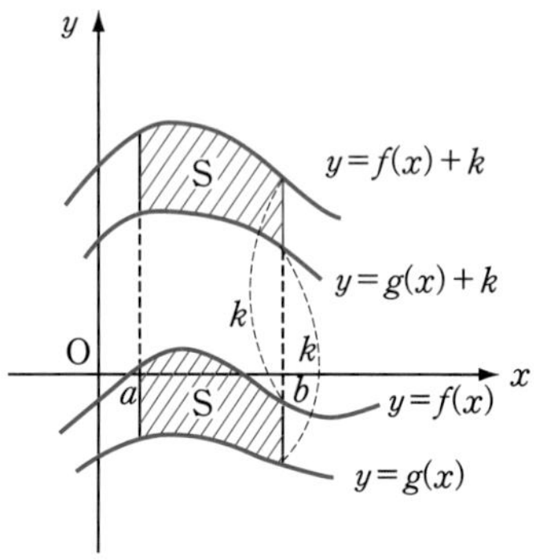

$$f(x) + k \ge g(x) + k \ge 0$$

이도록 하면 평행이동하여도 넓이는 변하지 않으므로

$$
\begin{aligned}
S &= \int_a^b \{f(x) + k\}\,dx - \int_a^b \{g(x) + k\}\,dx \\
&= \int_a^b [\{f(x) + k\} - \{g(x) + k\}]\,dx \\
&= \int_a^b \{f(x) - g(x)\}\,dx
\end{aligned}
$$

두 곡선 $y=f(x)$, $y=g(x)$는 그 그래프가 오른쪽 그림과 같이 세 교점의 x좌표가 a, b, c이고

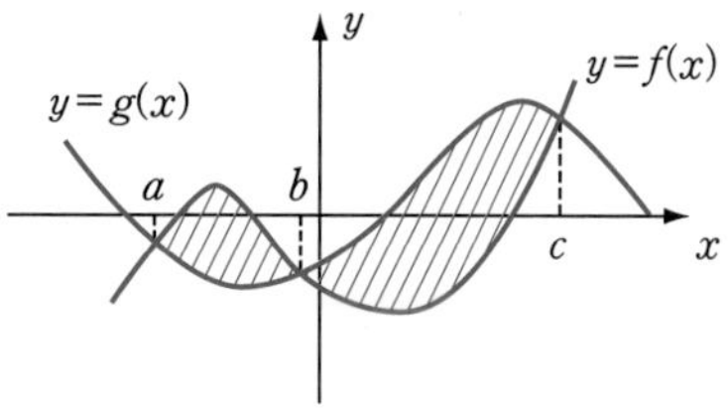

$a \leq x \leq b$이면 $f(x) \geq g(x)$

$b \leq x \leq c$이면 $f(x) \leq g(x)$

이다. 이때 이 두 곡선이 만든 도형의 넓이 S는

$$S=\int_a^b \{f(x)-g(x)\}dx+\int_b^c \{g(x)-f(x)\}dx$$
$$=\int_a^c |f(x)-g(x)|dx$$

따라서 이상의 [II]의 내용을 정리하여 보면 아래와 같다.

폐구간 $[a, b]$에서 두 곡선 $y=f(x)$, $y=g(x)$ 및 두 직선 $x=a$, $x=b$로 둘러싸인(만들어진) 도형의 넓이 S는

$$S=\int_a^b |f(x)-g(x)|dx$$

임을 알 수 있다.

예제 3.3 곡선 $y=x^2-x-2$와 직선 $y=x+1$이 만든 도형의 넓이를 구하여라.

• 두 함수의 그래프의 교점의 x좌표를 구하고 두 그래프에 의하여 둘러싸여 생긴 도형의 넓이를 정적분으로 구한다.

풀이 이 곡선과 직선이 만난 점의 x좌표는

$$x^2-x-2=x+1$$
$$x^2-2x-3=0$$
$$(x+1)(x-3)=0$$

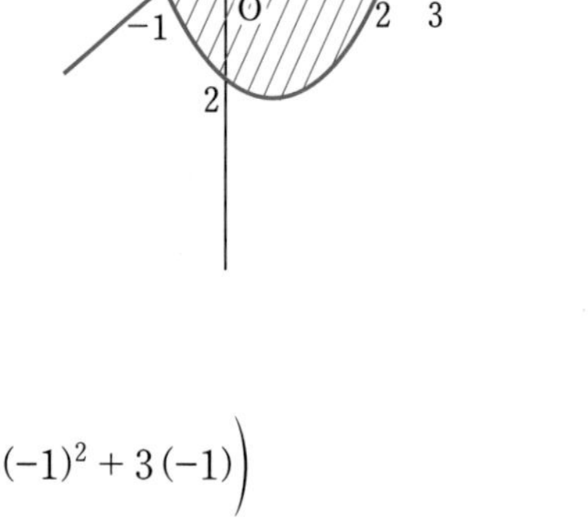

에서 $x=-1$, $x=3$

구하는 도형의 넓이를 S라 하면

$$S=\int_{-1}^3 \left|(x^2-x-2)-(x+1)\right|dx$$
$$=\int_{-1}^3 \left\{(x+1)-(x^2-x-2)\right\}dx$$
$$=\int_{-1}^3 (-x^2+2x+3)$$
$$=\left[-\frac{x^3}{3}+x^2+3x\right]_{-1}^3$$
$$=\left(-\frac{3^3}{3}+3^2+3\cdot3\right)-\left(-\frac{(-1)^3}{3}+(-1)^2+3(-1)\right)$$
$$=\frac{32}{3}$$

■

• $y=f(x),\ y=g(x)$ 및 $x=a,\ x=b$로 둘러싸인 도형의 넓이 S는

$$S=\int_a^b |f(x)-g(x)|\,dx$$

예제 3.4 $[0,\ \pi]$에서 곡선 $y=\sin x,\ y=\cos x$ 및 직선 $x=0,\ x=\pi$로 둘러싸인 도형의 넓이 S를 구하여라.

풀이 $y=\sin x,\ y=\cos x$인 두 곡선의 교점의 x좌표는 방정식 $\sin x=\cos x$에서 $\sin x-\cos x=0$ 그러므로 $\sqrt{2}\sin(x-\pi/4)=0$

$0\le x\le\pi$에서 $x-\pi/4=0$

즉, $x=\dfrac{\pi}{4}$

$0\le x\le\pi/4$에서 $\sin x\le\cos x$

$\pi/4\le x\le\pi$에서 $\sin x\ge\cos x$

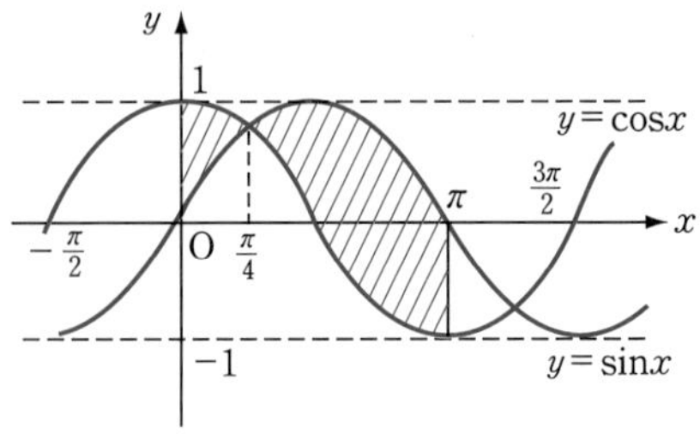

$$\therefore S=\int_0^{\frac{\pi}{4}}(\cos x-\sin x)\,dx+\int_{\frac{\pi}{4}}^{\pi}(\sin x-\cos x)\,dx$$

$$=[\sin x+\cos x]_0^{\frac{\pi}{4}}+[-\cos x-\sin x]_{\frac{\pi}{4}}^{\pi}=\frac{4}{\sqrt{2}}=2\sqrt{2}$$ ■

• [I], [II]와 같은 이치이나 [III]에서는 적분변수가 x가 아니고 y이다.

[III] y축 위의 구간 $[c,\ d]$에서 곡선 $x=g(y)$와 y축 및 두 직선 $y=c,\ y=d$가 만든 도형의 넓이 S는

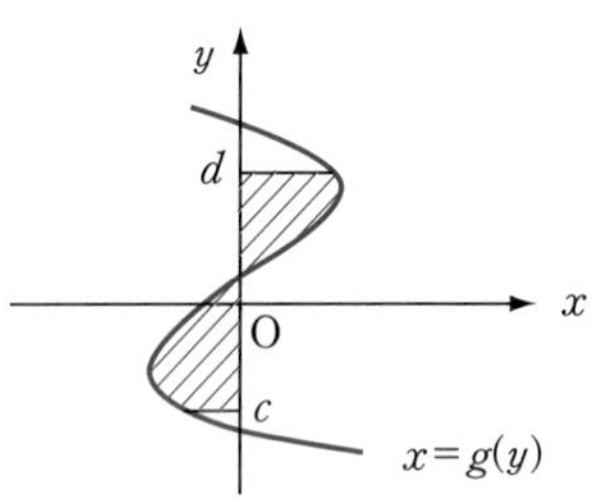

$$S=\int_c^d |x|\,dy=\int_c^d |g(y)|\,dy$$

이다.

• 적분변수를 y로 하여 정적분을 구하는 것이 적분변수를 x로 정적분을 구하는 것보다 간편한 경우도 있다.

예제 3.5 곡선 $y=\ln x$와 직선 $y=1$ 및 x축, y축으로 만들어진(둘러싸인) 도형의 넓이 S를 구하여라.

풀이 $y=\ln x$와 $y=1$의 교점의 좌표는 $\ln x=1$에서 $x=e$이므로 $(e,\ 1)$이다.

$y=\ln x$에서 $x=e^y$이고

$1\le x\le e$일 때 $0\le y\le 1$이다.

오른쪽 그림에서

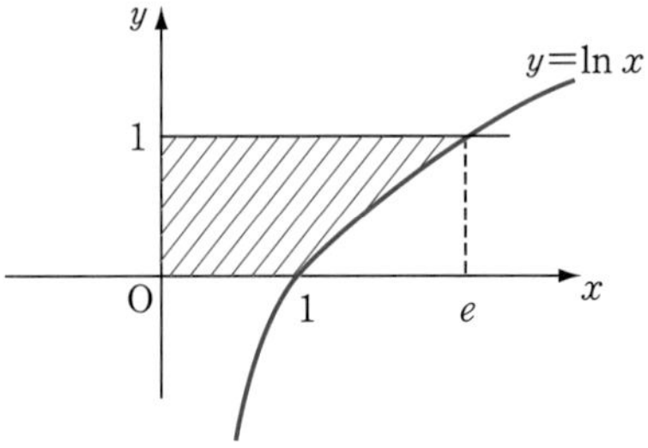

$$S=\int_0^1 |x|\,dy=\int_0^1 e^y\,dy$$

$$=\left[e^y\right]_0^1=e^1-e^0=e-1$$ ■

부피(체적)

한 입체가 공간에 주어졌을 때 아래 그림과 같이 x축을 정하고 x좌표가 a, b인 두 점에서 x축에 수직인 두 평면 사이에 있는 입체의 부피를 V라 하고 이것을 구하도록 한다.

x좌표가 $x(a \le x \le b)$인 점에서 x축에 수직인 평면으로 이 입체를 잘랐을 때 생긴 이 입체의 단면의 넓이가 x의 함수로 $S(x)$로 나타내어진다고 한다.

이때 구간 $[a, b]$에서 n등분하여 끝점과 분점을 각각

$$a=x_0,\ x_1,\ x_2,\ \cdots,\ x_{n-1},\ x_n=b$$

라 하고 등분된 한 소구간의 길이를 Δx라 하면, 밑면의 넓이가 $S(x_k)$, 높이가 Δx인 기둥 모양의 입체의 부피 ΔV_k는

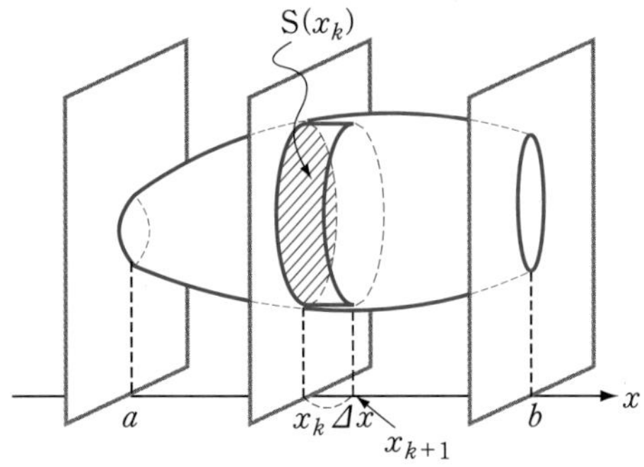

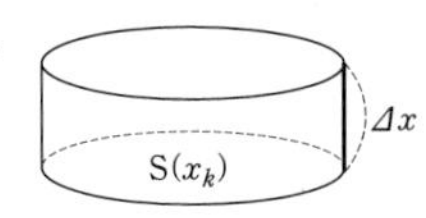

• 이 기둥모양의 입체의 부피는 (밑넓이)×(높이) 즉, $\Delta V_k = S(x_k)\Delta x$

$$\Delta V_k = S(x_k)\Delta x$$

이다. 그러한 n개의 입체의 부피의 합을 V_n이라 하면

$$\begin{aligned} V_n &= \Delta V_1 + \Delta V_2 + \Delta V_3 + \cdots + \Delta V_n \\ &= S(x_1)\Delta x + S(x_2)\Delta x + S(x_3)\Delta x + \cdots + S(x_n)\Delta x \\ &= \sum_{k=1}^{n} S(x_k)\Delta x \end{aligned}$$

• $V_n = \sum_{k=1}^{n} \Delta V_k$

따라서 $x=a$에서 $x=b$까지의 구하는 입체의 부피 V는

$$\begin{aligned} V &= \lim_{n\to\infty} V_n \\ &= \lim_{n\to\infty}\sum_{k=1}^{n} S(x_k)\Delta x \\ &= \int_a^b S(x)\,dx \end{aligned}$$

다시 정리하면, 폐구간 $[a, b]$에서 x축에 수직인 평면으로 자른 입체의 단면의 넓이가 $S(x)$일 때 이 입체의 부피 V는

$$V = \int_a^b S(x)\,dx$$

이다.

• 단면의 넓이가 x의 함수 $S(x)$로 나타내어져야 그 입체의 부피를 구할 수 있다.

예제 3.6 밑면의 반지름의 길이가 r, 높이가 h인 원뿔의 부피 V를 정적분으로 구하여라.

풀이 오른쪽 그림과 같이 원뿔의 꼭지점 O에서 밑면에 내린 수선을 x축으로 한다. 이때 점 $x(a \le x \le b)$를 지나고 x축에 수직인 평면으로 자른 원뿔의 단면의 넓이를 $S(x)$라 하면 밑면의 넓이가 πr^2이므로

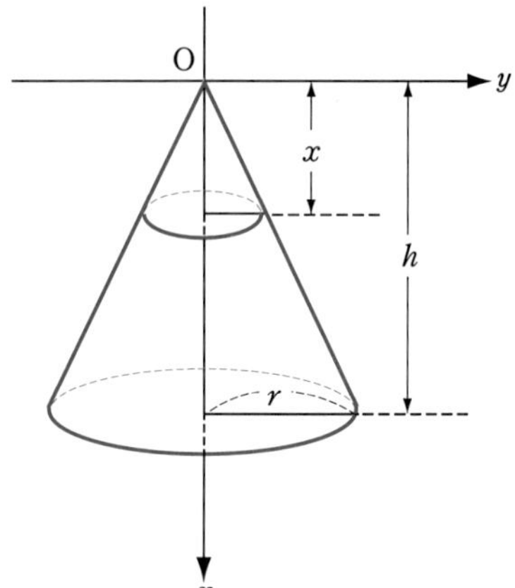

• 닮은 두 도형의 길이의 비 즉, 닮은비가

$$m : n$$

이면 넓이의 비는 길이의 제곱의 비로 다음과 같다.

$$m^2 : n^2$$

$$S(x) : \pi r^2 = x^2 : h^2$$

즉, $$S(x) = \pi r^2 \cdot \frac{x^2}{h^2}$$

따라서 구하는 부피 V는

$$V = \int_0^h S(x)\,dx = \int_0^h \pi r^2 \cdot \frac{x^2}{h^2}\,dx = \frac{\pi r^2}{h^2}\int_0^h x^2\,dx$$
$$= \frac{\pi r^2}{h^2} \cdot \left[\frac{x^3}{3}\right]_0^h = \frac{\pi r^2}{h^2} \cdot \frac{h^3}{3} = \frac{1}{3}\pi r^2 h$$

■

폐구간 $[a, b]$에서 곡선 $y = f(x)$를 x축을 회전축으로 하여 회전할 때 생기는 회전체의 부피를 V_x라 한다.

• $\int_a^b S(x)\,dx = \int_a^b \pi y^2\,dx = \pi \int_a^b y^2\,dx$

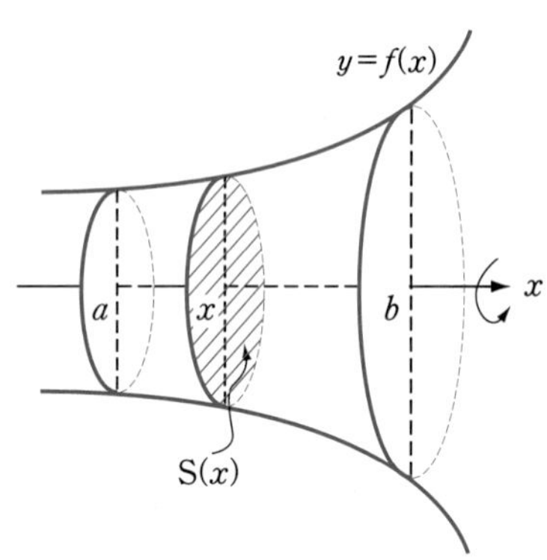

x좌표가 $x(a \le x \le b)$인 점을 지나 x축에 수직인 평면으로 자른 회전체의 단면은 반지름의 길이가 $|f(x)|$인 원이므로 단면의 넓이 $S(x)$는

$$S(x) = \pi\{f(x)\}^2$$

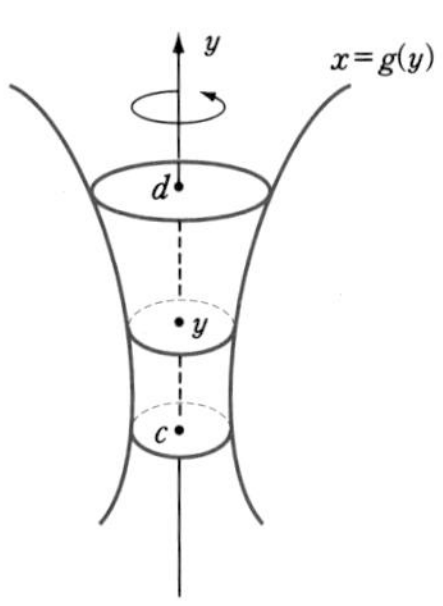

따라서

$$V_x = \pi\int_a^b y^2\,dx = \pi\int_a^b \{f(x)\}^2\,dx$$

같은 이치로 곡선 $x = g(y)$, y축 및 두 직선 $y = c$, $y = d$로 둘러싸인 도형을 y축을 회전축으로 회전하여 생기는 회전체의 부피 V_y는

$$V_y = \pi\int_c^d x^2\,dy = \pi\int_c^d \{g(y)\}^2\,dy$$

예제 3.7 반지름의 길이가 r인 구의 부피를 정적분으로 구하여라.

풀이 원 $x^2+y^2=r^2$을 x축 둘레로 회전시켜 구의 부피 V_x를 구하면

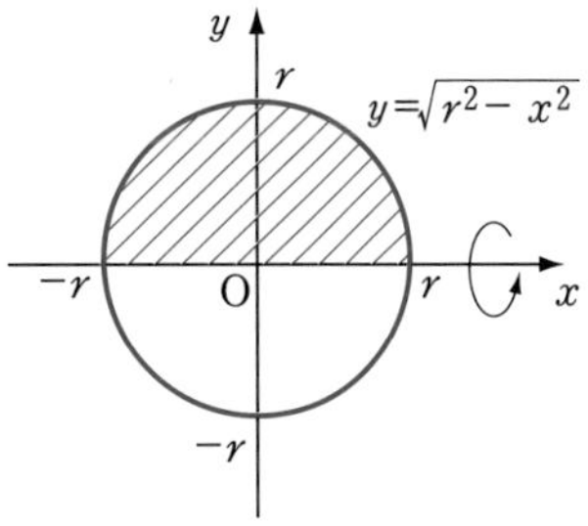

$$V_x=\pi\int_{-r}^{r}y^2\,dx=\pi\int_{-r}^{r}(r^2-x^2)\,dx$$
$$=2\pi\int_0^r(r^2-x^2)\,dx$$
$$=2\pi\left[r^2x-\frac{x^3}{3}\right]_0^r$$
$$=\frac{4}{3}\pi r^3$$

■

- $f(x)$가 우함수이면 $f(-x)=f(x)$이므로 $\int_{-a}^{a}f(x)\,dx=\int_{-a}^{0}f(x)\,dx+\int_0^a f(x)\,dx=\int_0^a f(x)\,dx+\int_0^a f(x)\,dx=2\int_0^a f(x)\,dx$
- $f(x)$가 기함수이면 $f(-x)=-f(x)$이므로 $\int_{-a}^{a}f(x)\,dx=\int_{-a}^{0}f(x)\,dx+\int_0^a f(x)\,dx=-\int_0^a f(x)\,dx+\int_0^a f(x)\,dx=0$

(예) $\int_{-1}^{1}(x^3+x^2+x)\,dx=\int_{-1}^{1}x^3\,dx+\int_{-1}^{1}x^2\,dx+\int_{-1}^{1}x\,dx=0+2\int_0^1 x^2\,dx+0=2\left[\frac{x^3}{3}\right]_0^1=\frac{2}{3}$

예제 3.8 폐구간 $\left[0,\ \frac{\pi}{4}\right]$에서 두 곡선 $y=\sin x$, $y=\cos x$ 및 y축으로 둘러싸인 도형을 x축을 회전축으로 한 회전체의 부피 V를 구하여라.

풀이 $y=\cos x$와 $y=\sin x$의 교점의 x좌표가 $x=\frac{\pi}{4}$이고 $0\le x\le\frac{\pi}{4}$에서 $\cos x\ge\sin x$이므로 $\left[0,\ \frac{\pi}{4}\right]$에서 $y=\cos x$를 회전한 입체의 부피에서 $y=\sin x$를 회전한 입체의 부피를 빼면 된다. 따라서

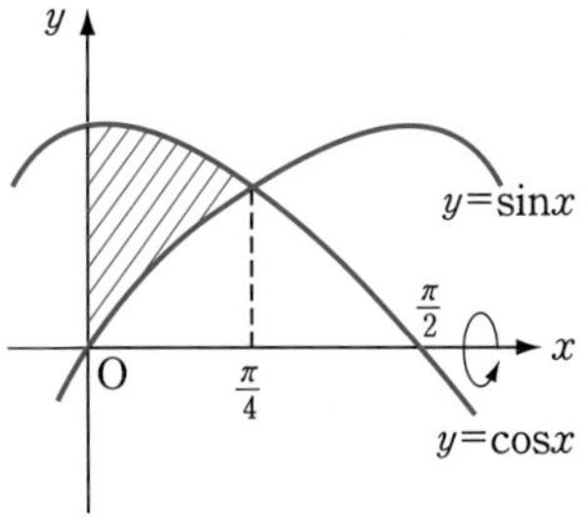

$$V=\pi\int_0^{\frac{\pi}{4}}\cos^2 x\,dx-\pi\int_0^{\frac{\pi}{4}}\sin^2 x\,dx$$
$$=\pi\int_0^{\frac{\pi}{4}}\left\{\frac{1+\cos 2x}{2}-\int_0^{\frac{\pi}{4}}\frac{1-\cos 2x}{2}\right\}dx$$
$$=\pi\int_0^{\frac{\pi}{4}}\cos 2x\,dx=\pi\left[\frac{\sin 2x}{2}\right]_0^{\frac{\pi}{4}}$$

■

예제 3.9 곡선 $y=\sqrt{x}$와 y축 및 직선 $y=\sqrt{2}$로 둘러싸인 도형을 y축을 회전축으로 회전한 회전체의 부피 V_y를 구하여라.

- $y=\sqrt{x}\ (x\ge 0)$
  $y^2=x$
  $y^4=x^2$

풀이

$$V_y=\pi\int_0^{\sqrt{2}}x^2\,dy$$
$$=\pi\int_0^{\sqrt{2}}y^4\,dy$$
$$=\pi\left[\frac{y^5}{5}\right]_0^{\sqrt{2}}=\frac{4\sqrt{2}}{5}\pi$$

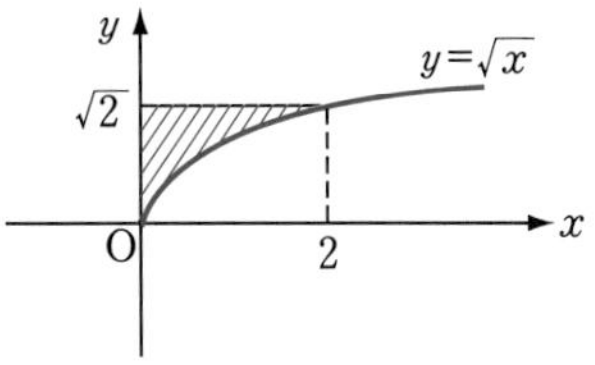

■

위치와 경과거리

수직선 위를 움직이는 점 P의 시각 t에서의 속도를 $v(t)$, 시각 t에서의 위치 x가 함수 $x=f(t)$라 한다. 그러면

$$v(t)=f'(t)=\frac{dx}{dt}$$

$$x=\int v(t)\,dt=\int f'(t)\,dt=f(t)+C \quad (C\text{는 적분상수}) \quad \cdots ①$$

이제 점 P의 시각 $t=t_0$에서의 위치를 x_0라 하면

$$x_0=f(t_0)+C \quad \therefore C=x_0-f(t_0)$$

이 C를 ①에 대입하면

$$x=f(t)+x_0-f(t_0)=x_0+\{f(t)-f(t_0)\} \qquad \cdots ②$$

여기서

$$f(t)-f(t_0)=[f(t)]_{t_0}^{t}=\int_{t_0}^{t} v(t)\,dt \qquad \cdots ③$$

②, ③에서 시각 t에서의 점 P의 위치 x는

$$x=x_0+\int_{t_0}^{t} v(t)\,dt$$

임을 알 수 있다.

그리고 $t=a$에서 $t=b$까지의 점 P의 위치의 변화(량)는

$$f(b)-f(a)=\int_a^b v(t)\,dt$$

가 된다.

또 $t=a$에서 $t=b$까지의 점 P가 실제로 운동한 거리의 총합(경과거리)을 s라 하면,

• $v(t)>0$

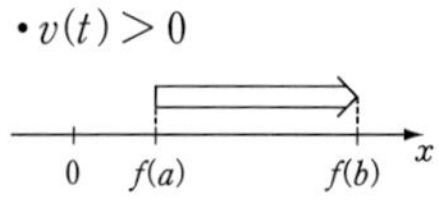

• $v(t)<0$

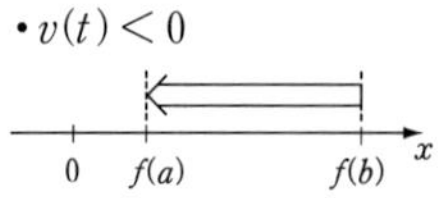

$a\le t\le b$에서 $v(t)>0$인 경우 $f'(t)\ge 0$ 즉 $f(t)$가 증가하므로

$$s=f(b)-f(a)=\int_a^b v(t)\,dt$$

$a\le t\le b$에서 $v(t)\le 0$인 경우 $f'(t)<0$ 즉 $f(t)$가 감소하므로

$$s=f(a)-f(b)=\int_b^a v(t)\,dt=\int_a^b \{-v(t)\}\,dt$$

다시 말하여 $t=a$에서 $t=b$까지 점 P가 실제로 운동한 거리의 총합 즉, 경과거리 s는

$$s=\int_a^b |v(t)|\,dt$$

이다.

예제 3.10 원점을 출발하여 t초 후의 속도가 $v(t)=t-t^2$이 되게 수직선 위를 움직이는 점 P에 대하여 다음 질문에 답하여라.

(1) 점 P가 다시 원점 O로 돌아오는 시각을 구하여라.

(2) 출발 후 3초까지 위치의 변화(량)를 구하여라.

(3) 출발 후 3초까지 경과거리를 구하여라.

• 속도 $v(t)$에 대하여 출발 후 t초까지의 경과거리는

$$\int_0^t |v(t)|\,dt$$

풀이 점 P의 좌표를 x라 하면 초기의 위치는 $x_0=0$이므로

$$\begin{aligned} x &= \int_0^t v(t)\,dt = \int_0^t (t-t^2)\,dt \\ &= \left[\frac{t^2}{2}-\frac{t^3}{3}\right]_0^t \\ &= \frac{t^2}{2}-\frac{t^3}{3} \end{aligned}$$

(1) $x=0$일 때이므로

$$\frac{t^2}{2}-\frac{t^3}{3}=0,\ t^2\left(\frac{1}{2}-\frac{t}{3}\right)=0$$

$$\therefore\ t=0,\ t=\frac{3}{2}$$

즉, $\frac{3}{2}$초 후

(2) $\int_0^3 (t-t^2)\,dt=\left[\frac{t^2}{2}-\frac{t^3}{3}\right]_0^3=-\frac{9}{2}$

(3) $s=\int_0^3 |t-t^2|\,dt=\int_0^1 (t-t^2)\,dt+\int_1^3 (t^2-t)\,dt$

$$=\left[\frac{t^2}{2}-\frac{t^3}{3}\right]_0^1+\left[\frac{t^3}{3}-\frac{t^2}{2}\right]_1^3=\frac{29}{6}$$

■

평면 위를 움직이는 점 $P(x, y)$의 시각 t에서의 함수는

$$x=x(t),\ y=y(t)$$

이다. 이때 점 P가 시각 $t=a$에서 $t=b$까지 실제로 움직인 거리의 총합(경과거리)을 s라 한다. 시각 t의 증분 Δt에 대하여 x, y의 증분을 Δx, Δy, s의 증분을 Δs라 하면, Δt가 충분히 작을 때

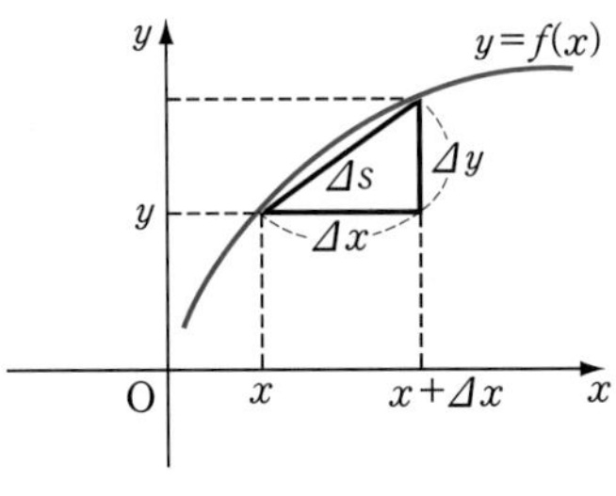

• 평면 위를 움직이는 점 P의 t에서의 위치가 $P(x, y)$일 때 x와 y는 시간의 함수로

$x=x(t),\ y=y(t)$

라는 의미가 있다.

$$\Delta s \doteqdot \sqrt{(\Delta x)^2+(\Delta y)^2}$$

이 된다.

- $\frac{dS}{dt}$는 속도를 뜻하나 $\sqrt{\left(\frac{dx}{dt}\right)^2+\left(\frac{dy}{dt}\right)^2}$은 크기이므로 속력을 뜻한다.

따라서

$$\lim_{\Delta t\to 0}\frac{\Delta s}{\Delta t}=\lim_{\Delta t\to 0}\frac{\sqrt{(\Delta x)^2+(\Delta y)^2}}{\Delta t}$$
$$=\lim_{\Delta t\to 0}\sqrt{\left(\frac{\Delta x}{\Delta t}\right)^2+\left(\frac{\Delta y}{\Delta t}\right)^2}$$
$$\frac{ds}{dt}=\sqrt{\left(\frac{dx}{dt}\right)^2+\left(\frac{dy}{dt}\right)^2}$$

다시 말하여, 좌표평면 위를 움직이는 점 P의 시각 t에서의 위치가 점 $(x(t),\ y(t))$이라 할 때,

시각 $t=a$에서 $t=b(a<b)$까지 점 P의 경과거리 s는

$$s=\int_a^b\sqrt{\left(\frac{dx}{dt}\right)^2+\left(\frac{dy}{dt}\right)^2}$$
$$=\int_a^b\sqrt{\{x'(t)\}^2+\{y'(t)\}^2}$$

이 됨을 알 수 있다.

예제 3.11 좌표평면 위를 움직이는 점 $P(x,\ y)$의 시각 t에서의 위치가

$$x(t)=2t^2,\ y(t)=t^2+1$$

일 때, $t=0$에서 $t=2$까지 점 P의 경과거리를 구하여라.

풀이 $\frac{dx}{dt}=\frac{d}{dt}(2t^2)=4t$

$\frac{dy}{dt}=\frac{d}{dt}(t^2+1)=2t$

$t=0$에서 $t=2$까지 점 P의 경과거리 s는

$$s=\int_0^2\sqrt{\left(\frac{dx}{dt}\right)^2+\left(\frac{dy}{dt}\right)^2}\,dt$$
$$=\int_0^2\sqrt{(4t)^2+(2t)^2}\,dt$$
$$=\int_0^2\sqrt{20}\,t\,dt$$
$$=\sqrt{20}\left[\frac{t^2}{2}\right]_0^2$$
$$=4\sqrt{5}$$

■

곡선의 길이

평면 위를 움직이는 점 $P(x, y)$의 시각 t에서 위치가 $(x(t), y(t))$일 때 t의 값이 변하면 점 P가 경과한 것은 곡선이 된다. 따라서 시각 $t=a$에서 $t=b$까지 경과거리 s는 폐구간 $[a, b]$에서 점 $P(x(t), y(t))$가 그린 곡선의 길이가 된다.

그리고 곡선 $y=f(x)$에서 $P(x(t), y(t))$에 대하여

$$x=x(t)=t,\ y=y(t)=f(t)$$

로 하면 $t=a$에서 $t=b$까지 곡선 $y=f(x)$의 길이는

$\dfrac{dx}{dt}=1,\ \dfrac{dy}{dt}=f'(t)$이므로

$$\int_a^b \sqrt{\left(\frac{dx}{dt}\right)^2+\left(\frac{dy}{dt}\right)^2}=\int_a^b \sqrt{1+\{f'(t)\}^2}\,dt$$

$$=\int_a^b \sqrt{1+\{f'(x)\}^2}\,dx$$

다시 말하여

곡선 $x=x(t),\ y=y(t)(a \le t \le b)$의 길이 l은

$$l=\int_a^b \sqrt{\left(\frac{dx}{dt}\right)^2+\left(\frac{dy}{dt}\right)^2}=\int_a^b \sqrt{\{x'(t)\}^2+\{y'(t)^2\}}\,dt$$

이고, 곡선 $y=f(x)\ (a \le t \le b)$의 길이 l은

$$l=\int_a^b \sqrt{1+\{f'(x)\}^2}\,dx$$

와 같이 정리할 수 있다.

예제 3.12 다음 곡선의 길이를 구하여라.

$$x=3\cos t,\ y=3\sin t\,(0 \le t \le \pi)$$

풀이 $\dfrac{dx}{dt}=-3\sin t,\quad \dfrac{dy}{dt}=3\cos t$

구하는 곡선의 길이 l은

$$l=\int_0^\pi \sqrt{\left(\frac{dx}{dt}\right)^2+\left(\frac{dy}{dt}\right)^2}\,dt=\int_0^\pi \sqrt{(-3\sin t)^2+(3\cos t)^2}\,dt$$

$$=\int_0^\pi 3dt=3[t]_0^\pi=3\pi$$

■

• 직선 $y=x$의 $[0, 1]$에서 직선의 길이는 $\sqrt{2}$이다.

$$y'=1$$

이므로 왼쪽 공식에서

$$l=\int_0^1 \sqrt{1+1^2}\,dx$$
$$=[2x]_0^1$$
$$=\sqrt{2}$$

임을 알 수 있다.

연습문제 10.3

1. 다음 도형의 넓이를 구하여라.

(1) 곡선 $y = x^3 - 2x^2 - x + 2$, x축 y축으로 둘러싸인 도형

(2) 폐구간 $[0, \pi]$에서 곡선 $y = \sin x$, x축으로 둘러싸인 도형

(3) 곡선 $y = e^x$, $y = e$, y축으로 둘러싸인 도형

• 곡선 $y = f(x)$, $y = g(x)$와 직선 $x = a$, $x = b\,(a < b)$로 둘러싸인 도형의 넓이 S는

$$S = \int_a^b |f(x) - g(x)|\,dx$$

2. 다음 도형의 넓이를 정적분으로 구하여라.

(1) 원 $x^2 + y^2 = r^2$

(2) 타원 $\dfrac{x^2}{a^2} + \dfrac{y^2}{b^2} = 1\,(a > 0,\ b > 0)$

3. 곡선 $y = \sqrt{x}$, 직선 $y = x$로 둘러싸인 도형의 넓이를 구하여라.

4. 높이가 12cm인 입체가 있다. 밑면에서 $x$cm의 거리에서 이 밑면에 평행인 평면으로 잘랐을 때 이 입체의 단면의 넓이가 $\sqrt{12 - x}\ \mathrm{cm}^2$이었다. 이 입체의 부피를 구하여라.

5. 타원 $\dfrac{x^2}{a^2} + \dfrac{y^2}{b^2} = 1\,(a > 0,\ b > 0)$을 x축 및 y축을 회전축으로 회전하여 생기는 회전체의 부피를 각각 구하여라.

• $V_x = \pi \int_a^b y^2\,dx$

$V_y = \pi \int_a^b x^2\,dy$

6. 원 $x^2 + (y - b)^2 = a^2\,(b > a > 0)$을 x축을 회전축으로 회전하여 생기는 회전체의 부피를 구하여라.

7. 지면에서 100m 떨어진 어떤 물체를 매초 30m 속도로 위로 똑바로 던질 때 이 물체의 t초 후의 속도가

$$v(t) = 30 - 9.8t\ (\mathrm{m}/\text{초})$$

라 한다. 물체가 최고점에 도달할 때 지면으로부터의 높이를 구하여라.

8. 다음 곡선의 길이를 구하여라.

(1) $x(t) = a\cos^3 t,\ y(t) = a\sin^3 t\ \left(0 \le t \le \dfrac{\pi}{2}\right)$

(2) $y = \dfrac{2}{3}x^{\frac{3}{2}}\ (0 \le x \le 3)$

11 극좌표

極座標. Polar Coorinates

데카르트(René Descartes ; 1596-1650)

프랑스의 수학자이자 철학자.

프아띠에(Poitiers) 대학에서 법학으로 학위를 받았지만 그는 여러 학문에 관심을 가졌다. 수학, 철학, 물리학, 의학 등. 철학적인 사고로 확실한 것, 불확실한 것에 집중적으로 사색하였다고 한다. 그러던 중, 자신이 확실히 인식하는 것은 의식하는 주체인 자신이 존재한다는 결론을 얻는다.

그래서 유명한 말을 남긴다.

「나는 생각한다 고로 존재한다(*Cogito ergo sum*)」.

데카르트는 자신이 생각한 원리를 두 권의 책에 기록하였다.

1637년, 「방법서설(*Dicourse de la Methode*)」

1644년, 「철학의 원리(*Principia philosophiae*)」

「철학의 원리」에서 그는 자신의 철학적인 주장을 정리하였다.

우주는 그 한계를 생각할 수 없기 때문에 우주는 무한하다고 자신의 해석을 기록하였다.

그리고 항성, 혜성의 생성과 소멸에 대한 이론도 기록되어 있다.

데카르트는 허황될 수도 있었던 코페르니쿠스(Nicolaus Copernicus ; 1473-1543)의 지동설을 지지하였다. 당시 케임브리지에서 코페르니쿠스 이론을 학생들에게 가르쳤는데 이 때 뉴턴도 학생이었다고 한다.

이 데카르트의 이론은 후에 잘못된 것이 입증되었다.

케플러(Johann Kepler ; 1571-1630, 독일의 천문학자, 수학자)의 뛰어난 연구 조사가 더욱 흥미를 일으켰기 때문이다.

데카르트의 가장 뛰어난 업적 중 하나는 직교좌표계(rectangular coordinate system)를 창안한 것이다. 그의 이름의 카테시안(Cartesian)을 사용하여 카테시안좌표계(Cartesian coordinate system)라고도 한다. 또 음수에 대하여 구체적으로 설명하고 좌표계에 도입한 것도 큰 업적이었다.

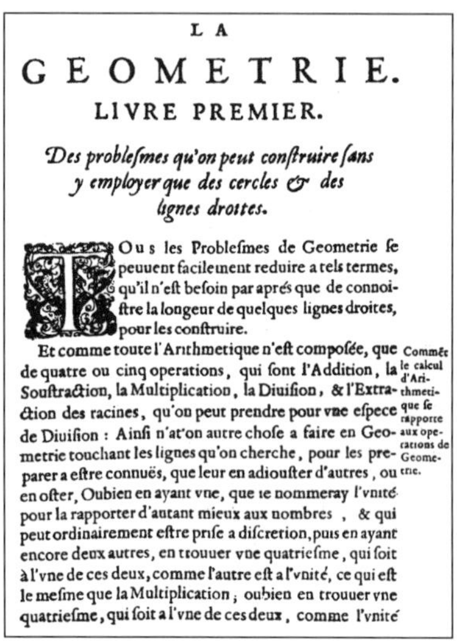

LA

GEOMETRIE.

LIVRE PREMIER.

Des problesmes qu'on peut construire sans y employer que des cercles & des lignes droites.

TOus les Problesmes de Geometrie se peuuent facilement reduire a tels termes, qu'il n'est besoin par aprés que de connoistre la longeur de quelques lignes droites, pour les construire.

Et comme toute l'Arithmetique n'est composée, que de quatre ou cinq operations, qui sont l'Addition, la Soustraction, la Multiplication, la Diuision, & l'Extraction des racines, qu'on peut prendre pour vne espece de Diuision : Ainsi n'a-t'on autre chose a faire en Geometrie touchant les lignes qu'on cherche, pour les preparer a estre connuës, que leur en adiouster d'autres, ou en oster, Oubien en ayant vne, que ie nommeray l'vnité pour la rapporter d'autant mieux aux nombres , & qui peut ordinairement estre prise a discretion, puis en ayant encore deux autres, en trouuer vne quatriesme, qui soit à l'vne de ces deux, comme l'autre est a l'vnité, ce qui est le mesme que la Multiplication ; oubien en trouuer vne quatriesme, qui soit a l'vne de ces deux, comme l'vnité

Commēt le calcul d'Arithmetique se rapporte aux operations de Geometrie.

따라서 대수학과 기하학이 크게 발전하며 해석기하학(Analytic geometry)이 탄생하였다.

좌표평면 위에서 점 A가 x축 위로 2, y축 오른쪽으로 3만큼 떨어져 있다면 순서쌍(ordered pair)으로 (3, 2)와 같이 A의 좌표를, 점 B가 x축 아래로 3, y축 왼쪽으로 2만큼 떨어져 있다면 순서쌍으로 (−2, −3)과 같이 B의 좌표를 나타낸다.

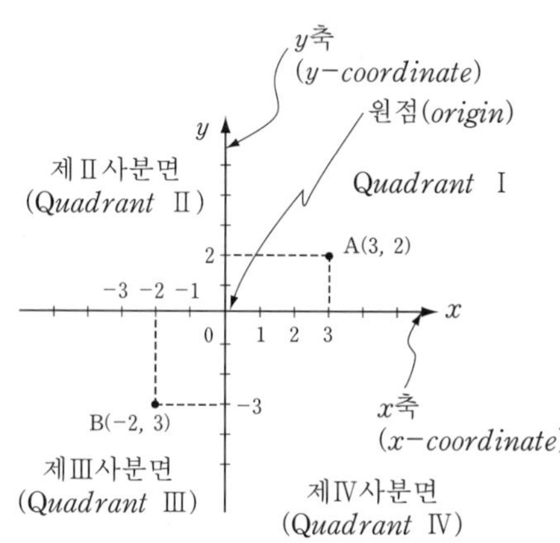

좌표공간에서 점(2, 3, 5), (−1, −2, 3) 등은 어떻게 위치하는가?

그렇다면 극좌표는 어떠한 것일까?

극좌표는 뉴턴이 처음 사용하였다고 한다.

11.1 극좌표계

어떤 도형을 연구 해석할 때 직교좌표계와 다른 좌표계를 사용하면 더 간편할 경우가 있다. 이러한 좌표계 중 여기서는 극좌표계(polar coordinate system)에 대하여 알아보기로 한다.

극좌표계에서 주된 구조는 한 점에서 시작한 반직선이다.

오른쪽 그림은 고정된 점 O에서 출발한 반직선 Ox를 나타낸 것이다.

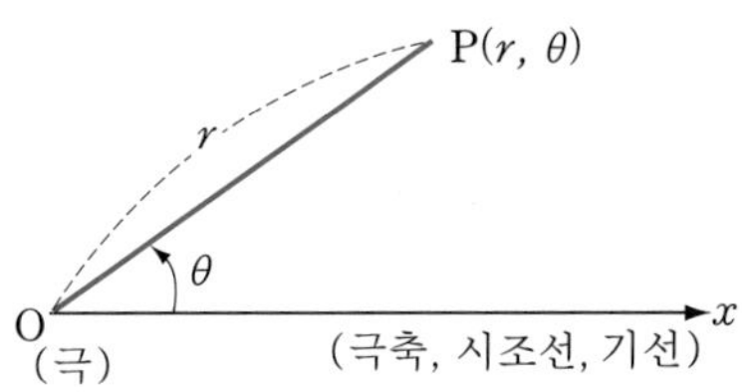

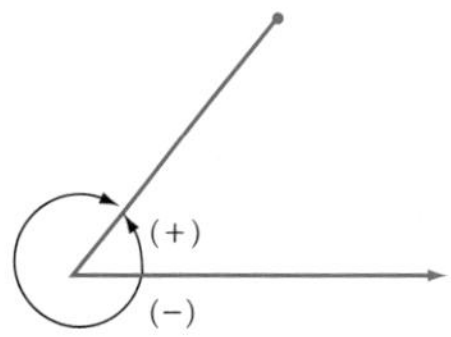

이때 점 O를 원점(origin) 또는 극(pole), 반직선 Ox를 극축(polar axis) 또는 시초선, 기선(initial line)이라 한다.

그리고 극좌표 평면 위의 한 점 P의 위치는 거리 $\overline{\mathrm{OP}}$와 각 xOP에 의하여 결정된다.

$\overline{\mathrm{OP}}=r$, $\angle x\mathrm{OP}=\theta$라 할 때 순서쌍 (r, θ)를 점 P의 극좌표(polar coordinate)라 하고 P$(r,\ \theta)$로 쓴다. 여기서 선분 OP를 동경벡터(radius vector) 또는 간단히 동경이라 하고 θ를 편각(여기서는 vectorial angle)이라 한다.

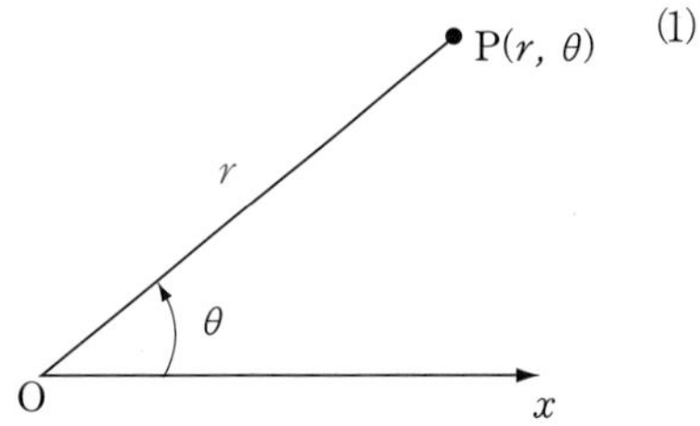

각의 부호는 삼각법(trigonometry)에서와 같이 극축을 출발하여 시계바늘반대방향(counterclockwise)이면 (+), 시계바늘방향(clockwise)이면 (−)이다.

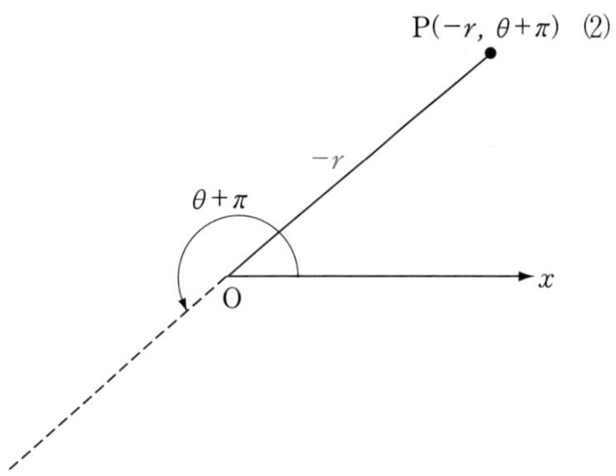

r좌표의 부호는 오른쪽 그림 (1)과 같이 각을 기선에서 출발하여 동경 OP까지 측정하면 (+)로 정하고, (2)와 같이 기선에서 동경 OP의 극점 방향으로 연장선까지 측정하면 (−)로 정한다.

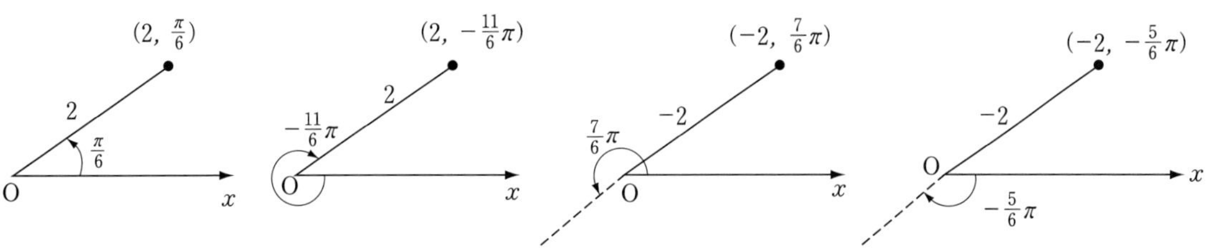

한 점을 위와 같이 여러 가지로 나타낼 수 있다.

이것을 일반적으로 나타내면 $\left((-1)^n 2,\ \frac{\pi}{6}+n\pi\right)$와 같다.

직교좌표와 극좌표 사이의 관계는 극점 O와 극축 Ox를 직교좌표 평면의 원점과 양의 x축과 일치시키고 점 $P(r, \theta)$가 직교좌표로 $P(x, y)$라 하면 오른쪽 그림에서 알 수 있듯이

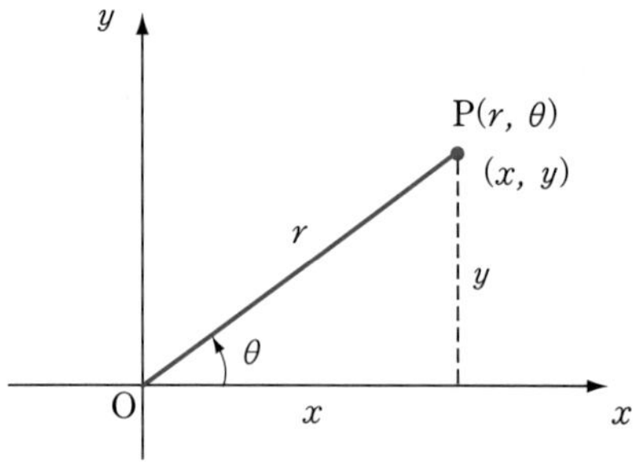

$$x = r\cos\theta,\ y = r\sin\theta,$$

$$r=\sqrt{x^2+y^2},\ \theta=\tan^{-1}\frac{y}{x}$$

예제 1.1 (1) $(-\sqrt{3}, 1)$인 점 P의 극좌표를 구하여라.

(2) 점 $P\left(2, -\frac{\pi}{3}\right)$를 직교좌표로 나타내어라.

풀이 (1) 점 P의 극좌표를 (r, θ)라 하면

$x=-\sqrt{3},\ y=1$이므로 $r=\sqrt{\left(-\sqrt{3}\right)^2+1^2}=2$

$\tan\theta=\frac{1}{-\sqrt{3}}$이고 점 P가 2사분면에 있으므로 $\theta=\frac{5}{6}\pi \quad \therefore P\left(2, \frac{5}{6}\pi\right)$

(2) 점 P의 직교좌표를 (x, y)라 하면 $r=2,\ \theta=-\frac{\pi}{3}$이므로

$$x=r\cos\theta=2\cos\left(-\frac{\pi}{3}\right)=1,\ y=r\sin\theta=2\sin\left(-\frac{\pi}{3}\right)=-\sqrt{3}$$

$$\therefore P(1, -\sqrt{3})$$

■

연습문제 11.1

1. 다음 극좌표로 나타낸 점을 평면 위에 나타내어라.

(1) $A(-1, \pi)$ (2) $B\left(4, \frac{3}{4}\pi\right)$ (3) $C\left(-3, -\frac{5}{4}\pi\right)$ (4) $D(2, \pi)$

2. 다음 점을 직교좌표로 나타내어라.

(1) $(0, \pi)$ (2) $\left(4, \frac{3\pi}{4}\right)$ (3) $\left(-2, \frac{\pi}{3}\right)$ (4) $\left(\sqrt{3}, -\frac{\pi}{6}\right)$

3. 다음 점을 극좌표로 나타내어라.

(1) $(3, 0)$ (2) $\left(\sqrt{3}, \sqrt{3}\right)$ (3) $\left(-4\sqrt{3}, 4\right)$ (4) $\left(-3, \sqrt{3}\right)$

• $(r, \theta) \rightleftarrows (x, y)$

$\begin{cases} x = r\cos\theta \\ y = r\sin\theta \end{cases}$

$r=\sqrt{x^2+y^2}$

$\tan^{-1}\frac{y}{x}=\theta$

11.2 극방정식과 곡선

극좌표의 r과 θ 사이에 성립하는 방정식 $r=f(\theta)$를 극방정식(polar equation)이라 한다.

• 극방정식을

$$f(r, \theta)=0$$

로도 나타낸다.

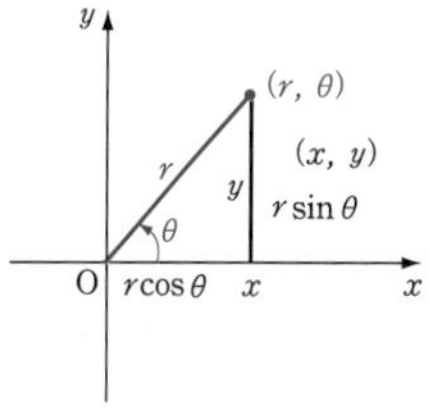

예제 2.1 다음을 극방정식으로 나타내어라(a는 상수).

(1) $y=x$ (2) $x^2+y^2-2ax=0$

(3) $x^2-y^2=a^2$

풀이 $x=r\cos\theta,\ y=r\sin\theta$이므로 이것을 대입한다.

(1) $y=x$

$$r\sin\theta=r\cos\theta \quad \therefore \frac{\sin\theta}{\cos\theta}=1$$

즉 $\tan\theta=1$

$$\therefore \theta=\frac{\pi}{4}$$

(2) $r^2\cos^2\theta+r^2\sin^2\theta-2ar\cos\theta=0$

$r^2(\cos^2\theta+\sin^2\theta)-2ar\cos\theta=0$

$r-2a\cos\theta=0$

즉, $r=2a\cos\theta$

(3) $r^2\cos^2\theta-r^2\sin^2\theta=a^2$

$r^2(\cos^2\theta-\sin^2\theta)=a^2$

$\therefore r^2\cos 2\theta=a^2$ ■

• $\dfrac{\sin\theta}{\cos\theta}=\tan\theta$

• $\cos 2\theta$
$=\cos^2\theta-\sin^2\theta$

• $\cos^2\theta+\sin^2\theta=1$

예제 2.2 극방정식 $r=4\cos\theta$를 직교좌표계의 방정식으로 고쳐라.

풀이 $r=4\cos\theta$

양변에 r을 곱하면

$$r^2=4r\cos\theta$$
$$r^2\cdot 1=4r\cos\theta$$
$$r^2(\cos^2\theta+\sin^2\theta)-4r\cos\theta=0$$
$$r^2\cos^2\theta-4r\cos\theta+r^2\sin^2\theta=0$$
$$r^2\cos^2\theta-4r\cos\theta+4+r^2\sin^2\theta=4$$
$$(r\cos\theta-2)^2+(r\sin\theta)^2=4$$
$$\therefore (x-2)^2+y^2=4$$ ■

• 코사인법칙

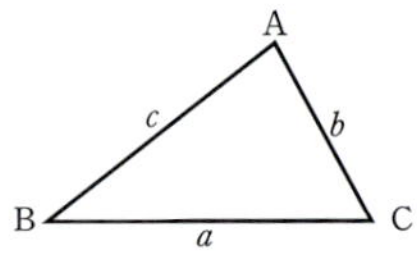

$a^2 = b^2 + c^2 - 2bc\cos A$
$b^2 = c^2 + a^2 - 2ca\cos B$
$c^2 = a^2 + b^2 - 2ab\cos C$

예제 2.3 두 점 $P_1(r_1, \theta_1)$과 $P_2(r_2, \theta_2)$ 사이의 거리 s를 구하여라.

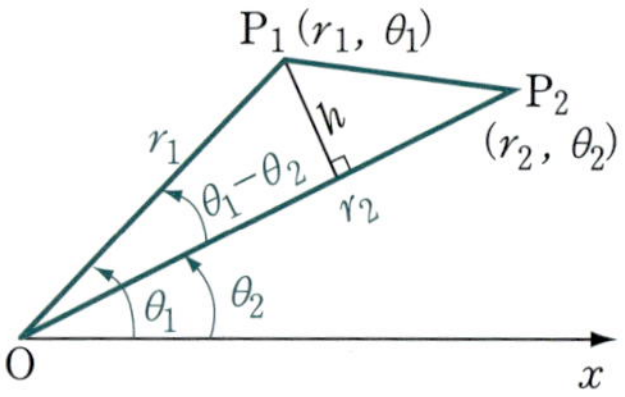

풀이 오른쪽 그림의 $\triangle OP_1P_2$에서 코사인 법칙을 적용하면

$$\overline{P_1P_2}^2 = \overline{OP_1}^2 + \overline{OP_2}^2 - 2\overline{OP_1}\cdot\overline{OP_2}\cos(\theta_1 - \theta_2)$$

$$s^2 = r_1^2 + r_2^2 - 2r_1r_2\cos(\theta_1 - \theta_2)$$

$$\therefore\ s = \sqrt{r_1^2 + r_2^2 - 2r_1r_2\cos(\theta_1 - \theta_2)}$$

■

•

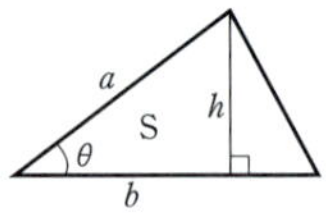

$S = \frac{1}{2}bh$
$= \frac{1}{2}ab\sin\theta$

예제 2.4 세 점 (0, 0), (r_1, θ_1), (r_2, θ_2)이 세 꼭지점인 삼각형의 넓이 S를 구하여라.

풀이 위 예제 2.3의 그림에서 점 P_1에서 선분 OP_2에 내린 수선의 길이를 h라 하면

$$h = r_1\sin(\theta_1 - \theta_2)$$

$$\therefore\ S = \frac{1}{2}\overline{OP_2}\cdot h = \frac{1}{2}r_1r_2\sin(\theta_1 - \theta_2)$$

■

극방정식 $r = f(\theta)$의 그래프는 이 극방정식을 만족하는 극좌표 (r, θ)로 나타내는 모든 점의 집합이다.

예제 2.5 예제 2.2의 극방정식 $r = 4\cos\theta$의 그래프를 그려라.

• $r = 4\cos\theta$의 그래프는 직교좌표계에서 생각하면 중심이 (2, 0), 반지름이 2인 원이다.

풀이 r과 θ의 대응표를 만들어보면 다음과 같다.

θ	0	$\frac{\pi}{6}$	$\frac{\pi}{4}$	$\frac{\pi}{3}$	$\frac{5\pi}{12}$
r	4	$2\sqrt{3}$ ≒3.5	$2\sqrt{2}$ ≒2.8	2	$\sqrt{6}-\sqrt{2}$ ≒1
θ	$\frac{\pi}{2}$	$\frac{2\pi}{3}$	$\frac{3\pi}{4}$	$\frac{5\pi}{6}$	π
r	0	−2	$-2\sqrt{2}$ ≒−2.8	$-2\sqrt{3}$ ≒3.5	−4

■

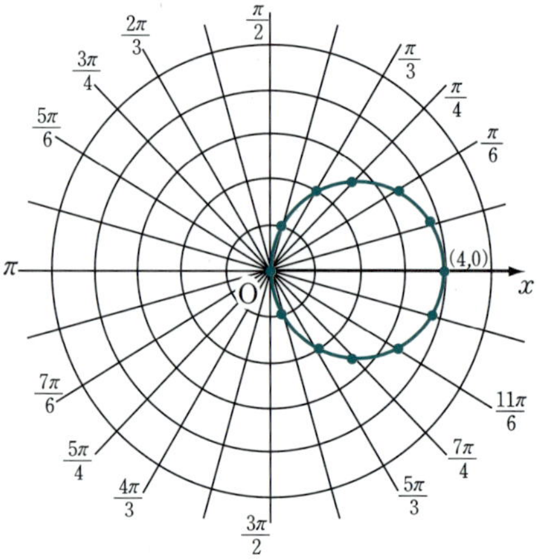

극(점)에서 곡선의 접선은 주어진 극방정식의 r을 $r=0$로 하여 이것을 θ에 대하여 풀어 θ의 값을 찾으면 된다.

예제 2.6 극방정식 $r=4\cos\theta$이 나타내는 곡선의 극점에서의 접선을 구하여라.

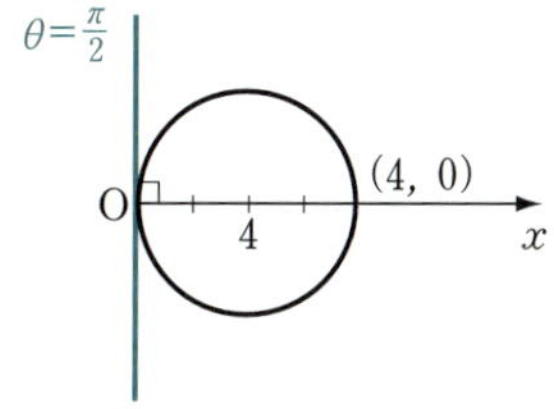

- $r=f(\theta)$의 극점에서의 접선은 $r=0$로 하고 $$f(\theta)=0$$ 을 푼다.

풀이 $r=0$으로 하면

$$0=4\cos\theta$$
$$\therefore\ \theta=\frac{\pi}{2}$$

즉, 극(점)에서 극축에 수직인 직선이 구하는 접선이다. ■

다음은 극방정식의 곡선의 대칭성(symmetry)을 조사하면 다음과 같다.

(1) 극방정식이 다음 조건일 때 변하지 않으면 그 극방정식의 곡선은 극점에 대하여 대칭이다.

(i) r 대신 $-r$을 대입한다. 또는

(ii) θ 대신 $\pi+\theta$를 대입한다.

(2) 극방정식이 다음 조건일 때 변하지 않으면 그 극방정식의 곡선은 극축에 대하여 대칭이다.

(i) θ 대신 $-\theta$를 대입한다. 또는

(ii) θ 대신 $\pi-\theta$를 대입하고 r 대신 $-r$을 대입한다.

(3) 극방정식이 다음 조건일 때 변하지 않으면 그 극방정식의 곡선은 극축에 수직인 직선 $\theta=\dfrac{\pi}{2}$에 대하여 대칭이다.

(i) θ 대신 $\pi-\theta$를 대입한다. 또는

(ii) θ 대신 $-\theta$를 대입하고 r 대신 $-r$을 대입한다.

(1)

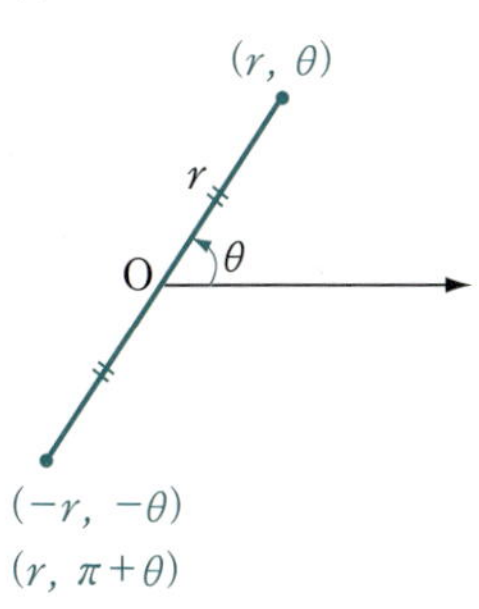

(2)

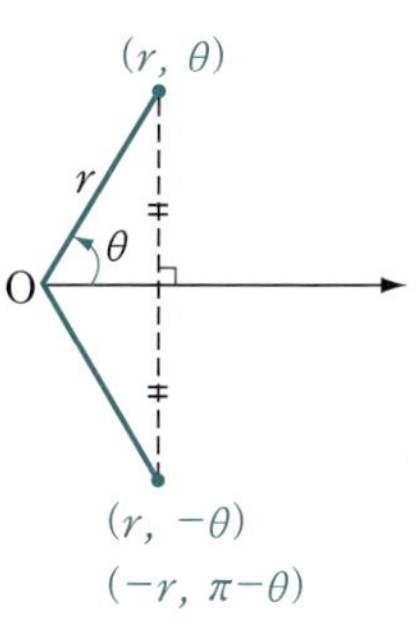

(3)

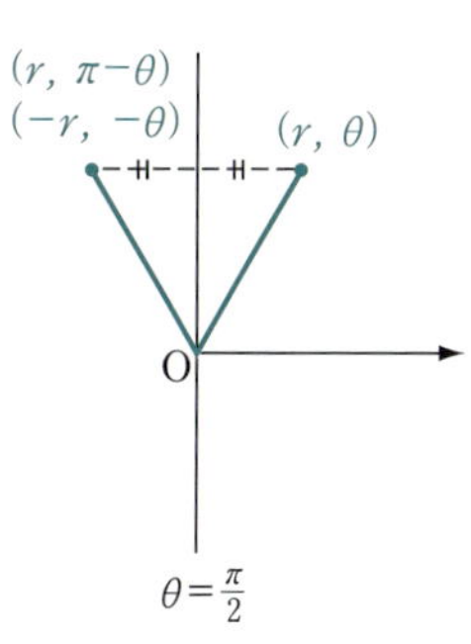

- 다음 삼각함수에 대한 등식은 극방정식의 곡선의 대칭성을 조사하는데 참고사항이다.
$\sin(-\theta)=-\sin\theta$
$\cos(-\theta)=\cos\theta$
$\sin(\pi-\theta)=\sin\theta$
$\cos(\pi-\theta)=-\cos\theta$
$\sin(\pi+\theta)=-\sin\theta$
$\cos(\pi+\theta)=-\cos\theta$

극방정식이 나타내는 곡선을 그릴 때, 극점에서 이 곡선의 접선을 조사하고 특히 곡선의 대칭성을 조사하고 필요한 곡선 위의 점을 찾으면 그 곡선을 그리기가 편리할 것이다.

그리고 θ가 증가할 때 r의 증감을 알아보는 것도 도움이 될 것이다.

✉예제 2.7 다음 극방정식이 나타내는 곡선을 그려라.

(1) $r = \sin 2\theta$　　　　(2) $r = 4\cos 3\theta$

(1) $r = \sin 2\theta$ 에서 $r = 0$ 으로 하면
$\sin 2\theta = 0$
$2\theta = 0,\ \pi$
$\therefore\ \theta = 0,\ \theta = \frac{\pi}{2}$
즉, 극축과 극점을 지나 극축에 수직인 두 직선이 이 곡선의 극(점)에서의 접선이다.

(1) θ가 0에서 $\frac{\pi}{4}$까지 증가(변)할 때 $\left(\theta : 0 \to \frac{\pi}{4}\right)$ r은 0에서 1까지 증가(변)하고 $(r : 0 \to 1)$

θ가 $\frac{\pi}{4}$에서 $\frac{\pi}{2}$까지 증가(변)할 때 $\left(\theta : \frac{\pi}{4} \to \frac{\pi}{2}\right)$ r은 1에서 0까지 감소(변)한다. $(r : 1 \to 0)$

(2) $r = 4\cos\theta$에서 $r = 0$으로 하면
$4\cos 3\theta = 0$
$\therefore\ 3\theta = \frac{\pi}{2},\ \frac{3\pi}{2},\ \frac{5\pi}{2}$ $\begin{pmatrix} 0 \le \theta \le \pi \\ 0 \le 3\theta \le 3\pi \end{pmatrix}$
즉 극(점)에서 이 곡선의 접선은
$\theta = \frac{\pi}{6},\ \theta = \frac{\pi}{2},\ \theta = \frac{5\pi}{6}$
이다.

풀이 (1) $r = \sin 2\theta$

θ 대신 $\pi + \theta$를 대입하면 $r = \sin 2(\pi + \theta) = \sin(2\pi + 2\theta) = \sin 2\theta$ 이므로 이 곡선은 극점에 대칭

그리고 r 대신 $-r$, θ 대신 $-\theta$를 대입하면 $-r = \sin 2(\pi - \theta) = \sin(2\pi - 2\theta)$
$= \sin(-2\theta) = -\sin 2\theta$
즉 $r = \sin 2\theta$이므로 이 곡선은 극축에 대칭. 또 r 대신 $-r$, θ 대신 $-\theta$를 대입하면 $-r = \sin 2(-\theta) = -\sin 2\theta$
즉 $r = \sin 2\theta$
이므로 $\theta = \pi/2$에 대칭

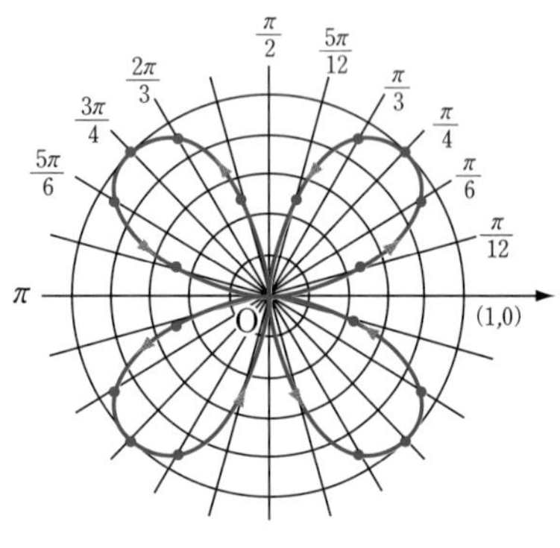

θ	0	$\frac{\pi}{12}$	$\frac{\pi}{6}$	$\frac{\pi}{4}$	$\frac{\pi}{3}$	$\frac{\pi}{12}$	$\frac{\pi}{2}$
r	0	1/2 $=0.5$	$\sqrt{3}/2$ $≒0.9$	1	$\sqrt{3}/2$ $≒0.9$	1/2 $=0.5$	0

제1사분면의 대응점을 찾아 그리고 나머지는 대칭성을 이용한다.

(2) $r = 4\cos 3\theta$의 θ 대신 $-\theta$를 대입하면
$r = 4\cos 3(-\theta) = 4\cos(-3\theta)$
$= 4\cos 3\theta$이므로
이 곡선은 극축에 대칭

θ	0	$\frac{\pi}{12}$	$\frac{\pi}{6}$	$\frac{\pi}{4}$	$\frac{\pi}{3}$	$\frac{5\pi}{12}$	$\frac{\pi}{2}$
r	4	$2\sqrt{2}$ $≒2.8$	0	$-2\sqrt{2}$	-4	$-2\sqrt{2}$	0
θ	$\frac{7\pi}{12}$	$\frac{2\pi}{3}$	$\frac{3\pi}{4}$	$\frac{5\pi}{6}$	$\frac{11\pi}{12}$	π	
r	$2\sqrt{2}$	4	$2\sqrt{2}$	0	$-2\sqrt{2}$	-4	

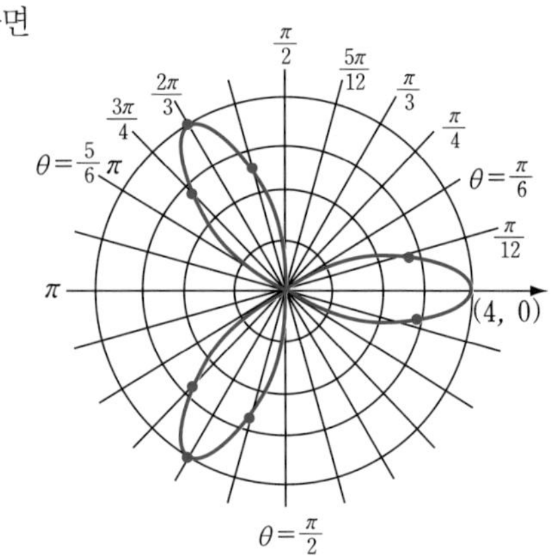

앞의 예제 2.7의 곡선은 일반적으로 나타내면 1보다 큰 양의 정수 n에 대하여

$$r = a\sin n\theta, \quad r = a\cos n\theta$$

이다. 이 곡선을 장미(곡)선(rose curve)이라 한다.

특히 예제 2.7의 (1)은 장미꽃잎이 4장이라 하여 사엽선 또는 사엽장미선(four−leaved rose), (2)는 삼엽선 또는 삼엽장미선(three−leaved rose)이라 한다.

극방정식이

$$r = b + a\sin\theta, \quad r = b + a\cos\theta$$

인 모양의 곡선은 달팽이(꼴)선(곡선), 리마송(limaçon)이라 한다. 여기서

$a = b$이면 심장과 같은 모양이라 하여 심장형(cardioid)이라 하고

$|a| < |b|$이면 원점 주위로 둘러싸는 모양의 곡선이고

$|a| > |b|$이면 곡선의 내부에 둥근 고리 모양의 곡선이 있는 곡선이 된다.

• limaçon을 Etienne Pascal(1588−1640)이 이름하였기에 「limaçon of Pascal」이라고도 한다. limaçon은 불어이고 영어로는 snail이다.

예제 2.8 다음 극방정식이 나타내는 곡선을 그려라.

(1) $r = a(1 + \sin\theta)(a > 0)$　　　(2) $r = 2 + 4\cos\theta$

풀이 (1) $r = a(1 + \sin\theta)$에서

θ 대신 $\pi - \theta$를 대입하면

$\sin(\pi - \theta) = \sin\theta$

$r = a\{1 + \sin(\pi - \theta)\}$,

$r = a(1 + \sin\theta)$

이므로 이 곡선은 $\theta = \dfrac{\pi}{2}$에 대하여 대칭이다.

$r = 0$에서 $1 + \sin\theta = 0$

$\sin\theta = -1$,

즉 극점에서 접선은

$$\theta = \frac{3}{2}\pi$$

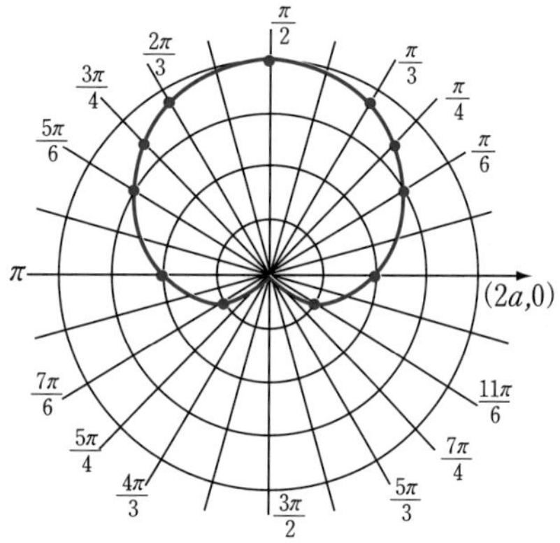

• 이 곡선은 직선 $\theta = \dfrac{\pi}{2}$에 대칭이므로 제1, 4사분면의 대응점만 찾아 $\theta = \dfrac{\pi}{2}$에 대칭되게 그리면 된다. 그렇지만 풀이에서는 θ를 0에서 π까지 그리고 몇 개를 더 추가한 것은 대칭인 것도 그 대응점을 찾아 확인하는 의미도 있기에 추가하였다.

θ	0	$\frac{\pi}{6}$	$\frac{\pi}{4}$	$\frac{\pi}{3}$	$\frac{\pi}{2}$	$\frac{2\pi}{3}$	$\frac{3\pi}{4}$	$\frac{5\pi}{6}$	π	$\frac{7\pi}{6}$	$\frac{11\pi}{6}$
r	a	$\frac{3}{2}a$	$\frac{a(2+\sqrt{2})}{2}$ $\fallingdotseq 1.7a$	$\frac{a(2+\sqrt{3})}{2}$ $\fallingdotseq 1.9a$	$2a$	$1.9a$	$1.7a$	$1.5a$	a	$\frac{a}{2}$	$\frac{a}{2}$

(2) $r=2+4\cos\theta$

θ 대신 $-\theta$를 대입하면

$\cos(-\theta)=\cos\theta$ 즉

$r=2+4\cos(-\theta)$,

$r=2+4\cos\theta$이므로 이 곡선은

극축에 대하여 대칭인 곡선이다.

$r=0$으로 하면 $2+4\cos\theta=0$

$\cos\theta=-\dfrac{1}{2}$, $\therefore\ \theta=\dfrac{2\pi}{3}$, $\theta=\dfrac{4\pi}{3}$

극점에서의 접선은

$$\theta=\frac{2\pi}{3},\ \theta=\frac{4\pi}{3}$$

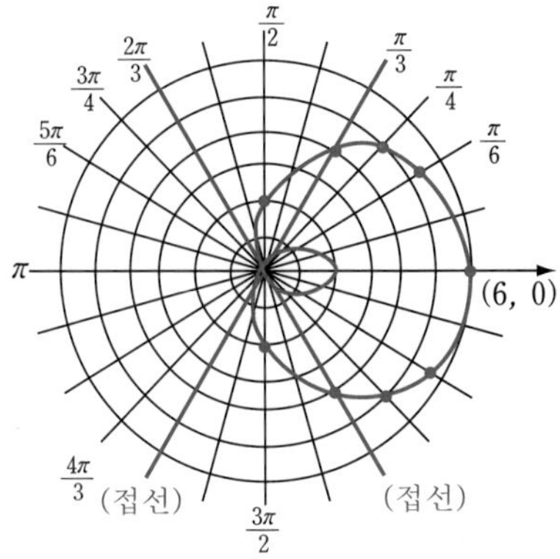

θ	0	$\frac{\pi}{6}$	$\frac{\pi}{4}$	$\frac{\pi}{3}$	$\frac{\pi}{2}$
r	6	$2(1+\sqrt{3})$ ≒5.5	$2(1+\sqrt{2})$ ≒4.8	4	2

■

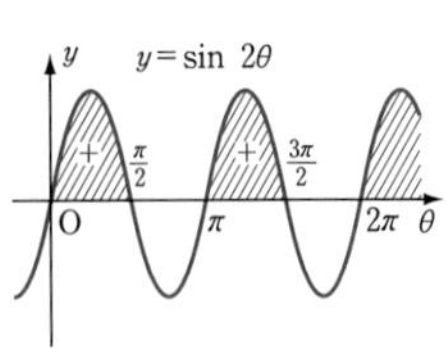

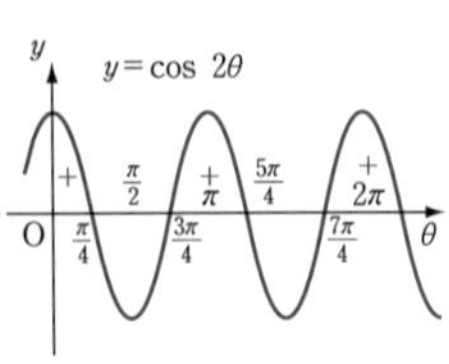

또, 극방정식이 $r^2=a^2\sin 2\theta$, $r^2=a^2\cos 2\theta$인 모양의 곡선은 쌍엽선(lemniscate) 또는 연주형이라 한다. 특히 $r^2=a^2\cos 2\theta$를 Lemniscate of Bernoulli(베르누이 : 스위스의 수학자, 물리학자)라고 한다.

$r^2>0$, $a^2>0$이므로 $\sin 2\theta>0$, $\cos 2\theta>0$. 따라서

$r^2=a^2\sin 2\theta$는 $\pi/2<\theta<\pi$, $3\pi/2<\theta<2\pi$에서

$r^2=a^2\cos 2\theta$는 $\pi/4<\theta<3\pi/4$, $5\pi/4<\theta<7\pi/4$에서 그 그래프가 존재하지 않는다.

예제 2.9 극방정식 $r^2=16\cos 2\theta$의 그래프를 그려라.

풀이 주어진 극방정식은 극, 극축에 대하여 대칭이다. $r=0$에서 즉 $\cos 2\theta=0$에서 $2\theta=\dfrac{\pi}{2}$, $\dfrac{3\pi}{2}$ 극에서 접선은

$$\theta=\frac{\pi}{4},\ \theta=\frac{3\pi}{4}$$

• $(-r)^2=16\cos 2\theta$
$\therefore\ r^2=16\cos 2\theta$
$r^2=16\cos 2(-\theta)$
$=16\cos 2\theta$

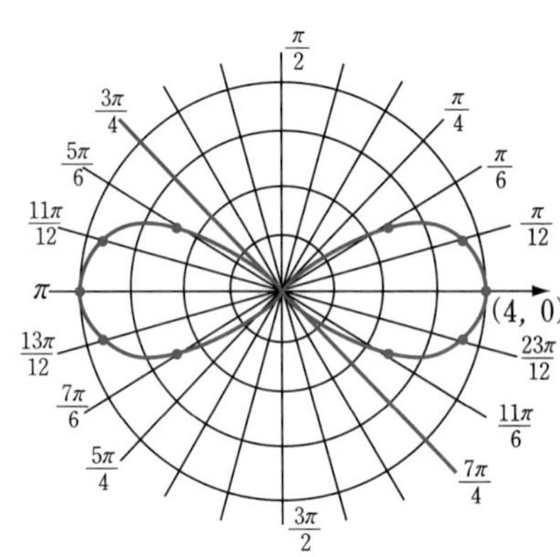

θ	0	$\frac{\pi}{12}$	$\frac{\pi}{6}$	$\frac{\pi}{4}$
r	±4	$r^2=8\sqrt{3}$ r≒±3.7	$r^2=8$ r≒±2.8	0

■

직선과 원의 극방정식

먼저 직선의 극방정식을 구한다. 평면 위에 직선 l이 있다. 극(점)에서 직선 l에 내린 수선의 발 H의 극좌표가 (k, α)일 때 이 직선 l의 극방정식을 구하도록 한다.

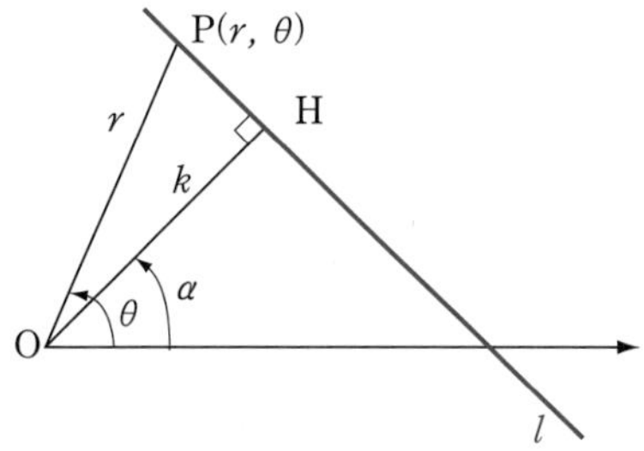

이 직선 l 위에 임의의 점 $P(r, \theta)$를 잡으면 직각삼각형 OPH에서

$$\cos(\theta-\alpha)=\frac{k}{r}$$

즉, $r\cos(\theta-\alpha)=k$ … ①

이다.

이 식 ①을 삼각함수의 덧셈 정리에 의하여 다시 나타내면

$$r(\cos\theta\cos\alpha+\sin\theta\sin\alpha)=k \quad \cdots ②$$

이 된다. 이 ②에서 $\alpha=0$이면 $\cos\alpha=1$, $\sin\alpha=0$이므로

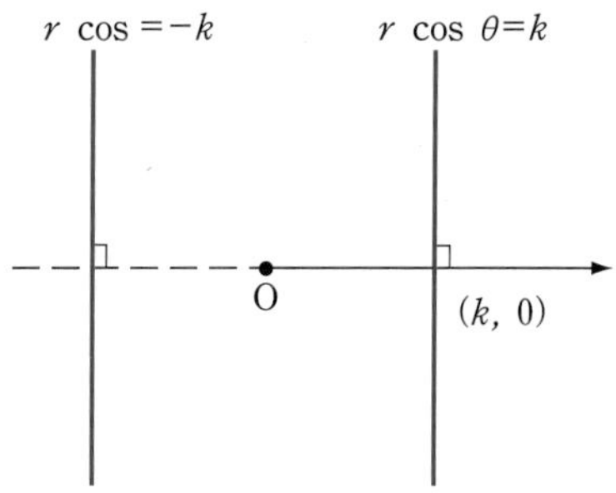

$$r\cos\theta=k$$

인데 이것은 극(점)에서 오른쪽으로 k만큼 떨어진 점에서 극축에 수직인 직선이 된다. 또 ②에서 $\alpha=\pi$이면 $\cos\alpha=-1$이므로

$$r\cos\theta=-k$$

인데 이것은 극(점)에서 왼쪽으로 k만큼 떨어진 점에서 극축에 수직인 직선이 된다. 또 ②에서 $\alpha=\pi/2$이면

$$r\sin\theta=k$$

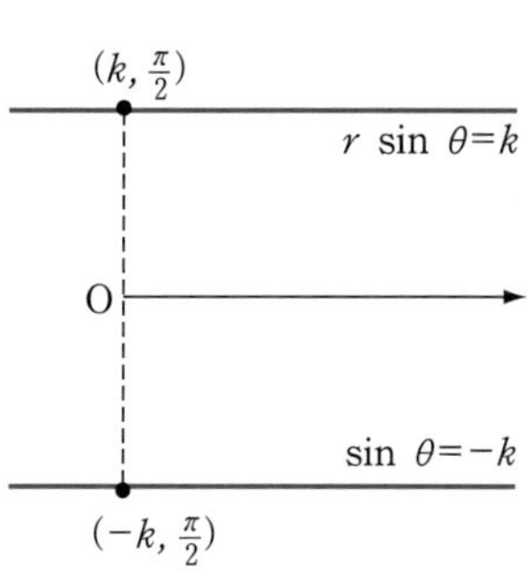

인데 이것은 극축 위로 k만큼 떨어져서 극축에 평행인 직선이고 ②에서 $\alpha=3\pi/2$이면

$$r=\sin\theta=-k$$

인데 이것은 극축 아래로 k만큼 떨어져서 극축에 평행한 직선이다.

- $\cos\frac{\pi}{2}=0,\ \sin\frac{\pi}{2}=1$
- $\cos\frac{3\pi}{2}=0,\ \sin\frac{3\pi}{2}=-1$

이때의 극방정식은 다음과 같다.

$$r\cos\theta=\pm k,\ r\sin\theta=\pm k$$

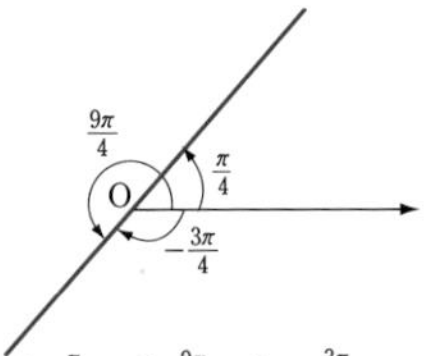

$\theta=\frac{\pi}{4},\ \theta=\frac{9\pi}{4},\ \theta=-\frac{3\pi}{4}\cdots$

극을 지나 극축과 이루는 각이 $\alpha\,(\alpha>0)$인 직선의 극방정식은

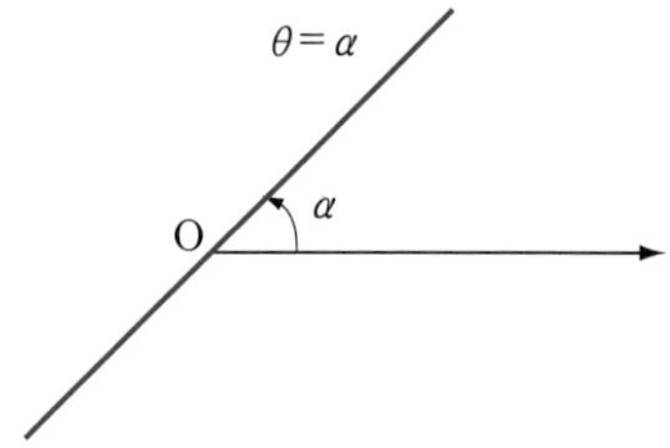

$$\theta=\alpha$$

이다. 직선 $\theta=\frac{\pi}{4}$는 $\theta=\frac{9\pi}{4}, \theta=-\frac{3\pi}{4}$ 등으로도 나타낼 수 있다.

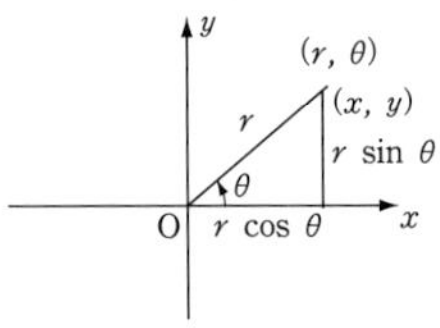

앞의 식 ②에서 $\cos\alpha$, $\sin\alpha$, k는 상수이므로 이것들을 차례로 a, b, $-c$로 놓으면 식 ②는

$$r(a\cos\theta+b\sin\theta)+c=0,\quad ar\cos\theta+br\sin\theta+c=0$$

즉,
$$ax+by+c=0$$

으로 직교좌표계에서 직선의 방정식의 일반형임을 알 수 있다.

$x=r\cos\theta$
$y=r\sin\theta$

다음은 원의 극방정식을 구한다. 중심 C의 극좌표가 (r_1, θ_1)이고 반지름의 길이가 a인 원의 극방정식은 원주 위에 임의의 점 $P(r, \theta)$라 하면 오른쪽 그림에서 $\triangle OPC$에 대하여 코사인 법칙을 적용하면

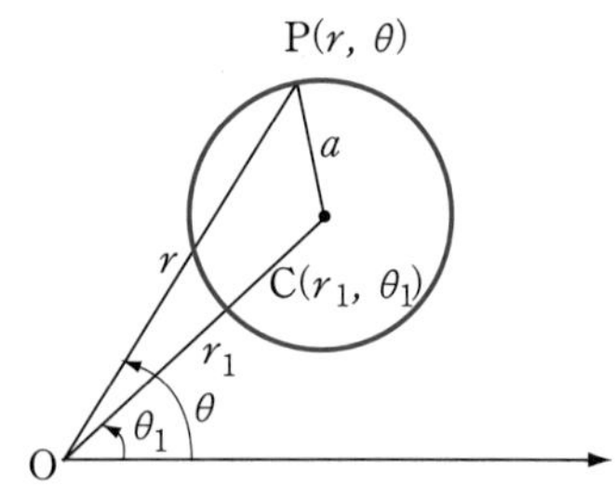

$$\overline{PC}^2=\overline{OP}^2+\overline{OC}^2-2\overline{OP}\cdot\overline{OC}\cos\angle POC$$

$$a^2=r^2+r_1^2-2rr_1\cos(\theta-\theta_1)\qquad\cdots③$$

와 같은 공식을 얻는다.

③에서

$$r=\frac{-c}{a\cos\theta+b\sin\theta}$$

중심이 $(a, 0)$이면 $r_1=a, \theta_1=0$이므로

$$r=2a\cos\theta$$

중심이 $(a, \pi/2)$이면 $r_1=a, \theta_1=\pi/2$이므로

$$r=2a\sin\theta$$

예제 2.10 (1) 극에서 직선 l에 내린 수선의 길이가 2, 이 수선과 극축이 $60°$를 이루면 앞의 식 ①에서 $\alpha=60°=\pi/3$, $k=2$이므로 직선 l의 극방정식은

$$r\cos(\theta-\pi/3)=2$$

(2) 중심이 $(3, \pi/3)$이고 반지름이 2인 원의 극방정식은 식 ③에서 $r_1=3, \theta_1=\pi/3$, $a=2$이므로

$$2^2=r^2+3^2-2r\cdot3\cdot\cos(\theta-\pi/3)$$

즉
$$r^2-6r\cos\left(\theta-\frac{\pi}{3}\right)+5=0$$
■

원추곡선의 극방정식

직교좌표계에서 원추곡선인 포물선, 타원, 쌍곡선의 방정식을 구하였다. 여기서는 그 극방정식을 구하려고 한다. 극을 원추곡선의 초점과 일치하게 잡고 준선을 극축에 수직이거나 평행이 되도록 잡으면 이 원추곡선의 극방정식을 쉽게 찾을 수 있다.

극 O를 초점(focus), 극의 왼쪽에서 극축과 수직인 준선(directrix)을 갖는 원추곡선의 극방정식을 구하자.

• 옆과 아래의 곡선은 포물선만 말하려는 것이 아니고 편의상 원추곡선을 나타내기 위하여 그린 것이다.

오른쪽 그림에서 원추곡선 위에 임의의 점 P(r, θ)를 잡고 P에서 극축과 준선에 내린 수선의 발을 Q, R, 극축과 준선이 만난 점을 A라 하면 정의에 의하여 이심률(eccentricity) e는

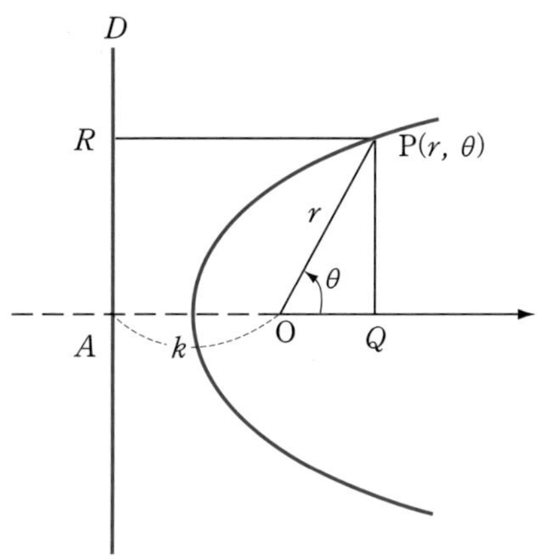

$$\frac{\overline{\mathrm{OP}}}{\overline{\mathrm{RP}}}=e$$

이다. $\overline{\mathrm{OP}}=r$이고, $\overline{\mathrm{AO}}=k$라 하면

$$\overline{\mathrm{RP}}=\overline{\mathrm{AQ}}=\overline{\mathrm{AO}}+\overline{\mathrm{OQ}}=\overline{\mathrm{AO}}+\overline{\mathrm{OP}}\cos\theta=k+r\cos\theta$$

이므로

$$\frac{r}{k+r\cos\theta}=e$$

이것을 r에 대하여 풀면

[1] $$r=\frac{ek}{1-e\cos\theta}$$

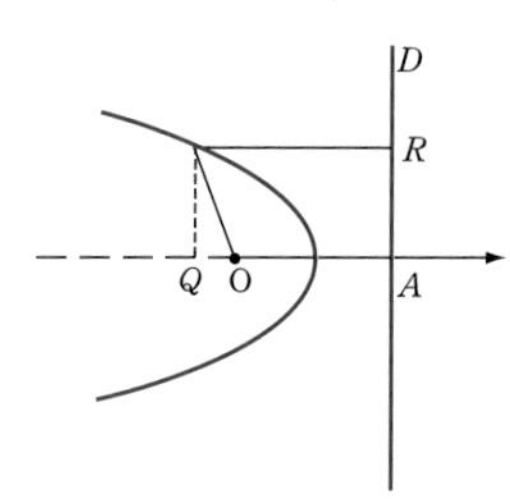

극을 초점, 극의 오른쪽에 극축과 수직인 준선을 갖는 원추곡선의 극방정식은 위와 같은 이치로

[2] $$r=\frac{ek}{1+e\cos\theta}$$

를 얻을 수 있다.

또한, 극을 초점, 극축의 윗쪽에서 극축과 평행인 준선을 갖는 원추곡선의 극방정식을 구하자.

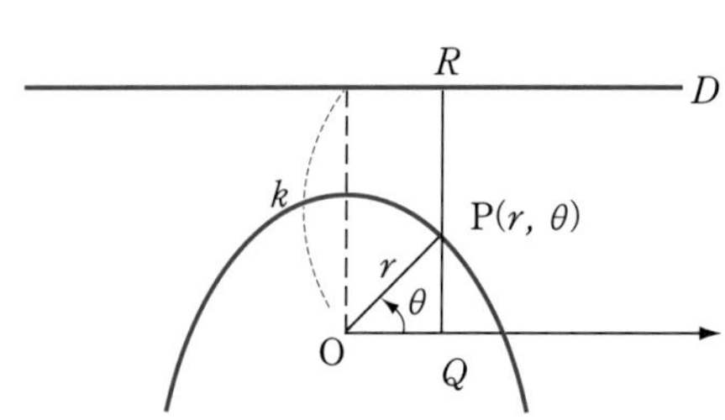

위와 같은 이치로 이심률 e는 오른쪽 그림에서

$$\frac{\overline{\mathrm{OP}}}{\overline{\mathrm{RP}}}=e$$

$\overline{\mathrm{OP}}=r$이고 극에서 준선까지의 거리를 k라 하면

$$\overline{\mathrm{RP}}=k-\overline{\mathrm{PQ}}=k-r\sin\theta$$

이므로
$$\frac{r}{k-r\sin\theta}=e$$

이것을 r에 대하여 풀면

[3] $$r=\frac{ek}{1+e\sin\theta}$$

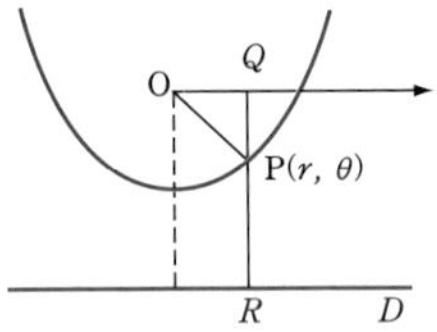

극을 초점, 극축의 아래쪽에 극축과 평행인 준선을 갖는 원추곡선의 극방정식은 위와 같은 이치로

[4] $$r=\frac{ek}{1-e\sin\theta}$$

를 얻을 수 있다.

이 공식 [1], [2], [3], [4]는

$e=1$이면 포물선(parabola),

$0<e<1$이면 타원(ellipse),

$e>1$이면 쌍곡선(hyperbola)이다.

예제 2.11 극방정식 $r=\dfrac{5}{2+2\cos\theta}$의 그래프를 그려라.

풀이 $\cos(-\theta)=\cos\theta$이므로 이 극방정식의 그래프는 극축에 대칭이다. 그리고 분모, 분자를 2로 나누면

$$r=\frac{5/2}{1+\cos\theta}$$

이므로 위 공식 [2]와 비교하면 이심률 $e=1$이다. 즉 이 곡선은 포물선이다.

$\theta=0$일 때 $r=4/3$, 즉 이 포물선의 꼭지점은 $(4/3,\ 0)$,

$\theta=\dfrac{\pi}{2},\ \dfrac{3\pi}{2}$일 때 $r=\dfrac{5}{2}$, 즉

통경의 양끝점은 $\left(\dfrac{5}{2},\ \dfrac{\pi}{2}\right),\ \left(\dfrac{5}{2},\ \dfrac{3\pi}{2}\right)$.

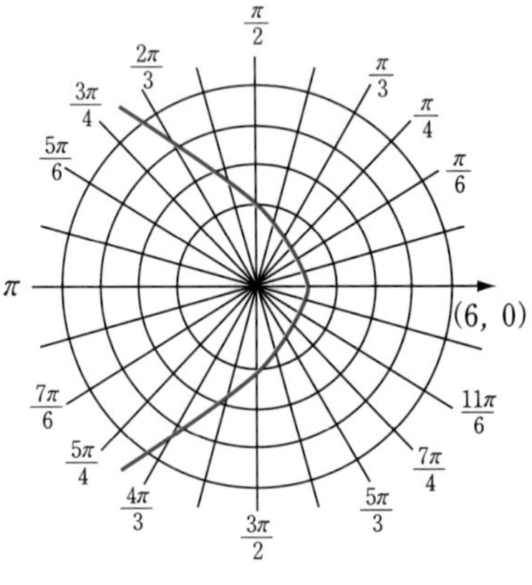

θ	0	$\frac{\pi}{6}$	$\frac{\pi}{4}$	$\frac{\pi}{3}$	$\frac{\pi}{2}$	$\frac{2\pi}{3}$
r	$\frac{5}{4}$	$5\left(2-\sqrt{3}\right)$ ≒1.3	$5/\left(2+\sqrt{2}\right)$ ≒1.5	$\frac{5}{3}$	$\frac{5}{2}$	5

■

예제 2.12 다음과 같은 극방정식의 그래프를 그려라.

(1) $r=\dfrac{6}{2-\cos\theta}$　　　　(2) $r=\dfrac{4}{2+3\sin\theta}$

풀이 (1) $\cos(-\theta)=\cos\theta$이므로 이 극방정식의 그래프는 극축에 대칭이다. 그리고 주어진 식의 분모, 분자를 2로 나누면

$$r=\frac{\frac{1}{2}\cdot 6}{1-\frac{1}{2}\cos\theta}$$

이므로 앞의 공식 [1]과 비교하면 이심률 $e=\frac{1}{2}(0<e<1)$이다. 이 곡선은 타원이다.

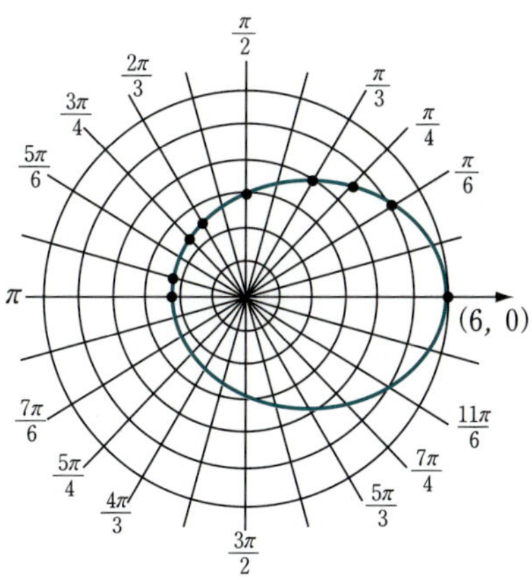

θ	0	$\frac{\pi}{6}$	$\frac{\pi}{4}$	$\frac{\pi}{3}$	$\frac{\pi}{2}$	$\frac{2\pi}{3}$	$\frac{3\pi}{4}$	$\frac{5\pi}{6}$	π	$\frac{3\pi}{2}$
r	6	$12/(4-\sqrt{3})$ ≒5.3	$12/\left(4-\sqrt{2}\right)$ ≒4.7	4	3	$\frac{12}{5}$	$4/\left(4+\sqrt{2}\right)$ ≒2.2	$12\left(4+\sqrt{3}\right)$ ≒2.1	2	3

꼭지점은 (6, 0), (2, π) 그리고 $\left(2,\ \frac{\pi}{3}\right)$, $\left(2,\ \frac{5\pi}{3}\right)$이고, 초점은 (0, 0), (4, 0)인 타원이다.

((1)의 타원에서)

• 극에서 극축에 수직인 직선 $\theta=\frac{\pi}{2}$가 이 타원과 만난 두 점의 극좌표는

$\left(2,\ \frac{\pi}{2}\right)$, $\left(2,\ \frac{3\pi}{2}\right)$

이다. 따라서 이 타원의 통경의 길이는 4이다. 또 장축의 길이는 8, 중심은 (2, 0)인데 이 중심에서 극축에 수직인 직선이 타원과

$\left(4,\ \frac{\pi}{3}\right)$, $\left(4,\ \frac{5\pi}{3}\right)$

에서 만난다.

따라서 단축의 길이는

$2\left(4\cdot\sin\frac{\pi}{3}\right)=4\sqrt{3}$

이다.

(2) $\sin(\pi-\theta)=\sin\theta$이므로 이 극방정식의 그래프는 직선 $\theta=\frac{\pi}{2}$에 대칭이다. 그리고 주어진 식의 분자, 분모를 2로 나누면

$$r=\frac{\frac{1}{2}\cdot 4}{1+\frac{3}{2}\sin\theta}$$

이므로 앞의 공식 [3]과 비교하면 이심률 $e=\frac{3}{2}(e>1)$이다. 즉 이 곡선은 쌍곡선이다.

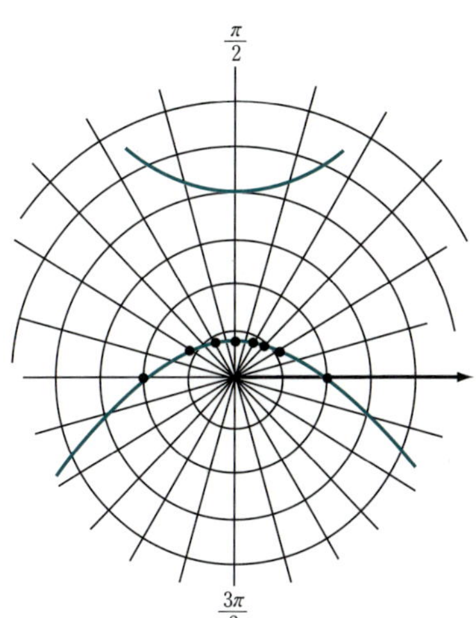

θ	0	$\frac{\pi}{6}$	$\frac{\pi}{4}$	$\frac{\pi}{3}$	$\frac{\pi}{2}$	$\frac{2\pi}{3}$	$\frac{3\pi}{4}$	$\frac{5\pi}{6}$	π	$\frac{3\pi}{2}$
r	2	1.1	1.0	0.9	0.8	0.9	1.0	1.1	2	−4

■

연습문제 11.2

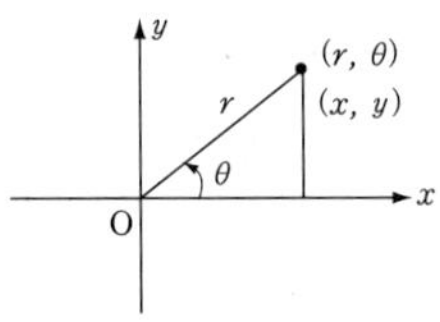

$x = r\cos\theta$

$y = r\sin\theta$

1. 직교좌표계의 다음 곡선을 극방정식으로 나타내어라.

(1) $y = -x$ (2) $x^2 + y^2 - 2ay = 0$

2. 극방정식 $r^2 = a^2\cos 2\theta$를 직교좌표계의 방정식으로 고쳐라.

3. 극좌표로 나타내는 두 점 $\left(2, \frac{5\pi}{12}\right)$, $\left(4, \frac{\pi}{12}\right)$ 사이의 거리를 구하여라.

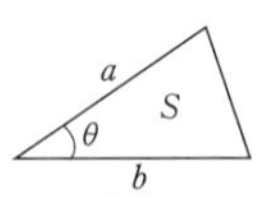

$S = \frac{1}{2}ab\sin\theta$

4. 세 점 $(0, 0)$, $\left(4, \frac{5\pi}{6}\right)$, $\left(5, \frac{\pi}{2}\right)$을 꼭지점으로 하는 삼각형의 넓이를 구하여라.

5. 다음 극방정식의 그래프를 그려라.

(1) $\theta = \frac{\pi}{3}$ (2) $\theta = -\frac{\pi}{3}$ (3) $\theta = 0$

(4) $r = 2$ (5) $r = -2$ (6) $r = 3 + \sin\theta$

(7) $r = 3 - \sin\theta$ (8) $r = 4 + \cos\theta$ (9) $r = 4 - \cos\theta$

(10) $r = 2\cos\theta$ (11) $r = -2\cos\theta$ (12) $r = 4\sin\theta$

(13) $r = -4\sin\theta$

(11) $r = -2\cos\theta$
$r^2 = -2r\cos\theta$
$r^2(\cos^2\theta + \sin^2\theta) = -2r\cos\theta$
$x^2 + y^2 = -2x$
$(x+1)^2 + y^2 = 1$

6. 다음 극방정식의 그래프를 그려라.

(1) $r = 3(1 + \sin\theta)$ (2) $r = 3(1 - \sin\theta)$

(3) $r = 2(1 + \cos\theta)$ (4) $r = 2(1 - \cos\theta)$

(5) $r = a\cos 3\theta$ (6) $r = a\sin 3\theta$

(7) $r = 6 + 3\cos\theta$ (8) $r = 3 + 6\cos\theta$

(9) $r^2 = 25\cos 2\theta$ (10) $r^2 = 9\sin 2\theta$

7. 다음 두 극방정식의 그래프의 교점의 극좌표를 구하여라.

(1) $\begin{cases} r = 6\sin\theta \\ r = 6\cos 2\theta \end{cases}$ (2) $\begin{cases} r = \dfrac{1}{1 + \sin\theta} \\ r\sin\theta = -1 \end{cases}$

(3) $\begin{cases} r^2 = 8\sin 2\theta \\ r = 2\sqrt{2} \end{cases}$ (4) $\begin{cases} r = 4\sin 2\theta \\ r = 4\cos\theta \end{cases}$

#1. 다음 원추곡선을 그리고 초점을 각각 구하여라.

(1) $r = \frac{4}{1 - \cos\theta}$ (2) $r = \frac{16}{4 + 3\cos\theta}$ (3) $r = \frac{8}{3 + 5\cos\theta}$

11.3 매개방정식의 곡선

매개변수 t에 대하여 폐구간 $[a, b]$에서 정의되는 연속함수

$$x = x(t),\quad y = y(t) \quad a \leq t \leq b$$

는 직교좌표평면 위에서 점 $P(t)$ 즉 점 $(x(t), y(t))$이 만드는 곡선이다. 이때 점 $P(a)$를 이 곡선의 시점(initial point), 점 $P(b)$를 이 곡선의 종점(terminal point)이라 한다.

$t_1 \neq t_2$, $t_1, t_2 \in [a, b]$인 t_1, t_2에 대하여 $P(t_1) = P(t_2)$이면 곡선 위에 중복되는 점이 있다는 의미이다.

시점과 종점이 일치하는 곡선을 폐곡선(closed curve)이라 한다.

시점과 종점이 일치하고 그 외는 중복되는 점이 없을 때 이 곡선을 단순폐곡선(simple closed curve)이라 한다.

단순폐곡선

• 함수 f와 g가 같은 정의역을 갖는다. 이때 정의역의 t에 대하여 방정식

$$x = f(t),\ y = g(t)$$

을 모든 점 $(f(t), g(t))$가 이루는 곡선의 매개방정식(parametric equation)이라 한다. 여기서 변수 t를 매개변수(parameter)라 한다.
매개방정식을 매개변수 방정식이라고도 한다.

• θ가 0에서 2π까지 증가하면 점 P는 점 $(r, 0)$를 출발하여 시계바늘반대 방향으로 한 바퀴 돌고 출발점에 이른다. 원은 단순폐곡선이다.

원점 O가 중심이고 반지름의 길이가 r인 원의 매개방정식을 만들자. 매개변수를 θ로 한다.

오른쪽 그림과 같이 원주 위에 임의의 점 $P(x, y)$를 잡았을 때 $\angle POx$를 θ로 하면

$$\frac{x}{r} = \cos\theta,\ \frac{y}{r} = \sin\theta$$

즉 $x = r\cos\theta,\ y = r\sin\theta$

와 같은 원의 매개방정식을 얻는다.

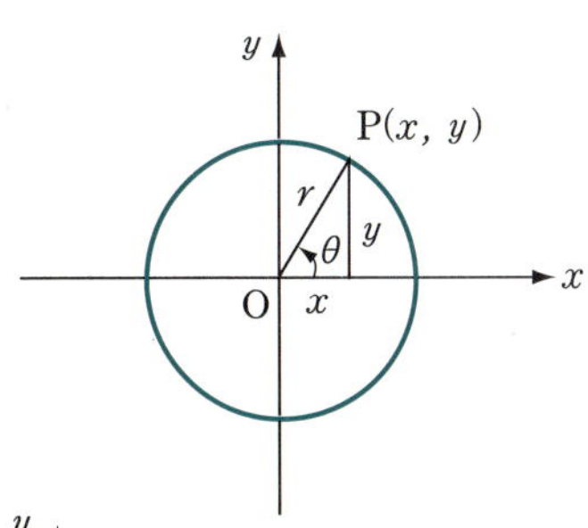

중심이 $C(h, k)$이고 반지름의 길이가 r인 원의 매개방정식은 매개변수를 θ로 할 때, 오른쪽 아래 그림에서 원주 위의 임의의 점 $P(x, y)$에 대하여

$$x - h = r\cos\theta$$
$$y - k = r\sin\theta$$

즉, $x = h + r\cos\theta,$

$y = k + r\sin\theta.$

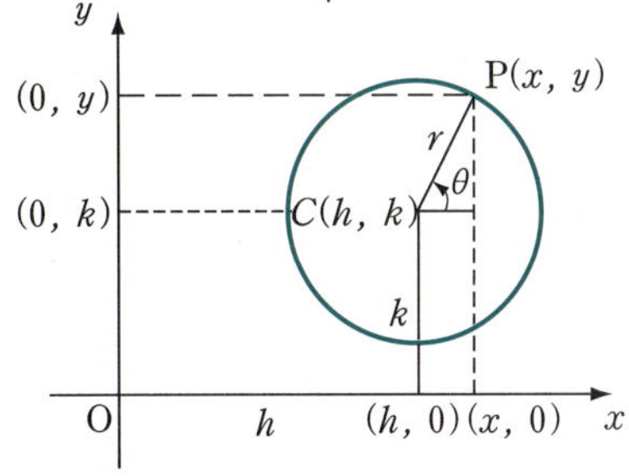

예제 3.1 다음 매개방정식의 그래프를 그려라.

$$x = \cos^2\theta,\ y = 4\sin\theta$$

• 포물선 $y^2 = 4px\,(p \neq 0)$ 의 초점은

$$(p,\ 0)$$

준선의 방정식은

$$x = -p$$

이다.

풀이
$$\begin{cases} x = \cos^2\theta & \cdots ① \\ y = 4\sin\theta & \cdots ② \end{cases}$$

①, ②에서 θ를 소거하기 위하여 ②의 양변을 제곱하면

$$y^2 = 16\sin^2\theta,\ \frac{y^2}{16} = \sin^2\theta \qquad \cdots ③$$

①과 ③을 변끼리 더하면

$$x + \frac{y^2}{16} = \cos^2\theta + \sin^2\theta = 1$$

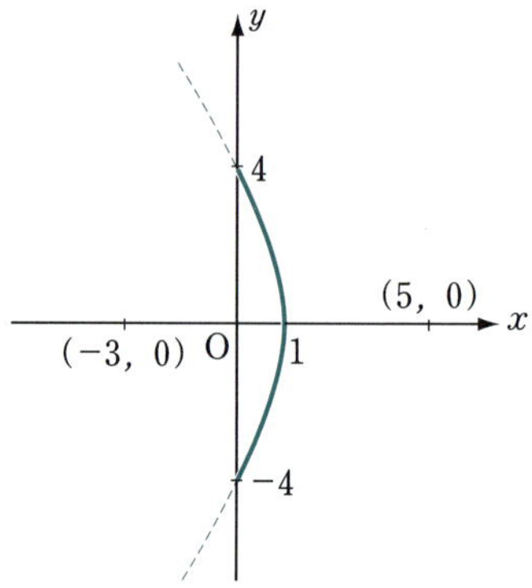

• $-1 \leq \sin\theta \leq 1$
$-4 \leq 4\sin\theta \leq 4$
$\therefore -4 \leq y \leq 4$

즉, $\qquad y^2 = -16(x-1)$

①에서 $0 \leq \cos^2\theta \leq 1$이므로 $0 \leq x \leq 1$,

이 매개방정식의 곡선은 초점이 $(-3,\ 0)$, 준선이 $x = 5$인 포물선에서 $0 \leq x \leq 1$인 부분이다. ■

예제 3.2 직선 위에서 반지름의 길이가 a인 원을 굴릴 때 원의 한 고정점이 그리는 곡선을 나타내는 매개방정식을 작성하여라.

• 반지름 r, 중심각 크기가 θ인 부채꼴에서

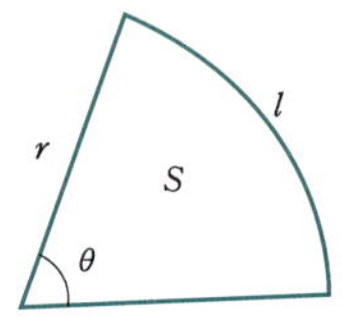

$l = r\theta$

$S = \frac{1}{2}r^2\theta = \frac{1}{2}rl$

풀이 좌표평면 위에서 반지름의 길이가 a인 원의 한 고정점이 원점 O와 일치하고 이 원이 x축 위를 굴러 움직인다고 하자.

오른쪽 그림에서 점 $\mathrm{P}(x,\ y)$와 원의 중심 C를 이은 반지름이 수직선과 이룬 각의 크기를 θ라 하면

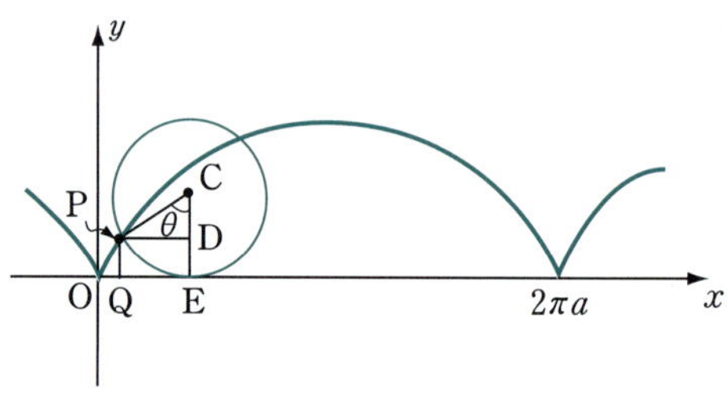

$$\overline{\mathrm{OE}} = \text{호 } \mathrm{PE} = a\theta$$

$$x = \overline{\mathrm{OQ}} = \overline{\mathrm{OE}} - \overline{\mathrm{QE}} = \overline{\mathrm{OE}} - \overline{\mathrm{PD}} = a\theta - \overline{\mathrm{PC}}\sin\theta = a\theta - a\sin\theta$$
$$y = \overline{\mathrm{PQ}} = \overline{\mathrm{DE}} = \overline{\mathrm{CE}} - \overline{\mathrm{CD}} = a - \overline{\mathrm{PC}}\cos\theta = a - a\cos\theta$$

즉, $\qquad x = a(\theta - \sin\theta),\ y = a(1 - \cos\theta)$ ■

이 예제 3.2의 곡선을 사이클로이드(cycloid) 또는 굴렁쇠선이라 한다.

예제 3.3 곡선 $x^{\frac{2}{3}}+y^{\frac{2}{3}}=a^{\frac{2}{3}}(a>0)$가 있다.

(1) 매개변수를 θ로 하여 이 곡선의 매개방정식을 만들어라.

(2) 이 곡선 위의 임의의 점에서의 곡선의 접선이 x축과 y축에 의하여 잘린 선분이 길이는 일정함을 밝혀라.

(2) 직선이 y축과 만난 점의 y좌표는 $x=0$일 때 y의 값이다.
$x=0$일 때
$y-a\cos^3\theta_1$
$=-\tan\theta_1(0-a\sin^3\theta)$
$y=a\cos^3\theta_1$
$+a\cdot\dfrac{\sin\theta_1}{\cos\theta_1}\cdot\sin^3\theta$

풀이 (1) $x^{\frac{2}{3}}+y^{\frac{2}{3}}=a^{\frac{2}{3}}$에서 $x^{\frac{2}{3}}=a^{\frac{2}{3}}-y^{\frac{2}{3}}=a^{\frac{2}{3}}\left\{1-\left(\dfrac{y}{a}\right)^{\frac{2}{3}}\right\}$

$\left(\dfrac{y}{a}\right)^{\frac{2}{3}}=\sin^2\theta$로 놓으면 $\dfrac{y}{a}=\sin^3\theta$ $\therefore\ y=a\sin^3\theta$

$\therefore\ x^{\frac{2}{3}}=a^{\frac{2}{3}}(1-\sin^2\theta)=a^{\frac{2}{3}}\cos^2\theta$

따라서 구하는 매개방정식은 $x=a\cos^3\theta,\ y=a\sin^3\theta$

(2) $\theta=\theta_1$일 때 $x_1=a\cos^3\theta_1,\ y_1=a\sin^3\theta_1$이라 하고 점 $(x_1,\ y_1)$에서의 접선의 기울기는

$$\left[\frac{dy}{dx}\right]_{\theta=\theta_1}=\left[\frac{dy}{dt}\Big/\frac{dx}{dt}\right]_{\theta=\theta_1}$$

$$=\frac{3a\sin^2\theta_1\cdot\cos\theta_1}{-3a\cos^2\theta_1\cdot\sin\theta_1}=-\tan\theta_1$$

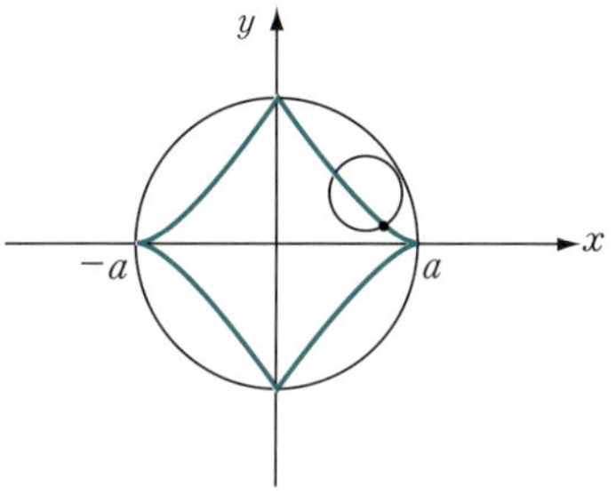

접선의 방정식은

$$y-a\sin^3\theta_1=-\tan\theta_1(x-a\cos^3\theta_1)$$

$x=0$일 때 $y=a\sin\theta_1$, $y=0$일 때 $x=a\cos\theta_1$이므로 문제의 선분의 길이는 $\sqrt{(a\cos\theta_1)^2+(a\sin\theta_1)^2}=a$로 일정하다. ■

• 반지름이 $\frac{1}{4}a$인 원을 반지름이 a인 원의 내부에서 굴릴 때, 작은 원의 한 고정점이 그리는 곡선을 하이포사이클로이드(hypocycloid of four cusps), 또는 안쪽 굴렁쇠선이라 한다.

연습문제 11.3

1. 다음 매개방정식의 그래프를 그려라.

(1) $x=t+1,\ y=t^2-1$

(2) $x=-1+2\cos\theta,\ y=2+2\sin\theta$

(3) $x=2\sec^2\theta,\ y=2\tan^2\theta$

(4) $x=8t/(1+t^2),\ y=8t^2(1+t^2)$

2. 반지름이 a인 원에 감긴 실을 (x축 위의) 한 끝점을 팽팽히 잡아당기며 실을 풀어갈 때 그 끝점이 그리는 곡선의 매개방정식을 구하여라.

• 2번에서 그린 곡선을 신개선(involute)이라 한다.

3. 사이클로이드 $x=a(\theta-\sin\theta),\ y=a(1-\cos\theta)$에서 $\theta=0,\ \theta=\dfrac{\pi}{2},\ \theta=\pi$에 대응하는 점의 좌표와 이 점에서 곡선에 그은 접선의 방정식을 구하여라.

두 곡선의 교각

극방정식 $r=f(\theta)$ $\cdots$ ①

은 오른쪽 그림과 같이 점 $\mathrm{P}(r,\ \theta)$에서의 접선이 극축과 이루는 각을 α라 하면 점 P에서의 이 곡선의 접선의 기울기는

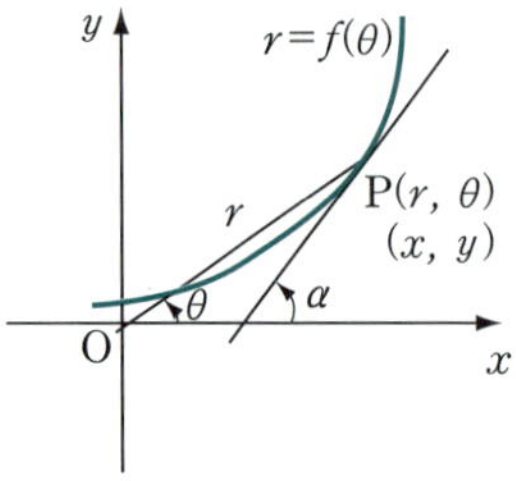

$$\tan\alpha$$

이다. $x=r\cos\theta,\ y=r\sin\theta$

을 각각 θ에 대하여 미분하면

$$\frac{dx}{d\theta}=\frac{dr}{d\theta}\cdot\cos\theta+r\cdot\frac{d}{d\theta}\cos\theta$$

$$=\frac{dr}{d\theta}\cos\theta-r\sin\theta$$

$$\frac{dy}{d\theta}=\frac{dr}{d\theta}\sin\theta+r\cdot\frac{d}{d\theta}\sin\theta$$

$$=\frac{dr}{d\theta}\sin\theta+r\cos\theta$$

$$\therefore \tan\alpha=\frac{dy}{dx}=\frac{dy}{d\theta}\Big/\frac{dx}{d\theta}\left(\frac{dx}{d\theta}\neq 0\right)$$

$$=\frac{\dfrac{dr}{d\theta}\sin\theta+r\cos\theta}{\dfrac{dr}{d\theta}\cos\theta-r\sin\theta} \quad \cdots ②$$

그리고 $\dfrac{dr}{d\theta}\neq 0,\ \cos\theta\neq 0$이면 $\dfrac{dr}{d\theta}\cos\theta$로 분자, 분모를 나누면

$$\tan\alpha=\frac{\tan\theta+\dfrac{r}{dr/d\theta}}{1-\dfrac{r}{dr/d\theta}\tan\theta} \quad \cdots ③$$

예제 1. 곡선 $r=4\sin\theta$ 위의 점 $\left(2\sqrt{2},\ \dfrac{\pi}{3}\right)$에서 이 곡선의 접선의 기울기를 구하여라.

풀이 $r=2\sqrt{3},\ \theta=\dfrac{\pi}{3},\ \dfrac{dr}{d\theta}=4\cos\theta$

$[dr/d\theta]_{\theta=\frac{\pi}{3}}=4\cos\dfrac{\pi}{3}=2$이므로 ②에서

$$\tan\alpha=\frac{2\sin\dfrac{\pi}{3}+2\sqrt{3}\cos\dfrac{\pi}{3}}{2\cdot\cos\dfrac{\pi}{3}-2\sqrt{3}\sin\dfrac{\pi}{3}}=-\sqrt{3}$$

■

오른쪽 그림에서 두 곡선 C_1, C_2 이 점 P에서 만나고 C_1의 접선 l_1과 C_2의 접선 l_2가 이룬각 ψ를 C_1, C_2의 교각이라 한다. 그림에서

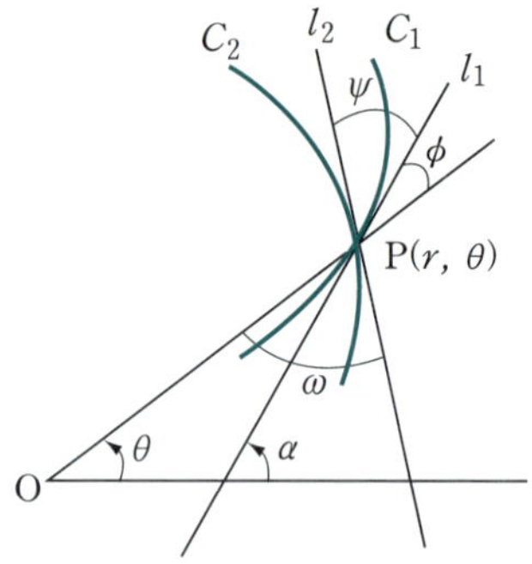

$$\phi=\alpha-\theta$$

$$\tan\phi=\tan(\alpha-\theta)=\frac{\tan\alpha-\tan\theta}{1+\tan\alpha\tan\theta} \quad \cdots ④$$

③을 ④에 대입하여 정리하면

$$\tan\phi=r\Big/\frac{dr}{d\theta} \quad \cdots ⑤$$

$\tan\omega$도 ⑤와 같이 구할 수 있다. 따라서

$$\tan\psi=\tan|\omega-\phi|$$

를 계산하여 교각 ψ를 구한다.

예제 2. 두 곡선 $r=3\cos\theta,\ r=1+\cos\theta$의 교점 $(3/2,\ \pi/3)$에서의 교각은

$$\tan\phi=r\Big/\frac{dr}{d\theta}=\frac{3\cos\theta}{-3\sin\theta}=\frac{3\cos\dfrac{\pi}{3}}{-3\sin\dfrac{\pi}{3}}=-\frac{1}{\sqrt{3}}$$

$$\tan\omega=r\Big/\frac{dr}{d\theta}=\frac{1+\cos\theta}{-\sin\theta}=\frac{1+\cos\dfrac{\pi}{3}}{-\sin\dfrac{\pi}{3}}=-\sqrt{3}$$

$$\tan\psi=\tan|\omega-\phi|=\left|\frac{\tan\omega-\tan\phi}{1+\tan\omega\tan\phi}\right|$$

$$=\left|\frac{-\sqrt{3}-(-1/\sqrt{3})}{1+(-\sqrt{3})\cdot(-1/\sqrt{3})}\right|=\frac{1}{\sqrt{3}}\quad\therefore\ \psi=\frac{\pi}{6}$$

■

12 다변수함수

多變數函數, Functions of Several Variables

라그랑주(Joseph Louis Lagrange : 1736-1813)

이탈리아 투린(Turin)에서 태어났다.

프랑스와 이탈리아의 가문이다. 그래서 그는 이탈리아-프랑스 수학자(Italian-French mathematician)라 한다.

그는 수학자로 일찍부터 능력을 인정받았다. 19살이 되기도 전에 Turin Artillery School의 교수로 내정된 일도 있다.

1776년에는 베르린의 왕립아카데미 과학원의 원장을 오일러(Euler) 다음으로 맡기도 했다.

1766년에는 당시 유명한 파리아카데미로 옮겼다. 그리고 프랑스 시민이 되어 여생을 프랑스에서 보냈다.

그의 재능을 나폴레옹(Napoleon)이 감탄하였으니 당시 라그랑주는 아주 명예로운 삶을 살았다.

모든 자연수는 4개의 정수의 제곱의 합으로 나타낼 수 있다는 정리를 라그랑주 정리1(Lagranges Theorem 1)이라 한다.

라그랑주의 정리 1에 해당하는 예를 몇 개 들어보면 오른쪽과 같다.

$$1 = 1^2 + 0^2 + 0^2 + 0^2$$
$$2 = 1^2 + 1^2 + 0^2 + 0^2$$
$$7 = 1^2 + 1^2 + 1^2 + 2^2$$
$$\vdots$$
$$\vdots$$
$$23 = 1^2 + 2^2 + 3^2 + 3^2$$
$$59 = 0^2 + 1^2 + 3^2 + 7^2$$
$$= 3^2 + 3^2 + 4^2 + 5^2$$
$$\vdots$$

그밖에도 미적분학, 미분방정식 등에 많은 업적을 남겼다.

확률론과 방정식이론을 포함하여 순수 수학 분야에 업적을 남겼다.

그는 물리학에서 파동이론(wave theory), 전파(propagation), 유체역학(hydrodynamics) 등을 깊이 연구하였고 천문학(astronomy)에도 중요한 업적을 남겼다고 한다.

가장 알맞는 최적의 결과를 요구하는 문제와 마주치게 되는 경우가 우리 주변에는 널려 있다.

이러한 문제에서 만들어 세운 한 방정식을 최대화하거나 최소화할 필요가 있게 된다.

한 컴퓨터 생산자가 연구와 새로운 개발에 비용을 투자하여 생산한 컴퓨터를 판매하고 났을 때 최대의 이익을 추구할 것이다.

이것이 생산자의 가장 큰 요구사항이다.

그러면 이때 연구와 개발에 드는 비용뿐만 아니라 생산시설 운영에 있어 비용이 최소화되어야 할 것이다.

이렇게 문제를 가장 적합하게, 문제의 최적화에 관심을 모아야 하지 않겠는가.

이러한 문제를 해결하는데 수학자 라그랑즈의 공헌이 크다.

이렇게 수학자와 수학은 우리의 해결할 문제와 함께 바로 우리 곁에 있다.

12.1 다변수함수

실수의 각 순서쌍 (x, y)으로부터 하나의 실수 z가 얻어지는 함수 f를

$$z = f(x, y)$$

로 나타내고 이 f를 두 변수의 함수 즉 이변수함수(function of two variables)라 한다.

- $D = \{(x, y) | x, y \text{는 실수}\}$
  $R = \{z | z \text{는 실수}\}$
  $f : D \to R$
  $f : (x, y) \to z$

이때, 변수 x, y를 독립변수(independent variables), z를 종속변수(dependent variable)라 한다.

$f(x, y)$가 존재하는 모든 실수의 순서쌍 (x, y)의 집합이 정의역(domain)이고 $f(x, y)$의 모든 값의 집합은 치역(range)이다.

- (x, y, z)을 세 수의 순서쌍(ordered triple) 또는 3중 순서쌍이라 함

같은 이치로 세 개의 독립변수 x, y, z의 함수 g를 정의할 수 있다. 세 수의 순서쌍 (x, y, z)로부터 하나의 실수 w가 얻어지는 함수 g를

$$w = g(x, y, z)$$

로 나타내고 이 g를 세 변수의 함수 즉 삼변수함수(function of three variables)라 한다.

- $w = g(x, y, z)$에서 집합 $\{x, y, z) | x, y, z \text{는 실수}\}$은 정의역
  집합 $\{w | w \text{는 실수}\}$는 치역이다.

예제 1.1 $f(x, y) = x^2 - 3xy - 2y^2$에 대한 다음 값을 구하여라.

(1) $f(-1, 2)$　　(2) $f(3, -4)$

풀이 (1) $f(-1, 2) = (-1)^2 - 3(-1) \cdot 2 - 2 \cdot 2^2 = 1 + 6 - 8 = -1$

(2) $f(3, -4) = 3^2 - 3 \cdot 3 \cdot (-4) - 2 \cdot (-4)^2 = 9 + 36 - 32 = 13$ ■

예제 1.2 $f(x, y, z) = x^2 y - 2xyz - 3z^3$에 대한 다음 값을 구하여라.

(1) $f(-2, 3, -1)$　　(2) $f\left(2\sqrt{2}, 1, -\sqrt{2}\right)$

풀이 (1) $f(-2, 3, -1) = (-2)^2 \cdot 3 - 2 \cdot (-2) \cdot 3 \cdot (-1) - 3(-1)^3$
$= 12 - 12 + 3 = 3$

(2) $f\left(2\sqrt{2}, 1, -\sqrt{2}\right) = \left(2\sqrt{2}\right)^2 \cdot 1 - 2 \cdot 2\sqrt{2} \cdot 1 \cdot (-\sqrt{2}) - 3 \cdot \left(-\sqrt{2}\right)^3$
$= 8 + 8 - 6\sqrt{2}$
$= 16 - 6\sqrt{2}$ ■

• $(x_1, x_2, \cdots, x_n)$을 n개 수의 순서쌍(ordered n-tuple) 또는 n중 순서쌍이라 한다.

일반적으로 n개의 독립적으로 변하는 수 $x_1, x_2, \cdots, x_n$에 대하여 n개의 수의 순서쌍 $(x_1, x_2, \cdots, x_n)$의 각각에 단 하나의 실수 y가 대응되는 함수 f를

$$y = f(x_1, x_2, \cdots, x_n)$$

으로 나타내고 n 변수함수라 한다.

두 개 이상의 독립변수를 갖는 함수를 통틀어 다변수함수(function of several variables)라 한다.

예제 1.3 다음과 같은 이변수함수의 정의역을 각각 구하여라.

(1) $f(x, y) = \dfrac{x}{x+y}$ (2) $g(x, y) = \dfrac{x-y}{xy}$ (3) $h(x, y) = \sqrt{x-2y}$

풀이 (1) $x + y \neq 0$이어야 한다. 따라서 정의역은 $y \neq -x$인 모든 점의 집합이다. 즉,

$$\{(x, y) | y \neq -x,\ x,\ y\text{는 실수}\}$$

(2) $xy \neq 0$이어야 한다. $x \neq 0,\ y \neq 0$이어야 하므로 정의역은 x축과 y축 위의 점을 제외한 모든 점의 집합이다. 즉,

$$\{(x, y) | x \neq 0,\ y \neq 0,\ x,\ y\text{는 실수}\}$$

• $\sqrt{(\ )} \Rightarrow (\ ) \geq 0$

(3) $x - 2y \geq 0,\ y \leq \dfrac{1}{2}x$. 그러므로 정의역은 직선 $y = \dfrac{1}{2}x$ 및 이 직선 아래쪽의 모든 점의 집합이다. 즉,

$$\{(x, y) | x - 2y \geq 0,\ x,\ y\text{는 실수}\}$$ ■

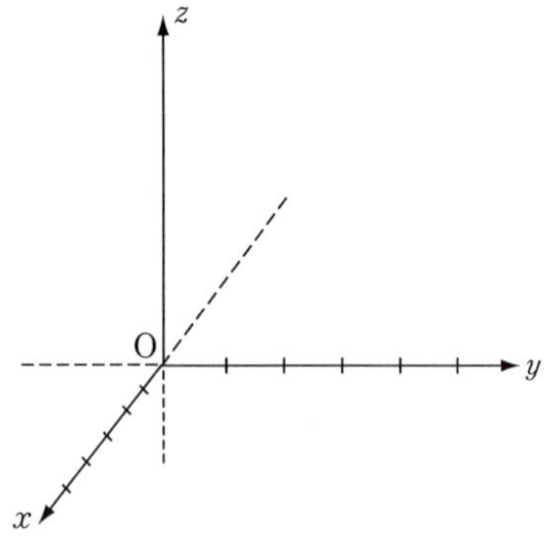

세 직선 Ox, Oy, Oz가 오른쪽 그림과 같이 각각 수직으로 만난다.

이 세 직선을 각각 x축(x-axis), y축(y-axis), z축(z-axis)이라 하고 이와 같은 좌표계를 3차원직교좌표계(three-dimensional rectangular coordinate system)라 한다.

점 O를 원점으로 하고, x축과 y축으로 된 평면을 xy평면(xy-plane), y축과 z축으로 된 평면을 yz평면(yz-plane), xz축으로 된 평면을 xz평면(xz-plane)이라 한다.

3차원직교좌표계에서 점 P의 좌표를 어떻게 나타내는지 살펴보자.

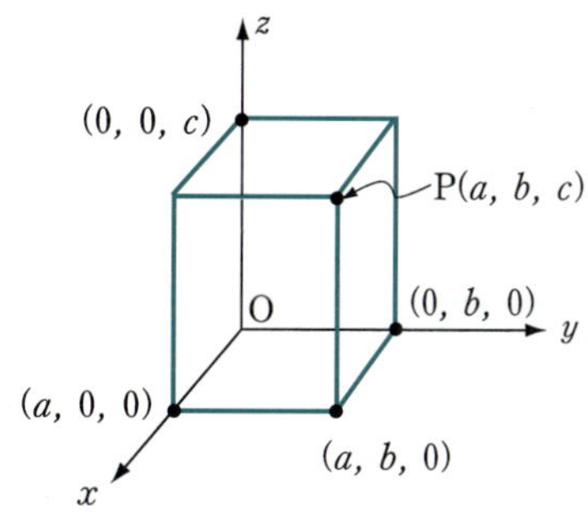

점 P가 yz 평면에서 떨어져 있는 거리를 x좌표(x-coordinate), xz 평면에서 떨어져 있는 거리를 y좌표(y-coordinate), xy 평면에서 떨어져 있는 거리를 z좌표(z-coordinate)라 한다. 여기서의 거리는 각 평면과 떨어져 있는 정도, 즉 양의 부호와 음의 부호를 갖는다는 의미를 포함한다. 점 P의 x좌표, y좌표, z좌표가 차례로 a, b, c일 때, 3차원직교좌표계에서 세 수의 순서쌍(ordered triple)

$$(a, b, c)$$

와 같이 나타낸다. 이것을 공간좌표(space coordinate)라 한다.

• xy 평면, yz 평면, xz 평면으로 공간은 8개의 영역으로 나누어진다.
이것을 8분공간(octant)이라 한다.
x, y, z 좌표가 모두 양인 점은 제1팔분공간(first octant)에 속한다.
각 팔분공간에 있는 점의 x, y, z 좌표의 부호를 조사하면 아래 표와 같다.

팔분공간	x	y	z
Ⅰ	+	+	+
Ⅱ	−	+	+
Ⅲ	−	−	+
Ⅳ	+	−	+
Ⅴ	+	+	−
Ⅵ	−	+	−
Ⅶ	−	−	−
Ⅷ	+	−	−

예제 1.4 오른쪽 그림은 다음과 같은 점을 좌표공간에 나타낸 것이다.

(1, 1, 1), (6, 4, 3)
(−5, 2, 2)
(−4, −3, 2)
(3, −2, 4)
(2, 5, −3)
(−5, 2, −2)
(−4, −3, −2)
(4, −3, −1) ■

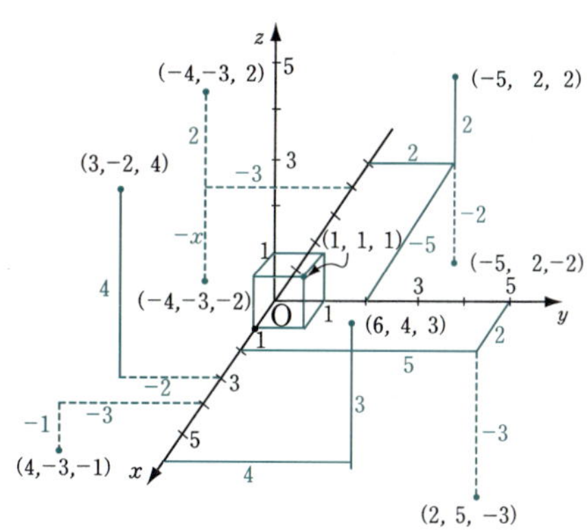

좌표공간에서 두 점 $P_1(x_1, y_1, z_1)$과 $P_2(x_2, y_2, z_2)$ 사이의 거리 d는

$$d = \overline{P_1P_2} = \sqrt{(x_2 - x_1)^2 + (y_2 - y_1)^2 + (z_2 - z_1)^2}$$

이다.

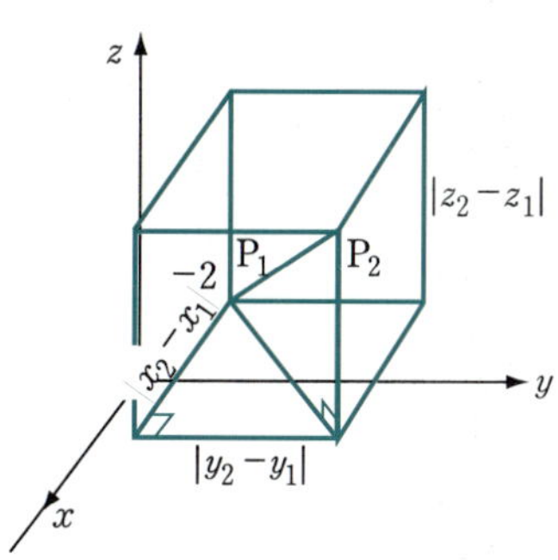

예제 1.5 두 점 (−3, 2, −4), (−4, 3, 1) 사이의 거리 d는

$d = \sqrt{\{-4-(-3)\}^2 + (3-2)^2 + \{1-(-4)\}^2} = \sqrt{27} = 3\sqrt{3}$ 이다. ■

• 3차원공간에서 방정식의 그래프는 방정식을 만족하는 모든 점 (x, y, z)의 집합이다.

• 3차원공간에서 방정식의 그래프는 곡면(surface)를 이룬다.

• 좌표공간에서 방정식 $z=0$의 그래프는 xy평면, $y=0$의 그래프는 xz평면, $x=0$의 그래프는 yz평면이다.

좌표공간에서 방정식, 함수의 그래프에 대하여 알아본다.

x, y, z에 대한 일차방정식(first-degree equation) $ax+by+cz=d$의 그래프는 평면(plane)이다. (a, b, c는 모두 0이 아니다.)

예제 1.6 좌표공간에서 다음과 같은 방정식의 그래프를 그려라.

(1) $x=2$ (2) $y=4$ (3) $z=3$

풀이 (1) $x=2$의 그래프는 x축에 수직이고 yz평면에서 x축의 양의 방향으로 2만큼 떨어져 있는 평면이다.

(2) $y=4$의 그래프는 y축에 수직이고 xz평면에서 y축의 양의 방향으로 4만큼 떨어져 있는 평면이다.

(3) $z=3$의 그래프는 z축에 수직이고 xy평면에서 z축의 양의 방향으로 3만큼 떨어져 있는 평면이다. ■

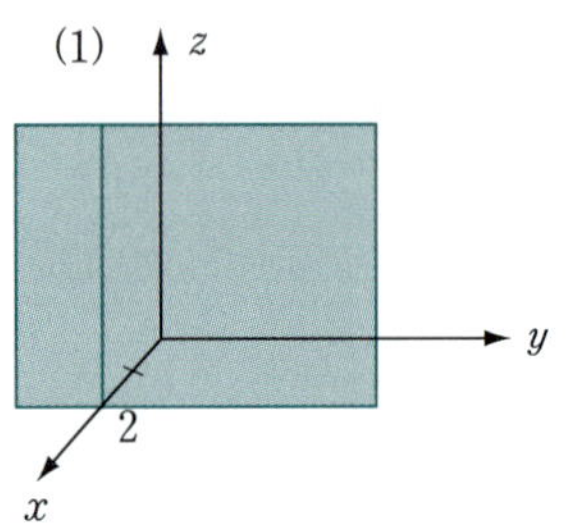

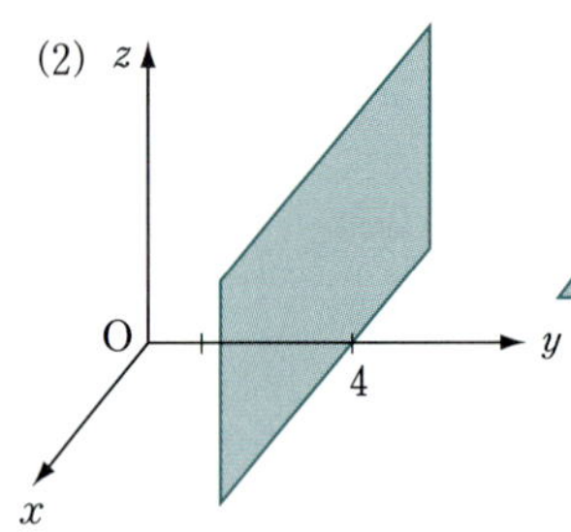

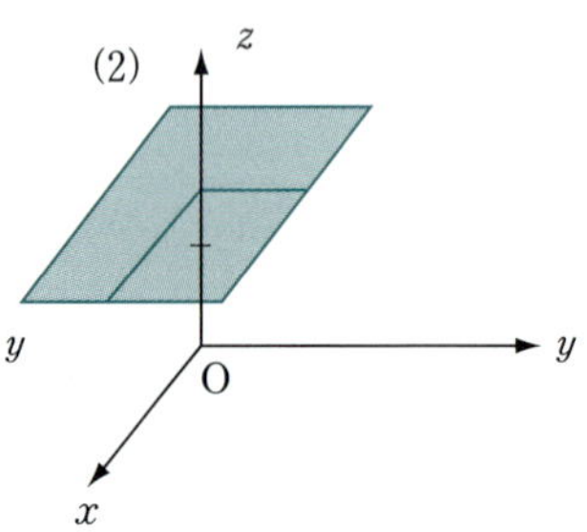

예제 1.7 다음과 같은 평면을 좌표공간에 그려라.

(1) $3x+2z=6$ (2) $z=f(x, y)=4-x-y$

풀이 (1) xz평면에서 직선을 나타내고, 이 직선을 지나 y축에 평행한 평면이다. 이 평면 위의 임의의 한 점 (x, y, z)는 같은 x, z 좌표를 갖는 xz평면의 직선 위의 점 $(x, 0, z)$을 y축과 평행하게 이동시킨 것이다.

(2) $y=0$, $z=0$을 대입하면 $x=4$, 즉 이 평면은 x축과 $x=4$에서 만나고 그리고 $x=0$, $z=0$을 대입하면 $y=4$, 또 $x=0$, $y=0$을 대입하면 $z=4$이므로 이 평면은 y축, z축과도 4에서 만나는 평면이다. ■

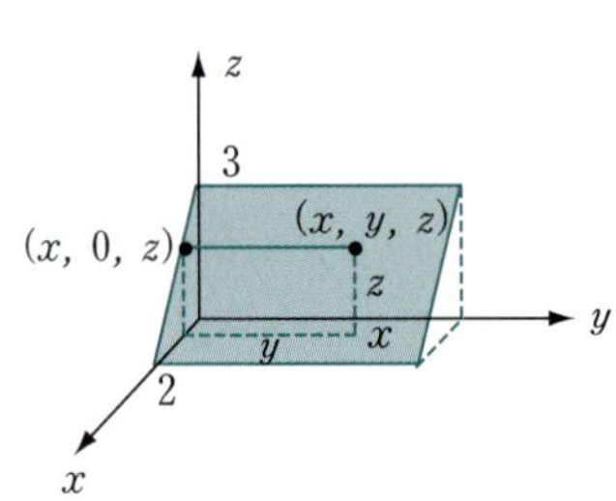

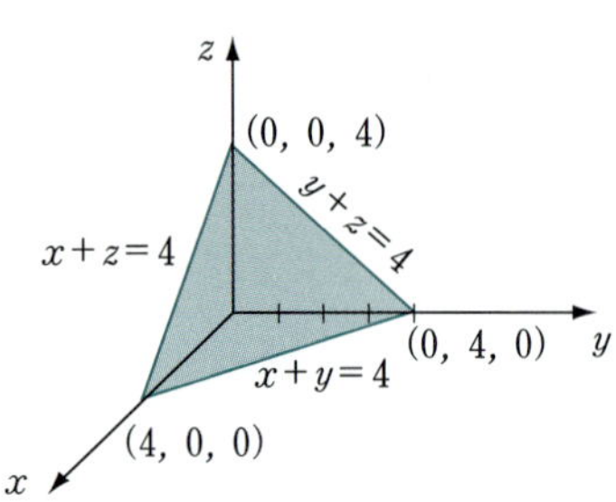

중심이 (x_1, y_1, z_1)이고 반지름의 길이가 r인 구면(sphere)의 방정식은 다음과 같다.

$$(x-x_1)^2+(y-y_1)^2+(z-z_1)^2=r^2$$

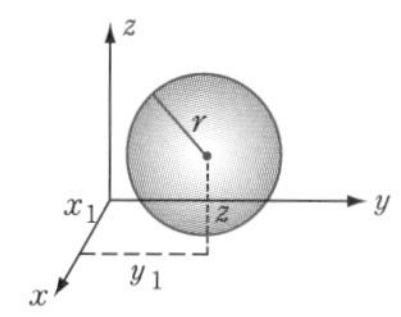

$(x-x_1)^2+(y-y_1)^2+(z-z_1)^2=r^2$

예제 1.8 방정식 $x^2-6x+y^2+6y+z^2-8z+30=0$의 그래프를 그려라.

풀이 주어진 방정식을 변형하자.

$$x^2-6x+y^2+6y+z^2-8z=-30$$

$$x^2-6x+9+y^2+6y+9+z^2-8z+16=-30+9+9+16$$

$(x-3)^2+(y+3)^2+(z-4)^2=4$

이것은 중심이 (3, −3, 4)이고 반지름의 길이가 2인 구면을 나타낸다.

따라서 주어진 방정식의 그래프는 구면으로 오른쪽 그림과 같다. ■

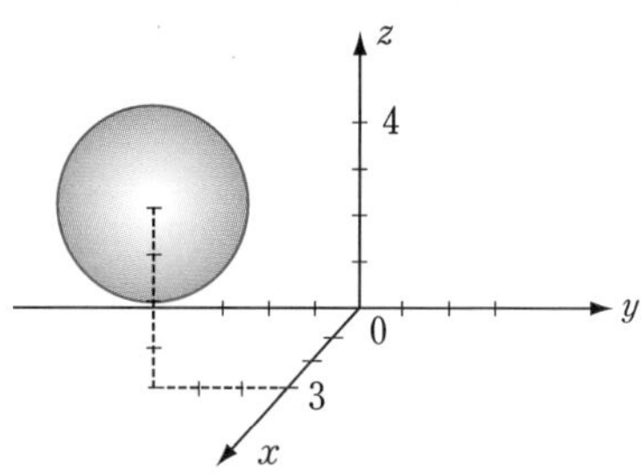

예제 1.9 이변수함수 $z=f(x, y)=x^2+y^2$의 그래프를 그려라.

풀이 xy평면과 이 이변수함수가 나타내는 곡면이 만난 도형은 $z=0$일 때이다. 즉 $x^2+y^2=0$일 때이므로 $x=0$, $y=0$ 그러므로 이 곡면은 xy평면과 원점에서 만난다.

xz평면과 이 곡면이 만난 도형은 $y=0$일 때이므로 xz평면에서 $z=x^2$인 포물선이다. yz평면과 이 곡면이 만난 도형은 $x=0$일 때 yz평면에서 $z=y^2$인 포물선이다.

평면 $z=4$와 이 곡면이 만난 도형은 평면 $z=4$ 위에서

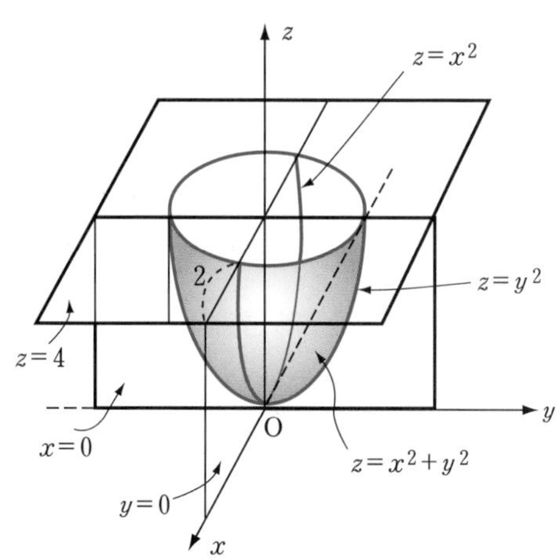

$$x^2+y^2=4$$

인 원이다. z의 값이 작아질수록 이 곡면은 원점에 가까워짐을 알 수 있다. 구하는 곡면은 xz평면에서의 $z=x^2$, 또는 yz평면에서의 $z=y^2$인 포물선을 z축 주위로 회전하여 생긴 곡면이다. ■

• 예제 1.9의 이변수함수 $z=x^2+y^2$ 이 나타내는 곡면을 포물면(paraboloid)이라 한다.

• 왼쪽 그림에서 포물면 $z=x^2+y^2$ 이 평면 $z=4$까지의 도형이 아니고 그 위로 연장되는 곡면이다.

연습문제 12.1

• $f(-1,\ 2)$는 $x=-1$, $y=2$이다.

1. $f(x,\ y)=3x-4y+1$일 때, 다음 값을 구하여라.

(1) $f(-1,\ 2)$ (2) $f(0,\ 4)$ (3) $f(-3,\ -2)$ (4) $f(2,\ 0)$

2. $g(x,\ y)=-x^2+xy+y^3$일 때, 다음 값을 구하여라.

(1) $g(0,\ -2)$ (2) $g(-3,\ 0)$ (3) $g(1,\ 2)$ (4) $g(-2,\ -1)$

3. $h(x,\ y)=\dfrac{xy}{x-y}$일 때, 다음을 구하여라.

(1) $h(0,\ -1)$ (2) $h(-2,\ 2)$ (3) $h(1,\ 2)$

(4) $h(-3,\ -6)$ (5) $h(x,\ y)$의 정의역

• 두 점 $(x_1,\ y_1,\ z_1)$, $(x_2,\ y_2,\ z_2)$ 사이의 거리 d는
$d=\sqrt{(x_2-x_1)^2+(y_2-y_1)^2+(z_2-z_1)^2}$

4. 다음 두 점 사이의 거리를 구하여라.

(1) (4, 2, 1), (3, 1, 0) (2) (1, 3, 5), (3, 9, 7)

(3) (−1, 3, −4), (3, −2, −3) (4) (−5, 3, −8), (−2, −3, −6)

• 5번의 그래프는 예제 1.7-(2)를 참조한다.

5. 다음 평면의 제1팔분 공간에 위치한 부분을 그려라.

(1) $x+y+z=5$ (2) $x+y+z=10$ (3) $2x+3y+4z=12$

(4) $12x+2y+z=24$ (5) $x+y=6$ (6) $y+z=3$

(7) $x=3$ (8) $y=2$ (9) $z=4$

• 중심이 원점이고 반지름이 r인 구면의 방정식은 $x^2+y^2+z^2=r^2$

6. 다음과 같은 구면의 방정식을 구하여라.

(1) 중심이 (−1, −2, 3)이고 반지름이 3 (2) 중심이 (1, 0, −3)이고 반지름이 5

(3) 중심이 (0, 0, 2)이고 반지름이 4 (4) 중심이 (0, 0, 0)이고 반지름이 2

7. 다음과 같은 구면의 중심과 반지름을 구하여라.

(1) $x^2+6x+y^2-2y+z^2-10z=-8$ (2) $x^2+y^2+z^2-4x+8z=5$

(3) $x^2+y^2+z^2+4x-2y-6z=22$

8. 좌표공간에서 다음 방정식, 또는 이변수함수의 그래프를 그려라.

(1) $x^2+(y-3)^2=4$ (2) $y=x^2$

(3) $z=\sqrt{9-x^2-y^2}$ (4) $z=f(x,\ y)=y^2-x^2$

#1. 이차곡면(quadric surface)에 대하여 조사하여라.

이변함수의 극한 연구 과정

xy평면 위의 두 점 $\mathrm{P}(x, y)$, $\mathrm{A}(a, b)$ 사이의 거리 d는

$$d=\sqrt{(x-a)^2+(y-b)^2}$$

이다. 여기서 점 P가 점 A에 한없이 가까이 갈 때

$$d \to 0 \text{ 또는 } P \to A$$

로 나타내기로 한다.

$$\max(|x-a|, |y-b|) \le \sqrt{(x-a)^2+(y-b)^2} \le |x-a|+|y-b|$$

이므로 $\mathrm{P} \to \mathrm{A}$는

$$x \to a,\ y \to b$$

를 의미한다. 이것은

$$(x, y) \to (a, b)$$

로도 나타낸다. 함수 $z=f(x, y)$가 있다. 이 이변수함수의 그래프 위의 점 $\mathrm{P}(x, y)$가 점 $\mathrm{A}(a, b)$에 한없이 가까워질 때, 점 P가 어느 쪽에서 점 A에 가까워지든지 관계없이 $f(x, y)$가 α에 가까워지면

$\mathrm{P} \to \mathrm{A}$ 일 때 $f(\mathrm{P}) \to \alpha$,

$\lim\limits_{\mathrm{P} \to \mathrm{A}} f(\mathrm{P})=\alpha$, $\lim\limits_{(x,y) \to (a,b)} f(x, y)=\alpha$,

$\lim\limits_{\substack{x \to a \\ y \to b}} f(x, y)=\alpha$, $\lim\limits_{x \to a, y \to b} f(x, y)=\alpha$

등으로 나타낸다.

정의

임의의 $\varepsilon>0$에 대하여 $\delta>0$가 존재해서

$$0<\sqrt{(x-a)^2+(y-b)^2}<\delta \Rightarrow |f(x, y)-\alpha|<\varepsilon$$

일 때, 함수 $f(x, y)$는 점 (a, b)에서 극한값 α를 갖고 다음과 같이 나타낸다.

$$\lim_{(x,y) \to (a,b)} f(x, y)=\alpha$$

일변수함수에서 $\lim\limits_{x \to a^-} f(x) \neq \lim\limits_{x \to a^+} f(x)$이면 $\lim\limits_{x \to a} f(x)$의 값은 존재하지 않는다.

이변수함수에서는 이 경우보다 간단하지는 않다. 어떤 두 경로를 따라 $(x, y) \to (a, b)$일 때 $f(x, y)$가 각각 다른 값에 가까워지면 극한값 $\lim\limits_{(x,y) \to (a,b)} f(x, y)$는 존재하지 않는다.

$(x, y) \to (a, b)$일 때 $f(x, y) \to \alpha$, $g(x, y) \to \beta$이면

$$f(x, y) \pm g(x, y) \to \alpha \pm \beta$$

$$f(x, y) \cdot g(x, y) \to \alpha\beta$$

$$\frac{g(x, y)}{f(x, y)} \to \frac{\beta}{\alpha}\ (\alpha \neq 0)$$

예제 1. $\lim\limits_{(x,y) \to (1,2)} (2x^2+3y^2)$

$$=\lim_{(x,y) \to (1,2)} 2x^2+\lim_{(x,y) \to (1,2)} 3y^2$$

$$=2 \cdot 1^2+3 \cdot 2^2=14$$ ■

예제 2. $\lim\limits_{(x,y) \to (0,0)} \dfrac{x-y}{x+y}$는 직선 $y=mx$를 따라 (x, y)가 $(0, 0)$에 한없이 가까워진다고 하면

$$\lim_{(x,y) \to (0,0)} \frac{x-y}{x+y}=\lim_{x \to 0} \frac{x-mx}{x+mx}=\frac{1-m}{1+m}$$

여기서 $\dfrac{1-m}{1+m}$은 직선 $y=mx$의 기울기에 따라 그 값이 하나로 정하여 지지 않는다.

따라서 극한값 $\lim\limits_{(x,y) \to (0,0)} \dfrac{x-y}{x+y}$은 없다. 즉 극한값은 존재하지 않는다. ■

문제 #1. $(x, y) \to (0, 0)$일 때 다음 함수의 극한값을 구하여라.

(1) $\dfrac{xy}{x^2+y^2}$ (2) $\dfrac{x+y}{\sqrt{x^2+y^2}}$ (3) $\dfrac{2x^2y}{x^2+y^2}$

이변수함수의 연속

연구 과정

이변수함수 $f(x, y)$에 대하여

$$\lim_{x \to a}\left\{\lim_{x \to b} f(x,y)\right\},\ \lim_{y \to b}\left\{\lim_{x \to a} f(x,y)\right\}$$

의 값은 각각 존재하지만

$$\lim_{(x,y)\to(a,b)} f(x, y)$$

의 값이 반드시 존재하는 것은 아니다.

$f(x, y) = \dfrac{x-y}{x+y}$에 대하여

$$\lim_{x \to 0}\left\{\lim_{y \to 0}\frac{x-y}{x+y}\right\} = \lim_{x \to 0}\frac{x}{x} = 1$$

$$\lim_{y \to 0}\left\{\lim_{x \to 0}\frac{x-y}{x+y}\right\} = \lim_{y \to 0}\frac{-y}{y} = -1$$

와 같이 값이 각각 존재하지만

$\displaystyle\lim_{(x,y)\to(0,0)} \frac{x-y}{x+y}$의 값은 존재하지 않는다.

이제 이변수함수의 연속을 알아보자.

함수 $f(x, y)$에 대하여

(1) (a, b)에서 함수값 $f(a, b)$가 존재하고

(2) $\displaystyle\lim_{(x,y)\to(a,b)} f(x, y)$가 존재하고

(3) $\displaystyle\lim_{(x,y)\to(a,b)} f(x, y) = f(a, b)$

이면 $f(x, y)$는 (a, b)에서 연속이라고 한다. 다시 말하여 (3)이 성립할 때, 즉

$$\lim_{(x,y)\to(a,b)} f(x,y) = f(a, b)$$

일 때 $f(x, y)$는 (a, b)에서 연속이다.

$\varepsilon - \delta$ 방법으로 정의하면 다음과 같다.

정의

임의의 $\varepsilon > 0$에 대하여 $\delta > 0$가 존재해서

$$0 < \sqrt{(x-a)^2 + (y-b)^2} < \delta$$
$$\Rightarrow |f(x, y) - f(a, b)| < \varepsilon$$

일 때, 함수 $f(x, y)$는 점 (a, b)에서 연속이다.

극한의 경우와 같이, $f(x, y)$, $g(x, y)$가 점 (a, b)에서 연속이면

$$f(x, y) \pm g(x, y),\ f(x, y)\cdot g(x, y),$$
$$\frac{g(x, y)}{f(x, y)}\ (f(x, y) \neq 0)$$

도 각각 점 (a, b)에서 연속이다.

예제 1. 반구면(hemisphere) $z = \sqrt{9-x^2-y^2}$은 영역 $D = \left\{(x, y) \mid x^2 + y^2 \leq 1\right\}$ 안의 모든 점에서 연속이다. $z = \sqrt{9-x^2-y^2}$은 영역 D에서 연속이라고도 한다. ■

예제 2. (1) $f(x, y) = \begin{cases} \dfrac{x^2 y}{x^2 + y^2}, & (x,y) \neq (0,0) \\ 0 & (x,y) = (0,0) \end{cases}$

은 $y = mx$라 할 때

$$\lim_{(x,y)\to(0,0)} f(x, y) = \lim_{(x,y)\to(0,0)} \frac{x^2 \cdot mx}{x^2 + m^2 x^2} = \lim_{(x,y)\to(0,0)} \frac{mx}{1+m^2} = 0$$

즉, $\displaystyle\lim_{(x,y)\to(0,0)} f(x, y) = 0 = f(0, 0)$

이므로 $f(x, y)$는 (0, 0)에서 연속이다.

(2)
$$f(x,y) = \begin{cases} \dfrac{x^2 y}{x^4 + y^2} & (x, y) \neq (0, 0) \\ 0 & (x, y) = (0, 0) \end{cases}$$

은 $y = mx^2$이라 할 때

$$\frac{x^2 y}{x^4 + y^2} = \frac{x^2 \cdot mx^2}{x^4 + m^2 x^4} = \frac{m}{1+m^2}$$

이므로 $\displaystyle\lim_{(x,y)\to(0,0)} f(x, y)$는 존재하지 않는다. 따라서 이 함수는 (0, 0)에서 연속이 아니다.

문제 #1. 다음 함수가 점 (0, 0)에서 연속인지를 조사하여라(모두 $f(0, 0) = 0$이다)

(1) $\dfrac{xy}{\sqrt{x^2 + y^2}}$ (2) $\dfrac{x^2 y^2}{x^2 + y^2}$ (3) $\dfrac{xy^2}{x^2 + y^4}$

12.2 편미분

편도함수

영역 D에서 정의되는 이변수함수

$$z = f(x, y)$$

가 있다. 이 D 안의 한 점 (a, b)에 대하여

$$\lim_{h \to 0} \frac{f(a+h, b) - f(a, b)}{h} \quad \cdots ①$$

이 유한 확정으로 존재하면 $f(x, y)$는 (a, b)에서 x에 대하여 편미분가능이라 하고, 이 ①을 $f_x(a, b)$로 나타낸다. 같은 방법으로

$$\lim_{k \to 0} \frac{f(a, b+k) - f(a, b)}{k} \quad \cdots ②$$

이 유한 확정으로 존재하면 $f(x, y)$는 (a, b)에서 y에 대하여 편미분가능이라 하고, 이 ②를 $f_y(a, b)$로 나타낸다.

①, ②를 각각 $f(x, y)$의 점 (a, b)에서의 x 및 y에 대하여 순간변화율이고, $f(x, y)$는 점 (a, b)에서 x 및 y에 대하여 편미분가능(partially differentiable at (a, b)) 하다고 한다.

- $f_y(a, b)$: $f(x, y)$의 (a, b)에서의 x에 대한 편미분계수 이것을 $\left.\frac{\partial f}{\partial x}\right|_{(a, b)}$ 로도 나타낸다.
- $f_y(a, b)$: $f(x, y)$의 (a, b)에서의 y에 대한 편미분계수 이것을 $\left.\frac{\partial f}{\partial y}\right|_{(a, b)}$ 로도 나타낸다.

정의 2.1

(1) 이변수함수 $z = f(x, y)$에 대하여 극한

$$\lim_{h \to 0} \frac{f(x+h, y) - f(x, y)}{h}$$

이 존재하면 이 극한을 $f(x, y)$의 x에 대한 편도함수(partial derivative of f with respect to x)라 하고 다음과 같이 나타낸다.

$$f_x(x, y),\ f_x,\ \frac{\partial f}{\partial x},\ \frac{\partial z}{\partial x},\ z_x,\ \frac{\partial}{\partial x} f(x, y),\ D_x f(x, y)$$

(2) 이변수함수 $z = f(x, y)$에 대하여 극한

$$\lim_{k \to 0} \frac{f(x, y+k) - f(x, y)}{k}$$

이 존재하면 이 극한을 $f(x, y)$의 y에 대한 편도함수(partial derivative of f with respect to y)라 하고 다음과 같이 나타낸다.

$$f_y(x, y),\ f_y,\ \frac{\partial f}{\partial y},\ \frac{\partial z}{\partial y},\ z_y,\ \frac{\partial}{\partial y} f(x, y),\ D_y f(x, y)$$

예제 2.1 $f(x, y) = x^2 + xy + y^2$ 의 편도함수를 구하여라.

풀이
$$f_x(x, y) = \lim_{h \to 0} \frac{f(x+h, y) - f(x, y)}{h}$$
$$= \lim_{h \to 0} \frac{(x+h)^2 + (x+h)y + y^2 - (x^2 + xy + y^2)}{h}$$
$$= \lim_{h \to 0} \frac{2xh + yh + h^2}{h} = \lim_{h \to 0}(2x + y + h)$$
$$= 2x + y$$
$$f_y(x, y) = \lim_{k \to 0} \frac{f(x, y+k) - f(x, y)}{k}$$
$$= \lim_{k \to 0} \frac{x^2 + x(y+k) + (y+k)^2 - (x^2 + xy + y^2)}{k}$$
$$= \lim_{k \to 0} \frac{xk + 2yk + k^2}{k} = \lim_{h \to 0}(x + 2y + k) = x + 2y$$
■

• $z = f(x, y)$에서 $f_x(x, y)$를 구하는 것을 f를 x에 대하여 편미분한다고 하고, $f_y(x, y)$를 구하는 것을 f를 y에 대하여 편미분한다고 한다.

함수 $f(x, y)$의 x에 대한 편도함수는 y를 상수로 하고 f의 x에 대한 도함수를 의미한다. 즉,

$$\frac{\partial f}{\partial x} = \left(\frac{df}{dx}\right)_{y=(\text{상수})}$$

또 함수 $f(x, y)$의 y에 대한 편도함수는 x를 상수로 하고 f의 y에 대한 도함수를 의미한다. 즉,

$$\frac{\partial f}{\partial y} = \left(\frac{df}{dy}\right)_{x=(\text{상수})}$$

편도함수 $f_x(x, y)$, $f_y(x, y)$를 구하는 것을 편미분법(partial differentiation)이라 한다.

간단히 정리하면 $f_x(x, y)$를 구할 때에는 y를, $f_y(x, y)$를 구할 때에는 x를 상수로 보고 x 및 y에 대하여 일변수함수의 미분법을 적용하면 된다는 의미이다.

예제 2.2 $f(x, y) = \dfrac{3\sqrt{x}}{y^2}$ 에 대하여 (1) $\dfrac{\partial f}{\partial x}$ (2) $\dfrac{\partial f}{\partial y}$ 를 구하여라.

풀이 (1) $\dfrac{\partial f}{\partial x} = \dfrac{\partial}{\partial x}\left(3x^{\frac{1}{2}}y^{-2}\right) = 3y^{-2}\dfrac{\partial}{\partial x}\left(x^{\frac{1}{2}}\right) = 3y^{-2} \cdot \dfrac{1}{2}x^{-\frac{1}{2}} = \dfrac{3}{2y^2\sqrt{x}}$

(2) $\dfrac{\partial f}{\partial y} = \dfrac{\partial}{\partial y}\left(3x^{\frac{1}{2}}y^{-2}\right) = 3x^{\frac{1}{2}}\dfrac{\partial}{\partial y}(y^{-2}) = 3x^{\frac{1}{2}} \cdot (-2y^{-3}) = -\dfrac{6\sqrt{x}}{y^3}$ ■

예제 2.3 $z=f(x, y)=x^3+2xy^2+y^4$에 대하여 (1) $\frac{\partial z}{\partial x}$ (2) $\frac{\partial z}{\partial y}$를 각각 구하여라. 그리고 (3) $f_x(1, 0)$, (4) $f_y(3, -2)$를 구하여라.

풀이 (1) $\frac{\partial z}{\partial x}=\frac{\partial}{\partial x}(x^3+2xy^2+y^4)=\frac{\partial}{\partial x}(x^3)+2y^2\frac{\partial}{\partial x}(x)+\frac{\partial}{\partial x}(y^4)$

$=3x^2+2y^2\cdot 1+0$

$=3x^2+2y^2$

편미분법에서도 일변수함수의 미분법 공식이 적용된다.

(2) $\frac{\partial z}{\partial y}=\frac{\partial}{\partial y}(x^3+2xy^2+y^4)=\frac{\partial}{\partial y}(x^3)+2x\cdot\frac{\partial}{\partial y}(y^2)+\frac{\partial}{\partial y}(y^4)$

$=0+2x\cdot 2y+4y^3$

$=4xy+4y^3$

(3) $f_x(1, 0)=\left.\frac{\partial z}{\partial x}\right|_{(1,0)}=\left[3x^2+2y^2\right]_{\substack{x=1\\y=0}}=3\cdot 1^2+2\cdot 0^2=3$

(4) $f_y(3, -2)=\left.\frac{\partial z}{\partial y}\right|_{(3,-2)}=\left[4xy+4y^3\right]_{\substack{x=3\\y=-2}}=4\cdot 3\cdot 2+4(-2)^3=-8$ ■

예제 2.4 다음 함수에 대하여 f_x, f_y를 각각 구하여라.

(1) $z=f(x, y)=\ln|2x+y^2|$ (2) $z=f(x, y)=xe^{x^2+y^2}$

풀이 (1) $f_x(x, y)=\frac{\partial}{\partial x}\left(\ln|2x+y^2|\right)=\frac{1}{2x+y^2}\cdot\frac{\partial}{\partial x}(2x+y^2)$ ◁ 연쇄법칙에 의하여

$=\frac{1}{2x+y^2}\cdot 2=\frac{2}{2x+y^2}$

$f_y(x, y)=\frac{\partial}{\partial y}\left(\ln|2x+y^2|\right)=\frac{1}{2x+y^2}\cdot\frac{\partial}{\partial y}(2x+y^2)$ ◁ 연쇄법칙에 의하여

$=\frac{1}{2x+y^2}\cdot 2y=\frac{2y}{2x+y^2}$

(2) $f_x(x, y)=\frac{\partial}{\partial x}(xe^{x^2+y^2})=e^{x^2+y^2}\cdot\frac{\partial}{\partial x}(x)+x\cdot\frac{\partial}{\partial x}(e^{x^2+y^2})$ (곱의 미분)

$=e^{x^2+y^2}\cdot 1+x\cdot e^{x^2+y^2}\cdot\frac{\partial}{\partial x}(x^2+y^2)$ (연쇄법칙)

$=e^{x^2+y^2}+xe^{x^2+y^2}(2x)=(1+2x^2)e^{x^2+y^2}$

- $\frac{\partial}{\partial x}(x^2+y^2)$
  $=\frac{\partial}{\partial x}x^2+\frac{\partial}{\partial x}y^2$
  $=2x+0$

$f_y(x, y)=\frac{\partial}{\partial y}(xe^{x^2+y^2})=e^{x^2+y^2}\cdot\frac{\partial}{\partial y}(x)+x\cdot\frac{\partial}{\partial y}(e^{x^2+y^2})$ (곱의 미분)

$=e^{x^2+y^2}\cdot 0+x\cdot e^{x^2+y^2}\cdot\frac{\partial}{\partial y}(x^2+y^2)$ (연쇄법칙)

$=x\cdot e^{x^2+y^2}\cdot 2y$

$=2xye^{x^2+y^2}$ ■

- $\frac{\partial}{\partial y}(x^2+y^2)$
  $=\frac{\partial}{\partial y}x^2+\frac{\partial}{\partial y}y^2$
  $=0+2y$

이변수함수 $z=f(x,\ y)$가 나타내는 곡면과 평면 $y=b$의 교선은

$$z=f(x,\ b)$$

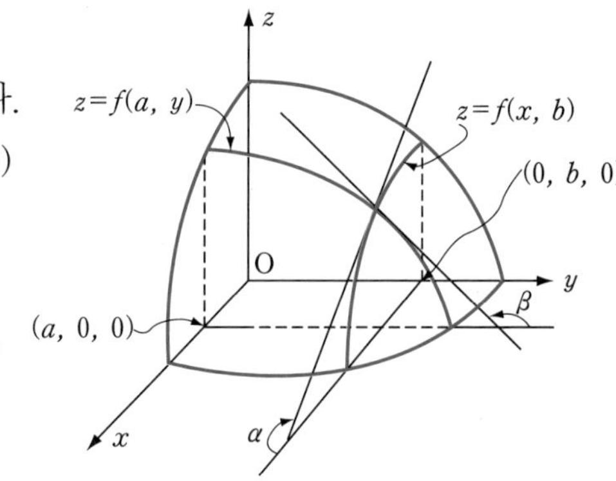

와 같은 방정식으로 나타낼 수 있다. 이때 $f_x(a,\ b)$는 곡선 $z=f(x,\ b)$의 $x=a$에서의 접선의 기울기이다. 같은 이치로 곡면 $z=f(x,\ y)$와 평면 $x=a$의 교선 $z=f(a,\ y)$에 대하여 $f_y(a,\ b)$는 곡선 $z=f(a,\ y)$의 $y=b$에서의 접선의 기울기이다. 오른쪽 그림에서

$$f_x(a,\ b)=\tan\alpha,\ f_y(a,\ b)=\tan\beta$$

함수 $z=f(x,\ y)$의 영역 D에서 편도함수

$$f_x=\frac{\partial x}{\partial x},\ f_y=\frac{\partial z}{\partial y}$$

• $f_x(x,\ y)$에 대하여
$f_{xx}(x,\ y)$
$=\lim_{h\to 0}\frac{f_x(x+h,y)-f_x(x,y)}{h}$

$f_{xy}(x,y)$
$=\lim_{k\to 0}\frac{f_x(x,y+k)-f_x(x,y)}{k}$

는 x와 y의 함수이다. 이 f_x, f_y는 또 편도함수를 가질 수 있다. D에서 f_x, f_y가 x, y에 대하여 편미분가능이면 다음과 같은 이계편도함수(second-order partial derivatives)를 얻는다.

$$\frac{\partial}{\partial x}\left(\frac{\partial z}{\partial x}\right)=\frac{\partial^2 z}{\partial x^2} \text{ 또는 } (f_x)_x=f_{xx},\ (z_x)_x=z_{xx}$$

$$\frac{\partial}{\partial y}\left(\frac{\partial z}{\partial x}\right)=\frac{\partial^2 z}{\partial y\partial x} \text{ 또는 } (f_x)_y=f_{xy},\ (z_x)_y=z_{xy}$$

$$\frac{\partial}{\partial x}\left(\frac{\partial z}{\partial y}\right)=\frac{\partial^2 z}{\partial x\partial y} \text{ 또는 } (f_y)_x=f_{yx},\ (z_y)_x=z_{yx}$$

$$\frac{\partial}{\partial y}\left(\frac{\partial z}{\partial y}\right)=\frac{\partial^2 z}{\partial y^2} \text{ 또는 } (f_y)_y=f_{yy},\ (z_y)_y=z_{yy}$$

• $z=f(x,y)$에 대하여
$f_{xy}=\frac{\partial^2 z}{\partial y\partial x}=\frac{\partial^2 f}{\partial y\partial x}$
$f_{yx}=\frac{\partial^2 f}{\partial x\partial y}$

위의 이계편도함수(2^2개)를 얻는 방법과 같이 삼계편도함수(2^3개), 사계편도함수(2^4개), $\cdots$, n계편도함수(2^n개)를 얻을 수 있다. 이들을 통틀어 고계편도함수(partial derivative of higher order)라 한다.

f_{xy}, $\frac{\partial^2 z}{\partial x\partial y}$에서 x와 y는 미분법의 계(order)를 의미하고 x와 y는 이 두 가지 표기에서 왼쪽부터 오른쪽으로 썼다. 그렇지만 f_{xy}는 $f(x,\ y)$를 x에 대하여 먼저 편미분하고 다음에 y에 대하여 편미분한 것이고, 반면 $\frac{\partial^2 z}{\partial x\partial y}$는 $z=f(x,\ y)$를 y에 대하여 먼저 편미분하고 다음에 x에 대하여 편미분한 것이다.

예제 2.5 $f(x, y) = x^2 e^y + y^2 e^x + xy$ 의 이계편도함수 $f_{xx}, f_{xy}, f_{yx}, f_{yy}$ 모두 구하여라.

풀이 먼저 주어진 함수를 x, y에 대하여 각각 편미분하면

$$f_x = 2xe^y + y^2 e^x + y \quad f_y = x^2 e^y + 2ye^x + x$$

또,

$$f_{xx} = \frac{\partial}{\partial x}(f_x) = \frac{\partial}{\partial x}(2xe^y + y^2 e^x + y) = 2e^y + y^2 e^x$$

$$f_{xy} = \frac{\partial}{\partial y}(f_x) = \frac{\partial}{\partial y}(2xe^y + y^2 e^x + y) = 2xe^y + 2ye^x + 1$$

$$f_{yx} = \frac{\partial}{\partial x}(f_y) = \frac{\partial}{\partial x}(x^2 e^y + 2ye^x + x) = 2xe^y + 2ye^x + 1$$

$$f_{yy} = \frac{\partial}{\partial y}(f_y) = \frac{\partial}{\partial y}(x^2 e^y + 2ye^x + x) = x^2 e^y + 2e^x$$ ■

• $f_{xx} = \dfrac{\partial^2 f}{\partial x^2}$
$f_{xy} = \dfrac{\partial^2 f}{\partial y \partial x}$
$f_{yx} = \dfrac{\partial^2 f}{\partial x \partial y}$
$f_{yy} = \dfrac{\partial^2 f}{\partial y^2}$

위 예제 2.5에서 $f_{xy} = f_{yx}$임을 알 수 있다.
이것은 모든 함수에 대하여 항상 성립하는 것은 아니다.
다음과 같은 정리가 성립한다는 것이 알려져 있다.

정리 2.1

함수 $f(x, y)$, 일계편도함수 f_x, f_y, 이계편도함수 f_{xy}, f_{yx}가 한 영역에서 모두 연속이면

$$f_{xy}(x, y) = f_{yx}(x, y)$$

이다.

• f_x, f_y: $f(x, y)$의 일계편도함수 (first-order partial derivatives)

• $\dfrac{\partial w}{\partial x}$에서 x는 변수이고 y, z는 상수

2개 이상의 변수를 갖는 함수에서도 이변수함수의 편미분법과 마찬가지로 편도함수를 구한다. 예를 들어 삼변수함수

$$w = f(x, y, z)$$

에 대한 일계편도함수는

$$\frac{\partial w}{\partial x} = f_x(x, y, z), \ \frac{\partial w}{\partial y} = f_y(x, y, z), \ \frac{\partial w}{\partial z} = f_z(x, y, z)$$

이다. 어떤 변수에 대한 편도함수일 때 그 변수외의 모든 변수는 상수로 보고 편미분하면 된다.

예제 2.6 $w = f(x, y, z) = x^2 y^2 + y^2 z^2 + z^2 x^2$ 일 때

$$f_x = \frac{\partial w}{\partial x} = 2xy^2 + 2z^2 x = 2x(y^2 + z^2), \ f_y = \frac{\partial w}{\partial y} = 2x^2 y + 2yz^2$$
$$= 2y(x^2 + z^2), \ f_z = \frac{\partial w}{\partial z} = 2y^2 z + 2zx^2 = 2z(x^2 + y^2)$$ ■

• $\dfrac{\partial w}{\partial x}$
$= \dfrac{\partial}{\partial x}(x^2 y^2 + y^2 z^2 + z^2 x^2)$
$= 2xy^2 + 0 + z^2 \cdot 2x$

극대, 극소

이제 편도함수를 이용하여 이변수함수의 극댓값과 극솟값 그리고 최댓값, 최솟값에 대하여 알아보도록 한다.

정의 2.2

xy평면에서 중심이 (a, b)인 원의 영역이 있다.

함수 $f(x, y)$가 이 영역에서 정의될 때 이 영역의 모든 점 (x, y)에 대하여

$$f(a, b) \geq f(x, y)$$

이면, 이 $f(x, y)$는 (a, b)에서 극댓값(relative maximum at (a, b)) $f(a, b)$를,

$$f(a, b) \leq f(x, y)$$

이면, 이 $f(x, y)$는 (a, b)에서 극솟값(relative minimum at (a, b)) $f(a, b)$를 갖는다.

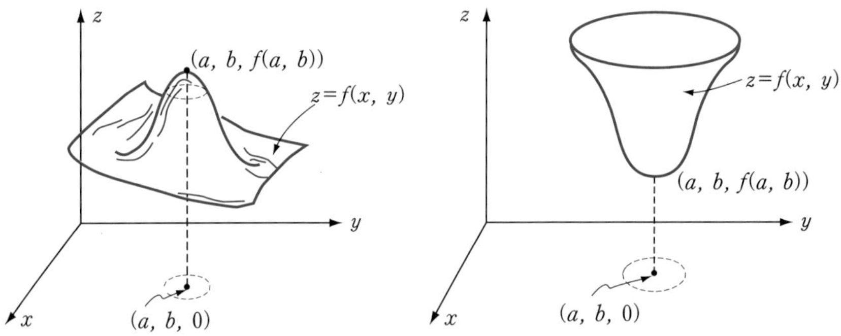

$f(x, y)$는 (a, b)에서 극댓값이 $f(a, b)$ $f(x, y)$는 (a, b)에서 극솟값이 $f(a, b)$

• 일변수함수 $y=f(x)$의 극대 · 극소를 참조하여 보자.

$f(x, y)$가 (a, b)에서 극댓값 또는 극솟값을 가지면 이 f는 (a, b)에서 극값(relative extremum)을 갖는다고 한다.

• $f(x, y)=y^2-x^2$ (연습문제 12.1의 8-(4))의 그래프를 그려보면 극값을 갖지 않음을 알 수 있다.

앞 절의 예제 1.9의 함수 $f(x, y)=x^2+y^2$의 그래프에서 점 $(0, 0, 0)$가 가장 아래쪽에 있는 점이고 정의 2.2에 의하면

$$f(0, 0) \leq f(x, y)$$

이므로 함수 $f(x, y)=x^2+y^2$는 $(0, 0)$에서 극소이고 극솟값 $f(0, 0)=0$을 갖는다. 그리고 $f(x, y)=\sqrt{9-x^2-y^2}$ (연습문제 12.1의 8-(3))의 그래프를 그려보면 정의 2.2에 의하여

$$f(0, 0) \leq f(x, y)$$

이므로 이 함수는 $(0, 0)$에서 극대이고 극댓값 $f(0, 0)=3$을 갖는다.

함수 $f(x, y)$가 (a, b)에서 극값을 갖는다고 하자. 그리고 편미분계수 $f_x(a, b)$, $f_y(a, b)$가 존재한다고 한다.

• 점 (a, b)에서 곡선 C_1의 접선과 곡선 C_2의 접선을 지나는 평면은 곡면 $z=f(x, y)$의 점 (a, b)에서의 접평면(tangent plane)이라 한다.

곡면 $z=f(x, y)$와 평면 $x=a$의 교선인 곡선을 C_1이라 하면 C_1은 $y=b$에서 극값을 갖는다. 따라서

$$f_y(a, b)=0$$

이다. 같은 이치로 곡면 $z=f(x, y)$와 평면 $y=b$의 교선인 곡선을 C_2라 하면 C_2는 $x=a$에서 극값을 갖는다. 따라서

$$f_x(a, b)=0$$

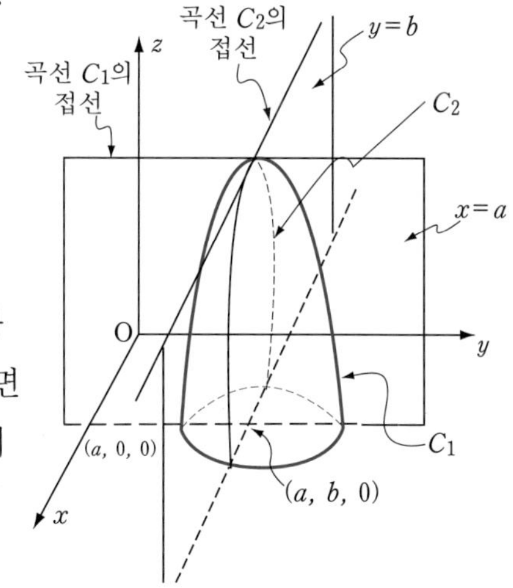

이다. 위의 설명은 일변수함수의 경우와 같은 내용으로 생각한 것이다. 이상을 정리하면 다음과 같다.

> **정리 2.2**
>
> 함수 $f(x, y)$가 점 (a, b)에서 극값을 갖고, $f_x(a, b)$와 $f_y(a, b)$가 존재하면
>
> $$f_x(a, b)=0\text{이고 } f_y(a, b)=0$$

정리 2.2의 역은 반드시 성립하는 것은 아니다. 즉, $f_x(a, b)=0$, $f_y(a, b)=0$이면 $z=f(x, y)$가 (a, b)에서 반드시 극값을 갖는 것은 아니다. 예를 들어 안장곡면(saddle surface)

• 연습문제 12.1의 8-(4) $z=f(x, y)=y^2-x^2$의 그래프 참조

$$f(x, y)=y^2-x^2\text{에서 } f_x=-2x,\ f_y=2y$$

이다. 이때 점 (0, 0)에서 $f_x(0, 0)=-2\cdot 0=0$, $f_y(0, 0)=2\cdot 0=0$이다.

그렇지만 함수 $f(x, y)$는 점 (0, 0)에서 극댓값도 극솟값도 갖지 않는다.

함수 $f(x, y)$에 대하여 $f_x(a, b)=0$이고 $f_y(a, b)=0$ 이 되게 하는 점 (a, b)를, 또는 $f_x(a, b)$, $f_y(a, b)$ 중 어느 하나가 존재하지 않게 하는 점 (a, b)를 함수 $f(x, y)$의 임계점(critical point)이라 한다.

• 함수 $f(x, y)$가 점 (a, b)에서 극값을 가지면 점 (a, b)는 $f(x, y)$의 임계점이다.
그렇지만 (a, b)가 $f(x, y)$의 임계점이면 $f(x, y)$는 점 (a, b)에서 극값을 가질 수도 있고 갖지 않을 수도 있다.

위의 정리 2.2에서 함수 $f(x, y)$가 점 (a, b)에서 극값을 가지면 점 (a, b)는 $f(x, y)$의 임계점이다. 그 역은 반드시 성립하는 것은 아니다. 즉, 함수 $f(x, y)$의 임계점이 (a, b)이면 이 점 (a, b)에서 이 함수 $f(x, y)$가 반드시 극값을 갖는다고 할 수는 없다. 임계점에서 함숫값은 극값이 될 수도 있다.

예제 2.7 함수 $f(x, y) = x^2 + y^2 + xy + 6x - 3$ 의 임계점을 구하여라.

• $f_x = 0$, $f_y = 0$ 를 연립하여 푼다. 즉 연립방정식

$$\begin{cases} f_x = 0 \\ f_y = 0 \end{cases}$$

를 풀어 임계점을 구한다.

풀이 $f_x = 2x + y + 6$, $f_y = 2y + x$

$f_x(a, b) = 0$, $f_y(a, b) = 0$인 점 (a, b)를 구하기 위하여

$$\begin{cases} 2x + y + 6 = 0 & \cdots ① \\ 2y + x = 0 & \cdots ② \end{cases}$$

로 하고 이 두 방정식을 연립하여 푼다.

②의 $x = -2y$를 ①에 대입하면

$$2(-2y) + y + 6 = 0, \ -3y + 6 = 0 \quad \therefore y = 2$$

$y = 2$를 ②에 대입하면

$$2 \cdot 2 + x = 0 \quad \therefore x = -4$$

따라서 구하는 임계점은 $(-4, 2)$ ■

위 예제 2.7에 주어진 함수의 임계점은 한 개다. 이 한 개의 점 $(-4, 2)$에서 주어진 함수가 극값을 가질지도 모른다.

예제 2.8 함수 $f(x, y) = 3xy + x^2 - y^3$ 의 임계점을 구하여라.

풀이 $f_x = 3y + 2x$, $f_y = 3x - 3y^2$

$f_x(a, b) = 0$, $f_y(a, b) = 0$인 점 즉 $f(x, y)$의 임계점 (a, b)를 구하기 위하여

$$f_x = 0, \quad f_y = 0$$

라 하고 연립하여 푼다. 연립방정식

$$\begin{cases} 3y + 2x = 0 \\ 3x - 3y^2 = 0 \end{cases} \quad 즉 \quad \begin{cases} 3y + 2x = 0 & \cdots ① \\ x - y^2 = 0 & \cdots ② \end{cases}$$

을 풀어야 한다.

②의 $x = y^2$ ⋯ ③을 ①에 대입하면

$$3y + 2y^2 = 0 \quad y(2y + 3) = 0 \quad y = 0, \ y = -\frac{3}{2}$$

• 예제 2.8의 함수는 임계점이 2개이다.

이 y 값을 ③에 대입하면

$$y = 0 일\ 때\ x = 0$$

$$y = -\frac{3}{2} 일\ 때\ x = \left(-\frac{3}{2}\right)^2 = \frac{9}{4}$$

따라서 구하는 임계점은 $(0, 0)$, $\left(\frac{9}{4}, -\frac{3}{2}\right)$ ■

일변수함수에서 이계도함수로 함수의 극값을 구하였다. 이변수함수에서도 이계편도함수로 극값을 구할 수 있다. 증명없이 다음 정리, 즉 극값을 구하기 위한 이계편도함수 판정법을 소개한다.

정리 2.3

함수 $z=f(x, y)$에 대하여 f_{xx}, f_{yy}, f_{xy}가 존재한다. 점 (a, b)는

$$f_x(a, b)=0 \text{이고 } f_y(a, b)=0$$

을 만족하는 $f(x, y)$의 임계점이다.

D를

$$D=f_{xx}(a, b)\cdot f_{yy}(a, b)-[f_{xy}(a, b)]^2$$

이라 할 때,

(1) $D>0$이고 $f_{xx}(a, b)<0$이면, f는 (a, b)에서 극댓값을 갖고, 극댓값은 $f(a, b)$

(2) $D>0$이고 $f_{xx}(a, b)>0$이면, f는 (a, b)에서 극솟값을 갖고, 극솟값은 $f(a, b)$

(3) $D<0$이면 f는 (a, b)에서 극값을 갖지 않는다. 이 경우 점 (a, b)는 안장점(saddle point)이다.

(4) $D=0$이면 f는 (a, b)에서 극값을 갖는지의 여부를 이 방법으로 판정할 수 없다.

• 안장점은 연습문제 12.1의 8-(4)의 그래프를 참조

• $f(x, y)$의 극값을 구하려면 다음 순서로 …
(i) $f_x, f_y, f_{xx}, f_{yy}, f_{xy}$를 계산한다.
(ii) $\begin{cases} f_x(x, y)=0 \\ f_y(x, y)=0 \end{cases}$
을 풀어 임계점을 구한다.
(iii), (ii)의 임계점을 f의 이계편도함수에 적용한다.

예제 2.9 앞의 예제 2.7에서 함수 $f(x, y)=x^2+y^2+xy+6x-3$의 임계점이 점 $(-4, 2)$임을 알았다. 이제 이 함수 $f(x, y)$가 임계점 $(-4, 2)$에서 극값을 갖는지를 조사하여라.

풀이 $f_x=2x+y+6 \quad f_y=2y+x$

$$f_{xx}=2, \quad f_{yy}=2, \quad f_{xy}=1$$

임계점의 좌표가 $(-4, 2)$이므로

$$f_{xx}(-4, 2)=2 \quad f_{yy}(-4, 2)=2 \quad f_{xy}(-4, 2)=1$$
$$D=f_{xx}(-4, 2)\cdot f_{yy}(-4, 2)-[f_{xy}(-4, 2)]^2=2\cdot 2-1^2=3>0$$

$D>0$이고 $f_{xx}(-4, 2)=2>0$이므로 함수 $f(x, y)$는 $(-4, 2)$에서 극소이고 극솟값은

$$f(-4, 2)=(-4)^2+2^2+(-4)2+6(-4)-3=-15$$

■

• 극값 구할 경우의 정리 2, 3을 간결히 표로 보이면 다음과 같다.

	$f_{xx}(a, b)<0$	$f_{xx}(a, b)>0$
$D>0$	극대	극소
$D<0$	극값을 갖지 않음	
$D=0$	판정할 수 없다	

예제 2.10 앞의 예제 2.8에서 함수

$$f(x, y)=3xy+x^2-y^3$$

의 임계점을 구하여 두 점 (0, 0), $\left(\frac{9}{4}, -\frac{3}{2}\right)$을 얻었다. 이제 이 두 점에서 이 함수 $f(x, y)$가 극값을 갖는지를 조사하고 극값을 구하여라.

풀이

$$f_x=3y+2x \quad f_y=3x-3y^2$$

$$f_{xx}=2,\ f_{yy}=-6y,\ f_{xy}=3$$

(i) 임계점이 (0, 0)일 때

$$f_{xx}(0, 0)=2,\ f_{yy}(0, 0)=-6\cdot 0=0,\ f_{xy}(0, 0)=3$$

D를 구하면

$$D=f_{xx}(0, 0)\cdot f_{yy}(0, 0)-[f_{xy}(0, 0)]^2=2\cdot 0-3^2=-9$$

$D<0$이므로 $f(x, y)$는 점 (0, 0)에서 극값을 갖지 않는다.

(ii) 임계점이 $\left(\frac{9}{4}, -\frac{3}{2}\right)$일 때

$$f_{xx}\left(\frac{9}{4}, -\frac{3}{2}\right)=2,\ f_{yy}\left(\frac{9}{4}, -\frac{3}{2}\right)=-6\cdot\left(-\frac{3}{2}\right)=9,\ f_{xy}\left(\frac{9}{4}, -\frac{3}{2}\right)=3$$

D를 구하면

$$D=f_{xx}\left(\frac{9}{4}, -\frac{3}{2}\right)\cdot f_{yy}\left(\frac{9}{4}, -\frac{3}{2}\right)-\left[f_{xy}\left(\frac{9}{4}, -\frac{3}{2}\right)\right]^2=2\cdot 9-3^2=9$$

$D>0$이고 $f_{xx}\left(\frac{9}{4}, -\frac{3}{2}\right)=2>0$이므로 이 함수 $f(x, y)$는 점 $\left(\frac{9}{4}, -\frac{3}{2}\right)$에서 극소이고 극솟값은

$$f\left(\frac{9}{4}, -\frac{3}{2}\right)=3\cdot\frac{9}{4}\cdot\left(-\frac{3}{2}\right)+\left(\frac{9}{4}\right)^2-\left(-\frac{3}{2}\right)^3=-\frac{27}{16}$$ ■

• 최댓값(absolute maximum)
• 최솟값(absolute minimum)

한 영역 R이 있어 $(a, b)\in R$라 한다.

$$\text{모든 } (x, y)\in R \text{에 대하여 } f(x, y)\le f(a,b)$$

일 때, $f(x, y)$는 (a, b)에서 최댓값 $f(a, b)$를 갖고,

$$\text{모든 } (x, y)\in R \text{에 대하여 } f(x, y)\ge f(a,b)$$

일 때, $f(x, y)$는 (a, b)에서 최솟값 $f(a, b)$를 갖는다.

그리고 일변수함수일 때와 마찬가지로 함수 $f(x, y)$가 닫혀 있고 유계인 영역 R에서 연속이면 이 함수 $f(x, y)$는 영역 R에서 최댓값과 최솟값을 갖는다는 최대최솟값정리(extreme value theorem)가 성립한다.

연습문제 12.2

1. 다음 함수의 일계편도함수 f_x, f_y를 각각 구하여라.

(1) $f(x, y) = x^3y + x^2y^2 + y^3$　　(2) $f(x, y) = x^3 - x^2y + xy^2$

(3) $f(x, y) = (x^2 + y)^3$　　(4) $f(x, y) = \sqrt{xy^2}$

(5) $f(x, y) = \dfrac{y^3}{x^2}$　　(6) $f(x, y) = \dfrac{x - y}{x + y}$

(7) $f(x, y) = e^{x-y}$　　(8) $f(x, y) = 2e^{3x-y}$

(9) $f(x, y) = 3xe^y$　　(10) $f(x, y) = -2ye^x$

(11) $f(x, y) = \ln(xy)$　　(12) $f(x, y) = x\ln(xy)$

(13) $f(x, y) = y^2\ln(x^2y)$　　(14) $f(x, y) = (x + y)\ln(xy^2)$

• $z = f(x, y)$에서 $f_x = \dfrac{\partial f}{\partial x}$는 f를 x에 대하여 편미분한 것인데, x는 변수로, y

2. 다음 함수의 이계편도함수 f_{xx}, f_{xy}, f_{yx}, f_{yy}를 각각 구하여라.

(1) $f(x,y) = x^2y + 2xy - y^3$　　(2) $f(x, y) = x - 3y$

(3) $f(x, y) = 3e^{2x+3y}$　　(4) $f(x, y) = e^{x^2y}$

(5) $f(x, y) = \dfrac{2x}{x + y}$　　(6) $f(x, y) = \dfrac{3y}{2x + y}$

(7) $f(x, y) = xe^{x^2-y^2}$　　(8) $f(x, y) = ye^{xy^2}$

(9) $f(x, y) = x\ln(xy)$　　(10) $f(x, y) = (y + 1)\ln(x^2y)$

3. 다음 함수의 (일계)편도함수를 구하여라.

(1) $w = f(x, y, z) = xy + yz + zx$　　(2) $w = f(x, y, z) = x^2y^2 - \dfrac{y}{z^2}$

• $w = f(x, y, z)$에서 f_x를 구할 때 y, z은 상수로 보고 계산한다.

4. 다음 함수의 극값이 존재하면 그 극값을 구하여라.

(1) $f(x, y) = xy + x - y$

(2) $f(x, y) = -x^2 - y^2 + 6x + 2y + 12$

(3) $f(x, y) = x^3 + y^3 - 3xy + 2$

• $z = f(x, y)$의 극값을 구하려면
(i) $f_x, f_y, f_{xx}, f_{yy}, f_{xy}$를 구한다.
(ii) $f_x = 0$, $f_y = 0$을 연립하여 풀어 임계점을 구한다.
(iii) (i), (ii)를 D에 적용하여 판정한다.

5. 다음 함수의 이계편도함수를 구하여라.

(1) $f(x, y) = e^x\sin y$　　(2) $f(x, y) = x^y$

#1. $u = u(x, y, z) = \dfrac{1}{\sqrt{x^2 + y^2 + z^2}}$일 때, $\dfrac{\partial^2 u}{\partial x^2} + \dfrac{\partial^2 u}{\partial y^2} + \dfrac{\partial^2 u}{\partial z^2} = 0$임을 밝혀 보아라.

#2. $z = \tan^{-1}\dfrac{y}{x}$일 때, $z_{xx} + z_{yy}$는 어떤 값을 갖겠는가?

전미분

일변수함수 $y=f(x)$의 전미분은

$$dy=f'(x)\,dx$$

로 정의한다. 미분 dy는 $dx=\Delta x$로 할 때 근사값으로 받아들인다.

x가 x_0에서 $x_0+\Delta x$까지 변할 때

$$\Delta y=f(x_0+\Delta x)-f(x_0)$$

는 $[x_0,\ x_0+\Delta x]$에서 변화한 양이다. 이때 미분

$$dy=f'(x)\,dx\ (dx=\Delta x)$$

은 y의 변화의 근사값이다. 즉, $dy \fallingdotseq \Delta y$이다. 이변수함수 $z=f(x,\ y)$의 점 $(x_0,\ y_0)$에서의 전미분(total differential)을 다음과 같이 정의한다.

$$dz=f_x(x_0,\ y_0)\,dx+f_y(x_0,\ y_0)\,dy$$

여기서 dz는 $x_0,\ y_0,\ dx,\ dy$를 독립변수로 하는 한 함수이다. 따라서 다음과 같은 식을 얻을 수 있다.

$$dz=\frac{\partial z}{\partial x}dx+\frac{\partial z}{\partial y}dy$$

또는 $dz=\dfrac{\partial f}{\partial x}dx+\dfrac{\partial f}{\partial y}dy$

예제 1. $z=f(x,\ y)=x^2e^y$에서 전미분 dz를 구하면

$$\begin{aligned}dz&=\frac{\partial f}{\partial x}dx+\frac{\partial f}{\partial y}dy\\&=\left[\frac{\partial}{\partial x}(x^2e^y)\right]dx+\left[\frac{\partial}{\partial y}(x^2e^y)\right]dy\\&=2xe^y\,dx+x^2e^y\,dy\end{aligned}$$ ■

예제 2. 가로(x), 세로(y)의 길이가 5, 6인 직사각형의 넓이(z)는 가로, 세로가 0.02, 0.05 만큼 증가하였다면 $z=xy$에서

$$\begin{aligned}dz&=\frac{\partial z}{\partial x}dx+\frac{\partial z}{\partial y}dy=ydx+xdy\\&=6\times0.02+5\times0.05=0.37\end{aligned}$$

즉 넓이는 0.37만큼 증가하였다. ■

연쇄법칙 　　연구 과정

일변수함수의 경우와 같이 이변수함수도 다음과 같은 정리의 연쇄법칙이 성립한다.

정리 1.

$z=f(x,\ y)$가 $x,\ y$에 대하여 편미분가능이고 $x=g(t),\ y=h(t)$는 t에 대하여 미분가능일 때

$$\frac{dz}{dt}=\frac{\partial z}{\partial x}\cdot\frac{dx}{dt}+\frac{\partial z}{\partial y}\frac{dy}{dt}$$

예제 1. $x=e^t,\ y=\sin t,\ z=xy^2-2x^2y$일 때

$$\begin{aligned}\frac{dz}{dt}&=\frac{\partial z}{\partial x}\frac{dx}{dt}+\frac{\partial z}{\partial y}\frac{dy}{dt}\\&=\frac{\partial}{\partial x}(xy^2-2x^2y)\cdot\frac{d}{dt}(e^t)\\&\quad+\frac{\partial}{\partial y}(xy^2-2x^2y)\cdot\frac{d}{dt}(\sin t)\\&=(y^2-4xy)e^t+(2xy-2x^2)\cos t\\&=(y-4)ye^t+2(y-x)x\cos t\\&=(\sin t-4)e^t\sin t+2(\sin t-e^t)e^t\cos t\end{aligned}$$ ■

정리 2.

$z=f(x,\ y)$가 편미분가능이고, $x=g(u,v)$, $y=h(u,v)$도 편미분가능일 때

$$\frac{\partial z}{\partial u}=\frac{\partial z}{\partial x}\cdot\frac{\partial x}{\partial u}+\frac{\partial z}{\partial y}\cdot\frac{\partial y}{\partial u}$$

$$\frac{\partial z}{\partial v}=\frac{\partial z}{\partial x}\cdot\frac{\partial x}{\partial v}+\frac{\partial z}{\partial y}\cdot\frac{\partial y}{\partial v}$$

예제 2. $z=x\ln y,\ x=ve^u,\ y=ue^v$일 때

$$\begin{aligned}\frac{\partial z}{\partial u}&=\frac{\partial z}{\partial x}\cdot\frac{\partial x}{\partial u}+\frac{\partial z}{\partial y}\cdot\frac{\partial y}{\partial u}=(\ln y)ve^u+\frac{x}{y}\cdot e^v\\&=(\ln ue^v)ve^u+\frac{v}{u}e^{u-v}\cdot e^v\\&=(\ln u+\ln e^v)ve^u+\frac{v}{u}e^u\\&=(\ln u+v)ve^u+\frac{v}{u}e^u=ve^u\left(\ln u+v+\frac{1}{u}\right)\end{aligned}$$

$\dfrac{\partial z}{\partial v}$는 각자 구하여 보아라. ■

라그랑주 승수(乘數) Lagrange Multiplier　　연구 과정

이변수 및 삼변수함수의 최댓값, 최솟값을 어떤 제약조건 아래에서 구하는 방법을 익힐 것이다.

정리

함수 $f(x, y)$, $g(x, y)$는 연속인 편도함수를 갖는다. 제약조건

$$g(x, y) = 0$$

을 만족하는 점 (x, y) 중

$$g_x(a, b) \neq 0 \text{ 이고 } g_y(a, b) \neq 0$$

인 점 (a, b)에서 $f(x, y)$가 극값을 가지면 다음을 만족하는 실수 c가 존재한다.

$$f_x(a, b) = cg_x(a, b), \quad f_y(a, b) = cg_y(a, b)$$

함수 $z = f(x, y)$의 최대, 최솟값 또는 극값을 제약조건 $g(x, y) = 0$ 아래 찾기 위하여 위 정리는 새로운 변수 λ를 도입한 다음 방법을 정리할 필요가 있다.

[라그랑주 승수 방법]

제약조건(함수) $g(x, y) = 0$ 아래 함수 $z = f(x, y)$의 극값은, 새로운 함수

$$F(x, y, \lambda) = f(x, y) + \lambda g(x, y)$$

에 대하여

$$F_x(x, y, \lambda) = 0$$
$$F_y(x, y, \lambda) = 0$$
$$F_\lambda(x, y, \lambda) = 0$$

을 만족하는 변수 λ가 존재하는 점 (x, y) 중에서 구할 수 있다. 여기서 사용한 편도함수는 모두 존재할 때를 말한다. 함수 $F(x, y, \lambda) = f(x, y) + \lambda g(x, y)$를 라그랑주 함수(Lagrange function), $g(x, y) = 0$을 제약조건(constraint) 또는 제약(조건)함수(constraint function), λ를 라그랑주 승수(Lagrange multiplier)라 한다.

예제 1. 제약조건 $x^2 + y^2 = 9$ 아래에서 함수

$$f(x, y) = x + y^2$$

의 최댓값, 최솟값을 구하여라.

풀이 제약조건 $x^2 + y^2 = 9$에서

$$g(x, y) = x^2 + y^2 - 9 = 0$$

f와 g를 써서 새로운 함수를 만들면

$$F(x, y, \lambda) = x + y^2 + \lambda(x^2 + y^2 - 9)$$

x, y, λ에 대하여 편미분하면

$$F_x = 1 + 2x\lambda, \qquad F_y = 2y + 2y\lambda,$$
$$F_\lambda = x^2 + y^2 - 9$$

$F_x = 0$, $F_y = 0$, $F_\lambda = 0$으로 한 방정식

$$\begin{cases} 1 + 2x\lambda = 0 & \cdots\cdots ① \\ y + y\lambda = 0 & \cdots\cdots ② \\ x^2 + y^2 - 9 = 0 & \cdots\cdots ③ \end{cases}$$

을 연립하여 푼다.

②에서 $y(1 + \lambda) = 0 \quad \therefore y = 0, \lambda = -1$

(i) $y = 0$일 때,

③에 대입하면

$$x^2 - 9 = 0 \quad \therefore x = \pm 3$$

이 x를 ①에 대입하여 λ를 구하면

$$\lambda = -\frac{1}{6}, \lambda = \frac{1}{6}$$

즉,

$$(x, y, \lambda)\text{는} \left(3, 0, -\tfrac{1}{6}\right), \left(-3, 0, \tfrac{1}{6}\right)$$

그러므로 점 $(3, 0)$, $(-3, 0)$에서 주어진 함수는 최대, 최솟값을 가질 수 있다.

(ii) $\lambda = -1$일 때

①에서 $1 - 2x = 0 \quad \therefore x = \frac{1}{2}$, ③에서

$$\frac{1}{4} + y^2 - 9 = 0, \quad \therefore y = \pm\frac{\sqrt{35}}{2}$$

즉 (x, y, λ)는 $\left(\frac{1}{2}, \frac{\sqrt{35}}{2}, -1\right)$, $\left(\frac{1}{2}, -\frac{\sqrt{35}}{2}, -1\right)$

그러므로 점 $\left(\frac{1}{2}, \frac{\sqrt{35}}{2}\right)$, $\left(\frac{1}{2}, -\frac{\sqrt{35}}{2}\right)$에서 주어진 함수는 최대, 최솟값을 가질 수 있다.

$$f\left(\frac{1}{2}, \frac{\sqrt{35}}{2}\right)=\frac{37}{4}, \quad f\left(\frac{1}{2}, -\frac{\sqrt{35}}{2}\right)=\frac{37}{4}$$

(i), (ii)에서 구한 네 점에 대한 함수값을 표로 만들어 보면 다음과 같다.

(x, y)	$(3, 0)$	$(-3, 0)$	$\left(\frac{1}{2}, \frac{\sqrt{35}}{2}\right)$	$\left(\frac{1}{2}, -\frac{\sqrt{35}}{2}\right)$
$f(x, y)$ $=x+y^2$	3	-3	$\frac{37}{4}$	$\frac{37}{4}$

따라서 제약조건 $x^2+y^2=9$ 아래 함수 $f(x, y)=x+y^2$은 점 $\left(\frac{1}{2}, \frac{\sqrt{35}}{2}\right)$, $\left(\frac{1}{2}, -\frac{\sqrt{35}}{2}\right)$에서 최댓값 $\frac{37}{4}$, 점 $(-3, 0)$에서 최솟값 -3을 갖는다. ■

이렇게 라그랑주 승수를 적용하여 문제를 해결하는 과정을 요약하여 보자.

(1) 제약조건을 $g(x, y)=0$으로 놓는다.

(2) 라그랑주 함수를 만든다.

$$F(x, y, \lambda)=f(x, y)+\lambda g(x, y)$$

(3) (2)의 함수에서 F_x, F_y, F_λ를 구한다.

(4) 연립방정식 $\begin{cases} F_x=0 \\ F_y=0 \\ F_\mu=0 \end{cases}$를 세운다.

(5) (4)의 방정식을 풀고 함수 f가 최대, 최솟값을 갖는 경우의 점을 모두 찾아 값을 비교하고 답한다. 삼변수함수인 경우도 마찬가지이다.

(1) $g(x, y, z)=0$으로 놓는다.

(2) $F(x, y, z, \lambda)=f(x, y, \lambda)+\lambda g(x, y, z)$

(3) F_x, F_y, F_z, F_λ를 구한다.

(4), (5) $F_x=0$, $F_y=0$, $F_z=0$, $F_y=0$로 하여 위와 같이 푼다.

✉예제 2. 넓이가 일정한 두꺼운 종이로 뚜껑없는 상자를 만드는데 부피를 최대로 하려고 한다. 이 상자의 가로, 세로, 높이의 비를 얼마로 정할까?

풀이 일정한 넓이를 a^2, 가로, 세로, 높이를 차례로 x, y, z이라 하고 부피를 $f(x, y, z)$, 상자의 겉넓이를 $g(x, y, z)$라 하면

$$f(x, y, z)=xyz$$
$$g(x, y, z)=xy+2yz+2zx-a=0$$
$$F(x, y, z, \lambda)=f(x, y, z)-\lambda g(x, y, z)$$
$$=xyz+\lambda(xy+2yz+2zx-a^2)$$

$$F_x=yz+\lambda(y+2z)=0 \quad \cdots ①$$
$$F_y=xz+\lambda(x+2z)=0 \quad \cdots ②$$
$$F_z=xy+\lambda(2y+2x)=0 \quad \cdots ③$$
$$F_\lambda=xy+2yz+2zx-a^2=0 \quad \cdots ④$$

$\lambda \neq 0$($\lambda=0$이면 ①, ②, ③에서 $xy=yz=zx=0$, 모순) ① $\times x$, ②$\times y$ 하면

$$\lambda(xy+2xz)=\lambda(xy+2yz) \quad \therefore x=y$$

②$\times y$, ③$\times z$ 하면

$$\lambda(xy+2yz)=\lambda(2yz+2xz)$$
$$xy-2xz=0, \ x(y-2z)=0, \ y=2z(x\neq 0)$$
$$\therefore x=y=2z$$

이것과 ④에서 $4z^2+4z^2+4z^2-a^2=0$

$$\therefore z=a/2\sqrt{3} \quad \therefore x=y=a/\sqrt{3}$$
$$\therefore x:y:z=\frac{a}{\sqrt{3}}:\frac{a}{\sqrt{3}}:\frac{a}{2\sqrt{3}}=2:2:1$$ ■

문제 #1. 위 예제 2에서 일정한 넓이를 48m^2로 하고 실제로 계산한 후 최대부피를 구하여 보아라.

문제 #2. 위 예제 2에서 λ는 얼마로 정하여지는지 조사하여라.

문제 #3. 라그랑주 승수를 이용한 문제를 더 찾아보고 풀어 보아라.

12.3 중적분

이중적분

이변수함수 $z=f(x, y)$가 $a \le x \le b$, $c \le y \le d$인 점 (x, y)로 이루어진 사각형 영역 R에서 정의된다. 이 때, 영역 $R=\{(x,y) | a \le x \le b,\ c \le y \le d\}$의 가로, 세로를 좌표축에 평행한 직선들로

$$a=x_0<x_1<x_2<\cdots<x_{n-1}<x_n=b$$
$$c=y_0<y_1<y_2<\cdots<y_{m-1}<y_m<d$$

와 같이 R을 mn개의 직사각형으로 분할한다.

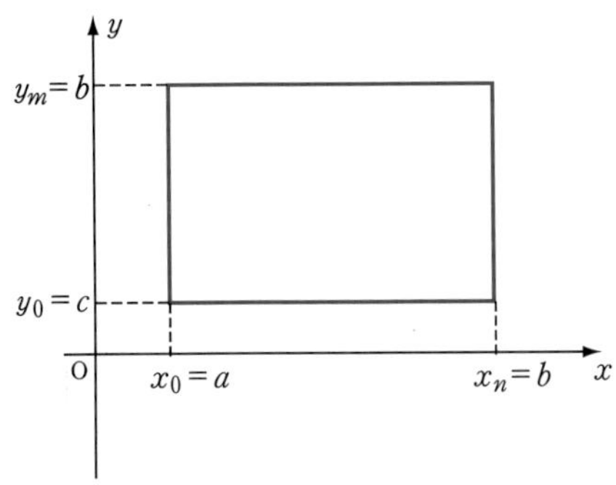

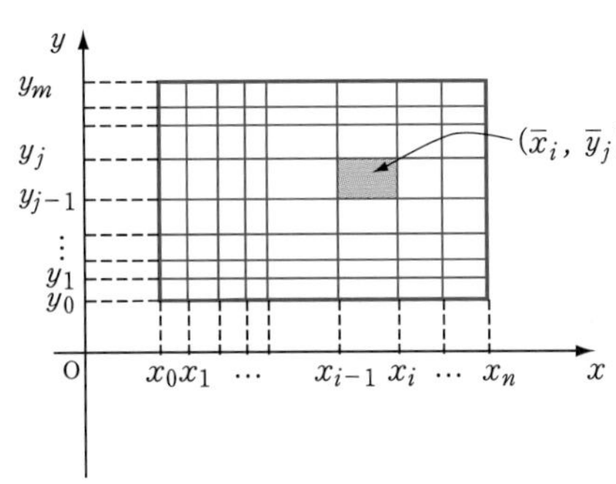

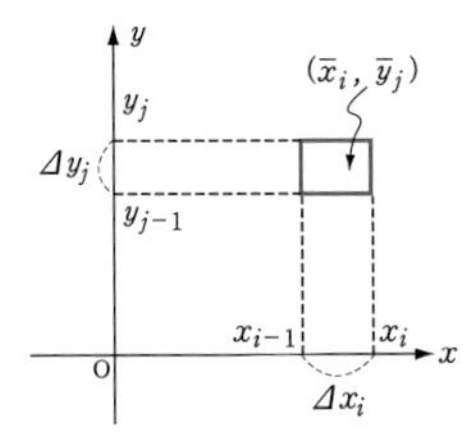

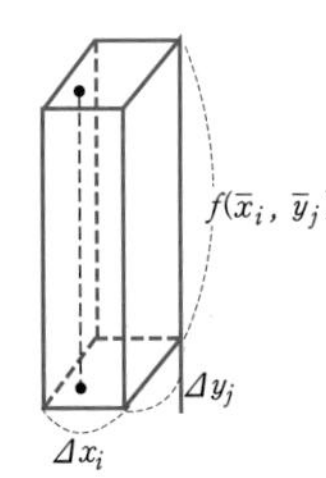

위의 그림과 같이 분할된 직사각형의 내부의 한 점을

$$\left(\overline{x}_i, \overline{y}_j\right), \quad i=1, 2, 3, \cdots, \quad n, \quad j=1, 2, 3, \cdots, \quad m$$

라 하고, $x_i - x_{i-1} = \Delta x_i$, $y_j - y_{j-1} = \Delta y_j$라 한다. 이 때 $\left(\overline{x}_i, \overline{y}_j\right)$가 있는 작은 직사각형의 영역을 R_{ij}라 하면 R_{ij}의 넓이는 $\Delta x_i \Delta y_j$, 이 영역을 밑면으로 하고 높이가 $f\left(\overline{x}_i, \overline{y}_j\right)$인 직육면체의 부피는

$$f\left(\overline{x}_i, \overline{y}_j\right) \Delta x_i \Delta y_j$$

임을 알 수 있다.

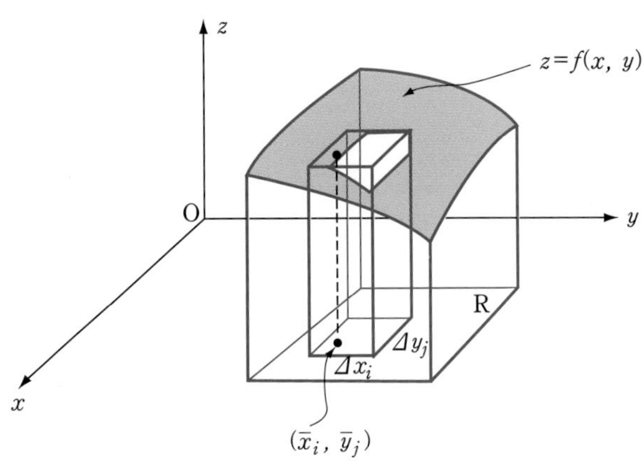

직사각형 영역 R과 곡면 $z=f(x, y)$, R의 각 꼭지점에서 z축에 평행한 직선과 곡면이 만나는 선분을 네 모서리로 하는 입체의 부피를 구하여 보자($z=f(x, y)>0$).

이와 같이 분할로 이루어진 직육면체들의 부피의 합은 구간

$$[y_0, y_1]\text{에서}\quad \sum_{i=1}^{n} f(\overline{x}_i, \overline{y}_1)\,\Delta x_i \Delta y_1,$$

$$[y_1, y_2]\text{에서}\quad \sum_{i=1}^{n} f(\overline{x}_i, \overline{y}_2)\,\Delta x_i \Delta y_2$$

$$[y_2, y_3]\text{에서}\quad \sum_{i=1}^{n} f(\overline{x}_i, \overline{y}_3)\,\Delta x_i \Delta y_3$$

$$\vdots$$

$$[y_{m-1}, y_m]\text{에서}\quad \sum_{i=1}^{n} f(\overline{x}_i, \overline{y}_m)\,\Delta x_i \Delta y_m$$

이므로

$$\sum_{j=1}^{m}\sum_{i=1}^{n} f(\overline{x}_i, \overline{y}_j)\,\Delta x_i \Delta y_j \qquad \cdots ①$$

임을 알 수 있다.

이 ①을 직사각형 영역 R에서 $f(x, y)$의 리만합(Riemann sum for $f(x, y)$ over the rectangle R)이라 한다.

이 리만합 ①이 $m\to\infty$, $n\to\infty$ $(\Delta x_i \to 0,\ \Delta y_j \to 0)$일 때, 극한값 I를 가지면 I는 직사각형 영역 R에서 $f(x, y)$의 이중적분(double integral of $f(x, y)$ over the rectangle R)이라 하고

$$I = \iint_R (x, y)\,dxdy \qquad \cdots ②$$

로 나타낸다. 그리고 영역은 $R = \{(x, y) \mid a \le x \le b,\ c \le y \le d\}$ 이므로 I는

$$I = \int_c^d \int_a^b f(x, y)\,dxdy \qquad \cdots ③$$

로도 나타낸다. 반면에 구간을 $[x_0, x_1]$, $[x_1, x_2]$, $\cdots$, $[x_{n-1}, x_n]$을 기준으로 생각하면 ①은

$$\sum_{i=1}^{n}\sum_{j=1}^{m} f(\overline{x}_i, \overline{y}_j)\,\Delta y_j \Delta x_i$$

로 나타내어지고, ②, ③은

$$I = \iint_R (x, y)\,dydx$$

$$I = \int_a^b \int_c^d f(x, y)\,dydx$$

로 나타내어진다. 이상에서 다음을 알 수 있다.

$f(x, y)$가 영역 $R = \{(x, y) \mid a \le x \le b,\ c \le x \le d\}$에서 연속일 때

$$\int_c^d \int_a^b f(x, y)\,dxdy = \int_a^b \int_c^d f(x, y)\,dydx \text{ (푸비니(Fubini)의 정리)}$$

- 구간을 $[x_0, x_1]$, $[x_1, x_2]$, $\cdots$ $\cdots$, $[x_{n-1}, x_n]$에서 먼저 직육면체들의 부피의 합을 생각하면 총 mn개의 직육면체의 부피의 합은 $\sum_{i=1}^{n}\sum_{j=1}^{m} f(\overline{x}_i, \overline{y}_j)\,\Delta y_j \Delta x_i$ 이고, $I = \iint_R f(x, y)\,dydx$ 로 나타낸다. 또 $I = \int_a^b \int_c^d f(x, y)\,dxdy$ 로도 나타낸다.

- $\int_a^b \left[\int_c^d f(x, y)\,dy\right] dx = \int_a^b \int_c^d f(x, y)\,dydx$
  $\int_c^d \left[\int_a^b f(x, y)\,dx\right] dy = \int_c^d \int_a^b f(x, y)\,dxdy$

여기서 $f(x, y)$를 피적분함수(integrand), R을 적분영역(region of integration)이라 한다.

함수 $f(x, y)=x^3y^3+x^2y^2+xy+C(y)$가 있다. $C(y)$는 y만의 함수이다. 이 때 $f_x(x, y)$를 구하면

$$f_x=\frac{\partial f}{\partial x}=\frac{\partial}{\partial x}\left(x^3y^3+x^2y^2+xy+C(y)\right)$$
$$=3x^2y^3+2xy^2+y$$

이것은 $3x^2y^3+2xy^2+y$를 x에 대하여 적분하면 주어진 함수 $f(x, y)=x^3y^3+x^2y^2+xy+C(y)$임을 의미한다. 즉,

$$\int(3x^2y^3+2xy^2+y)\,dx=x^3y^3+x^2y+xy+C(y)$$

x에 대하여 적분할 때 y는 상수로 보고 적분상수는 y만의 식으로 나타낸다 $(C(y))$.

- $\frac{\partial}{\partial y}\{x^3y^3+x^2y^2+xy+C(x)\}$
$=3x^3y^2+2x^2y+x$
$\int(3x^3y^2+2x^2y+x)\,dy$
$=x^3y^3+x^2y^2+xy+C(x)$

예제 3.1 영역 $R=\{(x,y)|0\le x\le 1,\ 1\le y\le 2\}$에서 $f(x, y)=3x^2y^3-2xy^2+y-1$의 이중적분 $\iint_R f(x, y)\,dxdy$를 계산하여라.

풀이 $\iint_R f(x, y)\,dxdy=\int_1^2\int_0^1(3x^2y^3-2xy^2+y-1)\,dxdy$

$$=\int_1^2\left[\int_0^1(3x^2y^3-2xy^2+y-1)\,dx\right]dy$$
$$=\int_1^2\left[x^3y^3-x^2y^2+xy-x\right]_0^1dy$$
$$=\int_1^2(y^3-y^2+y-1)\,dy$$
$$=\left[\frac{y^4}{4}-\frac{y^3}{3}+\frac{y^2}{2}-y\right]_1^2=\frac{23}{12}$$ ■

- $\iint_R f(x, y)\,dydx$
$=\int_0^1\int_1^2(3x^2y^3-2xy^2+y-1)\,dydx$
$=\int_0^1\left[\int_1^2(3x^2y^3-2xy^2+y-1)\,dy\right]dx$
$=\int_0^1\left[\frac{3x^2y^4}{4}-\frac{2xy^3}{3}+\frac{y^2}{2}-y\right]_1^2dx$
$=\int_0^1\left(\frac{45x^2}{4}-\frac{14x}{3}-\frac{1}{2}\right)dx$
$=\frac{23}{12}$

$R=\{(x, y)|a\le x\le b,\ c\le y\le d\}$를 간단히 $[a, b]\times[c, d]$로 나타내기도 한다. 즉, $R=[a, b]\times[c, d]$. 이것을 데카르트 곱(cartesian product)이라 한다.

예제 3.2 $R=[-1, 2]\times[0, \pi]$에서 $\iint_R y\cos xy\,dxdy$를 계산하여라.

풀이 $\iint_R y\cos xy\,dxdy=\int_0^\pi\int_{-1}^2 y\cos xy\,dxdy=\int_0^\pi[\sin xy]_{-1}^2\,dy$

$$=\int_0^\pi(\sin 2y+\sin y)\,dy=\left[\frac{-\cos 2y}{2}-\cos y\right]_0^\pi=\frac{-\cos 2\pi}{2}-\cos\pi$$
$$-\left(\frac{-\cos 0}{2}-\cos 0\right)=\frac{-1}{2}-(-1)-\left(\frac{-1}{2}-1\right)=2$$ ■

- $\frac{\partial}{\partial x}(\sin xy)$
$=(\cos xy)\cdot\frac{\partial}{\partial x}(xy)$
$=(\cos xy)\cdot y$

일반영역에서 이중적분을 어떻게 계산하는지를 알아본다.

함수 $g_1(x)$, $g_2(x)$가 연속이고 $[a, b]$에 속한 모든 x에 대하여 $g_1(x) \le g_2(x)$이다. 그리고 영역 R은 $a \le x \le b$이고 $g_1(x) \le y \le g_2(x)$, 즉

$$R = \{(x, y) | a \le x \le b,\ g_1(x) \le y \le g_2(x)\}$$

이다. 함수 $f(x, y)$는 영역 R에서 연속이다.

- $[a, b]$ 내의 임의의 x에 대하여 영역 R에서 $g_1(x) \le y \le g_2(x)$
- R의 넓이를 A로 하고 $\Delta x \Delta y = \Delta A$로 할 때 $\sum_{k=1}^{n} f(\overline{x}_k, \overline{y}_k) \Delta x \Delta y = \sum_{k=1}^{n} f(\overline{x}_k, \overline{y}_2) \Delta A$, $\iint_R f(x, y)\,dxdy = \iint_R f(x, y)\,dA$ 로도 쓴다.
- $(\overline{x}_k, \overline{y}_k)$를 어떻게 잡든지 $\sum_{k=1}^{n} f(\overline{x}_k, \overline{y}_k) \Delta x \Delta y$의 극한은 존재한다.

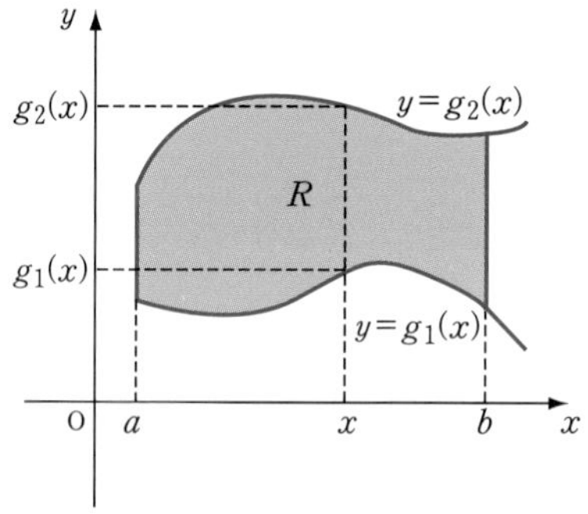

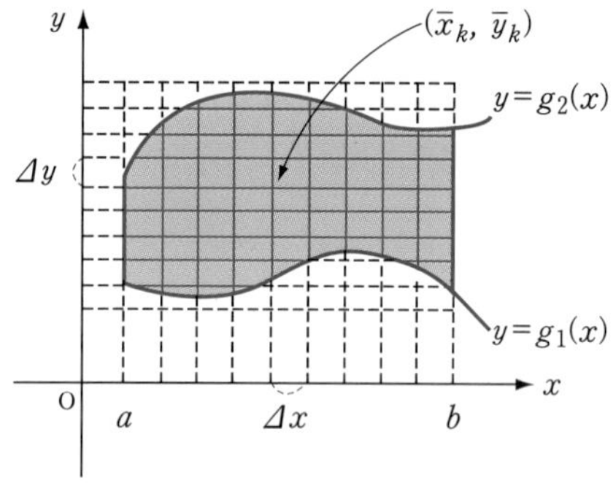

이 영역 R를 x축, y축에 각각 평행한 직선으로 분할하여 직사각형으로 분할하였다. 위의 그림과 같이 각직사각형의 넓이가 $\Delta x \Delta y$이다. 직사각형은 영역 R 내부에 완전히 들어있는 것과 일부분이 들어 있지 않은 것이 있다.

R의 내부에 완전히 들어 있는 임의의 직사각형 안에 임의의 점을 잡고 좌표를 $(\overline{x}_k, \overline{y}_k)$라 하면 리만합(Riemann sum)은

$$f(\overline{x}_1, \overline{y}_1) \Delta x \Delta y + f(\overline{x}_2, \overline{y}_2) \Delta x \Delta y + \cdots + f(\overline{x}_n, \overline{y}_n) \Delta x \Delta y$$

$$= \sum_{k=1}^{n} f(\overline{x}_k, \overline{y}_k) \Delta x \Delta y$$

로 나타낼 수 있다.

이 때, $n \to \infty$이면 $\Delta x \to 0$이고 $\Delta y \to 0$일 때 리만합은 존재하고 이 극한값을 영역 R에서 $f(x, y)$의 이중적분(double integral of $f(x, y)$ over the region R)이라 하고

$$\iint_R f(x, y)\,dxdy$$

로 나타낸다. 함수 $f(x, y)$가 연속함수이고, x의 두 함수 $g_1(x)$, $g_2(x)$가 구간 $[a, b]$에서 연속일 때

$$\int_a^b \left[\int_{g_1(x)}^{g_2(x)} f(x, y)\,dy \right] dx \qquad \cdots (*1)$$

를 반복적분(iterated integral)이라 한다.

함수 $f(x, y)$가 연속함수이고, 두 y의 함수 $h_1(y)$, $h_2(y)$가 구간 $[c, d]$에서 연속일 때

$$\int_c^d \left[\int_{h_1(y)}^{h_2(y)} f(x, y)\,dx \right] dy \qquad \cdots(*2)$$

를 앞의 경우와 마찬가지로 반복적분(iterated integral)이라 한다.

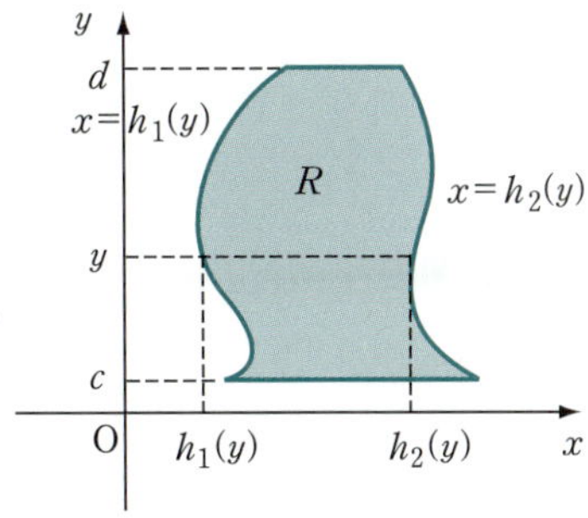

• $z = f(x, y)$에 대하여
$R = \{(x, y) | a \le x \le b,\ g_1(x) \le y \le g_2(x)\}$
일 때
$$\iint_R f(x, y)\,dy\,dx = \int_a^b \left[\int_{g_1(x)}^{g_2(x)} f(x, y)\,dy \right] dx = \int_a^b \int_{g_1(x)}^{g_2(x)} f(x, y)\,dy\,dx$$

• $z = f(x, y)$에 대하여
$R = \{(x, y) | c \le y \le d,\ h_1(y) \le x \le h_2(y)\}$
일 때
$$\iint_R f(x, y)\,dx\,dy = \int_c^d \left[\int_{h_1(y)}^{h_2(y)} f(x, y)\,dx \right] dy = \int_c^d \int_{h_1(y)}^{h_2(y)} f(x, y)\,dx\,dy$$

예제 3.3 다음 반복적분을 계산하여라.

$$\int_0^2 \int_{x^2}^{2x} (x + y^2)\,dy\,dx$$

풀이 영역 R은 $R = \{(x,y) | 0 \le x \le 2,\ x^2 \le y \le 2x\}$이다. 앞의 식 (*1)에서 $g_1(x) = x^2$, $g_2(x) = 2x$이다.

$$\begin{aligned}
&\int_0^2 \int_{x^2}^{2x} (x + y^2)\,dy\,dx \\
&= \int_0^2 \left[xy + \frac{y^3}{3} \right]_{x^2}^{2x} dx \\
&= \int_0^2 \left[x(2x) + \frac{(2x)^3}{3} - \left\{ x(x^2) + \frac{(x^2)^3}{3} \right\} \right] dx \\
&= \int_0^2 \left[-\frac{x^6}{3} + \frac{5x^3}{3} + 2x^2 \right] dx \\
&= \left[-\frac{x^7}{7 \cdot 3} + \frac{5x^4}{4 \cdot 3} + \frac{2x^3}{3} \right]_0^2 = \frac{124}{21}
\end{aligned}$$

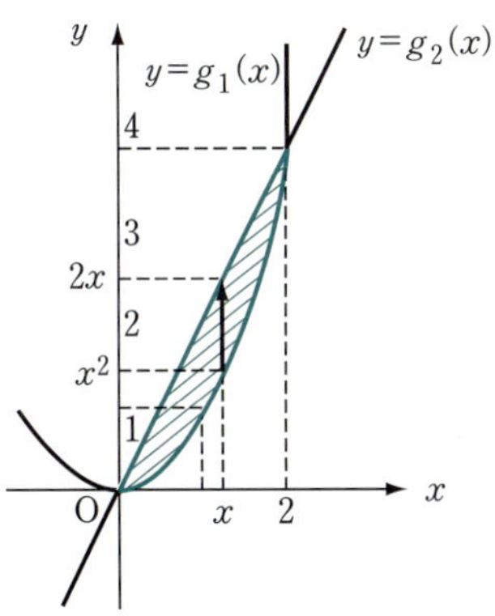

예제 3.4 반복적분 $\int_0^4 \int_{\frac{y}{2}}^{\sqrt{y}} (x + y^2)\,dx\,dy$를 계산하여라.

풀이 $R = \left\{(x,y) \middle| 0 \le y \le 4,\ \frac{y}{2} \le x \le \sqrt{y} \right\}$. 위의 식 (*2)에 $h_1(y) = \frac{y}{2}$, $h_2(y) = \sqrt{y}$이다.

$$\begin{aligned}
&\int_0^4 \int_{\frac{y}{2}}^{\sqrt{y}} (x + y^2)\,dx\,dy = \int_0^4 \left[\frac{x^2}{2} + xy^2 \right]_{\frac{y}{2}}^{\sqrt{y}} dy \\
&= \int_0^4 \left[\frac{\sqrt{y}^2}{2} + (\sqrt{y})\,y^2 - \left\{ \frac{1}{2}\left(\frac{y}{2}\right)^2 + \left(\frac{y}{2}\right) y^2 \right\} \right] dy \\
&= \int_0^4 \left(\frac{y}{2} + y^{\frac{5}{2}} - \frac{y^2}{8} - \frac{y^3}{2} \right) dy = 2\left[\frac{y^2}{4} + \frac{2}{7} y^{\frac{7}{2}} - \frac{y^3}{24} - \frac{y^4}{8} \right]_0^4 = \frac{124}{21}
\end{aligned}$$

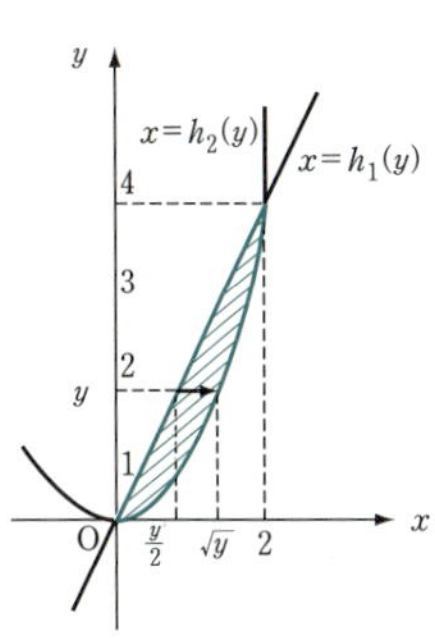

예제 3.3과 예제 3.4에서 적분순서를 바꾸어서 계산할 때 적분의 상, 하한 즉 위끝과 아래끝의 변화에 주목해야 한다. 그리고 그 결과는 같음을 알았다.

예제 3.5 $\iint_R (xy+\cos x)\,dy\,dx$를 계산하여라.

$R=\left\{(x,\ y)\middle|\,0\le x\le \frac{\pi}{2},\ 0\le y\le x\right\}$이다.

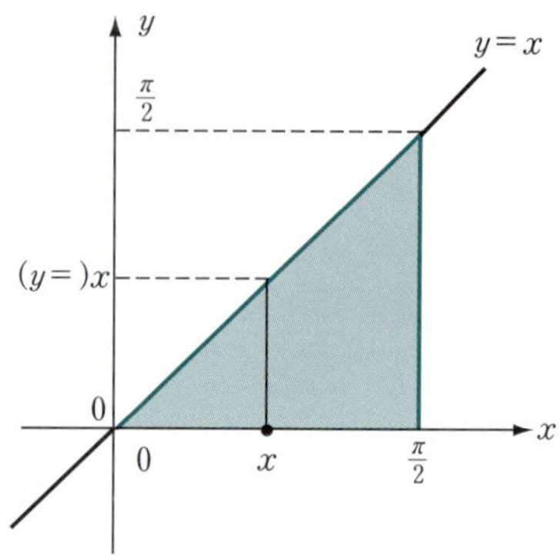

풀이 $\iint_R (xy+\cos x)\,dy\,dx$

$$=\int_0^{\frac{\pi}{2}}\int_0^x (xy+\cos x)\,dy\,dx$$

$$=\int_0^{\frac{\pi}{2}}\left[\frac{xy^2}{2}+y\cos x\right]_0^x dx$$

$$=\int_0^{\frac{\pi}{2}}\left[\frac{x(x)^2}{2}+(x)\cos x-0\right]dx$$

$$=\int_0^{\frac{\pi}{2}}\left(\frac{x^3}{2}+x\cos x\right)dx=\int_0^{\frac{\pi}{2}}\frac{x^3}{2}dx+\int_0^{\frac{\pi}{2}}x\cos x\,dx$$

$$=\left[\frac{x^4}{4\cdot 2}\right]_0^{\frac{\pi}{2}}+[x\sin x+\cos x]_0^{\frac{\pi}{2}}=\frac{\pi^4}{128}+\frac{\pi}{2}-1$$ ■

- $\int x\cos dx$
  $=\int x(\sin x)' dx$
  $=x\sin x-\int 1\cdot\sin x\,dx$
  $=x\sin x+\cos x+C$

예제 3.6 위 예제 3.5의 반복적분을 적분순서를 바꾸어서 계산하여 위의 예제의 결과와 같은지 확인하여라.

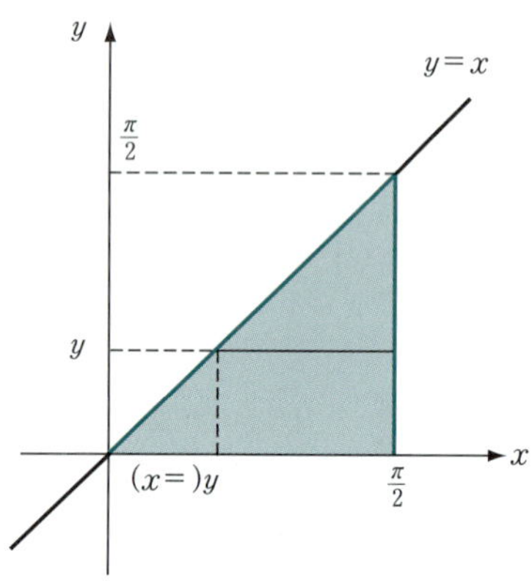

풀이 조건 $0\le x\le\frac{\pi}{2},\ 0\le y\le x$를 만족하는 영역에서

$$\int_0^{\frac{\pi}{2}}\int_0^x (xy+\cos x)\,dy\,dx$$

는 조건을 $0\le y\le\frac{\pi}{2},\ y\le x\le\frac{\pi}{2}$를 만족하는 영역으로 이 적분을 계산하면

$$\int_0^{\frac{\pi}{2}}\int_0^x (xy+\cos x)\,dy\,dx$$

$$=\int_0^{\frac{\pi}{2}}\int_y^{\frac{\pi}{2}}(xy+\cos x)\,dx\,dy=\int_0^{\frac{\pi}{2}}\left[\frac{x^2y}{2}+\sin x\right]_y^{\frac{\pi}{2}}dy$$

$$=\int_0^{\frac{\pi}{2}}\left[\frac{\pi^2y}{8}+1-\frac{y^3}{2}-\sin y\right]dy=\left[\frac{\pi^2y^2}{16}+y-\frac{y^4}{8}+\cos y\right]_0^{\frac{\pi}{2}}$$

$$=\frac{\pi^2}{16}\cdot\frac{\pi^2}{4}+\frac{\pi}{2}-\frac{1}{8}\cdot\frac{\pi^4}{16}+0-(0+0-0+1)=\frac{\pi^4}{128}+\frac{\pi}{2}-1$$ ■

삼중적분

이중적분은 적분영역을 직사각형으로 분할하여 정의하고 적분을 계산하였다. 이와 같은 이치로 삼중적분은 적분영역을 직육면체로 분할하여 정의하고 적분을 계산할 수 있다. 어떤 직육면체의 영역에서 정의되는 삼변수함수

$$u = f(x, y, z)$$

가 있다. 이 직육면체의 영역 B가

$$B = \{(x, y, z) | a \leq x \leq b,\ c \leq y \leq d,\ s \leq z \leq t\}$$

일 때, 각 좌표평면에 평행한 평면으로 구간 $[a, b]$, $[c, d]$, $[s, t]$를 다음과 같이 분할한다.

$$a = x_0 < x_1 < x_2 < \cdots < x_{n-1} < x_n = b$$
$$c = y_0 < y_1 < y_2 < \cdots < y_{m-1} < y_m = d$$
$$s = z_0 < z_1 < z_2 < \cdots < z_{l-1} < z_l = t$$

이 분할로 영역 B는 nml개의 작은 직육면체로 나누어진다.

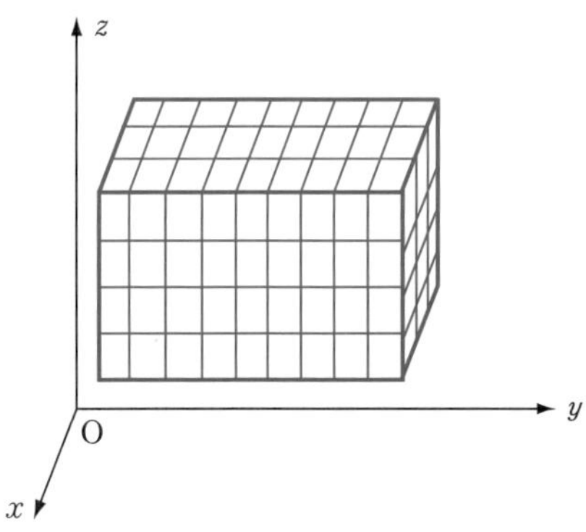

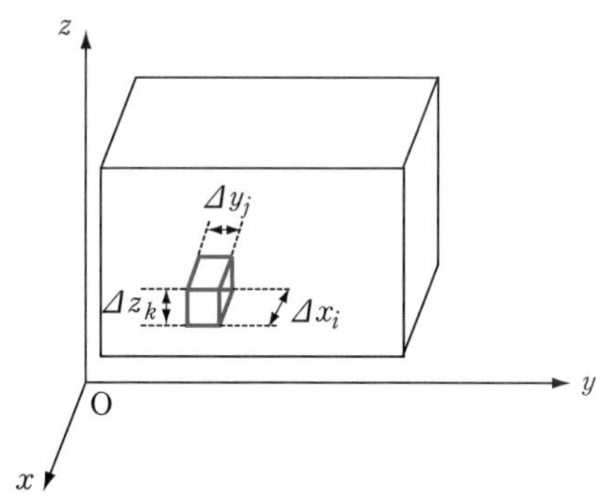

이 작은 직육면체 중 한 작은 직육면체를 위의 그림과 같이 생각하면 $\Delta x_i = x_i - x_{i-1}$, $\Delta y_j = y_j - y_{j-1}$, $\Delta z_k - z_{k-1}$이고 그 내부에 임의의 한 점의 좌표를 $(\bar{x}_i, \bar{y}_j, \bar{z}_k)$로 할 때 삼중리만합(triple Riemann sum)은

$$\sum_{k=1}^{l} \sum_{j=1}^{m} \sum_{i=1}^{n} f(\bar{x}_i, \bar{y}_j, \bar{z}_k) \Delta x_i \Delta y_j \Delta z_k \qquad \cdots ①$$

로 나타낸다. 분할을 무한히 할 때 $(l \to \infty,\ m \to \infty,\ n \to \infty)$, $\Delta x_i \to 0$, $\Delta y_j \to 0$, $\Delta z_k \to 0$이고 이 경우 ①의 극한값이 I이면 이 I를 직육면체 영역 B에서 $f(x, y, z)$의 삼중적분(triple integral of $f(x, y, z)$ over the rectangular box B)이라 한다. 이 I를 다음과 같이 나타낸다.

$$\iiint_B f(x, y, z)\, dxdydz = \int_s^t \int_c^d \int_a^b f(x, y, z)\, dxdydz \qquad \cdots ②$$

• 작은 직육면체의 대각선의 길이를 P라 할 때

$$P = \sqrt{(\Delta x_i)^2 + (\Delta y_j)^2 + (\Delta z_k)^2}$$

이다. 이 P 중 제일 큰 값을 $\|P\|$로 나타내고 $\|P\| \to 0$일 때 ①의 극한값이 존재하면 함수 $f(x, y, z)$는 B에서 적분가능(integrable)이라 한다. $\|P\| \to 0$일 때 ①의 극한값이 I이고 ②와 같이 나타낸다.

• 오른쪽 영역 B에서의 적분공식을 삼중적분에서 푸비니(Fubini)의 정리라 한다.

• 삼중적분의 경우와 같이 B의 부피를 V로, $\Delta x \Delta y \Delta z$를 ΔV로 나타내고 $\iiint_B f(x, y, z)\, dxdydz = \iiint_B f(x, y, z) dV$ 로도 쓴다.

함수 $f(x, y, z)$가 직육면체의 영역 $B=[a, b]\times[c, d]\times[s, t]$에서 적분가능하면

$$\begin{aligned}\iiint_B f(x, y, z)\, dxdydz &= \int_s^t \int_c^d \int_a^b f(x, y, z) = dxdydz \\ &= \int_a^b \int_s^t \int_c^d f(x, y, z) = dydzdx \\ &= \int_c^d \int_a^b \int_s^t f(x, y, z) = dzdxdy = \cdots\end{aligned}$$

이다. 일반적인 유계 영역 W에서 삼중적분(triple integral over a general bounded region W)은 이중적분의 경우를 적용하여 나타낸다.

오른쪽 그림과 같이 입체영역 W의 xy평면에 내린 정사영의 영역을 D라 하고, W는 x, y의 연속인 두 함수 $\phi_1(x, y)$, $\phi_2(x, y)$ 사이의 입체라 하면

$$W=\{(x, y, z)|(x, y)\in D, \\ \phi_1(x, y)\le z \le \phi_2(x, y)\}$$

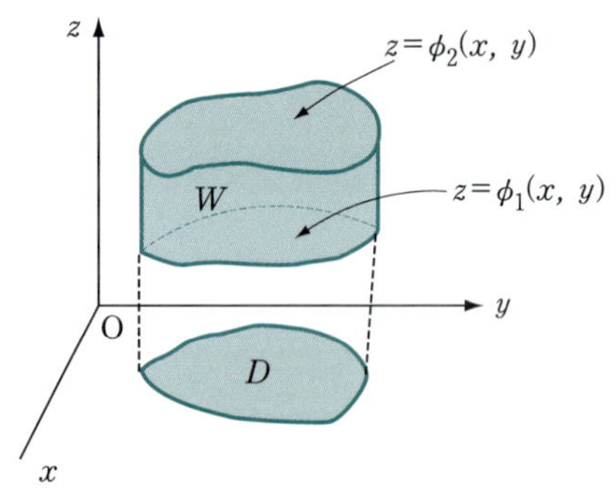

로 나타낼 수 있다. 이 때

$$\iiint_W f(x, y, z)\, dxdydz = \iint_D \left[\int_{\phi_1(x, y)}^{\phi_2(x, y)} f(x,y,z)\, dz\right] dxdy \quad \cdots ③$$

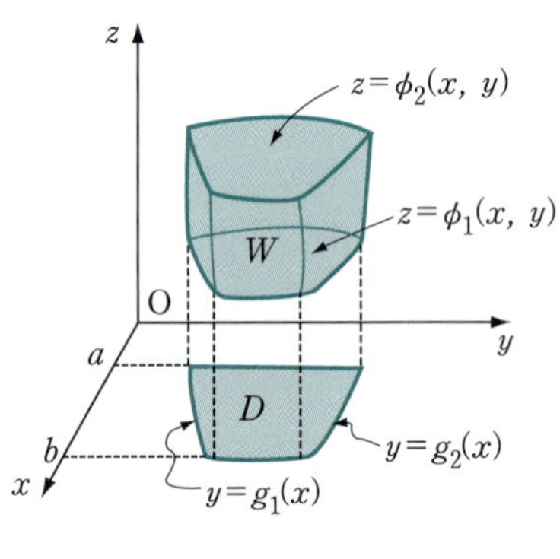

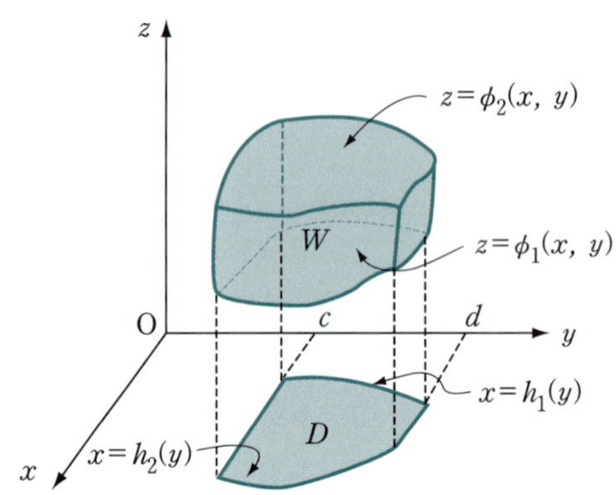

• 입체영역 W의 정사영을 yz평면, zx평면에서 D와 같은 영역을 잡아서 삼중적분을 나타내어도 된다.

입체영역 W의 xy평면으로 내린 정사영인 영역 D가 $a \le x \le b$에서 $y=g_1(x)$, $y=g_2(x)$인 곡선으로 둘러싸인 영역이면

$$W=\{(x, y, z)|a\le x\le b,\ g_1(x)\le y\le g_2(x),\ \phi_1(x, y)\le z\le \phi_2(x, y)\}$$

이고 ③은 다음과 같이 나타내어진다.

$$\begin{aligned}\iiint_W f(x, y, z)\, dxdydz &= \iint_D \left[\int_{\phi_1(x, y)}^{\phi_2(x, y)} f(x, y, z)\, dz\right] dxdy \\ &= \int_a^b \int_{g_1(x)}^{g_2(x)} \int_{\phi_1(x, y)}^{\phi_2(x, y)} f(x, y, z)\, dzdydx\end{aligned}$$

그리고 입체영역 W의 xy평면으로 내린 정사영인 영역 D가 $c \le y \le d$에서 $x = h_1(y)$, $x = h_2(y)$인 곡선으로 둘러싸인 영역이면

$$W = \{(x, y, z) \mid c \le y \le d,\ h_1(y) \le x \le h_2(y),\ \phi_1(x, y) \le z \le \phi_2(x, y)\}$$

이고 ③은 다음과 같이 나타내어진다.

$$\iiint_W f(x, y, z)\,dxdydz = \int_c^d \int_{h_1(y)}^{h_2(y)} \int_{\phi_1(x, y)}^{\phi_2(x, y)} f(x, y, z)\,dzdxdy$$

예제 3.7 직육면체영역 $B = \{(x, y, z) \mid 1 \le x \le 3,\ -1 \le y \le 0,\ 1 \le z \le 2\}$ 에서 삼중적분 $\iiint_B xy^2z\,dxdydz$를 계산하여라.

풀이 $\iiint_B xy^2z\,dxdydz = \int_1^2 \int_{-1}^0 \int_1^3 xy^2z\,dxdydz$

$$= \int_1^2 \int_{-1}^0 \left[\frac{x^2y^2z}{2}\right]_1^3 dydz = \int_1^2 \int_{-1}^0 \left(\frac{3^2y^2z}{2} - \frac{1^2y^2z}{2}\right) dydz$$

$$= \int_1^2 \int_{-1}^0 4y^2z\,dydz = \int_1^2 \left[\frac{4y^3z}{3}\right]_{-1}^0 dz = \int_1^2 \left\{0 - \frac{4(-1)^3z}{3}\right\} dz = \int_1^2 \frac{4z}{3}\,dz$$

$$= \left[\frac{2z^2}{3}\right]_1^2 = \frac{2 \cdot 2^2}{3} - \frac{2 \cdot 1^2}{3} = 2$$

■

$\int_1^2 \int_{-1}^0 \left[\int_1^3 xy^2z\,dx\right] dydz$

↓

$\int_1^3 xy^2z\,dx$에서 x는 변수이고 y, z는 상수로 보고 계산한다.

예제 3.8 평면 $x = 0$, $y = 0$, $z = 0$, $x + y + z = 1$로 둘러싸인 사면체의 영역 W에서 $\iiint_W x\,dxdydz$를 계산하여라.

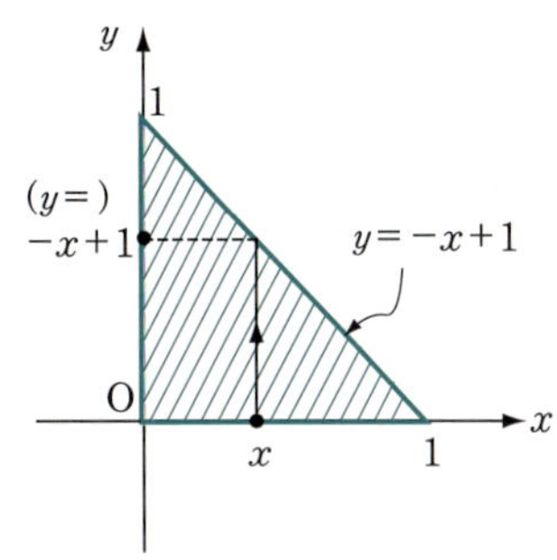

풀이 오른쪽 두 그림에서 W는

$$W = \{(x, y, z) \mid 0 \le x \le 1,\ 0 \le y \le -x + 1,\ 0 \le z \le 1 - x - y\}$$

임을 알 수 있다. 따라서

$$\iiint_W x\,dxdydz = \int_0^1 \int_0^{-x+1} \int_0^{1-x-y} x\,dzdydx$$

$$= \int_0^1 \int_0^{-x+1} [xz]_0^{1-x-y}\,dydx = \int_0^1 \int_0^{-x+1} x(1 - x - y)\,dydx$$

$$= \int_0^1 \int_0^{-x+1} (x - x^2 - xy)\,dydx = \int_0^1 \left[xy - x^2y - \frac{xy^2}{2}\right]_0^{-x+1} dx$$

$$= \int_0^1 \left\{x(-x+1) - x^2(-x+1) - \frac{x(-x+1)^2}{2}\right\} dx$$

$$= \frac{1}{2}\int_0^1 (x^3 - 2x^2 + x)\,dx = \frac{1}{24}$$

■

- $x = 0$: yz평면
  $y = 0$: xz평면
  $z = 0$: xy평면
  $x + y + z = 1$: 세 점 (1, 0, 0), (0, 1, 0), (0, 0, 1)을 지나는 평면

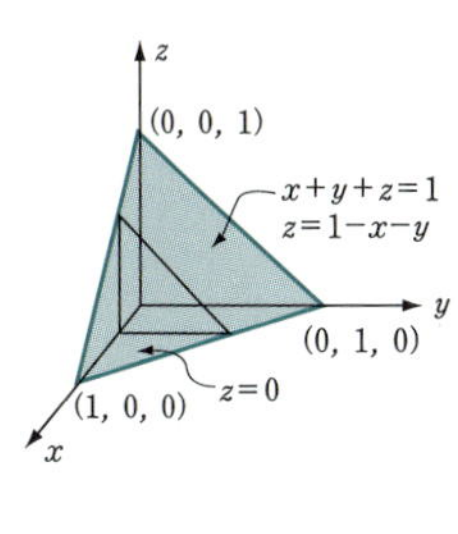

연습문제 12.3

1. 다음 반복적분을 계산하여라.

(1) $\int_1^2 \int_{-2}^1 (xy + y^2)\,dxdy$ (2) $\int_0^1 \int_{-1}^2 (x^2 + 3y)\,dydx$

(3) $\int_0^1 \int_0^1 ye^{xy}\,dxdy$ (4) $\int_1^e \int_1^{e^2} \frac{x}{y}\,dydx$

(5) $\int_0^{\sqrt[3]{\pi}} \int_0^1 x^2 y^2 \sin y^3\,dxdy$ (6) $\int_{-1}^2 \int_y^{y+1} (xy - y)\,dxdy$

(7) $\int_1^2 \int_0^{\ln y} y\,dxdy$ (8) $\int_{\frac{\pi}{2}}^{\pi} \int_0^{x+1} \cos x\,dydx$

• 두 점 (x_1, y_1), (x_2, y_2)를 지나는 직선의 방정식은 $y - y_1 = \frac{y_2 - y_1}{x_2 - x_1}(x - x_1)$

2. 다음과 같이 영역 R과 $f(x, y)$가 주어졌을 때 R에서 $f(x, y)$의 이중적분을 각각 구하여라.

(1) $f(x, y) = x + 2y$, R은 꼭지점이 (0, 1), (0, 3), (1, 1)인 삼각형

(2) $f(x, y) = xy$, R은 $y = x^2$, $y = \sqrt{x}$로 둘러싸인 도형

(3) $f(x, y) = e^{x-y}$, R은 x축, y축, $y = -x + 1$로 된 삼각형

3. 위 2번의 이중적분 계산에서 적분순서를 바꾸어 이중적분을 각각 구하여라.

• $y = 2x^2$, $y = -x + 1$로 둘러싸인 도형이 이중적분의 적분영역

4. $\int_{-1}^{\frac{1}{2}} \int_{2x^2}^{-x+1} f(x, y)\,dydx$을 적분순서를 바꾸어 나타내어라.

5. 다음 반복적분을 계산하여라.

(1) $\int_0^1 \int_0^z \int_0^y yz\,dxdydz$ (2) $\int_0^1 \int_0^1 \int_0^1 ye^{-xy}\,dzdxdy$

6. $B = \{(x, y, z) | 0 \le x \le 2,\ -1 \le y \le 1,\ -1 \le z \le 0\}$일 때, 삼중적분 $\iiint_R (x + yz^2)\,dxdydz$를 구하여라.

• $x = 0$: yz평면
$y = 0$: xz평면
$z = 2$: xy평면에 평행이고 xy평면에서 2만큼 떨어져 있다.

7. 평면 $x = 0$, $y = 0$, $z = 2$와 곡면 $z = x^2 + y^2 (x \ge 0,\ y \ge 0)$으로 둘러싸인 도형인 입체영역이 W일 때 $\iiint_R x\,dxdydz$를 구하여라.

#1. 이중적분으로 넓이, 삼중적분으로 부피를 계산한다. 이를 설명하여라.

#2. 원주좌표(cylin drical coordinate), 구면좌표(spherical coordinate)에 대하여 조사하여라.

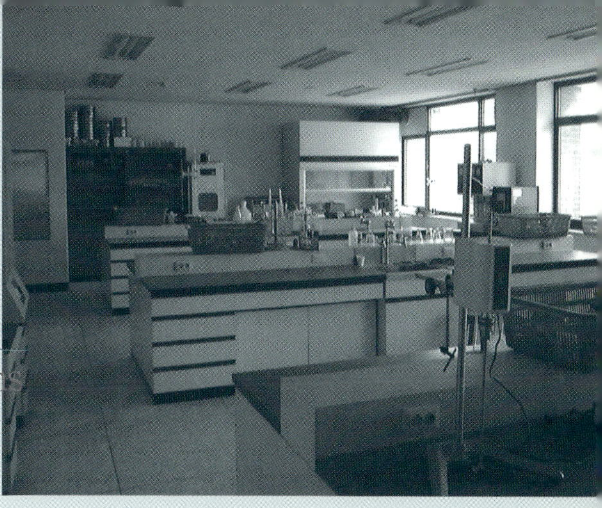

13 미분방정식

微分方程式, Differential Equations

어떤 양이 G_0인 물질이 시간이 지나면서 양은 증가한다고 하자.

시각 t에서 이 물질의 양의 순간증가비율은 시각 t에서의 이 물질의 양에 비례한다고 한다. 순간증가율은 시각 t에서 양 G에 대하여 $\frac{dG}{dt}$이고, 비례상수를 $k(k>0)$로 하면

$$\frac{dG}{dt}=kG \qquad \cdots ①$$

임을 알 수 있다. 이렇게 만든 방정식 ①을 **미분방정식**(differential equation)이라 한다. 이 방정식 ①을 변형하면

$$\frac{1}{G}dG=k\,dt$$

이다. 양변을 적분하면

$$\int\frac{1}{G}dG=\int k\,dt$$

• $\ln G=A$
$\Longleftrightarrow G=e^A$

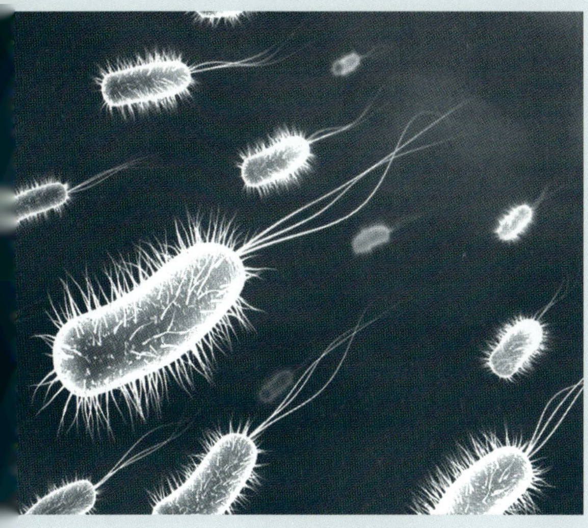

$$\ln G=kt+c$$
$$G=e^{kt+c}=e^{kt}e^c \qquad \cdots ②$$

• c는 상수
e^c도 상수

$t=0$일 때 양이 G_0

즉 $G=G(t)$에서 $G(0)=G_0$

②에서 $G(0)=e^0\cdot e^c=G_0$

따라서 ②는

$$G(t)=G\cdot e^{kt} \qquad \cdots ③$$

으로 쓸 수 있다.

한 미생물학자가 어떤 박테리아가 시간이 지남에 따라 얼마만큼 증가하는지 조사 연구하였다.

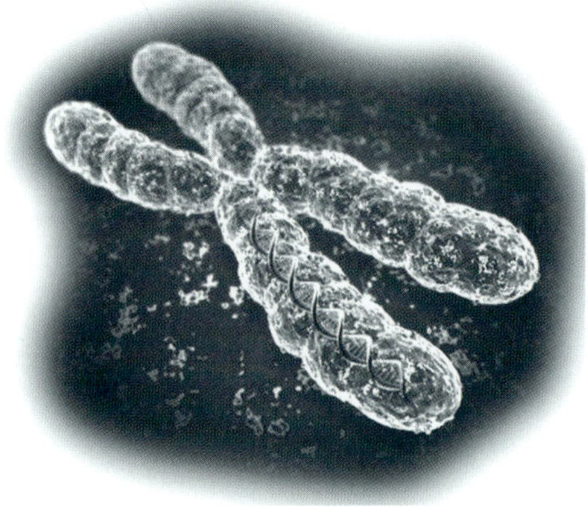

20000개의 박테이라가 30분이 경과한 후 320000개로 늘어났다고 한다.

앞의 식 ③에서

$$G_0 = 20000$$
$$G(30) = 32000$$
$$t = 30$$

이므로 이 G_0, $G(30)$, $t=30$을 대입하면

$$32000 = 20000e^{k \cdot 30}$$
$$e^{30k} = \frac{32000}{20000} = 1.6$$

양변에 자연로그를 잡으면

$$30k = \ln 1.6 \doteqdot 0.4700$$

따라서
$$k = \frac{0.4700}{30} \doteqdot 0.0157$$
이므로

$$G(t) \doteqdot 20000e^{0.0157t}$$

로 나타낼 수 있다.

이와 같은 미분방정식은 어떤 회사가 생산한 제품을 한 기간 동안 염가판매하여 판매량의 증가, 한 도시의 인구 증가 등에 적용하여 미분방정식을 세우고 푼 후에 알맞는 함수를 찾아서 생산 증가나, 인구 증가에 대한 여러 가지를 분석하는데 큰 도움이 된다. 이와 유사하게 생각하면 감소하는 경우도 같은 이치로 미분방정식을 세우고 그에 맞는 함수를 찾을 수 있다.

이제 미분방정식의 기본이 되는 몇 가지 형태의 방정식을 다루도록 한다. 부족한 부분은 2, 3학년이 되어 보충하도록 하자.

13.1 1계미분방정식

기본개념

먼저 미분방정식에 대한 기본개념을 알아보자.

일변수의 함수와 그 도함수를 포함하고 있는 등식을 상미분방정식(常微分方程式, ordinary differential equation)이라 한다. 이변수 이상인 다변수의 함수와 그 편도함수를 포함하고 있는 등식을 편미분방정식(偏微分方程式, partial differential equation)이라 한다.

• 상미분방정식과 편미분방정식을 통틀어 미분방정식이라 한다.

• $x+y=\dfrac{dy}{dx}$는 상미분방정식, $\dfrac{\partial^2 z}{\partial x^2}+\dfrac{\partial z}{\partial y}=x^2-y$ 은 편미분방정식

여기서는 기본적인 상미분방정식을 다루도록 한다.

미분방정식에 있는 도함수의 최고의 계수를 그 미분방정식의 계수(order), 계수가 최고인 도함수의 차수를 그 미분방정식의 차수(degree)라 한다.

예를 들어 $x^2-y^2=\dfrac{dy}{dx}$는 계수가 1, 차수도 1이다. 그리고 $(y'')^3-2y'+y=0$은 계수가 2, 차수는 3이다.

• $x^2-y^2=\dfrac{dy}{dx}$는 1계 1차 상미분방정식
$(y'')^3-2y'+y=0$는 2계 3차 상미분방정식

c가 임의의 상수일 때, $y=\sin(x+c)$ ⋯ ①를 미분하면

$$y'=\cos(x+c) \qquad \cdots ②$$

이다. 여기서 $\sin^2(x+c)+\cos^2(x+c)=1$이므로 ①, ②와 비교하면

$$y'^2+y^2=1,\ \text{또는}\ \left(\frac{dy}{dx}\right)^2+y^2=1 \qquad \cdots ③$$

③의 차수는 2

인 1계상미분방정식을 얻는다. 이 때 ③을 풀면 ①을 얻는다. 이 ①을 ③의 일반해(general solution)라 한다.

그리고 초기에 미분방정식 ③을 주고 $y(0)=1\ (0\le c\le\pi)$ ⋯ ④인 조건이 제시된 문제였다면 조건 $y(0)=1$을 초기조건(initial condition)이라 하고 ③을 풀어 얻은 일반해 ①에서 $y(0)=1$은 $x=0$일 때 $y=1$임을 의미하므로

$$1=\sin(0+c),\ \sin c=1,\ c=\frac{\pi}{2}\ \text{즉}$$

$y=\sin\left(x+\dfrac{\pi}{2}\right)$⋯⑤이 된다.

초기조건 ④를 주고 ③을 풀어 얻은 ⑤를 ③의 특수해(特殊解, particular solution)라 한다.

• 특이해는 일반해의 임의의 상수 c에 어떠한 값을 대입하여도 얻을 수 없다.

$y=1,\ y=-1$ ⋯ ⑥은 $y'=0$이므로 ③을 만족한다. 이러한 해 ⑥을 ③의 특이해(特異解, singular solution)이라 한다.

변수분리형

1계미분방정식 $\frac{dy}{dx}=F(x, y)$의 꼴이다. 이것을 변형하면 $P(x, y)+Q(x, y)\frac{dy}{dx}=0$, 즉 $P(x, y)dx+Q(x, y)dy=0$의 꼴이 된다. 이 중에

$$\frac{dy}{dx}=\frac{f(x)}{g(y)} \text{ 즉, } g(y)dy=f(x)dx \qquad \cdots ①$$

• $f(x)dx-g(y)dy=0$
$\int f(x)dx-\int g(y)dy=c$

를 변수분리형(變數分離形, variable separable)이라 한다.

따라서 주어진 미분방정식을 변형하여(변수를 분리하여) ①의 꼴이 되었을 때, 일반해는 ①의 양변을 적분하여 구한다.

$$\int g(y)dy=\int f(x)dx$$

예제 1.1 $\frac{dy}{dx}=\frac{x}{y}$를 풀어라.

풀이 이 미분방정식에서 변수분리하면 $ydy=xdx$, 적분하면 $\int ydy=\int xdx$, $\frac{y^2}{2}=\frac{x^2}{2}+c_1$, $2c_1=c$라 하면 구하는 일반해는 $y^2=x^2+c$ ■

예제 1.2 다음 미분방정식을 풀어라.

(1) $x(y-1)dx+y(x+1)dy=0$

(2) $(x+y+1)dx+(x+y-2)dy=0$

풀이 (1) 양변에 $1/(y-1)(x+1)$을 곱하면

$$\frac{x}{x+1}dx+\frac{y}{y-1}dy=0, \left(1-\frac{1}{x+1}\right)dx+\left(1+\frac{1}{y-1}\right)dy=0$$

• $\frac{x}{x+1}=\frac{x+1-1}{x+1}=1-\frac{1}{x+1}$

• $\frac{y}{y-1}=\frac{y-1+1}{y-1}=1+\frac{1}{y-1}$

적분하면 $x-\ln(x+1)+y+\ln(y-1)=c$, 즉 $x+y+\ln\frac{y-1}{x+1}=c$

(2) $x+y=z$라 하면 $dz=dx+dy$, $dy=dz-dx$

주어진 미분방정식은 $(z+1)dx+(z-2)(dz-dx)=0$

$$\therefore 3dx+(z-2)dz=0$$

적분하면 $3x+\frac{z^2}{2}-2z=c_1$

$$\therefore 3x+\frac{(x+y)^2}{2}-2(x+y)=c_1$$

정리하면 $(2c_1=c)$ 구하는 일반해는

$$x^2+2xy+y^2+2x-4y=c$$ ■

동차형

함수 $f(x, y)$가 $f(\lambda x, \lambda y) = \lambda^n f(x, y)$를 만족할 때 이 $f(x, y)$를 n차의 동차함수(homogeneous function of degree n)이라 한다. 또는 $f(x, y)$를 n차의 동차식(homogeneous expression)이라 한다.

$f(x, y) = xy^4 + x^3y^2$이면 $f(\lambda x, \lambda y) = (\lambda x)(\lambda y)^4 + (\lambda x)^3(\lambda y)^2$ $= \lambda^5(xy^4 + x^3y^2) = \lambda^5 f(x, y)$이므로 이 $f(x, y)$는 5차의 동차식이다.

미분방정식 $$P(x, y)\,dx + Q(x, y)\,dy = 0$$

에서 $P(x, y)$, $Q(x, y)$가 같은 차수의 동차식이면 이것은

$$\frac{dy}{dx} = F\left(\frac{y}{x}\right) \qquad \cdots ①$$

와 같이 나타내어진다. 이러한 미분방정식을 동차형(同次形) 또는 동차미분방정식(homogeneous differential eqution)이라 한다.

이 동차형의 미분방정식은 y/x를 다른 변수로 치환하여 변수분리형으로 만든다. 즉 $y/x = u$ 또는 $y = ux$라 놓고 양변을 x에 대하여 미분하면

$$\frac{dy}{dx} = u + x\frac{du}{dx} \qquad \cdots ②$$

②를 ①에 대입하면 $u + x\dfrac{du}{dx} = F(u)$, $xdu = \{F(u) - u\}dx$

즉, $$\frac{1}{x}dx = \frac{1}{F(u) - u}du \qquad \cdots ③$$

로 변수분리형이 된다. ③의 양변을 적분하면

$$\ln x = \int \frac{1}{F(u) - u}du + c_1 \quad (c_1\text{은 임의의 상수})$$

이 식의 u 대신 y/x를 대입하여 ①의 일반해를 얻는다.

- $y = ux$의 양변을 x에 대하여 미분하면 $\dfrac{dy}{dx} = u\left(\dfrac{d}{dx}x\right) + \left(\dfrac{d}{dx}u\right)x = u + x\dfrac{du}{dx}$

  이것을 다음과 같이 나타낼 수 있다.

  $y = ux$일 때 $dy = udx + xdu$

예제 1.3 $x^2dy - (xy + y^2)dx = 0$을 풀어라.

풀이 x^2, $xy + y^2$은 2차의 동차식이다. 주어진 방정식은

$$\frac{dy}{dx} = \frac{xy + y^2}{x^2} = \frac{y}{x} + \left(\frac{y}{x}\right)^2$$

$y = ux$라 하면 $\dfrac{dy}{dx} = u + x\dfrac{du}{dx}$ 이므로

$u + x\dfrac{du}{dx} = u + u^2$, $\therefore \dfrac{1}{u^2}du = \dfrac{1}{x}dx$, 양변을 적분하면

$-\dfrac{1}{u} = \ln x + c$, $u = \dfrac{y}{x}$를 대입하면 구하는 일반해는

$$x + y\ln x + cy = 0$$ ■

- $y = ux$라 하고 $dy = u\,dx + x\,du$를 주어진 방정식에 대입하면 $x^2(udx + xdu) - (ux^2 + u^2x^2)dx = 0$ $\therefore\ xdu - u^2dx = 0$
- 동차형은 치환하여 분수분리형으로
- $-\dfrac{x}{y} = \ln x + c$ $-x = y\ln x + cy$

선형미분방정식

미분방정식 $$\frac{dy}{dx}+P(x)y=Q(x) \qquad \cdots ①$$

을 선형미분방정식(線型微分方程式, linear differential equation)이라 한다. 특히 $Q(x)=0$인 경우 ①은 동차형이고 동차의 선형미분방정식이라 한다. 즉 동차형

$$\frac{dy}{dx}+P(x)y=0 \cdots ②\text{은, } \frac{1}{y}dy+P(x)dx=0$$

으로 변수분리형이 되고, 적분하면

• $\ln y=c_1-\int P(x)\,dx$
$y=e^{c_1-\int P(x)\,dx}$
$=e^{c_1}e^{-\int P(x)\,dx}$

$$\ln y+\int P(x)\,dx=c_1 \quad (\text{상수})$$

따라서, $$y=ce^{-\int P(x)\,dx} \quad (c=e^{c_1}) \qquad \cdots ③$$

③은 ②의 일반해이다. 이제 미분방정식 ①의 일반해를 구하자.

(방법 Ⅰ) ③의 c를 상수가 아니고 x의 함수 $c(x)$라 한다. 즉

$$y=c(x)e^{-\int P(x)\,dx} \qquad \cdots ④$$

이것을 x에 대하여 미분하면

• $-c(x)P(x)e^{-\int P(x)\,dx}$
$=-P(x)c(x)e^{-\int P(x)\,dx}$
$=-P(x)y \quad \cdots ④$

$$\frac{dy}{dx}=c'(x)e^{-\int P(x)\,dx}-c(x)P(x)e^{-\int P(x)\,dx}=-P(x)y+c'(x)e^{-\int P(x)\,dx} \qquad \cdots ⑤$$

⑤를 ①에 대입하면

$$c'(x)e^{-\int P(x)\,dx}=Q(x), \quad c'(x)=Q(x)e^{\int P(x)\,dx}$$
$$\therefore c(x)=\int Q(x)e^{\int P(x)\,dx}dx+c$$

이 $c(x)$를 ④에 대입하면 ①의 일반해는

$$y=e^{-\int P(x)\,dx}\left(\int Q(x)e^{\int P(x)\,dx}dx+c\right)$$

이와 같이 ③의 상수 c를 x의 함수로 하여 미분방정식 ①의 일반해를 구하는 방법을 상수변화법(常數變化法, variation of constant)이라 한다.

(방법 Ⅱ) $y=uv$(u, v는 x의 함수)라 하고 미분하면

$$\frac{dy}{dx}=\frac{du}{dx}v+u\frac{dv}{dx}$$

이것을 주어진 방정식 ①에 대입하면

$$\frac{du}{dx}v + u\frac{dv}{dx} + P(x)uv = Q(x)$$

즉, $$u\frac{dv}{dx} + \left(\frac{du}{dx} + P(x)u\right)v = Q(x) \qquad \cdots ⑥$$

여기서 $\frac{du}{dx} + P(x)u = 0$이라 하면,

$\frac{du}{dx} + P(x)u = 0$, $\frac{1}{u}dx + P(x)dx = 0$, 적분하여 $\ln u + \int P(x)dx = 0$

$\ln u = -\int P(x)dx \quad \therefore u = e^{-\int P(x)dx}$ $\cdots$ ⑦

이고, ⑥에서 $u\frac{dv}{dx} = Q(x)$가 되는데 여기에 ⑦을 대입하면

$e^{-\int P(x)dx}\frac{dv}{dx} = Q(x)$, $dv = Q(x)e^{\int P(x)dx} \quad \therefore v = \int Q(x)e^{\int P(x)dx}dx + c$

⑦의 u와 이 v를 $y = uv$에 대입하면 ①의 일반해는

$$y = e^{-\int P(x)dx}\left(\int Q(x)e^{\int P(x)dx}dx + c\right)$$

예제 1.4 $\frac{dy}{dx} - \frac{2}{x}y = x^3$을 풀어라.

풀이 주어진 미분방정식은 $P(x) = -\frac{2}{x}$, $Q(x) = x^3$인 선형미분방정식이므로 일반해는

$$\begin{aligned} y &= e^{-\int\left(-\frac{2}{x}dx\right)}\left(\int x^3 e^{\int\left(-\frac{2}{x}dx\right)}dx + c\right) \\ &= e^{2\ln x}\left(\int x^3 e^{-2\ln x}dx + c\right) \\ &= e^{\ln x^2}\left(\int x^3 e^{\ln x^{-2}}dx + c\right) \\ &= x^2\left(\int x^3 \cdot x^{-2}dx + c\right) \\ &= x^2\left(\frac{x^2}{2} + c\right) = \frac{x^4}{2} + cx^2 \end{aligned}$$

■

• $\frac{dy}{dx} + P(x)y = Q(x)y^n$을 베르누이(Bernoulli) 미분방정식이라 한다. y^n으로 양변을 나누고 $v = y^{n-1}$으로 놓고 미분하여 방정식에 대입하면 선형미분방정식이 된다.

예제 1.5 $\frac{dy}{dx} + \frac{1}{x}y = xy^3$을 풀어라.

풀이 양변을 y^3으로 나누면 $y^{-3}\frac{dy}{dx} + \frac{1}{x}y^{-2} = x$ $\cdots$ ①

$v = y^{-2}$이라 하고 미분하면 $\frac{dv}{dx} = -2y^{-3}\frac{dy}{dx}$ $\cdots$ ②

①, ②에서 $\frac{dv}{dx} - \frac{2}{x}v = -2x$

$$\therefore v = y^{-2} = e^{\int\frac{2}{x}dx}\left(\int(-2x)e^{-\int\frac{2}{x}dx}dx + c\right) \qquad \cdots ③$$

③을 풀어 정리하면 일반해는 $2x^2y^2(\ln x + c) = 1$ ■

$$\begin{aligned} \frac{1}{y^2} &= e^{2\ln x}\left(\int(-2x)e^{-2\ln x}dx + c\right) \\ &= x^2\left(\int(-2x)\cdot\frac{1}{x^2}dx + c\right) \\ &= x^2\left(\int\left(-\frac{2}{x}\right)dx + c\right) \end{aligned}$$

완전미분방정식

미분방정식

$$P(x, y)dx + Q(x, y)dy = 0 \qquad \cdots ①$$

의 좌변이 x, y에 대한 한 함수 $u(x, y)$의 전미분과 같을 때, 즉

$$P(x, y)dx + Q(x, y)dy = du(x, y), \left(\text{이 때}, du = \frac{\partial u}{\partial x}dx + \frac{\partial u}{\partial y}dy\right)$$

일 때 이 미분방정식 ①을 완전미분방정식(完全微分方程式, exact differential equation)이라 한다.

• $Pdx + Qdy = 0$에서 $Pdx + Qdy = du$이면 $du = 0$ $u = c$, 즉 $u(x, y) = c$ 이므로 이 $u(x, y) = c$는 ①의 일반해이다.

• $Pdx + Qdy = du$일 때 $Pdx + Qdy$를 완전미분 u를 $Pdx + Qdy$의 적분이라 한다.

• $P = P(x, y)$ $Q = Q(x, y)$ $u = u(x, y)$

정리 1.1

미분방정식 $P(x, y) + Q(x, y)dy = 0$가 완전미분방정식이기 위한 필요충분조건은

$$\frac{\partial P}{\partial y} = \frac{\partial Q}{\partial x} \qquad \cdots ②$$

증명 (⟹) $Pdx + Qdy = 0$을 완전미분방정식이라 가정하자. 그러면 $Pdx + Qdy = du$를 만족하는 $u(x, y)$가 존재한다.

$$Pdx + Qdy = du = \frac{\partial u}{\partial x}dx + \frac{\partial u}{\partial y}dy$$

이므로 $P = \frac{\partial u}{\partial x}$, $Q = \frac{\partial u}{\partial y}$, 여기서 $\frac{\partial^2 u}{\partial y \partial x} = \frac{\partial^2 u}{\partial x \partial y}$ 따라서 $\frac{\partial P}{\partial y} = \frac{\partial Q}{\partial x}$

(즉, ②는 ①의 필요조건이다).

(⟸) $\frac{\partial P}{\partial y} = \frac{\partial Q}{\partial x}$가 성립한다고 가정하자. 그리고

$$\int Pdx = F(x, y)$$

라 놓으면 $\qquad \frac{\partial F}{\partial x} = P, \ \frac{\partial^2 F}{\partial y \partial x} = \frac{\partial P}{\partial y} = \frac{\partial Q}{\partial x}$

즉, $\qquad \frac{\partial^2 F}{\partial y \partial x} - \frac{\partial Q}{\partial x} = 0, \ \ \frac{\partial}{\partial x}\left(\frac{\partial F}{\partial y} - Q\right) = 0$

이므로 $\frac{\partial F}{\partial y} - Q$는 y만의 함수이다. 이 함수를 $f(y)$라 하면

$$\frac{\partial F}{\partial y} - Q = f(y), \quad Q = \frac{\partial F}{\partial y} - f(y)$$

$$\therefore Pdx + Qdy = \frac{\partial F}{\partial x}dx + \left(\frac{\partial F}{\partial y} - f(y)\right)dy$$

$$= \frac{\partial F}{\partial x}dx + \frac{\partial F}{\partial y}dy - f(y)dy = dF - f(y)dy = d\left(F - \int f(y)dy\right)$$

따라서 $Pdx + Qdy = 0$은 완전미분방정식이다. (즉, ②는 ①의 충분조건이다.) ■

정리 1.2

완전미분방정식 $P(x, y)dx + Q(x, y)dy$의 일반해는

$$\int Pdx + \int \left[Q - \frac{\partial}{\partial y}\int Pdx\right]dy = c \qquad (c\text{는 상수})$$

이다.

증명 $Pdx + Qdy = 0$을 풀어 해를 구하기 위하여

$$\frac{\partial u}{\partial x} = P$$

라 놓으면 $u = \int Pdx + f(y)$

$$Q = \frac{\partial u}{\partial y} = \frac{\partial}{\partial y}\left[\int Pdx + f(y)\right] = \frac{\partial}{\partial y}\int Pdx + f'(y)$$

$$f'(y) = Q - \frac{\partial}{\partial y}\int Pdx \quad \therefore f(y) + \int \left[Q - \frac{\partial}{\partial y}\int Pdx\right]dy + c_1$$

즉, $u = \int Pdx + \int \left[Q - \frac{\partial}{\partial y}\int Pdx\right]dy + c_1$

구하는 일반해는 $u(x, y) = c_2$이므로 $(c = c_2 - c_1)$

$$\int Pdx + \int \left[Q - \frac{\partial}{\partial y}\int Pdx\right]dy = c \quad (c\text{는 상수})$$ ■

• $\frac{\partial u}{\partial x} = P$의 양변을 x에 대하여 적분하면 적분상수는 y만의 함수 $f(y)$로 놓을 수 있다.

예제 1.6 $(x^2 + 2y)dx + (2x - 4y + 1)dy = 0$이 완전미분방정식임을 밝히고 이 방정식을 풀어라.

풀이 $P = x^2 + 2y, \quad Q = 2x - 4y + 1$이라 하면 $\partial P/\partial y = 2 = \partial Q/\partial x$ 이므로 주어진 미분방정식은 완전미분방정식이다.

따라서 구하는 일반해는 정리 1.2에 의하여

$$\begin{aligned}
u(x, y) &= \int Pdx + \int \left[Q - \frac{\partial}{\partial y}\int Pdx\right]dy \\
&= \int (x^2 + 2y)\,dx + \int \left[(2x - 4y + 1) - \frac{\partial}{\partial y}\int (x^2 + 2y)\,dx\right]dy \\
&= \frac{1}{3}x^3 + 2xy + \int \left[(2x - 4y + 1) - \frac{\partial}{\partial y}\left(\frac{1}{3}x^3 + 2xy\right)\right]dy \\
&= \frac{1}{3}x^3 + 2xy + \int [(2x - 4y + 1) - (0 + 2x)]\,dy \\
&= \frac{1}{3}x^3 + 2xy + \int (-4y + 1)\,dy \\
&= \frac{1}{3}x^3 + 2xy - 2y^2 + y = c_1
\end{aligned}$$

$$\therefore x^3 + 6xy - 6y^2 + 3y = c$$ ■

• $c = 3c_1$

적분인수

미분방정식 $$P(x, y)\,dx + Q(x, y)\,dy = 0 \quad \cdots ①$$

가 완전미분방정식이 아닐 때, 즉

$$\frac{\partial P}{\partial y} \neq \frac{\partial Q}{\partial x}$$

일 때 방정식 ①의 양변에 $\lambda(x, y)$를 곱하여 얻은 방정식

$$\lambda P dx + \lambda Q dy = 0 \quad \cdots ②$$

가 완전미분방정식이 되는 경우가 있다. 이 때 $\lambda(x, y)$를 미분방정식 ①의 적분인수(積分因數), 또는 적분인자(積分因子, integrating factor)라 한다. 따라서 $\lambda(x, y)$가 미분방정식 ①의 적분인수이기 위한 필요충분조건은

$$\frac{\partial}{\partial y}(\lambda P) = \frac{\partial}{\partial x}(\lambda Q)$$

즉, $$P\frac{\partial \lambda}{\partial y} - Q\frac{\partial \lambda}{\partial x} = \lambda\left(\frac{\partial Q}{\partial x} - \frac{\partial P}{\partial y}\right) \quad \cdots ③$$

이다. 이제 $\lambda(x, y)$를 구하기 위하여 편미분방정식 ③을 풀어야 하지만 여기서는 생략하고 자주 접하는 몇 가지 적분인수를 구하는 방법을 다루기로 한다.

(1) $\dfrac{\dfrac{\partial Q}{\partial x} - \dfrac{\partial P}{\partial y}}{Q} = f(x)$일 때, 즉 x만의 함수일 때

λ를 x만의 함수라고 가정하면 ③의 편미분방정식에서

$$\frac{\partial \lambda}{\partial y} = 0, \ \frac{\partial \lambda}{\partial x} = \frac{d\lambda}{dx}$$

이므로 $-Q\dfrac{d\lambda}{dx} = \lambda\left(\dfrac{\partial Q}{\partial x} - \dfrac{\partial P}{\partial y}\right), \ \dfrac{d\lambda}{dx} + \dfrac{1}{Q}\left(\dfrac{\partial Q}{\partial x} - \dfrac{\partial P}{\partial y}\right)\lambda = 0$

$\therefore \dfrac{d\lambda}{dx} + f(x)\lambda = 0.$ 따라서 적분인수는 $\lambda = e^{-\int f(x)\,dx}$

(2) $\dfrac{\dfrac{\partial Q}{\partial x} - \dfrac{\partial P}{\partial y}}{P} = g(y)$일 때, 즉 y만의 함수일 때

③에서 $\dfrac{\partial \lambda}{\partial x} = 0, \ \dfrac{\partial \lambda}{\partial y} = \dfrac{d\lambda}{dy}$이므로

$$P\frac{d\lambda}{dy} = \lambda\left(\frac{\partial Q}{\partial x} - \frac{\partial P}{\partial y}\right), \ \frac{d\lambda}{dy} - \frac{1}{P}\left(\frac{\partial Q}{\partial x} - \frac{\partial P}{\partial y}\right)\lambda = 0$$

$\therefore \dfrac{d\lambda}{dy} - g(y)\lambda = 0,$ 따라서 적분인수는 $\lambda = e^{\int g(y)\,dy}$

• $\dfrac{\partial}{\partial y}(\lambda P) = \dfrac{\partial}{\partial x}(\lambda Q)$ 곱의 미분법에 따라 $\dfrac{\partial \lambda}{\partial y}P + \lambda\dfrac{\partial P}{\partial y} = \dfrac{\partial \lambda}{\partial x}Q + \lambda\dfrac{\partial Q}{\partial x}$ 이것을 정리하면 ③이 된다.

• $\dfrac{d\lambda}{dx} + f(x)\lambda = 0$

$\dfrac{1}{\lambda}d\lambda + f(x)\,dx = 0$

변수분리형이다.

$\dfrac{1}{\lambda}d\lambda = -f(x)\,dx$

적분하면

$\ln\lambda = -\int f(x)\,dx$

$\therefore \lambda = e^{-\int f(x)\,dx}$

• $\dfrac{d\lambda}{dy} - g(y)\lambda = 0$

$\dfrac{1}{\lambda}d\lambda = g(y)\,dy$

적분하면

$\ln\lambda = \int g(y)\,dy$

$\therefore \lambda = e^{\int g(y)\,dy}$

예제 1.7 $(2x^2-xy)\,dx-x^2dy=0$을 풀어라.

풀이 $P=2x^2-xy,\ Q=-x^2$이라 놓으면

$$\frac{1}{Q}\left(\frac{\partial Q}{\partial x}-\frac{\partial P}{\partial y}\right)=\frac{1}{-x^2}(-2x+x)=\frac{1}{x}$$

따라서 적분인수는 $\lambda=e^{-\int\frac{1}{x}dx}=e^{-\ln x}=e^{\ln x^{-1}}=x^{-1}=\frac{1}{x}$

주어진 미분방정식의 양변에 이 적분인수 $1/x$를 곱하면

$$(2x-y)\,dx-xdy=0,\ \ 2xdx-(ydx+xdy)=0$$

양변을 적분하면 구하는 일반해는

$$x^2-xy=c \quad (c\text{는 상수})$$

■

- $\frac{\partial}{\partial y}(2x^2-xy)=-x$ $\neq\frac{\partial}{\partial x}(-x^2)=-2x$ 주어진 방정식은 완전미분방정식이 아니다. 적분인수를 찾아본다.
- $xdy+ydx=d(xy)$

예제 1.8 $(2xy^2-ye^x)\,dx+e^x dy=0$을 풀어라.

풀이 $P=2xy^2-ye^x,\ Q=e^x$이라 놓으면

$$\frac{1}{P}\left(\frac{\partial Q}{\partial x}-\frac{\partial P}{\partial y}\right)=\frac{e^x-(4xy-e^x)}{2xy^2-ye^x}=\frac{-2}{y}$$

따라서 적분인수는 $\lambda=e^{\int\left(-\frac{2}{y}\right)dy}=e^{-2\ln y}=y^{-2}=\frac{1}{y^2}$

주어진 미분방정식의 양변에 이 적분인수 $1/y^2$을 곱하면

$$2xdx-\frac{ye^x}{y^2}dx+\frac{e^x}{y^2}dy=0,\ \ 2xdx-\frac{ye^x dx-e^x dy}{y^2}=0$$

$2xdx-d\left(\frac{e^x}{y}\right)=0$, 양변을 적분하면 구하는 일반해는

$$x^2-\frac{e^x}{y}=c,\ \text{즉}\ x^2y-e^x=cy \quad (c\text{는 상수})$$

몇 가지 적분인수를 소개하면 다음과 같다.

식	적분인수	완전미분
$xdy-ydx$	$\frac{1}{x^2}$	$\frac{xdy-ydx}{x^2}=d\left(\frac{y}{x}\right)$
$xdy-ydx$	$\frac{1}{y^2}$	$\frac{xdy-ydx}{y^2}=d\left(-\frac{x}{y}\right)$
$xdy-ydx$	$\frac{1}{xy}$	$\frac{1}{y}dy-\frac{1}{x}dx=d\left(\ln\frac{y}{x}\right)$
$xdy+ydx$	$\frac{1}{(xy)^n}$	$\frac{xdy+ydx}{(xy)^n}=d\left\{\frac{-1}{(n-1)(xy)^{n-1}}\right\},\ (n\neq1)$ $\frac{xdy+ydx}{xy}=d\{\ln(xy)\},\ (n=1)$

■

- $\frac{\partial}{\partial y}(2xy^2-ye^x)$ $=4xy-e^x$ $\neq\frac{\partial}{\partial x}(e^x)=e^x$ 주어진 방정식은 완전미분방정식이 아니다. 적분인수를 찾아본다.
- ◂직관적으로 알 수 있는 적분인수.

연습문제 13.1

1. 다음 미분방정식의 계수와 차수를 말하여라.

(1) $\dfrac{dy}{dx}+x^2y+x=1$ (2) $y'''+x(y'')^2+(y')^2+x^2y=0$

(3) $(1+y')^{\frac{3}{2}}=y''$ (4) $(y')^3-y''+y^3y'=0$

2. 다음에서 각각 임의의 상수를 소거하여 미분방정식을 만들어라.

(1) $y=Ae^{2x}+Be^x+c$ (2) $y=c_1x+c_2\ln x$

(3) $y=A\sin ax+B\cos ax$ (a는 고정인 상수)

• 변수분리형, 동차형

3. 다음 미분방정식을 풀어라.

(1) $(y-1)+(x-1)\dfrac{dy}{dx}=0$ (2) $y=(x^2-1)y'$

(3) $(2x+2y-1)dx+(x+y-2)dy=0$

(4) $(x^2+y^2)dx+xydy=0$

(5) $(x+y)y'+(x-y)=0$ (6) $2x^2y'=x^2+y^2$

• 선형미분방정식

4. 다음 미분방정식을 풀어라.

(1) $\dfrac{dy}{dx}-2y=x^2e^x$ (2) $\dfrac{dy}{dx}+\dfrac{y}{x}=\dfrac{y^2\ln x}{x}$

• 완전미분방정식

• 적분인자

5. 다음 미분방정식을 풀어라.

(1) $(2x+y+1)dx+(2y+x-1)dy=0$

(2) $(x^2-2y)dx+(y^2-2x)dy=0$

(3) $(y+e^x\cos y)dx+(x-e^x\sin y)dy=0$

(4) $(y\ln x-x)dx+(y+x\ln x-x)dy=0$

(5) $(y+xy+\sin y)dx+(x+\cos y)dy=0$

(6) $2ydx+xdy=0$

(7) $(y-x)dy+ydx=0$

(8) $(y+xy^2)dx+(x+x^2y)dy=0$

6. 시각 t에서 그 질량이 $N(t)$인 어떤 방사성 물질의 감소률은 일정하다고 한다. 이 물질의 반감기를 구하여라.

#1. 6번과 같이 1계미분방정식을 응용한 문제를 다양한 자료를 통하여 수집하고 그 문제를 풀어 보아라.

1계고차미분방정식 연구 과정

계수는 1이고 차수가 2 이상인 미분방정식을 1계고차미분방정식이라 한다.

이 1계고차미분방정식을 차수를 n으로 하여 나타내면(1계n차미분방정식)

$$\left(\frac{dy}{dx}\right)^n + P_1(x,y)\left(\frac{dy}{dx}\right)^{-1} + P_2(x,y)\left(\frac{dy}{dx}\right)^{n-2} + \cdots$$
$$\cdots = P_{n-1}(x,\ y)\left(\frac{dy}{dx}\right) + P_n(x,\ y) = 0 \quad \cdots ①$$

이다. 이 방정식 ①이

$$\left\{\frac{dy}{dx} - R_1(x,\ y)\right\}\left\{\frac{dy}{dx} - R_2(x,\ y)\right\}\cdots$$
$$\cdots\left\{\frac{dy}{dx} - R_{n-1}(x,y)\right\}\left\{\frac{dy}{dx} - R_n(x,\ y)\right\} = 0$$

과 같이 인수분해된다면

$$\frac{dy}{dx} - R_1(x,\ y) = 0,\ \frac{dy}{dx} - R_2(x,\ y) = 0,\ \cdots$$
$$\cdots,\ \frac{dy}{dx} - R_{n-1}(x,\ y) = 0,\ \frac{dy}{dx} - R_n(x,\ y) = 0$$

인 n개의 1계미분방정식을 얻는다.

이 n개의 미분방정식의 일반해가 각각

$$\phi_1(x,\ y,\ c) = 0,\ \phi_2(x,\ y,\ c) = 0,\ \cdots$$
$$\cdots,\ \phi_{n-1}(x,\ y,\ c) = 0,\ \phi_n(x,\ y,\ c) = 0$$

이라고 하면, 1계고차미분방정식 ①의 일반해는

$$\phi_1(x,\ y,\ c)\phi_2(x,\ y,\ c)\cdots$$
$$\cdots\ \phi_{n-1}(x,\ y,\ c)\phi_n(x,\ y,\ c) = 0$$

이다.

예제 1. 다음 미분방정식을 풀어라.

(1) $\left(\frac{dy}{dx}\right)^2 - \frac{dy}{dx} - 6 = 0$

(2) $\left(\frac{dy}{dx}\right)^2 - 2x\left(\frac{dy}{dx}\right) - 3x^2 = 0$

풀이 (1) $\left(\frac{dy}{dx}\right)^2 - \frac{dy}{dx} - 6 = 0$을 인수분해하면

$$\left(\frac{dy}{dx} - 3\right)\left(\frac{dy}{dx} + 2\right) = 0$$

$$\frac{dy}{dx} - 3 = 0,\ \frac{dy}{dx} + 2 = 0$$

$\frac{dy}{dx} = 3,\ \frac{dy}{dx} = -2$, 적분하면

$$y = 3x + c,\ y = -2x + c$$

따라서 구하는 일반해는

$$(3x - y + c)(2x + y - c) = 0$$

(2) $\left(\frac{dy}{dx}\right)^2 - 2x\left(\frac{dy}{dx}\right) - 3x^2 = 0$을 인수분해하면

$$\left(\frac{dy}{dx} - 3x\right)\left(\frac{dy}{dx} + x\right) = 0$$

$$\frac{dy}{dx} - 3x = 0,\ \frac{dy}{dx} + x = 0$$

적분하면

$$y - \frac{3x^2}{2} = c,\ y + \frac{x^2}{2} = c$$

정리하면 구하는 일반해는

$$(2y - 3x^2 - 2c)(2y + x^2 - 2c) = 0$$ ■

$\frac{dy}{dx} = p$라 놓고 1계고차미분방정식의 풀이 방법을 몇 가지 더 다루도록 한다.

[$y = px + f(p)$ 모양의 방정식]

이것을 클레로미분방정식(Clairaut's differential equation)이라 한다. 클레로(Alexis claude clairaut, 1713-1765)는 프랑스의 수학자이다. 이 미분방정식의 풀이 방법을 알아보자.

$$y = px + f(p)$$

의 양변을 x에 대하여 미분한다.

$$p = p + x\frac{dp}{dx} + f'(p)\frac{dp}{dx}, \quad \left(p = \frac{dy}{dx}\right)$$

$$\therefore \{x + f'(p)\}\frac{dp}{dx} = 0$$

$$\frac{dp}{dx} = 0, \; x + f'(p) = 0$$

(i) $\frac{dp}{dx} = 0$일 때

$p = c$이므로 이것을 주어진 미분방정식에 대입하면 일반해는

$$y = cx + f(c)$$

(ii) $x + f'(p) = 0$일 때 이 식과 주어진 미분방정식에서 p를 소거하면 일반해를 얻는다.

예제 2. $y = px + p^2 + p + 1$을 풀어라.

풀이 p 대신 c를 대입한 것(위의 (i)에서)이 일반해이므로

$$y = cx + c^2 + c + 1$$

이 일반해를 c에 대하여 편미분하면

$$0 = x + 2c + 1$$

이 식과 위 일반해에서 c를 소거한

$$y = \left(-\frac{x+1}{2}\right)x + \left(-\frac{x+1}{2}\right)^2 - \frac{x+1}{2} + 1$$
$$= \frac{1}{4}(-x^2 - 2x + 1)$$

이 주어진 방정식의 특이해이다. ■

[$y = f(x, p)$ 모양의 방정식]

$y = f(x, p)$의 양변을 x에 대하여 미분하면

$$\frac{dy}{dx} = \frac{\partial f}{\partial x}\frac{dx}{dx} + \frac{\partial f}{\partial p}\frac{\partial p}{\partial x}, \text{ 즉 } p = \frac{\partial f}{\partial x} + \frac{\partial f}{\partial p}\frac{dp}{dx}$$

이 방정식은 x, p에 대한 1계미분방정식으로 그 일반해가 $\phi(x, y, c)$라 하면 구하는 일반해는

$$y = f(x, p) \text{와 } \phi(x, y, c) = 0$$

에서 p를 소거한 것이다.

p가 소거되지 않을 경우는 p를 매개변수로 하여 일반해를 $x = x(p)$, $y = y(p)$로 나타낸다.

예제 3. $xp^2 - y + p^2 = 0$을 풀어라.

풀이 $y = xp^2 + p^2$ … ①

양변을 x에 대하여 미분하면

$$p = p^2 + x2p\frac{dp}{dx} + 2p\frac{dp}{dx}$$

$p = 0$일 때, ①에서 $y = 0$

$p \neq 0$일 때 $1 - p - 2(x+1)\frac{dp}{dx} = 0$ … ②

이것의 일반해는 $(1+x)(1-p)^2 = c_1$ … ③

①은 $y = p^2(x+1)$

구하는 일반해는

$$x + 1 = \frac{c_1}{(1-p)^2}, \; y = \frac{c_1 p^2}{(1-p)^2} \quad \cdots ④$$

④에서 p를 소거하면 일반해는

$$(1 + x - y - c)^2 = 4cy \quad \cdots ⑤$$

■

문제 #1. ②를 풀어서 ③이 일반해임을 밝혀라.

문제 #2. ④에서 p를 소거하여 보아라.

문제 #3. [$x = f(y, p)$ 모양의 방정식]의 풀이 방법을 $x = f(y, p)$를 y에 대하여 편미분하여 위와 같이 설명하고, 예제 3의 경우와 같이 예를 들어 풀어 보아라.

13.2 2계선형미분방정식

$$A(x)\frac{d^2y}{dx^2}+B(x)\frac{dy}{dx}+C(x)y=G(x) \qquad \cdots ①$$

형태의 방정식을 2계선형미분방정식이라 한다. 특히 $G(x)=0$

즉, $$A(x)\frac{d^2y}{dx^2}+B(x)\frac{dy}{dx}+C(x)y=0 \qquad \cdots ②$$

을 제차(동차)선형방정식(homogeneous linear equation)이라 한다. $G(x)\neq 0$인 경우를 비제차 또는 비동차(nonhomogeneous)라 한다.

$y_1=y_1(x)$, $y_2=y_2(x)$가 미분방정식 ②의 해이면, 임의의 상수 c_1, c_2에 대하여

$$y=y(x)=c_1y_1(x)+c_2y_2(x) \qquad \cdots ③$$

도 ②의 해이다.

이것은 y_1, y_2가 ②의 해이므로 y_1, y'_1, y''_1 및 y_2, y'_2, y''_2을 ②에 대입한 결과가 각각 0인 점에 의하여 ③의 y, y', y''을 ②에 대입한 결과가 0이 됨을 밝히면 된다.

• y_1, y_2가 1차독립일 때
$y=c_1y_1+c_2y_2$
는 방정식 ②의 일반해이다. 예를 들어
$y_1=x^3$, $y_2=2x^3$
이면 y_1, y_2는 일차종속(linear dependence), $y_1=e^x$, $y_2=xe^x$이면 y_1, y_2는 일차독립(linear independence)라 한다.

[I] 먼저 ②에서 $A(x)$, $B(x)$, $C(x)$가 모두 상수함수인 경우, 즉

$$a\frac{d^2y}{dx^2}+b\frac{dy}{dx}+cy=0$$

다시 쓰면 $$ay''+by'+cy=0 \qquad \cdots ④$$

• a, b, c는 상수

인 경우의 미분방정식의 일반해를 구하자.

여기서 $y=e^{tx}$(t는 상수), $y'=te^{tx}$, $y''=t^2e^{tx}$을 ④에 대입하면

$$at^2e^{tx}+bte^{tx}+ce^{tx}=0,\ (at^2+bt+c)e^{tx}=0$$

$e^{tx}\neq 0$이므로

$$at^2+bt+c=0 \qquad \cdots ⑤$$

이다. 따라서 $y=e^{tx}$은 ④의 해임을 알 수 있고 t는 방정식 ⑤의 근임도 알 수 있다. 이 때 방정식 ⑤를 미분방정식 ④의 보조방정식(auxiliary equation) 또는 특성방정식(characteristic equation)이라 한다. 미분방정식의 ④의 해는 ④의 y''에 t^2, y'에 t, y에 1을 대입한 이차방정식 ⑤의 근인 t의 값이 결정되면 구할 수 있다. 따라서 보조방정식의 근을 먼저 구하도록 한다.

- $at^2 + bt + c = 0$ 의 판별식 $b^2 - 4ac$가
  $b^2 - 4ac > 0$
  $b^2 - 4ac = 0$
  $b^2 - 4ac < 0$
  인 경우로 나누어 생각한다.

2계선형미분방정식 $ay'' + by' + cy = 0$ …④

에 대한 보조방정식 $at^2 + bt + c = 0$ …⑤

의 근에 따라 미분방정식 ④의 해를 구한다. 이 때 이차방정식 ⑤가 서로 다른 두 실근, 중근, 허근을 갖는 세 경우로 나누어 생각한다.

(1) 서로 다른 두 실근을 갖는 경우

보조방정식 ⑤가 서로 다른 두 실근 t_1, t_2를 가지면 미분방정식 ④의 일반해는

$$y = c_1 e^{t_1 x} + c_2 e^{t_2 x}$$

이다(c_1, c_2는 상수).

예제 2.1 다음 미분방정식을 풀어라.

(1) $\dfrac{d^2 y}{dx^2} + 2\dfrac{dy}{dx} - 8y = 0$ (2) $y'' - 4y' + y = 0$

풀이 (1) 보조방정식은 $t^2 + 2t - 8 = 0$, $(t-2)(t+4) = 0$

$t = 2$, $t = -4$이므로 구하는 일반해는

$$y = c_1 e^{2x} + c_2 e^{-4x}$$

(2) 보조방정식은 $t^2 - 4t + 1 = 0$

$$\therefore t = \frac{4 \pm \sqrt{(-4)^2 - 4\cdot 1\cdot 1}}{2\cdot 1} = 2 \pm \sqrt{3}$$

따라서 구하는 일반해는

$$y = c_1 e^{(2+\sqrt{3})x} + c_2 e^{(2-\sqrt{3})x}$$ ■

(2) 중근을 갖는 경우

- 방정식 ⑤가 $b^2 - 4ac = 0$일 때 중근을 가지므로 이차방정식의 근의 공식
  $t = \dfrac{-b \pm \sqrt{b^2 - 4ac}}{2a}$
  에서 중근 t는
  $t = -\dfrac{b}{2a}$

보조방정식 ⑤가 중근 t를 갖는다고 하면 $b^2 - 4ac = 0$이므로

$$t = -\frac{b}{2a},\ \text{즉 } 2at + b = 0$$

$y_1 = e^{tx}$은 ④의 해이다. 이에 관하여 $y_2 = xe^{tx}$은 $y'_2 = e^{tx} + txe^{tx}$, $y''_2 = te^{tx} + te^{tx} = t^2 xe^{tx}$이므로

$$\begin{aligned} ay''_2 + by'_2 + cy_2 &= a(2te^{tx} + t^2 xe^{tx}) + b(e^{tx} + txe^{tx}) + cxe^{tx} \\ &= (2at + b)e^{tx} + (at^2 + bt + c)xe^{tx} = 0 \end{aligned}$$

이다. 따라서 $y_2 = xe^{tx}$도 방정식 ④의 해이다. 이상을 정리하면 다음과 같다.

보조방정식 ⑤가 중근 t를 가지면 미분방정식 ④의 일반해는

$$y = c_1 e^{tx} + c_2 x e^{tx}$$

이다(c_1, c_2는 상수).

예제 2.2 다음 미분방정식을 풀어라.

(1) $9y'' + 6y' + y = 0$ (2) $\frac{d^2y}{dx^2} - 2\sqrt{2}\frac{dy}{dx} + 2y = 0$

풀이 (1) 보조방정식은 $9t^2 + 6t + 1 = 0$, $(3t+1)^2 = 0$

중근 $t = -\frac{1}{3}$을 가지므로 구하는 일반해는

$$y = c_1 e^{-\frac{1}{3}x} + c_2 x e^{-\frac{1}{3}x}$$

(2) 보조방정식은 $t^2 - 2\sqrt{2}\,t + 2 = 0$, $(t - \sqrt{2})^2 = 0$

중근 $t = \sqrt{2}$를 가지므로 구하는 일반해는

$$y = c_1 e^{\sqrt{2}x} + c_2 x e^{\sqrt{2}x}$$ ■

(3) 허근을 갖는 경우

보조방정식 ⑤가 허근 $t_1 = \alpha + i\beta$, $t_2 = \alpha - i\beta$(α, β는 실수)를 가지면 미분방정식 ④의 일반해는

$$\begin{aligned}
y &= d_1 e^{t_1 x} + d_2 e^{t_2 x} \qquad (c_1, c_2\text{는 상수}) \\
&= d_1 e^{(\alpha + i\beta)x} + d_2 e^{(\alpha - i\beta)x} \\
&= d_1 e^{\alpha x} e^{i\beta x} + d_2 e^{\alpha x} e^{-i\beta x} \\
&= d_1 e^{\alpha x}(\cos\beta x + i\sin\beta x) + d_2 e^{\alpha x}\{\cos(-\beta x) + i\sin(\beta x)\} \\
&= d_1 e^{\alpha x}(\cos\beta x + i\sin\beta x) + d_2 e^{\alpha x}(\cos\beta x - i\sin\beta x) \\
&= e^{\alpha x}\{(d_1 + d_2)\cos\beta x + i(d_1 - d_2)\sin\beta x\} \\
&= e^{\alpha x}(c_1\cos\beta x - c_2\sin\beta x), \quad (d_1 + d_2 = c_1,\ i(d_1 - d_2) = c_2)
\end{aligned}$$

• $at^2 + bt + c = 0$의 허근이 $\alpha \pm i\beta$(α, β는 실수)이면

$\alpha = -\frac{b}{2a}$, $\beta = \frac{\sqrt{4ac - b^2}}{2a}$

이고, 미분방정식

$ay'' + by' + cy = 0$

의 일반해는

$y = e^{\alpha x}(c_1\cos\beta x + c_2\sin\beta x)$

예제 2.3 다음 미분방정식을 풀어라.

(1) $\frac{d^2y}{dx^2} - 8\frac{dy}{dx} + 20y = 0$ (2) $y'' + 3y = 0$

풀이 (1) 보조방정식 $t^2 - 8t + 20 = 0$의 근은 허근이므로 $t = 4 \pm 2i$이다. 따라서 구하는 일반해는 $y = e^{4x}(c_1\cos 2x + c_2\sin 2x)$

(2) 보조방정식 $t^2 + 3 = 0$의 근은 허근이므로 $t = \pm\sqrt{3}\,i$. 따라서 $\alpha = 0$, $\beta = \sqrt{3}$이므로 구하는 일반해는 $y = c_1\cos\sqrt{3}\,x + c_2\sin\sqrt{3}\,x$

• 보조방정식의 근이

$t = \pm\sqrt{3}\,i = 0 \pm \sqrt{3}\,i$

따라서 일반해는

$y = e^{0\cdot x}(c_1\cos\sqrt{3}\,x + c_2\sin\sqrt{3}\,x)$

[II] 이제 계수가 상수인 비동차(비제차)선형미분방정식

$$a\frac{d^2y}{dx^2}+b\frac{dy}{dx}+cy=G(x),\ \text{또는}\ ay''+by'+cy=G(x) \qquad \cdots ⑥$$

의 풀이 방법을 알아보자($G(x)\neq 0$이고, a, b, c는 상수).

⑥에서 $G(x)=0$으로 한 동차(제1차)선형미분방정식

$$ay''+by'+cy=0 \qquad \cdots ⑦$$

을 방정식 ⑥의 여방정식(餘方程式, complementary)이라 한다.

여기서 방정식 ⑥의 특수해를 $y_p=y_p(x)$, 방정식 ⑦의 일반해를 $y_c=y_c(x)$라 놓을 때, 방정식 ⑥의 일반해는

• 간편히 $y=y_p+y_c$

$$y(x)=y_p(x)+y_c(x) \qquad \cdots ⑧$$

이다. 이 y_c를 비동차선형미분방정식 ⑥의 여함수(餘函數, complementary function), 또는 보함수(補函數)라 한다.

⑧에서 $y_c=y-y_p$가 ⑦의 해인가를 관찰하여 보자.

$$\begin{aligned}(ay''_c+by'_c+cy_c)&=a(y-y_p)''+b(y-y_p)'+c(y-y_p)\\&=a(y''-y''_p)+b(y'-y'_p)+c(y-y_p)\\&=ay''+by'+cy-(ay''_p+by'_p+cy_p)\\&=G(x)-G(x)\\&=0 \qquad (\because\ ⑧\text{의 } y,\ \text{또는 } y_p\text{는 ⑥의 해})\end{aligned}$$

따라서 ⑧은 방정식 ⑥의 일반해이다. 비동차선형미분방정식 ⑥의 여함수는 앞의 [I]에서 동차선형미분방정식의 풀이 방법을 참고하면 된다. 그러나 방정식 ⑥의 특수해는 그렇지 않아서 이 특수해를 얻을 수 있는 방법에 대하여 알아본다. 그 방법은 ⑥의 $G(x)$에 따라 여러 가지이다. 여기서는 미정계수법(未定係數法, method of undeterminate coefficients)으로 설명한다.

• $ay''+by'+cy=G(x)$는 $E(x)$가 x의 2차 다항식이므로 $y_p=Ax^2+Bx+C$로 놓고 y_p, y'_p, y''_p를 주어진 방정식에 대입하여 미정인 계수 A, B. C를 정하여 특수해 y_p를 구한다.

(1) $G(x)$가 x의 n차 다항식일 때

미분방정식 $a_ny^{(n)}+a_{n-1}y^{(n-1)}+\cdots+a_2y''+a_1y'+a_0y=G(x)$의 특수해 y_p는

$$y_p=A_0+A_1x+A_2x^2+\cdots+A_nx^n$$

으로 놓고 주어진 미분방정식에 대입하여 계수 A_0, A_1, A_2, $\cdots$, A_n을 정한다.

여기서 다루는 미분방정식은 ⑥과 같이 2계선형미분방정식인 점을 유의한다.

예제 2.4 $y''-y'-2y=2x^2$을 풀어라.

풀이 보조방정식 $t^2-t-2=0$에서 $(t+1)(t-2)=0$

$$t=-1,\ t=2$$

이므로 여함수는 $y_c=c_1e^{-x}+c_2e^{2x}$

그리고 특수해를 $y_p=Ax^2+Bx+C$으로 놓는다. 그러면

$$y'_p=2Ax+B$$
$$y''_p=2A$$

이들을 주어진 방정식에 대입하면

$$2A-(2Ax+B)-2(Ax^2+Bx+C)=2x^2$$
$$\therefore -2Ax^2-2(A+B)x+(2A-B-2C)=2x^2$$

양변의 계수를 비교하면 $\begin{cases}-2A=2\\-2(A+B)=0\\2A-B-2C=0\end{cases}$

이 연립방정식을 풀면 $A=-1,\ B=1,\ C=-3/2$

$$\therefore y_p=-x^2+x-\frac{3}{2}$$

그러므로 구하는 일반해는

$$y=y_c+y_p=c_1e^{-x}+c_2e^{2x}-x^2+x-\frac{3}{2}$$ ■

• $G(x)=2x^2$으로 2차 다항식이므로 특수해를 $y_p=Ax^2+Bx+C$ 라하고 A, B, C를 정한다.

(2) $G(x)$**가** ce^{kx}**일 때**

미분방정식 ⑥의 특수해를 $y_p=Ae^{kx}$이라 놓고 $y_p,\ y'_p,\ y''_p$를 주어진 미분방정식에 대입하여 미정인 계수 A를 정한다. 주어진 미분방정식의 여함수 y_c에 e^{kx}의 항이 있으면 특수해를 $y_p=Axe^{kx}$이라 놓는다.

• $y_p=Ae^{kx}$과 같이 놓은 미분방정식의 해를 시험해 또는 실행해(trial solutuin)라 한다.

예제 2.5 $y''+16y=e^{2x}$를 풀어라.

풀이 보조방정식 $t^2+16=0$의 근이 $t=\pm 4i$이므로

$$y_c=c_1\cos 4x+c_2\sin 4x$$

특수해를 $y_p=Ae^{2x}$라 놓으면 $y'_p=2Ae^{2x},\ y''_p=4Ae^{2x}$

이것을 주어진 방정식에 대입하면

$$4Ae^{2x}+16Ae^{2x}=e^{2x} \qquad \therefore A=\frac{1}{20}$$

즉, $y_p=\frac{1}{20}e^{2x}$이므로 구하는 일반해는

$$y=y_c+y_p=c_1\cos 4x+c_2\sin 4x+\frac{1}{20}e^{2x}$$ ■

예제 2.6 $y'' + 2y' - 3y = e^x$을 풀어라.

• 주어진 미분방정식의 여함수에 $G(x) = e^x$과 같은 항이 있으므로 특수해를 $y_p = Ae^x$으로 놓으면 중복된다. 따라서 $y_p = Axe^x$으로 놓는다.

풀이 보조방정식 $t^2 + 2t - 3 + 0$, $(t-1)(t+3) = 0$의 근이 $t = 1$, $t = -3$이므로 여함수는

$$y_c = c_1 e^x + c_2 e^{-3x}$$

특수해는 여함수에 e^x 항이 있으므로 $y_p = Axe^x$

이라 놓으면 $y'_p = Ae^x + Axe^x = A(1+x)e^x$

$$y''_p = Ae^x + Ae^x + Axe^x = A(2+x)e^x$$

을 주어진 미분방정식에 대입하면

$$A(2+x)e^x + 2A(1+x)e^x - 3(Axe^x) = e^x$$

이것을 정리하면 $A = \frac{1}{4}$이므로 특수해는 $y_p = \frac{1}{4}xe^x$

그러므로 구하는 일반해는

$$y = y_c + y_p = c_1 e^x + c_2 e^{-3x} + \frac{1}{4}xe^x$$ ■

(3) $G(x)$**가** $c\cos(k+l)$, $c\sin(k+l)$**일 때**

미분방정식 ⑥의 특수해를

$$y_p = A\cos(kx+l) + B\sin(kx+l)$$

이라 놓고 y_p, y'_p, y''_p을 주어진 미분방정식에 대입하여 미정계수 A, B를 정한다.

예제 2.7 $y'' + 4y' + 4y = 3\sin 2x$을 풀어라.

풀이 보조방정식 $t^2 + 4t + 4 = (t+2)^2 = 0$의 근을 중근으로 $t = -2$이므로 여함수는

$$y_c = c_1 e^{-2x} + c_2 xe^{-2x}$$

특수해를 $y_p = A\cos 2x + B\sin 2x$로 놓으면

$$y'_p = -2A\sin 2x + 2B\cos 2x$$

$$y''_p = -4A\cos 2x - 4B\sin 2x = -4y_p$$

이므로 y_p, y'_p, y''_p을 주어진 미분방정식에 대입하여 정리하면

$$-8A\cos 2x - 8B\sin 2x = 3\sin 2x \qquad \therefore A = 0,\ B = -3/8$$

$$\therefore y_p = -\frac{3}{8}\sin 2x$$

그러므로 구하는 일반해는

$$y = y_c + y_p = c_1 e^{-2x} + c_2 xe^{-2x} - \frac{3}{8}\sin 2x$$ ■

(4) $G(x)$가 x의 다항식, 지수함수, 삼각함수를 혼합한 것일 때

미분방정식 ⑥의 특수해는 앞의 (1), (2), (3)의 특수해를 혼합한 형태로 택한다.

예제 2.8 $y'' - 3y' - 4y = 26e^x \sin 2x$를 풀어라.

풀이 보조방정식 $t^2 - 3t - 4 = (t+1)(t-4) = 0$의 근이

$$t = -1, t = 4$$

이므로 주어진 미분방정식의 여함수는

$$y_c = c_1 e^x + c_2 e^{4x}$$

$G(x)$가 e^x과 $\sin 2x$의 혼합형이므로 특수해는

$$y_p = e^x (A\cos 2x + B\sin 2x)$$

라 놓을 수 있다. 이제 y'_p, y''_p을 구하면

$$\begin{aligned}
y'_p &= (e^x)(A\cos 2x + B\sin 2x) + e^x (A\cos 2x + B\sin 2x)' \\
&= e^x (A\cos 2x + B\sin 2x) + e^x (-2A\sin 2x + 2B\cos 2x) \\
&= e^x \{(A+2B)\cos 2x + (-2A+B)\sin 2x\} \\
y''_p &= (e^x)'\{(A+2B)\cos 2x + (-2A+B)\sin 2x\} \\
&\qquad + e^x \{(A+2B)\cos 2x + (-2A+B)\sin 2x\}' \\
&= e^x \{(A+2B)\cos 2x + (-2A+B)\sin 2x\} \\
&\qquad + e^x \{(-2A-4B)\sin 2x + (-4A+2B)\cos 2x\} \\
&= e^x \{(-3A+4B)\cos 2x + (-4A-3B)\sin 2x\}
\end{aligned}$$

이제 y_p, y'_p, y''_p을 주어진 미분방정식에 대입하면

$$\begin{aligned}
&e^x \{(-3A+4B)\cos 2x + (-4A-3B)\sin 2x\} \\
&\quad -3e^x \{(A+2B)\cos 2x + (-2A+B)\sin 2x\} \\
&\quad -4\{e^x (A\cos 2x + B\sin 2x)\} \\
&\quad = 26e^x \sin 2x
\end{aligned}$$

이것을 정리하면

$$e^x \{(-10A-2B)\cos 2x + (2A-10B)\sin 2x = 26e^x \sin 2x$$

$$\begin{cases} -10A - 2B = 0 \\ 2A - 10B = 26 \end{cases} \text{즉,} \begin{cases} 5A + B = 0 \\ A - 5B = 13 \end{cases}$$

이 연립방정식을 풀면 $A = \frac{1}{2}$, $B = -\frac{5}{2}$. 따라서 일반해는

$$y = y_c + y_p = c_1 e^{-x} + c_2 e^{4x} + e^x \left(\frac{1}{2}\cos 2x - \frac{5}{2}\sin 2x\right)$$ ■

- $y'' - 3y' - 4y = 0$의 일반해가 주어진 미분방정식의 여함수
- $G(x)$가 지수함수와 삼각함수의 혼합형이므로 이와 같은 형태로 특수해를 택하고 미정인 계수를 정한다.
- $y_p = e^x\left(\frac{1}{2}\cos 2x - \frac{5}{2}\sin 2x\right)$

연습문제 13.2

• 보조방정식이 서로 다른 두 실근, 중근, 허근 중 어떤 근을 갖는지 판별한다.

1. 다음 미분방정식을 풀어라.

(1) $\dfrac{d^2y}{dx^2}+3\dfrac{dy}{dx}-4y=0$

(2) $y''+2y'-y=0$

(3) $4\dfrac{d^2y}{dx^2}-4\dfrac{dy}{dx}+y=0$

(4) $y''+2\sqrt{3}y'+3y=0$

(5) $2\dfrac{d^2y}{dx^2}-4\dfrac{dy}{dx}+3y=0$

(6) $y''+5y=0$

• 미분방정식

$ay''+by'+cy=G(x)$

의 풀이 방법은

(i) $G(x)=0$으로 한

$ay''+by'+cy=0$

의 일반해 즉 주어진 미분방정식의 여함수 y_c를 구한다.

(ii) 특수해 y_p를 $G(x)$의 형태에 따라 택하고 미정계수를 정한다.

(iii) 구하는 일반해는

$y=y_c+y_p$

2. 다음 미분방정식을 풀어라.

(1) $y''-y'-6y=6x^2-x$

(2) $y''-4y'+13y=5e^{3x}$

(3) $y''+3y'-10y=e^{2x}$

(4) $y''-3y'+2y=4\sin x$

(5) $y''-6y'+9y=3\cos 3x$

(6) $y''-y=e^x+\cos x$

(7) $y''+2y'+2y=12e^{2x}\cos 2x$

#1. 미분방정식 $y''-2y'-8y=xe^x+6\sin 2x$의 특수해를 구할 때

(1) $y_p=Axe^x+Be^x+C\cos 2x+D\sin 2x$라 놓고 y'_p, y''_p을 구하고 주어진 방정식에 대입하여 특수해를 정하여라.

(2)
$$\begin{cases} y''-2y'-8y=xe^x & \cdots ① \\ y''-2y'-8y=6\sin 2x & \cdots ② \end{cases}$$
라 놓는다.

그리고 이 두 2계선형미분방정식의 특수해를

①은 $y_p=Axe^x+Be^x$

②는 $y_p=A\cos 2x+B\sin 2x$

라 놓고 ①, ②의 특수해를 각각 정한다. 이 두 특수해의 합을 (1)과 비교하여라.

#2. 2계선형미분방정식을 응용한 문제를 분야별로 찾아보고 그 문제를 풀어라.

14 행렬과 행렬식

行列과 行列式, Matrix and Determinant

케일리(Arthur Cayley, 1821-1895)

영국의 수학자. 다작의 작가.

그의 업적에 논문 967편이나 포함되어 있다.

리치몬드에서 태어났고, 케임브리지 트리니티 대학에서 공부하고 1842년에 졸업했다. 그 해에 그는 아주 어려운 시험에서 처음으로 스미스상(Smith's prize)을 받을 정도로 우수했다고 한다. 케임브리지 학부 학생 시절에도 논문을 발표하였다. 그렇게 많은 논문 중 매우 특출한 것은 「행렬의 이론에 대한 연구 논문집(Memoir on the Theory of Matrices, 1858)」이다.

수학적인 한 새로운 방법을 창조해낸 것이다.

행렬의 연산, 일차변환 등이 그것이다.

대학 졸업 후 마땅한 일자리를 찾지 못한 케일리는 다시 법학을 전공하여 법조계로 나아가 일했다. 이것은 수학 연구에 필요한 직업으로만 생각하고 있었다고 한다.

법조계에서 일하면서도 수학연구를 게을리하지 않고 수학에 관한 논문을 2백여 편이나 썼다고 한다.

이렇게 수학 연구에 매달린 생활을 하던 중 1863년에 케임브리지의 순수수학 교수가 되었다.

그의 행렬 이론은 당시 굉장한 창조(발명)이었다.

특별히 행렬의 곱에서는 교환법칙이 성립하지 않는다고 주장한 점이다.

즉, 같은 크기의 행렬 A, B에 대하여 $AB \neq BA$인 것이었다.

또 그는 1843년부터 영국의 수학자 실베스터(James Joseph Sylvester, 1814-1897)와 협동으로 연구(invariants에 관하여)하기도 했다.

더욱 혁신적으로 받아들여지는 일은 1854년 추상대수학(abstract algebra)의 군(group)에 대한 그의 업적이다.

또한 기하학(algebraic geometry) 분야에서 $n \geq 3$ 이때 n차원 공간(n-dimensional space)에 대한 연구도 특별한 것이었다.

당시 2차원인 평면에서의 기하학이 주된 흐름이었으므로 획기적이 아닐 수 없었다.

그의 저서 「선형변환에 관하여(On the Theory of Linear, 1845)」를 통하여 케일리가 행렬을 연구한 첫 수학자임을 알 수 있다.

그는 수학 연구 틈틈이 소설 읽기를 즐겼고 등산을 좋아했고 그림도 그렸다고 한다. 그래서 그는 수학자, 법률가, 화가, 등산가라 불리기도 한다.

14.1 행 렬

수 또는 문자들을 직사각형 모양으로 배열하고 괄호로 묶어 놓은 것을 행렬(matrix)이라 한다.

$$(1)\begin{pmatrix} 2 & 3 & 5 \\ 4 & -2 & 1 \end{pmatrix} \qquad (2)\begin{pmatrix} -1 & -2 & 4 \\ 3 & 1 & 5 \\ 7 & 6 & 2 \end{pmatrix} \qquad (3)\begin{pmatrix} a & b \\ c & d \\ e & f \end{pmatrix}$$

(1), (2), (3)과 같이 행렬을 나타낸다.

괄호 안의 수 또는 문자를 그 행렬의 성분(entry, component)이라 한다. 그리고 동일수평선 위의 성분 전체, 즉 가로 줄을 행(row), 동일수직선 위의 성분 전체, 즉 세로 줄을 열(column)이라 한다. 한 행렬은 보통 (행의 수)×(열의 수) 행렬이라 하는데 (1)은 2×3행렬, (2)는 3×3행렬, (3)은 3×2 행렬이다.

(2)와 같이 행의 수와 열의 수가 같은 행렬을 정사각행렬(square matrix), 한 개의 행으로 된 행렬을 행행렬(row matrix), 한 개의 열로 된 행렬을 열행렬(column matrix)이라 한다.

일반적으로 m, n이 자연수일 때, $m \times n$ 행렬($m \times n$ matrix)은 m개의 행과 n개의 열로 된 행렬이고 다음과 같이 나타낸다.

$$\begin{array}{c} \\ 1\text{행} \\ 2\text{행} \\ 3\text{행} \\ \vdots \\ i\text{행} \\ \vdots \\ m\text{행} \end{array} \begin{array}{c} \begin{array}{ccccccc} 1\text{열} & 2\text{열} & 3\text{열} & & j\text{열} & & n\text{열} \end{array} \\ \begin{pmatrix} a_{11} & a_{12} & a_{13} & \cdots & a_{1j} & \cdots & a_{1n} \\ a_{21} & a_{22} & a_{23} & \cdots & a_{2j} & \cdots & a_{2n} \\ a_{31} & a_{32} & a_{33} & \cdots & a_{3j} & \cdots & a_{3n} \\ \vdots & \vdots & \vdots & & & & \\ a_{i1} & a_{i2} & a_{i3} & \cdots & a_{ij} & \cdots & a_{in} \\ \vdots & \vdots & \vdots & & \vdots & & \vdots \\ a_{m1} & a_{m2} & a_{m3} & \cdots & a_{mj} & \cdots & a_{mn} \end{pmatrix} \end{array} \Bigg\} m\text{개의 행}$$

n개의 행

a_{ij}는 i번째행, j번째열에 있는 이 행렬의 성분이다.

$m=n$일 때, 이 행렬을 n차 정사각행렬(또는 정방행렬, square matrix of order n)이라 한다.

- [ ]을 사용하여 행렬을 나타내기도 한다.
  $\begin{bmatrix} 2 & 5 & 5 \\ 4 & -2 & 1 \end{bmatrix}\cdots$
- $\begin{pmatrix} 1 \\ 2 \\ 4 \end{pmatrix}$: 열행렬 (3×1행렬)
- $(-2 \quad 0 \quad 3)$: 행행렬 (1×3행렬)
- 행행렬을 행벡터(row vector) 열행렬을 열벡터(column vector)라고도 한다.
- $m \times n$ matrix는 'm by n matrix' 또는 'm by n 행렬'로 읽는다.
- a_{ij} (i ← 행, j ← 열)
- $m \times n$ 행렬(a_{ij})는 크기(size) $m \times n$을 갖는다고 한다.
- a_{ij}를 행렬(a_{ij})의 제i행, 제j열의 성분(또는 (i, j) 성분, ij성분)이라 한다.

• 4×3행렬

$$\begin{pmatrix} 1 & 2 & -2 \\ 0 & 6 & 3 \\ -1 & 3 & 4 \\ 6 & 2 & -4 \end{pmatrix} \begin{matrix} \cdots 1\text{행} \\ \cdots 2\text{행} \\ \cdots 3\text{행} \\ \cdots 4\text{행} \end{matrix}$$

1열 2열 3열

행렬의 행은 위에서 아래쪽으로 제1행, 제2행, 제3행, …, 제i행, …, 제n행 또는 1행, 2행, 3행, …, i행, …, n행이라 하고 마찬가지로 열도 왼쪽에서 오른쪽으로 제1열, 제2열, 제3열, …, 제j열, …, 제n열 또는 1열, 2열, 3열, …, j열, …, n열이라 한다.

행렬은 보통 A, B, C, … 또는 (a_{ij}), (b_{ij}), (c_{ij}), … 등으로 나타낸다. $(i=1, 2, 3, \cdots, m$이고 $j=1, 2, 3, \cdots, n)$ 예를 들면

$$A=\begin{pmatrix} 2 & 5 \\ 4 & -3 \end{pmatrix}, \quad B=\begin{pmatrix} -1 & -2 & 4 \\ 3 & 1 & 5 \\ 7 & 6 & 2 \end{pmatrix}, \quad C=\begin{pmatrix} a & b & c \\ d & e & f \end{pmatrix}$$

인데 A는 2차 정사각행렬, B는 3차 정사각행렬, C는 2×3행렬이다.

n차 정사각행렬 (a_{ij}), $1 \le i \le n$, $1 \le j \le n$

$$\begin{pmatrix} a_{11} & a_{12} & a_{13} & \cdots & a_{1n} \\ a_{21} & a_{22} & a_{23} & \cdots & a_{2n} \\ a_{31} & a_{32} & a_{33} & \cdots & a_{3n} \\ \vdots & \vdots & \vdots & & \vdots \\ a_{n1} & a_{n2} & a_{n3} & \cdots & a_{nn} \end{pmatrix}$$

• 주대각성분 a_{ij}은 $i=j$ 일 때

• $\begin{pmatrix} 1 & 0 & 0 \\ 0 & 2 & 0 \\ 0 & 0 & -1 \end{pmatrix}$ 은 대각행렬이다.

에서 대각선 위의 성분 $a_{11}, a_{22}, a_{33}, \cdots, a_{nn}$을 주대각성분(principle diagonal entry)이라 한다.

정사각행렬에서 주대각성분을 제외한 모든 성분이 0인 행렬을 대각행렬(diagonal matrix)라 하고 다음과 같다.

$$\begin{pmatrix} a_{11} & 0 & 0 & 0 & \cdots & 0 \\ 0 & a_{22} & 0 & 0 & \cdots & 0 \\ 0 & 0 & a_{33} & 0 & \cdots & 0 \\ 0 & 0 & 0 & a_{44} & \cdots & 0 \\ \vdots & \vdots & \vdots & \vdots & & \vdots \\ 0 & 0 & 0 & 0 & \cdots & a_{nn} \end{pmatrix}$$

즉, $i=j$일 때 $a_{ij} \neq 0$, $i \neq j$일 때 $a_{ij}=0$

모든 성분이 0인 행렬을 영행렬(zero matrix)이라 하고

$$\begin{pmatrix} 0 & 0 & 0 \end{pmatrix}, \quad \begin{pmatrix} 0 & 0 \\ 0 & 0 \end{pmatrix}, \quad \begin{pmatrix} 0 \\ 0 \\ 0 \\ 0 \end{pmatrix}, \quad \begin{pmatrix} 0 & 0 & 0 & 0 \\ 0 & 0 & 0 & 0 \\ 0 & 0 & 0 & 0 \end{pmatrix}$$

등이다. 영행렬은 문자 O로 나타낸다.

예제 1.1 행렬 $A=\begin{pmatrix} -2 & 0 & 3 \\ 4 & \frac{1}{3} & -5 \end{pmatrix}$가 있다.

(1) A의 크기를 말하여라.

(2) $A=(a_{ij})$라 할 때, i와 j가 갖는 수와 a_{12}, a_{23}와 같은 성분을 각각 말하여라.

풀이 (1) 행의 수가 2, 열의 수가 3이므로 크기는 2×3이다.
즉 A는 2×3행렬이다.

(2) i는 행으로 1, 2, j는 열로 1, 2, 3이고 a_{12}는 제1행, 제2열의 성분이므로 0, 즉 $a_{12}=0$, a_{23}은 제2행, 제3열의 성분이므로 −5, 즉 $a_{23}=-5$이다. ■

행과 열의 수가 각각 같은, 즉 크기(size)가 같은 두 행렬 $A=(a_{ij})$, $B=(b_{ij})$에서 대응하는 성분이 모두 같으면, $a_{ij}=b_{ij}$이면 이 두 행렬은 상등 또는 같다(equl)고 하고

$$A=B$$

와 같이 나타낸다. 이를 테면

$$A=\begin{pmatrix} a_{11} & a_{12} & a_{13} \\ a_{21} & a_{22} & a_{23} \end{pmatrix},\quad B=\begin{pmatrix} b_{11} & b_{12} & b_{13} \\ b_{21} & b_{22} & b_{23} \end{pmatrix}$$

라 할 때

$$a_{11}=b_{11},\ \ a_{12}=b_{12},\ \ a_{13}=b_{13},$$
$$a_{21}=b_{21},\ \ a_{22}=b_{22},\ \ a_{23}=b_{23}$$

이면 $A=B$이다. 이것은 역도 성립한다.

• 두 $m\times n$ 행렬 $A=(a_{ij})$, $B=(b_{ij})$에서 모든 $i(i=1, 2, 3, \cdots, m)$, $j(j=1, 2, 3, \cdots, n)$에 대하여 $a_{ij}=b_{ij}$일 때, $A=B$이다.

예제 1.2 다음 두 행렬 A와 B는 같다고 할 수 있는가?

(1) $A=\begin{pmatrix} 0.25 & \sqrt{16} & 0 & 3/9 \\ 1 & \sqrt[3]{-27} & -5 & \sqrt{12} \end{pmatrix},\quad B=\begin{pmatrix} 1/4 & 4 & 0 & 1/3 \\ 1 & -3 & -5 & 2\sqrt{3} \end{pmatrix}$

(2) $A=\begin{pmatrix} 3 & 4 & 5 \\ 6 & 7 & 8 \end{pmatrix},\quad B=\begin{pmatrix} 3 & 6 \\ 4 & 7 \\ 5 & 8 \end{pmatrix}$

• $\sqrt[3]{-27}=\sqrt[3]{(-3)^3}=-3$

풀이 (1) 행의 수가 2, 열의 수가 4, 즉 크기가 2×4로 같고 또한 각 대응하는 성분이 같으므로 $A=B$이다.

(2) 행렬 A의 크기는 2×3, B의 크기는 3×2로 크기가 같지 않으므로 $A\neq B$, 즉 A와 B는 같지 않다. ■

• 행렬의 합(sum of matrices)

행렬의 합, 실수배, 곱을 정의한다.

• $\begin{pmatrix} a_{11} & a_{12} \\ a_{21} & a_{22} \\ a_{31} & a_{32} \end{pmatrix} - \begin{pmatrix} b_{11} & b_{12} \\ b_{21} & b_{22} \\ b_{31} & b_{32} \end{pmatrix}$

(3×2행렬) (3×2행렬)

$= \begin{pmatrix} a_{11}-b_{11} & a_{12}-b_{12} \\ a_{21}-b_{21} & a_{22}-b_{22} \\ a_{31}-b_{31} & a_{32}-b_{32} \end{pmatrix}$

정의 1.1 행렬의 합과 차

$m\times n$행렬 $A=(a_{ij})$와 $B=(b_{ij})$가 있다. 크기가 같은 이 두 행렬의 합 $A+B$는 대응하는 성분의 합을 그 위치의 성분으로 하는 같은 크기($m\times n$)의 행렬이다. 즉

$$A+B=(a_{ij}+b_{ij})=\begin{pmatrix} a_{11}+b_{11} & a_{12}+b_{12} & \cdots & a_{1n}+b_{1n} \\ a_{21}+b_{21} & a_{22}+b_{22} & \cdots & a_{2n}+b_{2n} \\ \vdots & \vdots & & \vdots \\ a_{m1}+b_{m1} & a_{m2}+b_{m2} & \cdots & a_{mn}+b_{mn} \end{pmatrix}$$

또 두 행렬의 차, 뺄셈에서는 위와 마찬가지로

$$A-B=(a_{ij}-b_{ij})$$

이다.

예제 1.3 다음을 계산하여라.

• 행렬의 합과 차는 크기가 같은 행렬 사이에만 성립하고, 크기가 다른 행렬 사이에는 합과 차를 계산할 수 없다.

$\begin{pmatrix} 1 & 2 & 3 \\ 4 & 5 & 6 \end{pmatrix} + \begin{pmatrix} -1 & 3 \\ 2 & 5 \\ 0 & -6 \end{pmatrix} = ?$

(1) $\begin{pmatrix} 1 & 0 \\ 2 & 4 \\ -3 & 6 \end{pmatrix} + \begin{pmatrix} -2 & 1 \\ -3 & -1 \\ 3 & 0 \end{pmatrix}$　　(2) $\begin{pmatrix} a & b \\ c & d \end{pmatrix} + \begin{pmatrix} e & f \\ g & h \end{pmatrix}$

(3) $\begin{pmatrix} 1 & 3 & -5 \\ 2 & 0 & 1 \end{pmatrix} - \begin{pmatrix} 2 & 3 & -2 \\ 1 & 3 & 2 \end{pmatrix}$　　(4) $\begin{pmatrix} 1 & 0 & 2 \\ 5 & -4 & 1 \\ 2 & 3 & 3 \end{pmatrix} - \begin{pmatrix} 6 & 2 & 5 \\ 3 & -2 & 4 \\ -1 & 0 & 3 \end{pmatrix}$

풀이 (1) $\begin{pmatrix} 1 & 0 \\ 2 & 4 \\ -3 & 6 \end{pmatrix} + \begin{pmatrix} -2 & 1 \\ -3 & -1 \\ 3 & 0 \end{pmatrix} = \begin{pmatrix} 1+(-2) & 0+1 \\ 2+(-3) & 4+(-1) \\ -3+3 & 6+0 \end{pmatrix} = \begin{pmatrix} -1 & 1 \\ -1 & 3 \\ 0 & 6 \end{pmatrix}$

(2) $\begin{pmatrix} a & b \\ c & d \end{pmatrix} + \begin{pmatrix} e & f \\ g & h \end{pmatrix} = \begin{pmatrix} a+e & b+f \\ c+g & d+h \end{pmatrix}$

(3) $\begin{pmatrix} 1 & 3 & -5 \\ 2 & 0 & 1 \end{pmatrix} - \begin{pmatrix} 2 & 3 & -2 \\ 1 & 3 & 2 \end{pmatrix} = \begin{pmatrix} 1-2 & 3-3 & -5-(-2) \\ 2-1 & 0-3 & 1-2 \end{pmatrix}$

$= \begin{pmatrix} -1 & 0 & -3 \\ 1 & -3 & -1 \end{pmatrix}$

(4) $\begin{pmatrix} 1 & 0 & 2 \\ 5 & -4 & 1 \\ 2 & 3 & 3 \end{pmatrix} - \begin{pmatrix} 6 & 2 & 5 \\ 3 & -2 & 4 \\ -1 & 0 & 3 \end{pmatrix} = \begin{pmatrix} -5 & -2 & -3 \\ 2 & -2 & -3 \\ 3 & 3 & 0 \end{pmatrix}$ ■

정의 1.2 행렬의 실수배

$m\times n$ 행렬 $A=(a_{ij})$와 실수 k가 있다. 이 때 kA는 $m\times n$행렬이고 다음과 같다.

$$kA=(ka_{ij})=\begin{pmatrix} ka_{11} & ka_{12} & \cdots & ka_{1n} \\ ka_{21} & k_{a22} & \cdots & ka_{2n} \\ \vdots & \vdots & & \vdots \\ ka_{m1} & ka_{m2} & \cdots & ka_{mn} \end{pmatrix}$$

즉, kA는 A의 각 성분에 k를 곱한 것을 대응하는 성분으로 하는 같은 크기의 행렬이다.

• 행렬의 실수배를 행렬의 스칼라곱(multiplication of a matrix by a scalar)이라고도 한다.

• $A=\begin{pmatrix} a & b \\ c & d \end{pmatrix}$일 때

$$-A=(-1)A =(-1)\begin{pmatrix} a & b \\ c & d \end{pmatrix} =\begin{pmatrix} (-1)a & (-1)b \\ (-1)c & (-1)d \end{pmatrix} =\begin{pmatrix} -a & -b \\ -c & -d \end{pmatrix}$$

예제 1.4 다음을 계산하여라.

(1) $3\begin{pmatrix} 2 & -3 \\ 4 & 0 \end{pmatrix}$ (2) $10\begin{pmatrix} 1.6 \\ -0.2 \\ 2.3 \end{pmatrix}$

(3) $A=\begin{pmatrix} -1 & 5 \\ 2 & 0 \\ 4 & -3 \end{pmatrix}$, $B=\begin{pmatrix} 2 & 4 \\ -1 & -2 \\ -3 & 1 \end{pmatrix}$일 때 $-2A+3B$

풀이 (1) $3\begin{pmatrix} 2 & -3 \\ 4 & 0 \end{pmatrix}=\begin{pmatrix} 3(2) & 3(-3) \\ 3(4) & 3(0) \end{pmatrix}=\begin{pmatrix} 6 & -9 \\ 12 & 0 \end{pmatrix}$

(2) $10\begin{pmatrix} 1.6 \\ -0.2 \\ 2.3 \end{pmatrix}=\begin{pmatrix} 10(1.6) \\ 10(-0.2) \\ 10(2.3) \end{pmatrix}=\begin{pmatrix} 16 \\ -2 \\ 23 \end{pmatrix}$

(3) $$-2A+3B=-2\begin{pmatrix} -1 & 5 \\ 2 & 0 \\ 4 & -3 \end{pmatrix}+3\begin{pmatrix} 2 & 4 \\ -1 & -2 \\ -3 & 1 \end{pmatrix}$$
$$=\begin{pmatrix} -2(-1) & -2(5) \\ -2(2) & -2(0) \\ -2(4) & -2(-3) \end{pmatrix}+\begin{pmatrix} 3(2) & 3(4) \\ 3(-1) & 3(-2) \\ 3(-3) & 3(1) \end{pmatrix}$$
$$=\begin{pmatrix} 2 & -10 \\ -4 & 0 \\ -8 & 6 \end{pmatrix}+\begin{pmatrix} 6 & 12 \\ -3 & -6 \\ -9 & 3 \end{pmatrix}$$
$$=\begin{pmatrix} 2+6 & -10+12 \\ -4+(-3) & 0+(-6) \\ -8+(-9) & 6+3 \end{pmatrix}$$
$$=\begin{pmatrix} 8 & 2 \\ -7 & -6 \\ -17 & 9 \end{pmatrix}$$ ■

• $0A=O$
행렬 A에 0을 곱하면 영행렬(O)이 된다.

• 행렬의 곱을 product of matrices 또는 multiplying matrices라 한다.

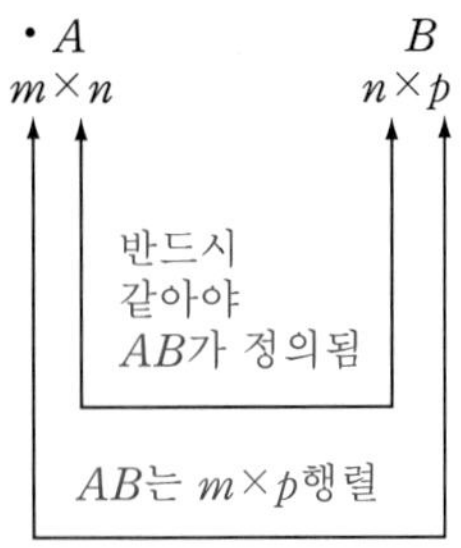

정의 1.3 행렬의 곱

$m\times n$행렬 $A=(a_{ij})$와 $n\times p$행렬 $B=(b_{ij})$의 곱을 $C=(c_{ij})$라 하면 $C=AB$로 나타내고 C는 $m\times p$행렬이며 ij성분은

$$c_{ij}=a_{i1}b_{ij}+a_{i2}b_{2j}+a_{i3}b_{3j}+\cdots+a_{in}b_{nj}=\sum_{k=1}^{n}a_{ik}b_{kj}$$

으로 정의한다.

$$AB=\begin{pmatrix} a_{11} & a_{12} & \cdots & a_{1n} \\ a_{21} & a_{22} & \cdots & a_{2n} \\ \vdots & \vdots & & \vdots \\ a_{i1} & a_{i2} & \cdots & a_{in} \\ \vdots & \vdots & & \vdots \\ a_{m1} & a_{m2} & \cdots & a_{mn} \end{pmatrix}\begin{pmatrix} b_{11} & b_{12} & \cdots & b_{1j} & \cdots & b_{1p} \\ b_{21} & b_{22} & \cdots & b_{2j} & \cdots & b_{2p} \\ \vdots & \vdots & & \vdots & & \vdots \\ b_{n1} & b_{n2} & \cdots & b_{nj} & \cdots & b_{np} \end{pmatrix}$$

(i행) → (j열) ↓

행렬 A의 한 행의 성분의 개수와 행렬 B의 한 열의 성분의 개수가 같고 A의 i행의 성분을 오른쪽으로 차례로 B의 j열의 성분을 위에서 아래로 차례로 각각 곱한 n개의 수의 합이 행렬 $C(=AB)$의 ij성분이 된다.

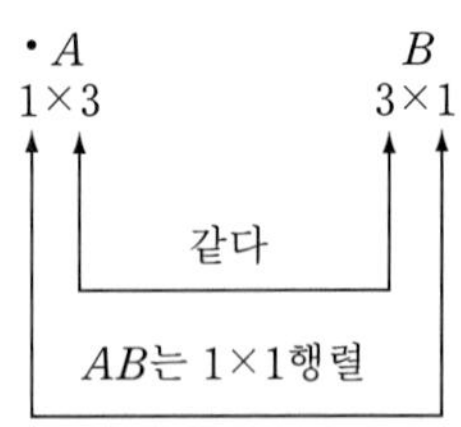

예제 1.5 $A=(1\ \ 2\ \ 3)$, $B=\begin{pmatrix} 3 \\ -4 \\ 5 \end{pmatrix}$의 곱 AB를 구하여라.

풀이 A는 1×3행렬, B는 3×1행렬이므로 곱 AB는 1×1행렬

$$AB=(1\ \ 2\ \ 3)\begin{pmatrix} 3 \\ -4 \\ 5 \end{pmatrix}=(1\cdot3+2\cdot(-4)+3\cdot5=(3-8+15)=(10)$$

■

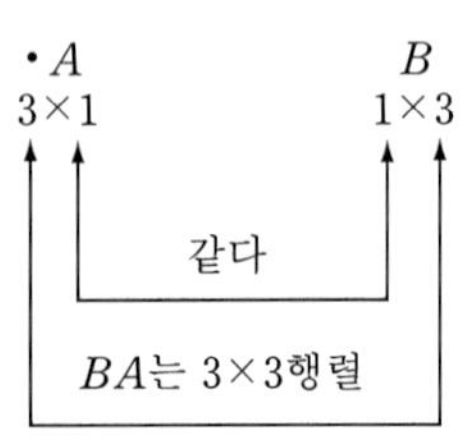

예제 1.6 예제 1.5의 행렬 A, B에 대하여 곱 BA를 구하여라.

풀이 B는 3×1, A는 1×3행렬이므로 곱 BA는 3×3행렬

$$\begin{aligned} BA&=\begin{pmatrix} 3 \\ -4 \\ 5 \end{pmatrix}(1\ \ 2\ \ 3) \\ &=\begin{pmatrix} 3\cdot1 & 3\cdot2 & 3\cdot3 \\ -4\cdot1 & -4\cdot2 & -4\cdot3 \\ 5\cdot1 & 5\cdot2 & 5\cdot3 \end{pmatrix} \\ &=\begin{pmatrix} 3 & 6 & 9 \\ -4 & -8 & -12 \\ 5 & 10 & 15 \end{pmatrix} \end{aligned}$$

■

예제 1.7 두 행렬 $A=\begin{pmatrix}1 & 2 & -3\\ 0 & -1 & 2\end{pmatrix}$, $B=\begin{pmatrix}2 & 4\\ -1 & 5\\ 0 & 3\end{pmatrix}$가 있다.

이 때 AB, BA를 각각 구하여라.

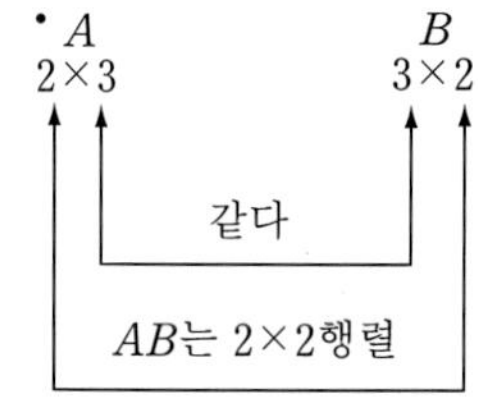

풀이 $AB=\begin{pmatrix}1 & 2 & -3\\ 0 & -1 & 2\end{pmatrix}\begin{pmatrix}2 & 4\\ -1 & 5\\ 0 & 3\end{pmatrix}$

$$=\begin{pmatrix}1(2)+2(-1)+(-3)(0) & 1(4)+2(5)+(-3)(3)\\ 0(2)+(-1)(-1)+2(0) & 0(4)+(-1)(5)+2(3)\end{pmatrix}$$

(1행)×(1열), (1행)×(2열), (2행)×(1열), (2행)×(2열)

$$=\begin{pmatrix}2-2+0 & 4+10-9\\ 0+1+0 & 0-5+6\end{pmatrix}=\begin{pmatrix}0 & 5\\ 1 & 1\end{pmatrix}$$

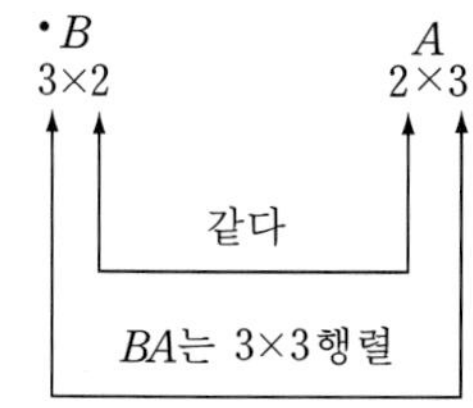

$$BA=\begin{pmatrix}2 & 4\\ -1 & 5\\ 0 & 3\end{pmatrix}\begin{pmatrix}1 & 2 & -3\\ 0 & -1 & 2\end{pmatrix}$$

$$=\begin{pmatrix}2(1)+4(0) & 2(2)+4(-1) & 2(-3)+4(2)\\ (-1)(1)+5(0) & (-1)(2)+5(-1) & (-1)(-3)+5(2)\\ 0(1)+3(0) & 0(2)+3(-1) & 0(-3)+3(2)\end{pmatrix}$$

(1행)×(1열), (1행)×(2열), (1행)×(3열), (2행)×(1열), (2행)×(2열), (2행)×(3열), (3행)×(1열), (3행)×(2열), (3행)×(3열)

$$=\begin{pmatrix}2+0 & 4-4 & -6+8\\ -1+0 & -2-5 & 3+10\\ 0+0 & 0-3 & 0+6\end{pmatrix}$$

$$=\begin{pmatrix}2 & 0 & 2\\ -1 & -7 & 13\\ 0 & -3 & 6\end{pmatrix}$$ ■

• $AB \neq BA$
(예제 1.5, 1.6, 1.7에서)

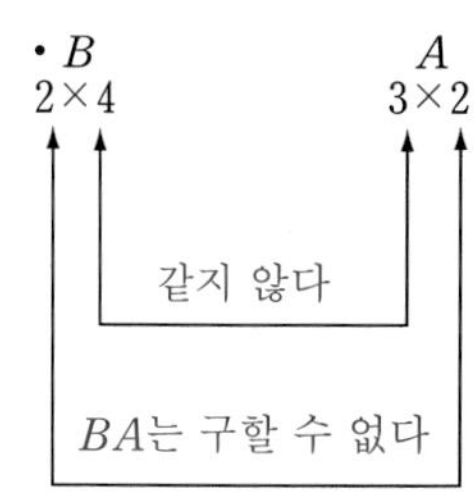

예제 1.8 두 행렬 $A=\begin{pmatrix}-1 & -2\\ 2 & -3\\ 4 & 1\end{pmatrix}$, $B=\begin{pmatrix}1 & 3 & 5 & 4\\ -2 & 0 & -1 & 2\end{pmatrix}$가 있다.

이 때 $A+B$, BA를 각각 구할 수 있는가?

풀이 A는 3×2행렬이고 $B=2\times 4$행렬이므로 AB는 A의 열의 수와 B의 행의 수가 2로 같다. 그러므로 AB는 구할 수 있고 3×4행렬이 된다. BA는 B의 열의 수 4와 A의 행의 수 3이 다르므로 구할 수 없다. ■

행렬의 덧셈과 실수배에 대하여 다음 성질이 성립한다.

정리 1.1

A, B, C는 $m \times n$ 행렬, O는 $m \times n$ 영행렬과 실수 k, l에 대하여 다음 성질이 성립한다.

(1) $A+B=B+A$ (덧셈에 대한 교환법칙)

(2) $(A+B)+C=A+(B+C)$ (덧셈에 대한 결합법칙)

(3) $A+O=O+A=A$ (덧셈에 대한 항등원은 O)

(4) $A+(-A)=(-A)+A=O$ (A의 덧셈에 대한 역원은 $-A$)

(5) $(kl)A=k(lA)$

(6) $1A=A$

(7) $(k+l)A=kA+lA$

(8) $k(A+B)=kA+kB$

(6) $1A=A$에서 1을 스칼라 항등원(scalar identity)이라 한다.

또 행렬의 곱셈에 대하여(행렬 A, B, C가 다음 성질을 만족하는 크기를 갖는다고 가정한다.) 다음 성질이 성립한다.

정리 1.2

1.2 행렬 A, B, C, 실수 k에 대하여 다음 성질이 성립한다.

(1) $(AB)C=A(BC)$ (곱셈에 대한 결합법칙)

(2) $A(B+C)=AB+AC$ (곱셈에 대한 분배법칙)

$(A+B)C=AC+BC$

(3) $k(AB)=(kA)B=A(kB)$ (실수배의 결합법칙)

• $AB \neq BA$

앞의 예제(예제 1.5, 1.6, 1.7)에서 행렬에서 곱셈에 대한 교환법칙이 성립하지 않음을 알았다. 즉, 행렬은 곱셈에 대하여 교환법칙이 반드시 성립하지 않는다.

예제 1.9 행렬 $A=\begin{pmatrix}1 & 2\\ 3 & 6\end{pmatrix}$와 $B=\begin{pmatrix}2 & -2\\ -1 & 1\end{pmatrix}$의 곱 AB를 구하여라.

풀이 $AB=\begin{pmatrix}1 & 2\\ 3 & 6\end{pmatrix}\begin{pmatrix}2 & -2\\ -1 & 1\end{pmatrix}$

$$=\begin{pmatrix}1\cdot 2+2\cdot(-1) & 1\cdot(-2)+2\cdot 1\\ 3\cdot 2+6\cdot(-1) & 3\cdot(-2)+6\cdot 1\end{pmatrix}=\begin{pmatrix}0 & 0\\ 0 & 0\end{pmatrix}=O$$ ■

예제 1.9에서 알 수 있는 것과 같이 $AB=O$일 때 $A=O$ 또는 $B=O$은 아니다.

역행렬

실수에서 $k\cdot 1=1\cdot k=k$이므로 1을 곱셈에 대한 항등원 또는 단위원(소)(identity)이라 한다.

이와 마찬가지로 행렬 A에 대하여 곱셈에 대하여

$$AI=IA=A$$

가 되는 행렬 I가 존재할까?

예제 1.10 다음에서 각각 AI, IA를 구하여라.

(1) $A=\begin{pmatrix}2 & 4\\5 & 7\end{pmatrix}$, $I=\begin{pmatrix}1 & 0\\0 & 1\end{pmatrix}$ (2) $A=\begin{pmatrix}1 & 4 & 7\\2 & 5 & 8\\3 & 6 & 9\end{pmatrix}$, $I=\begin{pmatrix}1 & 0 & 0\\0 & 1 & 0\\0 & 0 & 1\end{pmatrix}$

• 2×2행렬에서
$AI=IA=A$
I : 단위행렬(2×2)

풀이 (1) $AI=\begin{pmatrix}2 & 4\\5 & 7\end{pmatrix}\begin{pmatrix}1 & 0\\0 & 1\end{pmatrix}=\begin{pmatrix}2+0 & 0+4\\5+0 & 0+7\end{pmatrix}=\begin{pmatrix}2 & 4\\4 & 7\end{pmatrix}=A$

$IA=\begin{pmatrix}1 & 0\\0 & 1\end{pmatrix}\begin{pmatrix}2 & 4\\5 & 7\end{pmatrix}=\begin{pmatrix}2+0 & 4+0\\0+5 & 0+7\end{pmatrix}=\begin{pmatrix}2 & 4\\5 & 7\end{pmatrix}=A$

(2) $AI=\begin{pmatrix}1 & 4 & 7\\2 & 5 & 8\\3 & 7 & 9\end{pmatrix}\begin{pmatrix}1 & 0 & 0\\0 & 1 & 0\\0 & 0 & 1\end{pmatrix}=\begin{pmatrix}1+0+0 & 0+4+0 & 0+0+7\\2+0+0 & 0+5+0 & 0+0+8\\3+0+0 & 0+7+0 & 0+0+9\end{pmatrix}$

$=\begin{pmatrix}1 & 4 & 7\\2 & 5 & 8\\3 & 7 & 9\end{pmatrix}=A$

$IA=\begin{pmatrix}1 & 0 & 0\\0 & 1 & 0\\0 & 0 & 1\end{pmatrix}\begin{pmatrix}1 & 4 & 7\\2 & 5 & 8\\3 & 7 & 9\end{pmatrix}=\begin{pmatrix}1 & 4 & 7\\2 & 5 & 8\\3 & 7 & 9\end{pmatrix}=A$ ■

• 3×3행렬에서
$AI=IA=A$
I : 단위행렬(3×3)

$n\times n$행렬(n차 정사각행렬)에서 주대각성분이 모두 1이고 그외의 성분이 모두 0인 행렬을 n차 단위행렬(identity matrix of order n)이라 하고 다음과 같이 나타낸다.

• n차의 단위행렬도 $n\times n$ 행렬(n차의 정사각행렬)

$$I_n=\begin{pmatrix}1 & 0 & 0 & \cdots & 0\\0 & 1 & 0 & \cdots & 0\\0 & 0 & 1 & \cdots & 0\\\vdots & \vdots & \vdots & & \vdots\\0 & 0 & 0 & \cdots & 1\end{pmatrix}$$

단위행렬 I_n과 크기가 같은 정사각행렬 A에 대하여

$$AI_n=I_nA=A$$

가 성립함을 알 수 있다. 일반적으로 단위행렬은 I로 나타낸다.

• 예제 1.10의 (1)에서
$I=I_2=\begin{pmatrix}1 & 0\\0 & 1\end{pmatrix}$
(2)에서
$I=I_3=\begin{pmatrix}1 & 0 & 0\\0 & 1 & 0\\0 & 0 & 1\end{pmatrix}$

- $I = I_n$: n차의 단위행렬
- A^{-1}는 'A inverse'로 읽는다.

정의 1.4 역행렬(inverse of a matrix)

$n \times n$ 행렬 A에 대하여

$$AA^{-1} = A^{-1}A = I$$

이 성립하는 $n \times n$ 행렬 A^{-1}를 A의 역행렬이라 한다.

정의 1.4에서 A^{-1}는 곱셈에 대한 A의 역원(inverse of A relative to multiplication)이다.

예제 1.11 두 행렬 $A = \begin{pmatrix} 1 & 2 \\ 3 & 5 \end{pmatrix}$, $X = \begin{pmatrix} -5 & 2 \\ 3 & -1 \end{pmatrix}$에 대하여 AX, XA를 각각 구하여라.

풀이 $AX = \begin{pmatrix} 1 & 2 \\ 3 & 5 \end{pmatrix}\begin{pmatrix} -5 & 2 \\ 3 & -1 \end{pmatrix} = \begin{pmatrix} 1 & 0 \\ 0 & 1 \end{pmatrix} = I$

$XA = \begin{pmatrix} -5 & 2 \\ 3 & -1 \end{pmatrix}\begin{pmatrix} 1 & 2 \\ 3 & 5 \end{pmatrix} = \begin{pmatrix} 1 & 0 \\ 0 & 1 \end{pmatrix} = I$ ■

예제 1.11에서 X는 A의 역행렬임을 알 수 있다. 2×2행렬(2차 정사각행렬)의 역행렬을 구하여 보자.

$A = \begin{pmatrix} a & b \\ c & d \end{pmatrix}$, $A^{-1} = \begin{pmatrix} x & y \\ z & w \end{pmatrix}$라 하고 x, y, z, w를 구하면 된다.

$$AA^{-1} = A^{-1}A = I$$

이므로

$$AA^{-1} = \begin{pmatrix} a & b \\ c & d \end{pmatrix}\begin{pmatrix} x & y \\ z & w \end{pmatrix} = \begin{pmatrix} ax + bz & ay + bw \\ cx + dz & cy + dw \end{pmatrix} = \begin{pmatrix} 1 & 0 \\ 0 & 1 \end{pmatrix}$$

$$\therefore \begin{cases} ax + bz = 1 & \cdots ① \\ cx + dz = 0 & \cdots ② \end{cases}, \quad \begin{cases} ay + bw = 0 & \cdots ③ \\ cy + dw = 1 & \cdots ④ \end{cases}$$

인 두 연립방정식을 얻는다.

$$\left.\begin{array}{ll} ①\times d - ②\times b & (ad - bc)x = d \\ ③\times d - ④\times b & (ad - bc)y = -b \\ ②\times a - ①\times c & (ad - bc)z = -c \\ ④\times a - ③\times c & (ad - bc)w = a \end{array}\right\} \quad \cdots ⑤$$

$ad - bc \neq 0$일 때

$$x = \frac{d}{ad - bc}, \quad y = \frac{-b}{ad - bc}, \quad z = \frac{-c}{ad - bc}, \quad w = \frac{a}{ad - bc}$$

$ad - bc = 0$일 때 ⑤에서 $a = b = c = d = 0$이고 ①, ④가 성립하지 않으므로 A의 역행렬이 존재하지 않는다. 다시 정리하면 다음과 같다.

2×2행렬 $A=\begin{pmatrix} a & b \\ c & d \end{pmatrix}$의 역행렬은 $ad-bc\neq0$일 때 존재하고

$$A^{-1}=\frac{1}{ad-bc}\begin{pmatrix} d & -b \\ -c & a \end{pmatrix}$$

이다. $ad-bc=0$이면 A의 역행렬은 존재하지 않는다.

예제 1.12 다음 행렬의 역행렬이 존재하면 그 역행렬을 구하여라.

(1) $A=\begin{pmatrix} 3 & 2 \\ 5 & 4 \end{pmatrix}$ (2) $B=\begin{pmatrix} 3 & 6 \\ 4 & 8 \end{pmatrix}$

- 2×2행렬 $\begin{pmatrix} a & b \\ c & d \end{pmatrix}$의 역행렬은 $ad-bc\neq0$인지를 먼저 검토한다.

풀이 (1) $3\cdot4-2\cdot5=2\neq0$이므로 역행렬이 존재하고 역행렬은

$$A^{-1}=\frac{1}{2}\begin{pmatrix} 4 & -2 \\ -5 & 3 \end{pmatrix}=\begin{pmatrix} 2 & -1 \\ -\frac{5}{2} & \frac{3}{2} \end{pmatrix}$$

(2) $3\cdot8-6\cdot4=0$이므로 행렬 B의 역행렬은 존재하지 않는다. ■

- 역행렬을 갖는 행렬을 가역(invertible)이라 한다.

그리고 3×3행렬의 역행렬을 구하도록 한다. 다음 행렬 A의 역행렬(역행렬이 존재하면)을 구하자.

$$A=\begin{pmatrix} 1 & -3 & 0 \\ 0 & 3 & 1 \\ 2 & -1 & 2 \end{pmatrix}$$

$AA^{-1}=I$ 즉,

$$\begin{pmatrix} 1 & -3 & 0 \\ 0 & 3 & 1 \\ 2 & -1 & 2 \end{pmatrix}\begin{pmatrix} x_1 & x_2 & x_3 \\ y_1 & y_2 & y_3 \\ z_1 & z_2 & z_3 \end{pmatrix}=\begin{pmatrix} 1 & 0 & 0 \\ 0 & 1 & 0 \\ 0 & 0 & 1 \end{pmatrix}$$

라 하고 세 개의 연립방정식

$$\begin{cases} x_1-3y_1=1 \\ \quad 3y_1+z_1=0 \\ 2x_1-y_1+2z_1=0 \end{cases} \quad \begin{cases} x_2-3y_2=0 \\ \quad 3y_2+z_2=1 \\ 2x_2-y_2+2z_2=0 \end{cases} \quad \begin{cases} x_3-3y_3=0 \\ \quad 3y_3+z_3=0 \\ 2x_3-y_3+2z_3=1 \end{cases}$$

을 풀어 x_1, y_1, z_1, x_2, y_2, z_2, x_3, y_3, z_3의 값을 구하여 A의 역행렬 A^{-1}을 찾을 수 있다.

여기서 다른 방법을 소개하려고 한다. 먼저 행렬$(A|I)$를 첨가행렬(augmented matrix)이라 이름하고 자세히 나타내면 다음과 같다.

$$(A|I)=\left(\begin{array}{ccc|ccc} 1 & -3 & 0 & 1 & 0 & 0 \\ 0 & 3 & 1 & 0 & 1 & 0 \\ 2 & -1 & 2 & 0 & 0 & 1 \end{array}\right)$$

첨가행렬$(A|I)$를 다음과 같이 실행하여 $(I|A^{-1})$ 모양으로 변형하면 A의 역행렬 A^{-1}를 찾는다.

- 첨가행렬$(A|I)$에서
  R_1 : 제1행
  R_2 : 제2행
  R_3 : 제3행
- $R_3+(-2)R_1 \to R_3$ 의 의미는 「제3행과 제1행에 -2를 곱한 것과 합하여 제3행으로 한다」
- $\frac{1}{3}R_2 \to R_2$의 의미는 제2행에 $\frac{1}{3}$을 곱한 것은 다시 제2행으로 한다.

□를 0으로 $$\left(\begin{array}{ccc|ccc} 1 & -3 & 0 & 1 & 0 & 0 \\ 0 & 3 & 1 & 0 & 1 & 0 \\ \boxed{2} & -1 & 2 & 0 & 0 & 1 \end{array}\right) \qquad R_3+(-2)R_1 \to R_3$$

□를 1로 $$\left(\begin{array}{ccc|ccc} 1 & -3 & 0 & 1 & 0 & 0 \\ 0 & \boxed{3} & 1 & 0 & 1 & 0 \\ 0 & 5 & 2 & -2 & 0 & 1 \end{array}\right) \qquad \frac{1}{3}R_2 \to R_2$$

□를 0으로 $$\left(\begin{array}{ccc|ccc} 1 & -3 & 0 & 1 & 0 & 0 \\ 0 & 1 & \frac{1}{3} & 0 & \frac{1}{3} & 0 \\ 0 & \boxed{5} & 2 & -2 & 0 & 1 \end{array}\right) \qquad R_3+(-5)R_2 \to R_3$$

□를 1로 $$\left(\begin{array}{ccc|ccc} 1 & -3 & 0 & 1 & 0 & 0 \\ 0 & 1 & \frac{1}{3} & 0 & \frac{1}{3} & 0 \\ 0 & 0 & \boxed{\frac{1}{3}} & -2 & -\frac{5}{3} & 1 \end{array}\right) \qquad 3R_3 \to R_3$$

□를 0으로 $$\left(\begin{array}{ccc|ccc} 1 & -3 & 0 & 1 & 0 & 0 \\ 0 & 1 & \boxed{\frac{1}{3}} & 0 & \frac{1}{3} & 0 \\ 0 & 0 & 1 & -6 & -5 & 3 \end{array}\right) \qquad R_2+\left(-\frac{1}{3}\right)R_3 \to R_2$$

□를 0으로 $$\left(\begin{array}{ccc|ccc} 1 & \boxed{-3} & 0 & 1 & 0 & 0 \\ 0 & 1 & 0 & 2 & 2 & -1 \\ 0 & 0 & 1 & -6 & -5 & 3 \end{array}\right) \qquad R_1+3R_2 \to R_1$$

$$\left(\begin{array}{ccc|ccc} 1 & 0 & 0 & 7 & 6 & -3 \\ 0 & 1 & 0 & 2 & 2 & -1 \\ 0 & 0 & 1 & -6 & -5 & 3 \end{array}\right)$$

- $x_1=7,\ x_2=6,\ x_3=-3$
  $y_1=2,\ y_2=2,\ y_3=-1$
  $z_1=-6,\ z_2=-5,\ z_3=3$
- $(A|I)$를 변형하여 $(I|A^{-1})$로 만들어 A의 역행렬 A^{-1}를 구한다.

이 실행의 마지막 첨가행렬은$(I|B)$ 모양으로 앞에서 주어진 행렬 A의 역행렬은 B 즉, A^{-1}이다.

$$A=\begin{pmatrix} 1 & -3 & 0 \\ 0 & 3 & 1 \\ 2 & -1 & 2 \end{pmatrix} \text{의 역행렬은 } A^{-1}=\begin{pmatrix} 7 & 6 & -3 \\ 2 & 2 & -1 \\ -6 & -5 & 3 \end{pmatrix}$$

위와 같은 방법을 가우스-조르당소거법(Gauss-Jordan elimination method)라 한다.

행렬과 연립일차방정식

연립일차방정식의 해를 구할 때 행렬을 이용하여 구할 수 있다.

일반적으로 n개의 미지수 $x_1, x_2, \cdots, x_n$에 대한 m개의 일차방정식

$$\begin{aligned} a_{11}x_1 + a_{12}x_2 + \cdots + a_{1n}x_n &= b_1 \\ a_{21}x_1 + a_{22}x_2 + \cdots + a_{2n}x_n &= b_2 \\ \vdots \qquad \vdots \qquad\quad \vdots \quad & \vdots \\ a_{m1}x_1 + a_{m2}x_2 + \cdots + a_{mn}x_n &= b_m \end{aligned} \qquad \cdots ①$$

으로 이루어진 방정식을 연립일차방정식(system of m linear equations)이라 한다. 계수 a_{ij}와 b_i는 실수이고 행렬

• a_{ij}, bi에서 $i=1, 2, \cdots, m$ $j=1, 2, \cdots, n$

$$A=\begin{pmatrix} a_{11} & a_{12} & \cdots & a_{1n} \\ a_{21} & a_{22} & \cdots & a_{2n} \\ \vdots & \vdots & & \vdots \\ a_{m1} & a_{m2} & \cdots & a_{mn} \end{pmatrix}, \quad X=\begin{pmatrix} x_1 \\ x_2 \\ \vdots \\ x_n \end{pmatrix}, \quad B=\begin{pmatrix} b_1 \\ b_2 \\ \vdots \\ b_m \end{pmatrix}$$

이라 하면 연립일차방정식 ①은 $\qquad AX=B \qquad \cdots ②$

로 나타낼 수 있다. 이 A를 ①의 계수행렬(coefficient matrix)라 한다. A가 $n\times n$ 행렬이고 역행렬을 갖는다고 할 때 ②의 양변의 왼쪽에 A^{-1}를 곱하면

• 연립일차방정식의 해에 대하여
(1) 하나의 해
(2) 무수히 많은 해
(3) 해가 없다
의 3가지 경우가 있다.

$$\begin{aligned} A^{-1}(AX) &= A^{-1}B \\ (A^{-1}A)X &= A^{-1}B \qquad (\text{결합법칙}) \\ IX &= A^{-1}B \qquad (A^{-1}A=I) \\ X &= A^{-1}B \qquad (IX=X) \end{aligned}$$

로 계수행렬의 역행렬을 구하면 행렬의 곱으로 연립일차방정식의 해를 구할 수 있다.

예제 1.13 방정식 $\begin{cases} 3x+2y=1 \\ 4x+y=-2 \end{cases}$을 행렬을 이용하여 풀어라.

풀이 $A=\begin{pmatrix} 3 & 2 \\ 4 & 1 \end{pmatrix}$, $X=\begin{pmatrix} x \\ y \end{pmatrix}$, $B=\begin{pmatrix} 1 \\ -2 \end{pmatrix}$로 하면 $AX=B$ 즉, $X=A^{-1}B$

$$A^{-1}=\frac{1}{3\cdot 1-2\cdot 4}\begin{pmatrix} 1 & -2 \\ -4 & 3 \end{pmatrix}=-\frac{1}{5}\begin{pmatrix} 1 & -2 \\ -4 & 3 \end{pmatrix}$$

$$\therefore X=A^{-1}B=-\frac{1}{5}\begin{pmatrix} 1 & -2 \\ -4 & 3 \end{pmatrix}\begin{pmatrix} 1 \\ -2 \end{pmatrix}=-\frac{1}{5}\begin{pmatrix} 5 \\ 10 \end{pmatrix}=\begin{pmatrix} -1 \\ 2 \end{pmatrix}$$

• $X=\begin{pmatrix} x \\ y \end{pmatrix}=-\frac{1}{5}\begin{pmatrix} 5 \\ -10 \end{pmatrix}=\begin{pmatrix} -1 \\ 2 \end{pmatrix}$

따라서 주어진 연립일차방정식의 해는

$$x=-1,\ y=2$$

■

미지수가 3개인 연립일차방정식도 행렬을 이용하여 풀 수 있다. 예를 들어 연립방정식

$$\begin{cases} 2x + y + 3z = 4 \\ x - y - 2z = 1 \\ 3x - 2y + z = -1 \end{cases}$$

에서

$$A = \begin{pmatrix} 2 & 1 & 3 \\ 1 & -1 & 2 \\ 3 & -2 & 1 \end{pmatrix}, \quad X = \begin{pmatrix} x \\ y \\ z \end{pmatrix}, \quad B = \begin{pmatrix} 4 \\ 1 \\ -1 \end{pmatrix}$$

이라 하고 첨가행렬$(A|B)$)를 다음과 같이 변형하여 푼다.

• 「$R_1 \to R_2$, $R_2 \to R_1$」은 결국 제1행을 제2행으로, 제2행을 제1행으로 바꾼다는 의미이다. 즉 제1, 2행은 서로 행을 바꾼다는 의미이다.

11 성분을 1로 $\left(\begin{array}{ccc|c} 2 & 1 & 3 & 4 \\ 1 & -1 & 2 & 1 \\ 3 & -2 & 1 & -1 \end{array}\right)$ $\begin{array}{l} R_1 \to R_2 \\ R_2 \to R_1 \end{array}$

□를 0으로 $\left(\begin{array}{ccc|c} 1 & -1 & -2 & 1 \\ \boxed{2} & 1 & 3 & 4 \\ 3 & -2 & 1 & -1 \end{array}\right)$ $R_2 + (-2)R_1 \to R_2$

□를 0으로 $\left(\begin{array}{ccc|c} 1 & -1 & -2 & 1 \\ 0 & 3 & 7 & 2 \\ \boxed{3} & -2 & 1 & -1 \end{array}\right)$ $R_3 + (-3)R_1 \to R_3$

□를 1로 $\left(\begin{array}{ccc|c} 1 & -1 & -2 & 1 \\ 0 & \boxed{3} & 7 & 2 \\ 0 & 1 & 7 & -4 \end{array}\right)$ $\frac{1}{3}R_3 \to R_2$

• 첨가행렬에서 기본적 행연산(elementary row operation)은 다음과 같다.
(1) 한 행에 0 아닌 실수를 곱한다.
(2) 한 행에 다른 행의 실수배를 더한다.
(3) 행과 행을 바꾼다.

□를 0으로 $\left(\begin{array}{ccc|c} 1 & -1 & -2 & 1 \\ 0 & 1 & \frac{7}{3} & \frac{2}{3} \\ 0 & \boxed{1} & 7 & -4 \end{array}\right)$ $R_3 + (-1)R_2 \to R_3$

□를 1로 $\left(\begin{array}{ccc|c} 1 & -1 & -2 & 1 \\ 0 & 1 & \frac{7}{3} & \frac{2}{3} \\ 0 & 0 & \boxed{\frac{14}{3}} & -\frac{14}{3} \end{array}\right)$ $\frac{3}{14}R_3 \to R_3$

$$\left(\begin{array}{ccc|c} 1 & -1 & -2 & 1 \\ 0 & 1 & \frac{7}{3} & \frac{2}{3} \\ 0 & 0 & 1 & -1 \end{array}\right)$$

주대각성분을 1로 고치고 이 성분 아래부분의 성분을 모두 0으로 변형하였다. 마지막 첨가행렬로 다음을 알 수 있다.

$$\begin{pmatrix} 1 & -1 & -2 \\ 0 & 1 & \frac{7}{3} \\ 0 & 0 & 1 \end{pmatrix}\begin{pmatrix} x \\ y \\ z \end{pmatrix} = \begin{pmatrix} 1 \\ \frac{2}{3} \\ -1 \end{pmatrix}$$

즉,

$$x - y - 2z = 1 \quad \cdots ①$$

$$y + \frac{7}{3}z = \frac{2}{3} \quad \cdots ②$$

$$z = -1 \quad \cdots ③$$

그래서 ③의 z를 ②에, z와 ②의 y를 ①에 대입하여 보면 주어진 연립방정식의 해 $x=2,\ y=3,\ z=-1$을 얻는다.

이와 같은 방법을 가우스소거법(Gaussian elimination)이라 한다.

앞쪽의 마지막 첨가행렬을 더 변형시키자.

□를 0으로 $\left(\begin{array}{ccc|c} 1 & -1 & -2 & 1 \\ 0 & 1 & \boxed{\frac{7}{3}} & \frac{2}{3} \\ 0 & 0 & 1 & -1 \end{array}\right)$ $R_2 + \left(-\frac{7}{3}\right)R_3 \to R_2$

□를 0으로 $\left(\begin{array}{ccc|c} 1 & \boxed{-1} & -2 & 1 \\ 0 & 1 & 0 & 3 \\ 0 & 0 & 1 & -1 \end{array}\right)$ $R_1 + R_2 \to R_1$

□를 0으로 $\left(\begin{array}{ccc|c} 1 & 0 & \boxed{-2} & 4 \\ 0 & 1 & 0 & 3 \\ 0 & 0 & 1 & -1 \end{array}\right)$ $R_1 + 2R_3 \to R_1$

$$\left(\begin{array}{ccc|c} 1 & 0 & 0 & 2 \\ 0 & 1 & 0 & 3 \\ 0 & 0 & 1 & -1 \end{array}\right)$$

• 「$R_1 + R_2 \to R_1$」 제1행과 제1행의 합을 제1행으로 한다.

이것으로 다음을 알 수 있다.

$$\begin{pmatrix} 1 & 0 & 0 \\ 0 & 1 & 0 \\ 0 & 0 & 1 \end{pmatrix}\begin{pmatrix} x \\ y \\ z \end{pmatrix} = \begin{pmatrix} 2 \\ 3 \\ -1 \end{pmatrix}$$

• $\begin{cases} x+0+0=2 \\ 0+y+0=3 \\ 0+0+z=-1 \end{cases}$

행렬의 곱과 행렬의 상등(같다)으로 주어진 연립방정식의 해는

$$x=2,\ y=3,\ z=-1$$

임을 알 수 있다. 주대각성분을 1로 하고 주대각성분 아래에 있는 성분을 0으로 하여 연립일차방정식의 해를 구하거나, 첨가행렬의 왼쪽 부분의 행렬이 단위행렬이 될 때까지 계산하여 구하거나 마찬가지이지만 주대각성분이 1될 때까지 계산하는 것이 더 나을 것이다.

연습문제 14.1

1. 다음을 각각 계산하여라.

(1) $\begin{pmatrix} -1 & 2 \\ 5 & 7 \end{pmatrix} + \begin{pmatrix} 1 & -2 \\ -3 & -4 \end{pmatrix}$

(2) $\begin{pmatrix} 3 & 6 & 2 \\ 5 & 7 & 4 \end{pmatrix} - \begin{pmatrix} 4 & 4 & -3 \\ 7 & 6 & -2 \end{pmatrix}$

(3) $A = \begin{pmatrix} 0 & 2 & -3 \\ 1 & -1 & 3 \\ 4 & -2 & 5 \end{pmatrix}$, $B = \begin{pmatrix} 1 & -2 & -1 \\ 0 & 3 & -1 \\ 2 & 4 & 1 \end{pmatrix}$ 일 때 $-A + 2B$

2. 다음 행렬의 곱을 각각 계산하여라.

(1) $\begin{pmatrix} 3 & 2 & 1 \end{pmatrix}\begin{pmatrix} -4 \\ 5 \\ -6 \end{pmatrix}$

(2) $\begin{pmatrix} -5 \\ 0 \\ -3 \end{pmatrix}\begin{pmatrix} 0 & 1 & -2 \end{pmatrix}$

(3) $\begin{pmatrix} -3 & -1 \\ 2 & 3 \end{pmatrix}\begin{pmatrix} 0 & 1 & 3 \\ -2 & 2 & -1 \end{pmatrix}$

(4) $\begin{pmatrix} 2 & -3 \\ -1 & 4 \\ -2 & 1 \end{pmatrix}\begin{pmatrix} 1 & 4 & -2 & -3 \\ 2 & -1 & 3 & 2 \end{pmatrix}$

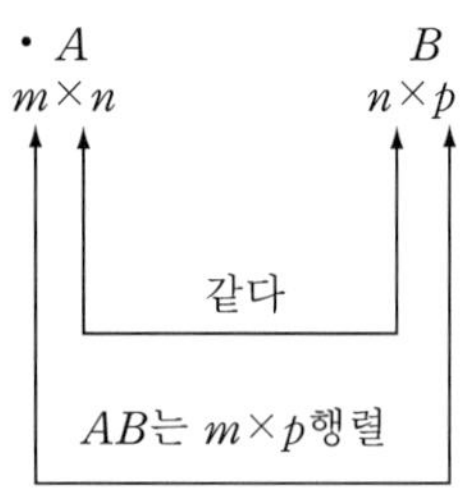

3. 다음 행렬의 역행렬이 존재하는가? 존재하면 역행렬을 구하여라.

(1) $\begin{pmatrix} -2 & 2 \\ 2 & -3 \end{pmatrix}$ (2) $\begin{pmatrix} 3 & 2 \\ -3 & -1 \end{pmatrix}$ (3) $\begin{pmatrix} -3 & -6 \\ -2 & -4 \end{pmatrix}$ (4) $\begin{pmatrix} \cos\theta & \sin\theta \\ -\sin\theta & \cos\theta \end{pmatrix}$

4. 다음 행렬의 역행렬을 구하여라.

(1) $A = \begin{pmatrix} 1 & 2 & 1 \\ 2 & 3 & 1 \\ 1 & 2 & 2 \end{pmatrix}$

(2) $B = \begin{pmatrix} 1 & 1 & 0 \\ 0 & 3 & -1 \\ 1 & 0 & 1 \end{pmatrix}$

5. 행렬을 이용하여 다음 연립일차방정식을 풀어라.

(1) $\begin{cases} 2x - 3y = 0 \\ 3x - 4y = -1 \end{cases}$

(2) $\begin{cases} x + y + z = 2 \\ 2x - 3y + z = -3 \\ -x - 2y + 3z = 5 \end{cases}$

(3) $\begin{cases} y + z + w = 4 \\ x - y + z - w = 1 \\ 2x + y - 3z + 2w = 1 \\ 3x - 2y - z - 2w = -3 \end{cases}$

• $A^2 = AA$
$A^3 = AAA$

6. 다음을 전개하여라(A, B는 같은 차수의 정사각행렬이다).

(1) $(A + B)^2$

(2) $(A + 2B)^2 - (A - 2B)^2$

• (A가 가역이다) = (A가 역행렬을 갖는다)

7. 다음을 각각 증명하여라.

(1) A가 가역일 때 A의 역행렬은 오직 하나이다.

(2) A가 가역일 때 $(A^{-1})^{-1} = A$

(3) A, B가 가역일 때 $(AB)^{-1} = B^{-1}A^{-1}$

14.2 행렬식

2×2행렬 $A=\begin{pmatrix} a_{11} & a_{12} \\ a_{21} & a_{22} \end{pmatrix}$의 행렬식(determinant of A)을 $\det A$ 또는 $|A|$로 나타내고

$$\det A=|A|=\begin{vmatrix} a_{11} & a_{12} \\ a_{21} & a_{22} \end{vmatrix}=a_{11}a_{22}-a_{12}a_{21}$$

로 정의한다. 이것을 2×2행렬식(2×2 determinant)라고도 한다.

• $A=\begin{pmatrix} a_{11} & a_{12} \\ a_{21} & a_{22} \end{pmatrix}$일 때 $\det A$, $|A|$는 $\det\begin{pmatrix} a_{11} & a_{12} \\ a_{21} & a_{22} \end{pmatrix}$로도 쓴다.

• $A=\begin{pmatrix} a_{11} & a_{12} \\ a_{21} & a_{22} \end{pmatrix}$

$|A|=\begin{vmatrix} a_{11} & a_{12} \\ a_{21} & a_{22} \end{vmatrix}$

(−) (+)

$=a_{11}a_{22}-a_{12}a_{21}$

예제 2.1 2×2행렬 $A=\begin{pmatrix} -3 & -2 \\ 4 & 1 \end{pmatrix}$에 대하여

$$|A|=\begin{vmatrix} -3 & -2 \\ 4 & 1 \end{vmatrix}=(-3)\cdot1-(-2)\cdot4=5$$ ■

정의 2.1

3×3행렬식(3×3 deterninant)

3×3행렬 $A=\begin{pmatrix} a_{11} & a_{12} & a_{13} \\ a_{21} & a_{22} & a_{23} \\ a_{31} & a_{32} & a_{33} \end{pmatrix}$에 대하여

$$\det A=|A|=\begin{vmatrix} a_{11} & a_{12} & a_{13} \\ a_{21} & a_{22} & a_{23} \\ a_{31} & a_{32} & a_{33} \end{vmatrix}$$

$$=a_{11}a_{22}a_{33}-a_{11}a_{32}a_{23}+a_{21}a_{32}a_{13}-a_{21}a_{12}a_{33}$$
$$+a_{31}a_{12}a_{23}-a_{31}a_{22}a_{13}$$

• 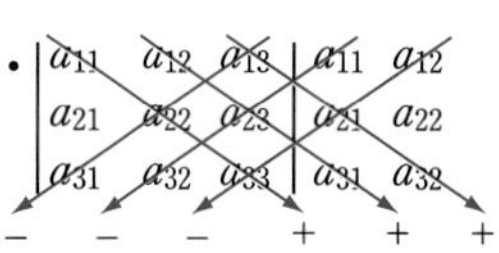

예제 2.2 3×3행렬 $A=\begin{pmatrix} 3 & 2 & 4 \\ -2 & 0 & -1 \\ 1 & -2 & 5 \end{pmatrix}$가 있다. 이 때 $|A|$를 구하여라.

풀이 정의 2.1에 의하여

$$\det A=|A|=\begin{vmatrix} 3 & 2 & 4 \\ -2 & 0 & -1 \\ 1 & -2 & 5 \end{vmatrix}$$

$$=3\cdot0\cdot5-3\cdot(-2)\cdot(-1)+(-2)\cdot(-2)\cdot4-(-2)\cdot2\cdot5$$
$$+1\cdot2\cdot(-1)-1\cdot0\cdot4$$
$$=0-6+16+20-2-0$$
$$=28$$ ■

정의 2.1에서

$$\det A = |A| = \begin{vmatrix} a_{11} & a_{12} & a_{13} \\ a_{21} & a_{22} & a_{23} \\ a_{31} & a_{32} & a_{33} \end{vmatrix}$$

$$= a_{11}a_{22}a_{33} - a_{11}a_{32}a_{23} + a_{21}a_{32}a_{13} - a_{21}a_{12}a_{33} + a_{31}a_{12}a_{23} - a_{31}a_{22}a_{13}$$

$$= a_{11}(a_{22}a_{33} - a_{32}a_{23}) - a_{21}(a_{12}a_{33} - a_{32}a_{13}) + a_{31}(a_{12}a_{23} - a_{22}a_{13})$$

$$= a_{11}\begin{vmatrix} a_{22} & a_{23} \\ a_{32} & a_{33} \end{vmatrix} - a_{21}\begin{vmatrix} a_{12} & a_{13} \\ a_{32} & a_{33} \end{vmatrix} + a_{31}\begin{vmatrix} a_{12} & a_{13} \\ a_{22} & a_{23} \end{vmatrix}$$

이므로 정의 2.1은 다음과 같이 나타낼 수 있다.

- 제1행을 기준하여 나타내었다.
- $a_{11}\begin{vmatrix} a_{22} & a_{23} \\ a_{32} & a_{33} \end{vmatrix}$ ← 제1행, 1열을 제외한 성분으로 된 행렬식
- $a_{21}\begin{vmatrix} a_{12} & a_{13} \\ a_{32} & a_{33} \end{vmatrix}$ ← 제2행, 1열을 제외한 성분으로 된 행렬식
- $a_{31}\begin{vmatrix} a_{12} & a_{13} \\ a_{22} & a_{23} \end{vmatrix}$ ← 제3행, 1열을 제외한 성분으로 된 행렬식

(+) (−) (+)

$$\begin{vmatrix} a_{11} & a_{12} & a_{13} \\ a_{21} & a_{22} & a_{23} \\ a_{31} & a_{32} & a_{33} \end{vmatrix} = a_{11}\begin{vmatrix} a_{22} & a_{23} \\ a_{32} & a_{33} \end{vmatrix} - a_{21}\begin{vmatrix} a_{12} & a_{13} \\ a_{32} & a_{33} \end{vmatrix} + a_{31}\begin{vmatrix} a_{12} & a_{13} \\ a_{22} & a_{23} \end{vmatrix} \cdots ①$$

(제1열)

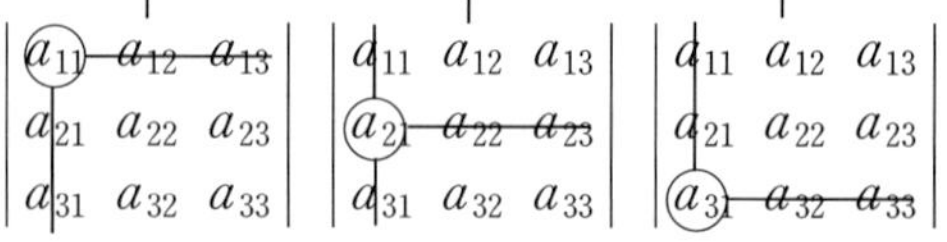

예제 2.3 3×3행렬 $A = \begin{pmatrix} 4 & 2 & 0 \\ 3 & -2 & -1 \\ 2 & 5 & 1 \end{pmatrix}$에 대하여 $|A|$를 구하여라,

풀이 (+) (−) (+)

$$\begin{vmatrix} 4 & 2 & 0 \\ 3 & -2 & -1 \\ 2 & 5 & 1 \end{vmatrix} = 4\begin{vmatrix} -2 & -1 \\ 5 & 1 \end{vmatrix} - 3\begin{vmatrix} 2 & 0 \\ 5 & 1 \end{vmatrix} + 2\begin{vmatrix} 2 & 0 \\ -2 & -1 \end{vmatrix}$$

$$= 4\cdot3 - 3\cdot2 + 2(-2)$$

$$= 2$$

■

앞의 ①에서 3×3행렬식을 제1열의 성분을 차례로 해당되는 행과 열을 제외한 성분으로 된 2×2행렬행렬식으로 나타내어 계산하였다. 제1열 만이 아니고 다른 행과 열에 대하여도 ①과 같이 나타내어 계산할 수 있다.

앞의 ① 이외에도 다음과 같이 나타내어 계산할 수 있다.

$$\begin{vmatrix} a_{11} & a_{12} & a_{13} \\ a_{21} & a_{22} & a_{23} \\ a_{31} & a_{32} & a_{33} \end{vmatrix} = a_{11}\begin{vmatrix} a_{22} & a_{23} \\ a_{32} & a_{33} \end{vmatrix} - a_{12}\begin{vmatrix} a_{21} & a_{23} \\ a_{31} & a_{33} \end{vmatrix} + a_{13}\begin{vmatrix} a_{21} & a_{22} \\ a_{31} & a_{32} \end{vmatrix} \cdots ②, \text{ 또는}$$

$$\begin{vmatrix} a_{11} & a_{12} & a_{13} \\ a_{21} & a_{22} & a_{23} \\ a_{31} & a_{32} & a_{33} \end{vmatrix} = -a_{12}\begin{vmatrix} a_{21} & a_{23} \\ a_{31} & a_{33} \end{vmatrix} + a_{22}\begin{vmatrix} a_{11} & a_{13} \\ a_{31} & a_{33} \end{vmatrix} - a_{32}\begin{vmatrix} a_{11} & a_{13} \\ a_{21} & a_{23} \end{vmatrix} \cdots ③$$

행렬 $A = \begin{pmatrix} a_{11} & a_{12} & a_{13} \\ a_{21} & a_{22} & a_{23} \\ a_{31} & a_{32} & a_{33} \end{pmatrix}$에 대하여 ②에서 2×2행렬

$\begin{pmatrix} a_{22} & a_{23} \\ a_{32} & a_{33} \end{pmatrix}$는 제1행, 1열을 A에서 제외한 행렬,

$\begin{pmatrix} a_{21} & a_{23} \\ a_{31} & a_{33} \end{pmatrix}$는 제1행, 2열을 A에서 제외한 행렬,

$\begin{pmatrix} a_{21} & a_{22} \\ a_{31} & a_{32} \end{pmatrix}$는 제1행, 3열을 A에서 제외한 행렬임을 알 수 있다.

이 행렬을 차례로 M_{11}, M_{12}, M_{13}로 나타내고

$$A_{11} = \det M_{11},\quad A_{12} = -\det M_{12},\quad A_{13} = \det M_{13}$$

으로 표시한다. 따라서 ②는 $\det A = |A| = a_{11}A_{11} - a_{12}A_{12} + a_{13}A_{13}$

정의 2.2

일반적으로 $n\times n$ 행렬 A가 있다. A의 제i행, j열을 제외하여 얻은 $(n-1)\times(n-1)$ 행렬 M_{ij}를 A의 소행렬(ijth minor)이라 한다. 그리고

$$A_{ij} = (-1)^{i+j}|M_{ij}|$$

를 A의 여인수(ijth cofactor)라 한다.

- $(-1)^{i+j} = \begin{cases} 1 & (i+j\text{가 짝수}) \\ -1 & (i+j\text{가 홀수}) \end{cases}$
- $\begin{vmatrix} a & b \\ c & d \end{vmatrix} = ad - bc$

예제 2.4 3×3행렬 $A = \begin{pmatrix} 2 & -3 & 1 \\ 1 & -2 & 3 \\ -4 & 5 & 2 \end{pmatrix}$에서 $M_{23} = \begin{pmatrix} 2 & -3 \\ -4 & 5 \end{pmatrix}$,

$M_{33} = \begin{pmatrix} 2 & -3 \\ 1 & -2 \end{pmatrix}$이므로 $A_{23} = (-1)^{2+3}M_{23} = (-1)^{2+3}\begin{vmatrix} 2 & -3 \\ -4 & 5 \end{vmatrix} = (-1)\{2\cdot5 - (-3)(-4)\} = 2$, $A_{33} = (-1)^{3+3}M_{33} = (-1)^{3+3}\begin{vmatrix} 2 & -3 \\ 1 & -2 \end{vmatrix} = 2\cdot(-2) - (-3)\cdot1 = 1$

또 $A_{31} = (-1)^{3+1}M_{31} = \begin{vmatrix} -3 & 1 \\ -2 & 3 \end{vmatrix} = (-3)\cdot3 - 1(-2) = -7$ ■

앞의 ①, ②, ③의 경우를 일반적으로 나타내면 다음과 같다.

정의 2.3

$n \times n$ 행렬식 ($n \times n$ determinant)

$n \times n$ 행렬 $A = \begin{pmatrix} a_{11} & a_{12} & \cdots & a_{1n} \\ a_{21} & a_{22} & \cdots & a_{2n} \\ \vdots & \vdots & & \vdots \\ a_{n1} & a_{n2} & \cdots & a_{nn} \end{pmatrix}$의 $n \times n$ 행렬식은 $\det A$, $|A|$로 쓰고

$$\det A = |A| = a_{11}A_{11} + a_{12}A_{12} + \cdots + a_{1n}A_{1n} = \sum_{k=1}^{n} a_{1k}A_{1k}$$

이다. 이것을 제1행에 대한 여인수전개(expansion of cofactors)라 한다.

$\det A$는 A의 어떠한 행에 대하여 여인수전개를 하더라도 구할 수 있다.

$$\det A = a_{i1}A_{i1} + a_{i2}A_{i2} + \cdots + a_{in}A_{in} = \sum_{k=1}^{n} a_{ik}A_{ik} \ (i = 1, 2, \cdots, n)$$

마찬가지로 $\det A$는 어떠한 열에 대한 여인수전개로도 계산할 수 있다.

$$\det A = a_{1j}A_{1j} + a_{2j}A_{2j} + \cdots + a_{nj}A_{nj} = \sum_{k=1}^{n} a_{kj}A_{kj} \ (j = 1, 2, \cdots, n)$$

• 여인수에서 부호는 3×3 행렬식에서

$$\begin{vmatrix} + & - & + \\ - & + & - \\ + & - & + \end{vmatrix},$$

4×4 행렬식에서

$$\begin{vmatrix} + & - & + & - \\ - & + & - & + \\ + & - & + & - \\ - & + & - & + \end{vmatrix},$$

$n \times n$ 행렬식에서

$$\begin{vmatrix} + & - & + & - & + & \cdots \\ - & + & - & + & - & \cdots \\ + & - & + & - & + & \cdots \\ - & + & - & + & - & \cdots \\ + & - & + & - & + & \cdots \\ \vdots & \vdots & \vdots & \vdots & \vdots & \end{vmatrix}.$$

예제 2.5 행렬식 $\begin{vmatrix} 2 & -2 & 0 \\ 1 & -3 & 2 \\ -1 & 3 & 1 \end{vmatrix}$을 (1) 제1행, (2) 제2열에 대하여 여인수전개를 적용하고 그 값을 구하여라.

풀이 (1) $\begin{vmatrix} 2 & -2 & 0 \\ 1 & -3 & 2 \\ -1 & 3 & 1 \end{vmatrix} = 2A_{11} + (-2)A_{12} + 0 \cdot A_{13}$

$$= 2 \cdot (-1)^{1+1}M_{11} + (-2)(-1)^{1+2}M_{12} + (-1)^{1+3}M_{13}$$

$$= 2\begin{vmatrix} -3 & 2 \\ 3 & 1 \end{vmatrix} + 2\begin{vmatrix} 1 & 2 \\ -1 & 1 \end{vmatrix} + \begin{vmatrix} 1 & -3 \\ -1 & 3 \end{vmatrix}$$

$$= 2(-9) + 2(3) + 0 = -12$$

(2) $\begin{vmatrix} 2 & -2 & 0 \\ 1 & -3 & 2 \\ -1 & 3 & 1 \end{vmatrix} = (-2)A_{12} + (-3)A_{22} + 3A_{32}$

$$= (-2)(-1)^{1+2}M_{12} + (-3)(-1)^{2+2}M_{22} + 3(-1)^{3+2}M_{32}$$

$$= 2\begin{vmatrix} 1 & 2 \\ -1 & 1 \end{vmatrix} + (-3)\begin{vmatrix} 2 & 0 \\ -1 & 1 \end{vmatrix} + (-3)\begin{vmatrix} 2 & 0 \\ 1 & 2 \end{vmatrix}$$

$$= 2 \cdot 3 + (-3) \cdot 2 + (-3) \cdot 4 = -12$$

■

행렬식의 성질

행렬식은 몇 가지 성질을 갖는다. 이 성질을 적용하면 행렬식 계산을 수월하게 할 수 있다. 이 성질을 정리로 설명한다.

정리 2.1

한 행렬식의 어떤 행(또는 열)에 상수 k를 곱한 행렬식은 원래 행렬식의 k배이다.

증명

$$|A|=\begin{vmatrix} a_{11} & a_{12} & \cdots & a_{1n} \\ a_{21} & a_{22} & \cdots & a_{2n} \\ \vdots & \vdots & & \vdots \\ a_{i1} & a_{i2} & \cdots & a_{in} \\ \vdots & \vdots & & \vdots \\ a_{n1} & a_{n2} & \cdots & a_{nn} \end{vmatrix},\quad |B|=\begin{vmatrix} a_{11} & a_{12} & \cdots & a_{1n} \\ a_{21} & a_{22} & \cdots & a_{2n} \\ \vdots & \vdots & & \vdots \\ ka_{i1} & ka_{i2} & \cdots & ka_{in} \\ \vdots & \vdots & \cdots & \vdots \\ a_{n1} & a_{n2} & & a_{nn} \end{vmatrix}$$

이라 하고, $|B|$를 제i행에 대하여 여인수전개를 하면

$$\begin{aligned} \det B &= ka_{i1}A_{i1}+ka_{i2}A_{i2}+\cdots+ka_{in}A_{in} \\ &= k(a_{i1}A_{i1}+a_{i2}A_{i2}+\cdots+a_{in}A_{in}) \\ &= k\det A \end{aligned}$$

열에 대하여도 위와 같은 방법으로 증명된다. ■

• $A=\begin{vmatrix} a_{11} & a_{12} & a_{13} \\ a_{21} & a_{22} & a_{23} \\ a_{31} & a_{32} & a_{33} \end{vmatrix}$ 일 때

$$\begin{aligned} &\begin{vmatrix} a_{11} & ka_{12} & a_{13} \\ a_{21} & ka_{22} & a_{23} \\ a_{31} & ka_{32} & a_{33} \end{vmatrix} \\ &= a_{11}(-1)^{1+1}M_{11} + a_{21}(-1)^{2+1}M_{21} + a_{31}(-1)^{3+1}M_{31} \\ &= a_{11}\begin{vmatrix} ka_{22} & a_{23} \\ ka_{32} & a_{33} \end{vmatrix} - a_{21}\begin{vmatrix} ka_{12} & a_{13} \\ ka_{32} & a_{33} \end{vmatrix} + a_{31}\begin{vmatrix} ka_{12} & a_{13} \\ ka_{22} & a_{23} \end{vmatrix} \\ &= a_{11}k(a_{22}a_{33}-a_{23}a_{32}) - a_{21}k(a_{12}a_{33}-a_{13}a_{32}) + a_{31}k(a_{12}a_{23}-a_{13}a_{22}) \\ &= k\left(a_{11}\begin{vmatrix} a_{22} & a_{23} \\ a_{32} & a_{33} \end{vmatrix} - a_{21}\begin{vmatrix} a_{12} & a_{13} \\ a_{32} & a_{33} \end{vmatrix} + a_{31}\begin{vmatrix} a_{12} & a_{13} \\ a_{22} & a_{23} \end{vmatrix}\right) \\ &= k\begin{vmatrix} a_{11} & a_{12} & a_{13} \\ a_{21} & a_{22} & a_{23} \\ a_{31} & a_{32} & a_{33} \end{vmatrix} \end{aligned}$$

예제 2.6 (1) $\begin{vmatrix} 2 & 4 & 6 \\ 1 & 7 & -5 \\ 2 & 6 & -3 \end{vmatrix} = 2\begin{vmatrix} 1 & 2 & 3 \\ 1 & 7 & -5 \\ 2 & 6 & -3 \end{vmatrix}$

(2) $\begin{vmatrix} 3 & 3 & -2 \\ 1 & 9 & 2 \\ 4 & 6 & 5 \end{vmatrix} = 3\begin{vmatrix} 3 & 1 & -2 \\ 1 & 3 & 2 \\ 4 & 2 & 5 \end{vmatrix}$

정리 2.2 한 행(또는 열)의 성분이 모두 0이면 그 행렬식은 0이다.

증명 $i=1, 2, \cdots, n$일 때 a_{ij}가 모두 0인 $n\times n$행렬 A의 행렬식은

$$\det A = a_{i1}A_{i1}+a_{i2}A_{i2}+\cdots+a_{in}A_{in} = 0+0+\cdots+0=0$$ ■

예제 2.7 (1) $\begin{vmatrix} 0 & 1 & -10 \\ 0 & 5 & -11 \\ 0 & -4 & -15 \end{vmatrix} = 0$

(2) $\begin{vmatrix} 1 & -2 & 3 \\ 0 & 0 & 0 \\ 5 & 6 & 2 \end{vmatrix} = 0$

> **정리 2.3** 한 행렬식의 두 행(또는 두 열)을 바꾼 행렬식은 원래의 행렬식에 -1을 곱한 것과 같다.

• $\begin{vmatrix} a_{11} & a_{12} & a_{13} \\ a_{21} & a_{22} & a_{23} \\ a_{31} & a_{32} & a_{33} \end{vmatrix} = -\begin{vmatrix} a_{11} & a_{12} & a_{13} \\ a_{31} & a_{32} & a_{33} \\ a_{21} & a_{22} & a_{23} \end{vmatrix}$

증명 $n \times n$ 행렬 A에서 제i행과 제$i+1$행을 바꾸어 놓은 행렬을 B라 하면

$$A = \begin{pmatrix} a_{11} & a_{12} & \cdots & a_{1n} \\ a_{21} & a_{22} & \cdots & a_{2n} \\ \vdots & \vdots & & \vdots \\ a_{i1} & a_{i2} & \cdots & a_{in} \\ a_{i+1,1} & a_{i+1,2} & \cdots & a_{i+1,n} \\ \vdots & \vdots & & \vdots \\ a_{n1} & a_{n2} & \cdots & a_{nn} \end{pmatrix}, \quad B = \begin{pmatrix} a_{11} & a_{12} & \cdots & a_{1n} \\ a_{21} & a_{22} & \cdots & a_{2n} \\ \vdots & \vdots & & \vdots \\ a_{i+1,1} & a_{i+1,2} & \cdots & a_{i+1,n} \\ a_{i1} & a_{i2} & \cdots & a_{in} \\ \vdots & \vdots & & \vdots \\ a_{n1} & a_{n2} & \cdots & a_{nn} \end{pmatrix}$$

$|A|$는 제i행, $|B|$는 제$i+1$행에 대하여 여인수전개를 하면

$$\det A = a_{i1}A_{i1} + a_{i2}A_{i2} + \cdots + a_{in}A_{in}$$
$$\det B = a_{i1}B_{i+1,1} + a_{i2}B_{i+1,1} + \cdots + a_{in}B_{i+1,n}$$

• M_{ij}는 $n \times n$ 행렬 A에서 제i행, j열의 성분을 제외한 다른 성분을 그대로 사용한 $(n-1)\times(n-1)$ 행렬

이 때, $$A_{ij} = (-1)^{i+j}|M_{ij}|$$

$n \times n$ 행렬 B에서 제$i+1$행, j열의 성분을 제외한 행렬은 $n \times n$ 행렬 A에서 제 i행, j열을 제외한 행렬 M_{ij}와 같게 된다. 따라서

$$B_{i+1,j} = (-1)^{i+1+j}|M_{ij}| = -(-1)^{i+j}|M_{ij}| \\ = -A_{ij}$$

• 두 열을 바꾼 경우도 같은 이치로 밝힐 수 있다.

그러므로 $$\det B = -\det A$$ ■

• $\begin{vmatrix} a & b & c \\ d & e & f \\ a & b & c \end{vmatrix} = 0$

> **정리 2.4** 한 행렬식에서 두 행(또는 두 열)의 성분이 같으면 이 행렬식은 0이다.

• $\begin{vmatrix} x_1 & y_1 & x_1 \\ x_2 & y_2 & x_2 \\ x_3 & y_3 & x_3 \end{vmatrix} = 0$

증명 $n \times n$ 행렬 A의 제i행과 제j행이 같다고 하자.
정리 2.3의 증명의 행렬 A, B에 대하여

$$\det B = -\det A$$

임을 알았다. 그러나 여기서 제i행과 j행이 같으므로 정리 2.3에서와 같이 이 두 행을 바꾸어도 A와 B는 같은 행렬이다.
따라서

$$\det B = \det A = -\det A$$

즉, $$2\det A = 0$$
$$\therefore \det A = 0$$ ■

예제 2.8

(1) $|A|=\begin{vmatrix} 1 & 2 & -3 \\ -2 & 0 & -1 \\ 5 & 2 & 3 \end{vmatrix}$, $\begin{vmatrix} -2 & 0 & -1 \\ 1 & 2 & -3 \\ 5 & 2 & 3 \end{vmatrix}=-|A|$, $\begin{vmatrix} -3 & 2 & 1 \\ -1 & 0 & -2 \\ 3 & 2 & 5 \end{vmatrix}=-|A|$

(2) $\begin{vmatrix} 2 & 0 & 3 \\ -1 & 3 & 4 \\ 2 & 0 & 3 \end{vmatrix}=0$, (3) $\begin{vmatrix} -2 & 3 & -2 \\ 1 & 5 & 1 \\ -2 & -1 & -2 \end{vmatrix}=0$, (4) $\begin{vmatrix} 4 & 2 & 3 \\ 4 & 2 & 3 \\ 1 & -1 & 0 \end{vmatrix}=0$ ■

> **정리 2.5** 한 행렬 A의 한 행(또는 한 열)이 다른 행(또는 열)의 상수배와 같으면 $\det A=0$이다.

증명 제j행이 i행의 k배와 같다고 하면 즉,

$$(a_{j1}, a_{j2}, \cdots, a_{jn})=k(a_{i1}, a_{i2}, \cdots, a_{in})$$

정리 2.1과 정리 2.4에 의하여

$$\det A=\begin{vmatrix} a_{11} & a_{12} & \cdots & a_{1n} \\ a_{21} & a_{22} & \cdots & a_{2n} \\ \vdots & \vdots & & \vdots \\ a_{i1} & a_{i2} & \cdots & a_{in} \\ \vdots & \vdots & & \vdots \\ ka_{i1} & ka_{i2} & \cdots & ka_{in} \\ \vdots & \vdots & & \vdots \\ a_{n1} & a_{n2} & \cdots & a_{nn} \end{vmatrix}=k\begin{vmatrix} a_{11} & a_{12} & \cdots & a_{1n} \\ a_{21} & a_{22} & \cdots & a_{2n} \\ \vdots & \vdots & & \vdots \\ a_{i1} & a_{i2} & \cdots & a_{in} \\ \vdots & \vdots & & \vdots \\ a_{i1} & a_{i2} & \cdots & a_{in} \\ \vdots & \vdots & & \vdots \\ a_{n1} & a_{n2} & \cdots & a_{nn} \end{vmatrix}=k\cdot 0=0 \quad \leftarrow j\text{행}$$

■

> **정리 2.6** $n\times n$행렬 A, B, C가 있다. 제i행(또는 열)을 제외한 나머지 성분은 모두 같고 C의 제i행은 A와 B의 제i행(또는 열)을 차례로 더한 것이라 한다. 이때 $\det C=\det A+\det B$가 성립한다.

증명

$$A=\begin{pmatrix} a_{11} & a_{12} & \cdots & a_{1n} \\ a_{21} & a_{22} & \cdots & a_{2n} \\ \vdots & \vdots & & \vdots \\ a_{i1} & a_{i2} & \cdots & a_{in} \\ \vdots & \vdots & & \vdots \\ a_{n1} & a_{n2} & \cdots & a_{nn} \end{pmatrix},\quad B=\begin{pmatrix} a_{11} & a_{12} & \cdots & a_{1n} \\ a_{21} & a_{22} & \cdots & a_{2n} \\ \vdots & \vdots & & \vdots \\ b_1 & b_2 & \cdots & b_n \\ \vdots & \vdots & & \vdots \\ a_{n1} & a_{n2} & \cdots & a_{nn} \end{pmatrix},$$

$$C=\begin{pmatrix} a_{11} & a_{12} & \cdots & a_{1n} \\ a_{21} & a_{22} & \cdots & a_{2n} \\ \vdots & \vdots & & \vdots \\ a_{i1}+b_1 & a_{i2}+b_2 & \cdots & a_{in}+b_n \\ \vdots & \vdots & & \vdots \\ a_{n1} & a_{n2} & \cdots & a_{nn} \end{pmatrix}$$ 이라 한다.

• $\begin{vmatrix} a & b & c \\ 3a & 3b & 3c \\ d & e & f \end{vmatrix}=0$

$\begin{vmatrix} x_1 & y_1 & 2x_1 \\ x_2 & y_2 & 2x_2 \\ x_3 & y_3 & 2x_3 \end{vmatrix}=0$

• $\begin{vmatrix} 1 & 2 & 3 \\ 4 & 5 & 6 \\ 4 & 8 & 12 \end{vmatrix}$

$=4\begin{vmatrix} 1 & 2 & 3 \\ 4 & 5 & 6 \\ 1 & 2 & 3 \end{vmatrix}=4\cdot 0=0$

• $A=\begin{pmatrix} 7 & 6 & 2 \\ 1 & 2 & 3 \\ -5 & -8 & 4 \end{pmatrix}$

$B=\begin{pmatrix} 7 & 6 & 2 \\ 2 & 4 & 5 \\ -5 & -8 & 4 \end{pmatrix}$

$C=\begin{pmatrix} 7 & 6 & 2 \\ 1+2 & 2+4 & 3+5 \\ -5 & -8 & 4 \end{pmatrix}$

라고 하면

$\det C=\begin{vmatrix} 7 & 6 & 2 \\ 3 & 6 & 8 \\ -5 & -8 & 4 \end{vmatrix}$

$=\det A+\det B$

$=\begin{vmatrix} 7 & 6 & 2 \\ 1 & 2 & 3 \\ -5 & -8 & 4 \end{vmatrix}+\begin{vmatrix} 7 & 6 & 2 \\ 2 & 4 & 5 \\ -5 & -8 & 4 \end{vmatrix}$

• 정리 2.6은 열의 경우도 마찬가지이다.

그러면 $\det C$를 구하기 위하여 C의 제i행을 기준으로 여인수전개를 하여 정리하면

$$\begin{aligned}\det C &= (a_{i1}+b_1)A_{i1}+(a_{i2}+b_2)A_{i2}+\cdots+(a_{in}+b_n)A_{in}\\ &= a_{i1}A_{i1}+a_{i2}A_{i2}+\cdots+a_{in}A_{in}\\ &\qquad\qquad +(b_1A_{i1}+b_2A_{i2}+\cdots+b_nA_{in})\\ &= \det A+\det B\end{aligned}$$ ■

> **정리 2.7** $n\times n$행렬 A의 한 행(또는 열)에 상수배한 것을 다른 행(또는 열)에 더한 행렬의 행렬식은 원래의 행렬식 $\det A$와 같다

증명 A의 제i행에 k를 곱한 것을 j행에 더하고 그 값들을 j행으로 하는 행렬을 B라 하고 정리 2.5, 2.6에 의하면

$$\det B=\begin{vmatrix} a_{11} & a_{12} & \cdots & a_{1n}\\ a_{21} & a_{22} & \cdots & a_{2n}\\ \vdots & \vdots & & \vdots\\ a_{i1} & a_{i2} & \cdots & a_{in}\\ \vdots & \vdots & & \vdots\\ a_{ji}+ka_{i1} & a_{j2}+ka_{i2} & \cdots & a_{jn}+ka_{in}\\ \vdots & \vdots & & \vdots\\ a_{n1} & a_{n2} & \cdots & a_{nn}\end{vmatrix}$$

$$=\begin{vmatrix} a_{11} & a_{12} & \cdots & a_{1n}\\ a_{21} & a_{22} & \cdots & a_{2n}\\ \vdots & \vdots & & \vdots\\ a_{i1} & a_{i2} & \cdots & a_{in}\\ \vdots & \vdots & & \vdots\\ a_{j1} & a_{j2} & \cdots & a_{jn}\\ \vdots & \vdots & & \vdots\\ a_{n1} & a_{n2} & \cdots & a_{nn}\end{vmatrix}+\begin{vmatrix} a_{11} & a_{12} & \cdots & a_{1n}\\ a_{21} & a_{22} & \cdots & a_{2n}\\ \vdots & \vdots & & \vdots\\ a_{i1} & a_{i2} & \cdots & a_{in}\\ \vdots & \vdots & & \vdots\\ ka_{i1} & ka_{i2} & \cdots & ka_{in}\\ \vdots & \vdots & & \vdots\\ a_{n1} & a_{n2} & \cdots & a_{nn}\end{vmatrix}$$

$$=\det A+0=\det A$$

열의 경우도 마찬가지로 증명된다. ■

• $\begin{vmatrix} a & b & c\\ ka & kb & kc\\ d & e & f\end{vmatrix}=k\begin{vmatrix} a & b & c\\ a & b & c\\ d & e & f\end{vmatrix}=k\cdot 0=0$

주대각선성분의 아래 또는 윗부분 성분이 모두 0인 정사각행렬을 삼각행렬(triangular matrix)이라 한다.

$$A=\begin{pmatrix}1 & 3 & 2\\ 0 & 4 & -1\\ 0 & 0 & -3\end{pmatrix},\quad B=\begin{pmatrix}-3 & 4 & 1 & 2\\ 0 & -2 & 0 & 1\\ 0 & 0 & -1 & -3\\ 0 & 0 & 0 & 3\end{pmatrix},\quad C=\begin{pmatrix}-2 & 0 & 0 & 0\\ 1 & -1 & 0 & 0\\ 0 & 3 & 4 & 0\\ 2 & -3 & 5 & 1\end{pmatrix}$$

• 주대각선성분 아래가 모두 0이면 상(위)삼각행렬(upper triangular)(오른쪽 A, B) 주대각선성분 위가 모두 0이면 하(아래)삼각행렬(lower triangular)이라 한다(오른쪽 C).

삼각행렬 $A=\begin{pmatrix} a_{11} & 0 & 0 & 0 \\ a_{21} & a_{22} & 0 & 0 \\ a_{31} & a_{32} & a_{33} & 0 \\ a_{41} & a_{42} & a_{43} & a_{44} \end{pmatrix}$ 에 대하여 $\det A$를 구하려고 제1행을 기준하여 여인수전개를 하면

$$\begin{aligned}
\det A &= a_{11}A_{11} + 0A_{12} + 0A_{13} + 0A_{14} \\
&= a_{11}A_{11} \\
&= a_{11}\cdot(-1)^{1+1}|M_{11}| \\
&= a_{11}\begin{vmatrix} a_{22} & 0 & 0 \\ a_{32} & a_{33} & 0 \\ a_{42} & a_{43} & a_{44} \end{vmatrix} \\
&= a_{11}\left\{a_{22}(-1)^{1+1}\begin{vmatrix} a_{33} & 0 \\ a_{43} & a_{44} \end{vmatrix}\right. \\
&\qquad \left. + 0\cdot(-1)^{1+2}\begin{vmatrix} a_{32} & 0 \\ a_{42} & a_{44} \end{vmatrix} + 0\cdot(-1)^{1+3}\begin{vmatrix} a_{32} & a_{33} \\ a_{42} & a_{43} \end{vmatrix}\right\} \\
&= a_{11}\cdot a_{22}\begin{vmatrix} a_{33} & 0 \\ a_{43} & a_{44} \end{vmatrix} \\
&= a_{11}a_{22}a_{33}a_{44}
\end{aligned}$$

• $\begin{vmatrix} a_{22} & 0 & 0 \\ a_{32} & a_{33} & 0 \\ a_{42} & a_{43} & a_{44} \end{vmatrix}$를 또 다시 제1행을 기준으로 여인수전개를 한다.

위와 같은 이치로

$$\begin{vmatrix} a_{11} & a_{12} & a_{13} & a_{14} \\ 0 & a_{22} & a_{23} & a_{24} \\ 0 & 0 & a_{23} & a_{24} \\ 0 & 0 & 0 & a_{44} \end{vmatrix} = a_{11}a_{22}a_{33}a_{44}$$

따라서 다음과 같이 정리할 수 있다.

정리 2.8 $n\times n$ 행렬인 삼각행렬 A에 대하여 $\det A$는

$$\det A = a_{11}a_{22}a_{33}\cdots a_{nn}$$

• 삼각행렬의 행렬식은 주대각선성분들의 곱이다.

예제 2.9 (1) $\begin{vmatrix} -2 & 0 \\ 5 & 3 \end{vmatrix} = (-2)\cdot 3 = -6$ (2) $\begin{vmatrix} 2 & 0 & 0 \\ 1 & -2 & 0 \\ 3 & 4 & 2 \end{vmatrix} = 2(-2)2 = -8$

(3) $\begin{vmatrix} 3 & 0 & -1 & -2 \\ 0 & 1 & 5 & 8 \\ 0 & 0 & -3 & 7 \\ 0 & 0 & 0 & -4 \end{vmatrix} = 3\cdot 1\cdot(-3)\cdot(-4) = 36$ ■

• 주어진 $n \times n$ 행렬식을 삼각행렬의 행렬식으로 변형하여 주대각선성분들의 곱으로만 그 행렬식의 값을 구한다.

• $n \times n$ 행렬 A에 대하여
(1) A의 임의의 한 행(또는 열)을 k배한 행렬이 A_1이면
$\det A_1 = k \det A$
(2) A의 두 행(또는 열)을 교환한 행렬이 A_2이면
$\det A_2 = -\det A$
(3) A의 한 행에 k배하고 다른 행에 더한 행렬이 A_3이면
$\det A_3 = \det A$
(4) 행렬 αA(α는 실수)의 행렬식은
$\det \alpha A = \alpha^n \det A$

이제까지 설명한 행렬식의 성질을 이용하여 주어진 한 행렬식을 변형시켜 간단히 계산할 수 있다.

예제 2.10 4×4행렬 $A=\begin{pmatrix} 1 & 3 & 2 & -1 \\ -2 & -7 & -1 & -5 \\ 2 & -3 & 1 & -1 \\ 3 & 5 & 7 & -4 \end{pmatrix}$에서 $|A|$를 구하여라.

풀이 $|A|=\begin{vmatrix} 1 & 3 & 2 & -1 \\ -2 & -7 & -1 & -5 \\ 2 & -3 & 1 & -5 \\ 3 & 5 & 7 & -4 \end{vmatrix}$ $\quad R_2+2R_1 \to R_2,\ R_3+(-2)R_1 \to R_3,\ R_4+(-3)R_1 \to R_4$

$$=\begin{vmatrix} 1 & 3 & 2 & -1 \\ 0 & -1 & 3 & -7 \\ 0 & -9 & -3 & -3 \\ 0 & -4 & 1 & -1 \end{vmatrix} = -3\begin{vmatrix} 1 & 3 & 2 & -1 \\ 0 & -1 & 3 & -7 \\ 0 & 3 & 1 & 1 \\ 0 & -4 & 1 & -1 \end{vmatrix} \quad \begin{matrix} R_3+3R_2 \to R_3 \\ R_4+(-4)R_2 \to R_4 \end{matrix}$$

$$=-3\begin{vmatrix} 1 & 3 & 2 & -1 \\ 0 & -1 & 3 & -7 \\ 0 & 0 & 10 & -20 \\ 0 & 0 & -11 & 27 \end{vmatrix} = (-3)(10)\begin{vmatrix} 1 & 3 & 2 & -1 \\ 0 & -1 & 3 & -7 \\ 0 & 0 & 1 & -2 \\ 0 & 0 & -11 & 27 \end{vmatrix} \quad R_4+11R_3 \to R_4$$

$$=(-3)(10)\begin{vmatrix} 1 & 3 & 2 & -1 \\ 0 & -1 & 3 & -7 \\ 0 & 0 & 1 & -2 \\ 0 & 0 & 0 & 5 \end{vmatrix}$$

$$=(-3)(10)(1)(-1)(1)(5)=150$$ ■

한 행렬 $A=(a_{ij})$의 행과 열을 바꾸어 놓은 행렬을 A의 전치행렬(transpose, transposed matrix)이라 하고 A^t로 나타낸다.

즉,
$$A^t=(a_{ij})^t=(a_{ji})$$

정리 2.9

$n \times n$ 행렬 A에 대하여

$$\det A = \det A^t$$

이다.

• $\det(A+B) \neq \det A + \det B$

정리 2.10

두 $n \times n$ 행렬 A, B에 대하여

$$\det AB = \det A \ \det B$$

이다.

행렬식과 역행렬

한 행렬이 역행렬을 가질 때(가역일 때), 그 역행렬을 행렬식을 이용하여 구할 수 있다. 역행렬을 구하기 전에 필요한 용어를 정의한다.

정의 2.4 수반행렬(adjoint)

$n \times n$ 행렬 A가 있다. A_{ij} 를 A의 여인수라 할 때 행렬

$$(A_{ij}) \quad \text{즉,} \quad \begin{pmatrix} A_{11} & A_{12} & \cdots & A_{1n} \\ A_{21} & A_{22} & \cdots & A_{2n} \\ \vdots & \vdots & & \vdots \\ A_{n1} & A_{n2} & \cdots & A_{nn} \end{pmatrix}$$

을 A의 여인수행렬(matrix of cofactors from A)라 하고 이 행렬의 전치행렬을 A의 수반행렬이라 하고, $adj\,A$로 나타낸다.

$$adj\,A = \begin{pmatrix} A_{11} & A_{12} & \cdots & A_{1n} \\ A_{21} & A_{22} & \cdots & A_{2n} \\ \vdots & \vdots & & \vdots \\ A_{n1} & A_{n2} & \cdots & A_{nn} \end{pmatrix}^t = \begin{pmatrix} A_{11} & A_{21} & \cdots & A_{n1} \\ A_{12} & A_{22} & \cdots & A_{n2} \\ \vdots & \vdots & & \vdots \\ A_{1n} & A_{2n} & \cdots & A_{nn} \end{pmatrix}$$

- $A_{ij} = (-1)^{i+j}|M_{ij}|$
- $\begin{pmatrix} a & b \\ c & d \end{pmatrix}^t = \begin{pmatrix} a & c \\ b & d \end{pmatrix}$

  $\begin{pmatrix} 1 & 2 & 3 \\ 4 & 5 & 6 \end{pmatrix}^t = \begin{pmatrix} 1 & 4 \\ 2 & 5 \\ 3 & 6 \end{pmatrix}$

  $\begin{pmatrix} 1 & 2 & 3 \\ 4 & 5 & 6 \\ 7 & 8 & 9 \end{pmatrix}^t = \begin{pmatrix} 1 & 4 & 7 \\ 2 & 5 & 8 \\ 3 & 6 & 9 \end{pmatrix}$

예제 2.11 행렬 $A = \begin{pmatrix} 2 & 1 & 3 \\ -1 & 2 & -2 \\ 1 & 0 & 4 \end{pmatrix}$의 수반행렬을 구하여라.

풀이

$$A_{11} = (-1)^{1+1}\begin{vmatrix} 2 & -2 \\ 0 & 4 \end{vmatrix} = 8, \qquad A_{12} = (-1)^{1+2}\begin{vmatrix} -1 & -2 \\ 1 & 4 \end{vmatrix} = 2$$

$$A_{13} = (-1)^{1+3}\begin{vmatrix} -1 & 2 \\ 1 & 0 \end{vmatrix} = -2, \qquad A_{21} = (-1)^{2+1}\begin{vmatrix} 1 & 3 \\ 0 & 4 \end{vmatrix} = -4$$

$$A_{22} = (-1)^{2+2}\begin{vmatrix} 2 & 3 \\ 1 & 4 \end{vmatrix} = 5, \qquad A_{23} = (-1)^{2+3}\begin{vmatrix} 2 & 1 \\ 1 & 0 \end{vmatrix} = 1$$

$$A_{31} = (-1)^{3+1}\begin{vmatrix} 1 & 3 \\ 2 & -2 \end{vmatrix} = -8, \qquad A_{32} = (-1)^{3+2}\begin{vmatrix} 2 & 3 \\ -1 & -2 \end{vmatrix} = 1$$

$$A_{33} = (-1)^{3+3}\begin{vmatrix} 2 & 1 \\ -1 & 2 \end{vmatrix} = 5$$

따라서 A의 여인수행렬은 $\begin{pmatrix} 8 & 2 & -2 \\ -4 & 5 & 1 \\ -8 & 1 & 5 \end{pmatrix}$이고 이 행렬의 전치행렬이 수반행렬이므로

$$adj\,A = \begin{pmatrix} 8 & 2 & -2 \\ -4 & 5 & 1 \\ -8 & 1 & 5 \end{pmatrix}^t = \begin{pmatrix} 8 & -4 & 8 \\ 2 & 5 & 1 \\ -2 & 1 & 5 \end{pmatrix}$$

■

- $|M_{ij}|$는 제 i 행, j 열을 제외한 성분으로 구성된 행렬식
- 여인수 $A_{ij} = (-1)^{i+j}|M_{ij}|$
- $\begin{vmatrix} a & b \\ c & d \end{vmatrix} = ad - bc$
- $M_{11} = \begin{vmatrix} 2 & -2 \\ 0 & 5 \end{vmatrix}$

  $M_{12} = \begin{vmatrix} -1 & -2 \\ 1 & 4 \end{vmatrix}$

  $M_{13} = \begin{vmatrix} -1 & 2 \\ 1 & 0 \end{vmatrix}$

정리 2.11 $n\times n$행렬 A가 있다. A가 가역이면 그 역행렬은

$$A^{-1}=\frac{1}{\det A}\,adj\,A$$

• $I=\begin{pmatrix}1&0&\cdots&0\\0&1&\cdots&0\\\vdots&\vdots&&\vdots\\0&0&\cdots&1\end{pmatrix}=I_n$

증명 먼저 $A(adj\,A)=(\det A)I$ 임을 밝히자.

$$A(ad_j A)=\begin{pmatrix}a_{11}&a_{12}&\cdots&a_{1n}\\a_{21}&a_{22}&\cdots&a_{2n}\\\vdots&\vdots&&\vdots\\a_{n1}&a_{n2}&\cdots&a_{nn}\end{pmatrix}\begin{pmatrix}A_{11}&A_{21}&\cdots&A_{n1}\\A_{12}&A_{22}&\cdots&A_{n2}\\\vdots&\vdots&&\vdots\\A_{1n}&A_{2n}&\cdots&A_{nn}\end{pmatrix}\quad\cdots ①$$

$A(adj\ A)$의 ij성분, 즉 A의 제i행과 $adj\,A$의 제j열의 곱은

$$(A\text{의 제}i\text{행})(adj\,A\text{의 제 }j\text{ 열})=(a_{i1}\ \ a_{i2}\ \cdots\ a_{in})\begin{pmatrix}A_{j1}\\A_{j2}\\\vdots\\A_{jn}\end{pmatrix}$$

$$=a_{i1}A_{j1}+a_{i2}A_{j2}+\cdots+a_{in}A_{jn}\quad\cdots ②$$

(i) $i=j$일때, $a_{i1}A_{i1}+a_{i2}A_{i2}+\cdots+a_{in}A_{in}=\det A$

(ii) $i\neq j$일때,

$$A^*=\begin{pmatrix}a_{11}&a_{12}&\cdots&a_{1n}\\a_{21}&a_{22}&\cdots&a_{2n}\\\vdots&\vdots&&\vdots\\a_{i1}&a_{i2}&\cdots&a_{in}\\\vdots&\vdots&&\vdots\\a_{j1}&a_{j2}&\cdots&a_{jn}\\\vdots&\vdots&&\vdots\\a_{n1}&a_{n2}&\cdots&a_{nn}\end{pmatrix}\ \leftarrow \text{제}j\text{행}$$

라고 하면(두 행이 같다면), $\det A^*=0$이다. 행렬 A^*의 제j행에 대하여 $\det A^*$를 계산할 경우 ②를 계산하여야 한다. 따라서

$$a_{i1}A_{j1}+a_{i2}A_{j2}+\cdots+a_{in}A_{jn}=\det A^*=0$$

그러므로 ①을 계산하면

$$A(adj\,A)=\begin{pmatrix}\det A&0&\cdots&0\\0&\det A&\cdots&0\\\vdots&\vdots&&\vdots\\0&0&\cdots&\det A\end{pmatrix}=(\det A)I\quad\cdots ③$$

• # A가 가역이면 $\det A\neq 0$임을 밝혀 보아라.

A가 가역이므로 $\det A\neq 0$

③에서 $\dfrac{1}{\det A}(A\,adj\,A)=I,\quad A\left[\dfrac{1}{\det A}adj\,A\right]=I$

양변의 좌측에 각각 A^{-1}를 곱하면

$$A^{-1}A\left[\frac{1}{\det A}adj\,A\right]=A^{-1}I,\ \text{즉}\ A^{-1}=\frac{1}{\det A}adj\,A$$ ■

예제 2.12 다음 행렬의 역행렬을 구하여라.

(1) $A=\begin{pmatrix} 1 & 2 & 3 \\ -2 & 1 & 4 \\ 2 & 3 & 2 \end{pmatrix}$ (2) $B=\begin{pmatrix} 2 & 4 & 1 \\ 1 & -2 & 1 \\ 0 & 5 & -1 \end{pmatrix}$

풀이 (1) 먼저 여인수행렬을 구하면 $A_{ij}=(-1)^{i+j}|M_{ij}|$에서

$$A_{11}=\begin{vmatrix} 1 & 4 \\ 3 & 2 \end{vmatrix}=-10, \qquad A_{12}=-\begin{vmatrix} -2 & 4 \\ 2 & 2 \end{vmatrix}=12$$

$$A_{13}=\begin{vmatrix} -2 & 1 \\ 2 & 3 \end{vmatrix}=-8, \qquad A_{21}=-\begin{vmatrix} 2 & 3 \\ 3 & 2 \end{vmatrix}=5$$

$$A_{22}=\begin{vmatrix} 1 & 3 \\ 2 & 2 \end{vmatrix}=-4, \qquad A_{23}=-\begin{vmatrix} 1 & 2 \\ 2 & 3 \end{vmatrix}=1$$

$$A_{31}=\begin{vmatrix} 2 & 3 \\ 1 & 4 \end{vmatrix}=5, \qquad A_{32}=-\begin{vmatrix} 1 & 3 \\ -2 & 4 \end{vmatrix}=-10$$

$$A_{33}=\begin{vmatrix} 1 & 2 \\ -2 & 1 \end{vmatrix}=5$$

$\begin{pmatrix} -10 & 12 & -8 \\ 5 & -4 & 1 \\ 5 & -10 & 5 \end{pmatrix}$이다. 이것의 열과 행을 바꾼 전치행렬이 $adj\,A$이므로

$$adj\,A=\begin{pmatrix} -10 & 12 & -8 \\ 5 & -4 & 1 \\ 5 & -10 & 5 \end{pmatrix}^t=\begin{pmatrix} -10 & 5 & 5 \\ 12 & -4 & -10 \\ -8 & 1 & 5 \end{pmatrix}$$

또 $\det A=|A|=\begin{vmatrix} 1 & 2 & 3 \\ -2 & 1 & 4 \\ 2 & 3 & 2 \end{vmatrix}=-10$, 따라서 A의 역행렬은

$$A^{-1}=\frac{1}{\det A}adj\,A=-\frac{1}{10}\begin{pmatrix} -10 & 5 & 5 \\ 12 & -4 & -10 \\ -8 & 1 & 5 \end{pmatrix}$$

• $\det A=|A|$
$=\begin{vmatrix} 1 & 2 & 3 \\ -2 & 1 & 4 \\ 2 & 3 & 2 \end{vmatrix}$
$=1\cdot1\cdot2+2\cdot4\cdot3$
$+(-2)\cdots3\cdot3$
$-3\cdot1\cdot2-3\cdot4\cdot1$
$-(-2)\cdot2\cdot2$
$=-10$

(2) $$adj\,B=\begin{pmatrix} \begin{vmatrix} -2 & 1 \\ 5 & -1 \end{vmatrix} & -\begin{vmatrix} 1 & 1 \\ 0 & -1 \end{vmatrix} & \begin{vmatrix} 1 & -2 \\ 0 & 5 \end{vmatrix} \\ -\begin{vmatrix} 4 & 1 \\ 5 & -1 \end{vmatrix} & \begin{vmatrix} 2 & 1 \\ 0 & -1 \end{vmatrix} & -\begin{vmatrix} 2 & 4 \\ 0 & 5 \end{vmatrix} \\ \begin{vmatrix} 4 & 1 \\ -2 & 1 \end{vmatrix} & -\begin{vmatrix} 2 & 1 \\ 1 & 1 \end{vmatrix} & \begin{vmatrix} 2 & 4 \\ 1 & -2 \end{vmatrix} \end{pmatrix}^t=\begin{pmatrix} -3 & 9 & 6 \\ 1 & -2 & -1 \\ 5 & -10 & 8 \end{pmatrix}$$

• $\det B=|B|$
$=\begin{vmatrix} 2 & 4 & 1 \\ 1 & -2 & 1 \\ 0 & 5 & -1 \end{vmatrix}$
$=2(-2)(-1)+4\cdot1\cdot0$
$+1\cdot5\cdot1$
$-0(-2)\cdot1-5\cdot1\cdot2$
$-1\cdot4\cdot(-1)$

또 $\det B=3$이므로

$$B^{-1}=\frac{1}{\det B}adj\,B=\frac{1}{3}\begin{pmatrix} -3 & 9 & 6 \\ 1 & -2 & -1 \\ 5 & -10 & -8 \end{pmatrix}$$ ■

크래머법칙

연립일차방정식을 여러 가지 방법으로 풀었다. 여기서는 행렬식을 이용하여 다음 연립일차방정식을 풀어 보자.

$$\begin{cases} a_1x+b_1y+c_1 & \cdots ① \\ a_2x+b_2y=c_2 & \cdots ② \end{cases}$$

① × b_2 − ② × b_1

$$(a_1b_2-a_2b_1)x=b_2c_1-b_1c_2 \text{ 즉, } x=\frac{b_2c_1-b_1c_2}{a_1b_2-a_2b_1}$$

또 ② × a_1 − ① × a_2

$$(a_1b_2-a_2b_1)y=a_1c_2-a_2c_1 \text{ 즉, } y=\frac{a_1c_2-a_2c_1}{a_1b_2-a_2b_1}$$

따라서,
$$x=\frac{\begin{vmatrix} c_1 & b_1 \\ c_2 & b_2 \end{vmatrix}}{\begin{vmatrix} a_1 & b_1 \\ a_2 & b_2 \end{vmatrix}},\quad y=\frac{\begin{vmatrix} a_1 & c_1 \\ a_2 & c_2 \end{vmatrix}}{\begin{vmatrix} a_1 & b_1 \\ a_2 & b_2 \end{vmatrix}}$$

• 주어진 연립방정식은
$AX=B$

• $A=\begin{pmatrix} a_1 & b_1 \\ a_2 & b_2 \end{pmatrix}$ ↓ $A_1=\begin{pmatrix} c_1 & b_1 \\ c_2 & b_2 \end{pmatrix}$

• $A=\begin{pmatrix} a_1 & b_1 \\ a_2 & b_2 \end{pmatrix}$ ↓ $A_2=\begin{pmatrix} a_1 & c_1 \\ a_2 & c_2 \end{pmatrix}$

주어진 연립방정식에서 $A=\begin{pmatrix} a_1 & b_1 \\ a_2 & b_2 \end{pmatrix}$, $X=\begin{pmatrix} x \\ y \end{pmatrix}$, $B=\begin{pmatrix} c_1 \\ c_2 \end{pmatrix}$라 하고, $A_1=\begin{pmatrix} c_1 & b_1 \\ c_2 & b_2 \end{pmatrix}$, $A_2=\begin{pmatrix} a_1 & c_1 \\ a_2 & c_2 \end{pmatrix}$, 즉 A_1은 제1열, A_2는 제2열을 B의 성분으로 바꾸어 놓은 행렬이라 하면 다음과 같음을 알 수 있다.

$$x=\frac{|A_1|}{|A|},\quad y=\frac{|A_2|}{|A|}$$

예제 2.13 다음 연립방정식 $\begin{cases} 2x+3y=-5 \\ 6x-2y=7 \end{cases}$ 을 풀어라.

풀이 $A=\begin{pmatrix} 2 & 3 \\ 6 & -2 \end{pmatrix}$, $X=\begin{pmatrix} x \\ y \end{pmatrix}$, $B=\begin{pmatrix} -5 \\ 7 \end{pmatrix}$이라 하면

$A_1=\begin{pmatrix} -5 & 3 \\ 7 & -2 \end{pmatrix}$, $A_2=\begin{pmatrix} 2 & -5 \\ 6 & 7 \end{pmatrix}$이므로 $x=\frac{|A_1|}{|A|}$, $y=\frac{|A_2|}{|A|}$에서

$$x=\frac{\begin{vmatrix} -5 & 3 \\ 7 & -2 \end{vmatrix}}{\begin{vmatrix} 2 & 3 \\ 6 & -2 \end{vmatrix}}=\frac{10-21}{-4-18}=\frac{1}{2},\quad y=\frac{\begin{vmatrix} 2 & -5 \\ 6 & 7 \end{vmatrix}}{\begin{vmatrix} 2 & 3 \\ 6 & -2 \end{vmatrix}}=\frac{14-(-30)}{-4-18}=-2$$

이상을 일반적으로 정리하면 다음과 같다. ■

정리 2.12 크래머법칙 (Cramer's rule)

$n \times n$ 행렬 A가 있다. 미지수 $x_i (i=1, 2, \cdots, n)$의 일차방정식으로 된 연립일차 방정식 $AX = B$의 해(유일한 해)는

$$x_i = \frac{|A_i|}{|A|}, \quad (i=1, 2, 3, \cdots, n)$$

이다($|A| \neq 0$). 여기서 A_i는 A의 제i열의 성분을 행렬 B의 성분으로 바꾸어 놓은 행렬이고 $X = (x_1, x_2, \cdots, x_n)^t$이다.

• x_i의 연립일차방정식 ($i=1, 2, 3$)은 x_1, x_2, x_3가 미지수이고

$$\begin{cases} a_1 x_1 + b_1 x_2 + c_1 x_3 = 0 \\ a_2 x_1 + b_2 x_2 + c_2 x_3 = 0 \\ a_3 x_1 + b_3 x_2 + c_3 x_3 = 0 \end{cases}$$

의 모양이다.

• $X = \frac{1}{|A|}(adj A)B$

$$= \frac{1}{|A|}\begin{pmatrix} A_{11} & A_{21} & \cdots & A_{n1} \\ A_{12} & A_{22} & \cdots & A_{n2} \\ \vdots & \vdots & & \vdots \\ A_{1n} & A_{2n} & \cdots & A_{nn} \end{pmatrix}\begin{pmatrix} b_1 \\ b_2 \\ \vdots \\ b_n \end{pmatrix}$$

증명 $AX = B$의 양변의 왼쪽에 A^{-1}를 곱하면

$$A^{-1}AX = A^{-1}B \quad \therefore X = A^{-1}B = \frac{1}{|A|}(adj A)B \qquad \cdots ①$$

$B = (b_1, b_2, \cdots, b_n)^t$이라 하면

$$(adj A)B = b_1 A_{1i} + b_2 A_{2i} + \cdots + b_n A_{ni} = |A_i| \qquad \cdots ②$$

①, ②에서

$$x_i = \frac{|A_i|}{|A|}$$

■

예제 2.14 크래머법칙을 이용하여 다음 연립방정식을 풀어라.

$$\begin{cases} 2x_1 + x_2 + 3x_3 = 4 \\ x_1 - 2x_2 - 5x_3 = 3 \\ 3x_1 + 2x_2 - 2x_3 = -2 \end{cases}$$

풀이 $A = \begin{pmatrix} 2 & 1 & 3 \\ 1 & -2 & -5 \\ 3 & 2 & -2 \end{pmatrix}, \quad X = \begin{pmatrix} x_1 \\ x_2 \\ x_3 \end{pmatrix}, \quad B = \begin{pmatrix} 4 \\ 3 \\ -2 \end{pmatrix}$라 하면

주어진 연립방정식은 $AX = B$

$$|A| = \begin{vmatrix} 2 & 1 & 3 \\ 1 & -2 & -5 \\ 3 & 2 & -2 \end{vmatrix} = 39, \; |A_1| = \begin{vmatrix} 4 & 1 & 3 \\ 3 & -2 & -5 \\ -2 & 2 & -2 \end{vmatrix} = 78$$

$$|A_2| = \begin{pmatrix} 2 & 4 & 3 \\ 1 & 3 & -5 \\ 3 & -2 & 2 \end{pmatrix} = -117, \; |A_3| = \begin{vmatrix} 2 & 1 & 4 \\ 1 & -2 & 3 \\ 3 & 2 & -2 \end{vmatrix} = 39$$

따라서 구하는 해는

$$x_1 = \frac{|A_1|}{|A|} = 2, \quad x_2 = \frac{|A_2|}{|A|} = -3, \quad x_3 = \frac{|A_3|}{|A|} = 1$$

■

• $A = \begin{pmatrix} 2 & 1 & 3 \\ 1 & -2 & -5 \\ 3 & 2 & -2 \end{pmatrix}$ ↓ $A_1 = \begin{pmatrix} 4 & 1 & 3 \\ 3 & -2 & -5 \\ -2 & 2 & -2 \end{pmatrix}$

• $A = \begin{pmatrix} 2 & 1 & 3 \\ 1 & -2 & -5 \\ 3 & 2 & -2 \end{pmatrix}$ ↓ $A_2 = \begin{pmatrix} 2 & 4 & 3 \\ 1 & 3 & -5 \\ 3 & -2 & 2 \end{pmatrix}$

• $A = \begin{pmatrix} 2 & 1 & 3 \\ 1 & -2 & -5 \\ 3 & 2 & -2 \end{pmatrix}$ ↓ $A_3 = \begin{pmatrix} 2 & 1 & 4 \\ 1 & -2 & 3 \\ 3 & 2 & -2 \end{pmatrix}$

연습문제 14.2

• $\begin{vmatrix} a_{11} & a_{12} \\ b_{11} & b_{12} \end{vmatrix} = a_{11}b_{12} - a_{12}b_{11}$

1. 다음 행렬식의 값을 구하여라.

(1) $\begin{vmatrix} 2 & 1 \\ 3 & -2 \end{vmatrix}$ (2) $\begin{vmatrix} 5 & -1 \\ 2 & 4 \end{vmatrix}$ (3) $\begin{vmatrix} a & b \\ c & d \end{vmatrix}$

• 계산이 간편할 수 있는 행 또는 열을 택한 후 그 행과 열을 기준하여 여인수전개를 한다.

2. 다음 행렬식의 값을 구하여라(여인수전개에 의하여).

(1) $\begin{vmatrix} 0 & 0 & 2 \\ 0 & 5 & -3 \\ -3 & 1 & -2 \end{vmatrix}$ (2) $\begin{vmatrix} 2 & 4 & 5 \\ 0 & 3 & 6 \\ -1 & 2 & 1 \end{vmatrix}$ (3) $\begin{vmatrix} -4 & 2 & 3 \\ -3 & 1 & 1 \\ 5 & -2 & 6 \end{vmatrix}$

(4) $\begin{vmatrix} 2 & 4 & -3 & 6 \\ -1 & 2 & 1 & -2 \\ 0 & 1 & -4 & 2 \\ 3 & -1 & 5 & 1 \end{vmatrix}$ (5) $\begin{vmatrix} 2 & 1 & 5 & 4 \\ -6 & 3 & 8 & 10 \\ -1 & -4 & 3 & 2 \\ 6 & 3 & 0 & -4 \end{vmatrix}$

• 삼각행렬식으로 변형하면 계산이 간편하다.

3. 다음 행렬식의 값을 구하여라(행렬식의 성질에 따라).

(1) $\begin{vmatrix} 0 & 1 & 2 \\ 2 & -4 & 6 \\ 3 & -1 & 5 \end{vmatrix}$ (2) $\begin{vmatrix} 1 & 3 & 2 \\ 4 & 1 & -2 \\ 2 & 1 & 3 \end{vmatrix}$ (3) $\begin{vmatrix} 3 & 2 & 4 \\ 6 & -1 & -3 \\ 12 & -6 & -2 \end{vmatrix}$

(4) $\begin{vmatrix} 3 & 2 & 3 & 1 \\ 3 & -2 & 8 & 5 \\ 4 & 5 & 3 & 1 \\ 2 & 1 & 4 & -3 \end{vmatrix}$ (5) $\begin{vmatrix} 6 & 1 & 5 & -4 \\ 2 & 0 & 4 & -1 \\ 4 & -1 & -2 & 1 \\ 6 & -3 & 9 & 3 \end{vmatrix}$

4. 다음 행렬의 역행렬을 구하여라.

(1) $\begin{pmatrix} 1 & 2 & 3 \\ 2 & 3 & 1 \\ 3 & 1 & 2 \end{pmatrix}$ (2) $\begin{pmatrix} 3 & 6 & -2 \\ -3 & -5 & 2 \\ -1 & -3 & 1 \end{pmatrix}$

5. 크래머법칙을 이용하여 다음 연립방정식의 해를 구하여라.

(1) $\begin{cases} 3x_1 + 2x_2 = -5 \\ 2x_1 - x_2 = -8 \end{cases}$ (2) $\begin{cases} x_1 - 2x_2 - x_3 = -4 \\ 2x_1 + 3x_2 + 2x_3 = -3 \\ 4x_1 - x_2 - 3x_3 = 1 \end{cases}$

#1. 정리 2.9, 2.10의 증명을 자세히 기록하여 보아라.

#2. 기본행렬(elementary matrix)에 대하여 조사하고 기본행렬을 이용하여 3×3행렬의 역행렬을 2개 이상 예를 들어 구하여 보자. 4×4행렬의 역행렬도 2개 이상 예를 들어 구하여 보자.

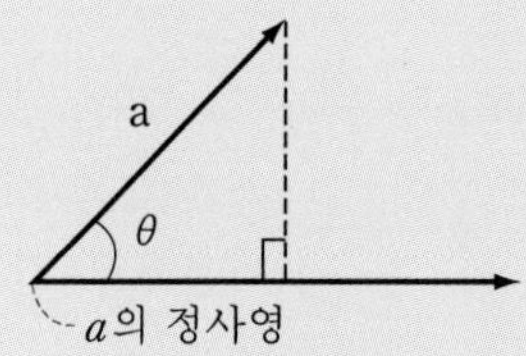

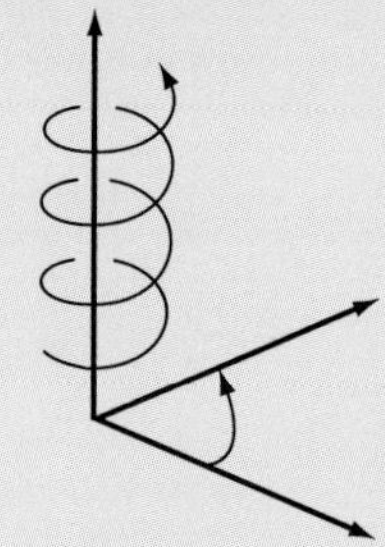

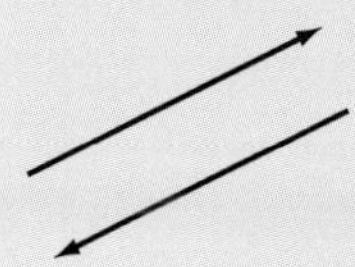

15 벡 터 Vector

$$\begin{vmatrix} i & j & k \\ 2 & -3 & 0 \\ 1 & -1 & -5 \end{vmatrix}$$

깁스(Josiah Willard Gibbs, 1839-1903)

미국의 수학자, 물리학자.

영국계이고 코네티컷주의 뉴 헤이븐에서 태어났다. 예일대학에서 수학과 물리를 공부했고 1863년에 물리학으로 박사학위를 받았다. 1866년부터 1869년에 파리, 베를린, 하이델베르크에서 수학과 물리학을 깊이 연구하였다.

1871년 예일대학의 수리물리학(methematical physics) 교수가 되었다.

깁스

깁스는 벡터를 창시한 수학자이다. 이것은 해밀턴(Sir William Rowan Hamilton, 1805-65. 아일랜드의 수학)의 4원수(5元數, quaternions)를 소개한 것과 더불어 물리적인 연구에 큰 도움을 준 수학의 한 분야이다.

깁스는 수리물리를 넓게 연구하여 소개한 학자이다.

저서로 1881년에 「벡터 해석학(vector analysis)」, 1902년에 「통계역학의 기본원리(*elementary prin-ciples of statistical mechanics*)」가 있다.

처음으로 깁스는 벡터 $\mathbf{i}$, $\mathbf{j}$, $\mathbf{k}$의 내적

$$\mathbf{i}\cdot\mathbf{j}=\mathbf{j}\cdot\mathbf{j}=\mathbf{k}\cdot\mathbf{k}=1$$
$$\mathbf{i}\cdot\mathbf{j}=\mathbf{j}\cdot\mathbf{k}=\mathbf{k}\cdot\mathbf{i}=0$$

을 정의하였고, 힘에 관한 문제 해결에 이 벡터의 내적을 처음 적용한 물리학자이다.

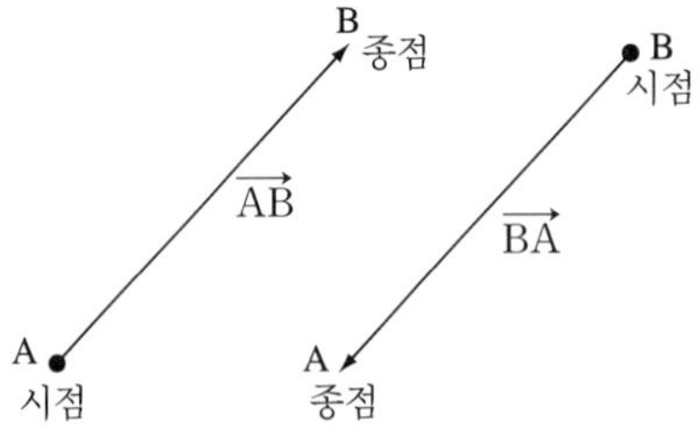

벡터 $\overrightarrow{AB}$, $\overrightarrow{BA}$의 정의로 벡터는 방향을 갖는 선분임을 알 수 있었다.

4원수란 실수 a, b, c, d와 단위를 나타내는 문자 $\mathbf{i}$, $\mathbf{j}$, $\mathbf{k}$에 대하여

$$a1+b\mathbf{i}+c\mathbf{j}+d\mathbf{k}$$

즉 $$a+b\mathbf{i}+c\mathbf{j}+d\mathbf{k}$$

의 꼴로 나타내어지는 수를 일컫는다.

이 때, 이 4원수에서 벡터부분을 $b\mathbf{i}+c\mathbf{j}+d\mathbf{k}$으로 나타낸 것이다. 이것은 공간에 나타낼 수 있는 방법이고

$$b\mathbf{i}+c\mathbf{j}+d\mathbf{k}$$

는 좌표공간에서 점

$$(b, c, d)$$

에 대응시켜 원점 O가 시점이고 이 점이 종점인 벡터를 나타낼 수 있다.

이렇게 좌표평면이나 좌표공간에서 벡터를 수학적으로 연구하여 물리적인 현상을 수학으로 분석할 수 있었다.

해밀턴

15.1 벡 터

일반적으로 물리적인 양은 질량, 온도, 길이, 넓이, 부피, 시간, 속력 등과 같이 그 크기만을 나타내는 양인 스칼라(scalar)와 평행이동, 속도, 가속도, 힘 등과 같이 크기와 방향을 동시에 나타내는 양을 벡터(vector)가 있다.

벡터는 화살표 모양으로 크기와 방향이 있는 유향선분(directed line segment)과 대응시켜 나타낸다.

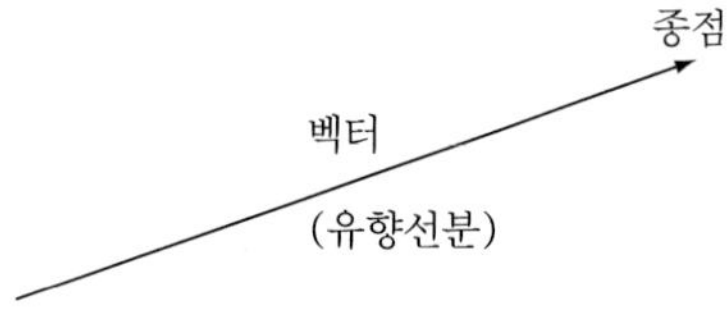

이 유향선분이 시작되는 점을 벡터의 시점(initial point), 끝점을 벡터의 종점(terminal point)이라 한다.

정의 1.1

크기와 방향을 동시에 나타내는 양을 벡터라 하고, 유향성분으로 표시하며 이 유향선분의 길이를 벡터의 크기(magnitude of vector), 이 유향선분의 방향을 벡터의 방향(directrion of vector)이라 한다.

시점이 A, 종점이 B인 벡터를

$$\overrightarrow{AB}, \text{ 또는 } \vec{a} \text{ 또는 } \mathbf{a}$$

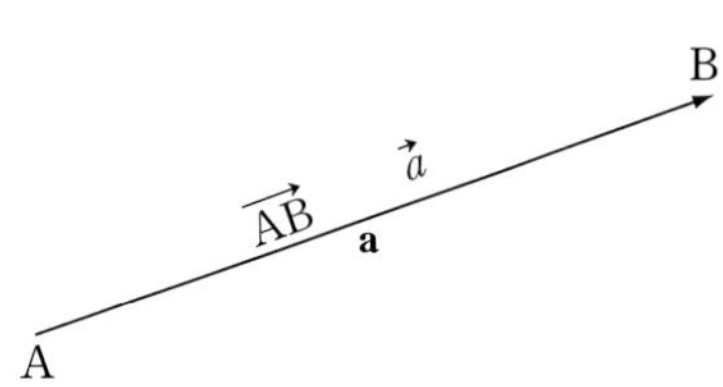

로 나타내고 크기는

$$|\overrightarrow{AB}|, \text{ 또는 } |\vec{a}| \text{ 또는 } |\mathbf{a}|$$

로 나타낸다.

- 벡터는 $\vec{a}, \vec{b}, \vec{c}$ 또는 굵은 글자 $\mathbf{a}, \mathbf{b}, \mathbf{c}, \cdots$ 로 표기한다.
- 영벡터는 시점과 종점이 일치하는 벡터이다. 그 크기는 0이고 방향은 임의로 한다.

크기가 1인 벡터를 단위벡터(unit vector)라 한다.

크기가 0인 벡터를 영벡터(zero vector)라 하고 $\vec{0}$ 또는 $\mathbf{0}$으로 나타낸다.

벡터는 평면, 공간 어디에서나 다룰 수 있다. 이 때, 평면에서 벡터를 평면벡터(plane vector), 공간에서 벡터를 공간벡터(space vector)라 한다.

크기와 방향이 각각 같은 두 벡터 $\vec{a}, \vec{b}$ 또는 $\mathbf{a}, \mathbf{b}$은 서로 같다고 하고

$$\vec{a} = \vec{b}, \text{ 또는 } \mathbf{a} = \mathbf{b}$$

와 같이 나타낸다.

• 직육면체
ABCD-EFGH에서

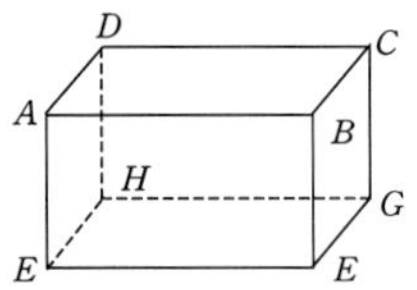

$\overrightarrow{AB}=\overrightarrow{DC}=\overrightarrow{EF}=\overrightarrow{HG}$
$\overrightarrow{EA}=\overrightarrow{FB}=\overrightarrow{GC}=\overrightarrow{HD}$
$\overrightarrow{AD}=\overrightarrow{EH}=\overrightarrow{FG}=\overrightarrow{BC}$

벡터 $\overrightarrow{AB}$를 평행이동하여 벡터 $\overrightarrow{CD}$, 벡터 $\overrightarrow{EF}$가 되었다면 이를 벡터는 시점이 다를 수 있으나 그 크기는 모두 같다. 즉,

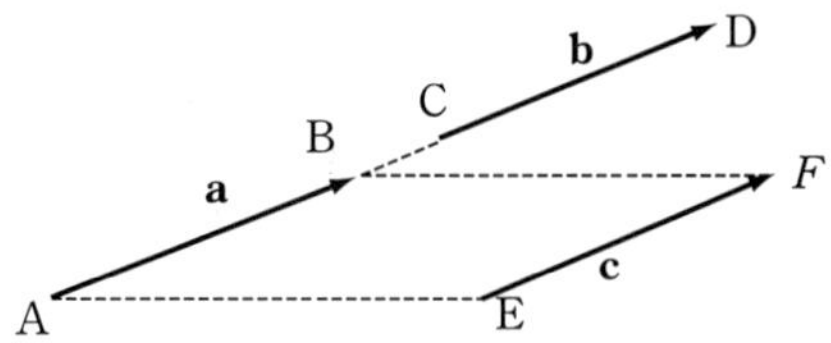

$$\overrightarrow{AB}=\overrightarrow{CD}=\overrightarrow{EF}, \text{ 또는}$$
$$\mathbf{a}=\mathbf{b}=\mathbf{c}$$

크기가 같고 방향이 반대인 두 벡터는 한 벡터가 $\mathbf{a}$이면 다른 벡터는

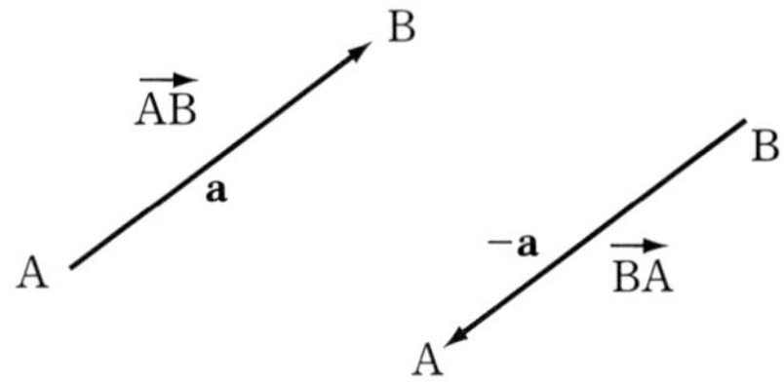

$$-\mathbf{a}$$

로 나타낸다. 이 때

$$|-\mathbf{a}|=|\mathbf{a}|$$

임을 알 수 있다. 두 벡터 $\mathbf{a}$, $\mathbf{b}$($\mathbf{a}\neq 0$, $\mathbf{b}\neq 0$)가 방향이 같거나 반대 방향일 때 이 두 벡터는 평행이라 하고

$$\mathbf{a} /\!/ \mathbf{b}$$

와 같이 나타낸다.

예제 1.1 오른쪽 직사각형 그림에서

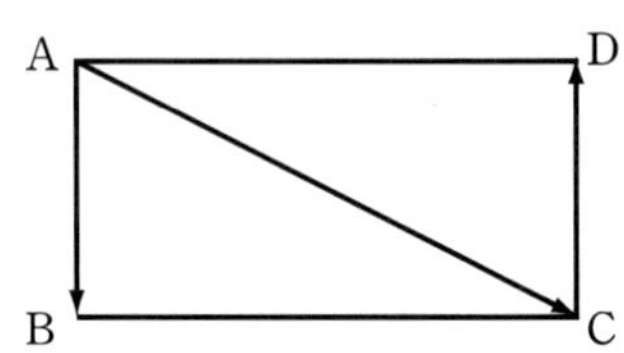

$\overline{AB}=1$, $\overline{AD}=2$이다.

$$|\overrightarrow{BC}|,\quad |\overrightarrow{CD}|,\quad |\overrightarrow{AC}|$$

를 각각 말하여라.

풀이 $|\overrightarrow{BC}|=2$, $|\overrightarrow{CD}|=1$, $|\overrightarrow{AC}|=\sqrt{\overline{AB}^2+\overline{BC}^2}$ $\quad\therefore |\overrightarrow{AC}|=\sqrt{1^2+2^2}=\sqrt{5}$ ■

예제 1.1의 그림에서 $\overrightarrow{AB} /\!/ \overrightarrow{CD}$이고 $\overrightarrow{AB}=\mathbf{a}$라 하면 $\overrightarrow{CD}=-\mathbf{a}$ 또는 $\overrightarrow{CD}=-\overrightarrow{AB}$이다. 또 $\overrightarrow{BC}=\overrightarrow{AD}$, $\overrightarrow{BC}=-\overrightarrow{DA}$, $\overrightarrow{BC} /\!/ \overrightarrow{AD}$이다. $|\overrightarrow{AB}|=1$, $|\overrightarrow{CD}|=1$이므로 $\overrightarrow{AB}$, $\overrightarrow{CD}$는 단위벡터이다.

그리고 왼쪽 위의 직육면체 ABCD−EFGH에서 $|\overrightarrow{AD}|=2$, $|\overrightarrow{AE}|=3$, $|\overrightarrow{AB}|=4$일 때 $|\overrightarrow{BD}|=2\sqrt{5}$, $|\overrightarrow{BE}|=5$, $|\overrightarrow{AH}|=\sqrt{13}$, $|\overrightarrow{EG}|=\sqrt{29}$이다.

정의 1.2 벡터의 합(sum of vectors)

두 벡터 **a**, **b**의 합 벡터 **c**는 **a**의 종점과 **b**의 시점을 일치시키고 **a**의 시점을 시점, **b**의 종점을 종점으로 하는 벡터이고

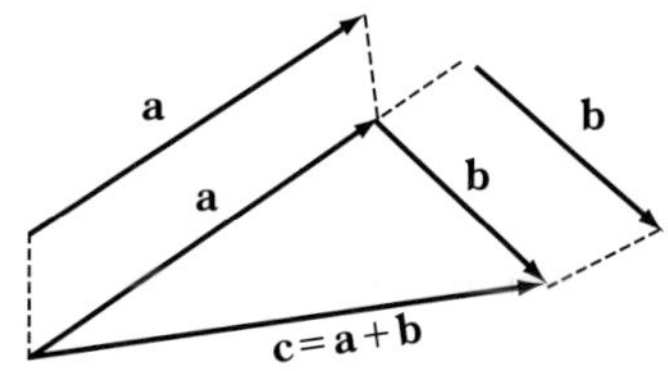

$$\mathbf{c} = \mathbf{a} + \mathbf{b}$$

로 나타낸다. 두 벡터의 합은 평행사변형을 이용하여 구할(나타낼) 수 있다.

오른쪽 그림과 같이 **a**와 **b**의 시점을 일치시키고 **a**, **b**를 이웃하는 두 변으로 하는 평행사변형의 대각선이 같은 시점으로 한 벡터

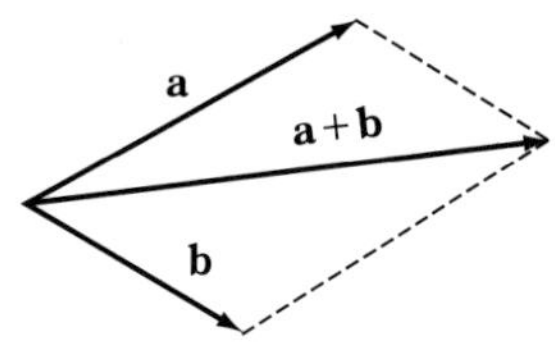

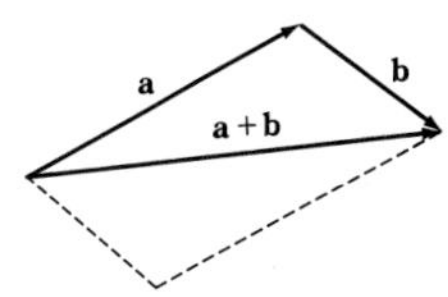

$$\mathbf{a} + \mathbf{b}$$

이다.

벡터의 뺄셈은 두 벡터 **a**, **b**에 대하여

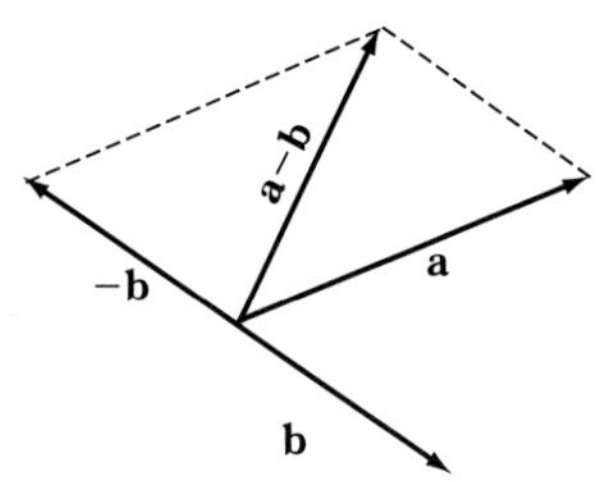

$$\mathbf{a} - \mathbf{b}$$

로 나타내고, 두 벡터 **a**와 $-\mathbf{b}$의 합 $\mathbf{a} + (-\mathbf{b})$로 정의한다.

정의 1.3 스칼라배(scalar multiple)

벡터 **a**와 실수 m에 대하여 벡터 **a**와 m의 곱

$$m\mathbf{a}$$

를 **a**의 스칼라배라 하고, 이 $m\mathbf{a}$는

(1) $m > 0$일 때, 방향은 **a**와 같고, 크기는 $m|\mathbf{a}|$이고

(2) $m < 0$일 때, 방향은 **a**와 반대이고, 크기는 $-m|\mathbf{a}|$이고

(3) $m = 0$이거나 $a = 0$일 때, $m\mathbf{a} = 0$이다.

예제 1.2 2**a**는 크기가 **a**의 2배인 방향이 같은 벡터이고 $\frac{1}{2}\mathbf{a}$는 크기가 **a**의 절반인 방향이 같은 벡터이다. ■

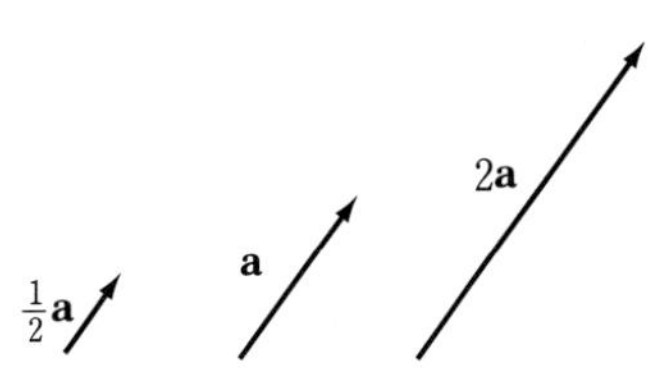

일반적으로 벡터의 합과 실수배에 대하여 다음 성질이 성립한다.

정리 1.1 $\mathbf{a}$, $\mathbf{b}$, $\mathbf{c}$는 벡터이고, m, n은 스칼라이다.

(1) $\mathbf{a}+\mathbf{b}=\mathbf{b}+\mathbf{a}$

(2) $\mathbf{a}+(\mathbf{b}+\mathbf{c})=(\mathbf{a}+\mathbf{b})+\mathbf{c}$

(3) $\mathbf{a}+\mathbf{0}=\mathbf{0}+\mathbf{a}=\mathbf{a}$

(4) $\mathbf{a}+(-\mathbf{a})=(-\mathbf{a})+\mathbf{a}=\mathbf{0}$

(5) $m\mathbf{a}=\mathbf{a}m$

(6) $m(n\mathbf{a})=(mn)\mathbf{a}$

(7) $(m+n)\mathbf{a}=m\mathbf{a}+n\mathbf{a}$

(8) $m(\mathbf{a}+\mathbf{b})=m\mathbf{a}+m\mathbf{b}$

증명 (8)의 증명

오른쪽 그림에서 $\overrightarrow{AB}=\mathbf{a}$, $\overrightarrow{BC}=\mathbf{b}$라 하고

$$\overrightarrow{AD}=m\overrightarrow{AC}=m\mathbf{a}$$
$$\overrightarrow{DE}=m\overrightarrow{BC}=m\mathbf{b}$$

되게 점 D, E를 정하면

$$\overline{BC} \mathbin{/\!/} \overline{DE}$$

이므로 $\overrightarrow{AE}=m\overrightarrow{AC}$

$$\overrightarrow{AD}+\overrightarrow{DE}=m(\overrightarrow{AB}+\overrightarrow{BC})$$

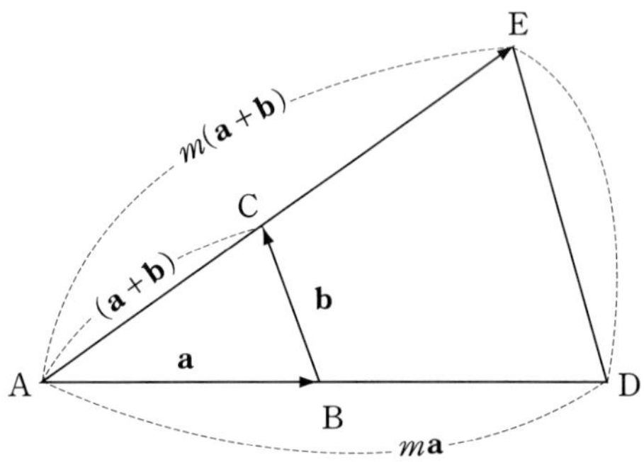

즉, $m(\mathbf{a}+\mathbf{b})=m\mathbf{a}+m\mathbf{b}$ ■

연습문제 15.1

1. 오른쪽 그림의 △ABC에 대하여

$$\overrightarrow{AB}+\overrightarrow{BC}+\overrightarrow{CA}$$

를 구하여라.

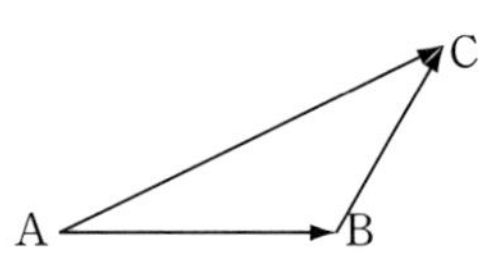

2. 다음을 간단히 하여라.

(1) $2(\mathbf{a}-3\mathbf{b})-(-\mathbf{a}-2\mathbf{b})$ (2) $-2(\mathbf{a}+2\mathbf{b}-\mathbf{c})+4(a-3\mathbf{b}+2\mathbf{c})$

3. 정리 1.1의 (1) $\mathbf{a}+\mathbf{b}=\mathbf{b}+\mathbf{a}$를 증명하여라.

4. 정리 1.1의 (2) $\mathbf{a}+(\mathbf{b}+\mathbf{c})=(\mathbf{a}+\mathbf{b})+\mathbf{c}$임을 증명하여라.

15.2 벡터의 내적과 외적

벡터의 성분

벡터를 좌표평면이나 좌표공간에서 여러 성질을 이해할 수 있다. 평면 또는 공간에서 한 점 O를 고정하여 임의의 벡터 $\mathbf{p}$를 $\overrightarrow{OP}=\mathbf{p}$인 점 P가 하나 정하여지고, 역으로 점 P에 대하여 $\mathbf{p}=\overrightarrow{OP}$인 벡터 $\mathbf{p}$ 하나가 정하여진다.

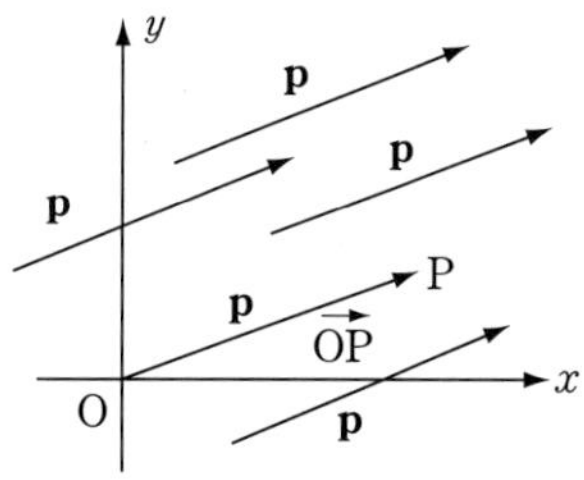

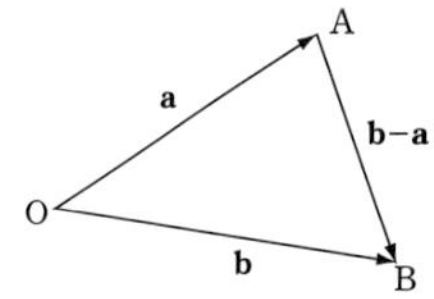

$\overrightarrow{OA}=\mathbf{a}$
$\overrightarrow{OB}=\mathbf{b}$
$\overrightarrow{AB}=\overrightarrow{OB}-\overrightarrow{OA}$
$\quad=\mathbf{b}-\mathbf{a}$

이렇게 점 O를 고정하였을 때 벡터 $\overrightarrow{OP}$를 점 O에 대한 점 P의 위치벡터(position vector)라 한다.

이와 같은 위치벡터의 시점 O는 좌표평면이나 좌표공간에서 원점으로 한다.

예제 2.1 벡터 $\mathbf{a}$, $\mathbf{b}$는 두 점 A, B의 위치벡터라 할 때, $\overline{AB}$를 $m:n$으로 내분하는 점 P의 위치벡터 $\mathbf{p}$를 $\mathbf{a}$, $\mathbf{b}$로 나타내어라.

풀이 $\overrightarrow{OA}=\mathbf{a}$, $\overrightarrow{OB}=\mathbf{b}$, $\overrightarrow{OP}=\mathbf{p}$이고

$$\overrightarrow{AP}=\overrightarrow{OP}-\overrightarrow{OA}=\mathbf{p}-\mathbf{a}$$
$$\overrightarrow{AB}=\overrightarrow{OB}-\overrightarrow{OA}=\mathbf{b}-\mathbf{a}$$

그리고

$$\overrightarrow{AP}=\frac{m}{m+n}\overrightarrow{AB}$$
$$\therefore\ \mathbf{p}-\mathbf{a}=\frac{m}{m+n}(\mathbf{b}-\mathbf{a})$$
$$\mathbf{p}=\frac{m}{m+n}(\mathbf{b}-\mathbf{a})+\mathbf{a}$$
$$=\frac{m\mathbf{b}+n\mathbf{a}}{m+n}$$

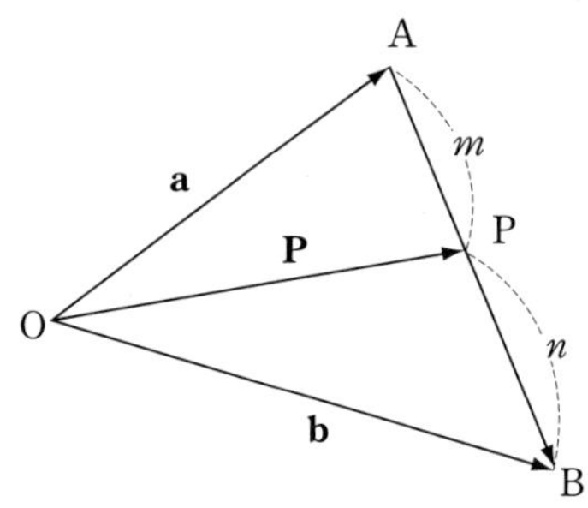

■

좌표평면 위에서 위치벡터와 좌표 사이의 관계를 알아본다.

좌표평면에서 두 점 $E_1(1, 0)$, $E_2(0, 1)$의 원점에 대한 위치벡터 $\overrightarrow{OE_1}$, $\overrightarrow{OE_2}$를

$$\overrightarrow{OE_1}=\mathbf{i},\ \overrightarrow{OE_2}=\mathbf{j}$$

로 하면 $|\mathbf{i}|=1$, $|\mathbf{j}|=1$이므로 이 $\mathbf{i}$, $\mathbf{j}$는 단위벡터이다.

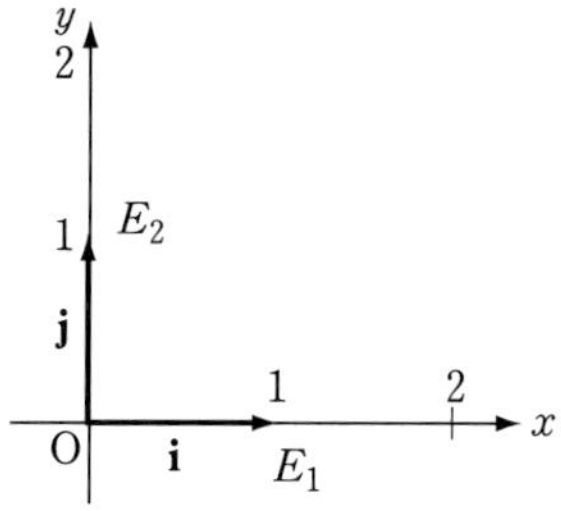

• 좌표평면에서 $\mathbf{i}$는 x축 양의 방향, $\mathbf{j}$는 y축 양의 방향인 단위벡터이다.

임의의 벡터 **a**가 있다.

a $=\overrightarrow{OA}$인 위치벡터로 나타내어질 때 점 A의 좌표가 (x_1, y_1)이라 한다.

이제 벡터 $\overrightarrow{OA}$의 x축, y축으로 내린 정사영을 $\overrightarrow{OA_1}$, $\overrightarrow{OA_2}$라 하면

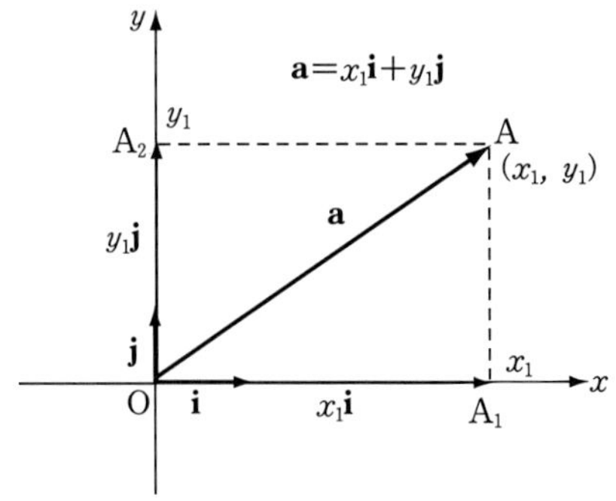

$$\overrightarrow{OA_1}=x_1\mathbf{i},\ \overrightarrow{OA_2}=y_1\mathbf{j}$$

이고 $\mathbf{a}=\overrightarrow{OA}=\overrightarrow{OA_1}+\overrightarrow{OA_2}$이므로

$$\mathbf{a}=x_1\mathbf{i}+y_1\mathbf{j}$$

로 나타내어진다. 여기서 실수 x_1, y_1을 벡터 **a**의 성분(components of vector **a**), 그리고 x_1을 x성분, y_1을 y성분이라 한다.

이 벡터 $\mathbf{a}=x_1\mathbf{i}+y_1\mathbf{j}$를 $\qquad \mathbf{a}=(x_1, y_1)$

과 같이 나타내고 좌표평면에서 평면벡터 **a**을 성분표시한 것이라 한다.

그리고 벡터 **a**의 크기는 $\overrightarrow{OA}$의 길이이므로

- $|\mathbf{i}|=1,\ |\mathbf{j}|=1$
  $\left|\overrightarrow{OA_1}\right|^2=|x_1\mathbf{i}|^2=x_1^2|\mathbf{i}|^2=x_1^2$
  $\left|\overrightarrow{OA_2}\right|^2=|y_1\mathbf{j}|^2=y_1^2|\mathbf{j}|^2=y_1^2$

$$|\mathbf{a}|=\left|\overrightarrow{OA}\right|=\sqrt{\left|\overrightarrow{OA_1}\right|^2+\left|\overrightarrow{OA_2}\right|^2}=\sqrt{x_1^2+y_1^2}$$

$\mathbf{a}=(x_1, y_1)$, $\mathbf{b}=(x_2, y_2)$일 때, $\mathbf{a}=\mathbf{b}$이면 $x_1=x_2$, $y_1=y_2$이다.

또 $\qquad \mathbf{a}+\mathbf{b}=(x_1, y_1)+(x_2, y_2)=x_1\mathbf{i}+y_1\mathbf{j}+x_2\mathbf{i}+y_2\mathbf{j}$
$\qquad\qquad =(x_1+x_2)\mathbf{i}+(y_1+y_2)\mathbf{j}=(x_1+x_2, y_1+y_2)$

마찬가지로 $\mathbf{a}-\mathbf{b}=(x_1-x_2, y_1-y_2)$

- $\mathbf{a}-\mathbf{b}$
  $=(x_1, y_1)-(x_2, y_2)$
  $=x_1\mathbf{i}+y_1\mathbf{j}-(x_2\mathbf{i}+y_2\mathbf{j})$
  $=(x_1-x_2)\mathbf{i}+(y_1-y_2)\mathbf{j}$
  $=(x_1-x_2, y_1-y_2)$

$$m\mathbf{a}=m(x_1, y_1)=m(x_1\mathbf{i}+y_1\mathbf{j})=mx_1\mathbf{i}+\ +my_1\mathbf{j}=(mx_1, my_1)$$

두 점 $A(x_1, y_1)$, $B(x_2, y_2)$에 대한 위치벡터를 $\overrightarrow{OA}=\mathbf{a}$, $\overrightarrow{OB}=\mathbf{b}$라 하면

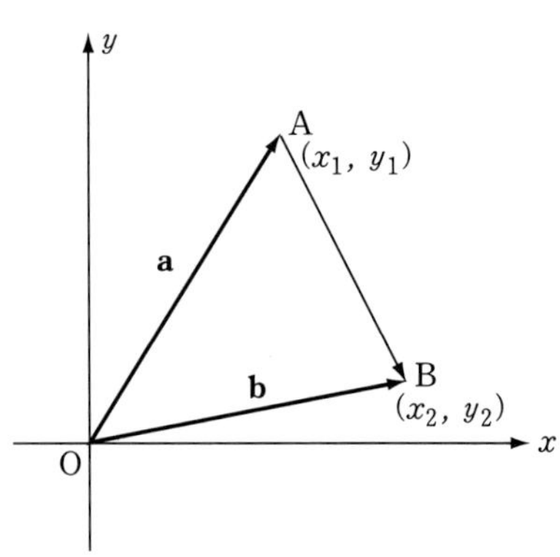

$$\begin{aligned}\overrightarrow{AB}&=\overrightarrow{OB}-\overrightarrow{OA}\\&=(x_2, y_2)-(x_1, y_1)\\&=(x_2-x_1, y_2-y_1)\end{aligned}$$

이므로 두 점 A, B 사이의 거리는

$$\begin{aligned}\left|\overrightarrow{AB}\right|&=|\mathbf{b}-\mathbf{a}|\\&=\sqrt{(x_2-x_1)^2+(y_2-y_1)^2}\end{aligned}$$

좌표공간에서 세 점 $E_1(1, 0, 0)$, $E_2(0, 1, 0)$, $E_3(0, 0, 1)$의 원점에 대한 위치벡터 $\overrightarrow{OE_1}$, $\overrightarrow{OE_2}$, $\overrightarrow{OE_3}$를

$$\overrightarrow{OE_1}=\mathbf{i},\ \overrightarrow{OE_2}=\mathbf{j},\ \overrightarrow{OE_3}=\mathbf{k}$$

로 하면 $|\mathbf{i}|=1$, $|\mathbf{j}|=1$, $|\mathbf{k}|=1$이므로 $\mathbf{i}$, $\mathbf{j}$, $\mathbf{k}$는 단위벡터이다.

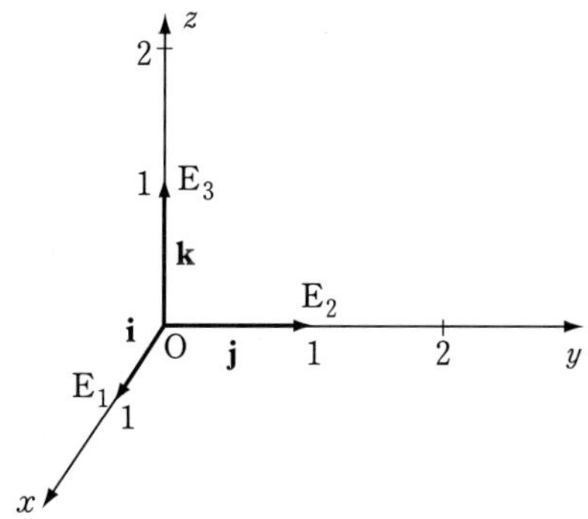

• 좌표공간에서
i는 x축 양의 방향,
j는 y축 양의 방향,
k는 z축 양의 방향인 단위벡터이다.

임의의 벡터 $\mathbf{a}$가 있다. $\mathbf{a}=\overrightarrow{OA}$인 위치벡터로 나타내어질 때 점 A의 좌표가 (x_1, y_1, z_1)이라고 하면

$$\overrightarrow{OA_1}=x_1\mathbf{j},\ \overrightarrow{OA_2}=y_1\mathbf{j},\ \overrightarrow{OA_3}=z_1\mathbf{k}$$

이고

$$\begin{aligned}\overrightarrow{OA}&=\overrightarrow{OA'}+\overrightarrow{A'A}\\&=\overrightarrow{OA_1}+\overrightarrow{A_1A'}+\overrightarrow{A'A}\\&=\overrightarrow{OA_1}+\overrightarrow{OA_2}+\overrightarrow{OA_3}\end{aligned}$$

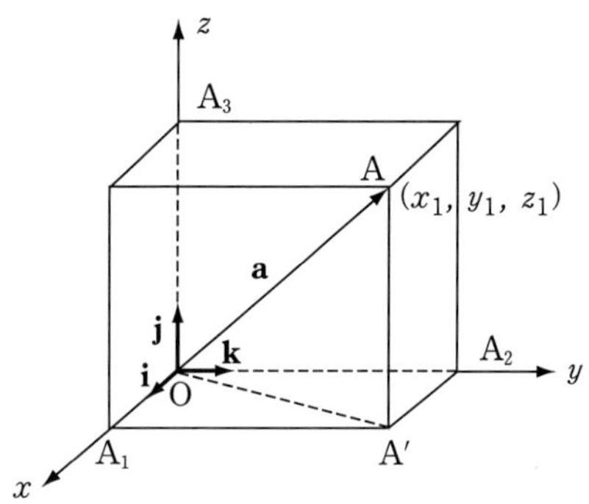

이므로 $\mathbf{a}=x_1\mathbf{i}+y_1\mathbf{j}+z_1\mathbf{k}$로 나타내어진다.

이것을 $\mathbf{a}=(x_1, y_1, z_1)$와 같이 좌표공간에서 공간벡터 $\mathbf{a}$를 성분표시한다. 이 때, x_1을 x성분, y_1을 y성분, z_1을 z성분이라 한다.

그리고 벡터 $\mathbf{a}$의 크기는 $\overline{OA}$의 길이이므로

$$|\mathbf{a}|=\sqrt{x_1^2+y_1^2+z_1^2}$$

이다. 또 좌표공간의 두 점 $A(x_1, y_1, z_1)$, $B(x_2, y_2, z_2)$에 대하여

$$\overrightarrow{AB}=(x_2-x_1,\ y_2-y_1,\ z_2-z_1)$$

$$|\overrightarrow{AB}|=\sqrt{(x_2-x_1)^2+(y_2-y_1)^2+(z_2-z_2)^2}$$

임을 알 수 있다. 그리고 $\overrightarrow{OA}=\mathbf{a}$, $\overrightarrow{OB}=\mathbf{b}$라 하면

$$\mathbf{a}+\mathbf{b}=(x_1+x_2,\ y_1+y_1,\ z_1+z_2)$$

$$\mathbf{a}-\mathbf{b}=(x_1-x_2,\ y_1-y_2,\ z_1-z_2)$$

$$m\mathbf{a}=m(x_1,\ y_1,\ z_1)=(mx_1,\ my_1,\ mz_1)$$

이다. 이렇게 성분표시로 벡터의 연산을 용이하게 할 수 있고, 15.1의 정리 1.1의 증명도 간결히 할 수 있다.

• $\mathbf{a}=(x_1, y_1, z_1)$, $\mathbf{b}=(x_2, y_2, z_2)$일 때
(1) $|\mathbf{a}|=\sqrt{x_1^2+y_1^2+z_1^2}$
(2) $\mathbf{a}=\mathbf{b}$ $\Leftrightarrow x_1=x_2,\ y_1=y_2,\ z_1=z_2$
(3) $\mathbf{a}+\mathbf{b}$ $=(x_1+x_2,\ y_1+y_2,\ z_1+z_2)$
(4) $m\mathbf{a}=(mx_1,\ mx_2,\ mx_3)$

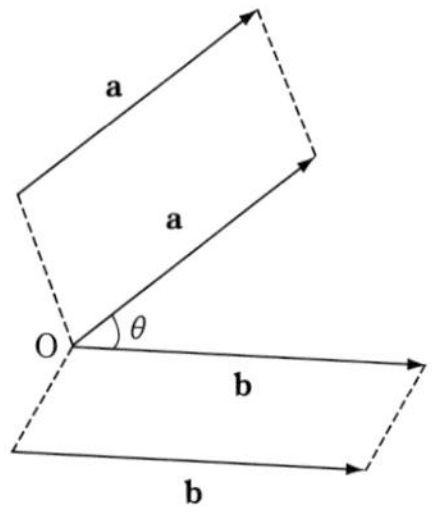

- 두 벡터의 내적 $\mathbf{a}\cdot\mathbf{b}$(의 결과)는 실수이다.

- $\mathbf{a}\cdot\mathbf{b}=|\mathbf{a}||\mathbf{b}|\cos\theta$ 에서 $0\leq\theta\leq\pi$

정리 2.1 내적(inner product, dot product)

두 벡터 $\mathbf{a}$와 $\mathbf{b}$가 이루는 각의 크기가 $\theta(0\leq\theta\leq\pi)$일 때 $\mathbf{a}$와 $\mathbf{b}$의 내적을 $\mathbf{a}\cdot\mathbf{b}$로 나타내고 다음과 같이 정의한다.

$$\mathbf{a}\cdot\mathbf{b}=|\mathbf{a}||\mathbf{b}|\cos\theta$$

$\mathbf{a}=\mathbf{0}$ 또는 $\mathbf{b}=\mathbf{0}$일 때 $\mathbf{a}\cdot\mathbf{b}=0$으로 한다.

같은 두 벡터의 내적은 두 벡터가 이루는 각의 크기가 0이므로

$$\mathbf{a}\cdot\mathbf{a}=|\mathbf{a}||\mathbf{a}|\cos 0=|\mathbf{a}||\mathbf{a}|\cdot 1 \quad \text{즉,} \quad \mathbf{a}\cdot\mathbf{a}=|\mathbf{a}|^2,\ \ |\mathbf{a}|=\sqrt{\mathbf{a}\cdot\mathbf{a}}$$

예제 2.2 $|\mathbf{a}|=4$, $|\mathbf{b}|=3$인 두 베터 $\mathbf{a}$, $\mathbf{b}$가 이루는 각이 $\frac{5}{6}\pi$일 때 (1) $\mathbf{a}\cdot\mathbf{b}$, (2) $\mathbf{a}\cdot\mathbf{a}$을 각각 구하여라.

풀이 (1) $\mathbf{a}\cdot\mathbf{b}=|\mathbf{a}||\mathbf{b}|\cos\frac{5}{6}\pi=4\times 3\times\left(-\frac{\sqrt{3}}{2}\right)=-6\sqrt{3}$

(2) 같은 벡터가 이루는 각은 0이므로

$$\mathbf{a}\cdot\mathbf{a}=|\mathbf{a}||\mathbf{a}|\cos 0=|\mathbf{a}|^2=4^2=16$$ ■

두 벡터 $\mathbf{a}$, $\mathbf{b}(\mathbf{a}\neq\mathbf{0},\ \mathbf{b}\neq\mathbf{0})$가 수직이면, $\mathbf{a}\perp\mathbf{b}$로 나타내며 이루는 각이 $\frac{\pi}{2}$이고 $\cos\frac{\pi}{2}=0$이므로 $\quad \mathbf{a}\cdot\mathbf{b}=|\mathbf{a}||\mathbf{b}|\cos\frac{\pi}{2}=0$

이다. 역으로 $\mathbf{a}\cdot\mathbf{b}=0$이면 $\cos\theta=0(|\mathbf{a}|\neq 0,\ |\mathbf{b}|\neq 0)$

$0\leq\theta\leq\pi$에서 $\theta=\frac{\pi}{2}$, 즉 $\mathbf{a}\perp\mathbf{b}$

또 두 벡터 $\mathbf{a}$, $\mathbf{b}$가 평행이면, $\theta=0$ 또는 $\theta=\pi$

그러므로 $\quad \mathbf{a}\cdot\mathbf{b}=|\mathbf{a}||\mathbf{b}|\cos 0=|\mathbf{a}||\mathbf{b}|$

또는 $\quad \mathbf{a}\cdot\mathbf{b}=|\mathbf{a}||\mathbf{b}|\cos\pi=-|\mathbf{a}||\mathbf{b}|$

역으로 $\quad \mathbf{a}\cdot\mathbf{b}=|\mathbf{a}||\mathbf{b}|$ 또는 $\mathbf{a}\cdot\mathbf{b}=-|\mathbf{a}||\mathbf{b}|$이면

$$\cos\theta=1 \text{ 또는 } \cos\theta=-1$$

이므로 $\theta=0$ 또는 π, 즉 $\mathbf{a}$, $\mathbf{b}$는 평행이다. 다시 정리하면 두 벡터 $\mathbf{a}$, $\mathbf{b}(\mathbf{a}\neq 0,\ \mathbf{b}\neq 0)$에 대하여 $\quad \mathbf{a}\perp\mathbf{b} \iff \mathbf{a}\cdot\mathbf{b}=0$

$$\mathbf{a}\,/\!/\,\mathbf{b} \iff \mathbf{a}\cdot\mathbf{b}=\pm|\mathbf{a}||\mathbf{b}|$$

벡터의 내적을 벡터의 성분으로 나타내어 본다.

두 벡터 $\mathbf{a}$, $\mathbf{b}(\mathbf{a}\neq 0,\ \mathbf{b}\neq 0)$에 대하여 $\overrightarrow{OA}=\mathbf{a}$, $\overrightarrow{OB}=\mathbf{b}$, $\angle=\theta$라 한다. 그러면

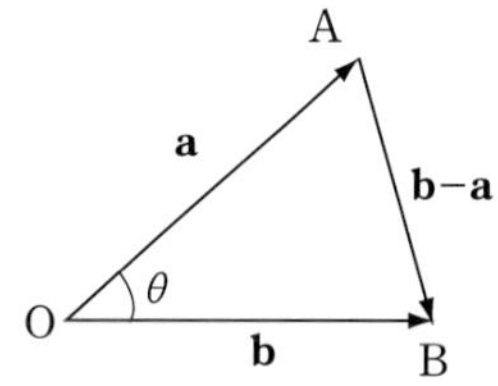

$$\mathbf{a}\cdot\mathbf{b}=|\mathbf{a}||\mathbf{b}|\cos\theta=|\overrightarrow{OA}||\overrightarrow{OB}|\cos\theta \quad \cdots ①$$

그리고 △AOB에 코사인법칙을 적용하면

$$|\overrightarrow{AB}|^2=|\overrightarrow{OA}|^2+|\overrightarrow{OB}|^2-2|\overrightarrow{OA}||\overrightarrow{OB}|\cos\theta \quad \cdots ②$$

$\overrightarrow{AB}=\overrightarrow{OB}-\overrightarrow{OA}=\mathbf{b}-\mathbf{a}$와 ①, ②에서

$$|\mathbf{b}-\mathbf{a}|^2=|\mathbf{a}|^2+|\mathbf{b}|^2-2\mathbf{a}\cdot\mathbf{b} \quad \cdots ③$$

좌표평면에서 두 벡터를 $\mathbf{a}=(a_1,\ a_2)$, $\mathbf{b}=(b_1,\ b_2)$라 하면 ③에서

$$(b_1-a_1)^2+(b_2-a_2)^2=(a_1^2+a_2^2)+(b_1^2+b_2^2)-2\mathbf{a}\cdot\mathbf{b}$$

그러므로 $\qquad \mathbf{a}\cdot\mathbf{b}=a_1b_1+a_2b_2$

좌표공간에서 두 벡터를 $\mathbf{a}=(a_1,\ a_2,\ a_3)$, $b=(b_1,\ b_2,\ b_3)$라 하면 ③에서

$$(b_1-a_1)^2+(b_2-a_2)^2+(b_3-a_3)^2=(a_1^2+a_2^2+a_3^2)+(b_1^2+b_2^2+b_3^2)-2\mathbf{a}\cdot\mathbf{b}$$

그러므로 $\qquad \mathbf{a}\cdot\mathbf{b}=a_1b_1+a_2b_2+a_3b_3$

다시 정리하면

$\mathbf{a}=(a_1,\ a_2)$, $b=(b_1,\ b_2)$일 때 $\quad \mathbf{a}\cdot\mathbf{b}=a_1b_1+a_2b_2$

$\mathbf{a}=(a_1,\ a_2,\ a_3)$, $b=(b_1,\ b_2,\ b_3)$일 때 $\quad \mathbf{a}\cdot\mathbf{b}=a_1b_1+a_2b_2+a_3b_3$

• 코사인법칙
△ABC에서

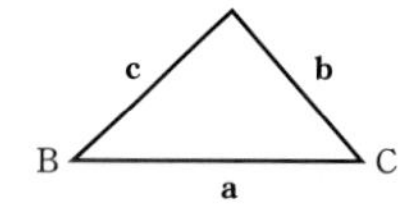

$a^2=b^2+c^2-2bc\cos A$
$b^2=c^2+a^2-2ca\cos B$
$c^2=a^2+b^2-2ab\cos C$

예제 2.3 (1) $\mathbf{a}=(-1,\ 5)$, $\mathbf{b}=(3,\ 2)$일 때 $\mathbf{a}\cdot\mathbf{b}=(-1)\times 3+5\times 2=7$

(2) $\mathbf{a}=(3,\ 1,\ -4)$, $\mathbf{b}=(-5,\ 4,\ 3)$일 때

$\mathbf{a}\cdot\mathbf{b}=3\times(-5)+1\times 4+(-4)\times 3=-23$ ■

$\mathbf{a}\cdot\mathbf{b}=|\mathbf{a}||\mathbf{b}|\cos\theta$에서 두 벡터 $\mathbf{a}$, $\mathbf{b}$가 이루는 각 θ는 $\cos\theta=\dfrac{\mathbf{a}\cdot\mathbf{b}}{|\mathbf{a}||\mathbf{b}|}$로 그 크기를 구할 수 있다.

• $\theta=\cos^{-1}\dfrac{\mathbf{a}\cdot\mathbf{b}}{|\mathbf{a}||\mathbf{b}|}$

예제 2.4 두 벡터 $\mathbf{a}=\mathbf{i}+\mathbf{j}-\mathbf{k}$, $\mathbf{b}=\mathbf{i}+\mathbf{j}+\mathbf{k}$가 이루는 각 θ는 $\mathbf{a}=(1,\ 1,\ -1)$, $\mathbf{b}=(1,\ 1,\ -1)$이므로 $\cos\theta=\dfrac{\mathbf{a}\cdot\mathbf{b}}{|\mathbf{a}||\mathbf{b}|}=\dfrac{1}{\sqrt{3}\sqrt{3}}$에서 $\theta=\cos^{-1}\dfrac{1}{3}$이다. ■

• $\cos^{-1}\dfrac{1}{3}\fallingdotseq 71^\circ$
$\fallingdotseq 1.2$ (radian)

벡터의 내적에 대하여 다음 성질이 성립한다.

정리 2.1 벡터 $\mathbf{a}$, $\mathbf{b}$, $\mathbf{c}$, 실수 m에 대하여

(1) $\mathbf{a}\cdot\mathbf{a}=|\mathbf{a}|^2\geq 0$

$\mathbf{a}\cdot\mathbf{a}=0 \Longleftrightarrow \mathbf{a}=\mathbf{0}$

(2) $\mathbf{a}\cdot\mathbf{b}=\mathbf{b}\cdot\mathbf{a}$ (교환법칙)

(3) $m\mathbf{a}\cdot\mathbf{b}=\mathbf{a}\cdot m\mathbf{b}=m(\mathbf{a}\cdot\mathbf{b})$ (결합법칙)

(4) $\mathbf{a}\cdot(\mathbf{b}+\mathbf{c})=\mathbf{a}\cdot\mathbf{b}+\mathbf{b}\cdot\mathbf{c}$ (분배법칙)

$(\mathbf{a}+\mathbf{b})\cdot\mathbf{c}=\mathbf{a}\cdot\mathbf{c}+\mathbf{b}\cdot\mathbf{c}$

• $\mathbf{a}=(a_1, a_2, a_3)$
$\mathbf{a}\cdot\mathbf{a}$
$=(a_1, a_2, a_3)\cdot(a_1, a_2, a_3)$
$=a_1^2+a_2^2+a_3^2$
$=0$
$\Longleftrightarrow$
$a_1=0, a_2=0, a_3=0$

즉 (a_1, a_2, a_3)
$=(0, 0, 0)$
$=0$

증명 (2) 공간벡터 $\mathbf{a}=(a_1, a_2, a_3)$, $b=(b_1, b_2, b_3)$에 대하여

$$\begin{aligned}\mathbf{a}\cdot\mathbf{b}&=(a_1, a_2, a_3)\cdot(b_1, b_2, b_3)=a_1b_1+a_2b_2+a_3b_3\\&=b_1a_1+b_2a_2+b_3a_3=(b_1, b_2, b_3)\cdot(a_1, a_2, a_3)\\&=\mathbf{b}\cdot\mathbf{a}\end{aligned}$$

■

예제 2.5 $|\mathbf{a}+\mathbf{b}|^2=|\mathbf{a}|^2+2\mathbf{a}\cdot\mathbf{b}+|\mathbf{b}|^2$임을 증명하여라.

증명 정리 2.1의 (1)에 의하여

$$\begin{aligned}|\mathbf{a}+\mathbf{b}|^2&=(\mathbf{a}+\mathbf{b})\cdot(\mathbf{a}+\mathbf{b})=(\mathbf{a}+\mathbf{b})\cdot\mathbf{a}+(\mathbf{a}+\mathbf{b})\cdot\mathbf{b}\\&=\mathbf{a}\cdot\mathbf{a}+\mathbf{b}\cdot\mathbf{a}+\mathbf{a}\cdot\mathbf{b}+\mathbf{b}\cdot\mathbf{b}=|\mathbf{a}|^2+\mathbf{a}\cdot\mathbf{b}+\mathbf{a}\cdot\mathbf{b}+|\mathbf{b}|^2\\&=|\mathbf{a}|^2+2\mathbf{a}\cdot\mathbf{b}+|\mathbf{b}|^2\end{aligned}$$

예제 2.6 $|\mathbf{a}\cdot\mathbf{b}|\leq|\mathbf{a}||\mathbf{b}|$임을 증명하여라.

증명 $|\mathbf{a}\cdot\mathbf{b}|\leq|\mathbf{a}||\mathbf{b}||\cos\theta|$에서

(i) $\mathbf{b}$가 $\mathbf{a}$의 스칼라배가 아니면 $\theta\neq 0$이므로 $|\cos\theta|<1$

그러므로 $|\mathbf{a}\cdot\mathbf{b}|=|\mathbf{a}||\mathbf{b}||\cos\theta|<|\mathbf{a}||\mathbf{b}|$

(ii) $\mathbf{b}$가 $\mathbf{a}$의 스칼라배이면 $\theta=0$이므로 $|\cos\theta|=1$

그러므로 $\mathbf{a}\cdot\mathbf{b}=|\mathbf{a}||\mathbf{b}|$

(i), (ii)에 의하여 $\mathbf{a}\cdot\mathbf{b}\leq|\mathbf{a}||\mathbf{b}|$

단위벡터 $\mathbf{i}$, $\mathbf{j}$, $\mathbf{k}$ 사이의 내적은 다음과 같다.

$$\mathbf{i}\cdot\mathbf{i}=\mathbf{j}\cdot\mathbf{j}=\mathbf{k}\cdot\mathbf{k}=1 \quad \mathbf{i}\cdot\mathbf{j}=\mathbf{j}\cdot\mathbf{k}=\mathbf{k}\cdot\mathbf{i}=0$$

정의 2.2 외적(cross product, vector product)

공간벡터 $\mathbf{a} = a_1\mathbf{i} + a_2\mathbf{j} + a_3\mathbf{k}$, $\mathbf{b} = b_1\mathbf{i} + b_2\mathbf{j} + b_3\mathbf{k}$가 있다.
이 두 벡터 $\mathbf{a}$와 $\mathbf{b}$의 외적은 $\mathbf{a} \times \mathbf{b}$로 나타내고

$$\mathbf{a}\times\mathbf{b} = \begin{vmatrix} a_2 & a_3 \\ b_2 & b_3 \end{vmatrix}\mathbf{i} - \begin{vmatrix} a_1 & a_3 \\ b_1 & b_3 \end{vmatrix}\mathbf{j} + \begin{vmatrix} a_1 & a_2 \\ b_1 & b_2 \end{vmatrix}\mathbf{k}$$

$$= \begin{vmatrix} \mathbf{i} & \mathbf{j} & \mathbf{k} \\ a_1 & a_2 & a_3 \\ b_1 & b_2 & b_3 \end{vmatrix}$$

인 벡터로 정의한다.

예제 2.7 두 벡터 $\mathbf{a} = \mathbf{i} + 2\mathbf{j} - 3\mathbf{k}$, $\mathbf{b} = -2\mathbf{i} - \mathbf{j} + \mathbf{k}$에 대하여 외적 $\mathbf{a} \times \mathbf{b}$를 구하여라.

풀이 $\mathbf{a}\times\mathbf{b} = (\mathbf{i} + 2\mathbf{j} - 3\mathbf{k}) \times (-2\mathbf{i} - \mathbf{j} + \mathbf{k}) = \begin{vmatrix} \mathbf{i} & \mathbf{j} & \mathbf{k} \\ 1 & 2 & -3 \\ -2 & -1 & 1 \end{vmatrix}$

$$= \begin{vmatrix} 2 & -3 \\ -1 & 1 \end{vmatrix}\mathbf{i} - \begin{vmatrix} 1 & -3 \\ -2 & 1 \end{vmatrix}\mathbf{j} + \begin{vmatrix} 1 & 2 \\ -2 & -1 \end{vmatrix}\mathbf{k}$$

$$= -\mathbf{i} + 5\mathbf{j} + 3\mathbf{k}$$ ■

• $\begin{vmatrix} 2 & -3 \\ -1 & 1 \end{vmatrix} = 2(1) - (-3)(-1)$

$\begin{vmatrix} 1 & -3 \\ -2 & 1 \end{vmatrix} = 1(1) - (-3)(-2)$

$\begin{vmatrix} 1 & 2 \\ -2 & -1 \end{vmatrix} = 1(-1) - 2(-2)$

정의 2.2에 의하면 외적에 대하여 다음 성질이 성립한다.

정리 2.2 공간 벡터 $\mathbf{a}$, $\mathbf{b}$, $\mathbf{c}$, 실수 m에 대하여

(1) $\mathbf{a}\times\mathbf{0} = \mathbf{0}\times\mathbf{a} = \mathbf{0}$

(2) $\mathbf{a}\times\mathbf{b} = -(\mathbf{b}\times\mathbf{a})$

(3) $(m\mathbf{a})\times\mathbf{b} = m(\mathbf{a}\times\mathbf{b})$

(4) $\mathbf{a}\times(\mathbf{b}+\mathbf{c}) = (\mathbf{a}\times\mathbf{b}) + (\mathbf{a}\times\mathbf{c})$, $(\mathbf{a}+\mathbf{b})\times\mathbf{c} = (\mathbf{a}\times\mathbf{c}) + (\mathbf{b}\times\mathbf{c})$

이 정리 2.2의 (1)에 따라 $\mathbf{a}\times\mathbf{a} = -(\mathbf{a}\times\mathbf{a})$이므로

$$\mathbf{a}\times\mathbf{a} = \mathbf{0}$$

또, 단위벡터 $\mathbf{i}$, $\mathbf{j}$, $\mathbf{k}$에 대하여

$$\mathbf{i}\times\mathbf{i} = \mathbf{0},\ \mathbf{j}\times\mathbf{j} = \mathbf{0},\ \mathbf{k}\times\mathbf{k} = \mathbf{0}$$

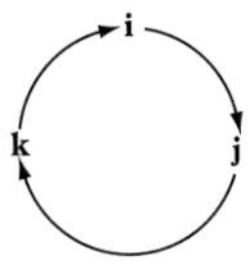

그리고 $\mathbf{i}\times\mathbf{j}=\mathbf{k}$, $\mathbf{j}\times\mathbf{k}=\mathbf{i}$, $\mathbf{k}\times\mathbf{i}=\mathbf{j}$이다. 이 중에서 처음 식을 밝혀보면 $\mathbf{i}=(1, 0, 0)$, $\mathbf{j}=(0, 1, 0)$이므로

$$\mathbf{i}\times\mathbf{j}=(1, 0, 0)\times(0, 1, 0)=\begin{vmatrix}\mathbf{i} & \mathbf{j} & \mathbf{k}\\ 1 & 0 & 0\\ 0 & 1 & 0\end{vmatrix}$$

$$=\begin{vmatrix}0 & 0\\ 1 & 0\end{vmatrix}\mathbf{i}-\begin{vmatrix}1 & 0\\ 0 & 0\end{vmatrix}\mathbf{j}+\begin{vmatrix}1 & 0\\ 0 & 1\end{vmatrix}\mathbf{k}=0-0+\mathbf{k}=\mathbf{k}$$

- $\begin{vmatrix}0 & 0\\ 1 & 0\end{vmatrix}\mathbf{i}=0\mathbf{i}=0$
- $\begin{vmatrix}0 & 0\\ 1 & 0\end{vmatrix}\mathbf{j}=0\mathbf{j}=0$

또 $\mathbf{j}\times\mathbf{i}=-\mathbf{k}$, $\mathbf{k}\times\mathbf{j}=-\mathbf{i}$, $\mathbf{i}\times\mathbf{k}=-\mathbf{j}$

- $\mathbf{j}\times\mathbf{i}=-(\mathbf{i}\times\mathbf{j})=-\mathbf{k}$
  $\mathbf{k}\times\mathbf{j}=-(\mathbf{j}\times\mathbf{k})=-\mathbf{i}$
  $\mathbf{i}\times\mathbf{k}=-(\mathbf{k}\times\mathbf{i})=-\mathbf{j}$

정리 2.3 두 벡터 $\mathbf{a}$, $\mathbf{b}$ 사이의 각이 θ이면

$$|\mathbf{a}\times\mathbf{b}|=|\mathbf{a}||\mathbf{b}|\sin\theta$$

- $\mathbf{a}=(a_1, a_2, a_3)$
  $|\mathbf{a}|=\sqrt{a_1^2+a_2^2+a_3^2}$

증명 $\mathbf{a}=(a_1, a_2, a_3)$, $\mathbf{b}=(b_1, b_2, b_3)$라 하면

$$|\mathbf{a}\times\mathbf{b}|^2=\begin{vmatrix}a_2 & a_3\\ b_2 & b_3\end{vmatrix}^2+\begin{vmatrix}a_1 & a_3\\ b_1 & b_3\end{vmatrix}^2+\begin{vmatrix}a_1 & a_2\\ b_1 & b_2\end{vmatrix}^2$$

$$=(a_2b_3-a_3b_2)^2+(a_1b_3+a_3b_1)^2+(a_1b_2-a_2b_1)^2$$

$$=(a_2b_3)^2-2a_2b_2a_3b_3+(a_3b_2)^2$$
$$+(a_1b_3)^2-2a_1b_1a_3b_3+(a_3b_1)^2$$
$$+(a_1b_2)^2-2a_1b_1a_2b_2+(a_2b_1)^2$$

$$=(a_1b_1)^2+(a_1b_2)^2+(a_1b_3)^2$$
$$+(a_2b_1)^2+(a_2b_2)^2+(a_2b_3)^2$$
$$+(a_3b_1)^2+(a_3b_2)^2+(a_3b_3)^2$$
$$-\{(a_1b_1)^2+(a_2b_2)^2+(a_3b_3)^2$$
$$+2a_1b_1a_2b_2+2a_2b_2a_3b_3+2a_1b_1a_3b_3\}$$

$$=(a_1^2+a_2^2+a_3^2)(b_1^2+b_2^2+b_3^2)-(a_1b_1+a_2b_2+a_3b_3)^2$$

$$=|\mathbf{a}|^2|\mathbf{b}|^2-(\mathbf{a}\cdot\mathbf{b})^2=|\mathbf{a}|^2|\mathbf{b}|^2-|\mathbf{a}|^2|\mathbf{b}|^2\cos^2\theta$$

$$=|\mathbf{a}|^2|\mathbf{b}|^2\sin^2\theta$$

- $\mathbf{a}\cdot\mathbf{b}=|\mathbf{a}||\mathbf{b}|\cos\theta$
- $\cos^2\theta+\sin^2\theta=1$
  $1-\cos^2\theta=\sin^2\theta$
- $0\le\theta\le\pi$에서 $\sin\theta\ge0$

$\mathbf{a}$, $\mathbf{b}$ 사이의 각 θ는 $0\le\theta\le\pi$이므로

$$|\mathbf{a}\times\mathbf{b}|=|\mathbf{a}||\mathbf{b}|\sin\theta$$ ■

정리 2.3에 의하면 벡터 $\mathbf{a}\times\mathbf{b}$의 크기는 $\mathbf{a}$, $\mathbf{b}$의 크기 $|\mathbf{a}|$, $|\mathbf{b}|$을 이웃하는 두 변으로 하고 $\mathbf{a}$와 $\mathbf{b}$의 사이 각이 θ인 평행사변형의 넓이이다.

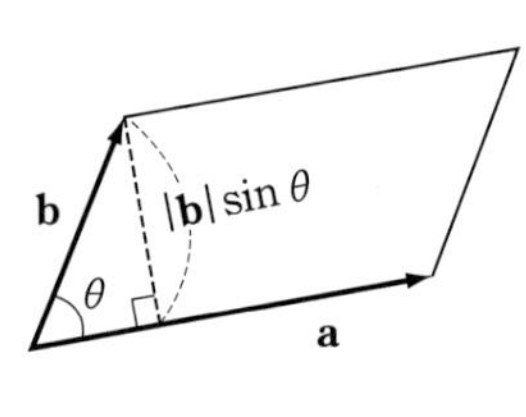

그리고 $\mathbf{a} \times \mathbf{b}$의 방향은 $\mathbf{i}\times\mathbf{j}=\mathbf{k}$에 의하면 $\mathbf{i}\times\mathbf{j}$는 xy평면에 수직방향인 것과 같이, $\mathbf{a}$와 $\mathbf{b}$가 이룬 평면에 수직이고 z축 양의 방향이다. 이것은 $\mathbf{a}$를 θ만큼 $\mathbf{b}$쪽으로 회전운동하는 방향으로 오른손의 손바닥을 향하게 할 때 엄지방향이다. 이것을 오른손 법칙(right-hand rule)이라 한다.

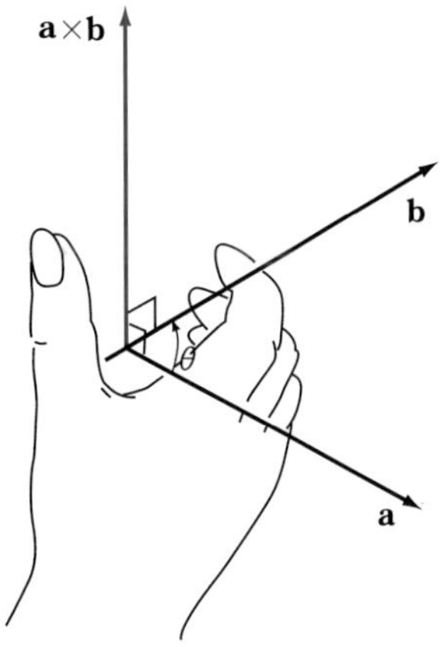

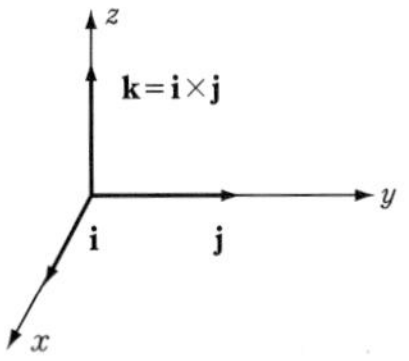

세 벡터 $\mathbf{a}$, $\mathbf{b}$, $\mathbf{c}$에 대하여 실수

$$\mathbf{a}\cdot(\mathbf{b}\times\mathbf{c})$$

를 $\mathbf{a}$, $\mathbf{b}$, $\mathbf{c}$의 삼중적(triple product)이라 한다.

$\mathbf{a}=(a_1, a_2, a_3)$, $\mathbf{b}=(b_1, b_2, b_3)$, $\mathbf{c}=(c_1, c_2, c_3)$로 하면

$$\begin{aligned}
&\mathbf{a}\cdot(\mathbf{b}\times\mathbf{c})\\
&=(a_1\mathbf{i}+a_2\mathbf{j}+a_3\mathbf{k})\cdot\left(\begin{vmatrix} b_2 & b_3 \\ c_2 & c_3 \end{vmatrix}\mathbf{i}-\begin{vmatrix} b_1 & b_3 \\ c_1 & c_3 \end{vmatrix}\mathbf{j}+\begin{vmatrix} b_1 & b_2 \\ c_1 & c_2 \end{vmatrix}\mathbf{k}\right)\\
&=a_1\begin{vmatrix} b_2 & b_3 \\ c_2 & c_3 \end{vmatrix}-a_2\begin{vmatrix} b_1 & b_3 \\ c_1 & c_3 \end{vmatrix}+a_3\begin{vmatrix} b_1 & b_2 \\ c_1 & c_2 \end{vmatrix}\\
&=\begin{vmatrix} a_1 & a_2 & a_3 \\ b_1 & b_2 & b_3 \\ c_1 & c_2 & c_3 \end{vmatrix}
\end{aligned}$$

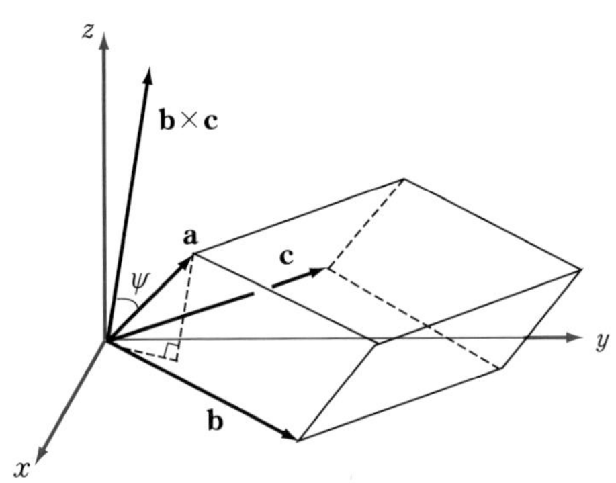

그리고 두 벡터 $\mathbf{a}$와 $\mathbf{b}\times\mathbf{c}$가 이루는 각을 ψ라 하면

$$|\mathbf{a}\cdot(\mathbf{b}\times\mathbf{c})|=|\mathbf{a}||\mathbf{b}\times\mathbf{c}|\cos\psi$$

이다. 이것은 $\mathbf{a}$, $\mathbf{b}$, $\mathbf{c}$의 삼중적의 크기로 세 벡터 $\mathbf{a}$, $\mathbf{b}$, $\mathbf{c}$를 서로 이웃하는 세 변으로 된 평행육면체의 부피이다. 오른쪽 그림에서 $|\mathbf{b}\times\mathbf{c}|$는 평행육면체의 밑면 즉 $\mathbf{b}$와 $\mathbf{c}$를 이웃하는 두 변으로 하는 평행사변형의 넓이이다. 그리고 $|\mathbf{a}|\cos\psi$가 높이이다. 따라서 $\mathbf{a}$, $\mathbf{b}$, $\mathbf{c}$의 삼중적의 크기는 이 세 벡터를 이웃하는 세 변으로 된 평행육면체의 부피이다.

이렇게 평행육면체의 부피는 $(\mathbf{a}\times\mathbf{b})\cdot\mathbf{c}$, $\mathbf{b}\cdot(\mathbf{c}\times\mathbf{a})$로도 나타낼 수 있다.

즉, $$\mathbf{a}\cdot(\mathbf{b}\times\mathbf{c})=\mathbf{b}\cdot(\mathbf{c}\times\mathbf{a})=\mathbf{c}\cdot(\mathbf{a}\times\mathbf{b})$$

연습문제 15.2

1. 다음의 $\mathbf{a}$, $\mathbf{b}$에 대하여 $\mathbf{a}+\mathbf{b}$, $|\mathbf{a}|$, $|\mathbf{b}|$, $\mathbf{a}\cdot\mathbf{b}$를 구하여라.

(1) $\mathbf{a}=\mathbf{i}+\mathbf{j}+\mathbf{k},\quad \mathbf{b}=\mathbf{i}+\mathbf{j}-\mathbf{k}$

(2) $\mathbf{a}=2\mathbf{i}-\mathbf{j}+3\mathbf{k},\quad \mathbf{b}=-3\mathbf{i}+2\mathbf{j}-4\mathbf{k}$

(3) $\mathbf{a}=\mathbf{i}+2\mathbf{j},\quad \mathbf{b}=3\mathbf{j}-4\mathbf{k}$

2. 두 벡터 $\mathbf{a}=\mathbf{i}-2\mathbf{j}+\mathbf{k},\quad \mathbf{b}=-2\mathbf{i}+\mathbf{j}+\mathbf{k}$가 이루는 각 θ의 값을 구하여라.

• $\mathbf{a}\cdot\mathbf{b}=|\mathbf{a}||\mathbf{b}|\cos\theta$ 에서 $\theta=\frac{\pi}{2}$일 때

3. 좌표평면에서 (i) $\mathbf{a}=(a_1,\ a_2)$와 $\mathbf{b}=(b_1,\ b_2)$가, 좌표공간에서 (ii) $\mathbf{a}=(a_1,\ a_2,\ a_3)$와 $\mathbf{b}=(b_1,\ b_2,\ b_3)$가 수직이기 위한 조건을 말하고 다음 두 벡터가 수직이기 위한 a, b의 값을 각각 구하여라.

(1) $\mathbf{a}=(a,\ -2),\quad \mathbf{b}=(4,\ -1)$　　(2) $\mathbf{a}=(2,\ 3,\ -2),\quad \mathbf{b}=(1,\ b,\ 7)$

4. $\mathbf{a}=(a_1,\ a_2,\ a_3)$, $\mathbf{b}=(b_1,\ b_2,\ b_3)$라 하고 분배법칙

$$\mathbf{a}\cdot(\mathbf{b}+\mathbf{c})=\mathbf{a}\cdot\mathbf{b}+\mathbf{a}\cdot\mathbf{c}$$

가 성립함을 밝혀라.

5. $\mathbf{a}=\mathbf{i}-2\mathbf{j}+\mathbf{k},\quad \mathbf{b}=2\mathbf{i}+\mathbf{j}-\mathbf{k},\quad \mathbf{c}=3\mathbf{i}-2\mathbf{j}+2\mathbf{k}$에 대하여 다음을 구하여라.

• $\mathbf{a}=(a_1,\ a_2,\ a_3)$일 때 $\pm\frac{1}{|\mathbf{a}|}\mathbf{a}$인 벡터는 그 크기가 $\left|\pm\frac{1}{|\mathbf{a}|}\mathbf{a}\right|=\frac{1}{|\mathbf{a}|}=1$이므로 $\mathbf{a}$와 평행인 단위벡터이다.

(1) $\mathbf{a}\times\mathbf{b}$　　(2) $\mathbf{a}\cdot(\mathbf{b}\times\mathbf{c})$

(3) $\mathbf{a}$, $\mathbf{b}$를 이웃하는 두 변으로 하는 평행사변형의 넓이

6. 다음 두 벡터에 수직인 단위벡터를 각각 구하여라.

(1) $\mathbf{a}=\mathbf{i}-2\mathbf{j}+2\mathbf{k},\quad \mathbf{b}=-\mathbf{i}-3\mathbf{j}+\mathbf{k}$　(2) $\mathbf{a}=\mathbf{i}+\mathbf{j},\quad \mathbf{b}=\mathbf{j}+\mathbf{k}$

• $|\mathbf{a}|^2=\mathbf{a}\cdot\mathbf{a}$

7. 다음이 성립함을 밝혀라.

$$|\mathbf{a}+\mathbf{b}|^2+|\mathbf{a}-\mathbf{b}|^2=2(|\mathbf{a}|^2+|\mathbf{b}|^2)$$

#1. $(\mathbf{a}\times\mathbf{b})\times\mathbf{c}=\mathbf{a}\times(\mathbf{b}\times\mathbf{c})$이기 위한 필요충분조건은

$$(\mathbf{a}\times\mathbf{b})\times\mathbf{c}=0$$

이다.

#2. $(\mathbf{a}\times\mathbf{b})\times\mathbf{c}+(\mathbf{b}\times\mathbf{c})\times\mathbf{a}+(\mathbf{c}\times\mathbf{a})\times\mathbf{b}=\mathbf{0}$임을 증명하여라.

15.3 공간의 직선과 평면

공간에서 영벡터가 아닌 벡터 $\mathbf{a}$의 방향(direction)은 단위벡터 $\mathbf{a}/|\mathbf{a}|$로 정의된다. 벡터 $\mathbf{a}=(a_1, a_2, a_3)$가 x축, y축, z축의 양의 부분과 이룬 각을 오른쪽 그림과 같이 차례로 α, β, γ라 할 때 이 α, β, γ를 $\mathbf{a}$의 방향각(direction angles)이라 한다. 이 때 벡터 $\mathbf{a}$의 방향과 같은 방향의 단위벡터는

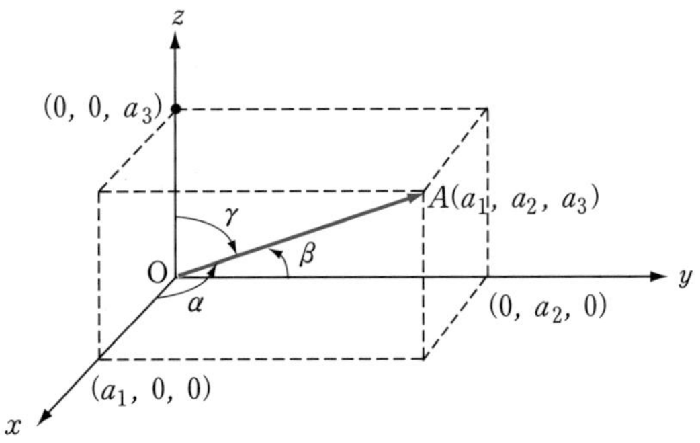

• $\cos\alpha=\dfrac{a_1}{|\mathbf{a}|}$
$\cos\beta=\dfrac{a_2}{|\mathbf{a}|}$
$\cos\gamma=\dfrac{a_3}{|\mathbf{a}|}$

$$\frac{\mathbf{a}}{|\mathbf{a}|}=\frac{1}{|\mathbf{a}|}(a_1, a_2, a_3)=\left(\frac{a_1}{|\mathbf{a}|}, \frac{a_2}{|\mathbf{a}|}, \frac{a_3}{|\mathbf{a}|}\right)$$
$$=(\cos\alpha, \cos\beta, \cos\gamma)$$

• $0\leq\alpha\leq\pi$
$0\leq\beta\leq\pi$
$0\leq\gamma\leq\pi$

이다. 이 단위벡터의 성분 $\cos\alpha, \cos\beta, \cos\gamma$를 $\mathbf{a}$의 방향코사인(direction cosines)이라 한다. 또 이 단위벡터의 크기는 1, 즉 $\left|\dfrac{\mathbf{a}}{|\mathbf{a}|}\right|^2=1$이므로

$$|(\cos\alpha, \cos\beta, \cos\gamma)|^2=\cos^2\alpha+\cos^2\beta+\cos^2\gamma=1$$

이다.

• $|(\cos\alpha, \cos\beta, \cos\gamma)|^2$
$=|(\cos\alpha)\mathbf{i}+(\cos\beta)\mathbf{j}+(\cos\gamma)\mathbf{k}|^2$
$=\cos^2\alpha+\cos^2\beta+\cos^2\gamma$

예제 3.1 (1) $\mathbf{a}=(3, -1, \sqrt{2})$의 방향코사인을 구하여라.

(2) 방향코사인이 $\dfrac{1}{\sqrt{2}}, \dfrac{1}{\sqrt{3}}, \dfrac{1}{\sqrt{6}}$ 이고 크기가 $\sqrt{3}$인 벡터를 구하여라.

풀이 (1) $|\mathbf{a}|=\sqrt{3^2+(-1)^2+(\sqrt{2})^2}=2\sqrt{3}$

$$\therefore \cos\alpha=\frac{3}{2\sqrt{3}}=\frac{\sqrt{3}}{2}, \cos\beta=-\frac{1}{2\sqrt{3}}, \cos\gamma=\frac{\sqrt{2}}{2\sqrt{3}}=\frac{\sqrt{6}}{6}$$

(2) 구하는 벡터를 $\mathbf{b}$라 하면 $\mathbf{b}$와 같은 방향의 단위벡터는

$\dfrac{\mathbf{b}}{|\mathbf{b}|}=(\cos\alpha, \cos\beta, \cos\gamma)$이므로

$$\mathbf{b}=|\mathbf{b}|(\cos\alpha, \cos\beta, \cos\alpha)=\sqrt{3}\left(\frac{1}{\sqrt{2}}, \frac{1}{\sqrt{3}}, \frac{1}{\sqrt{6}}\right)$$
$$=\left(\frac{\sqrt{6}}{2}, 1, \frac{\sqrt{2}}{2}\right)$$

■

• $\left(\dfrac{1}{\sqrt{2}}\right)^2+\left(\dfrac{1}{\sqrt{3}}\right)^2+\left(\dfrac{1}{\sqrt{6}}\right)^2$
$=\dfrac{1}{2}+\dfrac{1}{3}+\dfrac{1}{6}$
$=\dfrac{3+2+1}{6}=1$

직 선

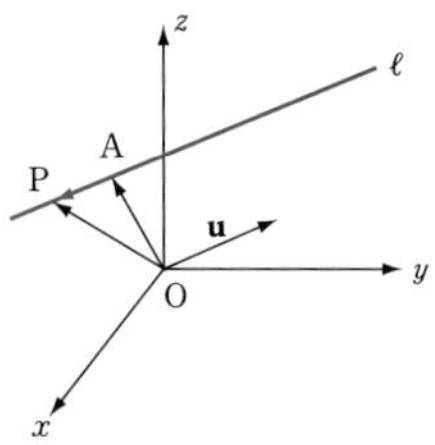

좌표공간에서 직선의 방정식을 벡터를 이용하여 나타낼 수 있다. 한 고정점 A를 지나고 주어진 벡터 **u**에 평행인 직선 l이 있다. 이 l 위에 임의의 한 점을 P라 하면 $\overrightarrow{AP} \parallel \mathbf{u}$이므로 임의의 실수 t에 대하여

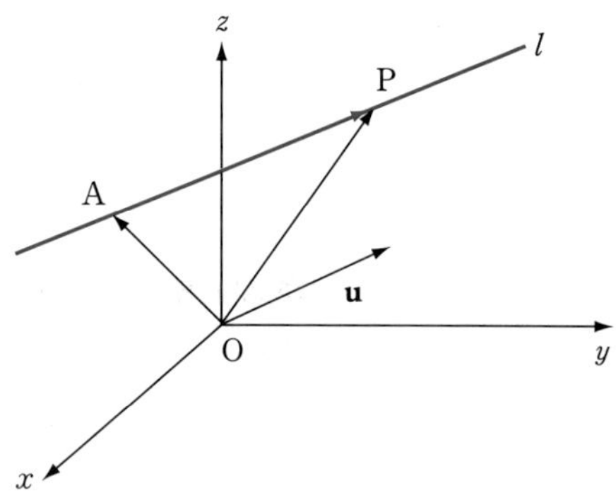

$$\overrightarrow{AP} = t\mathbf{u}$$

이다. 또 $\overrightarrow{AP} = \overrightarrow{OP} - \overrightarrow{OA}$이므로 직선 l은

$$\overrightarrow{OP} = \overrightarrow{OA} + t\mathbf{u} \qquad \cdots ①$$

로 나타내어진다.

• ①에서 $\overrightarrow{OP} = \mathbf{p}$, $\overrightarrow{OA} = \mathbf{a}$라 하면 직선의 벡터방정식은

$$\mathbf{p} = \mathbf{a} + t\mathbf{u}$$

역으로 임의의 실수 t에 대하여 ①에서 점 P는 직선 l 위에 있다. 그러므로 ①은 직선을 나타낸다.

이 ①을 직선 l의 벡터방정식(vector equation of the line l)이라 하고 벡터 **u**를 방향벡터(direction vector)라 한다.

위에서 $A(x_1, y_1, z_1)$, $\mathbf{u} = (a, b, c)$, 임의의 점 P의 위치벡터를 $\overrightarrow{OP} = (x, y, z)$이라 하고 ①에 대입하면

$$\begin{aligned} x\mathbf{i} + y\mathbf{j} + z\mathbf{k} &= x_1\mathbf{i} + y_1\mathbf{j} + z_1\mathbf{k} + t(a\mathbf{i} + b\mathbf{j} + c\mathbf{k}) \\ &= (x_1 + ta)\mathbf{i} + (y_1 + tb)\mathbf{j} + (z_1 + tc)\mathbf{k} \end{aligned}$$

이다. 따라서

$$\begin{cases} x = x_1 + ta \\ y = y_1 + tb \\ z = z_1 + tc \end{cases} \qquad \cdots ②$$

이 ②를 직선 l의 매개방정식(parameteric equation)이라 한다. ②에서 $abc \neq 0$일 때, 매개변수 t를 소거하면, 점 $A(x_1, y_1, z_1)$을 지나고 방향벡터가 $\mathbf{u} = (a, b, c)$인 직선의 방정식은

$$\frac{x - x_1}{a} = \frac{y - y_1}{b} = \frac{z - z_1}{c} \qquad \cdots ③$$

이다.

이 ③을 직선의 대칭방정식(symmetric equation)이라 한다.

또 두 점 A(x_1, y_1, z_1), B(x_2, y_2, z_2)를 지나는 직선의 방정식은 방향벡터가 $\overrightarrow{AB}=\overrightarrow{OB}-\overrightarrow{OA}=(x_2-x_1, y_2-y_1, z_2-z_1)$이므로 $x_1 \neq x_2$, $y_1 \neq y_2$, $z_1 \neq z_2$일 때 ③에서

$$\frac{x-x_1}{x_2-x_1}=\frac{y-y_1}{y_2-y_1}=\frac{z-z_1}{z_2-z_1} \qquad \cdots ④$$

이다.

앞의 직선의 방정식 ③은 $abc \neq 0$인 경우이다. $abc=0$인 경우 직선의 방정식은 $a=0$, $bc \neq 0$이면

$$x-x_1=0,\quad \frac{y-y_1}{b}=\frac{z-z_1}{c}$$

으로 점 A(x_1, y_1, z_1)을 지나 yz평면에 평행한 직선이고, $a=0$, $b=0$, $c \neq 0$이면

$$x-x_1=0,\quad y-y_1=0$$

으로 점 A(x_1, y_1, z_1)을 지나 z축에 평행한 직선이다.

- $b=0$, $ac \neq 0$이면 $y-y_1=0$, $\frac{x-x_1}{a}=\frac{z-z_1}{c}$
- $c=0$, $ab \neq 0$이면 $z-z_1=0$, $\frac{x-x_1}{a}=\frac{y-y_1}{b}$
- $a=0$, $b \neq 0$, $c=0$이면 $x-x_1=0$, $z-z_1=0$
- $a \neq 0$, $b=0$, $c=0$이면 $y-y_1=0$, $z-z_1=0$

예제 3.2 (1) 점 (4, −2, 5)를 지나 $\mathbf{u}=(-3, 1, 2)$에 평행한 직선의 방정식은

$$\frac{x-4}{-3}=\frac{y+2}{1}=\frac{z-5}{2}$$

(2) 점 (3, −4, 2)를 지나 $\mathbf{u}=(1, 0, -2)$에 평행한 직선의 방정식은

$$\frac{x-3}{1}=\frac{z-2}{-2},\quad y+4=0$$

■

예제 3.3 다음과 같은 직선의 방향벡터를 말하여라.

(1) $\frac{x-2}{3}=y+1=\frac{-z-3}{4}$ (2) $x+1$, $\frac{-y+1}{2}=\frac{z-1}{3}$

풀이 (1) $\frac{x-2}{3}=y+1=\frac{-z-3}{4}$ 이므로 방향벡터는 $\mathbf{u}=(3, 1, -4)$

(2) $x+1$, $\frac{-y+1}{2}=\frac{z-1}{3}$ 이므로 방향벡터는 $\mathbf{u}=(0, -2, 3)$ ■

- (참고) 두 직선이 이루는 각(교각)은 이 직선의 방향벡터가 이루는 각과 같고 $\cos\theta=\frac{\mathbf{u}_1\cdot\mathbf{u}_2}{|\mathbf{u}_1||\mathbf{u}_2|}$ 에서 $0\le\theta\le\frac{\pi}{2}$ 인 θ의 값이다.

예제 3.4 두 점 (−1, 0, 4), (3, −1, 2)를 지나는 직선의 방정식은

$$\frac{x-(-1)}{3-(-1)}=\frac{y-0}{-1-0}=\frac{z-4}{2-4},\ \text{즉}\ \frac{x+1}{4}=-y=\frac{z-4}{-2}$$

■

평 면

좌표공간에서 평면의 방정식은 벡터를 이용하여 나타낼 수 있다.

한 평면 위에 있는 모든 벡터와 수직인 벡터를 그 평면의 법선벡터(normal vector)라 하고 **n**으로 나타낸다.

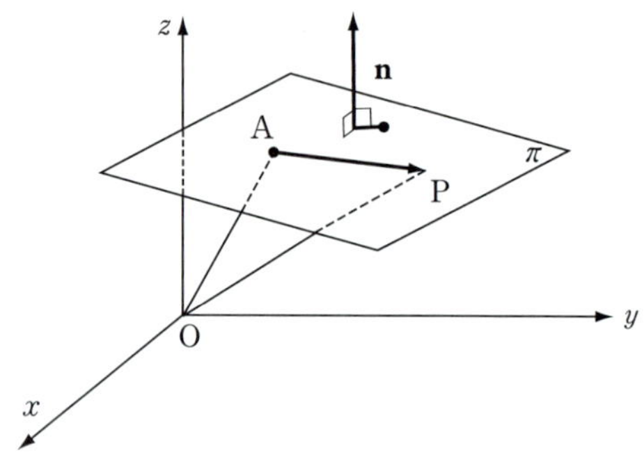

좌표공간에서 점 $\mathrm{A}(x_1, y_1, z_1)$를 지나고 법선벡터가 $\mathbf{n}=(a, b, c)$인 평면 π의 방정식을 구하여 보자.

평면 π 위의 임의의 점을 $\mathrm{P}(x, y, z)$라 하면 평면 π와 벡터 **n**은 수직이므로

$$\overrightarrow{\mathrm{AP}} \perp \mathbf{n} \quad \therefore \overrightarrow{\mathrm{AP}} \cdot \mathbf{n} = 0$$

즉
$$\left(\overrightarrow{\mathrm{OP}} - \overrightarrow{\mathrm{OA}}\right) \cdot \mathbf{n} = 0 \qquad \cdots ①$$

이다. 역으로 ①을 만족하는 점 P는 $\overrightarrow{\mathrm{AP}} \perp \mathbf{n}$에 따라 평면 π 위의 점이다. 따라서 ①은 점 A를 지나 벡터 **n**에 수직인 평면 π의 벡터방정식이다.

• $\overrightarrow{\mathrm{OP}} = \mathbf{p}$, $\overrightarrow{\mathrm{OA}} = \mathbf{a}$로 하면 평면의 벡터방정식은 $(\mathbf{p}-\mathbf{a}) \cdot \mathbf{n} = 0$

그리고 ①에서 $\mathrm{A}(x_1, y_1, z_1)$, $\mathrm{P}(x, y, z)$, $\mathbf{n}=(a, b, c)$이므로

$$\overrightarrow{\mathrm{AP}} = \overrightarrow{\mathrm{OP}} - \overrightarrow{\mathrm{OA}} = (x - x_1, y - y_1, z - z_1)$$

에서 평면 π의 방정식은

$$a(x - x_1) + b(y - y_1) + c(z - z_1) = 0 \qquad \cdots ②$$

이다. ②를 모양을 바꾸어 쓰면

$$ax + by + cz - (ax_1 + by_1 + xz_1) = 0$$

여기서 $-(ax_1 + by_1 + cz_1) = d$로 하면, 일반적으로 법선벡터가 $\mathbf{n} = (a, b, c)$인 평면의 방정식은 다음과 같다.

$$ax + by + cz + d = 0 \qquad \cdots ③$$

• 오른쪽 ③은 x, y, z에 대한 일차방정식으로 a, b, c 중 적어도 하나는 0이 아니다.
$a \neq 0$이라 하면 ③은
$$a\left(x + \frac{d}{a}\right) + by + cz = 0$$
이므로 ③은
점 $\left(-\frac{d}{a}, 0, 0\right)$를 지나고 $\mathbf{n} = (a, b\ c)$인 평면이다.

예제 3.5 다음 점 A를 지나고 법선벡터가 **n**인 평면의 방정식을 구하여라.

(1) $\mathrm{A}(1, 3, 2)$, $\mathbf{n} = (2, -3, 4)$ (2) $\mathrm{A}(2, -4, 1)$, $\mathbf{n} = (3, 2, 0)$

풀이 (1) $2(x-1) - 3(y-3) + 4(x-2) = 0 \quad \therefore 2x - y + 4x - 1 = 0$

(2) $3(x-2) + 2(y+4) + 0(z-1) = 0 \quad \therefore 3x + 2y + 2 = 0$ ■

예제 3.6 세 점 A(−1, 1, 2), B(−2, 0, 3), C(1, 2, 4)를 지나는 평면의 방정식을 구하여라.

• $A(x_1, y_1, z_2)$ $B(x_2, y_2, z_2)$일 때 $\overrightarrow{AB}=(x_2-x_1, y_2-y_1, z_2-z_1)$ $=(x_2-x_1)\mathbf{i}+(y_2-y_1)\mathbf{j}+(z_2-z_1)\mathbf{k}$

풀이 먼저 $\overrightarrow{AB}$, $\overrightarrow{BC}$를 구하면

$$\overrightarrow{AB}=(-1, -1, 1),\quad \overrightarrow{BC}=(3, 2, 1)$$

이 두 벡터 $\overrightarrow{AB}$, $\overrightarrow{BC}$는 구하는 평면 위에 있고 법선벡터 $\mathbf{n}$은 이 평면에 수직이므로 $\mathbf{n}=\overrightarrow{AB}\times\overrightarrow{BC}$이다. 그러므로

$$\mathbf{n}=\overrightarrow{AB}\times\overrightarrow{BC}=(-1, -1, 1)\times(3, 2, 1)=\begin{vmatrix}\mathbf{i} & \mathbf{j} & \mathbf{k}\\ -1 & -1 & 1\\ 3 & 2 & 1\end{vmatrix}$$

$$=\begin{vmatrix}-1 & 1\\ 2 & 1\end{vmatrix}\mathbf{i}-\begin{vmatrix}-1 & 1\\ 3 & 1\end{vmatrix}\mathbf{j}+\begin{vmatrix}-1 & -1\\ 3 & 2\end{vmatrix}\mathbf{k}$$

$$=-3\mathbf{i}+4\mathbf{j}+\mathbf{k}$$

따라서 구하는 평면의 방정식은

$$-3(x+1)+4(y-1)+1(z-2)=0$$

$$\therefore\ 3x-4y-z+9=0$$

다른 방법 구하는 평면의 방정식을 $ax+by+cz+d=0$이라 하면 세 점 A, B, C가 이 평면 위의 점이므로

$$\begin{cases}-a+b+2c+d=0 & \cdots ①\\ -2a+\quad\ 3c+d=0 & \cdots ②\\ \ \ a+2b+4c+d=0 & \cdots ③\end{cases}$$

b, c, d를 a로 나타내자.

①×2−③ $\quad -3a+b=0 \quad \therefore\ d=3a$

$d=3a$를 ②에 대입하면 $\quad c=-\frac{1}{3}a$

d, c를 ①에 대입하면 $\quad b=-\frac{4}{3}a$

이 b, c, d를 $ax+by+cz+d=0$에 대입하면

$$ax-\frac{4}{3}ay-\frac{1}{3}az+3a=0 \quad \therefore\ 3x-4y-z+9=0$$ ■

예제 3.7 다음 두 평면의 교선의 방정식을 구하여라.

$$\begin{cases}x+y-z-3=0 & \cdots ①\\ 2x-y-8z+9=0 & \cdots ②\end{cases}$$

• (참고) 두 평면이 이루는 각은 법선벡터 $\mathbf{n}_1$, $\mathbf{n}_2$가 이루는 각(예각)이다. 두 평면이 평행일 때 법선벡터도 평행이고, 두 평면이 수직일 때 법선벡터도 수직이다.

풀이 ①+② : $3x-9z+6=0 \quad \therefore\ z=\frac{x+2}{3}$

①×2−② : $3y+6z-15=0 \quad \therefore\ z=\frac{y-5}{-2}$

따라서 구하는 교선의 방정식은 $\quad \frac{x+2}{3}=\frac{y-5}{-2}=z$ ■

연습문제 15.3

1. 다음 벡터와 방향이 같은 단위벡터를 구하여라.

(1) $\mathbf{a} = (\sqrt{3}, 2, -1)$　　(2) $\mathbf{b} = (4, -\sqrt{5}, -2)$

2. 다음의 점 A를 지나고 방향벡터가 $\mathbf{u}$인 직선의 방정식을 구하여라.

(1) $\mathrm{A}(1, 2, 3)$, $\mathbf{u} = (4, -1, -2)$　　(2) $\mathrm{A}(3, -2, 1)$, $\mathbf{u} = (0, -3, 2)$

(3) $\mathrm{A}(5, 4, -3)$, $\mathbf{u} = (-3, 0, 1)$　　(4) $\mathrm{A}(-3, 2, -2)$, $\mathbf{u} = (-2, -1, 0)$

3. 다음 두 점을 지나는 직선의 방정식을 각각 구하여라.

(1) $(2, -1, 3), (3, -2, 5)$　　(2) $(1, 3, -2), (1, 4, -6)$

(3) $(-3, 2, 1), (-2, 2, 3)$　　(4) $(3, -4, 0), (5, -3, 4)$

• 두 직선이 평행이면 방향벡터도 평행이고 두 직선이 수직이면 방향벡터도 수직이다.

4. 방향벡터가 각각 $\mathbf{u}_1 = (a_1, b_1, c_1)$, $\mathbf{u}_2 = (a_2, b_2, c_2)$인 두 직선 l_1, l_2에 대하여 다음이 성립할 필요풍분조건을 구하여라.

(1) $l_1 /\!/ l_2$　　(2) $l_1 \perp l_2$

5. 다음 점을 지나며 법선벡터가 $\mathbf{n}$으로 주어진 평면의 방정식을 각각 구하여라.

(1) $(-1, 3, 1)$, $\mathbf{n} = (0, -2, -3)$　　(2) $(2, -4, 3)$, $\mathbf{n} = (-1, 1, 5)$

(3) $(4, 1, -5)$, $\mathbf{n} = (2, 0, 4)$　　(4) $(1, -2, -3)$, $\mathbf{n} = (2, 0, 0)$

6. 다음 세 점을 지나는 평면의 방정식을 구하여라.

(1) $\mathrm{A}(1, 0, 0)$, $\mathrm{B}(0, 1, 0)$, $\mathrm{C}(0, 0, 1)$

(2) $\mathrm{A}(4, -1, 3)$, $\mathrm{B}(2, -2, 4)$, $\mathrm{C}(-1, -3, 2)$

7. 법선벡터가 각각 $\mathbf{n}_1$, $\mathbf{n}_2$인 두 평면 π_1, π_2가

$$\pi_1 : a_1 x + b_1 y + c_1 z + d_1 = 0$$
$$\pi_2 : a_2 x + b_2 y + c_2 z + d_2 = 0$$

일 때 다음이 성립할 필요충분조건을 구하여라.

(1) $\pi_1 /\!/ \pi_2$　　(2) $\pi_1 \perp \pi_2$

#1. 점 $\mathrm{A}(x_1, y_1, z_1)$에서 평면 $ax + by + cz + d = 0$에 이르는 거리가 다음과 같음을 설명하여라.

$$\frac{|ax_1 + by_1 + cz_1 + d|}{\sqrt{a^2 + b^2 + c^2}}$$

16 확 률
確率, Probability

파스칼(Blaise Pascal, 1623-1662).

프랑스의 수학자, 물리학자, 철학자.

수학으로 확률문제를 다룰 수 있는 기초를 확립한 수학자이다.

그는 평생 파리에서 지냈고 재능이 뛰어났다고 한다. 당시 유명한 변호사였던 아버지에게 교육을 받았다. 라틴어, 수학 등을 배웠다. 수학 공부에 흥미를 가져 15세 이후부터 공부하라는 아버지의 뜻을 뒤로 하고 12세부터 혼자 몰래 수학을 공부했으며 기하학에 더 관심을 가졌다고 한다.

유클리드 기하학에 빠졌고 삼각형의 내각의 합이 180도라는 사실을 발견했다.

그리고 유체는 모든 방향으로 같은 압력을 전달한다는 원리인 유체와 진공에 대한 물리 방정식을 세운 것은 과학 업적으로 아주 중요한 것이다.

1647년 기압에 연관된 실험으로 진공의 실재 조건을 밝힌 것이다.

그 해에 「진공에 대한 새로운 실험」(New Experiments Concerning Vaccums)을 출판하였다.

이 출판으로 과학자들 사이에서 논쟁이 많았다고 한다.

데카르트는 파스칼과 진공의 존재 여부를 놓고 논쟁을 벌였다고 한다.

이항정리에서 이항계수에 대한 파스칼의 삼각형은 많이 알려져 있는 사실이다.

페르마는 주사위를 던져 나오는 눈의 수에 따라 계산하는 문제를 고찰하였다. 1654년 파스칼과 페르마가 주고받은 편지에서 확률의 기초를 정립하였다고 한다. 「확률계산」이라는 계산법을 발전시켜 과학이나 우연의 결과를 계산하는 데에도 넓게 이용되게 공헌하였다.

그는 종교철학자이기도 했다. 인간의 고통, 종교 등에 관심을 가졌던 생각을 모아 놓은 저서 「명상록(팡세, Pensees)」. 흔히 파스칼의 명상록이라 불리는 이 책은 파스칼의 철학적 업적 중 가장 큰 것이다.

파스칼은 종교적인 사고에 몰입하는 일이 많았다고 한다.

데카르트와 파스칼
데카르트는 진공의 존재를 의심했다고 한다.

이것은 숙부의 영향이 컸다고 한다.

그의 마지막에는 종교적 업적을 쌓고 있었다.

「신이 존재하지 않는다면 신을 믿어도 잃을 것이 없다. 신이 존재한다면 신을 믿지 않을 때 모든 것을 잃게 된다.」

파스칼이 한 말이다.

확률론은 프랑스의 뉴턴이라는 라플라스(Piere simon Laplace, 1749–1827)에 의하여 근대확률론이 창시되었다.

1812년에 출판된 「확률분석론」(Theorie Analytique des Probabilites)에 연구업적이 수록되어 있다.

16.1 순열과 조합

경우의 수

어떤 사건이 일어나는 경우를 중복되지 않고 빠짐없이 모두 헤아릴 때 그 가지수를 경우의 수라 한다.

두 개의 주사위 E_1와 E_2를 동시에 던져서 나온 눈의 수의 합이 3 또는 6이 되는 경우의 수를 헤아려 보자.

나오는 눈의 수를 (E_1 의 눈의 수, E_2의 눈의 수)로 나타내기로 하면, 눈의 수의 합이 3인 경우는 (1, 2), (2, 1)로 2가지이고, 6인 경우는 (1, 5), (2, 4), (3, 3), (4, 2), (5, 1)로 5가지이다. 눈의 수의 합이 3 또는 6이 되는 사건은 동시에 일어날 수 없으므로 구하는 경우는 수는 $2+5=7$가지이다.

이와 같이 두 사건 A, B가 동시에 일어나지 않을 때, 두 사건 A, B가 일어나는 경우 수를 m, n가지라 하면

A 또는 B가 일어나는 경우의 수는 $m+n$가지

이다. 이것을 합의 법칙이라 한다.

어떤 사건 A, B가 일어나는 경우의 수를 이 집합의 원소의 개수 $n(A)$, $n(B)$로 나타낼 수 있고, A 또는 B가 일어나는 경우의 수는 $n(A\cup B)$, A와 B가 동시에 일어나는 경우의 수는 $n(A\cap B)$로 나타낼 수 있다. 그리고

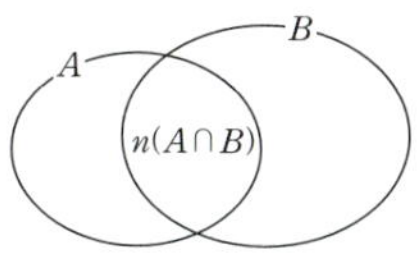

$n(\mathrm{A}\cap\mathrm{B})\neq 0$

$$n(A\cup B)=n(A)+n(B)-n(A\cap B)$$

는 경우의 수에서도 적용할 수 있으며 A와 B가 동시에 일어나지 않으면 $A\cap B=\phi$이므로

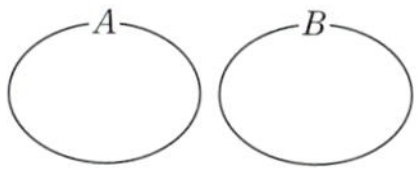

$n(\mathrm{A}\cap\mathrm{B})=0$

$$n(A\cup B)=n(A)+n(B)$$

이다.

예제 1.1 두 주사위 $E_1\cdot E_2$를 던져서 나온 눈의 수의 합이 4 또는 8이 되는 경우의 수를 구하여라.

풀이 눈의 수의 합이 4인 사건을 A, 8인 사건을 B라 한다.

$$\mathrm{A}=\{(1, 3), (2, 2), (3, 1)\},\ \mathrm{B}=\{(2. 6), (3. 5), (4, 4), (5, 3), (6, 2)\}$$

A와 B는 동시에 일어나지 않으므로 $n(A)+n(B)=3+5=8$(가지) ■

• $n(A\cap B=0$
$\therefore n(A\cup B)$
$=n(A)+n(B)$

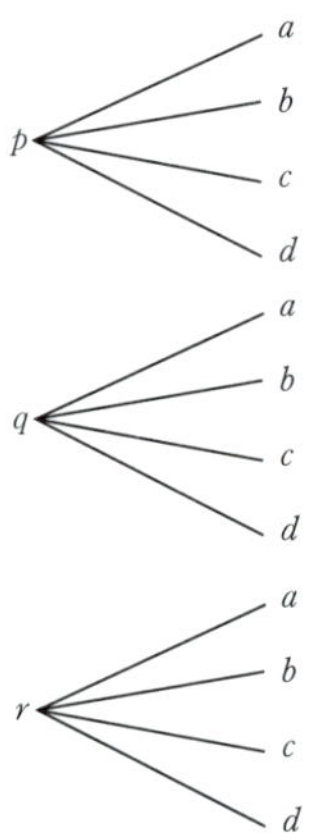

지점 P에서 지점 Q까지 가는 길이 p, q, r로 3가지, 지점 Q에서 지점 R까지 가는 길이 a, b, c, d로 4가지일 때 지점 P에서 출발하여 Q를 거쳐 R에 가는 방법의 수는 $A=\{p, q, r\}$의 원소

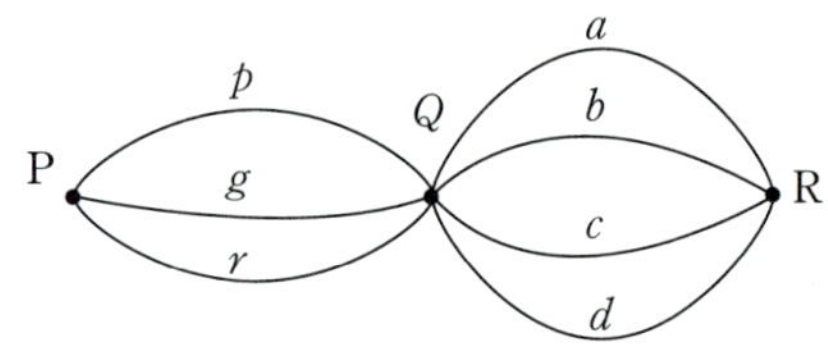

각각에 $B=\{a, b, c, d\}$의 원소를 택하는 방법의 수와 같아

$$3\times4=12(\text{가지})$$

이다.

이와 같이 두 사건 A, B에 대하여 A가 일어나는 경우의 수를 m가지, B가 일어나는 경우의 수를 n가지일 때,

$$A, B\text{가 동시에 일어나는 경우의 수는 } m\times n\text{가지}$$

이다. 이것을 **곱의 법칙**이라 한다.

두 집합 $A=\{a_1, a_2, \cdots, a_m\}$, $B=\{b_1, b_2, \cdots, b_n\}$에서 A, B의 원소를 하나씩 택하여 대응시켜 만든 순서쌍의 집합을 $A\times B$로 나타내고 A와 B의 곱집합이라 한다.

$$\begin{aligned}A\times B&=\{(x, y)\mid x\in A,\ y\in B\}\\&=\{(a_1, b_1), (a_1, b_2), \cdots, (a_1, b_n),\\&\quad(a_2, b_1), (a_2, b_2), \cdots, (a_2, b_n),\\&\quad\ \ \vdots\qquad\quad\ \vdots\qquad\qquad\quad\vdots\\&\quad(a_n, b_1), (a_m, b_2), \cdots, (a_m, b_n)\}\end{aligned}$$

이 때, $n(A\times B)=n(A)\times n(B)=m\times n$이다.

따라서 두 사건 A, B가 동시에 일어나는 경우의 수는 집합 $A\times B$의 원소의 개수와 같음을 알 수 있다.

예제 1.2 (1) $A=\{x\mid 0\leq x\leq 4,\ x\text{는 정수}\}$
$B=\{y\mid 1\leq y\leq 6,\ y\text{는 정수}\}$
일 때, 곱집합 $A\times B$의 원소의 개수를 구하여라.

(2) $(x+y+z)(z+b+c+d)$를 전개했을 때 항의 개수를 구하여라.

풀이 (1) $A=\{0, 1, 2, 3, 4\}$, $B=\{1, 2, 3, 4, 5, 6\}$, $n(A)=5$, $n(B)=6$이므로

$$n(A\times B)=n(A)\times n(B)=5\times6=30$$

(2) $3\times4=12$ ■

순열

A, B, C 세 문자 중 두 문자를 택하여 나열하는 방법의 수는 아래와 같이 (가)의 위치에 있을 문자는 A, B, C로 3가지, (나)의 위치에 있을 문자는 (가)의 위치에 놓인 문자 하나를 제외한 두 문자인 2가지이므로 곱의 법칙 따라

$$3\times2=6$$

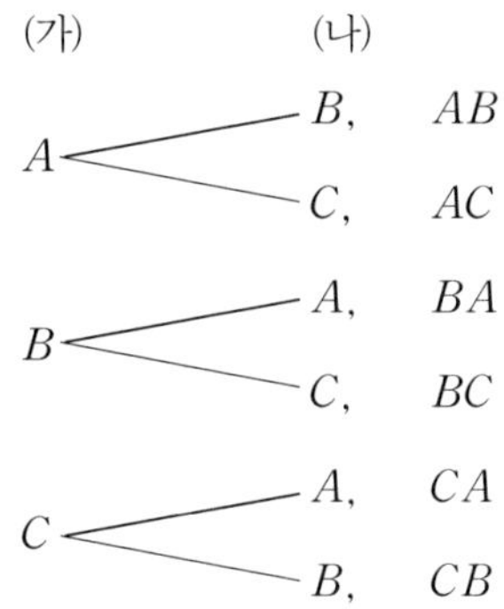

이다. 이와 같이 서로 다른 n개 중에서 r개를 택하여 일렬로 나열한 것을 n개에서 r개를 택하는 순열(permutation)이라 한다. 이 때 서로 다른 n개 중에서 r개를 택하는 순열의 수를

$$_{n}P_{r}$$

• $_{n}P_{r}$은 'n, P, r' 또는 'P, n, r'로 읽는다.

로 나타낸다. 일렬로 나열한 r개의 자리를 차례로 첫 번째, 두 번째, 세 번째, …, r번째라 하면, 첫 번째에 있을 수 있는 경우는 n가지, 두 번째는 첫 번째에 놓인 경우를 제외한 $n-1$가지이고, 같은 방법으로 세 번째는 $n-2$가지, …, r번째는 $n-r+1$ 가지이므로 순열의 수는 곱의 법칙에 의하여

첫 번 째	두 번 째	세 번 째	…	r 번 째
⋮	⋮	⋮		⋮
n 가지	$n-2$ 가지	$n-3$ 가지	…	$n-(r-1)$ 가지

$$_{n}P_{r}=n(n-1)(n-2)\cdots(n-r+1)$$

이 된다. 특히 $r=n$이면

$$_{n}P_{n}=n(n-1)(n-2)\cdots3\cdot2\cdot1=n!$$

이다. 그리고

$$\begin{aligned}_{n}P_{r}&=n(n-1)(n-2)\cdots(n-r+1)\\&=\frac{n(n-1)(n-2)\cdots(n-r+1)(n-r)(n-r-1)\cdots3\cdot2\cdot1}{(n-r)(n-r-1)\cdots3\cdot2\cdot1}\\&=\frac{n!}{(n-r)!}\end{aligned}$$

• $n!$: n의 계승(factorial) 'n factorial'로 읽는다.
• $5!=5\cdot4\cdot3\cdot2\cdot1$
• $10!=10\cdot9!$
$=10\cdot9\cdot8!$
$=10\cdot9\cdot8\cdot7!$

또 $r=n$이면 $\qquad {}_{n}P_{n}=\dfrac{n!}{0!}=n!$

$r=0$이면 $\qquad {}_{n}P_{0}=\dfrac{n!}{n!}=1$

• $0!=1$로 정한다.

예제 1.3 ${}_nP_r = n \cdot {}_{n-1}P_{r-1}$ $(1 < r \le n)$을 증명하여라.

증명 $n \cdot {}_{n-1}P_{r-1} = n \cdot \dfrac{(n-1)!}{\{(n-1)-(r-1)\}!} = \dfrac{n}{(n-r)!} = {}_nP_r$ ■

• (예제 1.4의 다른 풀이) 5개의 숫자에서 4개를 택하는 순열의 수는 ${}_5P_4$이고 이 중에서 천의 자리가 0인 수는 ${}_4P_3$이므로 구하는 네 자리 정수의 개수는
${}_5P_4 - {}_4P_3$
$= 5 \cdot 4 \cdot 3 \cdot 2 - 4 \cdot 3 \cdot 2$
$= 96$

예제 1.4 수 0, 1, 2, 3, 4에서 4개를 택하여 만들 수 있는 네 자리 정수의 개수를 구하여라.

풀이 1, 2, 3, 4 중에서 하나는 택하여 천의 자리수로 해야 하므로 이 경우의 순열의 수는 ${}_4P_1$이다. 그리고 천의 자리에 택한 수는 제외하고 4개의 수 중에서 3개를 택하여 나열하는 경우의 순열의 수는 ${}_4P_3$이다. 그러므로 곱의 법칙에 의하여 구하는 개수는

$${}_4P_1 \times {}_4P_3 = 4 \cdot (4 \cdot 3 \cdot 2) = 96(\text{개})$$ ■

A, B, C, D, E 5명이 둥근 식탁에 둘러앉는 방법의 수를 구하여 보자.
A, B, C, D, E를 일렬로 배열하는 순열 중에서

$$ABCDE,\ BCDEA,\ CDEAB,\ DEABC,\ EABCD$$

는 서로 다른 배열이다. 그러나 원 모양으로 오른쪽 그림과 같이 배열하면 한 가지 경우임을 알 수 있다.

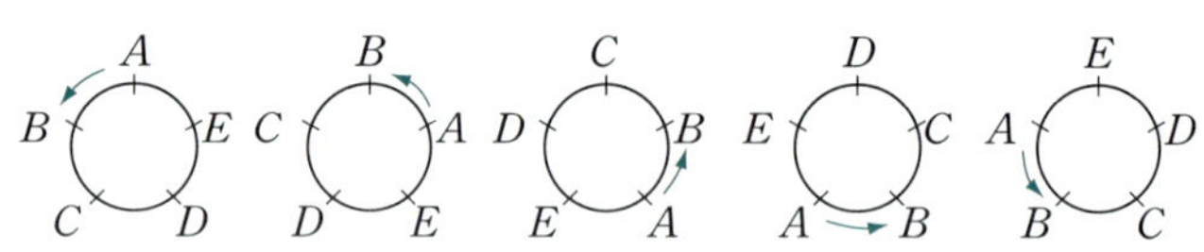

A, B, C, D, E 다섯 문자를 일렬로 배열하는 순열의 수 ${}_5P_5$에서 다섯 가지를 한 가지로 보면 원 모양으로 배열하는 경우가 되므로 이 때의 경우의 수는 $\dfrac{{}_5P_5}{5} = \dfrac{5!}{5} = (5-1)! = 4! = 24$이다

일반적으로 n개의 서로 다른 것을 원 모양으로 배열하는 것을 원순열(circular permutation)이라 하고, 이 원순열의 수는

$$\frac{{}_nP_n}{n} = \frac{n!}{n} = (n-1)!$$

예제 1.5 5명의 가족이 둥근 식탁에 둘러앉을 때, 부모가 이웃하여 앉는 방법의 수를 구하여라.

풀이 부모를 한 사람으로 생각하면 $(4-1)! = 3!$이고, 부모가 자리를 바꾸는 경우는 $2!$이므로 $3! \times 2! = 12$(가지) ■

두 수 1, 2에서 중복을 허락하여 세 자리 정수를 만들어 보면

$$111,\ 112,\ 121,\ 122,\ 211,\ 212,\ 221,\ 222$$

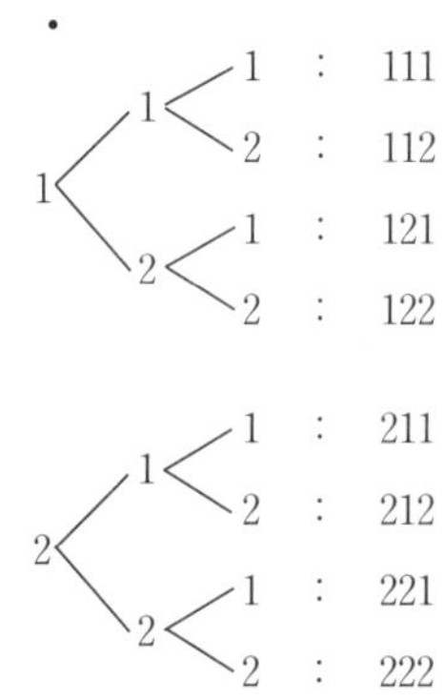

으로 백의 자리, 십의 자리, 일의 자리에 숫자가 각각 1, 2 두 가지씩이어서 곱의 법칙에 의하여 $2\times2\times2=2^3=8$(가지)이다.

일반적으로 서로 다른 것 n개에서 중복을 허락하여 r개를 택하여 만든 순열을 중복순열(repeated permutation)이라 하고 이 중복 순열의 수는 ${}_n\Pi_r$로 나타내고 n^r이 된다. 즉 ${}_n\Pi_r=n^r$

예제 1.6 집합 $A=\{a, b, c, d\}$, $B=(x, y, z)$에 대하여 A에서 B로의 함수의 개수를 구하여라.

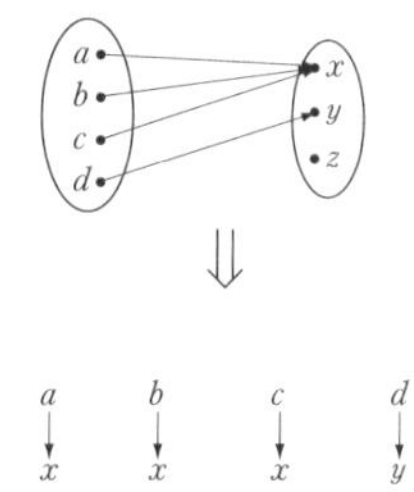

풀이 x, y, z 세 문자에서 중복을 허락하여 네 문자를 택하는 순열의 수와 같으므로

$${}_3\Pi_4=3^4=81\,(\text{개})$$ ■

a, a, a, b, b인 5개 문자를 모두 사용하여 일렬로 배열하는 순열의 수를 구하여 보자. 구하는 순열의 수를 x라 한다. 이 순열 중에서 한 순열

$$a\ b\ a\ b\ a$$

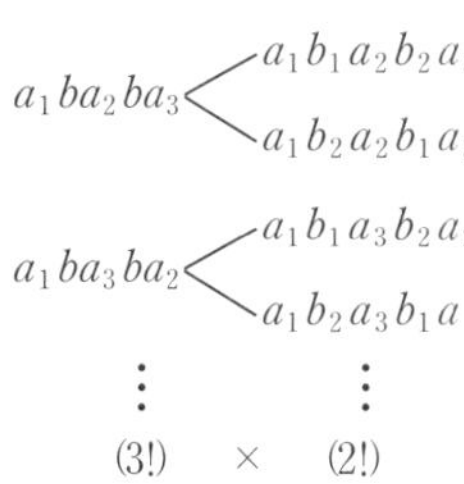

는 세 개의 a를 바꾸어도, 두 개의 b를 바꾸어도 변하지 않는다. 그러나 세 개의 a를 a_1, a_2, a_3로 구분하면 3!가지, 또 두 개의 b를 b_1, b_2로 구분하면 2!가지가 되므로 x가지의 각 순열에 a, b를 각각 구분하면 순열의 수는 $x\times3!\times2!$이다. 이것은 a_1, a_2, a_3, b_1, b_2를 일렬로 배열하는 순열의 수 ${}_5P_5=5!$과 같다. 즉, $x\times3!\times2!=5!$ 따라서 $x=\dfrac{5!}{3!\times2!}=10$(개)이다.

일반적으로 n개에서 같은 것이 p개, q개, $\cdots$, r개가 있을 때 이 n개를 일렬로 배열하는 순열의 수는 $\dfrac{n!}{p!q!\cdots r!}\quad(n=p+q+\cdots r)$

예제 1.7 숫자 0, 1, 1, 2, 3, 3 모두 사용하여 6자리수를 만들 때 짝수는 몇 개인가?

풀이 일의 자리가 0인 경우 $\frac{5!}{2!2!}$, 일의 자리가 2인 경우 첫 자리가 0인 경우가 제외되므로 $\frac{5!}{2!2!}-\frac{4!}{2!2!}$. 따라서 구하는 경우의 수는 $\frac{5!}{2!2!}+(\frac{5!}{2!2!}-\frac{4!}{2!2!})=54$(개) ■

조합

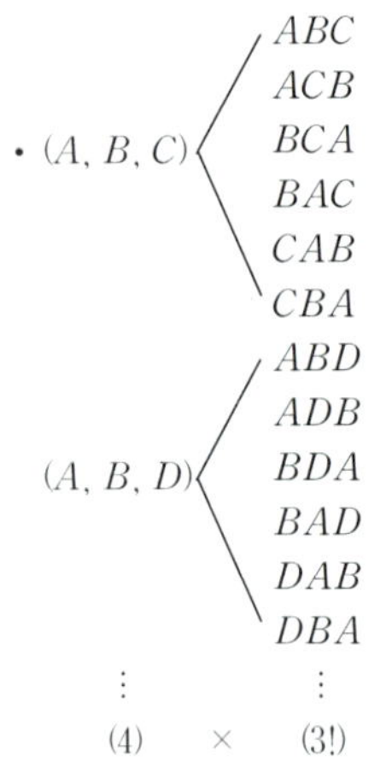

A, B, C, D 네 개의 문자에서 세 개를 택하는 순열은 택한 세 개를 일렬로 배열하는 모든 경우의 수를 구하므로 순서를 생각해야 한다. 그렇지만 A, B, C, D 네 사람 중 세 사람을 어떤 위원회의 위원으로 뽑는다면 순서를 생각하지 않아도 되므로

$$(A, B, C), (A, B, D), (A, C, D), (B, C, D)$$

로 그 경우의 수는 4(가지)이다. 이 4가지 중 A, B, D를 일렬로 배열한다면 그 경우의 수는 3!이다. 즉, 위원을 뽑는 경우의 4가지 모두 일렬로 배열한다면 경우의 수는 $4\times 3!$로 A, B, C, D 4개 문자에서 세 개를 택하는 순열의 수 ${}_4P_3$와 같다. 따라서 다시 쓰면 $4\times 3! = {}_4P_3$이다.

일반적으로 서로 다른 n개에서 순서는 생각하지 않고 r개를 택하는 것을 n개에서 r개를 택하는 조합(combination)이라 하고 ${}_nC_r$로 나타낸다.

• ${}_nC_r$은 'n, C, r' 또는 'C, n, r'로 읽는다.

• ${}_nC_r$은 $\binom{n}{r}$로도 나타낸다.

${}_nC_r$인 각 조합에서 r개를 일렬로 배열한다면 그 경우의 수 ${}_nC_r\times r!$은 n개에서 r개를 택하는 순열의 수 ${}_nP_r$과 같다.

즉, ${}_nC_r\times r! = {}_nP_r$, ${}_nC_r = \dfrac{{}_nP_r}{r!} = \dfrac{n!}{r!(n-r)!}$

특히, $r=0$이면 ${}_nC_0 = 1$, $r=n$이면 ${}_nC_n = 1$이다.

• ${}_nC_0 = \dfrac{n!}{0!\,n!} = 1$

• ${}_nC_n = \dfrac{n!}{n!\,0!} = 1$

예제 1.8 ${}_nC_r = {}_nC_{n-r}$임을 증명하여라.

증명 ${}_nC_{n-r} = \dfrac{n!}{(n-r)!\{n-(n-r)\}!} = \dfrac{n!}{(n-r)!\,r!} = {}_nC_r$ ■

예제 1.9 (1) 7송이의 꽃을 4송이, 2송이, 1송이의 꽃 묶음을 만드는 방법의 수를 구하여라.

(2) (1)의 세 꽃 묶음을 A, B, C 세 명에게 나누어 주는 방법의 수를 구하여라.

풀이 (1) 4송이 묶음의 방법의 수는 ${}_7C_4$, 2송이의 경우는 나머지 3송이에서 택하므로 ${}_3C_2$, 1송이의 경우는 1가지이므로, 곱의 법칙에 의하여

$${}_7C_4\times {}_3C_2\times 1 = 105(\text{가지})$$

(2) (1)의 한 가지마다 3!인 경우의 수가 발생하므로

$$105\times 3! = 630\,(\text{가지})$$ ■

이항정리

$(a+b)^3 = a^3 + 3a^2b + 3ab^2 + b^3$에서 우변의 계수는 1, 3, 3, 1이다. 이 때 $(a+b)^3 = (a+b)(a+b)(a+b)$로 하면 a^2b는 우변의 세 개의 인수 중 한 개에서 b, 다른 두 개에서 a를 택하여 곱한 것이므로 a^2b의 계수는 세 개인 인수 중 한 개를 택하는 조합의 수 ${}_3C_1$와 같다. 이렇게 생각하면 a^3의 계수는 ${}_3C_0$, ab^2의 계수는 ${}_3C_2$, b^3의 계수는 ${}_3C_3$이다. 즉

$$(a+b)^3 = {}_3C_0a^3 + {}_3C_1a^2b + {}_3C_2ab^2 + {}_3C_3b^3$$

일반적으로, $(a+b)^n$을 전개했을 때, 항 $a^{n-r}b^r$은 n개의 인수 $a+b$ 중 r개에서 b를, 나머지 $n-r$개의 인수에서 a를 택하여 곱한 것이므로 이 항의 계수는 ${}_nC_r$이다. 따라서 n이 자연수일 때

$$\begin{aligned}(a+b)^n &= {}_nC_0a^n + {}_nC_1a^{n-r}b + \cdots + {}_nC_ra^{n-r}b^r + \cdots \\ &\qquad \cdots + {}_nC_{n-1}ab^{n-1} + {}_nC_nb^n \\ &= \sum_{r=0}^{n} {}_nC_ra^{n-r}b^r\end{aligned}$$

이고, 이것을 이항정리(binomial theorem)라 하며, ${}_nC_ra^{n-1}b^r$을 일반항, ${}_nC_0$, ${}_nC_1$, $\cdots$, ${}_nC_r$, $\cdots$, ${}_nC_{n-1}$, ${}_nC_n$을 이항계수(binomial coefficient)라 한다.

$$\begin{aligned}&(a+b)(a+b)(a+b)\\ &= (a+b_1)(a+b_2)(a+b_3)\\ &= a^3 + (b_1+b_2+b_3)a^2\\ &\quad + (b_1b_2+b_2b_3+b_3b_1)a\\ &\quad + b_1b_2b_3\\ &= a^3 + (b+b+b)a^2\\ &\quad + (bb+bb+bb)a\\ &\quad + bbb\\ &= {}_3C_0a^3 + {}_3C_1a^2b\\ &\quad + {}_3C_2ab^2 + {}_3C_3b^3\end{aligned}$$

• $n = 1, 2, 3, \cdots$
$0 \le r \le n-1$이다.
${}_nC_r = {}_{n-1}C_r + {}_{n-1}C_{r-1}$
임을 이용하면 이항정리에서 이항계수를 표시하면

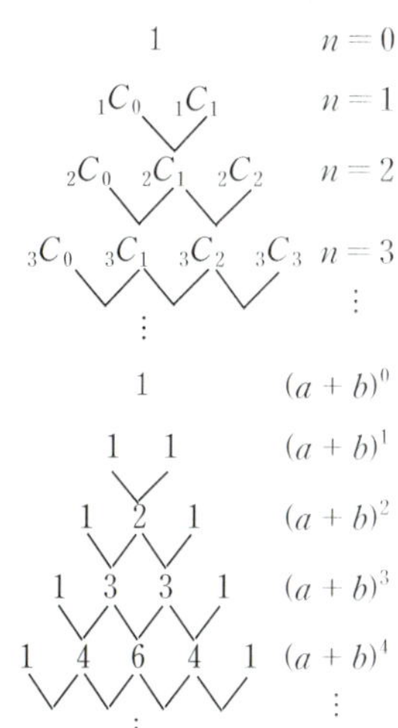

이것을 파스칼의 삼각형(Pascal's triangle)이라 한다.

예제 1.10 (1) $(a-3b)^4$을 전개하여라.

(2) $(x+y)^7$에서 x^4y^3의 계수를 구하여라.

풀이 (1) $(a-3b)^4 = \{a+(-3b)\}^4$

$= {}_4C_0a^4 + {}_4C_1a^3(-3b) + {}_4C_2a^2(-3)^2 + {}_4C_3a(-3b)^3 + {}_4C_4(-3b)$

$= a^4 - 12a^3b + 54a^2b^2 - 108ab^3 + 81b^4$

(2) $(x+y)^7 = \sum_{r=0}^{7} {}_7C_rx^{7-r}y^r$에서 $r=3$일 때의 항의 계수이므로 ${}_7C_3 = 35$ ■

예제 1.11 $(a+b+c)^n$에서 $a^qb^qc^r$ $(p+q+r=n)$의 계수를 구하여라.

풀이 $(a+b+c)^n = \{(a+b)+c\}^n$에서 c^r이 있는 항은 ${}_nC_r(a+b)^{n-r}c^r$이다. 그리고 $(a+b)^{n-r}$에서 b^q이 있는 항은 ${}_{n-r}C_qa^{(n-r)-q}b^q = {}_{n-r}C_qa^pb^q$ ($\because$ $p+q+r=n$에서 $p=n-r-q$)이다. 그러므로 ${}_nC_r \cdot {}_{n-r}C_qa^pb^qc^r$에서 구하는 계수는

$${}_nC_r \cdot {}_{n-r}C_q = \frac{n!}{r!(n-r)!} \cdot \frac{(n-r)!}{q!(n-r-q)!} = \frac{n!}{p!q!r!}$$ ■

연습문제 16.1

• 9이상 → 9인 경우
10인 경우
11인 경우
12인 경우

1. 두 주사위 A, B를 던졌을 때, 두 눈의 수의 합이 9 이상일 경우의 수를 구하여라.

• $72 = 2^3 \cdot 3^2$

2. (1) 72의 양의 약수의 개수를 구하여라.

(2) $n = p^{\alpha} q^{\beta} r^{\gamma}$은 자연수 n을 소인수분해한 것이다. 이 n의 양의 약수의 개수가 $(\alpha+1)(\beta+1)(\gamma+1)$임을 설명하여라.

3. 여학생 5명, 남학생 3명을 일렬로 세울 때 다음에 답하여라.

(1) 처음과 끝에 여학생이 있는 방법의 수를 구하여라.

(2) 남학생이 이웃하는 방법의 수를 구하여라.

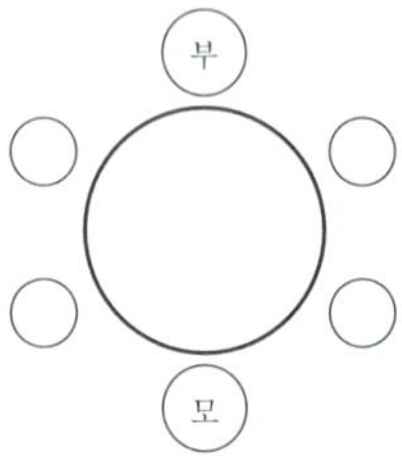

4. 부모를 포함한 6명의 가족이 원형탁자에 둘러앉는 다음 경우의 수를 구하여라.

(1) 원형탁자에 둘러앉는 모든 경우

(2) 부모가 이웃하는 경우 (3) 부모가 마주 보는 경우

5. 단어 success의 문자 모두를 사용하여 만드는 경우의 수를 구하여라.

6. 숫자 0, 1, 2, 3, 4, 5으로 만들 수 있는 세 자리수의 개수를 구하여라.

7. 남자 5명, 여자 4명 중 남자 3명, 여자 2명의 위원을 선출하여 일렬로 세우는 방법의 수를 구하여라.

• ${}_nP_r = \dfrac{n!}{(n-r)!}$

• ${}_nC_r = \dfrac{{}_nP_r}{r!} = \dfrac{n!}{r!(n-r)!}$

8. 다음을 각각 증명하여라.

(1) ${}_nP_r = {}_{n-r}P_r + r \cdot {}_{n-1}P_{r-1}$ (2) ${}_nC_r = {}_{n-1}C_r + {}_{n-1}C_{r-1}$

• 9번과 같은 조합을 중복조합(repeated combination)이라 하고, n개에서 r개 택하는 중복조합의 수는

${}_n\mathrm{H}_r$

로 나타내고

${}_n\mathrm{H}_r = {}_{n+r-1}C_r$

로 계산한다.

9. 숫자 1, 2, 3, 4, 5에서 중복을 허락하여 세 수를 택하는 조합의 수를 구하여라.

10. (1) $\left(x - \dfrac{3}{x}\right)^7$의 전개식에서 x^3의 계수를 구하여라.

(2) $(a-2b+3c)^6$의 전개식에서 ab^3c^2의 계수를 구하여라.

11. 다음을 증명하여라.

(1) ${}_nC_0 + {}_nC_1 + {}_nC_2 + \quad + {}_nC_n = 2^n$

(2) ${}_nC_0 - {}_nC_1 + {}_nC_2 + \cdots + (-1)^n {}_nC_n = 0$

(3) ${}_nC_r + 2{}_nC_2 + 3{}_nC_3 + \cdots + n{}_nC_n = n2^{n-1}$

16.2 확 률

주사위, 동전처럼 그 대상을 같은 방법으로 거듭할 수 있는 조사, 실험 또는 관찰을 시행(trial)이라 하고, 어떤 시행에서 일어날 수 있는 가능한 모든 결과의 집합을 표본공간(sample space)이라 하며, 표본공간의 부분집합, 즉 시행의 한 결과를 사건(event)이라 한다.

- 어떤 실험이나 관찰을 같은 상태에서 반복하여도 그 결과가 항상 같다고 할 수 없다.

예를 들면 주사위 하나를 던지는 시행에서 표본공간은

$$S=\{1, 2, 3, 4, 5, 6\}$$

이고, 주사위의 눈이 1이 되는 사건을 E, 2가 되는 사건을 F, 짝수가 되는 사건을 G라 하면

$$E=\{1\},\ F=\{2\},\ G=\{2, 4, 6\}$$

으로, E, F, G는 S의 부분집합이고, E와 F 같이 더 이상 세분할 수 없는 사건을 근원사건(fundamental event)이라 한다.

- 표본공간의 한 원소로 된 집합이 근원사건이다.
- 표본공간을 전사건이라고도 한다. 반드시 일어나는 사건을 말한다.
- 공집합에 해당하는 사건을 공사건이라고 한다. 반드시 일어나지 않는 사건을 말한다.

표본공간 S의 이 부분집합인 두 사건 E, F가 있다. 이 때 E 또는 F가 일어나는 사건을 E와 F의 합사건이라 하고, $E\cup F$로 나타낸다. 또 E와 F가 동시에 일어나는 사건을 곱사건이라 하고, $E\cap F$로 나타낸다.

어떤 사건 E가 일어날 수 있는 정도(가능성의 정도)를 하나의 수로 나타낸 것을 사건 E가 일어날 확률(probability)이라 하고

$$P(E)$$

로 쓴다.

- 보통 $\frac{r_n}{n}$의 극한값을 구할 수 없으므로 n을 충분히 크게 할 때 상대도수 $\frac{r_n}{n}$을 통계적 확률로 본다.

어떤 시행을 n번 반복하여 사건 E가 r_n회 일어났을 때 상대도수 $\frac{r_n}{n}$은 n을 충분히 크게 하면 일정한 값 P에 가까워진다. 이 일정한 값 P를 사건 E가 일어날 통계적확률(statistical probability)이라 하고 $P(E)=P$와 같이 나타낸다.

예를 들어, 어떤 공장의 한 공정에서 매달 2000개의 제품만 생산한 후 6개월간 불량품의 개수를 조사하였더니 131, 126, 110, 113, 122, 107개이었다. 차례로 상대도수를 구하면 0.0655, 0.063, 0.055, 0.0565, 0.061, 0.535이므로 이 공장의 그 공정에서 생산되는 제품에서 한 개를 택하였을 때, 그것이 불량일 확률은 0.06으로 볼 수 있다.

한 시행에서 일어날 수 있는 모든 경우의 수가 m이고, 즉 이 시행의 표본공간 S의 근원사건의 수가 m이고, 이 m가지 중에서 어느 두 가지도 동시에 일어나지 않고, 각 경우는 일어날 가능성이 같은 정도로 기대될 때,

사건 E가 일어날 경우의 수가 r(가지)이면 사건 E가 일어날 확률은

$$P(E)=\frac{n(E)}{n(S)}=\frac{r}{m}$$

이다. 표본공간 S에서 $n(S)=m$, 공사건 ϕ에서 $n(\phi)=0$이므로 $P(S)=1$, $P(\phi)=0$이다. 그리고 $E\subset S$이므로 $n(\phi)\leq n(E)\leq n(S)$이다.

따라서 $$\frac{n(\phi)}{n(S)}\leq\frac{n(E)}{n(S)}\leq\frac{n(S)}{n(S)}$$

즉, $0\leq P(E)\leq 1$

이와 같은 확률을 수학적확률(mathematical probability)이라 한다.

예제 2.1 (1) 한 개의 주사위를 던질 때 눈의 수가 5 이상인 사건 E가 일어날 확률을 구하여라.

(2) 두 개의 동전을 던졌을 때, 하나는 앞면, 다른 것은 뒷면이 나올 사건 F가 일어날 확률을 구하여라.

• (동전 A, 동전 B)
⇓
(앞면, 앞면)
(앞면, 뒷면)
(뒷면, 앞면)
(뒷면, 뒷면)

풀이 (1) 표본공간은 $S=\{1, 2, 3, 4, 5, 6\}$이고 $E=\{5, 6\}$이므로 구하는 확률은

$$P(E)=\frac{n(E)}{n(S)}=\frac{2}{6}=\frac{1}{3}$$

(2) 앞면이 나오는 경우 H, 뒷면이 나오는 경우를 T라 하면 표본공간은 $S=\{(H, H), (H, T), (T, H), (T, T)\}$로 나타낼 수 있고 $F=\{(H, T), (T, H)\}$이므로 구하는 확률은

$$P(F)=\frac{n(F)}{n(S)}=\frac{2}{4}=\frac{1}{2}$$ ■

예제 2.2 주머니에 흰 공이 4개, 검은 공이 2개 들어 있다. 이 주머니에서 공을 3개 꺼내는데 흰 공이 2개, 검은 공이 1개일 확률을 구하여라.

• $\frac{{}_4C_2\times{}_2C_1}{{}_6C_3}=\frac{\frac{4\cdot 3}{2!}\times 2}{\frac{6\cdot 5\cdot 4}{3!}}=\frac{12}{20}$

풀이 모두 6개에서 3개를 꺼내는 경우의 수는 ${}_6C_3$이다. 흰 공 4개에서 2개를 꺼내는 경우의 수는 ${}_4C_2$이고, 검은 공 2개에서 1개를 꺼내는 경우의 수는 ${}_2C_1$이므로 구하는 확률은

$$\frac{{}_4C_2\times{}_2C_1}{{}_6C_3}=\frac{3}{5}$$ ■

어떤 시행에서 두 사건 E, F에 대하여 한 사건이 일어나면 다른 사건이 일어나지 않을 때, E와 F는 서로 배반(mutually exclusive)이라 하고 서로 배반인 두 사건을 배반사건(exclusive event)이라 한다. 여기서 $E\cap F=\phi$임을 알 수 있다.

표본공간 S에서 두 사건 E, F가 있다. 이 때

$$n(E\cup F)=n(E)+n(F)-n(E\cap F)$$

이므로
$$\frac{n(E\cup F)}{n(S)}=\frac{n(E)}{n(S)}+\frac{n(F)}{n(S)}-\frac{n(E\cap F)}{n(S)}$$

즉,
$$P(E\cup F)=P(E)+P(F)-P(E\cap F) \quad \cdots ①$$

특히 E, F가 배반사건이면 $E\cap F=\phi$으로 $P(E\cap F)=0$이므로

$$P(E\cup F)=P(E)+P(F) \quad \cdots ②$$

• 세 사건 E, F, G에서
$P(E\cup F\cup G)$
$=P(E)+P(F)+P(G)$
$-P(E\cap F)$
$-P(\cap G)$
$-P(G\cap E)$
$+P(E\cap F\cap G)$

• ①, ②을 확률의 덧셈정리라 한다.

• $\frac{_6C_3}{_{10}C_3}+\frac{_4C_3}{_{10}C_3}$
$=\frac{\frac{6\cdot 5\cdot 4}{3!}}{\frac{10\cdot 9\cdot 8}{3!}}+\frac{\frac{4\cdot 3\cdot 2}{3!}}{\frac{10\cdot 9\cdot 8}{3!}}$
$=\frac{4\cdot 3\cdot 2\cdot(5+1)}{10\cdot 9\cdot 8}$
$=\frac{1}{5}$

예제 2.3 주머니 속에 바둑돌이 들어 있다. 흰 색이 6개, 검은 색이 4개이다. 이 중에서 3개 모두 같은 색의 바둑돌을 꺼낼 확률을 구하여라.

풀이 모두 10개에서 3개극 꺼내는 경우의 수는 $_{10}C_3$이고, 흰 색일 사건 E의 경우의 수는 $_6C_3$, 검은 색일 사건 F의 경우의 수는 $_4C_3$이고 E, F는 서로 배반사건이므로 구하는 확률은

$$P(E\cup F)=P(E)+P(F)=\frac{_6C_3}{_{10}C_3}+\frac{_4C_3}{_{10}C_3}=\frac{1}{5}$$ ■

표본공간 S에서 사건 E가 일어나지 않는 사건을 E의 여사건(complementary event)이라 하고 E^C로 쓴다. 이 때 E와 E^C는 서로 배반사건이므로 $P(S)=P(E\cup E^C)=P(E)+P(E^C)$, 즉 $1=P(E)+P(E^C)$에서

$$P(E^C)=1-P(E)$$

예제 2.4 두 주사위를 던질 때 두 눈의 수의 합이 4 이상일 확률을 구하여라.

풀이 두 주사위에서 나온 눈의 수의 합이 4 이상일 사건을 E라 하면 두 눈의 수의 합이 3 이하일 사건은 E의 여사건 E^C이다.
표본공간 $S=\{(1, 1), (1, 2), (1, 3), \cdots, (6, 6)\}$으로 $n(S)=36$이다. 그리고

$$E^C=\{(1, 1), (1, 2), (2, 1)\}$$

따라서 구하는 확률은 $P(E)=1-P(E^C)=1-\frac{3}{36}=\frac{11}{12}$ ■

어느 단과대학의 A학과, B학과의 신입생의 남녀별 인원수가 오른쪽 표와 같다. 이제 이 신입생 중에 위원을 1명 뽑으려고 한다. 뽑힌 학생이 A학과 학생인 줄 알고 남학생일 확률을 구하려고 한다. A학과 학생의 집합을 A라 할 때 $n(A)=30$을 표본공간으로 보고 남학생의 집합을 M이라 할 때 $n(A\cap M)=16$을 참고로 하면 구하는 확률은

	A학과	B학과	계
남	16	8	24
여	14	12	26
계	30	20	50

$$\frac{n(A\cap M)}{n(A)}=\frac{16}{30}=\frac{8}{15}$$

• $P(M|A)=\dfrac{n(A\cap M)}{n(A)}=\dfrac{\dfrac{n(A\cap M)}{n(S)}}{\dfrac{n(A)}{n(S)}}=\dfrac{P(A\cap M)}{P(A)}=\dfrac{\dfrac{16}{50}}{\dfrac{30}{50}}=\dfrac{16}{30}=\dfrac{8}{15}$

이다. 일반적으로, 사건 E가 일어났다는 조건 아래 사건 F가 일어날 확률을 사건 E가 일어났을 때 사건 F의 조건부확률(conditional probability)이라 하고 $P(F|E)$로 나타낸다.

위에서 구하는 확률은 $P(M|A)=\dfrac{n(A\cap M)}{n(A)}$임을 알 수 있다.

일반적으로

$$P(F|E)=\frac{P(E\cap F)}{P(E)} \quad \text{즉,}\quad P(E\cap F)=P(E)P(F|E) \qquad \cdots ③$$

예제 2.5 위의 표에서 B학과 학생의 집합을 B, 여학생의 집합을 F라 한다. 뽑힌 학생이 B학과 학생일 때 여학생일 확률을 구하여라.

풀이 $$P(F|B)=\frac{P(B\cap F)}{P(B)}=\frac{12/50}{20/50}=\frac{3}{5}$$ ■

③, ⑤를 확률의 곱셈정리라 한다.

공사건이 아닌 두 사건 E, F에 대하여

$$P(F|E)=P(F|E^C)=P(F) \qquad \cdots ④$$

이면 E가 일어나든 일어나지 않든 사건 F가 일어날 확률에 영향을 주지 않는다. 이와 같이 $P(F|E)=P(F)$ 또는 $P(E|F)=P(E)$일 때 E와 F는 서로 독립(independent)이라 하고, 서로 독립인 사건을 독립사건(independent event)이라 한다. 서로 독립이 아닌 두 사건 E, F를 서로 종속(dependent)이라 하고 서로 종속인 사건을 종속사건(dependent event)이라 한다.

두 사건 E, F가 서로 독립이면 ③, ④에 따라 다음이 성립한다.

$$P(E\cap F)=P(E)P(F) \qquad \cdots ⑤$$

예제 2.6 주머니에 흰 공이 6개, 검은 공이 3개 들어 있다. 이 주머니에서 공을 한 번에 1개씩 두 번 꺼낸다고 한다. 처음에 흰 공, 다음에 검은 공이 나올 확률을

(1) 꺼낸 공을 다시 넣을 때

(2) 꺼낸 공을 넣지 않을 때에 따라 각각 구하여라.

풀이 처음에 흰 공이 나올 사건을 E, 다음에 검은 공이 나올 사건을 F라 한다.

(1) E, F는 서로 독립이므로 $P(E\cap F)=P(E)P(F)=\frac{6}{9}\cdot\frac{3}{9}=\frac{2}{9}$

(2) $P(F|E)=\frac{3}{8}$ 이므로 $P(E\cap F)=P(E)P(F|E)=\frac{6}{9}\cdot\frac{3}{8}=\frac{1}{4}$ ■

• 예제 2.6에서 (1), (2)의 경우 (1)은 복원추출 (2)는 비복원추출이라 한다.

• $P(E)=\frac{{}_6C_1}{{}_9C_1}=\frac{6}{9}$

$P(F)=\frac{{}_3C_1}{{}_9C_1}=\frac{3}{9}$

$P(F|E)=\frac{{}_3C_1}{{}_8C_1}=\frac{3}{8}$

주사위나 동전을 반복하여 여러 번 또는 여러 개를 한꺼번에 던지는 경우와 같이 매번 또는 동시에 일어나는 사건이 모두 서로 독립일 때 이 시행을 독립시행(independent trial)이라 한다.

한 개의 주사위를 5번 던질 때 1의 눈이 3번만 나올 확률을 구하자. 이 독립시행에서 매회 1의 눈이 나올 확률은 $\frac{1}{6}$, 1이 아닌 눈이 나올 확률은 $\frac{5}{6}$이고 이들은 서로 독립이므로 각 경우마다 확률은 $\left(\frac{1}{6}\right)^3\left(\frac{5}{6}\right)^2$이다. 5회 중 1의 눈이 3번 나오는 경우의 수는 오른쪽 표에서 ${}_5C_3$임을 알 수 있다. 이 ${}_5C_3$ 가지의 사건은 서로 배반이므로 구하는 확률은

$$ {}_5C_3\left(\frac{1}{6}\right)^3\left(\frac{5}{6}\right)^2 $$

일반적으로 사건 E가 1회 시행에서 일어날 확률이 p, 일어나지 않을 확률이 q일 때, n번 독립시행으로 E가 r회 일어날 확률은

$$ {}_nC_r\,p^r q^{n-r},\quad (r=0, 1, 2, \cdots, n) $$

• 1이 나오는 경우 0, 나오지 않는 경우 ×표로 나타내면 아래와 같이 ${}_5C_3=10$가지이다.

1회	2회	3회	4회	5회
×	×	○	○	○
×	○	×	○	○
×	○	○	×	○
×	○	○	○	×
○	×	×	○	○
○	×	○	×	○
○	×	○	○	×
○	○	×	×	○
○	○	×	○	×
○	○	○	×	×

예제 2.7 한 개의 주사위를 3번 던져서 1의 눈이 두 번 이상 나올 확률을 구하여라.

풀이 1의 눈이 2번 나오는 독립시행에서 확률은 ${}_3C_2\left(\frac{1}{6}\right)^2\left(\frac{5}{6}\right)^1$, 1의 눈이 3번 나오는 경우의 확률은 ${}_3C_3\left(\frac{1}{6}\right)^3$이다. 이 2번 나오는 사건과 3번인 사건은 서로 배반사건이므로 구하는 확률은

$$ {}_3C_2\left(\frac{1}{6}\right)^2\left(\frac{5}{6}\right)^1+{}_3C_3\left(\frac{1}{6}\right)^3=\frac{2}{27} $$ ■

연습문제 16.2

1. 두 주사위를 던질 때, 나온 두 눈의 수의 합이 9 이하일 확률을 구하여라.

2. 주머니에 흰 공이 6개, 검은 공이 2개 들어 있다. 여기서 2개의 공을 꺼낼 때 흰 공, 검은 공이 각각 1개일 확률을 구하여라.

3. 10개의 제비 중 3개가 당첨 제비이다. 이 중에서 2개의 제비를 뽑을 때 다음 경우의 확률을 구하여라.

   (1) 2개 모두 당첨 제비가 아닐 경우

   (2) 적어도 1개가 당첨 제비일 경우

   (3) 2개 모두 당첨 제비일 경우

• $P(E^C) = 1 - P(E)$

4. 두 주사위를 던질 때 나온 눈의 합이 5로 나누어 떨어질 확률을 구하여라.

• $P(E \cup F) = P(E) + P(F) - P(E \cap F)$

5. 사건 E가 일어날 확률이 0.6, F가 일어날 확률이 0.55이고, E 또는 F가 일어날 확률이 0.9일 때 E와 F가 동시에 일어날 확률을 구하여라.

6. 어떤 제품 25 중 5개의 불량품이 들어 있는 상자가 있다. 이 상자에서 한 번에 1개씩 두 번 2개의 제품을 꺼낼 때, 2개 모두 불량품일 확률을 구하여라.

• 1회에서 일어날 확률이 p이고 $p+q=1$일 때 n회 반복시행에서 r회 일어날 확률은, ${}_nC_r\, p^r q^{n-r}$

7. 한 개의 주사위와 한 개의 동전을 동시에 던질 때 주사위의 1의 눈과 동전의 앞면이 나올 확률을 구하여라.

8. 한 번에 4개의 주사위를 던질 때 다음 경우의 확률을 구하여라.

   (1) 5의 눈이 3개 나오는 경우

   (2) 5의 눈이 2개 이상 나오는 경우

   (3) 5의 눈이 적어도 1개 나오는 경우

#1. 확률에 관한 문제를 10 문제 정도 만들고 이를 풀어 설명하여 보아라.

17 통 계

統計, Statistics

30년 전쟁

1618년부터 1648년 사이의 종교전쟁

합스부르크가의 구교에 의한 독일 통일정책에 반하여 유럽 대제후들이 반기를 든 전쟁.

스웨덴군, 덴마크군이 독일에 진주하고 프랑스군이 나중에 진주하고…. 1948년 웨스트팔리아조약으로 프랑스 승리로 끝난 전쟁이다. 그 때부터 프랑스의 유럽 영향권이 확대되고 문화적 지배가 시작되었다.

반면 독일은 점점 황폐화되고 인구는 줄었고 생산도 점점 퇴보하기만 했다.

그러던 중, 다시 도시는 도시대로 농촌은 농촌대로 일어서게 노력했으며 통일 국가 건설에 힘을 모으기 시작했다.

여기에 국세를 거두어야 할 필요성이 생겼다.

그렇게 하려면 인구조사는 물론이고 거두어 들이는 국세의 규모와 그 밖에 필요한 자료를 조사해야만 했다. 이때부터 통계학이 자리하기 시작했다.

여러 가지 현상과 그 현상 사이의 관계를 찾아내는데 초점을 맞추어 통계학이 시작된 것이다.

이 당시 세계 정세를 바꾸어 놓은 것이 무역의 발달이었던 시대, 초기 무역의 중심지였던 이탈리아에서 17세기에 무역의 중심이 영국으로 옮겨져서 가장 중심의 역할을 런던이 맡게 되었다.

각 나라에서 물건을 싣고 오거나 물건을 사가지고 가거나 그 당시에는 배를 이용하였다. 무역선이었다.

이 무역선이 무역만을 위하여 무역하는 물건만 싣고 옮겨 재산을 늘리게만 해주었으면 그만인데 보이지 않는 전염병을 한 국가와 다른 국가 사이에 옮겨 가고 옮겨 왔던 것이다.

그래서 런던은 전염병을 해마다 앓았다. 이렇게 하여 의학이 많이 발전하였는지도 모른다.

하여튼 런던은 해마다 사망도표를 작성하게 되었다고 한다.

이와 같이 만든 사망도표에서 통계적 성질을 파악할 수 있는 점도 있었다고 한다.

1662년 존 그란트가 사망표의 자연적, 정치적 고찰이라는 논문을 발표할 정도로 런던 시에서 작성한 사망도표를 연구했다고 한다.

이것이 영국에서의 통계학의 시작이었다.

전쟁과 무역이 의학을 발전시키고 통계학의 태동을 가져온 셈인가?

17.1 확률분포

변 량	도 수
x_1	f_1
x_2	f_2
$\vdots$	$\vdots$
x_i	f_i
$\vdots$	$\vdots$
x_n	f_n
합계	N

먼저 도수분포에 대하여 간략히 알아본다. 변량 x의 도수분포표가 오른쪽 표와 같다. 여기서

$$m=\frac{x_1f_1+x_2f_2+\cdots+x_nf_n}{N}=\frac{1}{N}\sum_{i=1}^{n}x_if_i$$

$\left(N=\sum_{i=1}^{n}f_i\right)$를 변량 x의 평균(mean, average)이라 한다.

- 어떤 한 집단의 한 자료를 계급을 정하여 그 계급에 해당하는 개수(도수)를 조사하여 도수분포표를 만들어 그 집단을 이 표에 의하여 진단할 수 있다.

- $\sigma^2=\frac{1}{N}\sum_{i=1}^{n}(x_i-m)^2f_i$
$=\frac{1}{N}\sum_{i=1}^{n}(x_i^2f_i-2mx_if_i+m^2f_i)$
$=\frac{1}{N}\sum_{i=1}^{n}x_i^2f_i-2m\boxed{\frac{1}{N}\sum_{i=1}^{n}x_if_i}+m^2\frac{1}{N}\boxed{\sum_{i=1}^{n}f_i}$ (첫 번째 상자: m, 두 번째 상자: N)
$=\frac{1}{N}\sum_{i=1}^{n}x_i^2f_i-m^2$

그리고 변량과 평균의 차 x_i-M을 편차(deviation)라 한다. 편차는 양수, 음수로 나타나고 그 합은 0이다. 따라서 편차로 변량이 평균 m을 중심으로 흩어져 있는 정도를 알 수 없다. 그래서 편차의 제곱을 생각하여 이들의 평균을 구하여 변량이 평균을 중심으로 흩어져 있는 정도를 알려고 한다.

이 때 편차 제곱의 평균을 분산(vatiance)이라 하고, 분산의 양의 제곱근을 표준편차(standard deviation)라 한다. 위의 도수분포표에서 분산을 σ^2, 표준편차를 σ라 하면

$$\sigma^2=\frac{1}{N}\sum_{i=1}^{n}(x_i-m)^2f_i,\quad \sigma=\sqrt{\frac{1}{N}\sum_{i=1}^{n}(x_i-m)^2f_i}$$

이다.

하나의 동전을 두 번 던져서 앞면이 나오는 횟수를 X, 이 횟수(X의 값)가 나올 확률을 각각 구하여 오른쪽과 같은 표를 만들었다.

X	0	1	2	합계
$P(X=x_i)$	$\frac{1}{4}$	$\frac{1}{2}$	$\frac{1}{4}$	1

이렇게 어떤 시행의 결과에 따라 변수 X가 정하여지고 각 X값에 해당하는 확률을 표시할 수 있을 때 이 X를 확률변수(random variable)라 한다. 확률변수 X의 값 x_i가 갖는 확률을 $P(X=x_i)=P_i$로 나타내고 X와 P_i의 대응관계를 나타낸 것을 확률변수 X의 확률분포(probability distribution)라 하고 이 대응 관계를 표로 나타낸 것을 확률분포표라 한다.

X	x_1	x_2	$\cdots$	x_i	$\cdots$	x_n	합계
$P(X=x_i)$	P_1	P_2	$\cdots$	P_i	$\cdots$	P_n	1

- $\sum_{i=1}^{n}p_i=1$

이산확률분포

• 도수분포표

변량	x_1 x_2 $\cdots$ x_n	합계
도수	f_1 f_2 $\cdots$ f_n	N

에서 상대도수 $\frac{f_i}{N}=p_i$ 로 하면

X	x_1	x_2	$\cdots$	x_n	합계
P	p_1	p_2	$\cdots$	p_n	1

$$m=\frac{1}{N}\sum_{i=1}^{n}x_i f_i=\sum_{i=1}^{n}x_i\cdot\frac{f_i}{N}=\sum_{i=1}^{n}x_i p_i=E(X)$$

확률변수 X가 유한 개의 값 $x_1, x_2, \cdots, x_n$을 가지며 X가 이 값을 확률 $P(X=x_i)$가 차례로 $p_1,\ p_2,\ \cdots,\ p_n$이다. 이 때,

$$p_1+p_2+\cdots+p_n=1$$

을 만족하는 X를 이산확률변수(discrete random variable)라 한다. 여기서 X와 $P(x=x_1)$의 대응 관계를 나타낸 것을 이산확률분포(discrete random distribution)라 하고, 오른쪽과 같이 이것을 표로 만든 것을 이산확률분포표라 한다. 도수분포표에서와 같이

X	x_1	x_2	$\cdots$	x_i	$\cdots$	x_n	합계
$P(X=x_i)$	P_1	P_2	$\cdots$	P_i	$\cdots$	P_n	1

$$x_1p_1+x_2p_2+\cdots+x_np_n=\sum_{i=1}^{n}x_ip_i$$

를 확률변수 X의 평균 또는 기대값(expectation, expected value)이라 하고 $E(X)$로 나타낸다. 즉, $E(X)=\sum_{i=1}^{n}x_ip_i$

또 확률변수 X의 평균을 m이라 할 때

$$(x_1-m)^2p_1+(x_2-m)^2p_2+\cdots+(x_n-m)^2p_n=\sum_{i=1}^{n}(x_i-m)^2p_i$$

를 확률변수 X의 분산이라 하고 $V(X)$ 또는 $\sigma^2(X)$로 나타내고 분산의 양의 제곱근은 X의 표준편차라 하며 $\sqrt{V(X)}$ 또는 $\sigma(X)$로 나타낸다.

• $\sum_{i=1}^{n}x_ip_i=E(X)$

$\sum_{i=1}^{n}x_i^2p_i=E(X^2)$

$\sum_{i=1}^{n}(x_i-m)^2p_i=E[X-m]^2=E[X-E(X)]^2$

$m=\sum_{i=1}^{n}x_ip_i,\ \sum_{i=1}^{n}p_i=1$이므로

$$\begin{aligned}V(X)&=\sum_{i=1}^{n}(x_i-m)^2p_i=\sum_{i=1}^{n}(x_i^2-2mx_i+m^2)p_i\\&=\sum_{i=1}^{n}x_i^2p_i-2m\sum_{i=1}^{n}x_ip_i+m^2\sum_{i=1}^{n}p_i\\&=\sum_{i=1}^{n}x_i^2p_i-2m\cdot m+m^2\cdot 1=\sum_{i=1}^{n}x_i^2p_i-m^2\end{aligned}$$

즉, $V(X)=\sum_{i=1}^{n}(x_i-m)^2p_i=\sum_{i=1}^{n}x_i^2p_i-m^2=E(X^2)-[E(X)]^2$

$$\begin{aligned}\sigma(X)&=\sqrt{\sum_{i=1}^{n}(x_i-m)^2p_i}\\&=\sqrt{\sum_{i=1}^{n}x_i^2p_i-m^2}\\&=\sqrt{E(X^2)-\{E(X)\}^2}\end{aligned}$$

예제 1.1 3개의 동전을 던져서 앞면이 나오는 개수를 X라 한다. 이 때 확률변수 X의 확률분포, 평균과 표준편차를 구하여라.

- $P(X=0)={}_3C_0\left(\frac{1}{2}\right)^0\left(\frac{1}{2}\right)^3$

  $P(X=1)={}_3C_1\left(\frac{1}{2}\right)^1\left(\frac{1}{2}\right)^2$

  $P(X=2)={}_3C_2\left(\frac{1}{2}\right)^2\left(\frac{1}{2}\right)^1$

  $P(X=3)={}_3C_3\left(\frac{1}{2}\right)^3\left(\frac{1}{2}\right)^0$

풀이 1개를 던져 앞면이 나올 확률은 $P=\frac{1}{2}$, 뒷면이 나올 확률은 $q=1-\frac{1}{2}=\frac{1}{2}$이고 확률변수 X가 갖는 값은 0, 1, 2, 3이다. 따라서 확률분포는 오른쪽 표와 같다.

X	0	1	2	3	합계
$P(X)$	$\frac{1}{8}$	$\frac{3}{8}$	$\frac{3}{8}$	$\frac{1}{8}$	1

X의 평균 : $E(X)=0\cdot\frac{1}{8}+1\cdot\frac{3}{8}+2\cdot\frac{3}{8}+3\cdot\frac{1}{8}=\frac{3}{2}$

분산 : $V(X)=0^2\cdot\frac{1}{8}+1^2\cdot\frac{3}{8}+2^2\cdot\frac{3}{8}+3^2\cdot\frac{1}{8}-\left(\frac{3}{2}\right)^2=\frac{3}{4}$

표준편차 : $\sigma(X)=\sqrt{V(X)}=\sqrt{\frac{3}{4}}=\frac{\sqrt{3}}{2}$ ■

〈이항분포〉

1회 시행에서 사건 E가 일어날 확률이 p, 일어나지 않을 확률이 $q=1-p$이다. n회의 독립시행에서 사건 E가 일어날 횟수라 하면 확률변수 X가 갖는 모든 값은 0, 1, 2, ⋯, $n-1$, n이고 X가 r일 확률은

$$P(X=r)={}_nC_r\,p^r q^{n-r} \quad (r=0,\ 1,\ 2,\ \cdots,\ n)$$

이다. 따라서 X의 확률분포는

X	0	1	2	⋯	r	⋯	n	합계
$P(X=r)$	${}_nC_0\,p^0q^n$	${}_nC_1\,pq^{n-1}$	${}_nC_2\,p^2q^{n-2}$	⋯	${}_nC_r\,p^rq^{n-r}$	⋯	${}_nC_n\,p^nq^0$	1

이다. 여기서 확률은 $(p+q)^n$을 이항정리에 따라 전개한 식

$$(p+q)^n={}_nC_0\,q^n+{}_nC_1\,pq^{n-1}+{}_nC_2\,p^2q^{n-2}+\cdots+{}_nC_r\,p^rq^{n-r}+\cdots+{}_nC_n\,p^n$$

의 우변에 나타낸 각 항과 같다. 그래서 이 확률분포를 이항분포(binomial distribution)라 하고 $B(n,\ p)$로 나타낸다.

확률변수 X가 이항분포 $B(n,\ p)$를 따를 때,

$$P(X=r)={}_nC_r\,p^r q^{n-r} \quad (r=0,\ 1,\ 2,\ \cdots,\ n)$$

- $p+q=1$

이다. 이제 X의 평균과 표준편차를 구하여 보자.

$1\cdot {}_nC_1 p^1 q^{n-1}$
$= npq^{n-1}$
$= np(q^{n-1})$
$= np({}_{n-1}C_0 p^0 q^{n-1})$

$2\cdot {}^nC_2 p^2 q^{n-2}$
$= 2\dfrac{n(n-1)}{2!}p^2q^{n-2}$
$= np[(n-1)p^1q^{n-2}]$
$= np({}_{n-1}C_1 p^1 q^{n-2})$

$3\cdot {}^nC_3 p^3 q^{n-3}$
$= 3\cdot\dfrac{n(n-1)(n-2)}{3!}p^3q^{n-3}$
$= np\left(\dfrac{(n-1)(n-2)}{2!}p^2q^{n-3}\right)$
$= np({}_{n-1}C_2 p^2 q^{n-3})$
$\vdots$

$$E(X)=\sum_{r=0}^{n} rP(X=r)=\sum_{r=0}^{n} r\cdot {}_nC_r p^r q^{n-r}$$
$$=0\cdot {}_nC_r p^0 a^n+1\cdot {}_nC_1 p^1 q^{n-1}+2\cdot {}_nC_2 p^2 q^{n-2}+\cdots+n\cdot {}_nC_n p^n$$
$$=npq^{n-1}+n(n-1)p^2q^{n-2}+\frac{n(n-1)(n-2)}{2!}p^3q^{n-3}+\cdots+np^n$$
$$=np({}_{n-1}C_0p^0q^{n-1}+{}_{n-1}C_1p^1q^{n-2}+{}_{n-1}C_2p^2q^{n-3}+\cdots+{}_{n-1}C_{n-1}p^{n-1})$$
$$=np(p+q)^{n-1}=np\quad(\because p+q=1)$$

$$V(X)=\sum_{r=0}^{n} r^2P(X=r)-[E(X)]^2=\sum_{r=0}^{n} r^2\cdot {}_nC_r p^r q^{n-1}-[E(X)]^2$$
$$=\sum_{r=0}^{n}[r(r-1)+r]_nC_r p^r q^{n-r}-[E(X)]^2$$
$$=\sum_{r=0}^{n} r(r-1)\cdot {}_nC_r p^r q^{n-r}+\sum_{r=0}^{n} r\cdot {}_nC_r p^r q^{n-r}-[E(X)]^2$$
$$=\sum_{r=0}^{n} r(r-1)_nC_r p^r q^{n-r}+E(X)-[E(X)]^2 \qquad \cdots ①$$

여기서 $\displaystyle\sum_{r=0}^{n} r(r-1)_nC_r p^r q^{n-r}=2\cdot 1_nC_2p^2q^{n-2}$
$$+3\cdot 2_nC_3p^3q^{n-3}+4\cdot 3_nC_4p^4q^{n-4}+\cdots+n(n-1)_nC_np^n$$
$$=n(n-1)p^2q^{n-2}+n(n-1)(n-2)p^3q^{n-3}$$
$$+\frac{1}{2!}n(n-1)(n-2)(n-3)p^4q^{n-4}+n(n-1)p^n$$
$$=n(n-1)p^2[q^{n-2}+(n-2)pq^{n-3}+\frac{1}{2!}(n-2)(n-3)p^2q^{n-4}+\cdots+p^{n-2}]$$
$$=n(n-1)p^2[{}_{n-2}C_0q^{n-2}+{}_{n-2}C_1pq^{n-3}+{}_{n-2}C_2p^2q^{n-4}+\cdots$$
$${}_{n-2}C_{n-2}p^{n-2}]$$
$$=n(n-1)p^2[(p+q)^{n-2}]=n(n-1)p^2 \qquad \cdots ②$$

①, ②에서 $V(X)=n(n-1)p^2+np-(np)^2=np-np^2=npq$
$$\sigma(X)=\sqrt{V(X)}=\sqrt{npq}$$

• 확률변수 X가 이항분포 $B(n,\ p)$를 따를 때
$(p+q=1)$
(평균) : $E(X)=np$
(분산) : $V(X)=npq$
(표준편차) :
$\sigma(X)=\sqrt{npq}$

예제 1.2 2개의 동전을 100회 던지는 반복시행에서 두 동전의 앞면이 나올 횟수를 X라 할 때, X의 평균과 표준편차를 구하여라.

풀이 2개의 동전을 1번 던졌을 때 2개 모두 앞면이 나올 확률은 $p=\frac{1}{2}\times\frac{1}{2}=\frac{1}{4}$이고,
$n=100,\ q=1-p=1-\frac{1}{4}=\frac{3}{4}$ 으로 X는 이항분포 $B\left(100,\ \frac{1}{4}\right)$ 을 따른다.
평균 $E(X)=np=100\times\frac{1}{4}=25$, 표준편차
$$\sigma(X)=\sqrt{npq}=\sqrt{100\times\frac{1}{4}\times\frac{3}{4}}=\frac{5\sqrt{3}}{2}$$
■

한 개의 주사위를 n번 던지는 반복 시행에서 1의 눈이 나오는 횟수 X는 이항분포 $B\left(n, \frac{1}{6}\right)$에 따른다.

$$P(X=r)={}_nC_r\left(\frac{1}{6}\right)^r\left(\frac{5}{6}\right)^{n-r}$$

$$r=0,\ 1,\ 2,\ \cdots,\ n$$

에서 $n=10, 20, 30, 50$일 때 확률을, 계산하여 작성한 확률분포인 이항분포로 오른쪽과 같다.

X	$P(X=r)$			
$(=r)$	$n=10$	$n=20$	$n=30$	$n=50$
0	0.162	0.026	0.004	0.000
1	0.323	0.104	0.025	0.001
2	0.291	0.198	0.073	0.005
3	0.155	0.238	0.137	0.017
4	0.054	0.202	0.185	0.040
5	0.013	0.129	0.192	0.075
6	0.002	0.065	0.159	0.112
7	0.000	0.026	0.110	0.140
8	·	0.008	0.063	0.151
9	·	0.002	0.031	0.141
10	·	0.000	0.013	0.116
11	·	·	0.005	0.084
12	·	·	0.001	0.055
13	·	·	0.000	0.032
14	·	·	·	0.017
15	·	·	·	0.008
16	·	·	·	0.004
17	·	·	·	0.001
18	·	·	·	0.001
19	·	·	·	·
20	·	·	·	·
⋮	⋮	⋮	⋮	⋮

• 왼쪽 이항분포를 참고로 그래프를 그리면 아래와 같다. 이 그래프는 n이 작을 때 대칭형이 아니지만 n을 점점 크게 하면 좌우 대칭인 곡선에 가까워진다.

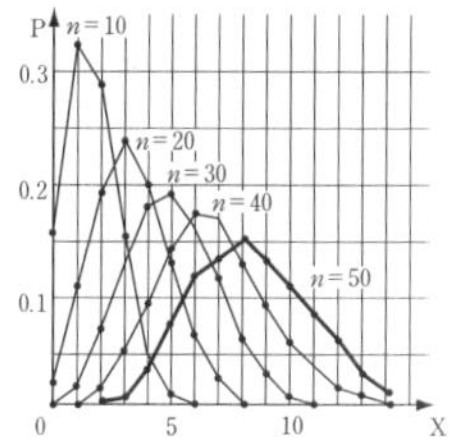

이 반복 시행에서 확률

$$P\left(\left|\frac{r}{n}-\frac{1}{6}\right|<0.1\right)$$

을 n에 따라 구하여 보자.

$n=10$일 때 $\left|\frac{r}{n}-\frac{1}{6}\right|<0.1$에서

$-0.1<\frac{r}{10}-\frac{1}{6}<0.1$, 즉

$0.66\cdots<r<2.66\cdots$이므로

$P\left(\left|\frac{r}{10}-\frac{1}{6}\right|<0.1\right)$

$=P(0.66\cdots<r<2.66\cdots)$

$=P(X=1)+P(X=2)$

$\left(={}_{10}C_1\left(\frac{1}{6}\right)^1\left(\frac{5}{6}\right)^9+{}_{10}C_2\left(\frac{1}{6}\right)^2\left(\frac{5}{6}\right)^8\right)=0.323+0.291$ (표에서) $=0.614$

• 상대도수 x/n와 수학적 확률 1/6과의 차가 0.1보다 작을 확률은 시행 횟수 n이 크면 클수록 1에 가까워진다. 0.1만이 아니고 0.01, 0.001, …이어도 마찬가지이다.

같은 방법으로 $n=20$일 때, $P\left(\left|\frac{r}{20}-\frac{1}{6}\right|<0.1\right)=P(1.33\cdots<r<5.33\cdots)$

$=P(X=2)+P(X=3)+P(X=4)+P(X=5)=0.767$

$n=30$일 때, $P\left(\left|\frac{r}{30}-\frac{1}{6}\right|<0.1\right)=0.783$

$n=40$일 때는 0.913, $n=50$일 때는 0.946이다.

일반적으로 어떤 시행에서 사건 E가 일어날 확률이 p일 때, 이것의 n회 독립시행에서 사건 E가 일어나는 횟수를 X라 하면 임의의 작은 양수 h에 대하여

$$\lim_{n\to\infty}P\left(\left|\frac{X}{n}-P\right|<h\right)=1$$

이다. 이 성질을 큰수의 법칙(law of large numbers)이라 한다.

연속확률분포

어떤 구간에 속하는 모든 실수값을 가질 수 있는 확률변수를 연속확률변수(continuous random variable)라 한다. 오른쪽 그림과 같이 원판의 중심에서 바늘이 자유롭게 회전할 수 있을 때 바늘이 멈추어 가리키는 위치의 눈금을 X라 하면 X는 구간 [0, 24]의 임의의 실수값을 가질 수 있다. 따라서 X는 연속확률변수이다.

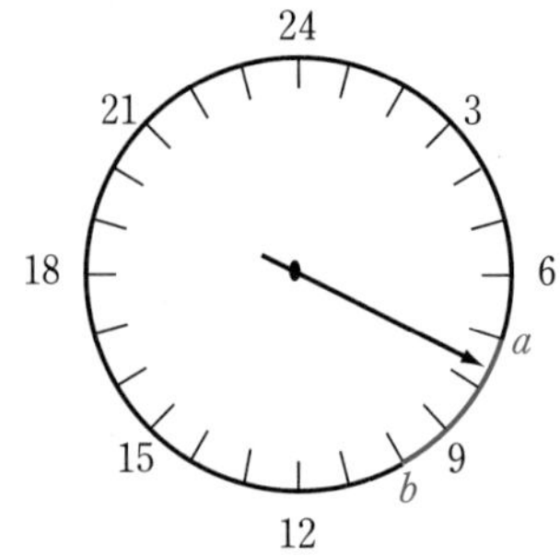

• X의 값이 [0, 24]에서 가질 수 있는 정도는 같다고 생각할 수 있다.

이 때 X에 대하여 $a \le X \le b$일 확률을 $P(a \le X \le b)$로 나타내면 이것은 구간 $[a, b]$의 호의 길이에 비례하는 것으로 볼 수 있으므로 k를 비례상수로 할 때

$$P(a \le X \le b) = k(b-a)$$

이다. 전체 구간 [0, 24]에서 X가 취하는 확률은 1이므로

$$P(0 \le X \le 24) = k(24-0) = 1\text{에서 } k = \frac{1}{24}$$

그러므로 $P(a \le X \le b) = \frac{1}{24}(b-a)$이고 $f(x) = \frac{1}{24}$, $x=a$, $x=b$ 및 x축으로 둘러싸인 도형의 넓이와 같다. 따라서

$$P(a \le X \le b) = \int_a^b f(x)dx$$

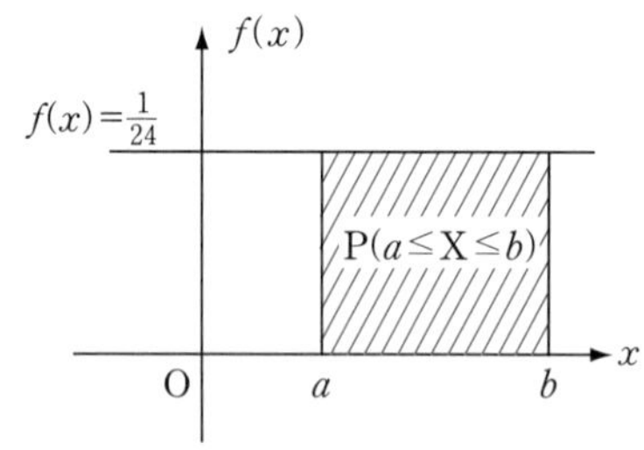

일반적으로, 확률변수 X가 어떤 구간 $[a, b]$의 모든 값을 취할 수 있고 정의역이 $[\alpha, \beta]$인 함수 $f(x)$가 조건

(i) $f(x) \ge 0$

(ii) 곡선 $y = f(x)$와 x축 사이의 넓이가 1이다. 즉, $\int_\alpha^\beta f(x)dx = 1$

(iii) $P(a \le X \le b)$는 곡선 $y = f(x)$, 두 직선 $x=a$, $x=b$ 및 x축으로 둘러싸인 도형의 넓이. 즉

$$P(a \le X \le b) = \int_a^b f(x)dx \ (\alpha \le a < b \le \beta)$$

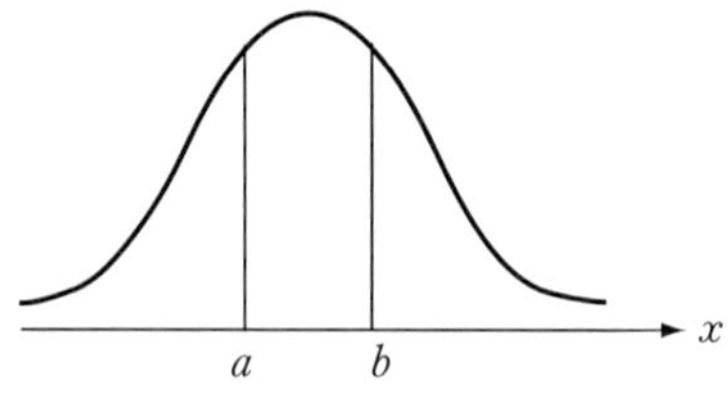

을 만족하는 $f(x)$를 X의 확률밀도함수(probability density function)라 한다.

확률변수 X의 값을 취할 수 있는 전체 구간 $[\alpha, \beta]$를 n등분하여

$$\alpha = x_0 < x_1 < \cdots < x_i < \cdots < x_n = \beta$$

라 하고 $x_i - x_{i-1} = \Delta x$라 하면 X의 평균은

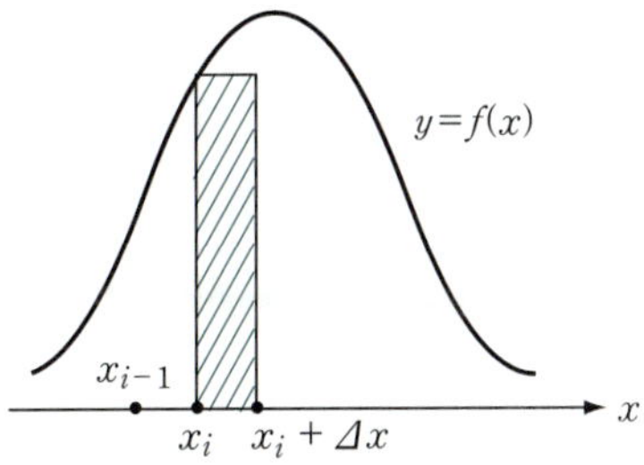

$$E(X) = m$$
$$= \lim_{n\to\infty} \sum_{i=1}^{n} x_i P(x_i \le X \le x_i + \Delta x)$$
$$= \lim_{n\to\infty} \sum_{i=1}^{n} x_i f(x_i)\Delta x = \int_\alpha^\beta xf(x)\,dx$$

같은 이치로 $V(X) = \int_\alpha^\beta (x-m)^2 f(x)\,dx = \int_\alpha^\beta x^2 f(x)\,dx - m^2$

• 연속확률변수의 평균과 표준편차 :
X의 확률밀도함수가 $f(x)$이고 $X \in [\alpha, \beta]$일 때
(1) $E(X) = m = \int_\alpha^\beta x f(x)\,dx$
(2) $V(X) = \int_\alpha^\beta (x-m)^2 f(x)\,dx = \int_\alpha^\beta x^2 f(x)\,dx - m^2$
(3) $\sigma(X) = \sqrt{V(X)}$

예제 1.3 연속확률변수 X의 확률밀도함수 $f(x)$가

$$f(x) = kx(2-x) \quad (0 \le x \le 2)$$

이다. 이 때, 다음 물음에 답하여라.

(1) k의 값을 정하여라. (2) $P(0 \le x \le 1)$을 구하여라.

(3) X의 평균과 표준편차를 구하여라.

풀이 (1) $\int_0^2 f(x)\,dx = \int_0^2 kx(2-x)\,dx = 1$에서 $k = \frac{3}{4}$

(2) $P(0 \le x \le 1) = \int_0^1 \frac{3x}{4}(2-x)\,dx = \frac{3}{4}\left[x^2 - \frac{x^3}{3}\right]_0^1 = \frac{1}{2}$

(3) $m = \int_0^2 x\cdot f(x)dx = \int_0^2 x\cdot\frac{3}{4}x(2-x)\,dx = \frac{3}{4}\left[\frac{2x^3}{3} - \frac{x^4}{4}\right]_0^2 = 1$

$$V(X) = \int_0^2 x^2 f(x)dx - m^2 = \int_0^2 \frac{3}{4}(2x^3 - x^4)\,dx - m^2$$
$$= \frac{3}{4}\left[\frac{x^4}{2} - \frac{x^5}{5}\right]_0^2 - m^2 = \frac{1}{5}$$
$$\therefore \sigma(X) = \sqrt{V(x)} = \sqrt{\frac{1}{5}} = \frac{1}{\sqrt{5}}$$

〈정규분포〉

구간 $(-\infty, \infty)$에서 정의되는 확률밀도함수가

$$f(x) = \frac{1}{\sqrt{2\pi}\,\sigma} e^{-\frac{(x-m)^2}{2\sigma^2}}$$

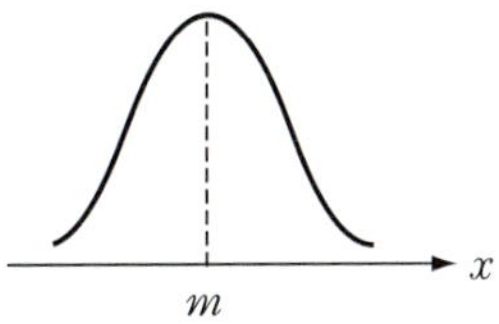

인 연속확률분포를 정규분포(normal distribution)라 한다.

여기서 m, $\sigma(\sigma > 0)$는 상수이다. 그리고 $f(x)$의 그래프를 정규분포곡선(normal distribution curve)라 한다.

• 연속확률변수의 확률분포는 확률밀도함수로 나타낸다.

• 일정한 값 m에 대하여, σ 값이 클수록 정규분포곡선의 중앙 부분은 낮아지며 옆으로 넓게 퍼진다.

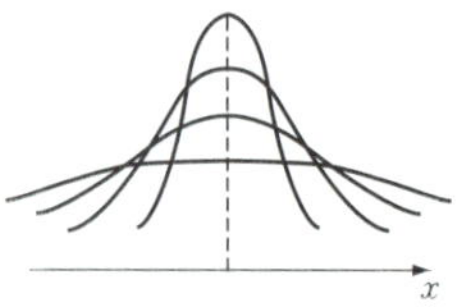

정규분포곡선은 다음과 같은 성질이 있다.

(i) 직선 $x=m$에 대하여 대칭이고 점근선이 x축이다.

(ii) $x=m$에서 최대값은 $1/\sqrt{2\pi\sigma}$, $|x-m|$이 클수록 $f(x)$는 0에 수렴한다.

(iii) 이 곡선과 x축 사이의 넓이는 1이다.

정규분포는 평균이 m, 분산이 σ^2인 확률분포이다. 이와 같은 정규분포는 m과 σ^2을 사용하여 $N(m,\ \sigma^2)$으로 나타낸다. 특히 평균이 0, 표준편차가 1인 정규분포, 즉 $N(0,\ 1)$을 표준정규분포(standard normal distribution)라 하고 확률밀도함수는

$$f(t)=\frac{1}{\sqrt{2\pi}}e^{-\frac{t^2}{2}}$$

으로 표준정규확률밀도함수라 한다.

표준정규분포인 확률분포에서 확률변수 Z의 값이 구간 $[0,\ z]$에 있을 확률은

$$P(0\le Z\le z)=\int_0^z \frac{1}{2\pi}e^{-\frac{t^2}{2}}dt$$

이고 오른쪽 그림에서 색칠한 부분의 넓이이다. 양수 Z에 대하여 확률 $P(0\le Z\le z)$를 계산하여 표로 만든 것을 표준정규분포표라 한다. 이 표를 이용하여 확률변수 Z가 정규분포 $N(0,\ 1)$을 따를 때 확률을 구할 수 있다.

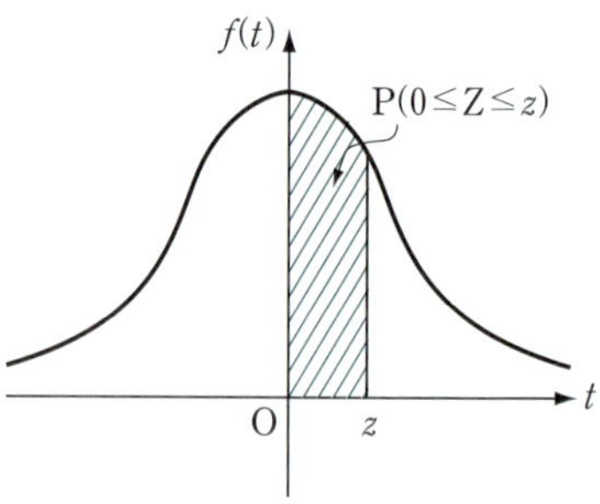

• $P(Z\ge 0)=\frac{1}{2}=0.5$

$P(Z\le 0)=\frac{1}{2}=0.5$

예제 1.4 확률변수 Z가 표준정규분포 $N(0,\ 1)$를 따를 때 표준정규분포표에 의하여 다음 확률을 구하여라.

(1) $P(-2\le Z\le 1.67)$ (2) $P(Z>2.45)$

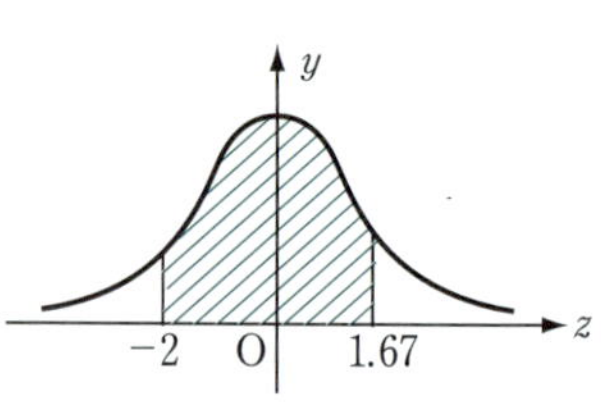

풀이 (1) $P(-2\le Z\le 1.67)$

$=P(-2\le Z\le 0)+P(0\le Z\le 1.67)$

$=P(0\le Z\le 2)+P(0\le Z\le 1.67)$

$=0.4772+0.4525=0.9297$

(2) $P(Z>2.45)$

$=P(Z\ge 0)-P(0\le Z\le 2.45)$

$=0.5-0.4929=0.0071$ ■

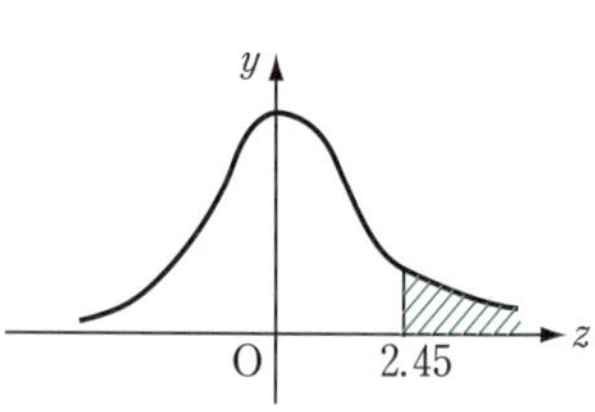

t	0.00	⋯	0.05	⋯	0.07
⋮					
1.6					.4525
⋮					
2.0	.4772				
⋮					
2.4			.4929		
⋮					

확률변수 X가 평균이 m, 표준편차가 σ인 정규분포 $N(m, \sigma^2)$를 따른다고 한다. 그리고 임의의 상수 a, b에 대하여 확률변수 $aX+b$도 정규분포를 따른다고 한다.

• 이산확률분포에서
$E(aX+b)$
$= \sum_{i=1}^{n}(ax_i+b)p_i$
$= a\sum_{i=1}^{n}x_ip_i + b\sum_{i=1}^{n}p_i$
$= am + b\cdot 1$
$= aE(X)+b$

$V(aX+b)$
$= \sum_{i=1}^{n}[(ax_i+b)-(am+b)]^2p_i$
$= a^2\sum_{i=1}^{n}(x_i-m)^2p_i$
$= a^2V(X)$

그리고 새로운 변수 $Z=\dfrac{X-m}{\sigma}$ 이 확률변수인 확률분포도 정규분포를 따른다. Z의 평균과 분산은

$$E(Z)=E\left(\frac{X-m}{\sigma}\right)=\frac{1}{\sigma}E(X-m)=\frac{1}{\sigma}[E(X)-m]=\frac{1}{\sigma}(m-m)=0$$

$$V(Z)=V\left(\frac{X-m}{\sigma}\right)=V\left[\frac{1}{\sigma}(X-m)\right]=\frac{1}{\sigma^2}V(X)=\frac{1}{\sigma^2}\sigma^2=1$$

이므로 확률변수 Z는 표준정규분포 $N(0, 1)$을 따른다.

이와 같이 $Z=\dfrac{X-m}{\sigma}$ 으로 치환하여 정규분포 $N(m, \sigma)^2$ 을 표준정규분포 $N(0, 1)$으로 바꾸는 것을 표준화(standardization) 한다고 한다.

• $Z=\dfrac{(m+\sigma)-m}{\sigma}=1$

$X=m-\sigma$이면 $Z=\dfrac{(m-\sigma)-m}{\sigma}=-1$, $X=m+\sigma$이면 $Z=1$이므로

$P(m-\sigma \le X \le m+\sigma)$
$=P(-1\le Z\le 1)$
$=2P(0\le Z\le 1)$
$=2\times 0.3413$
$=0.6826$

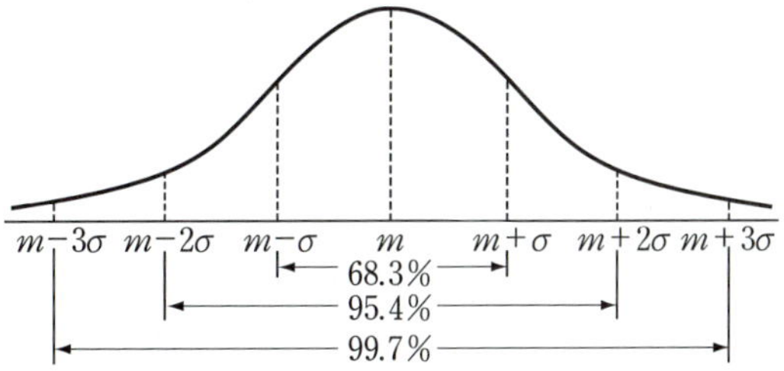

$P(m-2\sigma \le X \le m+2\sigma)$
$=P(-2\le Z\le 2)$
$=2P(0\le Z\le 2)=2\times 0.4772=0.9544$

같은 이치로 $P(m-3\sigma \le X \le m+3\sigma)=0.9974$

예제 1.5 확률변수 X가 정규분포 $N(15, 3^2)$을 따를 때, 다음 확률을 구하여라.

(1) $P(12\le X\le 21)$ (2) $P(21\le X\le 24)$

풀이 (1) $P(12\le X\le 21)=P\left(\dfrac{12-5}{3}\le Z\le \dfrac{21-15}{3}\right)$
$=P(-1\le Z\le 2)$
$=P(0\le Z\le 1)+P(0\le Z\le 2)$
$=0.3413+0.4772=0.8185$

• $P(-1\le Z\le 0)$
$=P(0\le Z\le 1)$

(2) $P(21\le X\le 24)=P\left(\dfrac{21-15}{3}\le Z\le \dfrac{24-15}{3}\right)=P(2\le Z\le 3)$
$=P(0\le Z\le 3)-P(0\le Z\le 2)$
$=0.9974-0.4772=0.5202$ ■

• $B(n, p)$에서 n이 충분히 클 때 확률변수

$$Z = \frac{X - np}{\sqrt{npq}}$$

는 표준정규분포 $N(0,1)$을 따른다.

이항분포 $B(n, p)$에서 $m = np$, $\sigma = npq$이다. 이 $B(n, p)$의 확률변수 X는 n이 충분히 클 때 근사적으로 정규분포 $N(m, \sigma^2)$ 즉, $N(np, npq)$를 따른다.

예제 1.6 한 개의 주사위 720회 던졌을 때, 1의 눈이 나오는 횟수가 130번 이상 140번 이하일 확률을 구하여라.

풀이 1의 눈이 나올 횟수를 X라 하면 한 번 시행에서 1의 눈이 나올 확률은 $\frac{1}{6}$이므로 X는 이항분포 $B\left(720, \frac{1}{6}\right)$을 따른다. 그러므로

$$m = np = 720 \times \frac{1}{6} = 120, \ \sigma^2 = npq = 720 \times \frac{1}{6} \times \frac{5}{6} = 100$$

여기서 $n = 720$으로 충분히 크다고 볼 수 있으므로 X는 근사적으로 정규분포에 따른다. 그래서 구하는 확률은

$$\begin{aligned} P(130 \le X \le 140) &= P\left(\frac{130 - 120}{10} \le Z \le \frac{140 - 120}{10}\right) \\ &= P(1 \le Z \le 2) \\ &= P(0 \le Z \le 2) - P(0 \le Z \le 1) \\ &= 0.4772 - 0.3413 = 0.1359 \end{aligned}$$

■

연습문제 17.1

1. 어떤 사건을 시행한 결과 X의 확률분포가 오른쪽 표와 같을 때, 확률변수 X의 표준편차를 구하여라.

X	0	1	2	3	4	합계
$P(X)$	0.12	0.24	0.28	0.20	0.16	1

2. 이항분포 $B\left(n, \frac{1}{4}\right)$에서 다음 n의 값에 따라 평균 m, 분산 σ^2을 각각 구하여라.

(1) $n = 20$ (2) $n = 40$ (3) $n = 100$ (4) $n = 200$

3. 제품 10개 중 1개가 불량품이라 한다. 이 제품 중에서 임의로 45개를 꺼낼 때 포함된 불량품의 개수를 X라 할 때 X의 평균과 표준편차를 구하여라.

4. 확률변수 X의 확률밀도함수가 $[-1, 1]$에서 $f(x) = k(1 - x^2)$일 때 k의 값과 확률 $P\left(0 \le X \le \frac{1}{2}\right)$을 구하여라.

5. 예제 1.6에서 1의 눈이 나오는 횟수가 110회 이상일 확률을 구하여라.

17.2 추 정

모집단과 표본

통계조사에서 인구조사와 같이 조사 대상 전부를 조사하는 것을 전수조사(complete enumeration survey)라 하고, 조사 대상의 일부분을 뽑아서 조사하여 전체의 특성을 추측하는 방법을 표본조사(sample survey)라 한다.

표본조사에서 조사 대상 전체를 모집단(population)이라 하고, 모집단에서 표본조사를 하기 위하여 뽑은 대상의 일부를 표본(sample)이라 한다.

• 크기가 큰 집단 전체를 조사하는 것은 시간적, 경제적으로 어려움이 있어 그 큰 집단의 일부를 뽑아 조사하여 그 집단의 특성을 알아볼 수 있다.

추정(estimation)은 알맞게 조사한 표본조사에서 얻는 성질로 모집단의 성질을 추측하는 것이다.

표본조사에서 모집단의 각 원소가 같은 확률로 추출(sampling)될 수 있어 모집단의 특징이 잘 드러나도록 하는 것을 임의추출(random sampling)이라 한다.

크기가 m인 모집단에서 크기가 n인 표본을 추출할 때, 추출한 것을 매번 되돌려 놓고 다시 한 개씩 추출하는 방법을 복원추출(sampling with replacement), 되돌려 놓지 않고 계속 추출하거나 한꺼번에 추출하는 방법을 비복원추출(sampling without replacement)라 하고, 이 방법의 수는

복원추출일 경우

$${}_m\Pi_n = m^n \text{(가지)}$$

비복원추출일 경우

$${}_mP_n \text{이거나 } {}_mC_n \text{(가지)}$$

이다.

모집단의 확률변수 X의 평균과 표준편차를 모평균(population mean), 모표준편차(population standard deviation)라 하고 각각 m, σ로 나타낸다. 이 모집단에서 추출한 표본의 평균과 표준편차를 표본평균(sample mean), 표본표준편차(sample standard deviation)라 하고 각각 $\overline{X}$, s로 나타낸다.

• 모집단의 확률변수 X의 분산을 모분산(population variance)라 하고 σ^2으로 나타낸다. 이 모집단에서 추출한 표본의 분산을 표본분산(sample variance)이라 하고 s^2으로 나타낸다.

모집단의 평균, 표준편차와 표본의 평균, 표준편차의 관계를 알아 본다.

한 상자 안에 4, 5, 6의 숫자가 쓰여진 공이 1개씩 모두 3개가 들어 있다고 하자.

이 3개의 공이 들어 있는 주머니를 모집단으로 하고, 이 모집단에서 한 개의 공을 꺼낼 때 이 공에 적힌 숫자를 확률변수 X로 하면 X의 확률분포는 오른쪽 표와 같다. 이 모집단의 평균 m, 표준편차 σ를 구하면

X	4	5	6	합계
$P(X)$	$\frac{1}{3}$	$\frac{1}{3}$	$\frac{1}{3}$	1

$$m = 4 \cdot \frac{1}{3} + 5 \cdot \frac{1}{3} + 6 \cdot \frac{1}{3} = 5$$

$$\sigma^2 = 4^2 \cdot \frac{1}{3} + 5^2 \cdot \frac{1}{3} + 6^2 \cdot \frac{1}{3} - 5^2 = \frac{2}{3} \text{ 이므로 } \sigma = \sqrt{\frac{2}{3}}$$

• $(4, 4) \to \overline{X} = \frac{4+4}{2}$
$(4, 5) \to \overline{X} = \frac{4+5}{2}$
$(4, 6) \to \overline{X} = \frac{4+6}{2}$
$(5, 4) \to \overline{X} = \frac{5+4}{2}$
$(5, 5) \to \overline{X} = \frac{5+5}{2}$

이다. 이 모집단에서 크기가 2인 복원추출로 꺼낸 공에 적힌 수 a, b를 (a, b)로 나타내어 보면, 표본은

$\overline{X}$	4	4.5	5	5.5	6	합계
$P(\overline{X})$	$\frac{1}{9}$	$\frac{2}{9}$	$\frac{3}{9}$	$\frac{2}{9}$	$\frac{1}{9}$	1

$$(4, 4), (4, 5), (4, 6), (5, 4), (5, 5), (5, 6), (6, 4), (6, 5), (6, 6)$$

이고 이 표본의 평균 $(a+b)/2$를 계산하면 $\overline{X}$는 4, 4.5, 5, 5.5, 6의 값을 갖는 확률변수이고 확률분포는 오른쪽과 같다. 이 표본평균 $\overline{X}$의 평균과 표준편차는

$$E(\overline{X}) = 4 \cdot \frac{1}{9} + (4.5) \cdot \frac{2}{9} + 5 \cdot \frac{3}{9} + (5.5) \cdot \frac{2}{9} + 6 \cdot \frac{1}{9} = 5, \quad V(\overline{X}) = 4^2 \cdot \frac{1}{9} + 4.5^2 \cdot \frac{2}{9} + 5^2 \cdot \frac{3}{9} + 5.5^2 \cdot \frac{2}{9} + 6^2 \cdot \frac{1}{9} - 5^2 = \frac{1}{3}, \quad \sigma(\overline{X}) = \sqrt{\frac{1}{3}}$$

• 모집단의 분포가 정규분포 $N(m, \sigma^2)$이면 n에 관계없이 $\overline{X}$의 분포는 정규분포 $N(m, \sigma^2/n)$이다. 모집단의 분포가 정규분포 아니어도 표본의 크기 n이 충분히 크면 표본평균 $\overline{X}$의 분포는 근사적으로 정규분포 $N(m, \sigma^2/n)$이다.

로 표본의 크기가 $n=2$일 때, $E(\overline{X}) = m$, $\sigma(\overline{X}) = \sqrt{\frac{2}{3} \cdot \frac{1}{2}} = \frac{\sigma}{\sqrt{2}}$이다.

일반적으로 모평균 m, 모표준편차가 σ인 모집단에서 표본의 크기가 n인 표본을 복원추출할 때 표본평균 $\overline{X}$의 분포에서

$$E(\overline{X}) = m, \quad V(\overline{X}) = \frac{\sigma^2}{n}, \quad \sigma(\overline{X}) = \frac{\sigma}{\sqrt{n}}$$

예제 2.1 어떤 공장의 제품 X의 무게의 평균이 200g, 표준편차가 5g이라 한다. 이 제품 중 100개의 표본을 임의추출할 때 표본평균 $\overline{X}$에 대하여 $P(199.5 \le \overline{X} \le 200.25)$를 구하여라.

풀이 $E(\overline{X}) = m = 200$, $\sigma(\overline{X}) = \sigma/\sqrt{n} = 5/\sqrt{100} = 1/2 = 0.5$

표본의 크기가 $n = 100$은 충분히 크다고 할 수 있다. 따라서 표본평균 $\overline{X}$의 분포는 정규분포 $N(200, 0.5^2)$에 따른다.

$$P(99.5 \le \overline{X} \le 100.25) = P\left(\frac{199.5 - 200}{0.5} \le Z \le \frac{200.25 - 200}{0.5}\right)$$
$$= P(-1 \le Z \le 0.5) = P(0 \le Z \le 1) + P(0 \le Z \le 0.5)$$
$$= 0.3413 + 0.1915 = 0.5328$$

■

모평균의 추정

모평균이 m, 모표준편차가 σ인 모집단은 정규분포 $N(m, \sigma^2)$을 따른다. 이 모집단에서 크기 n인 표본을 임의추출했을 때 표본평균 $\overline{X}$의 분포는 $N(m, \sigma^2/n)$을 따르므로 정규분포의 성질에 따라

$$P\left(m-1.96\frac{\sigma}{\sqrt{n}} \le \overline{X} \le m+1.96\frac{\sigma}{\sqrt{n}}\right)=0.95 \qquad \cdots ①$$

$$P\left(m-2.58\frac{\sigma}{\sqrt{n}} \le \overline{X} \le m+2.58\frac{\sigma}{\sqrt{n}}\right)=0.99 \qquad \cdots ②$$

이다. ①에서 m의 값의 범위

$$\overline{X}-1.96\frac{\sigma}{\sqrt{n}} \le m \le \overline{X}+1.96\frac{\sigma}{\sqrt{n}} \qquad \cdots ③$$

을 모평균 m의 신뢰도 95%의 신뢰구간이라 하고, ②에서

$$\overline{X}-2.58\frac{\sigma}{\sqrt{n}} \le m \le \overline{X}+2.58\frac{\sigma}{\sqrt{n}} \qquad \cdots ④$$

을 모평균 m의 신뢰도 99%의 신뢰구간이라 한다.

따라서 모평균 m을 모를 때, 표본평균 $\overline{X}$, 표본 크기 n, 모표준편차 σ로 모평균 m이 속하는 구간을 추정할 수 있다.

이것을 모평균의 추정(setimation)이라 하고 이러한 추정 방법을 구간추정(interval estimation)이라 한다.

• 크기 n인 표본평균 $\overline{X}$의 분포가 $N(m, \sigma^2/n)$이다. 이 때 정규분포표를 이용하면

$$P\left(\left|\overline{X}-m\right| \le 1.96\frac{\sigma}{\sqrt{n}}\right) = P\left(m-1.96\frac{\sigma}{\sqrt{n}} \le \overline{X} \le m+1.96\frac{\sigma}{\sqrt{n}}\right)$$

$$= P\left(\frac{\left(m-1.96\frac{\sigma}{\sqrt{n}}\right)-m}{\frac{\sigma}{\sqrt{n}}} \le Z \le \frac{\left(m+1.96\frac{\sigma}{\sqrt{n}}\right)-m}{\frac{\sigma}{\sqrt{n}}}\right)$$

$$= P(-1.96 \le Z \le 1.96)$$

$$= 2\cdot P(0 \le Z \le 1.96)$$

$$= 2\times 0.4750 = 0.95$$

같은 방법으로

$$P\left(\left|\overline{X}-m\right| \le 2.58\frac{\sigma}{\sqrt{n}}\right) \fallingdotseq 0.99$$

• 모표준편차 σ를 모를 때 표본표준편차 s를 σ 대신 사용할 수 있다.

예제 2.2 모표준편차가 5인 어떤 모집단에서 크기가 100인 표본을 임의추출할 때 표본평균이 25.41이었다. 모평균을 신뢰도 95%로 추정하여라.

풀이 $\sigma=5$, $n=100$, $\overline{X}=25.4$을 위 ③에 대입하면

$$25.41-1.96\frac{5}{\sqrt{100}} \le m \le 25.41+1.96\frac{5}{\sqrt{100}} \quad \therefore 24.43 \le m \le 25.39 \qquad ■$$

③에서 $-1.96\frac{\sigma}{\sqrt{n}} \le m-\overline{X} \le 1.96\frac{\sigma}{\sqrt{n}}$ 이므로

$$\left|m-\overline{X}\right| \le 1.96\frac{\sigma}{\sqrt{n}} \qquad \cdots ⑤$$

이다. 이 때 ④의 $\left|m-\overline{X}\right|$는 모평균과 표본평균의 차의 절대값, 즉 절대오차이다. 오차의 한계는 $1.96\frac{\sigma}{\sqrt{n}}$이고 이 오차의 한계를 알면 표본의 크기를 구할 수 있다.

신뢰도 95%의 구간추정에서 모평균과 표본평균의 절대오차는 $|m - \overline{X}|$이고 오차의 한계는 $1.96\frac{\sigma}{\sqrt{n}}$ 이다. 마찬가지로 신로도 99%의 구간추정에서 오차의 한계는 $2.58\frac{\sigma}{\sqrt{n}}$ 이다.

• 신뢰도 99%의 구간 추정에서 절대오차 $|m - \overline{X}|$는 $2.58\frac{\sigma}{\sqrt{n}}$ 이하이다. 즉, $|m - \overline{X}| \leq 2.58\frac{\sigma}{\sqrt{n}}$

예제 2.3 모표준편차가 3인 모집단에서 모평균과 표본평균의 절대오차가 0.2 이하이려면 표본의 크기는 얼마로 정하여야 되겠는가? 신뢰도는 95%로 한다.

풀이 표본의 크기를 n으로 하고 $\sigma = 3$이므로 신뢰도 95%의 절대오차는

$|m - \overline{X}| \leq 1.96\frac{\sigma}{\sqrt{n}}$ 과 조건에서

$1.96\frac{\sigma}{\sqrt{n}} = 1.96\frac{3}{\sqrt{n}} = 0.2$이므로

$n \fallingdotseq 864$ ■

〈모평균의 검정〉

모집단에 대한 추측이나 예상을 가설(hypothesis)라 한다. 이 모평균에 대하여 가설을 세우고 그 가설을 받아들일지 받아들이지 않고 버릴지 확률을 이용하여 판단하는 방법을 찾아 보자.

• 모집단에서 X의 분포는 $N(m,\ \sigma^2) = N(20,\ 0.6^2)$을 따른다.

포장 기계로 쌀을 포장하는 공장이 있다. 포장된 쌀 한 포대의 무게의 평균이 20kg, 표준편차가 600g으로 포장한다고 한다. 어느 날 포장된 100포대를 임의 추출하여 무게를 조사하였더니 평균 19.82kg이었다고 한다.

이 공장의 포장 기계가 정상으로 가동된다고 볼 수 있을까?

쌀 한 포대의 무게를 X라 한다. 포장 기계가 정상으로 가동될 때 X의 평균과 포준편차는 $m = 20,\ \sigma = 0.6$이다.

이 모집단에서 임의추출한 크기가 100인 표본평균 $\overline{X}$의 분포는

$$N\left(20,\ \frac{0.6^2}{100}\right)$$

인 정규분포를 따른다.

이제 「이 포장 기계가 정상적으로 가동하고 있다」는 것이 옳은 판단인지 조사하자.

포장 기계가 정상인지 아닌지 결정하는 것은 평균이 20인지 아닌지를 결정하는 것과 같다. 가설을 「기계가 정상이다」라 세우고 검토하는 것을 「$m=20$이다」라 세우고 검토한다.

따라서 다음과 같이 가설을 세운다.

「$m=20$이다.」

이 가설을 채택할지 버릴지를 검토하자.

이 가설을 아래 $\overline{X}$는 $N(100, 0.06^2)$을 따르므로

$$Z=\frac{\overline{X}-20}{0.06}$$

은 표준정규분포를 따른다.

$$|Z|=\left|\frac{\overline{X}-20}{0.06}\right|\geq 1.96$$

일 확률은 5%이다.

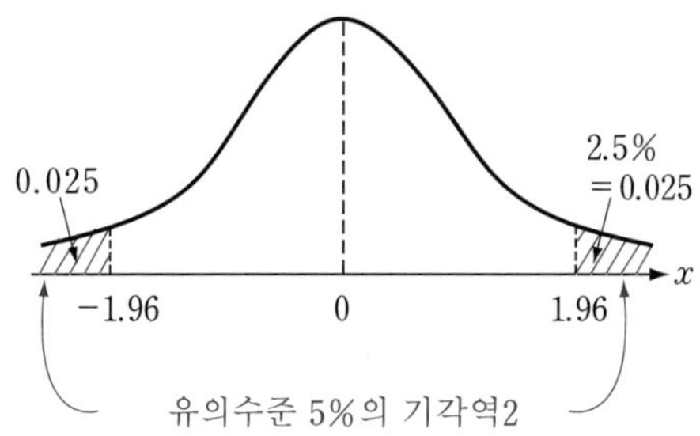

표본에서 $E(\overline{X})=19.82$이므로

$$|Z|=\left|\frac{\overline{X}-20}{\sigma/\sqrt{n}}\right|=\left|\frac{19.82-20}{0.06}\right|=3>1.96 \qquad \cdots ①$$

어떤 사건이 일어날 확률이 5% 이하일 때 이 사건은 일어나기 어렵다고 판단하도록 기준을 정한다면, 실제로 가설이 옳더라도 이 가설을 버리는(기각하는) 잘못을 범할 확률 즉, 유의수준(level of significance) 또는 위험률이 5%이다라고 말한다. 다시 말하여 ①에서 유의수준 5%에서 가설을 기각한다. 그러므로 $m\neq 20$, 즉 m은 20이 아니다. 따라서 포장 기계는 정상적으로 가동하지 않고 있다라고 말할 수 있다.

이렇게 모집단에서 추출한 표본에서 얻은 자료의 확률로 가설의 채택여부를 결정하는 방법을 가설검정(test of hypothesis)이라 한다. 1.96보다 큰 $|Z|$에 대하여 가설을 버릴 때, $|Z|\geq 1.96$을 유의수준 5%의 기각역(critical region)이라 한다. 같은 이치로 $|Z|\geq 2.58$은 유의수준 1%의 기각역이다. 이상의 모평균의 검정에 대하여 정리하면 다음과 같다.

모평균 m, 모표준편차 σ, 크기 n인 표본평균가 $\overline{X}$일 때

(i) 「$\overline{X}$의 모평균은 m이다.」라고 가설을 세운다.

(ii) $Z=(\overline{X}-m)\Big/\dfrac{\sigma}{\sqrt{n}}$ 을 계산한다.

(iii) $|Z|\geq 1.96$이면 유의수준 5%, $|Z|\geq 2.58$이면 유의수준 1%로 가설을 버린다. 가설이 옳지 않다고 판정한다.

연습문제 17.2

- $E(\overline{X}) = m$

  $\sigma(\overline{X}) = \frac{\sigma}{\sqrt{n}}$

1. 상자 안에 1, 2, 3, 4, 5가 적힌 공이 각각 한 개씩, 5개가 들어 있다. 이 모집단에서 크기가 2인 표본을 복원추출하였을 때, 표본평균 $\overline{X}$의 평균과 표준편차를 구하여라.

- 정규분포표를 참고하여 계산한다.

2. 모평균이 m, 모표준편차가 σ인 모집단에서 크기 n인 표본을 임의로 추출할 때 표본평균 $\overline{X}$에 대하여 확률

$$P\left(|\overline{X} - m| \le 2.58\frac{\sigma}{\sqrt{n}}\right)$$

을 구하여라.

3. 예제 2.3에서 신뢰도를 99%로 하면 표본의 크기는 얼마로 정하면 되겠는가?

4. 모표준편차가 4인 어떤 모집단에서 크기가 100인 표본을 임의로 추출한다. 표본평균이 37.25일 때, 신뢰도 95%, 99%로 모평균 m을 각각 추정하여라.

#1. 검정에 관한 문제를 만들어 풀고 설명하여라.

#2. 모비율이란 무엇이며 모비율의 검정을 예를 들어 설명하여라.

부 록

1. 삼각함수표

각	sin	cos	tan	각	sin	cos	tan
0°	0.0000	1.0000	0.0000	45°	0.7071	0.7071	1.0000
1°	0.0175	0.9998	0.0175	46°	0.7193	0.6947	1.0355
2°	0.0349	0.9994	0.0349	47°	0.7314	0.6820	1.0724
3°	0.0523	0.9986	0.0524	48°	0.7431	0.6691	1.1106
4°	0.0698	0.9976	0.0699	49°	0.7547	0.6561	1.1504
5°	0.0872	0.9962	0.0875	50°	0.7660	0.6428	1.1918
6°	0.1045	0.9945	0.1057	51°	0.7771	0.6293	1.2349
7°	0.1219	0.9925	0.1228	52°	0.7880	0.6157	1.2799
8°	0.1392	0.9903	0.1405	53°	0.7986	0.6018	1.3270
9°	0.1564	0.9877	0.1584	54°	0.8090	0.5878	1.3764
10°	0.1736	0.9848	0.1763	55°	0.8192	0.5736	1.4281
11°	0.1908	0.9816	0.1944	56°	0.8290	0.5592	1.4826
12°	0.2079	0.9781	0.2126	57°	0.8387	0.5446	1.5399
13°	0.2250	0.9744	0.2309	58°	0.8480	0.5299	1.6003
14°	0.2419	0.9703	0.2493	59°	0.8572	0.5150	1.6643
15°	0.2588	0.9659	0.2679	60°	0.8660	0.5000	1.7321
16°	0.2756	0.9613	0.2867	61°	0.8746	0.4848	1.8040
17°	0.2924	0.9563	0.3057	62°	0.8829	0.4695	1.8807
18°	0.3090	0.9511	0.3249	63°	0.8910	0.4540	1.9626
19°	0.3256	0.9455	0.3443	64°	0.8988	0.4384	2.0503
20°	0.3420	0.9397	0.3640	65°	0.9063	0.4226	2.1445
21°	0.3584	0.9336	0.3839	66°	0.9135	0.4067	2.2460
22°	0.3746	0.9272	0.4040	67°	0.9205	0.3907	2.3559
23°	0.3907	0.9205	0.4245	68°	0.9272	0.3746	2.4751
24°	0.4067	0.9135	0.4452	69°	0.9336	0.3584	2.6051
25°	0.4226	0.9063	0.4663	70°	0.9397	0.3420	2.7475
26°	0.4384	0.8988	0.4877	71°	0.9455	0.3256	2.9042
27°	0.4540	0.8910	0.5095	72°	0.9511	0.3090	3.0777
28°	0.4695	0.8829	0.5317	73°	0.9563	0.2924	3.2709
29°	0.4848	0.8746	0.5543	74°	0.9613	0.2756	3.4874
30°	0.5000	0.8660	0.5774	75°	0.9659	0.2588	3.7321
31°	0.5150	0.8572	0.6009	76°	0.9703	0.2419	4.0108
32°	0.5299	0.8480	0.6249	77°	0.9744	0.2250	4.3315
33°	0.5446	0.8387	0.6494	78°	0.9781	0.2079	4.7046
34°	0.5592	0.8290	0.6745	79°	0.9816	0.1908	5.1446
35°	0.5736	0.8192	0.7002	80°	0.9848	0.1736	5.6713
36°	0.5878	0.8090	0.7265	81°	0.9877	0.1564	7.1154
37°	0.6018	0.7986	0.7536	82°	0.9903	0.1392	8.1443
38°	0.6157	0.7880	0.7813	83°	0.9925	0.1219	9.5144
39°	0.6293	0.7771	0.8098	84°	0.9945	0.1045	6.3138
40°	0.6428	0.7660	0.8391	85°	0.9962	0.0872	11.4301
41°	0.6561	0.7547	0.8693	86°	0.9976	0.0698	14.3007
42°	0.6691	0.7431	0.9004	87°	0.9986	0.0523	19.0811
43°	0.6820	0.7314	0.9325	88°	0.9994	0.0349	28.6363
44°	0.9747	0.7193	0.9657	89°	0.9998	0.0175	57.2900
45°	0.7071	0.7071	1.0000	90°	1.0000	0.0000	∞

2. 상용로그표 (Ⅰ) $\log_{10} x$

x	0	1	2	3	4	5	6	7	8	9	표차								
											1	2	3	4	5	6	7	8	9
1.0	.0000	.0043	.0086	.0128	.0170	.0212	.0253	.0294	.0334	.0374	4	8	12	17	21	25	29	33	37
1.1	.0414	.0453	.0492	.0531	.0569	.0607	.0645	.0682	.0719	.0755	4	8	11	15	19	23	26	30	34
1.2	.0792	.0828	.0864	.0899	.0934	.0969	.1004	.1038	.1072	.1106	3	7	10	14	17	21	24	28	31
1.3	.1139	.1173	.1206	.1239	.1271	.1303	.1335	.1367	.1399	.1430	3	6	10	13	16	19	23	26	29
1.4	.1461	.1492	.1523	.1553	.1584	.1614	.1644	.1673	.1703	.1732	3	6	9	12	15	18	21	24	27
1.5	.1761	.1790	.1818	.1847	.1875	.1803	.1931	.1959	.1987	.2014	3	6	8	11	14	17	20	22	25
1.6	.2041	.2068	.2095	.2122	.2148	.2175	.2201	.2227	.2253	.2279	3	5	8	11	13	16	18	21	24
1.7	.2304	.2330	.2355	.2380	.2405	.2430	.2455	.2480	.2504	.2529	2	5	7	10	12	15	17	20	22
1.8	.2553	.2577	.2601	.2625	.2648	.2672	.2695	.2718	.2742	.2765	2	5	7	9	12	14	16	19	21
1.9	.2788	.2810	.2833	.2856	.2878	.2900	.2923	.2945	.2967	.2989	2	4	7	9	11	13	16	18	20
2.0	.3010	.3032	.3054	.3075	.3096	.3118	.3139	.3160	.3181	.3201	2	4	6	8	11	13	15	17	19
2.1	.3222	.3243	.3263	.3284	.3304	.3324	.3345	.3365	.3385	.3404	2	4	6	8	10	12	14	16	18
2.2	.3424	.3444	.3464	.3483	.3502	.3522	.3541	.3560	.3579	.3598	2	4	6	8	10	12	14	15	17
2.3	.3617	.3636	.3655	.3674	.3692	.3711	.3729	.3747	.3766	.3784	2	4	6	7	9	11	13	15	17
2.4	.3802	.3820	.3838	.3856	.3874	.3892	.3909	.3927	.3945	.3962	2	4	5	7	9	11	12	14	16
2.5	.3979	.3997	.4014	.4031	.4048	.4065	.4082	.4099	.4116	.4133	2	3	5	7	9	10	12	14	15
2.6	.4150	.4166	.4083	.4200	.4216	.4232	.4249	.4265	.4281	.4298	2	3	5	7	8	10	11	13	15
2.7	.4314	.4330	.4346	.4362	.4378	.4393	.4409	.4425	.4440	.4456	2	3	5	6	8	9	11	13	14
2.8	.4472	.4487	.5602	.4518	.4533	.4548	.4564	.4579	.4594	.4609	2	3	5	6	8	9	11	12	14
2.9	.4624	.4639	.4654	.4669	.4683	.4698	.4713	.4728	.4742	.4757	1	3	4	6	7	9	10	12	13
3.0	.4771	.4786	.4800	.4814	.4829	.4843	.4857	.4871	.4886	.4900	1	3	4	6	7	9	10	11	13
3.1	.4914	.4928	.4942	.4955	.4969	.4983	.4997	.5011	.5024	.5038	1	3	4	6	7	8	10	11	12
3.2	.5051	.5065	.5079	.5092	.5105	.5119	.5132	.5145	.5159	.5172	1	3	4	5	7	8	9	11	12
3.3	.5185	.5198	.5211	.5224	.5237	.5250	.5263	.5276	.5289	.5302	1	3	4	5	6	8	9	10	12
3.4	.5315	.5328	.5340	.5353	.5366	.5378	.5391	.5403	.5416	.5428	1	3	4	5	6	8	9	10	11
3.5	.5441	.5453	.5465	.5478	.5490	.5502	.5514	.5527	.5539	.5551	1	2	4	5	6	7	9	10	11
3.6	.5563	.5575	.5587	.5599	.5611	.5623	.5635	.5647	.5658	.5670	1	2	4	5	6	7	8	10	11
3.7	.5682	.5694	.5705	.5717	.5729	.5740	.5752	.5763	.5775	.5786	1	2	3	5	6	7	8	9	10
3.8	.5798	.5809	.5821	.5832	.5843	.5855	.5866	.5877	.5888	.5899	1	2	3	5	6	7	8	9	10
3.9	.5911	.5922	.5933	.5944	.5955	.5966	.5977	.5988	.5999	.6010	1	2	3	4	5	7	8	9	10
4.0	.6021	.6031	.6042	.6053	.6064	.6075	.6085	.6096	.6107	.6117	1	2	3	4	5	6	7	9	10
4.1	.6128	.6138	.6149	.6160	.6170	.6180	.6191	.6201	.6212	.6222	1	2	3	4	5	6	7	8	9
4.2	.6232	.6243	.6253	.6263	.6274	.6284	.6294	.6304	.6314	.6325	1	2	3	4	5	6	7	8	9
4.3	.6335	.6345	.6355	.6365	.6375	.6385	.6395	.6405	.6415	.6425	1	2	3	4	5	6	7	8	9
4.4	.6435	.6444	.6454	.6464	.6474	.6484	.6493	.6503	.6513	.6522	1	2	3	4	5	6	7	8	9
4.5	.6532	.6542	.6551	.6561	.6571	.6580	.6590	.6599	.6609	.6618	1	2	3	4	5	6	7	8	9
4.6	.6628	.6637	.6646	.6656	.6665	.6675	.6684	.6693	.6702	.6712	1	2	3	4	5	6	7	7	8
4.7	.6721	.6730	.6739	.6749	.6758	.6767	.6776	.6785	.6794	.6803	1	2	3	4	5	5	6	7	8
4.8	.6812	.6821	.6830	.6839	.6848	.6857	.6866	.6875	.6884	.6893	1	2	3	4	4	5	6	7	8
4.9	.6902	.6911	.6920	.6928	.6937	.6946	.6955	.6964	.6972	.6981	1	2	3	4	4	5	6	7	8
5.0	.6990	.6998	.7007	.7016	.7024	.7033	.7042	.7050	.7059	.7067	1	2	3	3	4	5	6	7	8
5.1	.7076	.7084	.7093	.7101	.7110	.7118	.7126	.7135	.7143	.7152	1	2	3	3	4	5	6	7	8
5.2	.7160	.7168	.7177	.7185	.7193	.7202	.7210	.7218	.7226	.7235	1	2	2	3	4	5	6	7	7
5.3	.7243	.7251	.7259	.7267	.7275	.7284	.7292	.7300	.7308	.7316	1	2	2	3	4	5	6	6	7
5.4	.7324	.7332	.7340	.7348	.7356	.7364	.7372	.7380	.7388	.7396	1	2	2	3	4	5	6	6	7

3. 상용대수표 (II) $\log_{10} x$

x	0	1	2	3	4	5	6	7	8	9	표 차								
											1	2	3	4	5	6	7	8	9
5.5	.7404	.7412	.7419	.7427	.7435	.7443	.7451	.7459	.7466	.7474	1	2	2	3	4	5	5	6	7
5.6	.7482	.7490	.7497	.7505	.7513	.7520	.7528	.7536	.7543	.7551	1	2	2	3	4	5	5	6	7
5.7	.7559	.7566	.7574	.7582	.7589	.7597	.7604	.7612	.7619	.7627	1	2	2	3	4	5	5	6	7
5.8	.7634	.7642	.7649	.7657	.7664	.7672	.7679	.7686	.7694	.7701	1	1	2	3	4	4	5	6	7
5.9	.7709	.7716	.7723	.7731	.7738	.7745	.7752	.7760	.7767	.7774	1	1	2	3	4	4	5	6	7
6.0	.7782	.7789	.7796	.7803	.7810	.7818	.7825	.7832	.7893	.7846	1	1	2	3	4	4	5	6	6
6.1	.7853	.7860	.7868	.7875	.7882	.7889	.7896	.7903	.7910	.7917	1	1	2	3	4	4	5	6	6
6.2	.7924	.7931	.7938	.7945	.7952	.7959	.7966	.7973	.7980	.7987	1	1	2	3	3	4	5	6	6
6.3	.7993	.8000	.8007	.8014	.8021	.8028	.8035	.8041	.8048	.8055	1	1	2	3	3	4	5	5	6
6.4	.8062	.8069	.8075	.8082	.8089	.8096	.8102	.8109	.8116	.8122	1	1	2	3	3	4	5	5	6
6.5	.8129	.8136	.8142	.8149	.8156	.8162	.8169	.8176	.8182	.8189	1	1	2	3	3	4	5	5	6
6.6	.8195	.8202	.8209	.8215	.8222	.8228	.8235	.8241	.8248	.8254	1	1	2	3	3	4	5	5	6
6.7	.8261	.8267	.8274	.8280	.8287	.8293	.8299	.8306	.8312	.8319	1	1	2	3	3	4	5	5	6
6.8	.8325	.8331	.8338	.8344	.8351	.8357	.8363	.8370	.8376	.8382	1	1	2	3	3	4	4	5	6
6.9	.8388	.8395	.8401	.8407	.8414	.8420	.8426	.8432	.8439	.8445	1	1	2	2	3	4	4	5	6
7.0	.8451	.8457	.8463	.8470	.8476	.8482	.8488	.8494	.8500	.8506	1	1	2	2	3	4	4	5	6
7.1	.8513	.8519	.8525	.8531	.8537	.8543	.8549	.8555	.8561	.8567	1	1	2	2	3	4	4	5	5
7.2	.8573	.8579	.8585	.8591	.8597	.8603	.8609	.8615	.8621	.8627	1	1	2	2	3	4	4	5	5
7.3	.8633	.8639	.8645	.8651	.8657	.8663	.8669	.8675	.8681	.8686	1	1	2	2	3	4	4	5	5
7.4	.8692	.8698	.8704	.8710	.8716	.8722	.8727	.8733	.8739	.8745	1	1	2	2	3	4	4	5	5
7.5	.8751	.8756	.8762	.8768	.8774	.8779	.8785	.8791	.8797	.8802	1	1	2	2	3	3	4	5	5
7.6	.8808	.8814	.8820	.8825	.8831	.8837	.8842	.8848	.8854	.8859	1	1	2	2	3	3	4	5	5
7.7	.8865	.8871	.8876	.8882	.8887	.8893	.8899	.8904	.8910	.8915	1	1	2	2	3	3	4	4	5
7.8	.8921	.8927	.8932	.8938	.8943	.8949	.8954	.8960	.8965	.8971	1	1	2	2	3	3	4	4	5
7.9	.8976	.8982	.8987	.8993	.8998	.9004	.9009	.9015	.9020	.9025	1	1	2	2	3	3	4	4	5
8.0	.9031	.9036	.9042	.9047	.9053	.9058	.9063	.9069	.9074	.9079	1	1	2	2	3	3	4	4	5
8.1	.9085	.9090	.9096	.9101	.9106	.9112	.9117	.9122	.9128	.9133	1	1	2	2	3	3	4	4	5
8.2	.9138	.9143	.9149	.9154	.9159	.9165	.9170	.9175	.9180	.9186	1	1	2	2	3	3	4	4	5
8.3	.9191	.9196	.9201	.9206	.9212	.9217	.9222	.9227	.9232	.9238	1	1	2	2	3	3	4	4	5
8.4	.9243	.9248	.9253	.9258	.9263	.9269	.9274	.9279	.9284	.9289	1	1	2	2	3	3	4	4	5
8.5	.9294	.9299	.9304	.9309	.9315	.9320	.9325	.9330	.9335	.9340	1	1	2	2	3	3	4	4	5
8.6	.9345	.9350	.9355	.9360	.9365	.9370	.9375	.9380	.9385	.9390	1	1	2	2	3	3	4	4	5
8.7	.9395	.9400	.9405	.9410	.9415	.9420	.9425	.9430	.9435	.9440	0	1	1	2	2	3	3	4	4
8.8	.9445	.9450	.9455	.9460	.9465	.9469	.9474	.9479	.9484	.9489	0	1	1	2	2	3	3	4	4
8.9	.9494	.9499	.9504	.9509	.9513	.9518	.9523	.9528	.9533	.9538	0	1	1	2	2	3	3	4	4
9.0	.9542	.9547	.9552	.9557	.9562	.9566	.9571	.9576	.9581	.9586	0	1	1	2	2	3	3	4	4
9.1	.9590	.9595	.9600	.9605	.9609	.9614	.9619	.9624	.9628	.9633	0	1	1	2	2	3	3	4	4
9.2	.9638	.9643	.9647	.9652	.9657	.9661	.9666	.9671	.9675	.9680	0	1	1	2	2	3	3	4	4
9.3	.9685	.9689	.9694	.9699	.9703	.9708	.9713	.9717	.9722	.9727	0	1	1	2	2	3	3	4	4
9.4	.9731	.9736	.9741	.9745	.9750	.9754	.9759	.9763	.9768	.9773	0	1	1	2	2	3	3	4	4
9.5	.9777	.9782	.9786	.9791	.9795	.9800	.9805	.9809	.9814	.9818	0	1	1	2	2	3	3	4	4
9.6	.9823	.9827	.9832	.9836	.9841	.9845	.9850	.9854	.9859	.9863	0	1	1	2	2	3	3	4	4
9.7	.9868	.9872	.9877	.9881	.9886	.9890	.9894	.9903	.9903	.9908	0	1	1	2	2	3	3	4	4
9.8	.9912	.9917	.9921	.9926	.9930	.9934	.9939	.9943	.9948	.9952	0	1	1	2	2	3	3	4	4
9.9	.9956	.9961	.9965	.9969	.9974	.9978	.9983	.9987	.9991	.9996	0	1	1	2	2	3	3	3	4

4. 표준정규분포표 $\frac{y}{x}$

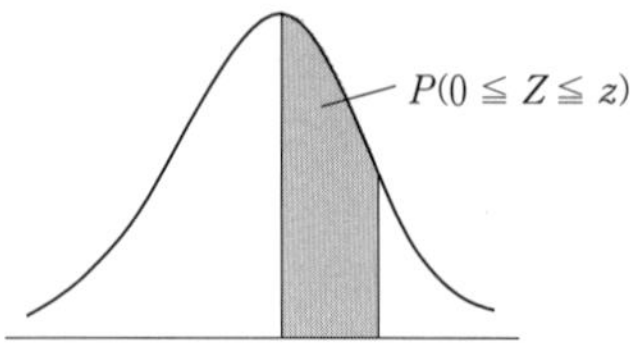

$$P(0 \leqq Z \leqq z) = \int_0^2 \frac{1}{\sqrt{2\pi}} e^{-\frac{x^2}{2}} dx$$

z	0.00	0.01	0.02	0.03	0.04	0.05	0.06	0.07	0.08	0.09
0.0	.0000	.0040	.0080	.0120	.0160	.0199	.0239	.0279	.0319	.0359
0.1	.0398	.0438	.0478	.0517	.0557	.0596	.0636	.0675	.0714	.0753
0.2	.0793	.0832	.0871	.0910	.0948	.0987	.1026	.1064	.1103	.1141
0.3	.1179	.1217	.1255	.1293	.1331	.1368	.1406	.1443	.1480	.1517
0.4	.1554	.1591	.1628	.1664	.1700	.1736	.1772	.1808	.1844	.1879
0.5	.1915	.1950	.1985	.2019	.2054	.2088	.2123	.2157	.2190	.2224
0.6	.2257	.2291	.2324	.2357	.2389	.2422	.2454	.2486	.2518	.2549
0.7	.2580	.2611	.2642	.2673	.2704	.2734	.2964	.2794	.2823	.2852
0.8	.2881	.2910	.2939	.2967	.2995	.3023	.3051	.3078	.3106	.3133
0.9	.3159	.3186	.3212	.3238	.3264	.3289	.3315	.3340	.3365	.3389
1.0	.3413	.3438	.3461	.3485	.3508	.3531	.3554	.3577	.3599	.3621
1.1	.3643	.3665	.3686	.3708	.3729	.3749	.3770	.3790	.3810	.3830
1.2	.3849	.3869	.3888	.3907	.3925	.3944	.3962	.3980	.3997	.4015
1.3	.4032	.4049	.4066	.4082	.4099	.4115	.4131	.4147	.4162	.4177
1.4	.4192	.4207	.4222	.4236	.4251	.4265	.4279	.4292	.4306	.4319
1.5	.4332	.4345	.4357	.4370	.4382	.4394	.4406	.4418	.4429	.4441
1.6	.4452	.4463	.4474	.4484	.4495	.4505	.4515	.4525	.4535	.4545
1.7	.4554	.4564	.4573	.4582	.4591	.4599	.4608	.4616	.4625	.4633
1.8	.4641	.4649	.4656	.4664	.4671	.4678	.4686	.4693	.4699	.4706
1.9	.4713	.4719	.4726	.4732	.4738	.4744	.4750	.4756	.4761	.4767
2.0	.4772	.4778	.4783	.4788	.4793	.4798	.4803	.4808	.4812	.4817
2.1	.4821	.4826	.4830	.4834	.4838	.4842	.4846	.4850	.4854	.4857
2.2	.4861	.4864	.4868	.4871	.4875	.4878	.4881	.4884	.4887	.4890
2.3	.4893	.4896	.4898	.4901	.4904	.4906	.4909	.4911	.4913	.4916
2.4	.4918	.4920	.4922	.4925	.4927	.4929	.4931	.4932	.4934	.4936
2.5	.4938	.4940	.4941	.4943	.4945	.4946	.4948	.4949	.4951	.4952
2.6	.4953	.4955	.4956	.4957	.4959	.4960	.4961	.4962	.4963	.4964
2.7	.4965	.4966	.4967	.4968	.4969	.4970	.4971	.4972	.4973	.4974
2.8	.4974	.4975	.4976	.4977	.4977	.4978	.4979	.4980	.4980	.4981
2.9	.4981	.4982	.4983	.4983	.4984	.4984	.4985	.4985	.4986	.4986
3.0	.4987	.4987	.4987	.4988	.4988	.4989	.4989	.4989	.4990	.4990
3.1	.4990	.4991	.4991	.4991	.4992	.4992	.4992	.4992	.4993	.4993
3.2	.4993	.4993	.4994	.4994	.4994	.4994	.4994	.4995	.4995	.4995
3.3	.4995	.4995	.4996	.4996	.4996	.4996	.4996	.4996	.4996	.4997

5. 적분공식 (적분상수는 생략함)

(1) $\int a\,dx = ax$

(2) $\int a \cdot f(x)\,dx = a\int f(x)\,dx$

(3) $\int \Phi(y)\,dx = \int \frac{\Phi(y)}{y'}\,dy, \quad y' = dy/x$

(4) $\int (u+v)dx = \int u\,dx + \int v\,dx$

(5) $\int u\,dv = uv - \int v\,du$

(6) $\int u\frac{dv}{dx}\,dx = uv - \int v\frac{du}{dx}\,dx$

(7) $\int x^n dx = x^{n+1}/n+1$, $(n \neq -1)$

(8) $\int \frac{f'(x)\,dx}{f(x)} = \log f(x)$, $\quad [df(x) = f'(x)\,dx]$

(9) $\int \frac{dx}{x} = \log x$

(10) $\int \frac{f'(x)\,dx}{2\sqrt{f(x)}} = \sqrt{f(x)}$, $[df(x) = f'(x)\,dx]$

(11) $\int e^x dx = e^x$

(12) $\int e^{ax} dx = e^{ax}/a$

(13) $\int b^{ax} dx = \frac{b^{ax}}{a\log b}$

(14) $\int \log x\,dx = x\log x - x$

(15) $\int a^x \log a\,dx = a^x$

(16) $\int \frac{dx}{a^2+x^2} = \frac{1}{a}\tan^{-1}\left(\frac{x}{a}\right)$, 또는 $-\frac{1}{a}\cot^{-1}\left(\frac{x}{a}\right)$

(17) $\int \frac{dx}{a^2-x^2} = \frac{1}{a}\tanh^{-1}\left(\frac{x}{a}\right)$, 또는 $\frac{1}{2a}\log\left(\frac{a+x}{a-x}\right)$

(18) $\int \frac{dx}{x^2-a^2} = -\frac{1}{a}\coth^{-1}\left(\frac{x}{a}\right)$, 또는 $\frac{1}{2a}\log\left(\frac{x-a}{x+a}\right)$

(19) $\int \frac{dx}{a^2-x^2} = \sin^{-1}\left(\frac{x}{a}\right)$, 또는 $-\cos^{-1}\left(\frac{x}{a}\right)$

(20) $\int \frac{dx}{x^2 \pm a^2} = \log(x + \sqrt{x^2 \pm a^2})$

(21) $\int \frac{dx}{x\sqrt{x^2-a^2}} = \frac{1}{a}\cos^{-1}\left(\frac{a}{x}\right)$

(22) $\int \frac{dx}{x\sqrt{a^2 \pm x^2}} = -\frac{1}{a}\log\left(\frac{a+\sqrt{a^2 \pm x^2}}{x}\right)$

(23) $\int \frac{dx}{x\sqrt{a+bx}} = \frac{2}{\sqrt{-a}}\tan^{-1}\sqrt{\frac{a+bx}{-a}}$, 또는 $\frac{-2}{\sqrt{a}}\tanh^{-1}\sqrt{\frac{a+bx}{a}}$

$(a+bx)$ 형식

(24) $\int (a+bx)^n dx = \frac{(a+bx)^{n+1}}{(n+1)b} \quad (n \neq -1)$

(25) $\int x(a+bx)^n dx = \frac{1}{b^2(n+2)}(a+bx)^{n+2} - \frac{a}{b^2(n+1)}(a+bx)^{n+1}$

$(n = -1$ 또는 -2 제외)

(26) $\int x^2(a+bx)^n dx = \frac{1}{b^3}\left[\frac{(a+bx)^{n+3}}{n+3} - 2a\frac{(a+bx)^{n+2}}{n+2} + a^2\frac{(a+bx)^{n+1}}{n+1}\right]$

(27) $\int x^m(a+bx)^n dx = \frac{x^{m+1}(a+bx)^n}{m+n+1} + \frac{an}{m+n+1}\int x^m(a+bx)^{n-1}dx$

(28) $\int \frac{dy}{a+bx} = \frac{1}{b}\log(a+bx)$

(29) $\int \frac{dx}{(a+bx)^2} = -\frac{1}{b(a+bx)}$

(30) $\int \frac{dx}{(a+bx)^3} = -\frac{1}{2b(a+bx)^2}$

(31) $\int \frac{x\,dx}{(a+bx)^2} = \frac{1}{b^2}[a+bx-a\log(a+bx)]$

(32) $\int \frac{x\,dx}{(a+bx)^2} = \frac{1}{b^2}\left[\log(a+bx)+\frac{a}{a+bx}\right]$

(33) $\int \frac{x\,dx}{(a+bx)^3} = \frac{1}{b^2}\left[-\frac{1}{a+bx}+\frac{a}{2(a+bx)^2}\right]$

(34) $\int \frac{x^2dx}{a+bx} = \frac{1}{b^3}\left[\frac{1}{2}(a+bx)^2 - 2a(a+bx) + a^2\log(a+bx)\right]$

(35) $\int \frac{x^2dx}{(a+bx)^2} = \frac{1}{b^3}\left[a+bx-2a\log(a+bx)-\frac{a^2}{a+bx}\right]$

(36) $\int \frac{x^2dx}{(a+bx)^3} = \frac{1}{b^3}\left[\log(a+bx)+\frac{2a}{(a+bx)}-\frac{a^2}{2(a+bx)^2}\right]$

(37) $\int \frac{dx}{x(a+bx)} = -\frac{1}{a}\log\frac{a+bx}{x}$

(38) $$\int \frac{dx}{x(a+bx)^2} = \frac{1}{a(a+bx)} - \frac{1}{a^2} \log \frac{a+bx}{x}$$

(39) $$\int \frac{dx}{x^2(a+bx)} = -\frac{1}{ax} + \frac{b}{a^2} \log \frac{a+bx}{x}$$

(40) $$\int \frac{dx}{x^2(a+bx)^2} = -\frac{a+2bx}{a^2x(a+bx)} + \frac{2b}{a^3} \log \frac{a+bx}{x}$$

$c^2 \pm x^2$, $x^2 - c^2$ 형식

(41) $$\int \frac{dx}{c^2+x^2} = \frac{1}{c} \tan^{-1} \frac{x}{c}, \text{ 또는 } \frac{1}{c} \sin^{-1} \frac{x}{\sqrt{c^2+x^2}}$$

(42) $$\int \frac{dx}{c^2-x^2} = \frac{1}{2c} \log \frac{c+x}{c-x}, \text{ 또는 } \frac{1}{c} \tanh^{-1}\left(\frac{x}{c}\right)$$

(43) $$\int \frac{dx}{x^2-c^2} = \frac{1}{2c} \log \frac{x-c}{x+c}, \text{ 또는 } -\frac{1}{c} \coth^{-1}\left(\frac{x}{c}\right)$$

$x+bx$ 및 $a'+b'x$ 형식

(44) $$\int \frac{dx}{(a+bx)(a'+b'x)} = \frac{1}{ab'-a'b} \cdot \log\left(\frac{a'+b'x}{a+bx}\right)$$

(45) $$\int x \frac{dx}{(a+bx)(a'+b'x)} = \frac{1}{ab'-a'b} \cdot \left[\frac{a}{b} \log(a+bx) - \frac{a'}{b'} \log(a'+b'x)\right]$$

(46) $$\int \frac{dx}{(a+bx)^2(a'+b'x)} = \frac{1}{ab'-a'b} \left(\frac{1}{a+bx} + \frac{b'}{ab'-a'b} \log \frac{a'+b'x}{a+bx}\right)$$

(47) $$\int \frac{x\,dx}{(a+bx)^2(a'+b'x)} = \frac{-a}{b(ab'-a'b)(a+bx)} - \frac{a'}{(ab'-a'b)^2} \log \frac{a'+b'x}{a+bx}$$

(48) $$\int \frac{x^2dx}{(a+bx)^2(a'+b'x)} = \frac{a^2}{b^2(ab'-a'b)(a+bx)} + \frac{1}{(ab'-a'b)^2} \cdot \left[\frac{a'^2}{b'} \log(a'+b'x) + \frac{a(ab'-2a'b)}{b^2} \log(a+bx)\right]$$

(49) $$\int \frac{dx}{(a+bx)^n(a'+b'x)^m} = \frac{1}{(m-1)(ab'-a'b)} \cdot \left\{\frac{1}{(a+bx)^{n-1}(a'+b'x)^{m-1}} - (m+n-2)b \int \frac{dx}{(a+bx)^n(a'+b'x)^{m-1}}\right\}$$

$\sqrt{a+bx}$, $\sqrt{a'+b'x}$ 형식

$u = a+bx$, $v = a'+b'x$ 및 $k = ab'-a'b$ 라 두면

(50) $$\int \sqrt{uv}\,dx = \frac{k+2bv}{4bb'} \sqrt{uv} - \frac{k^2}{8bb'} \int \frac{dx}{\sqrt{uv}}$$

(51) $\displaystyle\int \frac{dx}{v\sqrt{u}} = \frac{1}{\sqrt{kb'}} \log \frac{b'\sqrt{u} - \sqrt{kb'}}{b'\sqrt{u} + \sqrt{kb'}} = \frac{2}{\sqrt{-kb'}} \tan^{-1} \frac{b\sqrt{u}}{\sqrt{-kb'}}$

(52) $\displaystyle\int \frac{dx}{\sqrt{uv}} = \frac{2}{\sqrt{bb'}} \log(\sqrt{bb'u} + b\sqrt{v}) = \frac{2}{\sqrt{-bb'}} \tan^{-1}\sqrt{\frac{-b'u}{bv}}$

또는 $\displaystyle\frac{2}{\sqrt{bb'}} \tan^{-1}\sqrt{\frac{b'u}{v}} = \frac{1}{\sqrt{-bb'}} \sin^{-1} \frac{2bb'x + a'b + ab'}{k}$

(53) $\displaystyle\int \frac{x\,dx}{\sqrt{uv}} = \frac{\sqrt{uv}}{bb'} - \frac{ab' + a'b}{2bb'} \int \frac{dx}{\sqrt{uv}}$

(54) $\displaystyle\int \frac{dx}{v\sqrt{uv}} = -\frac{2\sqrt{u}}{k\sqrt{v}}$

(55) $\displaystyle\int \frac{\sqrt{v}\,dx}{\sqrt{u}} = \frac{1}{b}\sqrt{uv} - \frac{k}{2b} \int \frac{dx}{\sqrt{uv}}$

(56) $\displaystyle\int v^m\sqrt{u}\,dx = \frac{1}{(2m+3)b'} \left(2v^{m+1} + k\int \frac{v^m dx}{\sqrt{u}}\right)$

(57) $\displaystyle\int \frac{dx}{v^m\sqrt{u}} = -\frac{1}{(m-1)k} \left\{\frac{\sqrt{u}}{v^{m-1}} + \left(m - \frac{3}{2}\right) b \int \frac{dx}{v^{m-1}\sqrt{u}}\right\}$

$(a + bx^n)$ 형식

(58) $\displaystyle\int \frac{dx}{a + bx^2} = \frac{1}{\sqrt{ab}} \tan^{-1} \frac{x\sqrt{ab}}{a}$

(59) $\displaystyle\int \frac{dx}{a + bx^2} = \frac{1}{2\sqrt{-ab}} \log \frac{a + x\sqrt{-ab}}{a - x\sqrt{-ab}}$, 또는 $\displaystyle\frac{1}{\sqrt{-ab}} \tanh^{-1} \frac{x\sqrt{-ab}}{a}$

(60) $\displaystyle\int \frac{x\,dx}{a + bx^2} = \frac{1}{2b} \log\left(x^2 + \frac{a}{b}\right)$

(61) $\displaystyle\int \frac{x^2 dx}{a + bx^2} = \frac{x}{b} - \frac{a}{b} \int \frac{dx}{a + bx^2}$

(62) $\displaystyle\int \frac{dx}{(a + bx^2)^2} = \frac{x}{2a(a + bx^2)} + \frac{1}{2a} \int \frac{dx}{a + bx^2}$

(63) $\displaystyle\int \frac{dx}{(a + bx^2)^{m+1}} = \frac{1}{2ma} \frac{x}{(a + bx^2)^m} + \frac{2m-1}{2ma} \int \frac{dx}{(a + bx^2)^m}$

(64) $\displaystyle\int \frac{x\,dx}{(a + bx^2)^{m+1}} = \frac{1}{2} \int \frac{dz}{(a + bz)^{m+1}} \quad (z = x^2)$

(65) $\displaystyle\int \frac{x^2 dx}{(a + bx^2)^{m+1}} = \frac{-x}{2mb(a + bx^2)^m} + \frac{1}{2mb} \int \frac{dx}{(a + bx^2)^m}$

(66) $\displaystyle\int \frac{dx}{x^2(a + bx^2)^{m+1}} = \frac{1}{a} \int \frac{dx}{x^2(a + bx^2)^m} - \frac{b}{a} \int \frac{dx}{(a + bx^2)^{m+1}}$

(67) $\displaystyle\int \frac{dx}{x(a + bx^2)} = \frac{1}{2a} \log \frac{x^2}{a + bx^2}$

(68) $\int \frac{dx}{x^2(a+bx^2)} = -\frac{1}{ax} - \frac{b}{a}\int \frac{dx}{a+bx^2}$

(69) $\int \frac{dx}{a+bx^3} = \frac{k}{3a}\left[\frac{1}{2}\log\frac{(k+x)^2}{k^2-kx+x^2} + \sqrt{3}\tan^{-1}\frac{2x-k}{k\sqrt{3}}\right] \ (bk^3 = a)$

(70) $\int \frac{x\,dx}{a+bx^3} = \frac{1}{3bk}\left[\frac{1}{2}\log\frac{k^2-kx+x^2}{(k+x)^2} + \sqrt{3}\tan^{-1}\frac{2x-k}{k\sqrt{3}}\right] \ (bk^3 = a)$

(71) $\int \frac{dx}{(a+bx^n)} = \frac{1}{an}\log\frac{x^n}{a+bx^n}$

(72) $\int \frac{dx}{(a+bx^n)^{m+1}} = \frac{1}{a}\int\frac{dx}{(a+bx^n)^m} - \frac{b}{a}\int\frac{x^n dx}{(a+bx^n)^{m+1}}$

(73) $\int \frac{x^m dx}{(a+bx^n)^{p+1}} = \frac{1}{b}\int\frac{x^{m-n}dx}{(a+bx^n)^p} - \frac{a}{b}\int\frac{x^{m-n}dx}{(a+bx^n)^{p+1}}$

(74) $\int \frac{dx}{x^m(a+bx^n)^{p+1}} = \frac{1}{a}\int\frac{dx}{x^m(a+bx^n)^p} - \frac{b}{a}\int\frac{dx}{x^{m-n}(a+bx^n)^{p+1}}$

(75) $\int x^m(a+bx^n)^p dx = \frac{x^{m-n+1}(a+bx^n)^{p+1}}{b(np+m+1)} - \frac{a(m-n+1)}{b(np+m+1)}\int x^{m-n}(a+bx^n)^p dx$

(76) $\int x^m(a+bx^n)^p dx = \frac{x^{m+1}(a+bx^n)^p}{np+m+1} + \frac{anp}{np+m+1}\int x^m(a+bx^n)^{p-1}dx$

(77) $\int x^{m-1}(a+bx^n)^p dx = \frac{1}{b(m+np)}[x^{m-n}(a+bx^n)^{p+1} - (m-n)a\int x^{m-n-1}(a+bx^n)^p dx]$

(78) $\int x^{m-1}(a+bx^n)^p dx = \frac{1}{m+np}[x^m(a+bx^n)^p + npa\int x^{m-1}(a+bx^n)^{p-1}dx]$

(79) $\int x^{m-1}(a+bx^n)^p dx = \frac{1}{ma}[x^m(a+bx^n) - (m+np+n)b\int x^{m+n-1}(a+bx^n)^p dx]$

(80) $\int x^{m-1}(a+bx^n)^p dx = \frac{1}{an(p+1)}[-x^m(a+bx^n)^{p+1} + (m+np+n)\int x^{m-1}(a+bx^n)^{p+1}dx]$

$(a+bx+cx^2)$ 형식

$X = a+bx+cx^2$ 및 $q = 4ac-b^2$ 라 두면

(81) $\int \frac{dx}{X} = \frac{2}{\sqrt{q}}\tan^{-1}\frac{2cx+b}{\sqrt{q}}$

(82) $\int \frac{dx}{X} = \frac{-2}{\sqrt{-q}}\tanh^{-1}\frac{2cx+b}{\sqrt{-q}}$

(83) $\frac{dx}{X} = \frac{1}{\sqrt{-q}}\log\frac{2cx+b-\sqrt{-q}}{2cx+b+\sqrt{-q}}$

(84) $\int \frac{dx}{X^2} = \frac{2cx+b}{qX} + \frac{2c}{q}\int\frac{dx}{X}$

(85) $$\int \frac{dx}{X^3} = \frac{2cx+b}{q}\left(\frac{1}{2X^2} + \frac{3c}{qX}\right) + \frac{6c^2}{q^2}\int\frac{dx}{X}$$

(86) $$\int \frac{dx}{X^{n+1}} = \frac{2cx+b}{nqX^n} + \frac{2(2n-1)c}{qn}\int\frac{dx}{X^n}$$

(87) $$\int \frac{x\,dx}{X} = \frac{1}{2c}\log X - \frac{b}{2c}\int\frac{dx}{X}$$

(88) $$\int \frac{x\,dx}{X^2} = -\frac{bx+2a}{qX} - \frac{b}{q}\int\frac{dx}{X}$$

(89) $$\int \frac{x\,dx}{X^{n+1}} = -\frac{2a+bx}{nqX^n} - \frac{b(2n-1)}{nq}\int\frac{dx}{X^n}$$

(90) $$\int \frac{x^2}{X}\,dx = \frac{x}{c} - \frac{b}{2c^2}\log X + \frac{b^2-2ac}{2c^2}\int\frac{dx}{X}$$

(91) $$\int \frac{x^2}{X^2}\,dx = \frac{(b^2-2ac)x+ab}{cqX} + \frac{2a}{q}\int\frac{dx}{X}$$

(92) $$\int \frac{x^m dx}{X^{n+1}} = -\frac{x^{m-1}}{(2n-m+1)cX^n} - \frac{n-m+1}{2n-m+1}\cdot\frac{b}{c}\int\frac{x^{m-1}dx}{X^{n+1}} + \frac{m-1}{2n-m+1}\cdot\frac{a}{c}\int\frac{x^{m-2}dx}{X^{n+1}}$$

(93) $$\int \frac{dx}{xX} = \frac{b}{2a}\log\frac{x^2}{X} - \frac{b}{2a}\int\frac{dx}{X}$$

(94) $$\int \frac{dx}{x^2X} = \frac{b}{2a^2}\log\frac{X}{x^2} - \frac{1}{ax} + \left(\frac{b^2}{2a^2} - \frac{c}{a}\right)\int\frac{dx}{X}$$

(95) $$\int \frac{dx}{xX^n} = \frac{1}{2a(n-1)X^{n-1}} - \frac{b}{2a}\int\frac{dx}{X^n} + \frac{1}{a}\int\frac{dx}{xX^{n-1}}$$

(96) $$\int \frac{dx}{x^mX^{n+1}} = -\frac{1}{(m-1)ax^{m-1}X^n} - \frac{n+m-1}{m-1}\cdot\frac{b}{a}\int\frac{dx}{x^{m-1}X^{n+1}} - \frac{2n+m-1}{m-1}\cdot\frac{c}{a}\int\frac{dx}{x^{m-2}X^{n+1}}$$

$\sqrt{a+bx}$ 형식

(97) $$\int\sqrt{a+bx}\,dx = \frac{2}{3b}\sqrt{(a+bx)^3}$$

(98) $$\int x\sqrt{a+bx}\,dx = -\frac{2(2a-3bx)\sqrt{(a+bx)^3}}{15b^2}$$

(99) $$\int x^2\sqrt{a+bx}\,dx = \frac{2(8a^2-12abx+15b^2x^2)\sqrt{(a+bx)^3}}{105b^3}$$

(100) $$\int\frac{\sqrt{a+bx}}{x}\,dx = 2\sqrt{a+bx} + a\int\frac{dx}{x\sqrt{a+bx}}$$

$$(101)\quad \int \frac{dx}{\sqrt{a+bx}} = \frac{2\sqrt{a+bx}}{b}$$

$$(102)\quad \int \frac{x\,dx}{\sqrt{a+bx}} = -\frac{2(2a-bx)}{3b^2}\sqrt{a+bx}$$

$$(103)\quad \int \frac{x^2dx}{\sqrt{a+bx}} = \frac{2(8a^2-4abx+3b^2x^2)}{15b^3}\sqrt{a+bx}$$

$$(104)\quad \int \frac{x^m dx}{\sqrt{a+bx}} = \frac{2x^m\sqrt{a+bx}}{(2m+1)b} - \frac{2ma}{(2m+1)b}\int \frac{x^{m-1}dx}{\sqrt{a+bx}}$$

$$(105)\quad \int \frac{dx}{x\sqrt{a+bx}} = \frac{1}{\sqrt{a}}\log\left(\frac{\sqrt{a+bx}-\sqrt{a}}{\sqrt{a+bx}+\sqrt{a}}\right)$$

$$(106)\quad \int \frac{dx}{x\sqrt{a+bx}} = \frac{-2}{\sqrt{a}}\tanh^{-1}\sqrt{\frac{a+bx}{a}}$$

$$(107)\quad \int \frac{dx}{x^2\sqrt{a+bx}} = -\frac{\sqrt{a+bx}}{ax} - \frac{b}{2a}\int \frac{dx}{x\sqrt{a+bx}}$$

$$(108)\quad \int \frac{dx}{x^n\sqrt{a+bx}} = -\frac{\sqrt{a+bx}}{(n-1)\,ax^{n-1}} - \frac{(2n-3)b}{(2n-2)a}\int \frac{dx}{x^{n-1}\sqrt{a+bx}}$$

$$(109)\quad \int (a+bx)^{\pm n/2}\,dx = \frac{2(a+bx)^{\frac{2\pm n}{2}}}{b(2\pm n)}$$

$$(110)\quad \int x(a+bx)^{\pm n/2}dx = \frac{2}{b^2}\left[\frac{(a+bx)^{\frac{4\pm n}{4}}}{4\pm n} - \frac{(a+bx)^{\frac{2\pm n}{2}}}{2\pm n}\right]$$

$$(111)\quad \int \frac{dx}{x(a+bx)^{m/2}} = \frac{1}{a}\int \frac{dx}{x(a+bx)^{\frac{m-2}{2}}} - \frac{b}{a}\int \frac{dx}{(a+bx)^{m/2}}$$

$$(112)\quad \int \frac{(a+bx)^{n/2}dx}{x} = b\int (a+bx)^{\frac{n-2}{2}}dx + a\int \frac{(a+bx)^{\frac{n-2}{2}}}{x}dx$$

$\sqrt{x^2 \pm a^2}$ 형식

$$(113)\quad \int \sqrt{x^2\pm a^2}\,dx = \frac{1}{2}[x\sqrt{x^2\pm a^2} \pm a^2\log(x+\sqrt{x^2\pm a^2})]$$

$$(114)\quad \int \frac{dx}{\sqrt{x^2\pm a^2}} = \log(x+\sqrt{x^2\pm a^2})$$

$$(115)\quad \int \frac{dx}{x\sqrt{x^2-a^2}} = \frac{1}{a}\cos^{-1}\left(\frac{1}{a}\right),\ \text{또는}\ \frac{1}{a}\sec^{-1}\left(\frac{x}{a}\right)$$

$$(116)\quad \int \frac{dx}{x\sqrt{x^2+a^2}} = -\frac{1}{a}\log\left(\frac{a+\sqrt{x^2+a^2}}{x}\right)$$

$$(117)\quad \int \frac{\sqrt{x^2+a^2}}{x}dx = \sqrt{x^2+a^2} - a\log\left(\frac{a+\sqrt{x^2+a^2}}{x}\right)$$

(118) $\int \frac{\sqrt{x^2-a^2}}{x}\,dx = \sqrt{x^2-a^2} - a\cos^{-1}\frac{a}{x}$

(119) $\int \frac{x\,dx}{\sqrt{x^2\pm a^2}} = \sqrt{x^2\pm a^2}$

(120) $\int x\sqrt{x^2\pm a^2}\,dx = \frac{1}{3}\sqrt{(x^2\pm a^2)^3}$

(121) $\int \sqrt{(x^2\pm a^2)^3}\,dx = \frac{1}{4}\left[x\sqrt{(x^2\pm a^2)^3} \pm \frac{3a^2x}{2}\sqrt{x^2\pm a^2} + \frac{3a^4}{2}\log(x+\sqrt{x^2\pm a^2})\right]$

(122) $\int \frac{dx}{\sqrt{(x^2\pm a^2)^3}} = \frac{\pm x}{a^2\sqrt{x^2\pm a^2}}$

(123) $\int \frac{x\,dx}{\sqrt{(x^2\pm a^2)^3}} = \frac{-1}{\sqrt{x^2\pm a^2}}$

(124) $\int x\sqrt{(x^2\pm a^2)^3}\,dx = \frac{1}{5}\sqrt{(x^2\pm a^2)^5}$

(125 $\int x^2\sqrt{x^2\pm a^2}\,dx = \frac{x}{4}\sqrt{(x^2\pm a^2)^3} \mp \frac{a^2}{8}x\sqrt{x^2\pm a^2} - \frac{a^4}{8}\log(x+\sqrt{x^2\pm a^2})$

(126) $\int \frac{x^2dx}{x\sqrt{x^2\pm a^2}} = \frac{x}{2}\sqrt{x^2\pm a^2} \mp \frac{a^2}{2}\log(x+\sqrt{x^2\pm a^2})$

(127) $\int \frac{dx}{x^2\sqrt{x^2\pm a^2}} = \mp\frac{\sqrt{x^2\pm a^2}}{a^2x}$

(128) $\int \frac{\sqrt{x^2\pm a^2}\,dx}{x^2} = -\frac{\sqrt{x^2\pm a^2}}{x} + \log(x+\sqrt{x^2\pm a^2})$

(129) $\int \frac{x^2dx}{\sqrt{(x^2\pm a^2)^3}} = \frac{-x}{\sqrt{x^2\pm a^2}} + \log(x+\sqrt{x^2\pm a^2})$

$\sqrt{a^2-x^2}$ 형식

(130) $\int \sqrt{a^2-x^2}\,dx = \frac{1}{2}\left[x\sqrt{a^2-x^2} + a^2\sin^{-1}\left(\frac{x}{a}\right)\right]$

(131) $\int \frac{dx}{\sqrt{a^2-x^2}} = \sin^{-1}\left(\frac{x}{a}\right)$, 또는 $-\cos^{-1}\left(\frac{x}{a}\right)$

(132) $\int \frac{dx}{x\sqrt{a^2-x^2}} = -\frac{1}{a}\log\left(\frac{a+\sqrt{a^2-x^2}}{x}\right)$

(133) $\int \frac{\sqrt{a^2-x^2}}{x}\,dx = \sqrt{a^2-x^2} - a\log\left(\frac{a+\sqrt{a^2-x^2}}{x}\right)$

(134) $\int \frac{x\,dx}{\sqrt{a^2-x^2}}\,dx = \sqrt{a^2-x^2}$

(135) $\int x\sqrt{a^2-x^2}\,dx = -\frac{1}{3}\sqrt{(a^2-x^2)^3}$

(136) $\int \sqrt{(a^2-x^2)^3}\,dx = \frac{1}{4}\left[x\sqrt{(a^2-x^2)^3} + \frac{3a^2x}{2}\sqrt{a^2-x^2} + \frac{3a^4}{2}\sin^{-1}\frac{x}{a}\right]$

(137) $\int \frac{dx}{\sqrt{(a^2-x^2)^3}} = \frac{x}{a^2\sqrt{a^2-x^2}}$

(138) $\int \frac{x\,dx}{\sqrt{(a^2-x^2)^3}} = \frac{1}{\sqrt{a^2-x^2}}$

(139) $\int x\sqrt{(a^2-x^2)^3}\,dx = -\frac{1}{5}\sqrt{(a^2-x^2)^5}$

(140) $\int x^2\sqrt{a^2-x^2}\,dx = -\frac{x}{4}\sqrt{(a^2-x^2)^3} + \frac{a^2}{8}\left(x\sqrt{a^2-x^2} + a^2\sin^{-1}\frac{x}{a}\right)$

(141) $\int \frac{x^2dx}{x\sqrt{a^2-x^2}} = -\frac{x}{2}\sqrt{a^2-x^2} + \frac{a^2}{2}\sin^{-1}\frac{x}{a}$

(142) $\int \frac{dx}{x^2\sqrt{a^2-x^2}} = -\frac{\sqrt{a^2-x^2}}{a^2x}$

(143) $\int \frac{\sqrt{a^2-x^2}}{x}\,dx = -\frac{\sqrt{a^2-x^2}}{x} - \sin^{-1}\frac{x}{a}$

(144) $\int \frac{x^2dx}{\sqrt{(a^2-x^2)^3}} = \frac{x}{\sqrt{a^2-x^2}} - \sin^{-1}\frac{x}{a}$

$\sqrt{a+bx+cx^2}$ 형식

$X = a+bx+cx^2$, $q = 4ac-b^2$ 및 $k = \frac{4c}{q}$ 라 두면

(145) $\int \frac{dx}{\sqrt{X}} = \frac{1}{\sqrt{c}}\log\left(\sqrt{X} + x\sqrt{c} + \frac{b}{2\sqrt{c}}\right)$

(146) $\int \frac{dx}{\sqrt{X}} = \frac{1}{\sqrt{c}}\sinh^{-1}\left(\frac{2cx+b}{\sqrt{4ac-b^2}}\right) \quad (c>0)$

(147) $\int \frac{dx}{\sqrt{X}} = \frac{1}{\sqrt{-c}}\sin^{-1}\left(\frac{-2cx-b}{\sqrt{b^2-4ac}}\right) \quad (c<0)$

(148) $\int \frac{dx}{X\sqrt{X}} = \frac{2(2cx+b)}{q\sqrt{X}}$

(149) $\int \frac{dx}{X^2\sqrt{X}} = \frac{2(2cx+b)}{3q\sqrt{X}}\left(\frac{1}{X} + 2k\right)$

(150) $\int \frac{dx}{X^n\sqrt{X}} = \frac{2(2cx+b)\sqrt{X}}{(2n-1)qX^n} + \frac{2k(n-1)}{2n-1}\int \frac{dx}{X^{n-1}\sqrt{X}}$

(151) $\int \sqrt{X}\,dx = \frac{(2cx+b)\sqrt{X}}{4c} + \frac{1}{2k}\int \frac{dx}{\sqrt{X}}$

(152) $$\int X\sqrt{X}\,dx = \frac{(2cx+b)\sqrt{X}}{8c}\left(X+\frac{3}{2k}\right)+\frac{3}{8k^2}\int\frac{dx}{\sqrt{X}}$$

(153) $$\int X^2\sqrt{X}\,dx = \frac{(2cx+b)\sqrt{X}}{12c}\left(X^2+\frac{5X}{4k}+\frac{15}{8k^2}\right)+\frac{5}{16k^3}\int\frac{dx}{\sqrt{X}}$$

(154) $$\int X^n\sqrt{X}\,dx = \frac{(2cx+b)X^n\sqrt{X}}{4(n+1)c}+\frac{2n+1}{2(n+1)k}\int\frac{X^n dx}{\sqrt{X}}$$

(155) $$\int\frac{x\,dx}{\sqrt{X}} = \frac{\sqrt{X}}{c}-\frac{b}{2c}\int\frac{dx}{\sqrt{X}}$$

(156) $$\int\frac{x\,dx}{X\sqrt{X}} = -\frac{2(bx+2a)}{q\sqrt{X}}$$

(157) $$\int\frac{x\,dx}{X^n\sqrt{X}} = -\frac{\sqrt{X}}{(2n-1)cX^n}-\frac{b}{2c}\int\frac{dx}{X^n\sqrt{X}}$$

(158) $$\int\frac{x^2dx}{\sqrt{X}} = \left(\frac{x}{2c}-\frac{3b}{4c^2}\right)\sqrt{X}+\frac{3b^2-4ac}{8c^2}\int\frac{dx}{\sqrt{X}}$$

(159) $$\int\frac{x^2dx}{X\sqrt{X}} = \frac{(2b^2-4ac)x+2ab}{cq\sqrt{X}}+\frac{1}{c}\int\frac{dx}{\sqrt{X}}$$

(160) $$\int\frac{x^2dx}{X^n\sqrt{X}} = \frac{(2b^2-4ac)x+2ab}{(2n-1)cqX^{n-1}\sqrt{X}}+\frac{4ac+(2n-3)b^2}{(2n-1)cq}\int\frac{dx}{X^{n-1}\sqrt{X}}$$

(161) $$\int\frac{x^3dx}{\sqrt{X}} = \left(\frac{x^2}{3c}-\frac{5bx}{12c^2}+\frac{5b^2}{8c^3}-\frac{2a}{3c^2}\right)\sqrt{X}+\left(\frac{3ab}{4c^2}-\frac{5b^3}{16c^3}\right)\int\frac{dx}{\sqrt{X}}$$

(162) $$\int x\sqrt{X}\,dx = \frac{X\sqrt{X}}{3c}-\frac{b}{2c}\int\sqrt{X}\,dx$$

(163) $$\int xX\sqrt{X}\,dx = \frac{X^2\sqrt{X}}{5c}-\frac{b}{2c}\int X\sqrt{X}\,dx$$

(164) $$\frac{xX^n dx}{\sqrt{X}} = \frac{X^n\sqrt{X}}{(2n+1)c}-\frac{b}{2c}\int\frac{X^n dx}{\sqrt{X}}$$

(165) $$\int x^2\sqrt{X}\,dx = \left(x-\frac{5b}{6c}\right)\frac{X\sqrt{X}}{4c}+\frac{5b^2-4ac}{16c^2}\int\sqrt{X}\,dx$$

(166) $$\int\frac{dx}{x\sqrt{X}} = -\frac{1}{\sqrt{a}}\log\left(\frac{\sqrt{X}+\sqrt{a}}{x}+\frac{b}{2\sqrt{a}}\right)\quad(a>0)$$

(167) $$\int\frac{dx}{x\sqrt{X}} = -\frac{1}{\sqrt{-a}}\sin^{-1}\left(\frac{bx+2a}{x\sqrt{b^2-4ac}}\right)\quad(a<0)$$

(168) $$\int\frac{dx}{x\sqrt{X}} = -\frac{2\sqrt{X}}{bx}\quad(a=0)$$

(169) $$\int\frac{dx}{x^2\sqrt{X}} = -\frac{\sqrt{X}}{ax}-\frac{b}{2a}\int\frac{dx}{x\sqrt{X}}$$

(170) $$\int\frac{\sqrt{X}\,dx}{x} = \sqrt{X}+\frac{b}{2}\int\frac{dx}{\sqrt{X}}+a\int\frac{dx}{x\sqrt{X}}$$

(171) $\int \frac{\sqrt{X}\,dx}{x^2} = -\frac{\sqrt{X}}{x} + \frac{b}{2}\int \frac{dx}{x\sqrt{X}} + c\frac{dx}{\sqrt{X}}$

기타 형식

(172) $\int \sqrt{2ax-x^2}\,dx = \frac{1}{2}[(x-a)\sqrt{2ax-x^2} + a^2\sin^{-1}(x-a)/a]$

(173) $\int \sqrt{ax^2+c}\,dx = \frac{x}{2}\sqrt{ax^2+c} + \frac{c}{2\sqrt{a}}\log(x\sqrt{a} + \sqrt{ax^2+c} \quad (a > 0)$

$$= \frac{x}{2}\sqrt{ax^2+c} + \frac{c}{2\sqrt{-a}}\sin^{-1}\left(x\sqrt{\frac{-a}{c}}\right) \quad (a < 0)$$

(174) $\int \frac{dx}{\sqrt{2ax-x^2}} = \cos^{-1}\left(\frac{a-x}{a}\right)$

(175) $\int \frac{dx}{\sqrt{a+bx}\cdot\sqrt{a'+b'x}} = \frac{2}{\sqrt{-bb'}}\tan^{-1}\sqrt{\frac{-b'(a+bx)}{b(a'+b'x)}}$

(176) $\int \sqrt{\frac{1+x}{1-x}}\,dx = \sin^{-1}x - \sqrt{1-x^2}$

(177) $\int \frac{dx}{\sqrt{a \pm 2bx+cx^2}} = \frac{1}{\sqrt{c}}\log(\pm b + cx + \sqrt{c}\sqrt{a \pm 2bx+cx^2})$

(178) $\int \frac{dx}{\sqrt{a \pm 2bx-cx^2}} = \frac{1}{\sqrt{c}}\sin^{-1}\frac{cx \mp b}{\sqrt{b^2+ac}}$

(179) $\int \frac{x\,dx}{\sqrt{a \pm 2bx+cx^2}} = \frac{1}{c}\sqrt{a \pm 2bx+cx^2} - \frac{b}{\sqrt{c^3}}\log(\pm b + cx + \sqrt{c}\sqrt{a \pm 2bx+cx^2})$

(180) $\int \frac{x\,dx}{\sqrt{a \pm 2bx-cx^2}} = -\frac{1}{c}\sqrt{a \pm 2bx-cx^2} \pm \frac{b}{\sqrt{c^3}}\sin^{-1}\frac{cx \mp b}{\sqrt{b^2+ac}}$

3각함수형식

(181) $\int \sin x\,dx = -\cos x$

(182) $\int \cos x\,dx = \sin x$

(183) $\int \tan x\,dx = -\log\cos x$ 또는 $\log\sec x$

(184) $\int \cot x\,dx = \log\sin x$

(185) $\int \sec x\,dx = \log\tan\left(\frac{\pi}{4} + \frac{x}{2}\right)$

(186) $\int \csc x\,dx = \log\tan\frac{1}{2}x$

(187) $\int \sin^2 x\,dx = -\frac{1}{2}\cos x\ \sin x + \frac{1}{2}x = \frac{1}{2}x - \frac{1}{4}\sin 2x$

(188) $\int \sin^3 x\,dx = -\frac{1}{3}\cos x(\sin^2 + 2)$

(189) $\int \sin^n x\,dx = -\frac{\sin^{n-1}x\ \cos x}{n} + \frac{n-1}{n}\int \sin^{n-2}x\ dx$

(190) $\int \cos^2 x\,dx = \frac{1}{2}\sin x\ \cos x + \frac{1}{2}x = \frac{1}{2}x + \frac{1}{4}\sin 2x$

(191) $\int \cos^3 x\ dx = \frac{1}{3}\sin x(\cos^2 x + 2)$

(192) $\int \cos^n x\ dx = \frac{1}{n}\cos^{n-1}x\ \sin x + \frac{n-1}{n}\int \cos^{n-2}x\ dx$

(193) $\int \sin\frac{x}{a}\,dx = -a\cos\frac{x}{a}$

(194) $\int \cos\frac{x}{a}\,dx = a\sin\frac{x}{a}$

(195) $\int \sin(a+bx)dx = -\frac{1}{b}\cos(a+bx)$

(196) $\int \cos(a+bx)dx = \frac{1}{b}\sin(a+bx)$

(197) $\int \frac{dx}{\sin x} = -\frac{1}{2}\log\frac{1+\cos x}{1-\cos x} = \log\tan\frac{x}{2}$

(198) $\int \frac{dx}{\cos x} = \log\tan\left(\frac{\pi}{2} + \frac{x}{2}\right) = \frac{1}{2}\log\left(\frac{1+\sin x}{1-\sin x}\right)$

(199) $\int \frac{dx}{\cos^2 x} = \tan x$

(200) $\int \frac{dx}{\cos^n x} = \frac{1}{n-1}\cdot\frac{\sin x}{\cos^{n-1}x} + \frac{n-2}{n-1}\int\frac{dx}{\cos^{n-2}x}$

(201) $\int \frac{dx}{1\pm\sin x} = \mp\tan\left(\frac{\pi}{4} \mp \frac{x}{2}\right)$

(202) $\int \frac{dx}{1+\cos x} = \tan\frac{x}{2}$

(203) $\int \frac{dx}{1-\cos x} = -\cot\frac{x}{2}$

(204) $\int \frac{dx}{a+b\sin x} = \frac{2}{\sqrt{a^2-b^2}}\tan^{-1}\frac{a\tan\frac{1}{2}x+b}{\sqrt{a^2-b^2}}$

$$= \frac{1}{\sqrt{b^2-a^2}}\log\frac{a\tan\frac{1}{2}x+b-\sqrt{b^2-a^2}}{a\tan\frac{1}{2}x+b+\sqrt{b^2-a^2}}$$

(205) $\int \frac{dx}{a+b\,cox\,x} = \frac{2}{\sqrt{a^2-b^2}}\tan^{-1}\frac{\sqrt{a^2-b^2}\tan\frac{1}{2}x}{a+b}$

$$= \frac{1}{\sqrt{b^2-a^2}}\log\left(\frac{\sqrt{b^2-a^2}\tan\frac{1}{2}x+a+b}{\sqrt{b^2-a^2}\tan\frac{1}{2}x-a-b}\right)$$

(206) $\int \sin mx \sin nx\ dx = \frac{\sin(m-n)x}{2(m-n)} - \frac{\sin(m+n)x}{2(m+n)} \quad (m^2 \neq n^2)$

(207) $\int x\sin^2 x\ dx = \frac{x^2}{4} - \frac{x\sin 2x}{4} - \frac{\cos 2x}{8}$

(208) $\int x^2\sin^2 x\ dx = \frac{x^3}{6} - \left(\frac{x^2}{4}-\frac{1}{8}\right)\sin 2x - \frac{x\cos 2x}{4}$

(209) $\int x\sin^3 x\ dx = \frac{x\cos 3x}{12} - \frac{\sin 3x}{36} - \frac{3}{4}x\cos x + \frac{3}{4}\sin x$

(210) $\int \sin^4 x\ dx = \frac{3x}{8} - \frac{\sin 2x}{4} + \frac{\sin 4x}{32}$

(211) $\int \cos mx \cos nx\ dx = \frac{\sin(m-n)y}{2(m-n)} + \frac{\sin(m+n)x}{2(m+n)} \quad (m^2 \neq n^2)$

(212) $\int x\cos^2 x\ dx = \frac{x^2}{4} + \frac{x\sin 2x}{12} + \frac{\cos 2x}{8}$

(213) $\int x^2\cos^2 x\ dx = \frac{x^3}{6} + \left(\frac{x^2}{4}-\frac{1}{8}\right)\sin 2x + \frac{x\cos 2x}{4}$

(214) $\int x\cos^3 x\ dx = \frac{x\sin 3x}{12} + \frac{\cos 3x}{36} + \frac{3}{4}x\sin x + \frac{3}{4}\cos x$

(215) $\int \cos^4 x\ dx = \frac{3x}{8} + \frac{\sin 2x}{4} + \frac{\sin 4x}{32}$

(216) $\int \frac{\sin x\ dx}{x^m} = -\frac{\sin x}{(m-1)x^{m-1}} + \frac{1}{m-1}\int \frac{\cos x\ dx}{x^{m-1}}$

(217) $\int \frac{\cos x\ dx}{x^m} = -\frac{\cos x}{(m-1)x^{m-1}} - \frac{1}{m-1}\int \frac{\sin x\ dx}{x^{m-1}}$

(218) $\int \tan^3 x\ dx = \frac{1}{2}\tan^2 x + \log\cos x$

(219) $\int \tan^4 x\ dx = \frac{1}{3}\tan^3 x - \tan x + x$

(220) $\int \cot^3 x\ dx = -\frac{1}{2}\cot^2 x - \log\sin x$

(221) $\int \cot^4 x\ dx = -\frac{1}{3}\cot^3 x + \cot x + x$

(222) $\int \cot^n x\ dx = -\frac{\cot^{n-1}x}{n-1} - \int \cot^{n-2}x\ dx \quad (n \neq 1)$

(223) $\int \sin x \cos x \; dx = \frac{1}{2} \sin^2 x$

(224) $\int \sin mx \cos nx \; dx = \frac{\cos(m-n)x}{2(m-n)} - \frac{\cos(m+n)x}{2(m+n)}$

(225) $\int \sin^2 x \cos^2 x \; dx = -\frac{1}{8}\left(\frac{1}{4} \sin 4x - x\right)$

(226) $\int \sin x \cos^m x \; dx = -\frac{\cos^{m+1} x}{m+1}$

(227) $\int \sin^m x \cos x \; dx = \frac{\sin^{m+1} x}{m+1}$

(228) $\int \cos^m x \sin^n x \; dx = \frac{\cos^{m-1} x \sin^{n+1} x}{m+n} + \frac{m-1}{m+n} \int \cos^{n-2} x \sin^n x \; dx$

(229) $\int \cos^m x \sin^n x \; dx = -\frac{\sin^{n-1} x \cos^{m+1} x}{m+n} + \frac{n-1}{m+n} \int \cos^m x \sin^{n-2} x \; dx$

(230) $\int \frac{\cos^m x \; dx}{\sin^n x} = -\frac{\cos^{m+1} x}{(n-1) \sin^{n-1} x} - \frac{m-n+2}{n-1} \int \frac{\cos^m x \; dx}{\sin^{n-2} x}$

(231) $\int \frac{\cos^m x \; dx}{\sin^n x} = -\frac{\cos^{m-1} x}{(m-n) \sin^{n-1} x} - \frac{m-1}{m-n} \int \frac{\cos^{m-2} x \; dx}{\sin^n x}$

(232) $\int \frac{\sin^m x \; dx}{\cos^n x} = -\int \frac{\cos^m\left(\frac{\pi}{2} - x\right) d\left(\frac{\pi}{2} - x\right)}{\sin^n\left(\frac{\pi}{2} - x\right)}$

(233) $\int \frac{\sin x \; dx}{\cos^2 x} = \frac{1}{\cos x} = \sec x$

(234) $\int \frac{\sin^2 x \; dx}{\cos x} = -\sin x + \log \tan\left(\frac{\pi}{4} + \frac{x}{2}\right)$

(235) $\int \frac{\cos x \; dx}{\sin^2 x} = \frac{-1}{\sin x} = -\operatorname{cosec} x$

(236) $\int \frac{dx}{\sin x \cos x} = \log \tan x$

(237) $\int \frac{dx}{\sin x \cos^2 x} = \frac{1}{\cos x} + \log \tan \frac{x}{2}$

(238) $\int \frac{dx}{\sin x \cos^n x} = \frac{1}{(n-1) \cos^{n-1} x} + \int \frac{dx}{\sin x \cos^{n-2} x} \quad (n \neq 1)$

(239) $\int \frac{dx}{\sin^2 x \cos x} = -\frac{1}{\sin x} + \log \tan\left(\frac{\pi}{4} + \frac{x}{2}\right)$

(240) $\int \frac{dx}{\sin^2 x \cos^2 x} = -2 \cot 2x$

(241) $\int \frac{dx}{\sin^m x \cos^n x} = -\frac{1}{m-1} \cdot \frac{1}{\sin^{m-1} x \cdot \cos^{n-1} x} + \frac{m+n-2}{m-1} \int \frac{dx}{\sin^{m-2} x \cdot \cos^m x}$

(242) $\int \frac{dx}{\sin^m x} = -\frac{1}{m-1} \cdot \frac{\cos x}{\sin^{m-1} x} + \frac{m-2}{m-1} \int \frac{dx}{\sin^{m-2} x}$

(243) $\int \frac{dx}{\sin^2 x} = -\cot x$

(244) $\int \tan^2 x\, dx = \tan x - x$

(245) $\int \tan^n x\ dx = \frac{\tan^{n-1} x}{n-1} - \int \tan^{n-2} x\ dx$

(246) $\int \cot^2 x\ dx = -\cot x - x$

(247) $\int \cot^n x\ dx = -\frac{\cot^{n-1} x}{n-1} - \int \cot^{n-2} x\ dx$

(248) $\int \sec^2 x\ dx = \tan x$

(249) $\int \sec^n x\ dx = \int \frac{dx}{\cos^n x}$

(250) $\int \csc^2 x\ dx = -\cot x$

(251) $\int \csc^n x\ dx = \int \frac{dx}{\sin^n x}$

(252) $\int x \sin x\ dx = \sin x - x \cos x$

(253) $\int x^2 \sin x\ dx = 2x \sin x - (x^2 - 2) \cos x$

(254) $\int x^3 \sin x\ dx = (3x^2 - 6) \sin x - (x^3 - 6x) \cos x$

(255) $\int x^m \sin x\ dx = -x^m \cos x + m \int x^{m-1} \cos x\ dx$

(256) $\int x \cos x\ dx = \cos x + x \sin x$

(257) $\int x^2 \cos x\ dx = 2x \cos x + (x^2 - 2) \sin x$

(258) $\int x^3 \cos x\ dx = (3x^2 - 6) \cos x + (x^2 - 6x) \sin x$

(259) $\int x^m \cos x\ dx = x^m \sin x - m \int x^{m-1} \sin x\ dx$

(260) $\int \frac{\sin x}{x} dx = x - \frac{x^3}{3 \cdot 3!} + \frac{x^5}{5 \cdot 5!} - \frac{x^7}{7 \cdot 7!} + \frac{x^9}{9 \cdot 9!} - + \cdots$

(261) $\int \frac{\cos x}{x} dx = \log x - \frac{x^2}{2 \cdot 2!} + \frac{x^4}{4 \cdot 4!} - \frac{x^6}{6 \cdot 6!} + \frac{x^8}{8 \cdot 8!} - + \cdots$

(262) $\int \sin^{-1} x\ dx = x \sin^{-1} x + \sqrt{1 - x^2}$

(263) $\int \cos^{-1}x\ dx = x\cos^{-1}x - \sqrt{1-x^2}$

(264) $\int \tan^{-1}x\ dx = x\tan^{-1}x - \frac{1}{2}\log(1+x^2)$

(265) $\int \cot^{-1}x\ dx = x\cot^{-1}x + \frac{1}{2}\log(1+x^2)$

(266) $\int \sec^{-1}x\ dx = x\sec^{-1}x - \log(x+\sqrt{x^2-1})$

(267) $\int \csc^{-1}x\ dx = x\csc^{-1}x + \log(x+\sqrt{x^2-1})$

(268) $\int \mathrm{vers}^{-1}x\ dx = (x-1)\ \mathrm{vers}^{-1}x + \sqrt{2x-x^2})$

(269) $\int \sin^{-1}\frac{x}{a}dx = x\sin^{-1}\frac{x}{a} + \sqrt{a^2-x^2}$

(270) $\int \cos^{-1}\frac{x}{a}dx = x\cos^{-1}\frac{x}{a} - \sqrt{a^2-x^2}$

(271) $\int \tan^{-1}\frac{x}{a}dx = x\tan^{-1}\frac{x}{a} - \frac{a}{2}\log(a^2+x^2)$

(272) $\int \cot^{-1}\frac{x}{a}dx = x\cot^{-1}\frac{x}{a} + \frac{a}{2}\log(a^2+x^2)$

(273) $\int(\sin^{-1}x)^2dx = x(\sin^{-1}x)^2 - 2x + 2\sqrt{1-x^2}\,(\sin^{-2}x)$

(274) $\int(\cos^{-1}x)^2dx = x(\cos^{-1}x)^2 - 2x - 2\sqrt{1-x^2}\,(\cos^{-1}x)$

(275) $\int x\cdot\sin^{-1}x\ dx = \frac{1}{4}[(2x^2-1)\sin^{-1}x + x\sqrt{1-x^2}]$

(276) $\int x^n\sin^{-1}x\ dx = \frac{x^{n+1}\sin^{-1}x}{n+1} - \frac{1}{n+1}\int\frac{x^{n+1}dx}{\sqrt{1-x^2}}$

(277) $\int x^n\cos^{-1}x\ dx = \frac{x^{n+1}\cos^{-1}x}{n+1} + \frac{1}{n+1}\int\frac{x^{n+1}dx}{\sqrt{1-x^2}}$

(278) $\int x^n\tan^{-1}x\ dx = \frac{x^{n+1}\tan^{-1}x}{n+1} - \frac{1}{n+1}\int\frac{x^{n+1}dx}{\sqrt{1+x^2}}$

(279) $\int\frac{\sin^{-1}x\ dx}{x^2} = \log\left(1-\frac{\sqrt{1-x^2}}{x}\right) - \frac{\sin^{-1}x}{x}$

(280) $\int\frac{\tan^{-1}x\ dx}{x^2} = \log x - \frac{1}{2}(\log 1 + x^2) - \frac{\tan^{-1}x}{x}$

대수형식

(281) $\int \log x \; dx = x \log x - x$

(282) $\int x \log x \; dx = \frac{x^2}{2} \log x - \frac{x^2}{4}$

(283) $\int x^2 \log x \; dx = \frac{x^3}{3} \log x - \frac{x^3}{9}$

(284) $\int x^p \log (ax) \, dx = \frac{x^{p+1}}{p+1} \log (ax) - \frac{x^{p+1}}{(p+1)^2} \quad (p \neq -1)$

(285) $\int (\log x)^2 dx = x(\log x)^2 - 2x \log x + 2x$

(286) $\int (\log x)^n dx = x(\log x)^n - n \int (\log x)^{n-1} dx \quad (n \neq -1)$

(287) $\int \frac{(\log x)^n}{n} dx = \frac{1}{n+1} (\log x)^{n+1}$

(288) $\int \frac{dx}{\log x} = \log(\log x) + \log x + \frac{(\log x)^2}{2 \cdot 2!} + \frac{(\log x)^2}{3 \cdot 3!} + \cdots$

(289) $\int \frac{dx}{x \log x} = \log (\log x)$

(290) $\int \frac{dx}{x(\log x)^n} = -\frac{1}{(n-1)(\log x)^{n-1}}$

(291) $\int \frac{x^m dx}{(\log x)^n} = -\frac{x^{m+1}}{(n-1)(\log x)^{n-1}} + \frac{m+1}{n-1} \int \frac{x^m dx}{(\log x)^{n-1}}$

(292) $\int x^m \log x \; dx = x^{m+1} \left[\frac{\log x}{m+1} - \frac{1}{(m+1)^2} \right]$

(293) $\int x^m (\log x)^n dx = \frac{x^{m+1} (\log x)^n}{m+1} - \frac{n}{m+1} \int x^m (\log x)^{n-1} dx \quad (m, n \neq -1)$

(294) $\int \sin \log x \; dx = \frac{1}{2} x \sin \log x - \frac{1}{2} x \cos \log x$

(295) $\int \cos \log x \; dx = \frac{1}{2} x \sin \log x + \frac{1}{2} x \cos \log x$

지수형식

(296) $\int e^x dx = e^x$

(297) $\int e^{-x} dx = -e^{-x}$

(298) $\int e^{ax} dx = \frac{e^{ax}}{a}$

(299) $\int x e^{ax} dx = \frac{e^{ax}}{a^2}(ax-1)$

(300) $\int x^m e^{ax} dx = \frac{x^m e^{ax}}{a} - \frac{m}{a}\int x^{m-1} e^{ax} dx$

(301) $\int \frac{e^{ax} dx}{x} = \log x + \frac{ax}{1!} + \frac{a^2x^2}{2 \cdot 2!} + \frac{a^3x^3}{3 \cdot 3!} + \cdots$

(302) $\int \frac{e^{ax}}{x^m} dx = -\frac{1}{m-1}\frac{e^{ax}}{x^{m-1}} + \frac{a}{m-1}\int \frac{e^{ax}}{x^{m-1}} dx$

(303) $\int e^{ax} \log x \ dx = \frac{e^{ax}\log x}{a} - \frac{1}{a}\int \frac{e^{ax}}{x^{m-1}} dx$

(304) $\int e^{ax} \cdot \sin px \ dx = \frac{e^{ax}(a \sin px - p \cos px)}{a^2+p^2}$

(305) $\int e^{ax} \cdot \cos px \ dx = \frac{e^{ax}(a \cos px + p \sin px)}{a^2+p^2}$

(306) $\int \frac{dx}{1+e^x} = x - \log(1+e^x) = \log \frac{e^x}{1+e^x}$

(307) $\int \frac{dx}{a+be^{px}} = \frac{x}{a} - \frac{1}{ap}\log(a+be^{px})$

(308) $\int \frac{dx}{ae^{mx}+be^{mx}} = \frac{1}{m\sqrt{ab}}\tan^{-1}\left(e^{mx}\sqrt{\frac{a}{b}}\right)$

(309) $\int e^{ax} \sin px \ dx = \frac{e^{ax}(a \cos px - p \sin px)}{a^2+p^2}$

(310) $\int e^{ax} \cos px \ dx = \frac{e^{ax}(a \cos px + p \sin px)}{a^2+p^2}$

(311) $\int e^{ax} \sin^n bx \ dx = \frac{1}{a^2+n^2b^2}[(a \sin bx - nb \cos bx)e^{ax}\sin^{n-1} bx$

$+ n(n-1)b^2 \int e^{ax} \sin^{n-2} bx \ dx]$

(312) $\int e^{ax} \cos^n bx \, dx = \frac{1}{a^2+n^2b^2}[(a \cos bx + nb \sin bx)e^{ax}\cos^{n-1} bx$

$+ n(n-1)b^2 \int e^{ax} \cos^{n-2} bx \ dx]$

(313) $\int \sinh x \ dx = \cosh x$

(314) $\int \cosh x \ dx = \sinh x$

(315) $\int \tanh x \ dx = \log \cosh x$

(316) $\int \coth x \ dx = \log \sinh x$

(317) $\int \operatorname{sech} x \; dx = 2\tan^{-1}(e^x)$

(318) $\int \operatorname{csch} x \; dx = \log \tanh\left(\frac{x}{2}\right)$

(319) $\int x \sinh x \; dx = x \cosh x - \sinh x$

(320) $\int x \cosh x \; dx = x \sinh x - \cosh x$

(321) $\int \operatorname{sech} x \tanh x \; dx = -\operatorname{sech} x$

(322) $\int \operatorname{csch} x \coth x \; dx = -\operatorname{csch} x$

연습문제 답

연습문제 1.1

1. $\pi, \sqrt{7} \in I$

2. (1) A는 곱셈에 대하여 닫혀 있다.

(2) B는 덧셈, 뺄셈, 곱셈에 대하여 닫혀 있다.

3. 위에서부터 차례로 덧셈에 대한 항등원은 0,

임의의 실수 c의 역원은 $-c$,

덧셈에 대한 결합법칙.

문제의 조건에서 $a+c=b+c$.

덧셈에 대한 결합법칙

덧셈에 대한 항등원은 0.

덧셈에 대한 항등원은 0.

연습문제 1.2

3. $A=\{x|-1<x<5\}$

5. $B=\{x|x\le 1\}\cup\{x|x\ge 5\}$

연습문제 2.1

2. (1) 실수의 집합 R

(2) 실수의 집합에서 0을 제외한 집합. 즉 $R-\{0\}$

(3) $\{x|-2\le x\le 2\}$

5. $f\circ g\ne g\circ f$

6. (1) $-(x^2-3)+1=-x^2+4$

(2) $(-x+1)^2-3=x^2-2x-2$

(3) $-(-x+1)+1=x$

(4) $(x^2-3)^2-3=x^4-6x^2+6$

7. (1) $f^{-1}(x)=x-2,\ g^{-1}(x)=\frac{1}{3}(x+1)$

(3) $(g\circ f)^{-1}(x)=\frac{1}{3}x-\frac{5}{3}$

연습문제 2.2

1. 최댓값은 4, 최솟값은 -5

2. $-6<a<6$

3. $-6<k<2$

4. 분수식의 분모는 0이 아니어야 한다.

(1) $x-1\ne 0$ 즉, $x=1$ 이 아닌 모든 실수의 집합

즉, $R-\{1\}$

(2) $2x+3\ne 0$ 즉, $x=-\frac{3}{2}$ 이 아닌 모든 실수의 집합

(3) $x-3\ne 0$, 즉 $x=3$ 이 아닌 모든 실수의 집합

7. (1) 정의역 : $\{x|x\ge 0\}$, 치역 : $\{y|y\le 0\}$

(2) 정의역 : $\{x|x\ge -3\}$, 치역 : $\{y|y\ge 0\}$

(3) 정의역 : $\left\{x\,\middle|\,x\ge\frac{2}{3}\right\}$, 치역 : $\{y|y\ge -1\}$

9. (1) $y=\frac{x-1}{x+1}=\frac{-2}{x+1}+1$

정의역 : $x\ne -1$ 인 모든 실수의 집합

치역 : $y\ne 1$ 인 모든 실수의 집합

(2) $y=(x+2)^2-1\ (y\ge -1,\ x\ge -2)$

정의역 : $\{x|x\ge -2\}$

치역 : $\{y|y\ge -1\}$

연습문제 3.1

1. (1) 제2사분면 (2) 제2사분면

(3) 제1사분면 (4) 제4사분면

2. (1) $\frac{1}{12}\pi$ (2) $\frac{1}{2}\pi$

(3) $\frac{3}{4}\pi$ (4) $210°$

(5) $300°$ (6) $315°$

(7) $-45°$ (8) $-120°$

(9) $-210°$

3. $l=2\pi(\text{cm}),\ S=6\pi(\text{cm}^2)$

4. (1) $l=12.5\pi(\text{cm}), S=93.75\pi(\text{cm}^2)$

(2) $l=9\pi(\text{cm}), S=54\pi(\text{cm}^2)$

연습문제 3.2

1. (1) $\sin\frac{4}{3}\pi=-\frac{\sqrt{3}}{2},\ \cos\frac{4}{3}\pi=-\frac{1}{2},\ \tan\frac{4}{3}\pi=\sqrt{3}$

(2) $\sin\left(-\frac{7}{6}\pi\right)=\frac{1}{2},\ \cos\left(-\frac{7}{6}\pi\right)=-\frac{\sqrt{3}}{2},$

$\tan\left(-\frac{7}{6}\pi\right)=-\frac{1}{\sqrt{3}}$

(3) $\sin\frac{5}{2}\pi=1,\ \cos\frac{5}{2}\pi=0,\ \tan\frac{5}{2}\pi=\pm\infty$ (정의되지 않는다)

(4) $\sin\left(-\frac{9}{4}\pi\right)=-\frac{1}{\sqrt{2}},\ \cos\left(-\frac{9}{4}\pi\right)=\frac{1}{\sqrt{2}},$

$\tan\left(-\frac{9}{4}\pi\right)=-1$

2. $-\frac{4}{5}, -\frac{3}{4}, \frac{5}{3}, -\frac{5}{4}, -\frac{4}{3}$

5. (1) $\frac{9}{4}\pi,\ \frac{7}{6}\pi,\ -\frac{7}{4}\pi$

(2) $\frac{1}{\sqrt{2}},\ \frac{1}{\sqrt{3}}, 1$

6. (1) $\frac{1}{2}$ (2) $-\frac{1}{\sqrt{3}}$

(3) $-\frac{1}{2}$ (4) $\frac{1}{\sqrt{3}}$

7. (1) $\frac{1}{2}$ (2) $\frac{\sqrt{7}}{2}$

연습문제 3.3

1. (1) 4π (2) 6π
(3) $\frac{\pi}{3}$

연습문제 3.4

1. $R=4\sqrt{3}$, $c=4\sqrt{6}$
2. $C=45°$
3. 직각삼각형
4. 이등변삼각형
5. $\frac{15\sqrt{7}}{4}$

연습문제 3.5

1. $\frac{\sqrt{6}-\sqrt{2}}{4}, \frac{\sqrt{6}+\sqrt{2}}{4}, 2-\sqrt{2}$
2. $-\frac{\sqrt{6}+\sqrt{2}}{4}$
3. 0
5. (3) $\pm\frac{1}{\sqrt{5}}$, $\pm\frac{2}{\sqrt{5}}$ (복호동순)

연습문제 3.6

1. (1) $\frac{\pi}{6}$ (2) 0
(3) $-\frac{\pi}{2}$ (4) $\frac{3\pi}{4}$
(5) π (6) $-\frac{\pi}{4}$
(7) $\frac{\pi}{3}$
3. $x=\frac{1}{\sqrt{2}}$

연습문제 4.1

1. (1) 16
(2) $4x$
2. (1) $1/9$ (2) 27
(3) 실수가 아니다. (4) -8
3. (1) $\sqrt{3}$ (2) 0.1
(3) $2^{\frac{1}{5}}a^{\frac{1}{3}}b^{\frac{1}{2}}$
4. (1) $\frac{3}{2}$ (2) $-\frac{3}{2}$
6. (1) 5.7589 (2) $\bar{4}.7589$

연습문제 4.2

3. (1) $\sqrt[3]{4}<\sqrt[5]{256}<\sqrt{16}$
(2) $\sqrt[4]{0.343}<\sqrt[3]{0.49}<\sqrt{0.7}$
4. (1) $x=\frac{1}{2}$ (2) $x=3$
5. (1) $x>\frac{3}{4}$ (2) $x\geq 2$
(3) $x>3,\ x<1$ (4) $x<2$

연습문제 4.3

2. $\log_{0.125}5\sqrt[3]{25}<\log_{0.5}\sqrt{5}<\log_{0.25}\sqrt[5]{625}$
3. (1) $x=5$ (2) $x=3,\ \frac{1}{27}$
(3) $x=100,\ \frac{1}{10}$
4. (1) $1<x<10$ (2) $\frac{1}{3}<x\leq 3$
(3) $\frac{1}{4}<x<32$

연습문제 4.4

4. (1) $2\sinh x\cosh x$ (2) $\cosh^2 x+\sinh^2 x$
(3) $\frac{2\tanh x}{1+\tanh^2 x}$

연습문제 5.1

1. (1) $x=-2,\ y=-1$ (2) $x=-1,\ y=2$
2. (1) $\pm\sqrt{5}\,i$ (2) $\pm 4\sqrt{3}\,i$
(3) $\pm\frac{\sqrt{2}}{3}i$
3. (1) $2+3i$ (2) $-2+4i$
(3) $11-\sqrt{3}\,i$ (4) $\frac{-8-i}{5}$
(5) $2+2i$ (6) i
(7) $-\frac{i}{2}$ (8) $-i$
4. (1) 2 (2) -5
(3) $-\frac{11}{5}$ (4) $\frac{y_1}{x_1^2+y_1^2}$
5. $1\pm\sqrt{2}\,i$
7. $\frac{i}{2}$
9. (1) $-2+\sqrt{5}\,i,\ \frac{2}{9}+\frac{\sqrt{5}}{9}i$ (2) $i, -i$
(3) $-1-i,\ \frac{1}{2}-\frac{i}{2}$ (4) $i,\ i$

연습문제 5.2

2. (1) $5\sqrt{2}$ (2) $5-5i$
(3) $\sqrt{5}$ (4) $\frac{-1+2i}{5}\left(=-\frac{1}{5}+\frac{2}{5}i\right)$
4. x^2+y^2

연습문제 5.3

1. (1) $3(\cos 0 + i\sin 0)$ (2) $\sqrt{2}\left(\cos\frac{\pi}{4} + i\sin\frac{\pi}{4}\right)$

(3) $\sqrt{2}\left(\cos\frac{\pi}{6} + i\sin\frac{\pi}{6}\right)$ (4) $\cos\frac{\pi}{2} + i\sin\frac{\pi}{2}$

(5) $2\left\{\cos\left(-\frac{\pi}{6}\right) + i\sin\left(-\frac{\pi}{6}\right)\right\}$

(6) $2\left(\cos\frac{7\pi}{6} + i\sin\frac{7\pi}{6}\right)$

2. (1) $3e^{i0}$ (2) $\sqrt{2}\ e^{i\frac{\pi}{4}}$

(3) $2\,e^{i\frac{\pi}{6}}$ (4) $e^{i\frac{\pi}{2}}$

(5) $2\,e^{-i\frac{\pi}{6}}$ (6) $2\,e^{-i\frac{5}{6}\pi}$

3. (1) π (2) $-\frac{3}{4}\pi$

(3) $-\frac{2}{3}\pi$

4. (1) $-\frac{1}{2} - i\frac{\sqrt{3}}{2}$ (2) $-\frac{i}{27}$

(3) $32i$ (4) $8(1+i)$

(5) $2^{-11}\left(-1+\sqrt{3}\,i\right)$ (6) $\frac{1}{8}\left(1+\sqrt{3}\,i\right)$

7. $\pm 1,\ \pm i,\ \pm\frac{\sqrt{2}+i\sqrt{2}}{2},\ \pm\frac{\sqrt{2}-i\sqrt{2}}{2}$

연습문제 6.1

1. (1) 초점 : $\left(-\frac{1}{6},\ 0\right)$, 준선 : $x = \frac{1}{6}$

(2) 초점 : $\left(0,\ \frac{2}{5}\right)$, 준선 : $y = -\frac{2}{5}$

(3) 초점 : $(0,\ -3)$, 준선 : $y = 3$

(4) 초점 : $(-1,\ 0)$, 준선 : $x = -7$

(5) 초점 : $(0,\ -5)$, 준선 : $y = -1$

(6) 초점 : $(-2,\ -1)$, 준선 : $x = 1$

(7) 초점 : $\left(4,\ -\frac{5}{2}\right)$, 준선 : $y = -\frac{11}{2}$

2. (1) $y^2 = -8x$

(2) $x^2 = 16y$

(3) $(x-3)^2 = -24(y+2)$

(4) $(y+3)^2 = -8(x-4)$

(5) $x^2 - 2x - y + 2 = 0$

연습문제 6.2

1. (1) 6, 4, $\sqrt{5}/3$, $\left(\pm\sqrt{5},\ 0\right)$, $(\pm 3,\ 0)$, $(0,\ \pm 2)$, $x = \pm\frac{9}{\sqrt{5}}$, $\frac{8}{3}$

(2) 10,4, $\sqrt{21}/5$, $\left(0,\ \pm\sqrt{21}\right)$, $(0,\ \pm 5)$, $(\pm 2,\ 0)$,

$y = \pm\frac{25}{\sqrt{21}}$, $\frac{8}{5}$

(3) 10, 8, $3/5$, $(0,\ 2)$, $(-6,\ 2)$,

$(2,\ 2)$, $(-8,\ 2)$, $(-3,\ 6)$, $(-3,\ -2)$, $x = -\frac{34}{3}$, $\frac{32}{5}$

(4) 6, 4, $\sqrt{5}/3$, $\left(4,\ 3+\sqrt{5}\right)$, $\left(4,\ 3-\sqrt{5}\right)$,

$(4,\ 6)$, $(4,\ 0)$, $(6,\ 3)$, $(2,\ 3)$

$y = \frac{9}{\sqrt{5}} + 3$, $y = -\frac{9}{\sqrt{5}} + 3$, $\frac{8}{3}$

2. $\left\{(x,\ y)\,\middle|\,7x^2 + 16y^2 - 14x - 64y - 41 = 0\right\}$

3. $\frac{(x-4)^2}{25} + \frac{(y+3)^2}{16} = 1$

연습문제 6.3

1. (1) $(\pm 4,\ 0)$, $\left(\pm 4\sqrt{2},\ 0\right)$, $\sqrt{2}$, 8, $x = \pm 2\sqrt{2}$, $y = \pm x$

(2) $(\pm 5,\ 0)$, $\left(\pm\sqrt{34},\ 0\right)$, $\sqrt{34}/5$, $18/5$, $x = \pm\frac{25}{\sqrt{34}}$, $y = \pm\frac{3}{5}x$

(3) $(0,\ \pm 4)$, $\left(0,\ \pm 2\sqrt{5}\right)$, $\sqrt{5}/2$, 2, $y = \pm\frac{8}{\sqrt{5}}$, $y = \pm 2x$

(4) $(2,\ 3)$, $(-6,\ 3)$ $(3,\ 3)$, $(-7,\ 3)$, $5/4$, $18/5$,

$x = \frac{6}{5}$, $x = -\frac{26}{5}$, $y = \frac{3}{4}x + \frac{9}{2}$, $y = -\frac{3}{4}x + \frac{3}{2}$,

(5) $(2,\ 0)$, $(2,\ -2)$, $\left(2,\ -1\pm\sqrt{3}\right)$, $\sqrt{3}$, 4,

$y = \frac{1-\sqrt{3}}{\sqrt{3}}$, $y = \frac{1+\sqrt{3}}{\sqrt{3}}$, $y + 1 = \pm\frac{1}{\sqrt{2}}(x-2)$

2. $36y^2 - 28x^2 = 63$

3. $\frac{y^2}{18} - \frac{x^2}{9} = 1$

연습문제 7.1

1. $3n - 7$

2. 첫째항은 15, 공차는 -2

3. (1) 첫째항은 -1, 공차는 3

(2) 첫째항은 $-\frac{1}{2}$, 공차는 $-\frac{3}{2}$

(3) 첫째항은 $A - B$, 공차는 A

4. 855

5. (1) 첫째항이 3, 공차가 4인 등차수열, $a_n = 4n - 1$

(2) 첫째항이 -1, 공차가 2인 등차수열, $a_n = 2n - 3$

(3) 첫째항이 3이고 제2항부터 공차가 2인 등차수열,

$a_n = 2n\ (n \geq 2,\ a_1 = 3)$

6. $(-1)^n 3^{5-n}$

7. $\begin{cases} a = 3 \\ r = 2 \end{cases}$ 또는 $\begin{cases} a = 3 \\ r = -2 \end{cases}$

8. $\frac{31}{16}\left(2+\sqrt{2}\right)$

9. 첫째항이 2, 공비가 3인 등비수열

10. $a = \frac{Ar(1+r)^n}{(1+r)^n - 1}$

11. (1) $\frac{2}{81}\left(10^{n+1} - 9n - 10\right)$ (2) 2870

(3) $\frac{1}{3}n(n^2-19)$ (4) $\frac{1}{4}n(n+1)(n+2)(n+3)$

(5) $\frac{n}{2n+1}$ (6) $\frac{2n}{n+1}$

(7) $\frac{3}{2}-\frac{23}{2}\cdot\frac{1}{3^{10}}$

(8) $\frac{1}{1-x}+\frac{2x(1-x^{n-1})}{(1-x)^2}-\frac{2n-1}{1-x}\cdot x^n$

(9) $\sqrt{n+1}-1$ (10) $\frac{n(n+1)(n+2)}{6}$

12. (1) $a_n=2^n-1,\ S_n=2^{n+1}-2-n$

(2) $a_n=(n-1)(n-4),\ S_n=\frac{n(n-1)(n-5)}{3}$

연습문제 7.2

3. (1) $a_n=2-\frac{1}{2^{n-1}}$ (2) $a_n=n^2(n-1)$

(3) $a_n=\frac{2}{5-4n}$ (4) $a_n=2^{\frac{1}{2}(n^2-n+2)}$

(5) $a_n=3-2^{2-n}$

연습문제 8.1

1. (1) 극한값은 1, 수열은 1에 수렴한다.

(2) 극한값은 $\frac{1}{3}$, 수열은 $\frac{1}{3}$에 수렴한다.

2. (1) $\frac{3}{5}$ (2) $\frac{2}{3}$

3. (1) 0 (2) $2+2\sqrt{2}$

(3) $\frac{1}{2}$ (4) 0

4. (1) 0 (2) 0

(3) 0 (4) ∞

(5) 0 (6) 3

5. (1) $-\frac{1}{2}<x<\frac{1}{2}$ (2) $-\frac{\pi}{4}<x<\frac{\pi}{4}$

연습문제 8.2

1. (1) 발산한다. (2) 수렴하고 그 합은 $\frac{1}{2}$

(3) 발산한다.

2. (1) 발산한다. (2) 발산한다.

(3) 수렴하고 그 합은 $\frac{1}{3}$

3. (1) 수렴하고 그 합은 $2-\sqrt{2}$

(2) 발산한다. (3) 수렴하고 그 합은 $3+2\sqrt{3}$

(4) 수렴하고 그 합은 $\frac{10}{9}$

4. $\left(8+4\sqrt{2}\right)a$

연습문제 8.3

1. (1) -3 (2) -1

2. (1) $-\frac{12}{5}$ (2) $\frac{1}{4}$

3. (1) 0 (2) $\frac{2}{3}$

(3) ∞

4. (1) 4 (2) -4

5. (1) ∞ (2) $-\frac{1}{2}$

(3) $-\frac{1}{9}$

6. 0

7. (1) $\frac{2}{3}$ (2) $\frac{3}{5}$

8. (1) $\log_a e$ (2) $\ln a$

연습문제 8.4

1. 1이 불연속점.

3. (1) 연속 (2) 불연속

(3) 불연속

4. (1) $(-\infty,\ 0)\cup(0,\ \infty)$

(2) $(n\pi,\ (n+1)\pi)$ (n은 정수)

연습문제 9.1

1. -4

2. (1) $y=3x-2$ (2) $y=12x-16$

(3) $y=12x+16$

3. (1) $y=-\frac{1}{3}x+\frac{4}{3}$ (2) $y=-\frac{1}{12}x+\frac{49}{6}$

(3) $y=-\frac{1}{12}x-\frac{49}{6}$

4. 접선의 방정식은 $y=\frac{1}{4}x+1$

법선의 방정식은 $y=-4x+18$

5. (1) 접선의 방정식은 $y=-4x-4$

법선의 방정식은 $y=\frac{1}{4}x+\frac{9}{2}$

(2) 접선의 방정식은 $y=-x+3$

법선의 방정식은 $y=x+1$

6. (1) $y'=6x-2$ (2) $y'=-\frac{2}{x^3}$

(3) $y'=\frac{-1}{2x\sqrt{x}}$ (4) $y'=\frac{1}{3\sqrt[3]{x^2}}$

(5) $y'=\frac{2}{(x+1)^2}$

연습문제 9.2

1. (1) $y'=6x^2+6x-1$ (2) $y'=\frac{x^2+2x}{(x+1)^2}$

(3) $y'=\frac{-8x}{(x^2+1)^5}$ (4) $y'=\frac{2x^2-1}{\sqrt{x^2-1}}$

2. (1) $\frac{dy}{dx}=\frac{4x-y}{x-4y}$ (2) $\frac{dy}{dx}=\frac{3x^2-2xy+3y^2}{x^2-6xy+3y^2}$

3. $\dfrac{dx}{dy}=\dfrac{(x+1)^2}{x+2}\quad \dfrac{dy}{dx}=\dfrac{(y^2+1)\sqrt{y^2+1}}{y^2-y+1}$

4. $\dfrac{dy}{dx}=\dfrac{2(t+1)}{\sqrt{t}}$

연습문제 9.3

1. (1) $y'=-3\sin 3x$ (2) $y'=3x^2\cos x^3$
   (3) $y'=\cos x-x\sin x$ (4) $y'=2x\sec^2 x^2$
   (5) $y'=\dfrac{\cos x}{2\sqrt{\sin x}}$
   (6) $y'=2(x+\cos x)(1-\sin x)$
   (7) $y'=-2xe^{2x}\sin\left(e^{2x}\right)$ (8) $y'=\dfrac{\cos(\ln x)}{x}$
   (9) $y'=\dfrac{x\cos\left(\sqrt{x^2-1}\right)}{\sqrt{x^2-1}}$ (10) $y'=\dfrac{-\left(2-\sin^2 x\right)}{\sin^3 x}$
   (11) $y'=\cos^2 x-\sin^2 x$
   (12) $y'=\left\{2x+\left(1+x^2\right)\tan x\right\}\sec x$
2. (1) $y'=\dfrac{3}{\sqrt{1-9x^2}}$ (2) $y'=\dfrac{-1}{2\sqrt{x}\sqrt{1-x}}$
   (3) $y'=\dfrac{1}{2+2x+x^2}$ (4) $y'=\dfrac{2}{\left(x^2-1\right)\sqrt{x^2-2}}$
   (5) $y'=\dfrac{1}{\sqrt{1-x^2}}$ (6) $y'=\cot^{-1}x^2-\dfrac{2x^2}{1+x^4}$
3. (1) $y'=2e^{2x}$ (2) $y'=5^x\ln 5$
   (3) $y'=\sqrt{3}\,x^{\sqrt{3}-1}$ (4) $y'=2x\cdot 3^{x^2}\ln 3$
   (5) $y'=3\left(a^x-1\right)^2\cdot a^x\ln a$
   (6) $y'=\dfrac{3}{x}(\ln x)^2$ (7) $y'=\dfrac{1}{x\ln x}$
   (8) $y'=\dfrac{4}{x\ln a}$ (9) $y'=\dfrac{x\sqrt{x}-2}{2x\left(x\sqrt{x}+1\right)\ln a}$
   (10) $y'=-e^{\cos x}\cdot\sin x$ (11) $y'=e^x(\cos x-\sin x)$
   (12) $y'=\cot x$
4. (1) $y'=x^{\frac{1}{x}-2}(1-\ln x)$ (2) $y'=x^{\frac{1}{x}-2}(\ln x-1)$
   (3) $y'=2x^{\ln\frac{x}{e}}\cdot\ln x$
   (4) $y'=x^{\sin^{-1}x}\left(\dfrac{\ln x}{\sqrt{1-x^2}}+\dfrac{\sin^{-1}x}{x}\right)$
   (5) $y'=\dfrac{(\ln x)^{\frac{1}{x}}}{x^2}\left\{\dfrac{1}{\ln x}-\ln(\ln x)\right\}$
   (6) $y'=x^{\sin x}\left(\cos x\cdot\ln x+\dfrac{\sin x}{x}\right)$
   (7) $y'=(\sin x)^{\sin x}\cdot(\cos x)(1+\ln\sin x)$
   (8) $y'=-(\cos x)^{\cos x}\cdot(\sin x)(1+\ln\cos x)$
   (9) $y'=(\tan x)^{\sin x}\{(\cos x)\ln\tan x+\sec x\}$
   (10) $y'=\dfrac{1}{\sqrt{1+x}\cdot\sqrt{(1-x)^3}}$
   (11) $y'=(x-a_1)(x-a_2)(x-a_3)\cdots(x-a_n)\times\left(\dfrac{1}{x-a_1}+\dfrac{1}{x-a_2}+\dfrac{1}{x-a_3}+\cdots+\dfrac{1}{x-a_n}\right)$
5. (1) $y'=6\sinh 3x\cdot\cosh 3x$
   (2) $y'=\dfrac{1}{2\sqrt{x}}\sinh\sqrt{x}$
   (3) $y'=(1-6x)\,\mathrm{sech}^2\left(x-3x^2\right)$
   (4) $y'=\mathrm{sech}\,x^3\cdot\left(1-3x^3\cdot\tanh x^3\right)$
   (5) $y'=3\tanh 3x$ (6) $y'=\cos x\cdot\cosh(\sin x)$
   (7) $y'=2x\cdot\ln(\sinh x^3)+3x^4\coth x^3$
   (8) $y'=e^{\tanh x}(\mathrm{sech}\,x+\sinh x)$
   (9) $y'=-\mathrm{cosec}\,x$ (10) $y'=-\dfrac{1}{\sin x}$
   (11) $y'=\dfrac{e^{\cosh^{-1}x}}{\sqrt{x^2-1}}$
   (12) $y'=\dfrac{e^{\sinh^{-1}x}}{\sqrt{1+x^2}}\left(1+\sinh^{-1}x\right)$

연습문제 9.4

1. (1) $y^{(n)}=\cos\left(x+\dfrac{n\pi}{2}\right)$ (2) $y^{(n)}=2^n\sin\left(2x+\dfrac{n\pi}{2}\right)$
   (3) $y^{(n)}=(\ln a)^n a^x$
2. $y^{(n)}=\dfrac{n!}{2a}\left\{\dfrac{(-1)^n}{(a+x)^{n+1}}+\dfrac{1}{(a-x)^{n+1}}\right\}$
3. $y^{(n)}=\left(\sqrt{2}\right)^n e^x\sin\left(x+\dfrac{n\pi}{4}\right)$
4. (i) $\dfrac{d^2y}{dx^2}=\dfrac{-\dfrac{d^2x}{dy^2}}{\left(\dfrac{dx}{dy}\right)^3}$
   (ii) $\dfrac{d^2y}{dt^2}=\dfrac{\dfrac{d^2y}{dt^2}\cdot\dfrac{dx}{dt}-\dfrac{dy}{dt}\cdot\dfrac{d^2x}{dt^2}}{\left(\dfrac{dx}{dt}\right)^3}$

연습문제 9.5

1. (1) 구간 $(-\infty,\ \infty)$에서 감소한다.
   (2) $x<-2,\ x>2$에서 증가하고 $-2<x<2$에서 감소한다.
   (3) $(-\infty,\ \infty)$에서 감소한다.
   (4) $(1,\ \infty)$에서 감소한다.
   (5) $(0,\ \infty)$에서 감소한다.
   (6) $x<1$에서 감소하고 $x>1$에서 증가한다.

2. (1) 극솟값은 -2, 극댓값은 2
(2) 극값은 없다.
(3) $x=0$ 에서 극값은 없고, $x=2$ 에서 극솟값은 -12
(4) 극솟값은 없고, 극댓값은 $\frac{3\sqrt{3}}{4}$
(5) 극댓값은 $\frac{5}{2}$, 극솟값은 $\frac{3}{2}$
(6) 극댓값은 $\frac{3\sqrt{3}}{4}$, 극솟값은 $-\frac{3\sqrt{3}}{4}$
(7) 극솟값은 없고, 극댓값은 $\frac{1}{e}$
(8) 극솟값은 없고, 극댓값은 $e^{\frac{1}{e}}$
3. (1) 변곡점은 $(2,\ 5)$
(2) 변곡점은 $(0,\ 4)$, $\left(\frac{4}{3},\ -\frac{148}{27}\right)$
(3) 극솟값은 $-\frac{27}{16}$, 변곡점은 $(0,\ 0)$, $(1,\ -1)$
(4) 극댓값은 2, 변곡점은 $\left(-\frac{1}{\sqrt{3}},\ \frac{3}{2}\right)$, $\left(\frac{1}{\sqrt{3}},\ \frac{3}{2}\right)$
(5) 극솟값은 $-\frac{1}{e}$ 변곡점은 없다.
(6) 변곡점은 $\left(2,\ \frac{2}{e^2}\right)$
4. 실근이 3개이다.
6. 32
7. 정지할 때까지 걸린 시간은 3초 가속도는 $-9\,\mathrm{m/sec^2}$

연습문제 10.1

1. (1) $-\frac{1}{x}+C$ (2) $\frac{2}{3}t^{\frac{3}{2}}+C$
(3) u^3-2u^2+2u+C (4) $-3\ln|x|-\frac{1}{2e^{2x}}+C$
(5) $\sqrt{2x}\left(\frac{1}{5}x^2+1\right)+C$ (6) $-\frac{3}{2}\cos 2x+C$
2. (1) $\frac{1}{2(n+1)}(x^2-1)^{n+1}+C$
(2) $\frac{1}{\ln a}a^x+C$ (3) $-\ln|\cos x|+C$
(4) $\frac{1}{3}(e^x+1)^3+C$ (5) $\ln(e^x+e^{-x})+C$
(6) $\frac{2}{3}(x+1)\sqrt{x+1}+\sqrt{x+1}+C$
3. (1) $(x-1)e^x+C$ (2) $\frac{1}{2}x^2\left(\ln x-\frac{1}{2}\right)+C$
(3) $x\sin x+\cos x+C$ (4) $-(x^2+2x+2)e^{-x}+C$
(5) $\frac{x^2}{2}\left\{(\ln x)^2-\ln x+\frac{1}{2}\right\}+C$
(6) $\frac{x^3}{3}(\ln x-1)+C$
4. (1) $\frac{3^x}{\ln 3}\left(x-\frac{1}{\ln 3}\right)+C$
(2) $\frac{3^x}{\ln 3}\left\{x^2-\frac{2x}{\ln 3}+\frac{2}{(\ln 3)^2}\right\}+C$
(3) $x\log_a x-\frac{x}{\ln a}+C$
(4) $\frac{x^2}{2}\left(\log_a x-\frac{1}{2\ln a}\right)+C$
(5) $x(\ln x)^2-\frac{2}{x}+C$
(6) $\frac{1}{2}e^x(\cos x+\sin x)+C$
5. (1) $\frac{1}{2}\left(x-\frac{\sin 2x}{2}\right)+C$
(2) $\frac{1}{2}\left(x+\frac{\sin 2x}{2}\right)+C$
(3) $\frac{5}{2}x+\cos 2x+\frac{3}{4}\sin 2x+C$
(4) $x-\frac{\cos 2x}{2}+C$
(5) $\frac{1}{2}\left(-\frac{\cos 5x}{5}+\cos x\right)+C$
(6) $\frac{1}{2}\left(\frac{\sin 4x}{4}+\frac{\sin 2x}{2}\right)+C$
(7) $-\frac{1}{2}\left(\frac{\sin 5x}{5}-\sin x\right)+C$
6. (1) $\frac{1}{2}x^2-x+\ln|x+1|+C$
(2) $-3\ln|x-1|+6\ln|x-2|+C$
(3) $\frac{7}{9}\ln\left|\frac{x-2}{x+1}\right|-\frac{5}{3(x+1)}+C$

연습문제 10.2

1. (1) $\frac{27}{2}$ (2) 15
(3) $\frac{1}{e}+e^{\sqrt{2}}-\sqrt{2}-1$ (4) 2
(5) $\frac{1}{n+1}(b^{n+1}-a^{n+1})$ (6) 2
(7) $\frac{\pi}{4}$
2. (1) $\frac{2}{3}$ (2) $\frac{1}{6}$
(3) $\frac{8}{3}$ (4) $\frac{1}{2}$
(5) $\ln 2$ (6) $\frac{1}{2}(e-1)$
(7) $\frac{1}{4}$ (8) $\ln 2$
3. (1) $\frac{1}{4}(e^2+1)$ (2) 1
(3) $\frac{\pi}{2}-1$ (4) $\frac{8}{3}\ln 2-\frac{7}{9}$
(5) $-\frac{5}{e}+2$ (6) $\frac{\pi^2}{4}-2$
4. $\frac{1}{2}\left(1-\frac{1}{e^{\frac{\pi}{2}}}\right)$

5. (1) $\dfrac{\pi}{4}-\dfrac{\pi}{6\sqrt{3}}-\dfrac{1}{2}\ln\dfrac{3}{2}$　　(2) $\dfrac{\sqrt{3}\,\pi}{6}-\dfrac{1}{2}$

7. (1) $\dfrac{1}{4}$　　(2) $\dfrac{\pi}{4}$

(3) $\ln 2$

연습문제 10.3

1. (1) $\dfrac{3}{2}$　　(2) 2

(3) 1

2. (1) πr^2　　(2) πab

3. $\dfrac{1}{6}$

4. $16\sqrt{3}$

5. $V_x=\dfrac{4ab^2}{3}\pi,\ V_y=\dfrac{4a^2b}{3}\pi$

6. $2a^2b\pi^2$

7. $114.9\,(\mathrm{m})$

8. (1) $\dfrac{9a^2}{2}$　　(2) $\dfrac{14}{3}$

연습문제 11.1

2. (1) $(0,\ 0)$　　(2) $\left(-2\sqrt{2},\ 2\sqrt{2}\right)$

(3) $\left(-1,\ -\sqrt{3}\right)$　　(4) $\left(\dfrac{3}{2},\ -\dfrac{\sqrt{3}}{2}\right)$

3. (1) $(3,\ 0)(-1^n 3,\ n\pi)$

(2) $\left(\sqrt{6},\ \dfrac{\pi}{4}\right),\ \left((-1)^n\sqrt{6},\ \dfrac{\pi}{4}+n\pi\right)$

(3) $\left(8,\ \dfrac{5}{6}\pi\right),\ \left((-1)^n 8,\ \dfrac{5}{6}\pi+n\pi\right)$

(4) $\left(2\sqrt{3},\ \dfrac{7\pi}{6}\right),\ \left((-1)^n 2\sqrt{3},\ \dfrac{7\pi}{6}+n\pi\right)$

연습문제 11.2

1. (1) $\tan\theta=-1$　　(2) $r=2a\sin\theta$

2. $a^2(x^2-y^2)=(x^2+y^2)^2$

3. $2\sqrt{3}$

4. $5\sqrt{3}$

7. (1) $\left(-6,\ \dfrac{3\pi}{2}\right),\ \left(3,\ \dfrac{\pi}{6}\right),\ \left(3,\ \dfrac{5\pi}{6}\right)$

(2) $\left(2,\ \dfrac{7\pi}{6}\right),\ \left(2,\ \dfrac{11\pi}{6}\right)$

(3) $\left(2\sqrt{2},\ \dfrac{\pi}{4}\right),\ \left(2\sqrt{2},\ \dfrac{5\pi}{4}\right)$

(4) $\left(2\sqrt{3},\ \dfrac{\pi}{6}\right),\ \left(-2\sqrt{3},\ \dfrac{5\pi}{6}\right),\ \left(0,\ \dfrac{\pi}{2}\right),\ \left(0,\ \dfrac{3\pi}{2}\right)$

연습문제 11.3

2. $\begin{cases} x=a(\cos\theta+\theta\sin\theta) \\ y=a(\sin\theta-\theta\cos\theta) \end{cases}$

3. $(0,\ 0),\ \left(\dfrac{\pi-2}{2}a,\ a\right),\ (a\pi,\ 2a)$

$x=0,\ y=x+\dfrac{4-\pi}{2}a,\ y=2a$

연습문제 12.1

1. (1) -10　　(2) -15

(3) 0　　(4) 7

2. (1) -8　　(2) -9

(3) 9　　(4) -3

3. (1) 0　　(2) 1

(3) -2　　(4) 6

(5) $\{(x,\ y)\,|\,x,\ y$ 는 $y\neq x$ 인 실수$\}$

4. (1) $\sqrt{3}$　　(2) $2\sqrt{11}$

(3) $\sqrt{42}$　　(4) 7

6. (1) $(x+1)^2+(y+2)^2+(z-3)^2=9$

(2) $(x-1)^2+y^2+(z+3)^2=25$

(3) $x^2+y^2+(z-2)^2=16$

(4) $x^2+y^2+z^2=4$

7. (1) 중심은 $(-3,\ 1,\ 5)$, 반지름은 $3\sqrt{3}$

(2) 중심은 $(2,\ 0,\ -4)$, 반지름은 5

(3) 중심은 $(-2,\ 1,\ 3)$, 반지름은 6

연습문제 12.2

1. (1) $f_x=3x^2y+2xy^2,\ f_y=x^3+2x^2y+3y^2$

(2) $f_x=3x^2-2xy+y^2,\ f_y=-x^2+2xy$

(3) $f_x=6x(x^2+y)^2,\ f_y=3(x^2+y)^2$

(4) $f_x=\dfrac{y^2}{2\sqrt{xy^2}},\ f_y=\dfrac{xy}{\sqrt{xy^2}}$

(5) $f_x=-\dfrac{2y^3}{x^3},\ f_y=\dfrac{3y^2}{x^2}$

(6) $f_x=\dfrac{2y}{(x+y)^2},\ f_y=\dfrac{-2x}{(x+y)^2}$

(7) $f_x=e^{x-y},\ f_y=-e^{x-y}$

(8) $f_x=6e^{3x-y},\ f_y=-2e^{3x-y}$

(9) $f_x=3e^y,\ f_y=3xe^y$

(10) $f_x=-2ye^x,\ f_y=-2e^x$

(11) $f_x=\dfrac{1}{x},\ f_y=\dfrac{1}{y}$

(12) $f_x=\ln(xy)+1,\ f_y=\dfrac{x}{y}$

(13) $f_x=\dfrac{2y^2}{x},\ f_y=2y\ln(x^2y)+y$

(14) $f_x=\ln(xy^2)+\dfrac{x+y}{x},\ f_y=\ln(xy^2)+\dfrac{2(x+y)}{y}$

2. (1) $f_{xx} = 2y$, $\quad f_{xy} = 2x + 4y$

$f_{yx} = 2x + 4y$, $f_{yy} = 4x - 6y$

(2) $f_{xx} = 0$, $\quad f_{xy} = 0$, $\quad f_{yx} = 0$, $\quad f_{yy} = 0$

(3) $f_{xx} = 12e^{2x+3y}$, $f_{xy} = 18e^{2x+3y}$,

$f_{yx} = 18e^{2x+3y}$, $f_{yy} = 27e^{2x+3y}$

(4) $f_{xx} = 2y(1 + 4x^2 y)e^{x^2} y$, $f_{xy} = 2x(1 + x^2 y)e^{x^2 y}$,

$f_{yx} = 2x(1 + x^2 y)e^{x^2 y}$, $f_{yy} = x^4 e^{x^2 y}$

(5) $f_{xx} = \dfrac{-4y}{(x+y)^3}$, $f_{xy} = \dfrac{2(x-y)}{(x+y)^3}$,

$f_{yx} = \dfrac{2(x-y)}{(x+y)^3}$, $f_{yy} = \dfrac{4x}{(x+y)^3}$

(6) $f_{xx} = \dfrac{24y}{(2x+y)^3}$, $f_{xy} = \dfrac{-6(2x-y)}{(2x+y)^3}$,

$f_{yx} = \dfrac{-6(2x-y)}{(2x+y)^3}$, $f_{yy} = \dfrac{-12x}{(2x+y)^3}$

(7) $f_{xx} = 2x(3 + 2x^2)e^{x^2-y^2}$, $f_{xy} = -2(1 + 2x^2)ye^{x^2-y^2}$,

$f_{yx} = -2(1 + 2x^2)ye^{x^2-y^2}$, $f_{yy} = -2x(1 - 2y^2)e^{x^2-y^2}$

(8) $f_{xx} = y^5 e^{xy^2}$, $f_{xy} = y^2(3 + 2xy^2)e^{xy^2}$,

$f_{yx} = y^2(3 + 2xy^2)e^{xy^2}$, $f_{yy} = 2xy(3 + 2xy^2)e^{xy^2}$

(9) $f_{xx} = \dfrac{1}{x}$, $f_{xy} = \dfrac{1}{y}$, $f_{yx} = \dfrac{1}{y}$, $f_{yy} = -\dfrac{x}{y^2}$

(10) $f_{xx} = \dfrac{-2(y+1)}{x^2}$, $f_{xy} = \dfrac{2}{x}$,

$f_{yx} = \dfrac{2}{x}$, $f_{yy} = \dfrac{1}{y} - \dfrac{1}{y^2} = \dfrac{y-1}{y^2}$

3. (1) $w_x = y + z$, $w_y = x + z$, $w_z = x + y$

(2) $w_x = 2xy^2$, $w_y = 2x^2 y - \dfrac{1}{z^2}$, $w_z = \dfrac{2y}{z^3}$

4. (1) 극값은 없고 (1, −1)은 안장점

(2) 극댓값은 22

(3) 극솟값은 1

5. (1) $f_{xx} = e^x \sin y$, $f_{xy} = e^x \cos y$

$f_{yx} = e^x \cos y$, $f_{yy} = -e^x \sin y$

(2) $f_{xx} = y(y-1)x^{y-2}$, $f_{xy} = x^{y-1}(1 + y\ln x)$

$f_{yx} = x^{y-1}(1 + y\ln x)$ $f_{yy} = x^y(\ln x)^2$

연습문제 12.3

1. (1) $\dfrac{19}{4}$ (2) $\dfrac{11}{2}$

(3) $e - 2$ (4) $e^2 - 1$

(5) $\dfrac{2}{9}$ (6) $\dfrac{9}{4}$

(7) $2\ln 2 - \dfrac{3}{4}$ (8) $-\dfrac{\pi}{2} - 2$

2. (1) $\dfrac{7}{3}$ (2) $\dfrac{1}{12}$

(3) $\dfrac{e}{2} + \dfrac{1}{2e} - 1 \left(= \dfrac{(e-1)^2}{2e} \right)$

4. $\displaystyle\int_{\frac{1}{2}}^{2} \int_{-\sqrt{\frac{3}{2}}}^{-y+1} f(x, y)\,dx\,dy + \int_0^{\frac{1}{2}} \int_{-\sqrt{\frac{y}{2}}}^{\sqrt{\frac{y}{2}}} f(x, y)\,dx\,dy$

5. (1) $\dfrac{1}{e}$ (2) $\dfrac{1}{15}$

6. 5

7. $\dfrac{8\sqrt{2}}{15}$

연습문제 13.1

1. (1) 1계1차 (2) 3계1차

(3) 2계2차 (4) 1계3차

2. (1) $y''' - 3y'' + 2y' = 0$

(2) $x^2(1 - \ln x)y'' + xy' - y = 0$

(3) $y'' + a^2 y = 0$

3. (1) $(x-1)(y-1) = c$

(2) $\dfrac{x-1}{x+1} = cy^2$, $\left(x - 1 = cy^2(x+1)\right)$

(3) $2x + y - 3\ln(x + y + 1) = c$

(4) $x^4 + 2x^2 y^2 = c$

(5) $\tan^{-1}\dfrac{1}{x} + \dfrac{1}{2}\ln(x^2 + y^2) = c$

(6) $x + (y - x)(\ln\sqrt{x} + c) = 0$

4. (1) $y = -(x^2 + 2x + 2)e^x + ce^{2x}$

(2) $\dfrac{1}{y} = x(\ln x + 1) + cx$ 또는 $xy(\ln x + 1 + cx) = 1$

5. (1) $x^2 + xy + y^2 + x - y = c$

(2) $\dfrac{x^3}{3} + \dfrac{y^3}{3} - 2xy = c$

(3) $xy + e^x \cos y = c$

(4) $xy(\ln x - 1) - \dfrac{x^2 - y^2}{2} = c$

(5) $(xy + \sin y)e^x = c$

(6) $x^2 y = c$

(7) $\dfrac{x}{y} + \ln y = c$

(8) $\ln xy = \dfrac{1}{xy} + c$

6. $\dfrac{\ln 2}{k}$

연습문제 13.2

1. (1) $y = c_1 e^x + c_2 e^{-4x}$

(2) $y = c_1 e^{(-1-\sqrt{2})x} + c_2 e^{(-1+\sqrt{2})x}$

(3) $y = c_1 e^{\frac{1}{2}x} + c_2 x e^{\frac{1}{2}x}$

(4) $y = c_1 e^{-\sqrt{3}x} + c_2 x e^{-\sqrt{3}x}$

(5) $y = e^x\left(c_1 \cos\dfrac{\sqrt{2}}{2}x + c_2 \sin\dfrac{\sqrt{2}}{2}x\right)$

(6) $y = c_1 \cos\sqrt{5}x + c_2 \sin\sqrt{5}x$

2. (1) $y = c_1 e^{-2x} + c_2 e^{3x} - x^2 + \frac{1}{2}x - \frac{5}{12}$

(2) $y = e^{2x}(c_1 \cos 3x + c_2 \sin 3x) + \frac{1}{2}e^{3x}$

(3) $y = c_1 e^{2x} + c_2 e^{-5x} + \frac{1}{7}e^{2x}$

(4) $y = c_1 e^{x} + c_2 e^{2x} + \frac{6}{5}\cos x + \frac{2}{5}\sin x$

(5) $y = c_1 e^{3x} + c_2 x e^{3x} - \frac{1}{6}\cos 3x$

(6) $y = c_1 e^{x} + c_2 e^{-x} + \frac{1}{2}xe^{x} - \frac{1}{2}\cos x$

(7) $y = e^{x}(\cos x + \sin x) + 2x\left(\frac{2}{5}\cos 2x + \frac{4}{5}\sin 2x\right)$

연습문제 14.1

1. (1) $\begin{pmatrix} 0 & 0 \\ 2 & 3 \end{pmatrix}$ (2) $\begin{pmatrix} -1 & 2 & 5 \\ -2 & 1 & 6 \end{pmatrix}$

(3) $\begin{pmatrix} 2 & -6 & 1 \\ -1 & 7 & -5 \\ 0 & 10 & -3 \end{pmatrix}$

2. (1) (-8) (2) $\begin{pmatrix} 0 & -5 & 10 \\ 0 & 0 & 0 \\ 0 & -3 & 6 \end{pmatrix}$

(3) $\begin{pmatrix} 2 & -5 & -8 \\ -6 & 8 & 3 \end{pmatrix}$ (4) $\begin{pmatrix} -4 & 11 & -13 & -12 \\ 7 & -8 & 14 & 11 \\ 0 & -9 & 7 & 8 \end{pmatrix}$

3. (1) $\begin{pmatrix} -\frac{3}{2} & -1 \\ -1 & -1 \end{pmatrix}$ (2) $\begin{pmatrix} -\frac{1}{3} & -\frac{2}{3} \\ 1 & 1 \end{pmatrix}$

(3) 역행렬은 존재하지 않는다. (4) $\begin{pmatrix} \cos\theta & -\sin\theta \\ \sin\theta & \cos\theta \end{pmatrix}$

4. (1) $A^{-1} = \begin{pmatrix} -4 & 2 & 1 \\ 3 & -1 & -1 \\ -1 & 0 & 1 \end{pmatrix}$ (2) $B^{-1} = \frac{1}{2}\begin{pmatrix} 3 & -1 & -1 \\ -1 & 1 & 1 \\ -3 & 1 & 3 \end{pmatrix}$

5. (1) $x = -3,\ y = -2$

(2) $x = -1,\ y = 1,\ z = 2$

(3) $x = 1,\ y = -1,\ z = 2,\ \omega = 3$

연습문제 14.2

1. (1) -7 (2) 22

(3) $ad - bc$

2. (1) 30 (2) -27

(3) 13 (4) 73

(5) -602

3. (1) 28 (2) -35

(3) -192 (4) 130

(5) 492

4. (1) $-\frac{1}{18}\begin{pmatrix} 5 & -1 & -7 \\ -1 & -7 & 5 \\ -7 & 5 & -1 \end{pmatrix}$ (2) $\begin{pmatrix} 1 & 0 & 2 \\ 1 & 1 & 0 \\ 4 & 3 & 3 \end{pmatrix}$

5. (1) $x_1 = -3,\ x_2 = 2$ (2) $x_1 = -2,\ x_2 = 3,\ x_3 = -4$

연습문제 15.1

1. **0**

2. (1) $3\mathbf{a} - 4\mathbf{b}$ (2) $2\mathbf{a} - 16\mathbf{b} + 10\mathbf{c}$

연습문제 15.2

1. (1) $2\mathbf{i} + 2\mathbf{j},\ \sqrt{3},\ \sqrt{3},\ 1$

(2) $-\mathbf{i} + \mathbf{j} - \mathbf{k},\ \sqrt{14},\ \sqrt{29},\ -2$

(3) $\mathbf{i} + 5\mathbf{j} - 4\mathbf{k},\ \sqrt{5},\ 5,\ 6$

2. $\frac{2}{3}\pi$

3. (1) $a = -\frac{1}{2}$ (2) $b = 4$

5. (1) $-3\mathbf{i} + \mathbf{j} + 5\mathbf{k}$ (2) -1

(3) $\sqrt{35}$

6. (1) $\pm\frac{1}{3\sqrt{2}}(4\mathbf{i} + \mathbf{j} - \mathbf{k})$ (2) $\pm\frac{1}{\sqrt{3}}(\mathbf{i} - \mathbf{j} + \mathbf{k})$

연습문제 15.3

1. (1) $\left(\frac{\sqrt{6}}{4}, \frac{1}{\sqrt{2}}, -\frac{1}{2\sqrt{2}}\right)$ (2) $\left(\frac{4}{3\sqrt{5}}, -\frac{1}{3}, -\frac{2}{3\sqrt{5}}\right)$

2. (1) $\frac{x-1}{4} = \frac{y-2}{-1} = \frac{z-3}{-2}$

(2) $x - 3 = 0,\ \frac{y+2}{-3} = \frac{z-1}{2}$

(3) $y - 4 = 0,\ \frac{x-5}{-3} = \frac{z+3}{1}$

(4) $\frac{x+3}{-2} = \frac{y-2}{-1},\ x + 2 = 0$

3. (1) $\frac{x-2}{1} = \frac{y+1}{-1} = \frac{z-3}{2}$ (2) $x = 1,\ \frac{y-3}{1} = \frac{z+2}{-4}$

(3) $\frac{x+3}{1} = \frac{z-1}{2},\ y = 2$ (4) $\frac{x-3}{2} = \frac{y+4}{1} = \frac{z}{4}$

4. (1) $\frac{a_1}{a_2} = \frac{b_1}{b_2} = \frac{c_1}{c_2}$ (2) $a_1 a_2 + b_1 b_2 + c_1 c_2 = 0$

5. (1) $2y + 3z - 12 = 0$ (2) $x - y - 5z + 9 = 0$

(3) $x + 2z - 6 = 0$ (4) $x - 1 = 0$

6. (1) $x + y + z - 1 = 0$ (2) $3x - 7y - z - 16 = 0$

7. (1) $\frac{a_1}{a_2} = \frac{b_1}{b_2} = \frac{c_1}{c_2}$ (2) $a_1 a_2 + b_1 b_2 + c_1 c_2 = 0$

연습문제 16.1

1. 10(가지)

2. (1) 12(개)

3. (1) 14400(가지) (2) 4320(가지)

4. (1) 120(가지) (2) 48(가지)

(3) 24(가지)

5. 420(가지)

6. 180(개)

7. 7200(가지)

9. 35개

10. (1) 189 (2) −4320

연습문제 16.2

1. $\frac{5}{6}$

2. $\frac{3}{7}$

3. (1) $\frac{7}{15}$ (2) $\frac{8}{15}$ (3) $\frac{1}{15}$

4. $\frac{7}{36}$

5. 0.25

6. $\frac{1}{30}$

7. $\frac{1}{12}$

8. (1) $\frac{5}{324}$ (2) $\frac{19}{144}$

(3) $\frac{671}{1296}$

연습문제 17.1

1. $\sigma = \sqrt{2.33}$

2. (1) $m = 5,\ \sigma^2 = \frac{15}{4}$ (2) $m = 10,\ \sigma^2 = \frac{15}{2}$

(3) $m = 25,\ \sigma^2 = \frac{75}{4}$ (4) $m = 50,\ \sigma^2 = \frac{75}{2}$

3. $m = \frac{9}{2},\ \sigma = \frac{9\sqrt{5}}{10}$

4. $\frac{11}{32}$

5. 0.8413

연습문제 17.2

1. $E(\overline{X}) = 3,\ \ \sigma(\overline{X}) = 1$

2. $0.9902 \fallingdotseq 0.99$

3. $n \fallingdotseq 1498$

4. $36.47 \le m \le 38.03,\ 36.22 \le m \le 38.28$

찾아보기

ㅂ

ㅅ

ㅇ

편저자

김성주 김시주 남상복 심문식 이은표 이창현
정내경 채홍철 최두일 최영미 최택영

대학수학

2018년 3월 1일 인쇄
2018년 3월 5일 발행

편 저 ◎ 대학수학교재편찬위원회 편
발행인 ◎ 조 승 식
발행처 ◎ (주)도서출판 북스힐
서울시 강북구 한천로 153길 17
등 록 ◎ 제 22-457 호

(02) 994-0071
(02) 994-0073
bookshill@bookshill.com
www.bookshill.com

값 22,000원

잘못된 책은 교환해 드립니다.

ISBN 89-5526-253-1